高　等　学　校　省　级　规　划　教　材
卓越工程师教育培养计划土木类系列教材

结构力学

主　编　王建国
副主编　方诗圣　关　群
　　　　何沛祥　张鸣祥　陈　涛

合肥工业大学出版社

前　言

工程结构分析理论是一门基础科学。这门科学的理论和方法被广泛应用于不同的工程领域,如土木工程、船舶建造、飞机、空间结构等。结构力学是工程结构分析理论的一个分支学科,它是主要研究工程结构受力和传力规律的学科,讲述各种类型结构经典的分析方法。结构力学是一门古老的学科,又是一门迅速发展的学科。新的计算技术、新型工程材料和新型工程结构的大量出现,为结构力学提供了新的研究内容并提出新的要求。

现代工程结构分析软件能够分析任何不同类型的复杂结构和模拟不同的计算工况。如果使用工程结构分析计算机软件的工程师不具有足够的结构分析的基础理论知识,没有掌握不同结构在外荷载作用下的内力和变形特征,他就不能精确评估和解释由计算机获得的数值结果。

只有掌握了结构分析基础理论知识的工程师才能对计算机获得的数值结果进行严谨的科学分析和有效的理论概括,预测结构的行为和参数变化的结果,才能设计满足一定的要求结构。无论结构模型多复杂、数值算法多有效,采用多强大的计算机来实现这些算法,只有对结构分析模型和计算理论有深刻认识和理解的工程师,才能对计算机获得的结果进行定性分析。

在一个计算机化的世界里,我们面临着一个严重的教学方法的困境。实际上,一直存在两个主要的教学模式的讨论:一种途径是先教会学生掌握坚实的、传统的结构分析的理论基础知识,然后介绍工程结构分析计算机软件;另一种途径是先学习工程结构分析计算机软件,然后再简单地介绍经典的分析方法。

本教材采用的教学模式如下:第一步,学习必要的分析方法,采用手算的方法对不同结构进行详细分析,掌握各种经典的结构分析理论和方法;第二步,学习工程结构分析的计算机方法。本教材提供了结构分析的概念和基本理论、经典分析方法及其应用、不同分析方法的比较。在许多情况下,相同的结构是由不同的方法进行分析,它可以对不同的方法进行分析比较,研究不同方法的优点和缺点。本教材的目的是帮助读者掌握结构分析的思路和方法,评估和解释获得的数值结果。

结构力学是土木工程专业必修的一门主要的专业基础课,在基础课和专业课之间起着承上启下的作用。本教材在编写过程中作了以下考虑:

(1)力求选材适当,精选内容,既为应用型土木工程专业的教学打好基础,又考虑到因材施教的需要,还编写了一些加深和拓展性的内容,以供选学、提高之用。

(2)教材着重强调学生对结构力学中基本概念和基本原理的理解与思考,遵循由浅入深、循序渐进的原则，理清学习思路。力求概念准确、论述简明透彻，思路清晰，符合认知规律。

(3)教材编写力求以实际工程结构为背景，深入浅出地讲清结构力学的基本原理和解题思路，以例题加深对分析理论和方法的理解和掌握。对于例题、习题的选择，力求做到有利于训练学生的思维能力、计算能力以及分析实际问题和解决实际问题的能力。

本教材编写时，借鉴和参考了相关教材，谨此表示诚挚的感谢。

由于编写时间和编者水平有限，本书的错误和不足之处在所难免，热忱欢迎广大读者批评指正。

编　者

2015年8月

目　录

主要符号表

A	面积,振幅
$\boldsymbol{A}$	振幅向量
c	支座广义位移,阻尼系数
C	弯矩传递系数
D	侧移刚度
E	弹性模量
E_p	结构总势能
F	集中荷载
F_{AH},$F_{AV}A$	支座沿水平、竖直方向的反力
F_{Ax},$F_{Ay}A$	支座沿 x、y 方向的反力
F_{cr}	临界荷载
$\boldsymbol{F}$	结点荷载向量,综合结点荷载向量
$\boldsymbol{F}_D$	直接结点荷载向量
F_D	粘滞阻尼力
$\boldsymbol{F}_E$	等效结点荷载向量
F_E	欧拉临界荷载,弹性力
F_H	拱的水平推力,悬索张力水平分量
F_I	惯性力
F_N	轴力
F_R	支座反力,力系合力
F_S	剪力
F_T	悬索张力
F_u	极限荷载
F_V	悬索张力竖直分量
$\bar{\boldsymbol{F}}^e$	局部坐标系下的单元杆端力向量
$\boldsymbol{F}^e$	整体坐标系下的单元杆端力向量
$\bar{\boldsymbol{F}}^{Fe}$	局部坐标系下的单元固端力向量
$\boldsymbol{F}^{Fe}$	整体坐标系下的单元固端力向量
G	切变模量
i	线刚度
I	截面二次矩(惯性矩),冲量
$\boldsymbol{I}$	单位矩阵
k	刚度系数
$\bar{\boldsymbol{k}}^e$	局部坐标系下的单元刚度矩阵
$\boldsymbol{k}^e$	整体坐标系下的单元刚度矩阵

$\boldsymbol{K}$	结构刚度矩阵
m	质量
M	力矩,力偶矩,弯矩
$\boldsymbol{M}$	质量矩阵
M_u	极限弯矩
M^F	固端弯矩
q	分布荷载集度
r	单位位移引起的广义反力
R	广义反力
S	劲度系数(转动刚度),截面静矩,影响线量值
t	时间
T	周期
$\boldsymbol{T}$	坐标转换矩阵
u	水平位移
v	竖向位移
V	外力势能
V_ε	应变能
W	平面体系自由度,功,弯曲截面系数
X	广义未知力
Z	广义未知位移
α	线(膨)胀系数
Δ	广义位移
$\boldsymbol{\Delta}$	结点位移向量
ν	剪力分配系数
δ	单位力引起的广义位移,阻尼系数
ξ	阻尼比
θ	干扰力频率
μ	力矩分配系数,动力因数,长度因数
σ_b	强度极限
σ_s	屈服应力
σ_u	极限应力
φ	角位移,初相角
$\boldsymbol{Y}$	振型矩阵
ω	角频率

第1章　绪　论

§1.1　结构力学的研究对象和任务

在土木工程中，建筑材料按照一定的方式组成并能承受或传递荷载起骨架作用的部分称为工程结构(简称结构 Structure)。例如房屋建筑中的梁柱结构、桥梁、隧洞、水坝、挡土墙等，都是工程结构的典型例子。它们承受着由工作装置传来的荷载、结构自重、风力、水压力等荷载的作用。在外荷载的作用下，结构必须能保持其固有的几何形状而不发生破坏或产生超过某一容许范围的大变形——结构需要满足强度、刚度、稳定性的要求。结构力学的任务是研究结构在外荷载作用下结构的内力和变形，结构的强度、刚度、稳定性、动力反应以及组成规律。研究结构的组成规律，其目的在于保证结构各部分不发生相对的刚体运动，能承受荷载、维持平衡。探讨结构合理的形式是为了有效地利用材料，使其性能得到充分发挥。进行强度和稳定性计算的目的在于保证结构满足安全和经济的要求。计算刚度的目的在于保证结构不因发生过大的变形而影响正常使用。主要研究内容包括以下几个方面：

(1)结构的组成规律和合理形式，还有结构计算简图的合理选择。

(2)结构内力和变形的计算方法，进行结构的强度和刚度的验算。

(3)结构的稳定性。

(4)结构在动荷载作用下的动力反应。

在结构分析中，首先把实际结构简化为计算模型(或称为计算简图)，然后根据计算简图进行分析计算。结构分析中的计算方法是多种多样的，但所有方法都要考虑下列三个方面的条件：

(1)力系的平衡条件。

(2)变形几何连续性条件。

(3)应力与应变之间的物理关系(或称为本构方程)。

结构力学是一门技术基础课，它一方面要用到数学、理论力学和材料力学等课程的知识；另一方面又为学习建筑结构、桥梁、隧道等课程提供必要的基本理论和计算方法。

各力学课程的比较见表1-1所列。

表1-1　各学科的研究对象和研究任务

学　科	研究对象	研究任务
理论力学	质点、刚体	物体机械运动的一般规律
材料力学	单根杆件	变形体的强度、刚度和稳定性
结构力学	杆件结构	
弹性力学	板壳、实体结构	

§1.2 结构的分类

结构按几何形状，可分为以下几类：

(1)杆系结构(structure of bar system)：构件的横截面尺寸≪长度尺寸(如图1-1～图1-4所示)。

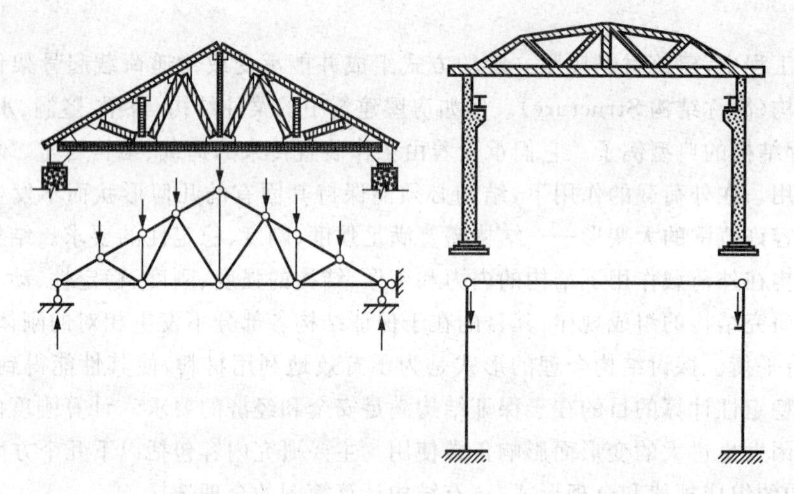

图1-1 杆系结构

图1-2 南京长江大桥

图1-3 河北赵州桥

图1-4 英国伦敦的“The Gherkin”

(2)板壳结构(plate and shell structure):构件的厚度≪表面尺寸(如图1-5、图1-6所示)。

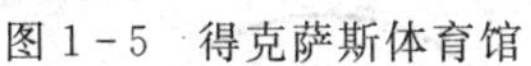

图1-5 得克萨斯体育馆

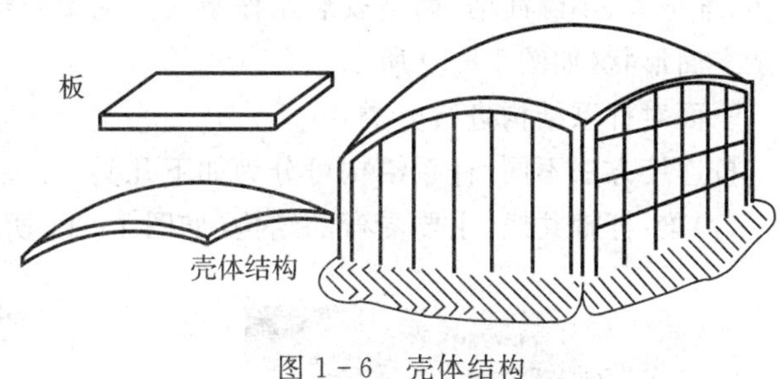

图1-6 壳体结构

(3)实体结构(massive structure):结构的长、宽、高三个方向的尺寸相近(数量级相同),几何特征是呈块状的,并且内部大多为实体,建筑物基础、重力堤坝、码头边坡处修建有挡土墙等(如图1-7所示)。

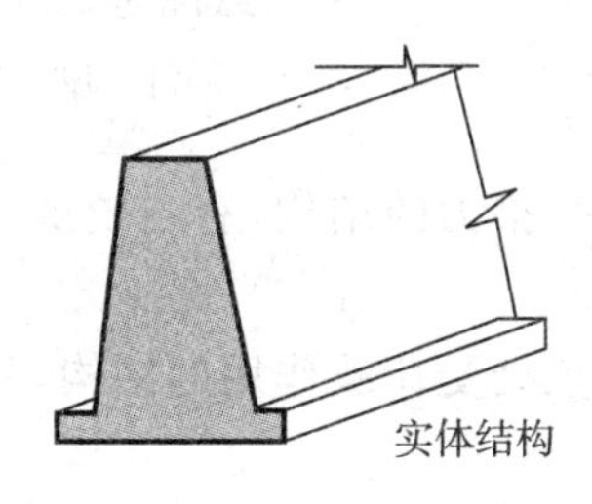

图1-7 三峡大坝

(4)悬吊结构:荷载通过吊索或吊杆传递到固定在筒体或柱上的水平悬吊梁或桁架上,并通过筒体或柱传递给基础的结构体系。悬吊结构的水平荷载也由筒体或柱承受。悬吊结构的造型新颖、建筑功能多样,能充分利用钢材和预应力混凝土的受拉工作性能;但井筒受力较大,对地基基础的要求较高。悬吊结构适用于大跨度的轻型屋盖、大跨度的公路桥、跨越大山谷或大河流的轻便人行索桥、大型体育场建筑的顶盖等(如图1-8、图1-9所示)。

图1-8 上海杨浦大桥

图1-9 江阴长江公路大桥(悬索桥1385m)

(5)网架结构:网架结构是空间杆系结构,杆件主要承受轴力作用,截面尺寸相对较小。这些空间交汇的杆件又互为支撑,将受力杆件与支撑系统有机结合起来,因而用料经济。网架结构的优点是用钢量小、整体性好、制作安装快捷,可用于复杂的平面形式;缺点是杆件数量多、维护大、不够简洁、高空安装工作量大。网架结构适用于各种跨度的结构,尤其适用于复杂平面形状(如图1-10所示)。

下面对杆系结构进行分类:

按连接方法不同,杆系结构可分为如下几类:

(1)梁:杆轴共线,主要受弯的结构(如图1-11所示)。

图1-10 北京鸟巢

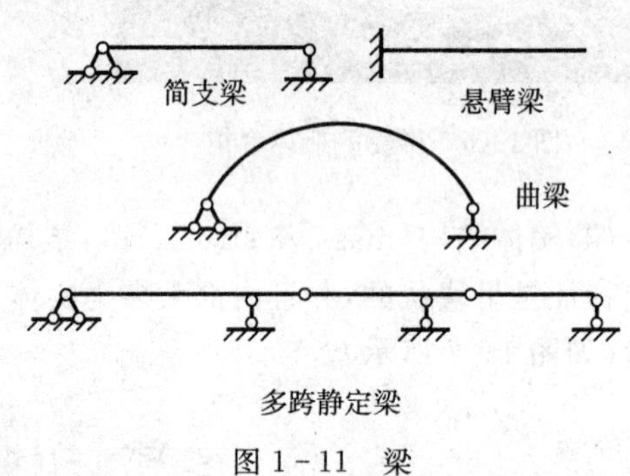

图1-11 梁

(2)拱:由曲线组成,在竖向荷载作用下产生水平推力的结构,有三铰拱、两铰拱、无铰拱等(如图1-12所示)。

(3)桁架:由等截面直杆理想铰结形成,仅在结点处受荷载作用的结构,其各杆仅受轴力作用(二力杆)时称为桁架杆(如图1-13所示)。

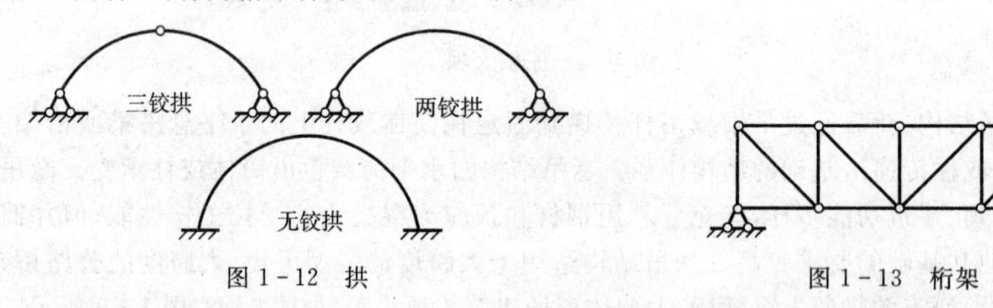

图1-12 拱

图1-13 桁架

(4)刚架:由刚性结点连接而成的结构,刚架中的杆件主要承受弯曲变形(如图1-14所示)。

(5)组合结构:一部分杆件属于桁架杆;另一部分杆件属于弯曲杆的结构(如图1-15所示)。

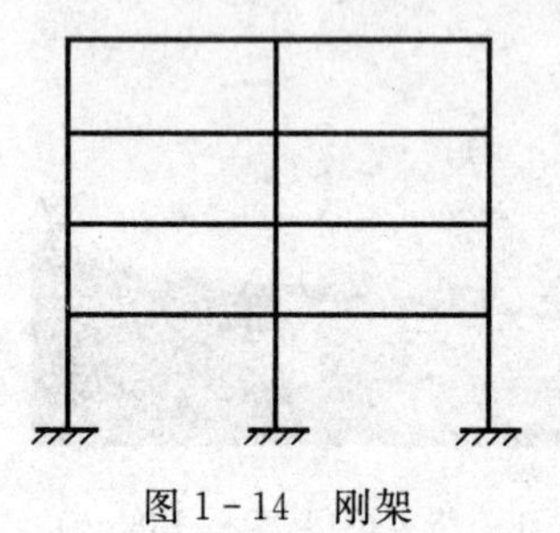

图1-14 刚架

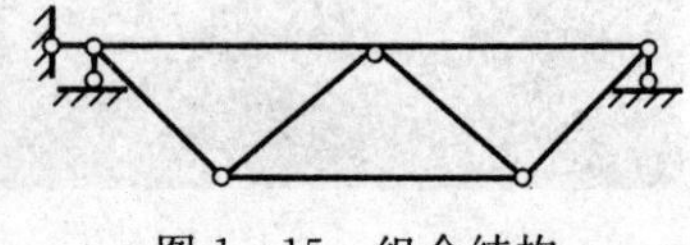

图1-15 组合结构

§1.3　结构的计算简图(computing model of structure)

1. 选取结构计算简图的原则

将实际结构作适当的简化,忽略次要因素,显示其基本的特点。这种代替实际结构的简化图形,称为结构的计算简图。确定计算简图的原则如下:

(1)尽可能符合实际——计算简图应尽可能反映实际结构的受力、变形等特性。

(2)尽可能简单——忽略次要因素,尽量使分析过程简单。

合理地选取结构的计算简图是结构计算中的一项极其重要而又必须首先解决的问题。

2. 影响计算简图选取的主要因素

(1)结构的重要性:重要结构——精,次要结构——粗;

(2)设计阶段:初步设计——粗,技术设计——精;

(3)计算问题的性质:静力计算——精,动力计算——粗;

(4)计算工具:先进——精,简陋——粗。

3. 结构简化的几个主要方面

(1)结构体系的简化

一般结构实际上都是空间结构,各部分相连成为一个空间整体,以承受各方向可能出现的荷载。在多数情况下,常忽略一些次要的空间约束,将实际结构分解为平面结构。

(2)杆件的简化

杆件用其轴线表示,杆件之间的连接区用结点表示,杆长用结点间距表示,荷载作用于轴线上。

(3)结点

在杆件结构中,几根杆件之间的相互联结区称为结点。根据结构的受力特点和结点的构造情况,在计算中常将杆件间的连接区简化为三种理想情况(如图1-16所示):

① 铰结点:铰结点的特点是被联结的各杆件在联结处不能相对移动,但可以绕结点自由转动,杆件之间的夹角是可以改变的,即可以传递力而不能传递力矩。

② 刚结点:刚结点的特点是被联结的各杆件在联结处不能相对移动,也不能绕结点相对转动,即各杆端转动的角度应相等。刚结点可以传递力,也可以传递力矩。

③ 组合结点:各杆件在此点不能相对移动,部分(但非全部)杆件间还不能相对转动,即部分杆件之间属于铰结点;另一部分杆件之间属于刚结点。

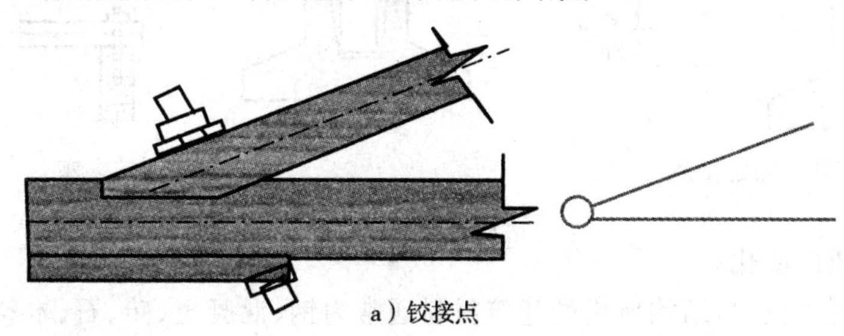

a）铰接点

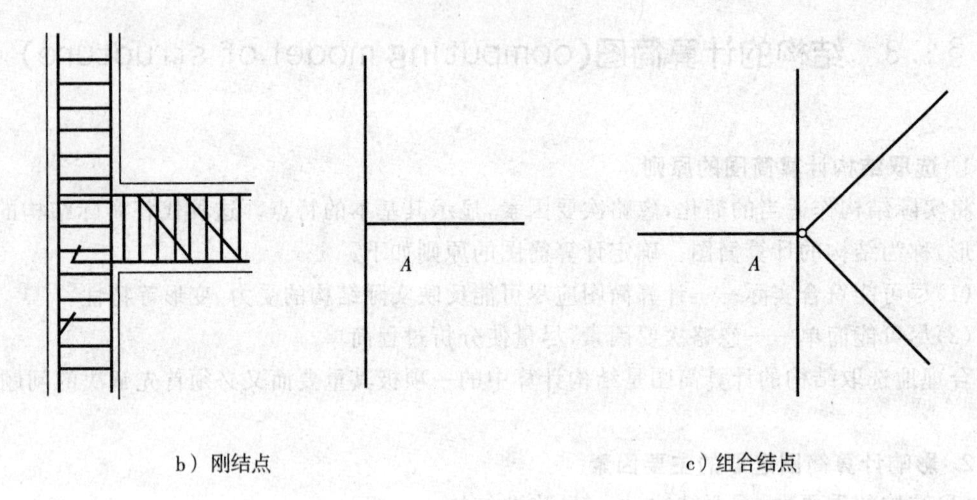

图 1-16 结点

(4)支座的简化

① 滚轴支座:约束杆端不能竖向移动,但可水平移动和转动,只有竖向反力(如图 1-17 所示)。

② 定向支座:允许杆端沿一定方向自由移动,而沿其他方向不能移动,也不能转动(如图 1-18 所示)。

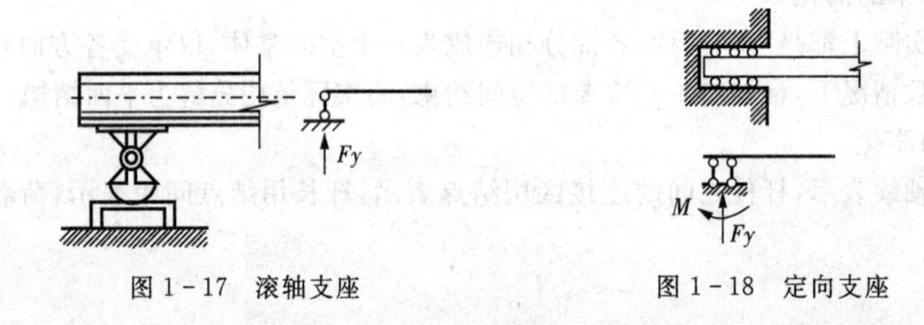

图 1-17 滚轴支座　　图 1-18 定向支座

③ 固定支座(fixed support):约束杆端不能移动,也不能转动,有三个反力分量(如图 1-19所示)。

④ 铰支座(hinge support):约束杆端不能移动,但可以转动,有两个互相垂直的反力,或合成为一个合力(如图 1-20 所示)。

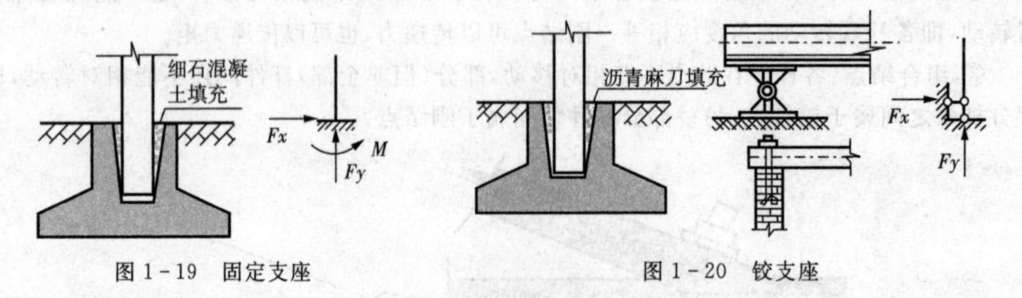

图 1-19 固定支座　　图 1-20 铰支座

(5)材料性质的简化

在土木、水利工程中,结构所用的建筑材料通常为钢、混凝土、砖、石、木料等。在结构计算中，为了简化，对组成各构件的材料一般都假设为连续的、均匀的、各向同性的、完全弹性或弹塑性的材料。

(6)荷载的简化

结构承受的荷载可分为体积力和表面力两大类。在杆件结构中把杆件简化为轴线，因此不管是体积力还是表面力都可以简化为作用在杆件轴线上的力。荷载按其分布情况可简化为集中荷载和分布荷载。

§1.4 荷载的分类

荷载按作用时间的长短可分为恒载和活载。

(1)恒载(dead load)：长期作用于结构上且各个因素都不改变的荷载。

(2)活载(live load)：在施工和使用期间可能存在的可变的荷载。活载又可分为移动活载(moving load)和可动活载(也称短期荷载，short load)两类。汽车荷载、吊车荷载属于移动活载；人群、风、雪等活载属于可动活载。

荷载按作用位置是否改变可分为固定荷载和移动荷载。

(1)固定荷载：作用位置固定不变。

(2)移动荷载：作用位置是移动的。

荷载按作用性质可分为静力荷载和动力荷载。

(1)静力荷载：大小、方向和位置不随时间变化或施加荷载的速度非常缓慢——荷载由零逐渐地增加到最后值。在加载过程中，结构不引起明显的加速度(加速度很小，可以忽略不计)，因此认为没有惯性力产生(不考虑惯性力的影响)。

(2)动力荷载：荷载的大小、方向、位置随时间迅速变化，结构产生加速度，必须考虑惯性力的影响，如高耸建筑物上的风力、波浪压力等。在结构设计计算中，常把动力荷载的峰值×动力系数(>1)，按等效静力荷载计算；遇到特殊情况时，才按动力荷载进行计算。

第2章　平面结构的几何组成分析

一个由杆件组成的结构能够承担外部荷载，首先它的几何构造应当合理，即要求在荷载作用下结构（不考虑材料的变形，即杆件为刚体）的几何形状保持不变，即几何不变。反之，如果一个结构的几何形状发生改变（称之为几何可变），它不能承受任何荷载，即不能称其为结构。结构工程师设计一个结构体系时必须进行杆件体系的几何构造分析或机动分析，确定其是否为几何不变体系。在平面体系的几何构造分析中，最基本的规律是三角形规律。本章基于三角形规律，从几何构造的角度阐述几何不变体系的组成规律。结构的构造分析与后面的内力分析有密切关联，快速而正确地分析结构的构造会给之后的内力分析与计算带来很大的帮助。

§2.1　几何组成分析的一些概念

1. 几何不变体系和几何可变体系

当不考虑各个杆件本身的变形时，在任意荷载作用下杆件体系能保持其原有几何形状和位置不变，各个杆件之间以及整个结构与地面之间不发生相对运动，称为几何不变体系；与之相反，各个杆件之间以及整个结构与地面之间发生了相对运动，称为几何可变体系。如图2－1所示，图a受到任意荷载作用时，在不考虑杆件自身变形的情况下，其几何形状和位置都不会变化，因此为几何不变体系；而图b、图c即使在很小的外荷载作用下，体系也会发生相对运动，因此为几何可变体系。

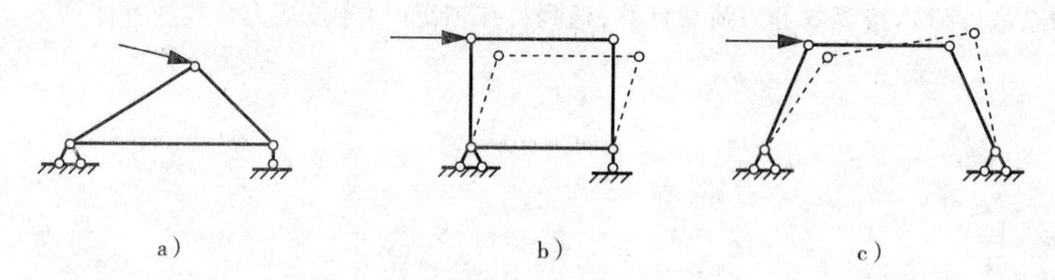

图2－1　几何不变体系与几何可变体系

2. 几何组成分析

分析体系的几何组成，以确定它们属于哪一类体系，称为体系的几何组成分析，或称为几何构造分析、机动分析。

几何组成分析的目的在于：

(1)判别某一体系是否为几何不变体系，从而决定它能否作为结构。

(2)确定结构是静定结构还是超静定结构，从而选定相应计算方法。

(3)理清结构各部分间的相互关系，以决定合理的计算顺序。

3. 自由度

自由度是指一个体系运动时所具有的独立运动方式的数目，就是体系运动时可以独立变化的几何参数的数目。换句话说，就是确定体系唯一位置所需要的独立坐标数。例如一个点在平面内运动时，确定其位置需要 x、y 两个坐标（如图 2-2 所示），因此一个点在平面内的自由度为 2。对于一个刚片（在平面内形状不变）来说，其在平面内运动时，它的位置可以根据刚片上的任一点 A 的位置以及任意一条直线 AB 与 x 轴或 y 轴的夹角来确定（如图 2-3 所示），也就是需要三个独立坐标，故平面内一个刚片的自由度为 3。对平面体系作几何组成分析时，不考虑材料的应变，所以认为各个构件没有变形。因此，可以把一根梁、一根链杆或体系中已经肯定为几何不变的某个部分以及支承体系的基础看作一个平面刚体，简称刚片。刚片的形状可以是任意形状。

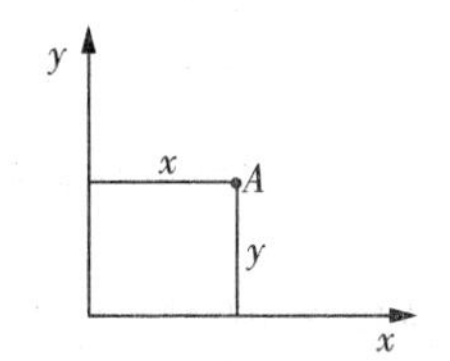

图 2-2　平面内点的自由度

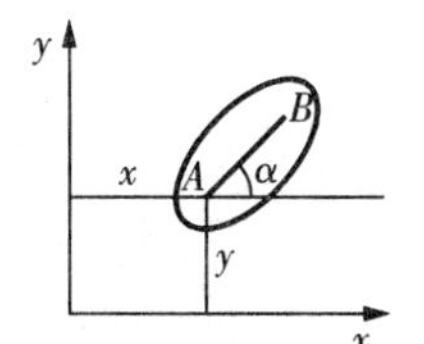

图 2-3　平面内刚片的自由度

由于几何不变的体系不能发生任何运动，因此其自由度应该等于零。相反，凡是自由度大于零的体系都是几何可变体系。如果一个体系有 n 个独立的运动方式，则这个体系有 n 个自由度。也就是说，一个体系的自由度等于这个体系运动时可以改变的独立坐标的数目。

4. 约束

体系中限制杆件或体系运动的各种装置称为约束（或联系）。体系的自由度因为约束的加入而减小，能减少一个自由度的装置称为一个约束（或联系）。在杆件体系中，常用的约束有链杆、铰和刚结点。

（1）链杆

如图 2-4 所示，平面内的一个刚片具有 3 个自由度，其运动方式可以描述为 A 点的水平移动、垂直移动以及刚片绕 A 点的转动。在 A 点施加一个竖直方向的单链杆，则限制了 A 点垂直移动的能力，因此，图示刚片的运动方式只有 A 点的水平移动以及刚片绕 A 点的转动，那么刚片就只具有 2 个自由度。可见，一个单链杆减少体系内的 1 个自由度，相当于 1 个约束。此外，链杆本身也可视为一个刚片，因此链杆可以是曲的、折的杆，只要保持两铰间距不变、起到两铰连线方向约束作用即可。

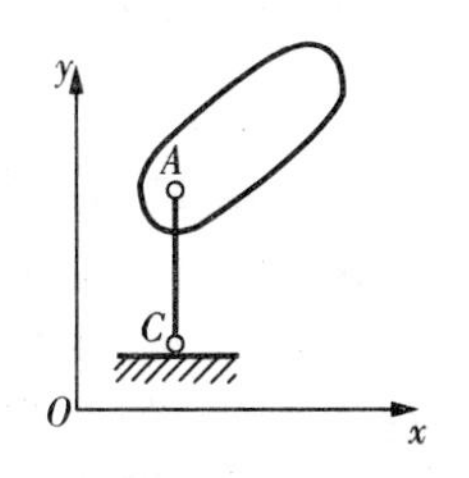

图 2-4　平面内刚片通过单链杆约束

（2）铰

如图 2-5 所示，平面内的两个刚片，自由放置时各具有 3 个自由度，视为体系之后，体系具有 $2\times3=6$ 个自由度。通过图示的单铰连接，体系运动方式可以描述为铰接点的水平移动、垂直移动以及刚片Ⅰ、刚片Ⅱ分别绕铰接点的转动，因此，通过单铰连接后，体系具有4个自由度。可见，一个单铰减少了体系内的2个自由度，相当于2个约束。

以此类推，如图2-6所示，平面内的三个刚片，自由放置且视为体系之后，体系具有$3\times3=9$个自由度。通过图示的复铰连接，体系运动方式可以描述为铰接点的水平移动、垂直移动以及刚片Ⅰ、刚片Ⅱ、刚片Ⅲ分别绕铰接点的转动，因此，通过复铰连接后，体系具有5个自由度。可见，一个连接了3个刚片的复铰减少了体系内的4个自由度，相当于4个约束。

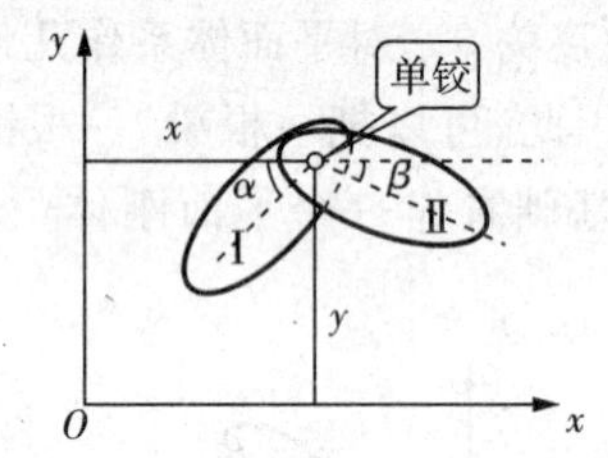

图2-5　平面内两刚片通过单铰约束

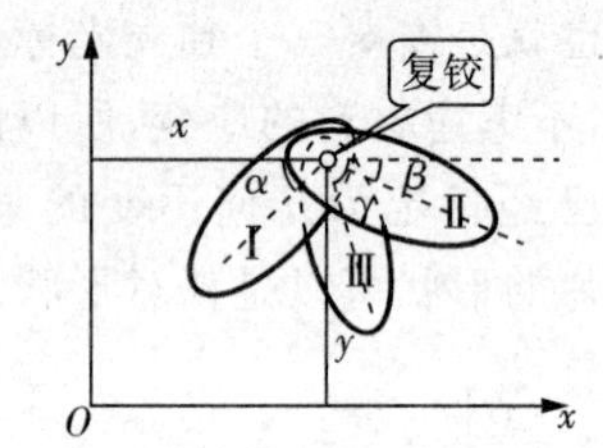

图2-6　平面内三刚片通过复铰约束

据此，可以做如下推广：一个连接n个刚片的复铰相当于$h=n-1$个单铰，相当于$2(n-1)$个约束(或联系)。

一个单链杆减少体系内的1个自由度，一个单铰减少了体系内的2个自由度。那么，两个链杆和一个单铰都能减少体系内的2个自由度，它们之间能否等价呢？对于这个问题，我们需要引入一个新的铰接点的形式——“虚铰”。虚铰，也称瞬铰，它是连接两个刚片的两链杆延长线的交点。在运动中虚铰的位置不定，这是虚铰和实铰的区别。当两根单链杆相互平行时，虚铰的交点在无穷远处(如图2-7所示)。

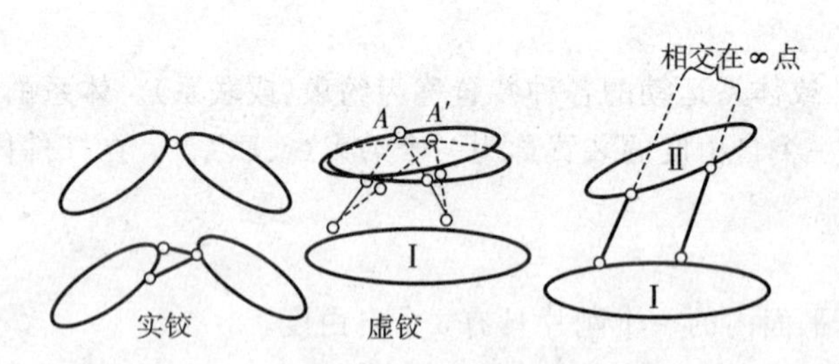

图2-7　虚铰与实铰

(3) 刚结点

如图2-8a所示，平面内的两个刚片，自由放置时各具有3个自由度，则共6个自由度，用单刚结点连接之后，可以视为一个刚片，因此体系只具有3个自由度。如图2-8b所示，平面内的三个刚片，自由放置时各具有3个自由度，则共9个自由度，用复刚结点连接之后，可以视为一个刚片，因此体系只具有3个自由度。由此可以确定：1个单刚节点减少体系内3个自由度，相当于3个联系；一个连接n个刚片的复刚节点相当于$(n-1)$个单刚节点，相当于$3(n-1)$个联系。

在杆件体系中增加或减少一个联系，将改变体系的自由度数，这样的联系称为必要联系；体系中增加或减少一个联系并不改变体系的自由度数，这样的联系称为多余联系。如图2-9所示，可以认为a链杆和c链杆为必要联系，而b链杆则为多余联系，只有必要联系才能对体系自由度有影响。

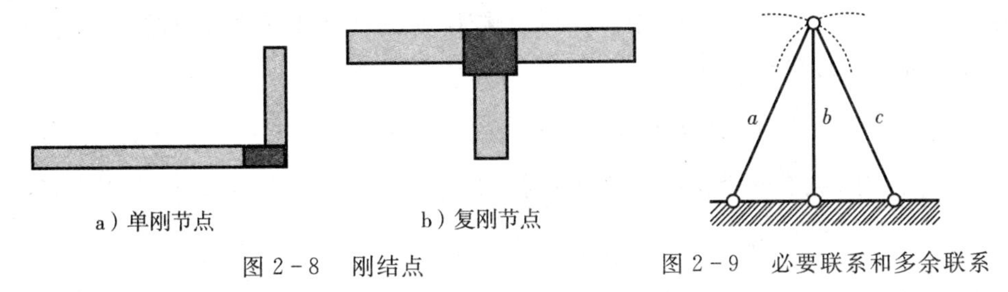

a）单刚节点　　b）复刚节点

图 2-8　刚结点　　图 2-9　必要联系和多余联系

5. 平面体系的计算自由度

一个平面体系要想成为几何不变体系，必须要有足够数目的联系，同时还要布置得当。那么如何确定一个体系是否有足够数目的联系呢？为此，我们引入"计算自由度"这个概念。体系中各构件间无任何约束时的总自由度数与总约束数之差称为计算自由度(W)。对于平面体系，其组成通常为若干个刚片彼此用铰相连并用支座链杆与基础相连而成。如果体系是由 m 个自由的刚片使用 h 个单铰和 r 个支座链杆约束而成，那么，原本 m 个自由刚片具有的自由度总数为 $3m$，而加入的 h 个单铰和 r 个支座链杆分别使自由度减少 $2h$ 和 r。因此，体系自由度为

$$W = 3m - (2h + r) \tag{2-1}$$

需要指出的是，这里的约束不一定都是有效约束，它可能包含多余约束。因此，这里计算的自由度并不一定等于结构的真实自由度。

【例 2-1】　求如图 2-10 所示结构的计算自由度。

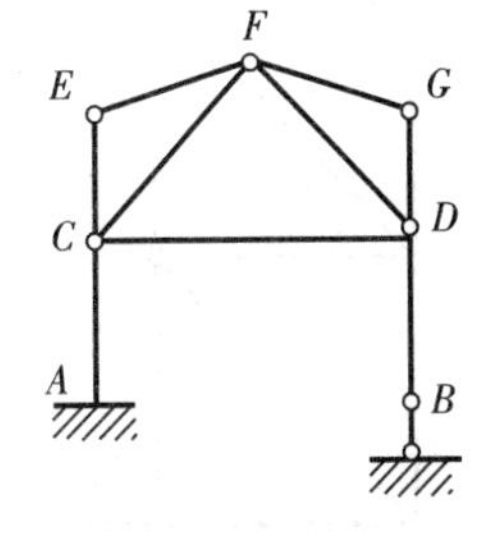

图 2-10　例 2-1 图示

【解】　在图 2-10 中，杆 AC 与地基刚性连接，可以将其看作为地基的延伸部分。将其余各杆（与地基连接的链杆除外）看作刚片，共有 $m=7$ 个。总自由度为 $3m=3\times7=21$。

现在计算约束的数目。注意：C、F、D 点的铰是复铰，需要换算成单铰数。其中，C 点的铰连接 4 根杆，因此相当于 3 个单铰。同理，F 点为 3 个单铰，D 点为 2 个，E、G 点各 1 个。单铰总数 $h=3+1+3+1+2=10$，支座链杆数 $r=1$。

那么，结构的计算自由度 $W=3m-(2h+r)=21-(2\times10+1)=0$。

对于如图 2-11 所示的体系，完全由两端铰结的杆件所组成，称为铰结链杆体系。

图 2-11a 体系中共有 9 个刚片、12 个单铰、3 个支座链杆，则计算自由度 $W=3m-(2h+r)=27-(2\times12+3)=0$，这是从刚片的角度去分析。同样，如果从动点的角度来看，体系由点（铰接点）和链杆组成，图示体系有 6 个铰接点、9 个链杆、3 个支座链杆，那么计算自由度同样可以如此计算：$W=6\times2-(9+3)=0$。可见，对于铰结链杆体系，计算自由度公式可以从动点角度分析得到

$$W = 2j - (b + r) \tag{2-2}$$

其中，j 为体系内铰接点个数；b 为体系本身单链杆个数；r 为支座链杆数。

【例 2-2】 求如图 2-11 所示结构的计算自由度。

【解】 在图 2-11a、图 2-11b 中，均有 6 个铰接点、9 个链杆、3 个支座链杆，即 $j=6$，$b=9$，$r=3$，则两体系的计算自由度

$$W=2j-(b+r)=2\times6-(9+3)=0$$

在图 2-11c 中，共有 6 个铰接点、8 个链杆、3 个支座链杆，即 $j=6$，$b=8$，$r=3$，则

$$W=2j-(b+r)=2\times6-(8+3)=1$$

在图 2-11d 中，共有 8 个铰接点、14 个链杆、3 个支座链杆，即 $j=8$，$b=14$，$r=3$，则

$$W=2j-(b+r)=2\times8-(14+3)=-1$$

根据平面体系的计算自由度计算结果，我们做如下归类分析：

(1)$W>0$，如图 2-11c 所示，表明体系缺少足够的联系，为几何可变体系。

(2)$W=0$，如图 2-11a、图 2-11b 所示，表明体系具有成为几何不变体系的所要求的最低联系数目，但并不能确定体系是否几何不变。如图 2-11a 所示，体系内联系布置得当，为几何不变体系；如图 2-11b 所示，体系内联系布置不当，上部框架存在多余联系，而下部框架缺少必要联系，为几何可变体系。

(3)$W<0$，如图 2-11d 所示，表明体系内存在多余联系。同样，如果联系布置得当，为几何不变体系。如图 2-11d 所示，体系的内部联系布置不当，上部两个框架存在多余联系，而下部第三层框架缺少必要联系，体系仍为几何可变体系。

可见，$W\leqslant0$ 是一个体系几何不变的必要条件，但不是充分条件。体系为不变体系时除应满足约束个数，尚需约束的合理布置。

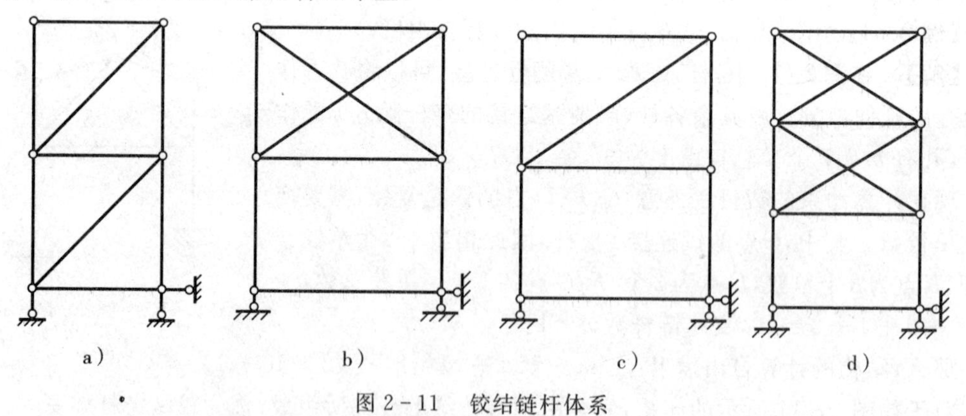

图 2-11 铰结链杆体系

§2.2 几何不变体系的几何组成规则

本节基于铰接三角形规律，讨论无多余约束的几何不变体系的几个最基本的组成规律。

1. 一个点与一个刚片的连接规律

一个点与一个刚片用两根链杆连接，并且这两根链杆不在同一条直线上，则点与刚片组

成几何不变体系且没有多余约束。

如图 2-12a 所示，点 A 通过链杆 1、2 与刚片 Ⅰ 连接且两杆不在同一条直线上，那么整个体系为几何不变且没有多余约束。可以将图 2-12a 中两个不共线的链杆 1,2 和联结两杆的铰结点 A 的构造称为二元体。根据一点一刚片规律可知，在一个几何不变体的基础之上增加一个二元体，体系仍为几何不变。同理，如果在体系中撤去一个二元体，则体系的几何组成性质也不会改变。分析如图 2-12b 所示的桁架时，将一铰接三角形 123 看作一个刚片，增加一个二元体得结点 4，从而得到几何不变体 1234，再以其为基础，增加一个二元体得结点 5,6,…，以此类推，增添二元体而最后组成该桁架。该桁架是一个几何不变体系，而且没有多余联系。

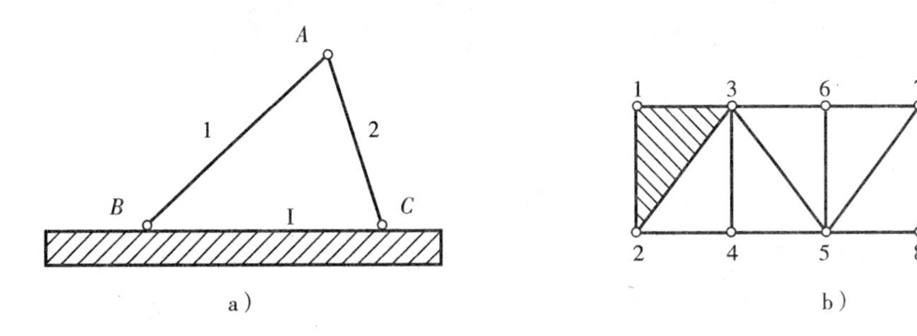

图 2-12　一个点与一个刚片规律和二元体规律

2. **两刚片规律**

两个刚片用一个铰和一根链杆连接，且链杆及其延长线不通过铰，则这两个刚片组成几何不变体系且没有多余约束。两个刚片用不全交于一点也不全平行的三根链杆联结，则所组成的体系是几何不变体系且没有多余约束。

如图 2-13a 所示，两个刚片通过铰 C 和链杆 AB 连接，并且杆 AB 不通过铰，该体系即为几何不变体系且没有多余约束。图 2-13b 表示两个刚片用不全交于一点也不全平行的三根链杆联结，该体系即为几何不变体系且没有多余约束。

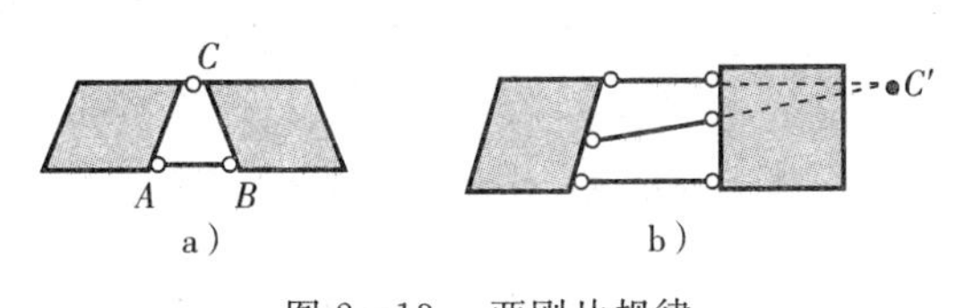

图 2-13　两刚片规律

3. **三刚片规律**

三个刚片用三个铰两两相连且三个铰不在同一条直线上，则这个体系为几何不变且没有多余约束。

如图 2-14a 所示的结构，三个刚片中每两个刚片都用一个单铰相连，即所谓的两两相连。那么该体系为几何不变且没有多余约束。图 2-14b 表示三个刚片用 6 根链杆(形成不在同一条直线上的三个虚铰）联结在一起，该体系为几何不变且没有多余约束。如果图 2-14a 中刚片 BA 和刚片 AC 看成两根链杆 1 和 2，则得到图 2-14c 形式，即在一个刚片增加一个二元体，形成一个几何不变且没有多余约束的体系。图 2-15a 是一个几何不变且没有多余约束的体系，去掉任何一根杆件都会变成一个可变体系，图 2-15b 是一个具有多余约束的几何不变体系，杆件 1 或 2 和 3 或 4 是多余约束。

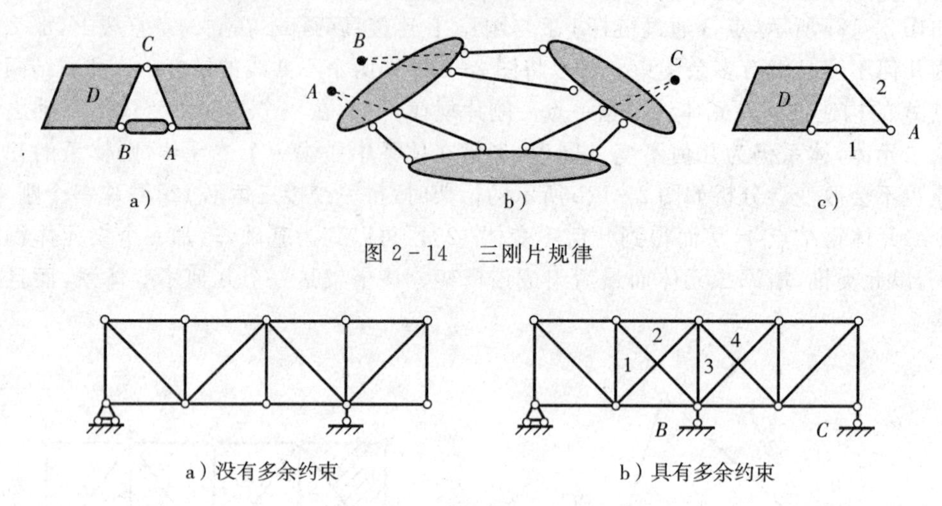

图 2-14　三刚片规律

a）没有多余约束

b）具有多余约束

图 2-15　结构中的多余约束

以上是平面杆件体系最基本的组成规律，每个规律条件是必需的；否则将成为可变体系。虽然上述三个规律表述的方法不同，但实际上都是在运用三角形的稳定性特性。例如，在规律 1 中把两根链杆看作两个刚片，那么就是三刚片规律了，其他变化情况如图 2-16 所示。

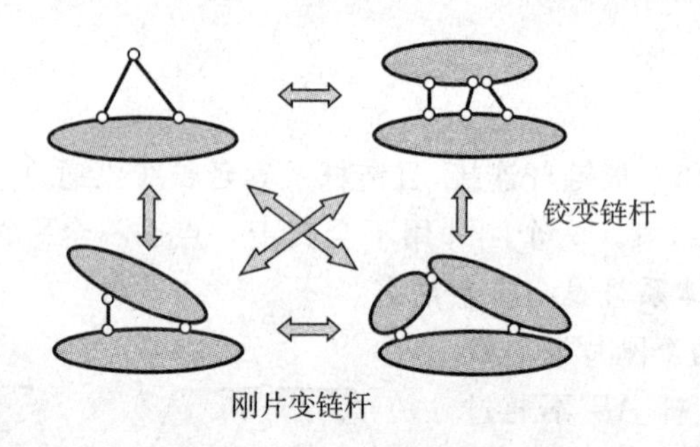

图 2-16　规律之间变化情况

§2.3　瞬变体系和常变体系

当体系满足几何不变体系的简单组成规则时，体系为几何不变体系且没有多余约束。如果不满足，则为可变体系。本节讨论的就是可变体系。

以三刚片规律为例，三个刚片用三个铰两两相连且三个铰不在同一条直线上，则这个体系为几何不变且没有多余约束。如果三个刚片用三个铰两两相连，但三个铰在同一条直线上呢？如图 2-17 所示，刚片 Ⅰ、Ⅱ 分别绕铰接点 A、B 微小转动，在 C 点可沿竖直方向移动，因此可以判定为可变体系。或者从必要联系和多余联系来看，动点 C 在水平方向有两个链杆约束，其中一个属于多余联系，而竖直方向没有链杆联系，属于缺少必要联系，因此也可判定为可变体系。但一旦铰接点 C 发生位移至 C' 处之后，连接三个刚片的三个铰就不在同一条直线之上，运动将不会再继续发生，体系就从可变体系变成不变体系。这样的可变体系称为瞬变体系。经过微小位移之后，体系仍然能够发生运动的体系称为常变体系，如图 2-1b

所示。同样，从二元体规律的角度来看，在一个刚片上增加的“二元体”两杆共线，则为瞬变体系。

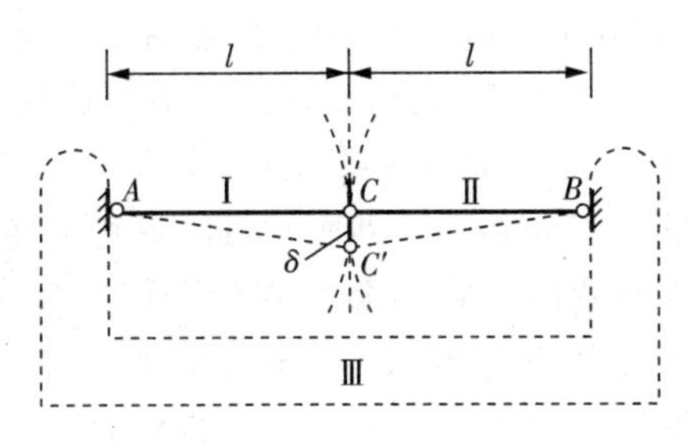

图2-17　瞬变体系

能够作为工程结构使用的体系必须为几何不变体系。瞬变体系在发生微小位移之后就能成为几何不变体系，那么其能否作为工程结构使用呢？下面可以通过简单受力分析计算来说明这个问题。如图2-18所示，体系在铰接点C作用向下的集中力F，对铰接点C取隔离体，根据力的平衡条件可知，AC和BC杆的轴力为

$$F_N=\frac{F}{2\sin\theta}$$

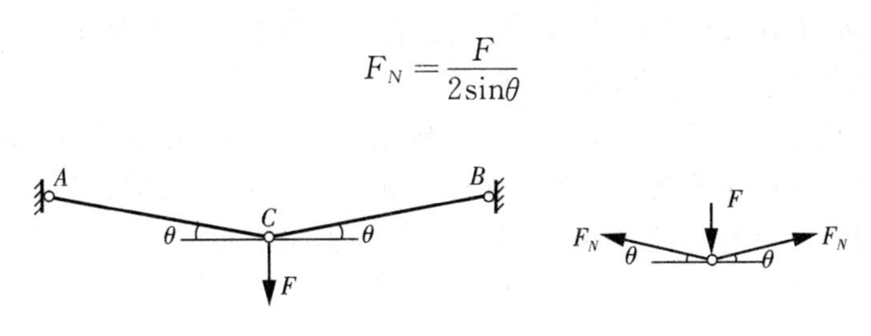

图2-18　瞬变体系

当$\theta=0$时，体系为瞬变体系。若$F=0$（零荷载），则F_N为不定值；若$F\neq0$，则$F_N=\infty$。说明瞬变体系即使在很小的荷载作用下，也会产生巨大的内力，进而导致体系破坏。如果从位移量来考虑，当C点产生竖向小位移δ时，AC杆件的伸长量λ的计算公式使用泰勒公式展开，并忽略高阶小量，可得

$$\lambda=\sqrt{l^2+\delta^2}-l\approx\frac{\delta^2}{2l}$$

可见，当杆件AC或BC稍有变形，即产生微小的δ时，杆AC、BC将发生较大的伸长。因此，工程结构中不能采用瞬变体系，甚至连与瞬变体系接近的形式也应避免使用。

【例2-3】　如图2-19所示，对二刚片三链杆相连的体系进行几何组成分析。

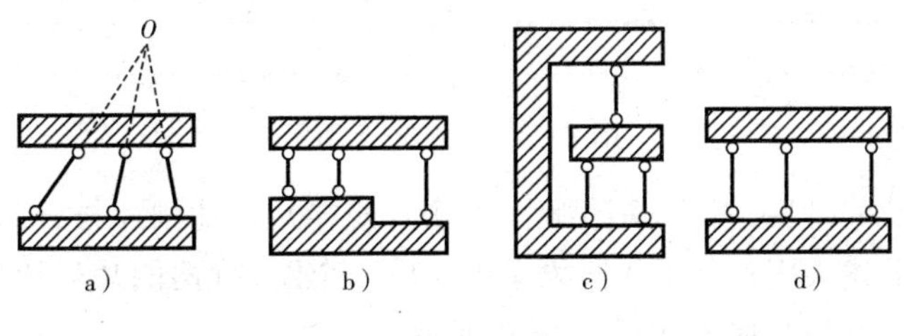

图2-19　例2-3图示

【解】 当三个链杆交于一点时(如图2-19a所示),则两刚片可以绕交点O做相对转动,当转动发生之后,三个链杆就不再交于一点,从几何可变体系变成几何不变体系,因此该体系为瞬变体系。当三个链杆相互平行但是不等长时(如图2-19b所示),两刚片可沿垂直于链杆的方向相对移动,但移动发生之后,三个链杆由于不等长就不能再保持平行关系,故符合两刚片规律,成为几何不变体系,因此该体系为瞬变体系。当三个等长链杆相互平行但不在一个刚片的同一侧时(如图2-19c所示),两刚片可沿垂直于链杆的方向相对移动,但移动发生之后,三个链杆由于不在刚片的同侧,不能再保持平行关系,故符合两刚片规律,成为几何不变体系,因此该体系为瞬变体系。当三个等长链杆相互平行且在刚片的同侧时(如图2-19d所示),两刚片可沿垂直于链杆的方向相对移动,移动发生之后仍然可以继续移动,因此该体系为常变体系。

§2.4 几何组成分析示例

对体系的几何组成分析可以先计算其计算自由度W,当$W>0$时,体系肯定为几何可变体系;当$W\leqslant 0$时,利用几何组成规则判定其是否为几何不变。通常也可以不计算W,直接利用几何组成规则判定其是否为几何不变。

可见,几何组成分析的关键就是对几何组成规则的正确和灵活运用。对于较为复杂的体系,可以将已经能够确定为几何不变的部分看成一个刚片,例如体系的地基或在刚片的基础之上增加二元体以及利用两刚片规律增大刚片范围;或者拆除二元体,以简化体系。具体运用可参考例题。

【例2-4】 对如图2-20所示的体系进行几何组成分析。

【解】 铰接三角形123可视为三个刚片用三个铰两两相连且三个铰不在同一条直线上,所以铰接三角形123为几何不变体系且无多余联系。以铰接三角形123为基础,增加一个二元体,得结点4,1234为几何不变体系;如此依次增加二元体,最后的体系为几何不变体系,没有多余联系。或从结点10开始拆除二元体,依次拆除结点9,8,7…,最后剩下铰接三角形123,它是几何不变的,故原体系为几何不变体系,没有多余联系。

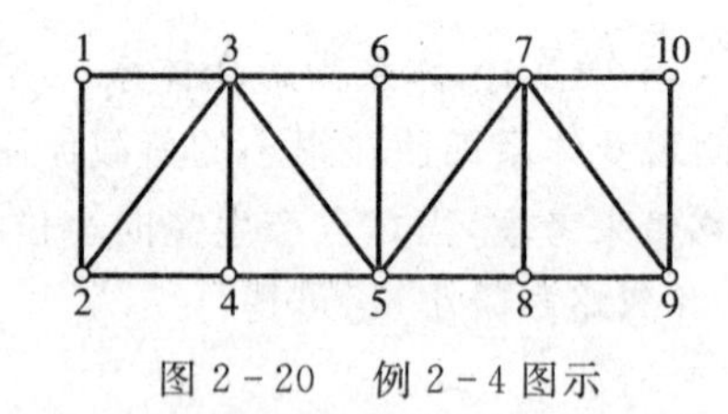

图2-20 例2-4图示

【例2-5】 对如图2-21所示的多跨静定梁进行几何组成分析。

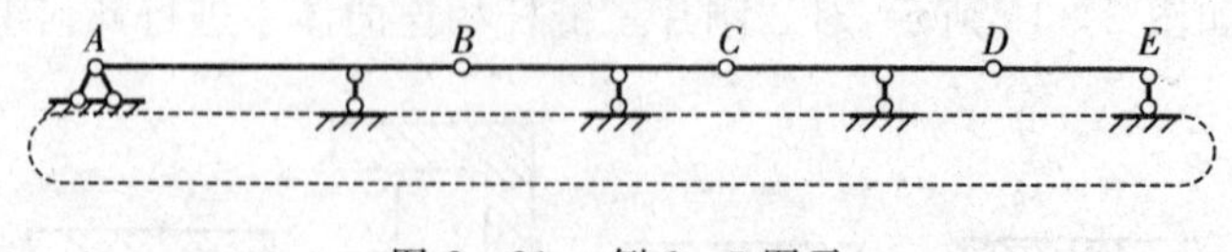

图2-21 例2-5图示

【解】 地基与AB段梁看作一个刚片(两刚片规律);上述刚片与BC段梁扩大成一个刚片(两刚片规律);上述大刚片与CD段梁又扩大成一个刚片(两刚片规律);同样分析DE段梁(两刚片规律);体系为几何不变,且无多余联系。

【例2-6】 对如图2-22所示的体系进行几何组成分析。

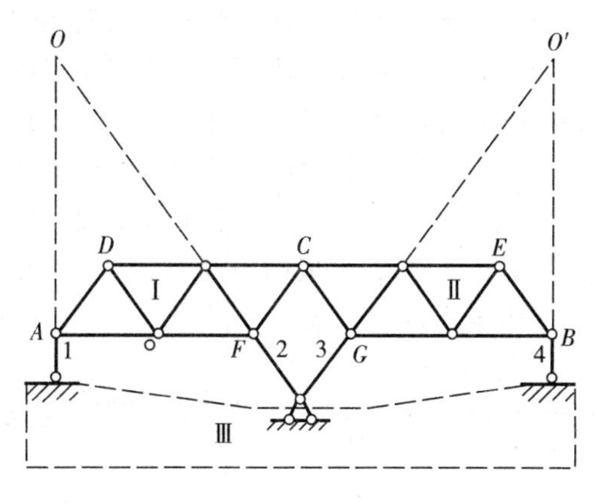

图 2-22　例 2-6 图示

【解】　观察体系，发现 $ADCF$ 和 $BECG$ 都可由铰接三角形增加二元体得到，故 $ADCF$ 和 $BECG$ 均为刚片，设为刚片 Ⅰ 和刚片 Ⅱ，地基可视为刚片 Ⅲ。刚片 Ⅰ 和刚片 Ⅱ 之间通过铰接点 C 连接；刚片 Ⅰ 和刚片 Ⅲ 通过 1、2 两根链杆相连，形成虚铰 O；同样，刚片 Ⅱ 和刚片 Ⅲ 通过 3、4 两杆形成的虚铰 O' 相连。C、O、O' 三铰不共线。根据三刚片规律，此体系为几何不变体系且无多余联系。

【例 2-7】　对如图 2-23 所示的体系进行几何组成分析。

【解】　观察体系，发现体系与地基之间通过三个链杆连接，故按照两刚片规律可只分析体系内的几何组成，而不分析体系与基础之间的关系。继续观察，发现体系内有较为明显的铰接三角形 FGH 和 ACE，分别视为刚片 Ⅰ 和刚片 Ⅱ，刚片 Ⅰ、刚片 Ⅱ 分别通过链杆 AH、EF、EB、CD、FD、GB 和其他体系联系，唯独链杆 BD 没有与刚片 Ⅰ、刚片 Ⅱ 直接联系，可设 BD 为刚片 Ⅲ。分析三个刚片的联系情况：刚片 Ⅰ 和刚片 Ⅱ 之间通过链杆 AH、EF 联系，形成的虚铰位置在 A 点；刚片 Ⅰ 和刚片 Ⅲ 之间通过链杆 FD、GB 联系，形成的虚铰交于 BG、FD 的无穷远处；刚片 Ⅱ 和刚片 Ⅲ 之间通过链杆 EB、CD 联系，形成的虚铰位置在 B 点。观察三个铰接点位置，发现其并不在同一直线上，故为几何不变体系且无多余联系。

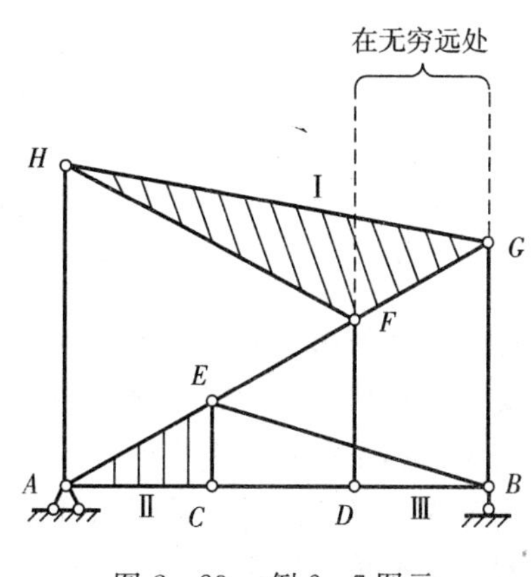

图 2-23　例 2-7 图示

【例 2-8】　对如图 2-24 所示的体系进行几何组成分析。

【解】　首先观察体系与基础之间有四个链杆，无法按照两刚片规律单独分析体系内部几何组成情况；其次，体系内无二元体构件，也无法按照二元体规律简化体系。所以，试用三刚片规律来分析体系，其中刚片 Ⅲ 为地基。

观察体系，发现体系内有明显的铰接三角形 ABD 和 BCE，分别视为刚片 Ⅰ 和刚片 Ⅱ。观察三刚片之间的联系：刚片 Ⅰ 和刚片 Ⅱ 之间通过铰接点 B 联系，刚片 Ⅰ 和刚片 Ⅲ 之间通过铰接点 A 联系，而刚片 Ⅱ 和刚片 Ⅲ 之间只有链杆 CH 联系，链杆 FG 并没有直接将刚片 Ⅱ 和刚片 Ⅲ 之间联系起来。此外，DF 和 EF 两个链杆没有使用。至此，分析无法完成。

那么，就必须重新选择刚片。下面还是以地基作为刚片 Ⅲ 出发，与刚片 Ⅲ 连接的链杆有 AB、AD、GF、HC。这四个链杆应该是和其他两个刚片相连，分析剩余体系就能很明显地找到其他两个刚片：链杆 DF 作为刚片 Ⅰ；铰接三角形 BCE 作为刚片 Ⅱ。重新分析三个刚片的联系情况：刚片 Ⅰ 和刚片 Ⅱ 通过链杆 BD、EF 联系，两个链杆相互平行，因此虚铰 O 在平行线的无穷远处；刚片 Ⅰ 和刚片 Ⅲ 之间通过链杆 AD、FG 联系，形成的虚铰为 F 点；刚片 Ⅱ 和刚片 Ⅲ 之间通过链杆 AB、CH 联系，形成的虚铰为 C 点。观察三个铰接点位置，发现三个虚铰在同一条直线上，因此体系为瞬变体系。

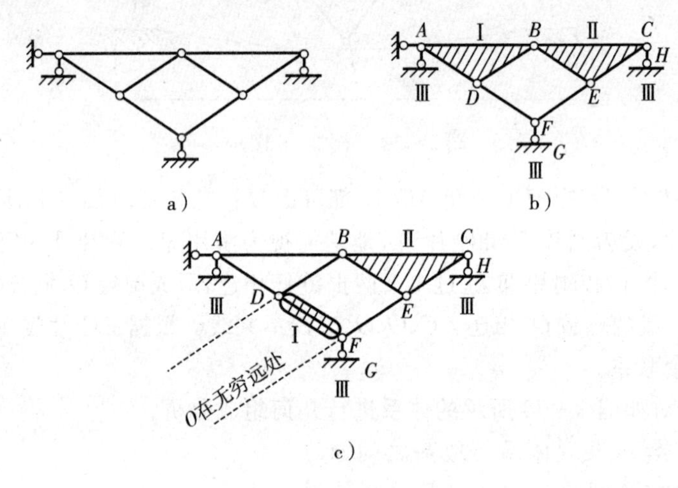

图 2-24　例 2-8 图示

§2.5　静定结构和超静定结构

结构的几何组成分析与内力分析有密切关联。结构的几何组成分析的任务首先是区分体系是否为几何可变，其次是分析体系是否有多余联系。根据构造分析的结果，将体系划分为几何可变体系和几何不变体系。其中，几何可变体系又分为瞬变体系和常变体系；几何不变体系又需要确认其是否有多余联系以及多余联系的个数。

对于几何可变体系的内力分析，由于在大多数荷载作用下，体系不能维持平衡状态，即静力平衡条件不成立，故平衡方程无解。对于几何不变体系的内力分析，由于其在任意荷载作用下均能维持平衡，平衡方程必定有解。但是能否只依靠平衡方程就能求解全部的未知支反力呢？下面通过如图 2-25 所示的结构来分析。

首先，通过几何组成分析发现，图 2-25a 为没有多余联系的几何不变体；图 2-25b 为有多余联系的几何不变体。图 2-25a 在 F_P 的作用下有 3 个支反力，取刚片 AB 作为隔离体，其在平面内的平衡方程有 3 个，而未知的支反力也有 3 个，故可以只通过静力平衡方程来求解出 3 个未知的支反力，进而可以用截面法来求解任意截面的内力。这样的结构称为静定结构。图 2-25b 为有一个多余联系的几何不变体，在 F_P 的作用下有 4 个支反力，取刚片 AB 作为隔离体能建立的平衡方程只有 3 个。能求解出来的未知支反力只有 F_{HA}，其他 3 个竖向支反力通过剩下的 2 个方程无法求解，故无法进一步确定任意截面的内力。这样的结构称为超静定结构。

由此可知，只有无多余联系的几何不变体系称为静定结构，或静定结构的几何构造为无多余联系的几何不变体系。凡是符合几何不变体系简单组成规则的体系都是静定结构。有多余联系的几何不变体系称为超静定结构。

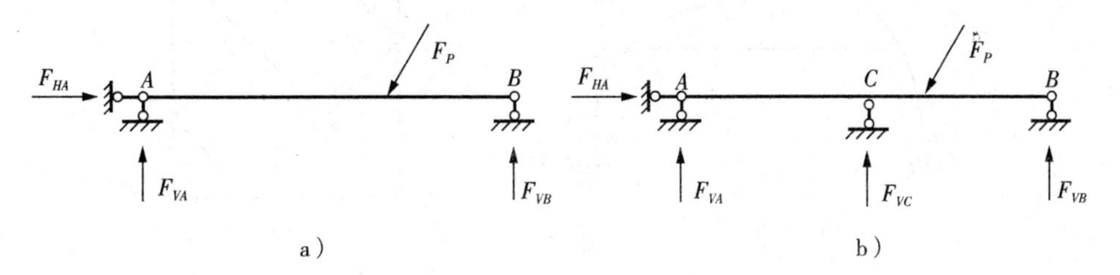

图 2-25　静定结构和超静定结构

习　题

2-1　试对如图 2-26 所示的体系作几何组成分析。如果是具有多余约束的几何不变体系，还需指出其多余约束的数目。

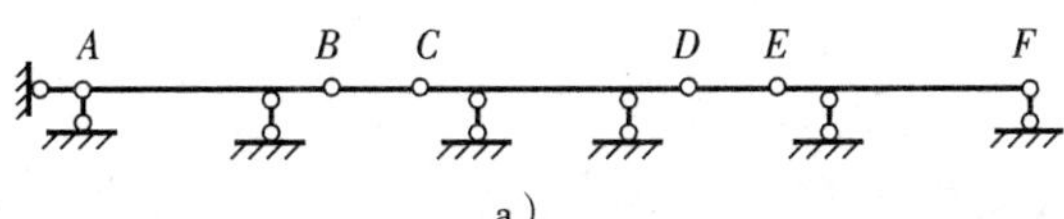

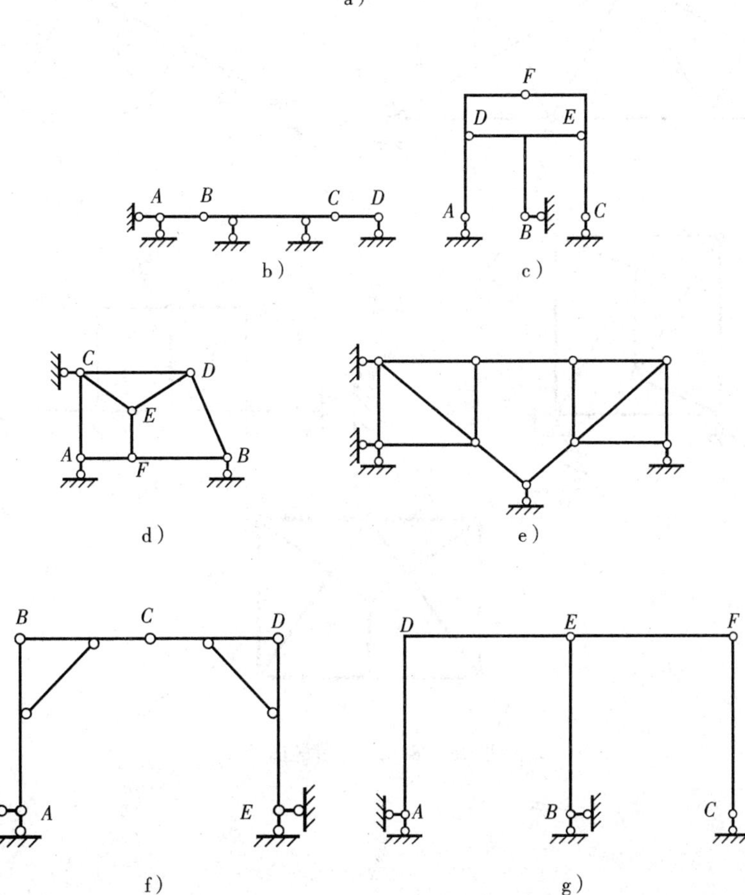

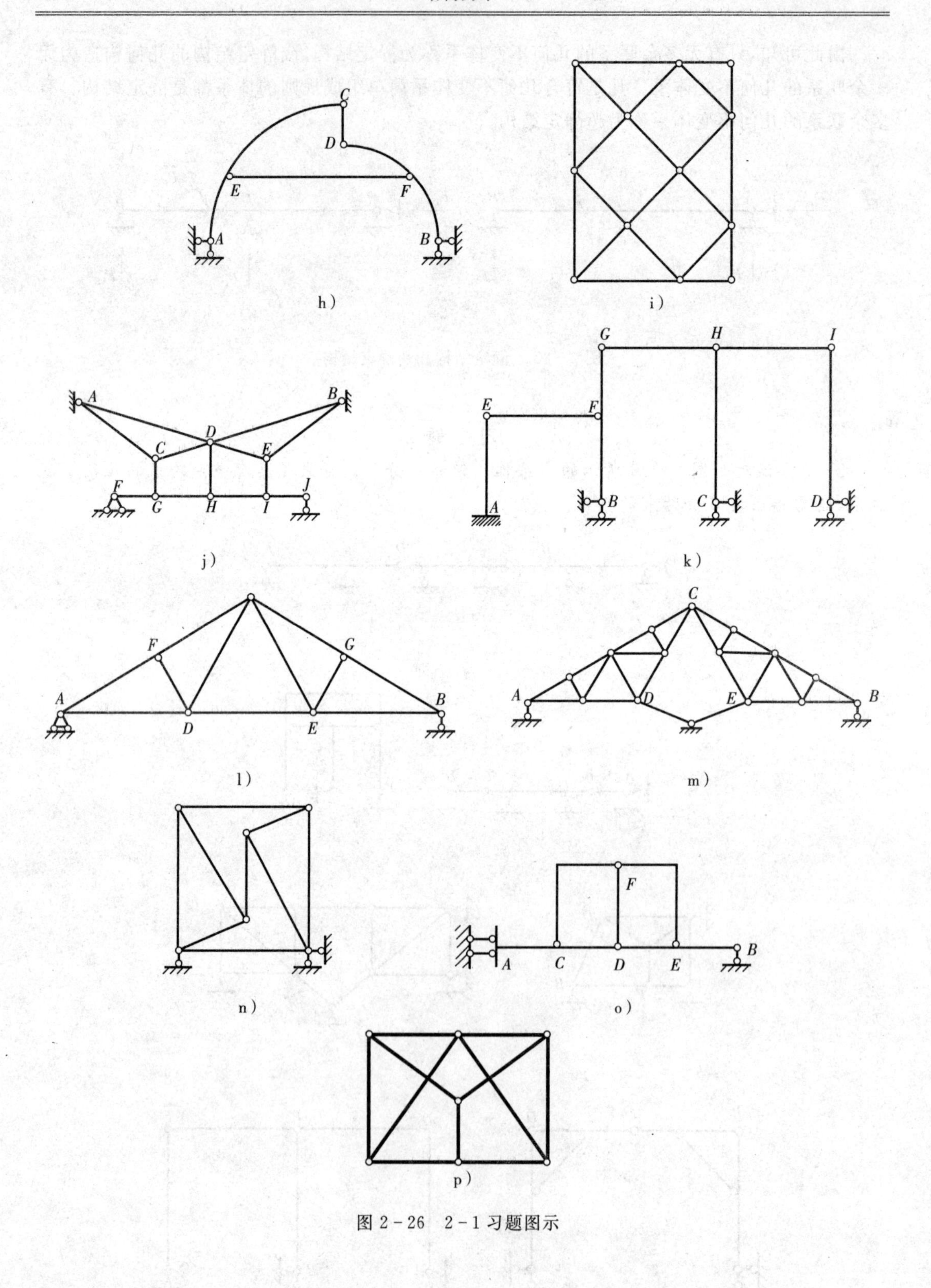

C
D
E
F
A
B
h)
i)
A
B
D
C
E
F
G
H
I
J
j)
G
H
I
E
F
A
B
C
D
k)
F
G
A
D
E
B
l)
C
A
D
E
B
m)
n)
F
A
C
D
E
B
o)
p)

图 2-26 2-1 习题图示

第 3 章　静定梁和静定刚架

本章讨论静定梁和静定刚架的内力计算问题，主要内容包括求解支反力、截面内力，绘制内力图和受力性能分析等。

§3.1　单跨静定梁

单跨静定梁是工程结构中最为常见也最为基本的结构之一，其受力分析是各种结构受力分析的基础。常见的单跨静定梁有简支梁、外伸梁和悬臂梁（如图 3－1 所示）。分析其约束情况，发现单跨静定梁的支座反力均只有三个，可以由平面内的静力平衡条件全部解出。

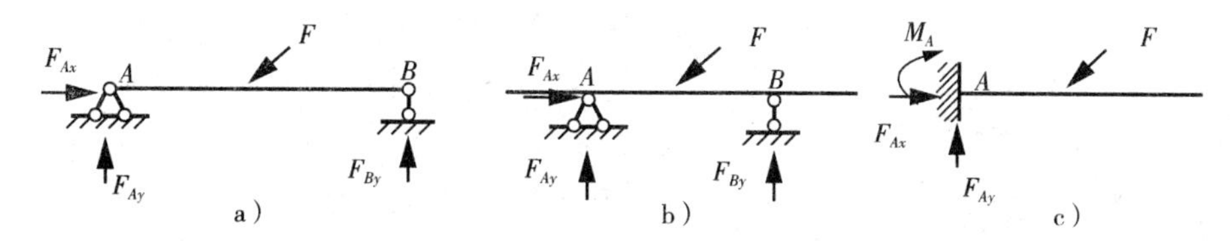

图 3－1　单跨静定梁

1. 杆件内力及其符号规定

根据材料力学（或工程力学）的知识，我们知道平面内杆件横截面上的内力分量有轴力 F_N、剪力 F_S 和弯矩 M。在结构力学中，同样需要研究这三个内力分量，只是关于正负号的规定有所区别。在结构力学中规定：当轴力使杆件伸长时为正，使杆件压缩时为负；当剪力使杆件微段有顺时针转动趋势时为正，有逆时针转动趋势时为负；弯矩一般画在杆件的受拉侧，不需要注明正负号（如图 3－2 所示）。

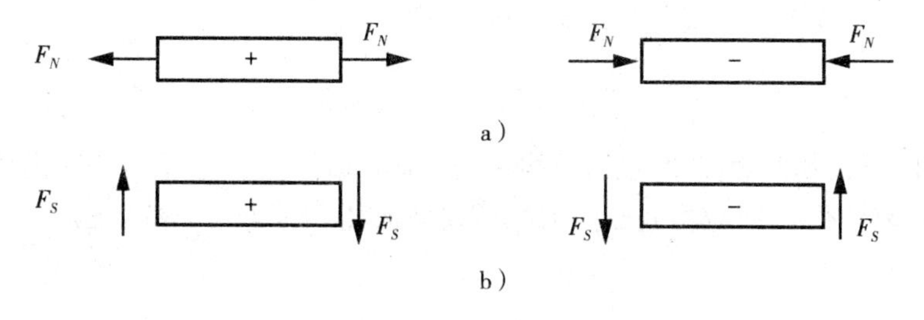

图 3－2　内力正负号

2. 计算杆件内力的截面法

截面法是计算截面内力的基本方法，将结构沿要求计算内力的截面截开，考虑截面任意一侧的全部结构作为隔离体，利用静力平衡条件求解内力。如图 3－3 所示，求解出固定铰支座 A 的支反力 F_{Ax}、F_{Ay} 之后，沿 K 截面将结构截开，取左半部分作为隔离体，将隔离体受到的全部外荷载和支反力标示在隔离体上，同时将 K 截面的内力也标示在隔离体上，最后利用静力平衡方程求解 K 截面的轴力、弯矩和剪力。

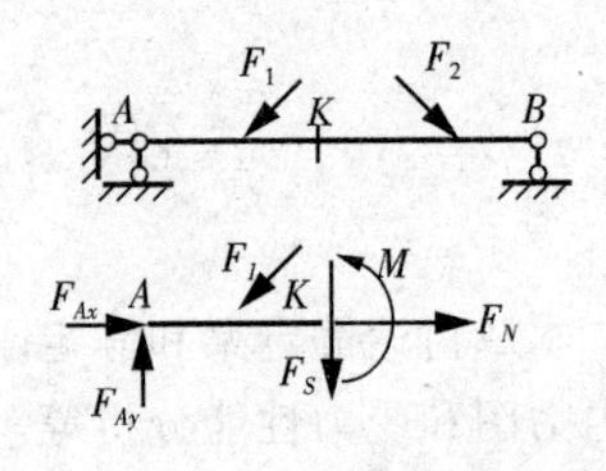

图 3-3 截面法

如图 3-3 所示，通过截面法的静力平衡计算可以发现：轴力等于截面一侧所有外力(包括荷载和反力)沿截面法线方向投影的代数之和，剪力等于截面一侧所有外力沿截面方向投影的代数之和，弯矩等于截面一侧所有外力对截面形心力矩的代数之和。

【例 3-1】 求如图 3-4a 所示的简支梁指定截面的内力。

【解】 (1) 求支反力

由整体平衡：

$$\sum F_x=0, F_{Ax}=0$$

$$\sum M_A=0, 20\times 2+15\times 4\times 6+32-F_{By}\cdot 12=0$$

$$F_{By}=36\text{kN}(\uparrow)$$

$$\sum M_B=0, F_{Ay}\times 12-20\times 10+15\times 4\times 6+32=0$$

$$F_{Ay}=44\text{kN}(\uparrow)$$

将所求支反力值标示在计算简图中。

(2) 计算各截面内力

对截面Ⅰ，可以选取截面Ⅰ左侧结构为隔离体(如图 3-4b 所示)，将隔离体上的荷载和支反力标示在隔离体上，同时将截面内力标示在截面Ⅰ上，建立平衡方程。

由

$$\sum M_{\text{I}}=0, 44\times 3-20\times 1-M_{\text{I}}=0$$

$$M_{\text{I}}=44\times 3-20\times 1=112\text{kN}\cdot\text{m}$$

由

$$\sum F_y=0, 44-20-F_{S\text{I}}=0$$

$$F_{S\text{I}}=44-20=24\text{kN}$$

对截面Ⅱ，可以选取截面Ⅱ左侧结构为隔离体(如图 3-4c 所示)，将隔离体上的荷载和支反力标示在隔离体上，同时将截面内力标示在截面Ⅱ上，建立平衡方程。

由

$$\sum M_{\text{II}}=0, 44\times 6-20\times 4-15\times 2\times 1-M_{\text{II}}=0$$

$$M_{\text{II}}=44\times 6-20\times 4-15\times 2\times 1=154\text{kN}\cdot\text{m}$$

由

$$\sum F_y=0, 44-20-15\times 2-F_{S\text{II}}=0$$

$$F_{S\text{II}}=44-20-15\times 2=-6\text{kN}$$

对截面Ⅲ，可以选取截面Ⅲ左侧结构为隔离体(如图 3-4d 所示)，将隔离体上的荷载和支反力标示在隔离体上，同时将截面内力标示在截面 Ⅲ 上，建立平衡方程。

由

$$\sum M_{Ⅲ} = 0, 44 \times 10 - 20 \times 8 - 15 \times 4 \times 4 - M_{Ⅲ} = 0$$

$$M_{Ⅲ} = 44 \times 10 - 20 \times 8 - 15 \times 4 \times 4 = 40\text{kN} \cdot \text{m}$$

由

$$\sum F_y = 0, 44 - 20 - 15 \times 4 - F_{SⅢ} = 0$$

$$F_{SⅢ} = 44 - 20 - 15 \times 4 = -36\text{kN}$$

对截面 Ⅳ，可以按照类似的规律求解，即选取截面 Ⅳ 右侧结构为隔离体（如图 3-4e 所示），将隔离体上的荷载和支反力标示在隔离体上，同时将截面内力标示在截面 Ⅳ 上，建立平衡方程。

由

$$\sum M_{Ⅳ} = 0, 36 \times 2 - M_{Ⅳ} = 0$$

$$M_{Ⅳ} = 72\text{kN} \cdot \text{m}$$

由

$$\sum F_y = 0, F_{SⅣ} + 36 = 0$$

$$F_{SⅣ} = -36\text{kN}$$

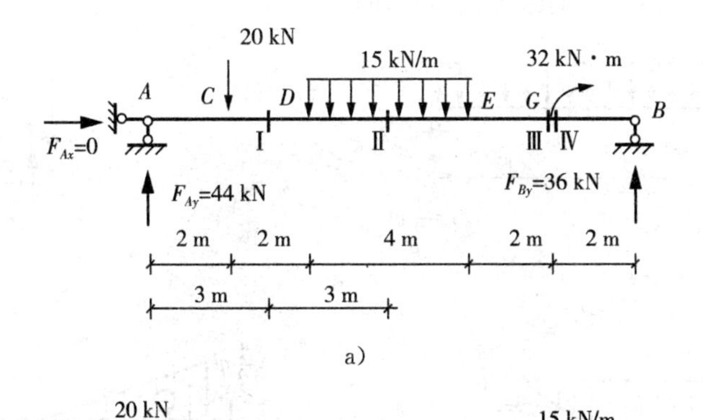

a)

b)　　c)

d)　　e)

图 3-4　例 3-1 图示

在结构力学中，通常用平行于杆件轴线的坐标（基线）表示截面的位置，用垂直于杆件轴线的坐标（竖标）表示内力的数值，这样表示所有截面内力数值的图形称为内力图。在土木工程中，画轴力图和剪力图要注明正负号；画弯矩图时，习惯将弯矩图绘制在杆件受拉一侧，不需要注明正负号。绘制内力图的基本方法是先分段写出内力方程，即以 x 表示任意截面在杆件中的位置，根据截面法计算任意截面的内力关于 x 的表达式，然后根据表达式绘制图形。

【例 3-2】 求如图 3-5a 所示的简支梁弯矩。

【解】 (1) 求支反力

由静力平衡条件可求解出：$F_{Ax}=0, F_{Ay}=\frac{1}{2}ql, F_{By}=\frac{1}{2}ql$。

(2) 截面法求内力

选取任意截面，设与 A 点的距离为 x，取截面左侧为隔离体（如图 3-5b 所示），建立静力平衡方程：

$$\sum F_x=0, F_{Ax}=0$$

$$\sum F_y=0, F_s(x)=\frac{1}{2}ql-qx$$

$$\sum M_x=0, M(x)=\frac{1}{2}qx(l-x)$$

(3) 绘制内力图

根据内力表达式绘出内力图（轴力为 0，略）。

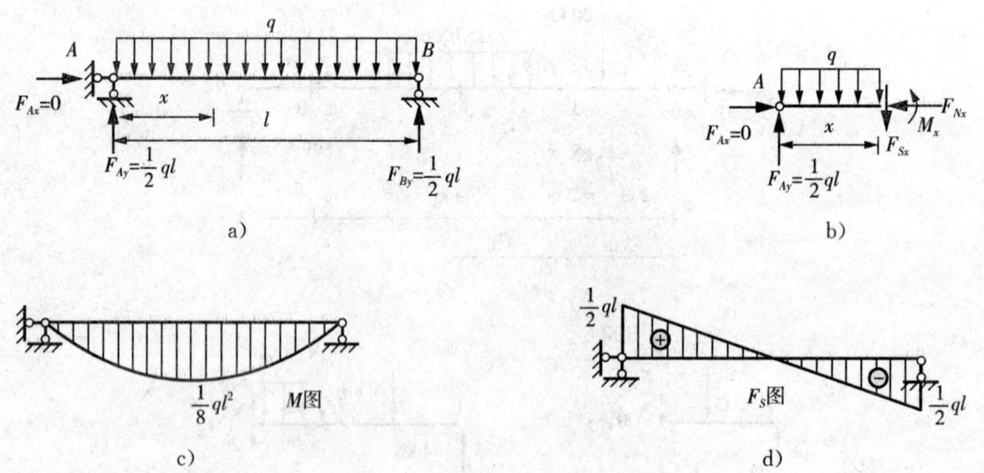

图 3-5 例 3-2 图示

简支梁在其他常见荷载作用下的内力如图 3-6 所示。除了写出内力方程绘制弯矩图这种方法之外，还可以利用内力和外力之间的微分关系判断内力图形状，然后利用分段、定点、连线以及区段叠加法绘制内力图。

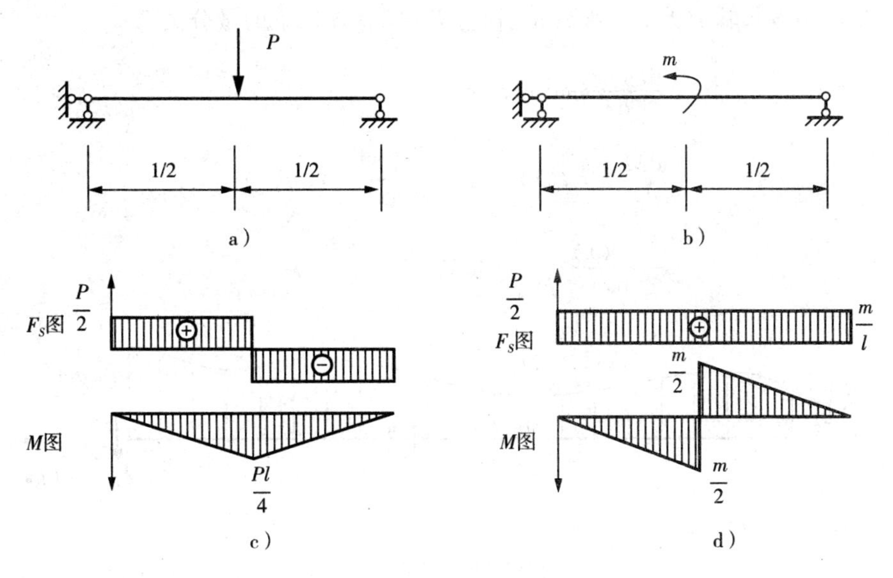

图 3 - 6　简支梁在常见荷载作用下的内力图

3. 直杆的平衡微分方程

如图3-7所示，假设直杆的一段上受到任意分布荷载 $q(x)$，取其中一微段 dx 分析：左截面剪力为 $F_S(x)$，弯矩为 $M(x)$；右截面剪力为 $F_S(x)+dF_S$，弯矩为 $M(x)+dM$；由于 dx 趋向于无穷小，故可认为作用在微段上的荷载 $q(x)$ 为均布荷载。

对微段建立静力平衡方程 $\sum F_y=0$：

$$F_S(x)=F_S(x)+dF_S(x)+q(x)\,dx$$

化简可得

$$\frac{dF_S(x)}{dx}=-q(x) \tag{3-1}$$

对左截面形心处取弯矩 $\sum M=0$，则

$$M(x)+F_S(x)\,dx=M(x)+dM+\frac{1}{2}q(x)\,(dx)^2$$

忽略二阶小量 $\frac{1}{2}q(x)\,(dx)^2$ 并化简，可得

$$\frac{dM}{dx}=F_S(x) \tag{3-2}$$

将式(3 - 1) 代入式(3 - 2)，可得

$$\frac{d^2M}{dx^2}=-q(x) \tag{3-3}$$

对于轴力，也可以得到与剪力相同的结论。综上所述，直杆受到竖向荷载集度 $q(x)$ 和

横向荷载集度 $p(x)$，其剪力 F_S、弯矩 M、轴力 F_N 间存在以下的微分关系：

$$\frac{\mathrm{d}F_S(x)}{\mathrm{d}x}=-q(x)$$

$$\frac{\mathrm{d}M}{\mathrm{d}x}=F_S(x) \quad 或 \quad \frac{\mathrm{d}^2M}{\mathrm{d}x^2}=-q(x) \tag{3-4}$$

$$\frac{\mathrm{d}F_N(x)}{\mathrm{d}x}=-p(x)$$

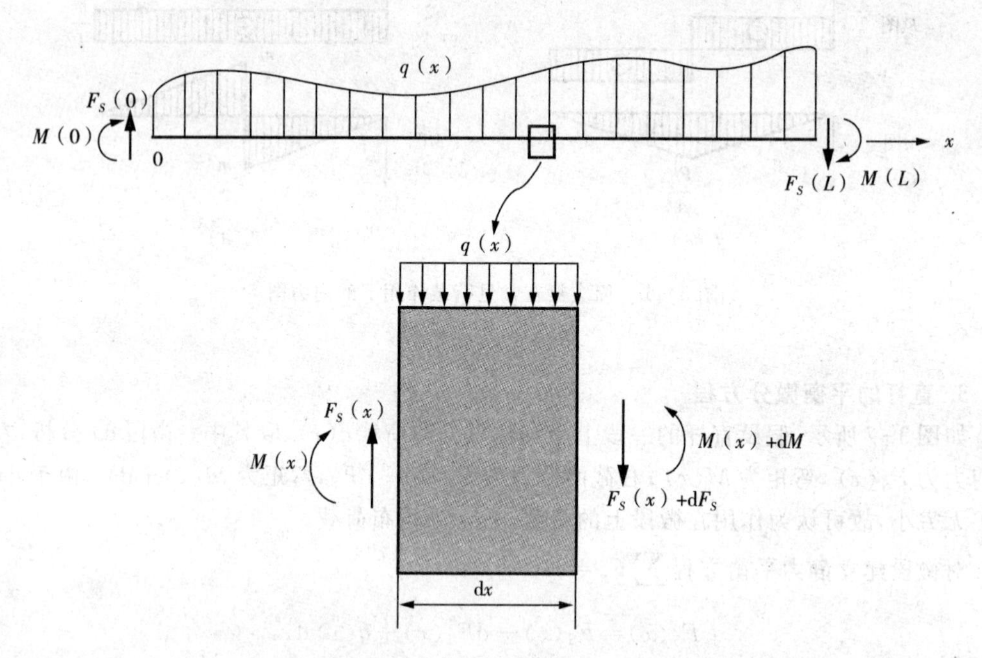

图 3-7 直杆的平衡微分方程

通过直杆的平衡微分关系，可以得出以下结论：

(1) 剪力图上某点的斜率数值等于该点处竖向荷载集度值，符号与集度值相反；

(2) 弯矩图上某点的切线斜率等于该点的剪力数值；

(3) 轴力图上某点的斜率数值等于该点处横向荷载集度值，符号与集度值相反。

荷载情况与内力图形状之间的关系归纳见表 3-1 所列。

表 3-1 直杆内力图的形状特征

梁上荷载情况	无竖向荷载	竖向均布荷载 q=常数		竖向集中力 F 作用处		集中力偶 M 作用处	铰接点
		$q\downarrow$　$q\uparrow$	特定值	$F\downarrow$　$F\uparrow$	特定值		
剪力图	水平线	斜直线 ╲　╱	0	有突变	无变化	无变化	无影响
弯矩图	斜直线 ╲　╱	抛物线 ◡　◠	有极值	有尖角 ∨　∧	有极值	有突变	0

4. 分段叠加法作弯矩图

根据材料力学知识可知，当结构在线弹性工作范围内时，荷载和内力之间存在着线性叠加关系。因此，可以利用叠加法作结构的弯矩图。所谓叠加法作弯矩图，就是以梁段两端的弯矩值的连线作为基线，在此基线上叠加简支梁在荷载作用下的弯矩图，即得到最终的弯矩图。

如图 3-8a 所示的简支梁受到集中力偶和均布荷载作用，可以看成集中力偶（如图 3-8b 所示）和均布荷载（如图 3-8c 所示）分别作用，根据直杆的平衡微分方程所得到的内力图形状特征分别作两个弯矩图（如图 3-8d、图 3-8e 所示），其中集中力偶作用下跨中弯矩为 $\overline{M}$，均布荷载作用下跨中弯矩为 M^0。然后将两个弯矩图的竖标相加，即可获得最终的弯矩图（如图 3-8f 所示），其中跨中弯矩 $M=\overline{M}+M^0$。然而，在实际作图过程中，可以先将两端的弯矩 M_A、M_B 直接绘出并连上直线（虚线）（如图 3-8d 所示），然后在此连线的基础之上再绘制均布荷载的弯矩图，直接得到最终的弯矩图（如图 3-8f 所示）。需要注意的是，利用叠加法绘制弯矩图必须是竖标相加，而不是简单的图形拼接。

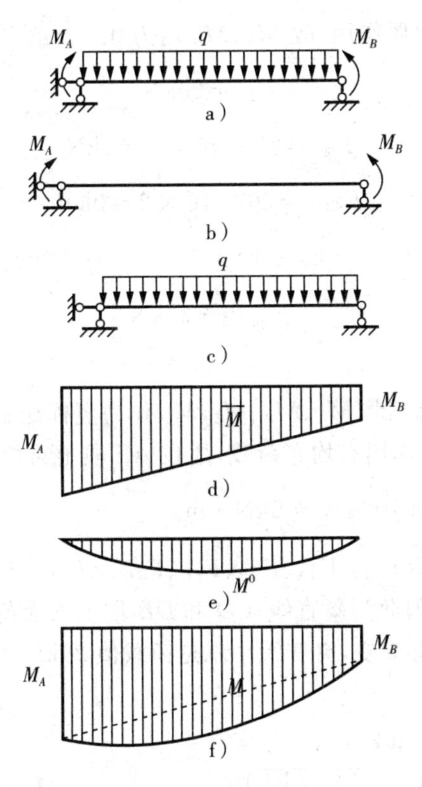

图 3-8　叠加法绘制弯矩图

因此，简单的利用叠加法作弯矩图的步骤归纳如下。

(1) 竖：把区段两端的弯矩竖标首先计算出来，并分别画上；

(2) 连：把该区段两端纵坐标用虚线相连并作为基线；

(3) 叠加：以虚线为基线，顺着荷载方向叠加一个和该区段相同跨度、相同荷载作用的简支梁弯矩图。

【例 3－3】 求如图 3－9a 所示的梁的弯矩图和剪力图。

【解】 (1) 求支反力

$$\sum M_A = 0, 10 \times 2 \times 1 + 20 \times 4 = F_{By} \times 5$$

$$F_{By} = 20\text{kN}(\uparrow)$$

$$\sum M_B = 0, 10 \times 2 \times 4 + 20 \times 1 = F_{Ay} \times 5$$

$$F_{Ay} = 20\text{kN}(\uparrow)$$

(2) 分段

根据结构和受力特点，将梁分为 AC、CD、DB 三段。分别使用截面法计算 A、B、C、D 截面的内力。

$$M_C = 20 \times 2 - 10 \times 2 \times 1 = 20\text{kN} \cdot \text{m}$$

$$M_D = 20 \times 1 = 20\text{kN} \cdot \text{m}$$

A、B 均为铰接点且无力偶作用，故 M_A、M_B 均为 0。

$$F_{SA} = 20\text{kN}$$

$$F_{SC} = 20 - 10 \times 2 = 0\text{kN}$$

$$F_{SD左} = 20 - 10 \times 2 = 0\text{kN}$$

$$F_{SD右} = 20 - 10 \times 2 - 20 = -20\text{kN}$$

$$F_{SB} = -20\text{kN}$$

(3) 作内力图

弯矩图(如图 3－9b 所示)：将 M_A、M_B、M_C、M_D 作为竖标绘制在结构上，然后用直线相连(其中 AC 段用虚线)，AC 段作用有均布荷载，故在 AC 段上再叠加简支梁均布荷载弯矩图，中点位置竖标为 $\frac{1}{8}ql^2 = \frac{1}{8} \times 10 \times 2^2 = 5\text{kN} \cdot \text{m}$。

剪力图(如图 3－9c 所示)：将 F_{SA}、F_{SB}、F_{SC}、$F_{SD左}$、$F_{SD右}$ 作为竖标绘制在结构上。其中，AC 段有均布荷载作用，因此为斜直线；CD 和 DB 段上均无荷载，因此为水平直线。D 点有集中力作用，因此剪力图有突变，突变大小就是荷载值 20kN。

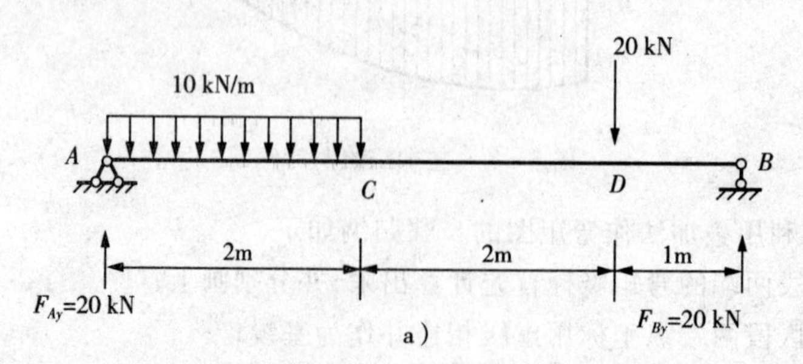

a)

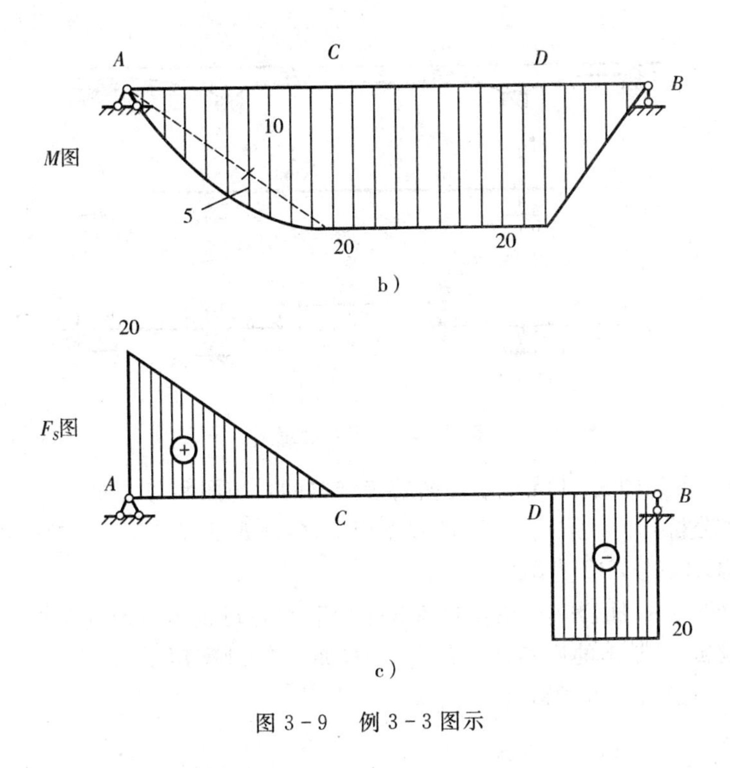

图 3－9　例 3－3 图示

§3.2　多跨静定梁

多跨静定梁是由多根梁用铰相连，并用多个不同类型支座与基础相连而成的静定结构。如图 3－10a 所示为常见的公路静定多跨梁桥，而图 3－10b 为计算简图。

1. 多跨静定梁的几何特征

从几何组成上来看，多跨静定梁可以分为两个部分：基本部分和附属部分。基本部分是指不依靠其他部分的存在而能独立维持其几何不变性的部分，例如图 3－10 中的 AB、CD 段。附属部分是指必须依靠基本部分才能维持其几何不变性的部分，例如图 3－10 中的 BC 段。根据基本部分和附属部分的几何不变性来看，附属部分必须依靠基本部分的存在才能维持其几何不变性，而基本部分维持其几何不变性的能力则不依赖附属部分的存在。因此，为了更好地反映各个部分的几何关系，可以将基础部分画在下层，而将附属部分画在上层，形成层叠图（如图 3－10c 所示）。

2. 多跨静定梁的计算

从受力关系上来看，由于基本部分能够独立维持几何不变性，因此它能独立承受荷载，维持平衡。而附属部分必须依赖基本部分才能维持几何不变性，因此它不能独立地承受荷载并维持平衡。所以，根据平衡条件，当荷载作用于基本部分时，只有基本部分受力，附属部分不受力；当荷载作用于附属部分时，附属部分将力传递给基本部分，基本部分和附属部分共同受力。如此，就决定了计算多跨静定梁的顺序是先附属部分、后基本部分，与几何组成顺序相反。

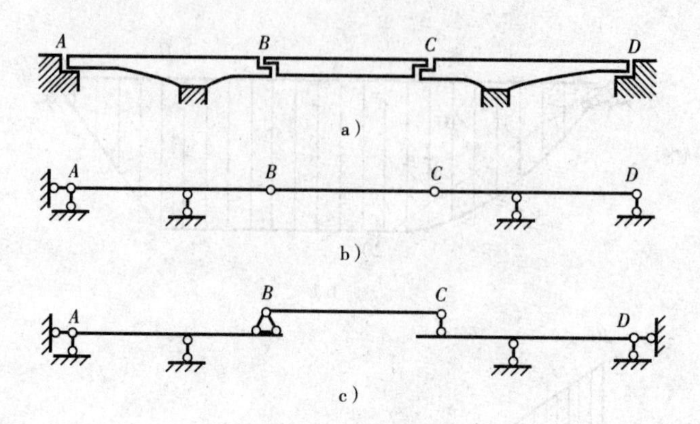

图 3-10　多跨静定梁

【例 3-4】　求如图 3-11a 所示的多跨静定梁的弯矩图和剪力图。

【解】　(1) 分析几何组成：在竖向荷载作用下，*CDEF* 无轴力，可不考虑水平约束，因此 *AB*、*CDEF* 为基本部分，*BC* 为附属部分；

(2) 画层叠图 3-11b，其中，在竖向荷载作用下 *C* 点可视为活动铰支座；

(3) 按先附属、后基本的原则计算各支反力（如图 3-11c 所示）。

(4) 逐段作出梁的弯矩图和剪力图。

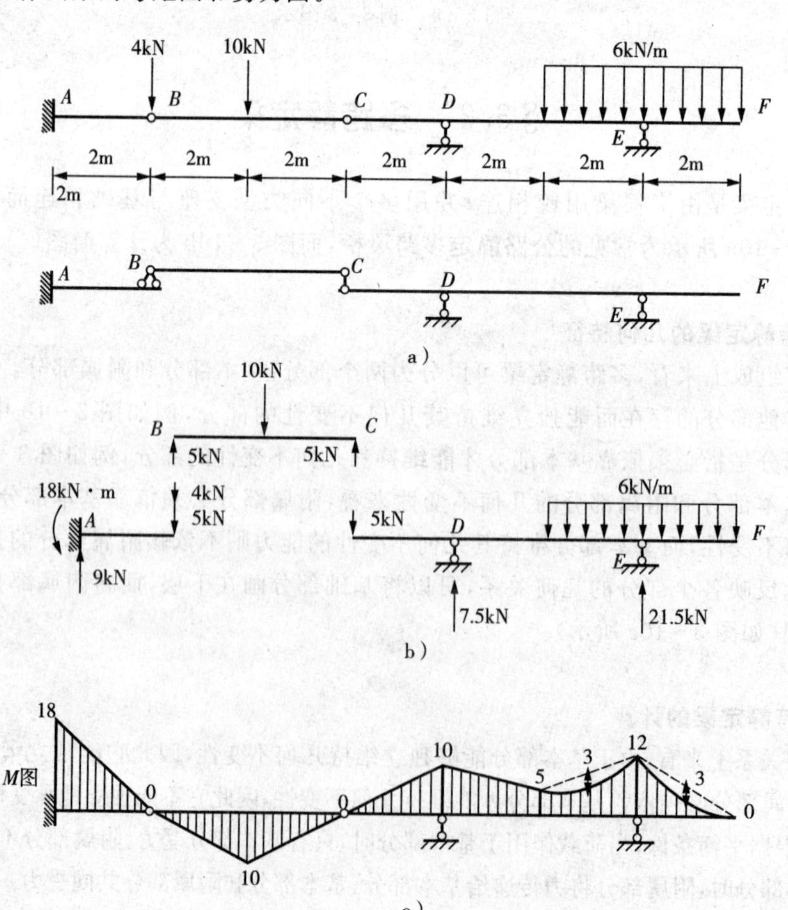

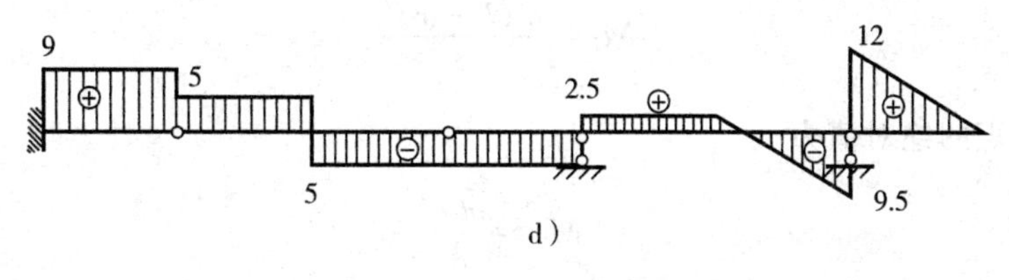

图 3-11　例 3-4 图示

【例 3-5】　求如图 3-12a 所示的多跨静定梁，欲使梁上最大正、负弯矩的绝对值相等，试确定铰 B、E 的位置。

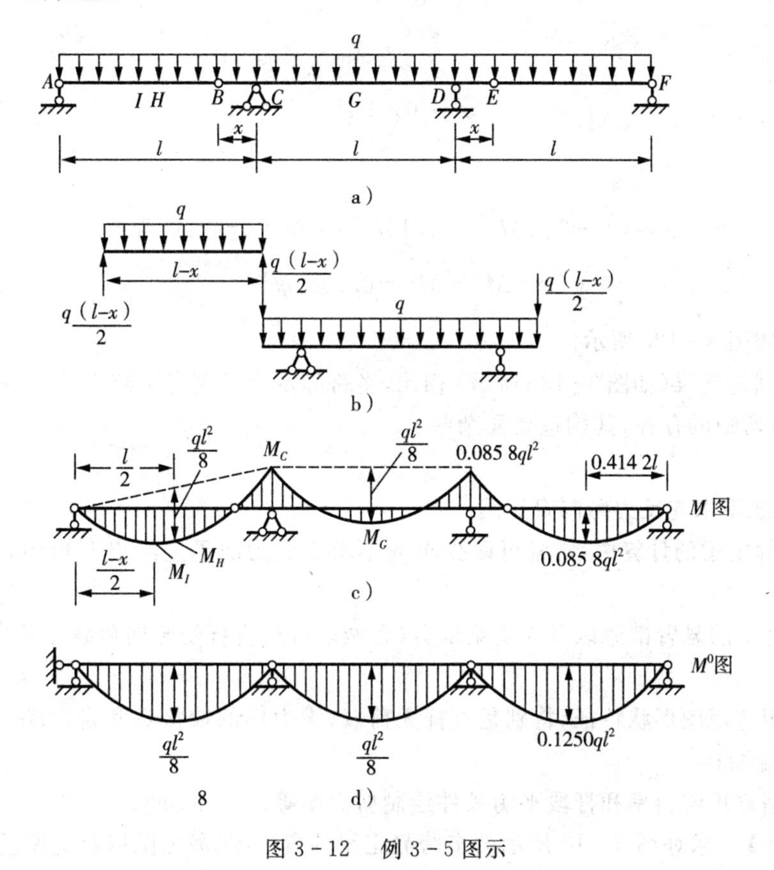

图 3-12　例 3-5 图示

【解】　先分析附属部分，后分析基本部分，如图 3-12b 所示。

AC 段中点 H 的弯矩为

$$M_H = \frac{ql^2}{8} - \frac{M_C}{2}$$

CD 段的最大弯矩发生在跨中 G

$$M_G = \frac{ql^2}{8} - M_C$$

可见，$M_H > M_G$，最大正弯矩为 M_I。

AB 段中点 I 的弯矩为

$$M_I=\frac{q\ (l-x)^2}{8}$$

截面 C 弯矩的绝对值为

$$M_C=\frac{qlx}{2}$$

令 $M_I=M_C$，可得

$$\frac{q\ (l-x)^2}{8}=\frac{qlx}{2}$$

化简可得

$$x^2-6x+l^2=0$$

解得

$$x=(3-2\sqrt{2})l=0.1716l(\text{另一解不合题意，舍去})$$

$$M_I=M_C=0.0858ql^2$$

弯矩图如图 3-12c 所示。

与一系列简支梁（如图3-12d所示）相比，多跨静定梁最大弯矩减小，因此材料用量可减少，但由于负弯矩的存在，其构造要复杂些。

3. 少求或不求支反力绘制弯矩图

在多跨静定梁的计算中，常常可以少求或不求支反力而迅速绘出弯矩图。常用的方法如下：

(1) 结构上的悬臂部分以及简支梁部分（含两端铰接直杆受竖向荷载），其弯矩图可以先绘出；

(2) 利用弯矩图形状特征（特别是直杆无荷载、无力偶的铰接点和自由端），使用区段叠加法绘制弯矩图；

(3) 利用弯矩图斜率和杆段平衡条件绘制剪力图等。

【例 3-6】 求如图 3-13 所示的多跨静定梁的弯矩图、剪力图以及支座反力。

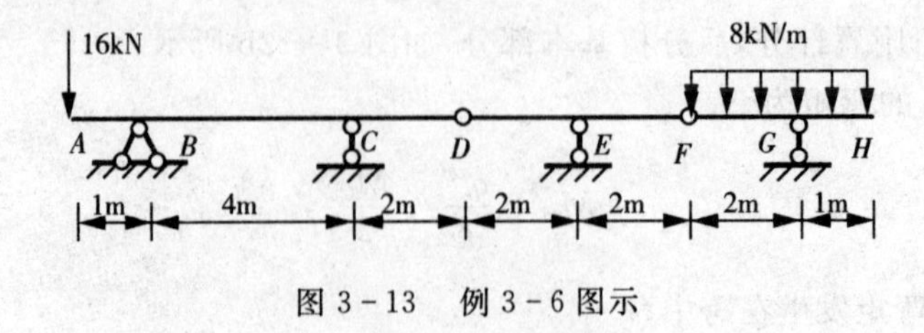

图 3-13 例 3-6 图示

【解】 本题仅求出支座 G 的反力 F_G 就可以绘出弯矩图。

(1) 取 FH 段为隔离体，建立平衡方程

$$\sum M_F=0, F_G=\frac{8\times3\times1.5}{2}=18\text{kN}(\uparrow)$$

(2) 绘制 AB、GH 两个悬臂段弯矩图，随后利用叠加法绘制 FG 段弯矩图，如图3-14a所示。

随后取 EH 段为隔离体，建立平衡方程

$$\sum M_E = 0, M_E = 18 \times 4 - 8 \times 3 \times 3.5 = -12\text{kN}(\text{上侧受拉})$$

EF 段无荷载，故用直线绘制 EF 段弯矩图；利用铰接点 D 求出 $M_D = 0$ 且 DE 段无荷载，故继续用直线连接 DE 段；CD 段同样无荷载，故按照同样斜率延伸到 C 点；BC 段无荷载，连接 BC 段。这样最终得到全部的弯矩图(如图 3-14b 所示)。

(3) 根据弯矩图斜率计算各段剪力，并绘制剪力图(图 3-14c)。

$$F_{SAB} = -16/1 = -16\text{kN}, F_{SBC} = (12 + 16)/4 = 7\text{kN}$$

$$F_{SCE} = (-12 - 12)/4 = -6\text{kN}, F_{SEF} = 12/2 = 6\text{kN}$$

$$F_{SG左} = F_{SF} - 2 \times 8 = -10\text{kN}, F_{SG右} = 8 \times 1 = 8\text{kN}$$

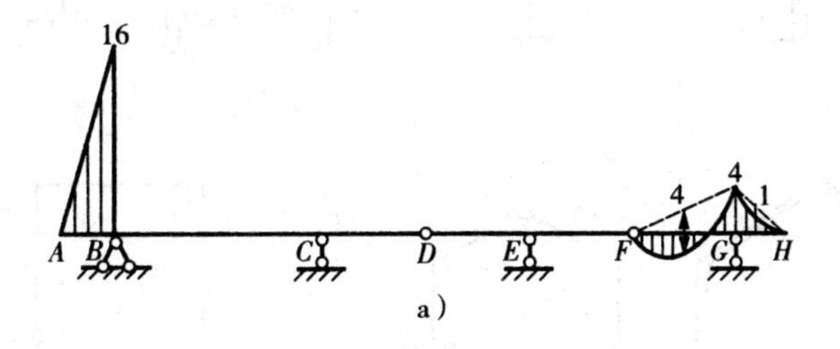

a)

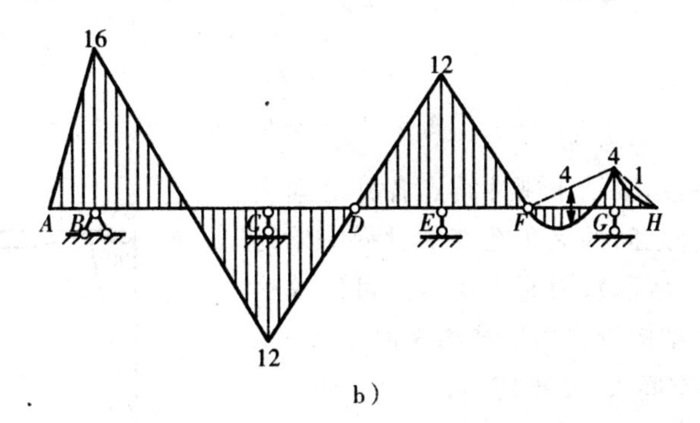

b)

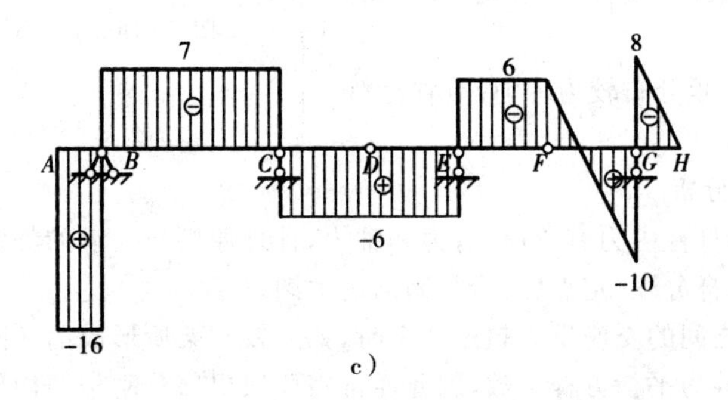

c)

图 3-14　例 3-6 的弯矩图和剪力图

(4) 根据剪力图，计算支反力

$$F_B=7+16=23\text{kN}(\uparrow),F_C=7+6=13\text{kN}(\downarrow)$$

$$F_E=6+6=12\text{kN}(\uparrow)$$

§3.3 静定刚架

1. 刚架的类型及特点

刚架是由直杆组成的具有刚结点的结构。平面刚架的常见形式有悬臂刚架（如图 3－15a 所示，如站台雨棚）、简支刚架（如图 3－15b 所示，如渡槽横截面）、三铰刚架（如图 3－15c 所示，如屋架）以及主从刚架（如图 3－15d 所示，如多排厂房）等。

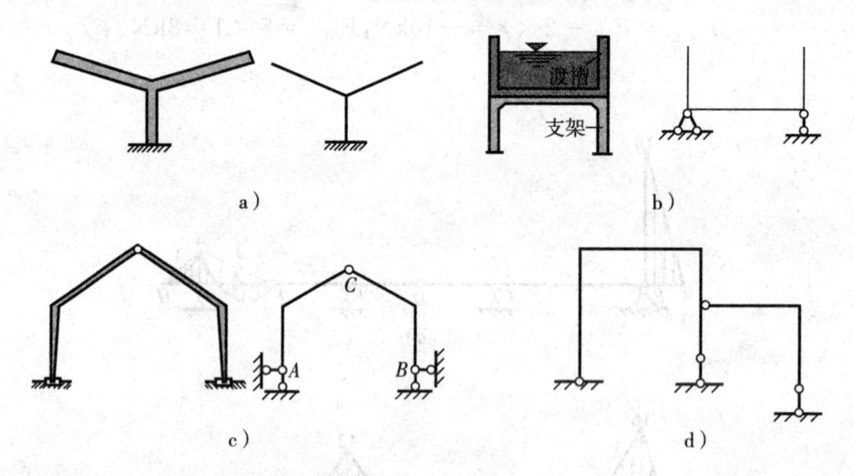

图 3－15 刚架

根据刚结点的特性，联结于刚性结点各杆之间不能产生相对转动，各杆之间的夹角在变形过程中始终保持不变（如图 3－16 所示），因此刚性结点可以承受和传递弯矩。而刚架结构较之桁架结构来说：

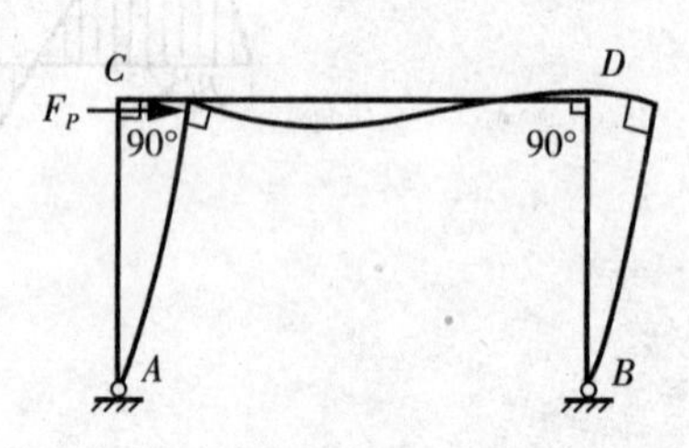

图 3－16 变形过程中夹角保持不变

(1) 刚架的内部空间大，便于使用；

(2) 刚结点将梁柱联成整体，增大了结构的刚度，变形小；

(3) 刚架中的弯矩分布较为均匀，节省材料。

2. 刚架的计算分析

对于平面刚架，杆件内力有弯矩、剪力和轴力，计算原则与一般的静定结构类似，通常是先计算支反力，再逐杆分段、定点、连线绘制出内力图。

当刚架与基础之间的支座反力超过 3 个时，如三铰刚架所形成的三刚片体系，未知支反力个数超过了总体静力平衡方程个数，因此通常需要取出部分刚架结构作为隔离体，建立补充的静力平衡方程，从而求出全部支反力。

当刚架形成了主从结构时，仍然需要按照先附属、后基本的计算原则分步求解支反力和绘制弯矩图。

由于梁结构通常水平放置，而刚架结构存在多种角度，弯矩图绘制在杆件受拉侧面不注明正负号，而剪力图和轴力图的正负号规定与梁相同，并且需要注明正负号。

此外，刚结点可连接多个杆件，并且互相传递力和弯矩。因此，在标注各杆件内力时需注明两个下标，第一个下标表示截面，第二个下标表示杆件的另一端。例如，M_{AB} 表示 AB 杆件 A 截面的弯矩。

【例 3-7】 求如图 3-17a 所示刚架的内力图。

【解】 (1) 求解支反力

分析刚架可知，图 3-17a 所示为一简单刚架，支反力只有 3 个，分别为 F_{Ax}、F_{By} 和 M_B。由静力平衡条件：

$$\sum F_x = 0, F_{Ax} = 2P(\rightarrow)$$

$$\sum F_y = 0, F_{By} = P(\uparrow)$$

$$\sum M_B = 0, M_B = 2P \times 2l + Pl - 2Pl = 3Pl(\circlearrowright)$$

(2) 绘制弯矩图

先考虑 CD 杆，该杆为一悬臂杆，杆端 C 弯矩可以直接求出：

$$M_{CD} = Pl$$

再考虑 AC 杆，该杆为轴心受压杆，故 $M_{AC} = M_{CA} = 0$。

最后考虑 BC 杆，$M_{BC} = 3Pl$，$M_{CB} = 3Pl - 2Pl = Pl$，连线后中点弯矩为 $2Pl$，再叠加集中力 $2P$ 形成的弯矩 $\frac{1}{4}2P \times 2l = Pl$，故中点弯矩为 $2Pl + Pl = 3Pl$。绘制出弯矩图，如图 3-17b 所示。

(3) 绘制剪力图和轴力图

逐杆计算剪力和轴力，采用截面法可得

$$AD\text{ 杆}: F_{NAC} = F_{NCA} = -2P, F_{SAC} = F_{SCA} = 0$$

$$CD\text{ 杆}: F_{NDC} = F_{NCD} = 0, F_{SCD} = F_{SDC} = P$$

$$BC\text{ 杆}: F_{NBC} = F_{NCB} = -P, F_{SBC} = 0, F_{SCB} = 2P$$

使用叠加法，绘制出剪力图（如图 3-17c 所示）和轴力图（如图 3-17d 所示）。

(4) 校核

内力图作出后需校核。对于弯矩图，需检查刚结点处各杆的弯矩是否平衡；对剪于力图和轴力图，则是取刚架任意一部分查看合力是否平衡。

例如，取结点 C 为隔离体（如图 3-17e 所示），有

$$\sum M_c = 0, 2Pl - 2Pl = 0$$

$$\sum F_x = 0, 2P - 2P = 0$$

$$\sum F_y = 0, P - P = 0$$

故满足平衡条件,求解无误。

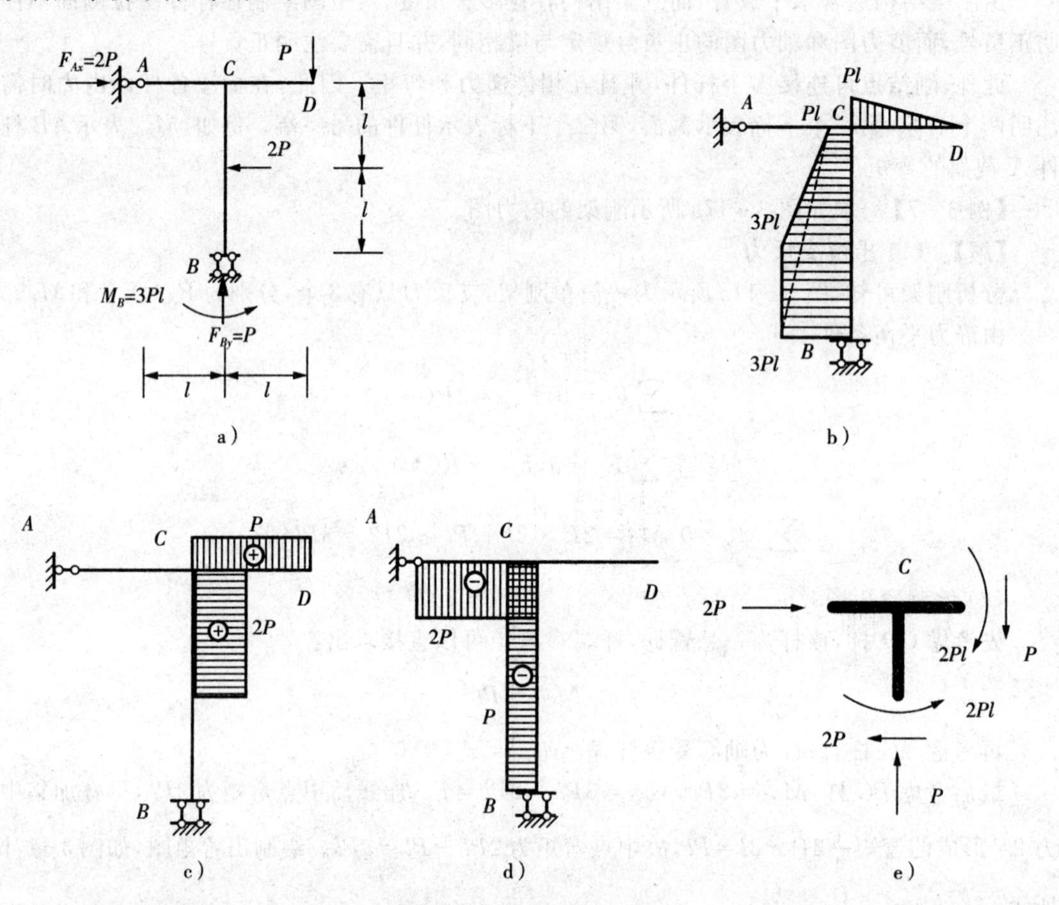

图 3-17 例 3-7 图示

【例 3-8】 求如图 3-18a 所示三铰刚架的内力图。

【解】 (1) 求解支反力

观察三铰刚架发现有 4 个支反力,对整体结构建立静力平衡方程:

$$\sum M_A = 0, 2a \times F_{By} = \frac{5}{2}Pa, F_{By} = \frac{5}{4}P(\uparrow)$$

$$\sum M_B = 0, 2a \times F_{Ay} + \frac{1}{2}Pa = 0, F_{Ay} = -\frac{1}{4}P(\downarrow)$$

$$\sum F_x = 0, F_{Ax} = F_{Bx}$$

平面内的静力平衡方程仅有 3 个,不能求解全部的支反力,因此要补充一个静力平衡方程。取左侧 ADC 刚片作为隔离体(如图 3-18b 所示),则有

$$\sum M_C = 0, 2a \times F_{Ax} = a \times F_{Ay} = -\frac{1}{4}Pa, F_{Ax} = -\frac{1}{8}P(\leftarrow)$$

即

$$F_{Bx}=-\frac{1}{8}P(\rightarrow)$$

(2) 绘制弯矩图。

逐杆计算各杆件两端弯矩，并作为基线相互连接。本题中并不需要叠加弯矩，故连线后的弯矩图就是最终弯矩图(如图 3 - 18c 所示)。

(3) 绘制剪力图和轴力图

逐杆计算各杆件两端的剪力和轴力，根据叠加法绘制各杆剪力图和轴力图(如图 3 - 18d、图 3 - 18e 所示)。

(4) 校核(略)

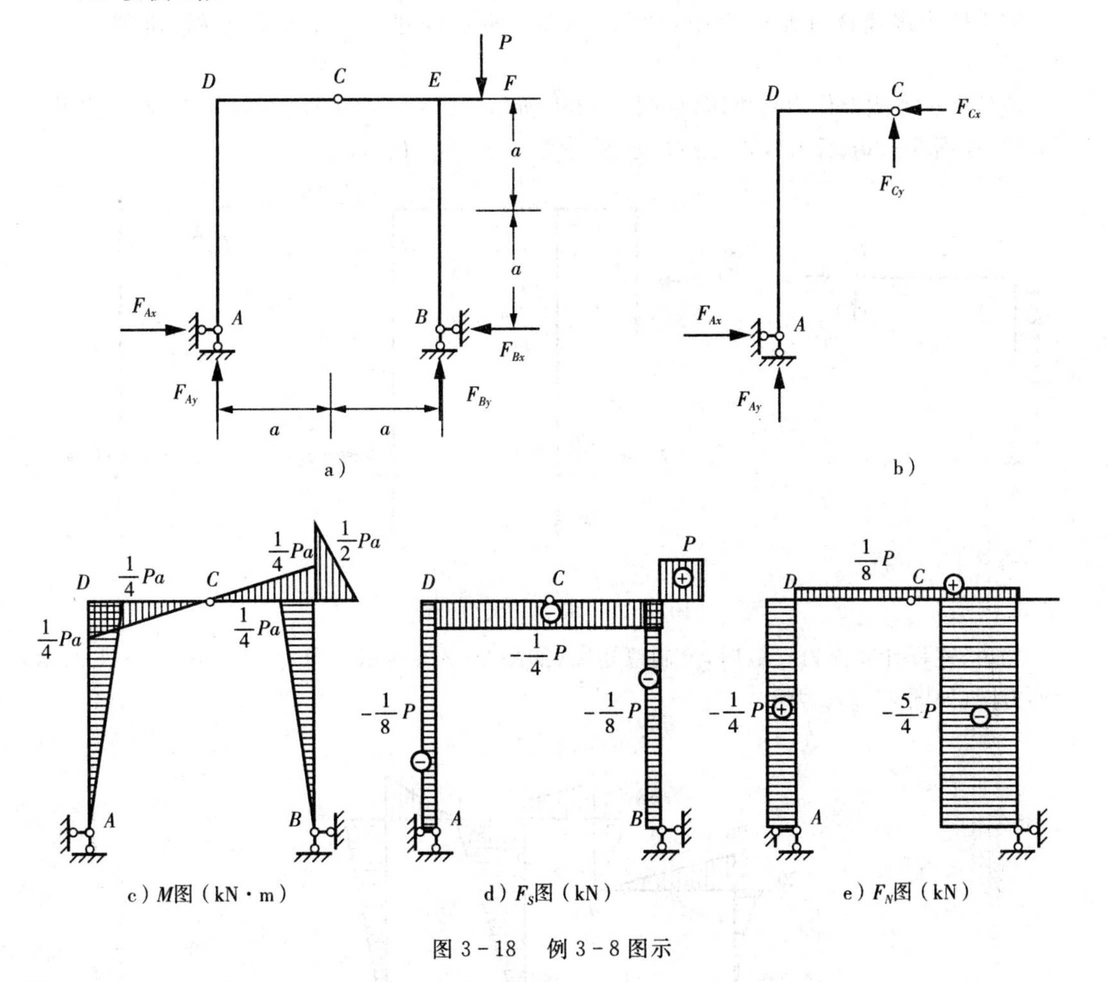

图 3 - 18　例 3 - 8 图示

【例 3 - 9】　求如图 3 - 19 所示组成刚架的内力图，$d=1\text{m}$，$q=10\text{kN/m}$。

【解】　首先，分析其几何组成，确定基本部分和附属部分。

观察结构发现，铰 D 以右部分为三铰刚架，是基本部分；D 以左部分为支撑于地基和三铰刚架的简支刚架，是附属部分。因此，求解过程为先求解 DE 刚片，再求解 $ABCD$ 三铰刚架。

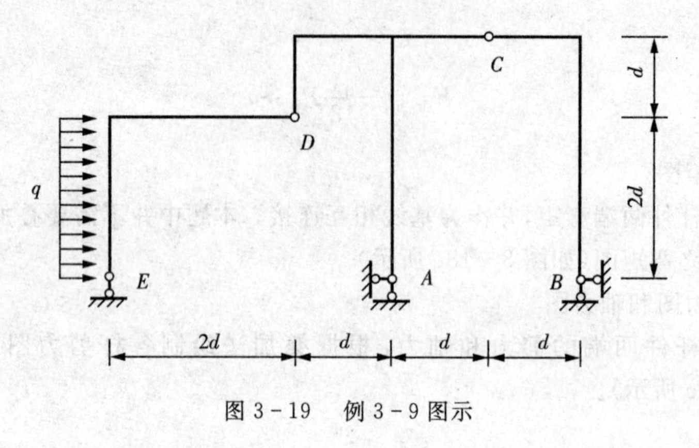

图 3-19 例 3-9 图示

取 DE 为隔离体并画受力图(如图 3-20a 所示),建立三个平衡方程,求解出 F_{Ey}、F_{Dx}、F_{Dy}。

随后将三铰刚架作为隔离体(如图 3-20b 所示),建立三个平衡方程,并用 BC 刚片作为隔离体(如图 3-20c 所示),建立补充方程,求解 F_{Ax}、F_{Ay}、F_{Bx}、F_{By}。

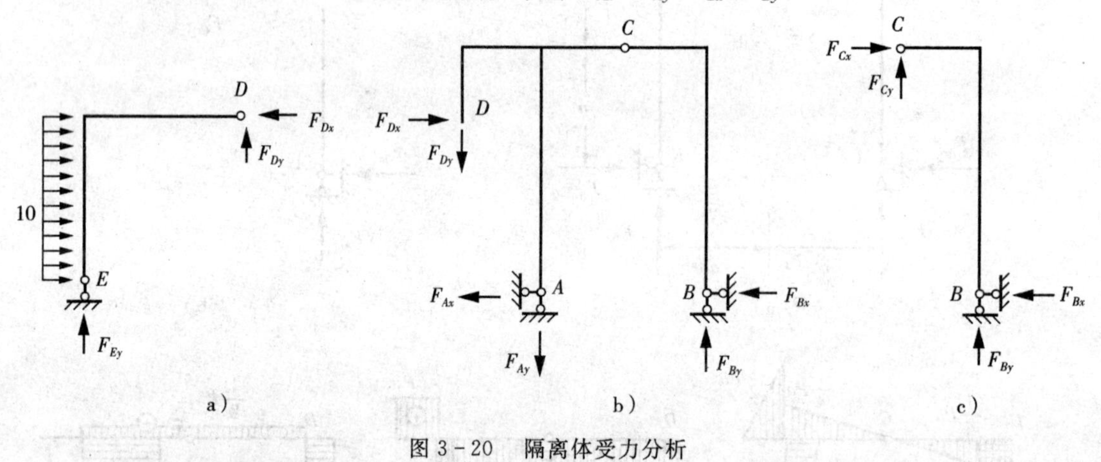

图 3-20 隔离体受力分析

然后,逐杆计算内力。最后,绘制弯矩图(如图 3-21a 所示)、剪力图(如图 3-21b 所示)和轴力图(如图 3-21c 所示)。

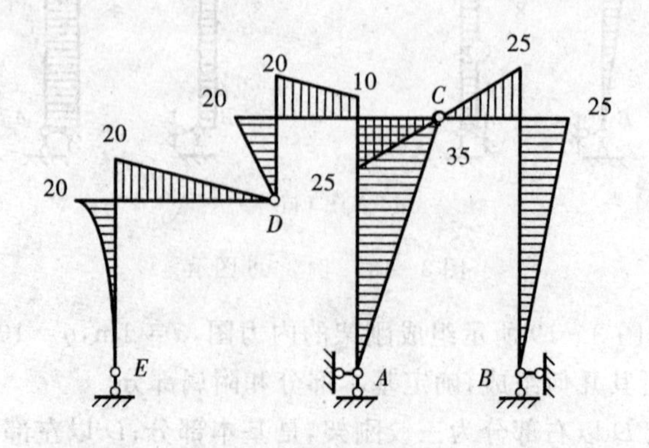

a) M图(kN·m)

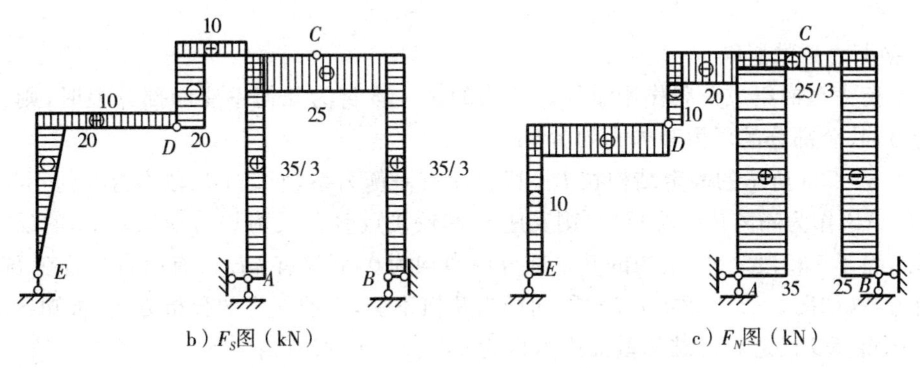

图 3-21　弯矩图、剪力图和轴力图

§3.4　静定结构的特性

静定结构是指没有多余联系的几何不变体，这种结构有着一些特殊的性质。这些特殊的性质可以帮助人们了解静定结构的性能并快速求解静定结构的内力。

1. 静定结构解答的唯一性

在几何组成分析中，可知如果只考虑结构的静力平衡条件，超静定结构是无法解答的，那是因为未知数的个数超过了方程的个数，也就是说，有无数个解。而瞬变体系在一般荷载作用下其内力无穷大，在特定荷载作用下内力无法确定，也就是存在无数个解的情况。只有静定结构未知数的个数（支反力）与方程的个数（静力平衡条件）相等，在任何给定荷载下，满足平衡方程的反力和内力只有一种，而且是有限数值。这就是静定结构解答的唯一性。因此，在静定结构中，能满足平衡条件的内力解答就是真正的唯一的解答。这一特性对于静定结构所有理论具有基本的意义。

2. 静定结构内力仅由荷载产生

在静定结构中，除荷载外，其他任何原因（如温度变化、支座位移、材料收缩、制造误差等）均不会引起内力。这是由于静定结构没有多余约束。如图 3-22a 所示为一悬臂梁，其截面上缘升温 t_1，下缘升温 t_2。由于没有多余约束，梁体可以自由伸长和弯曲，如果没有荷载作用，梁的内力和支座 A 的反力均为 0。如图 3-22b 所示的简支梁，如果支座 B 发生了位移，同样是由于没有多余约束，梁体也随之发生一定量的位移，如果没有荷载作用，梁的内力和支座反力也均为 0。

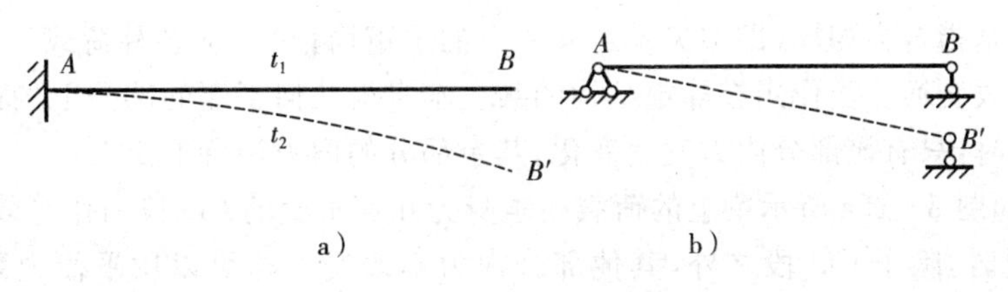

图 3-22　非荷载因素引起的结构位移

3. **平衡力系的影响**

当平衡力系的组成荷载作用于静定结构的某一本身为几何不变的部分上时，则只有此部分受力，其余部分的反力和内力均为0。

如图3-23a所示的静定结构在DE段作用有平衡力系，而且DE段本身几何不变，若分别取BC、AB作为隔离体计算反力，则支座C和铰接点B的反力均为0，支座A的反力也为0。可知，除了DE段之外，结构的其余部分内力均为0，而仅有DE段有内力。若在BG段作用平衡力系(如图3-23b所示)，BG段同样为几何不变，按照同样的分析方法，可知各支座反力也为0，除BG段之外的结构截面内力也为0，仅在BG段有内力。

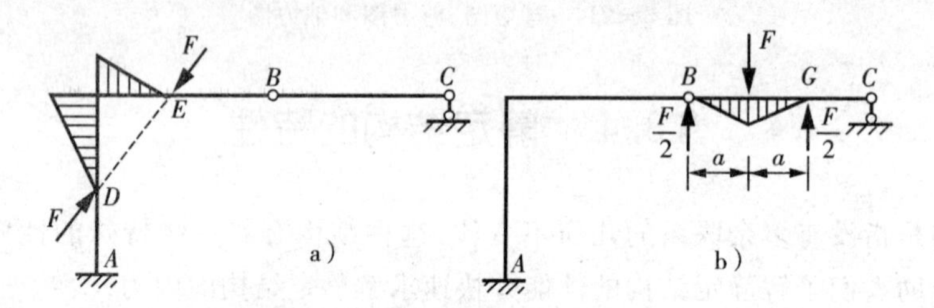

图3-23 平衡力系作用于几何不变部分

当平衡力系作用的部位为几何可变时(如图3-24a所示)，平衡力系作用在HJ段，而HJ段仅有两杆一铰，几何可变，即再取BC、AB作为隔离体，发现支座C和铰接点B以及支座A都有支反力，那么在HJ段之外的结构截面存在内力。因此，此时不能假设HJ段之外的结构不受力。但是，在某些特殊情况下却是成立的。例如，如图3-24b所示，平衡力系作用在KC段，KC段本身是几何可变的，但是轴力可与荷载维持平衡，因而其余部分的反力和内力均为0。

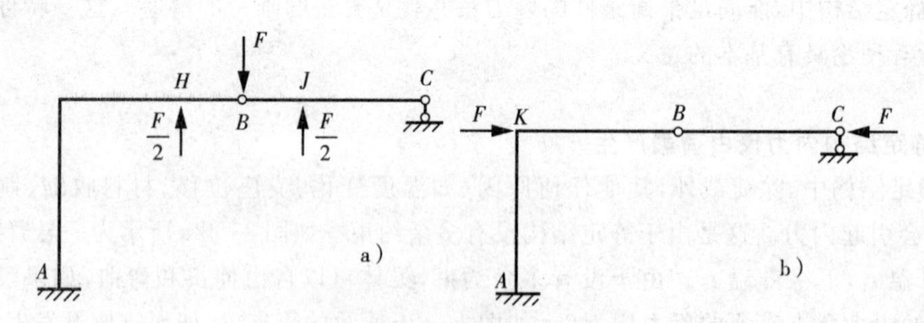

图3-24 平衡力系作用于几何可变部分

4. **荷载等效变换的影响**

等效荷载是指合力相同(即主矢及对同一点的主矩均相等)的各种荷载。等效荷载之间的转换称为等效变换。当作用在静定结构的某一本身为几何不变的部分上的荷载在该部分内作等效变换时，只有该部分内力发生变化，其余部分的内力保持不变。

例如，将如图3-25a所示梁上的荷载在本身为几何不变的CD段内作等效变换，而成图3-25b的情况时，除了CD段之外，其他部分内力不改变。这可以用平衡力系的影响来证明。设图3-25a、图3-25b中两种荷载产生的内力分别用S_1、S_2表示。若将图3-25a和图

3 - 25b 的反向荷载叠加到一块，根据线性叠加原理，可以得到如图 3 - 25c 所示的荷载情况，其内力应为$S_1 - S_2$。如图 3 - 25c 所示荷载显然是一组平衡力系，那么除几何不变的 *CD* 段之外，其内力为$S_1 - S_2 = 0$。所以，在除几何不变的 *CD* 段之外，$S_1 = S_2$。

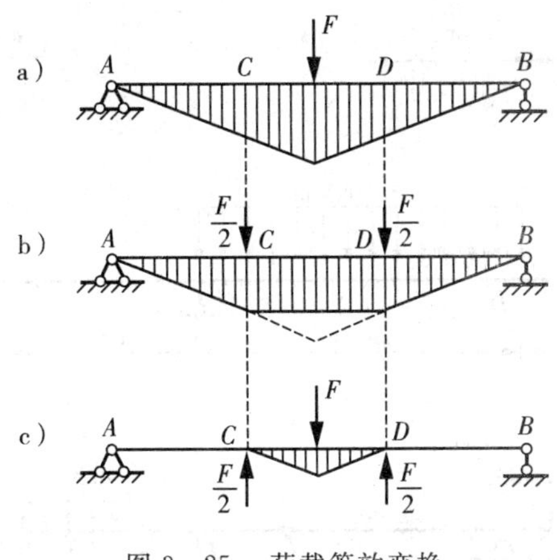

图 3 - 25　荷载等效变换

习　题

3 - 1　试作下列单跨梁的弯矩图和剪力图(如图 3 - 26 所示)。

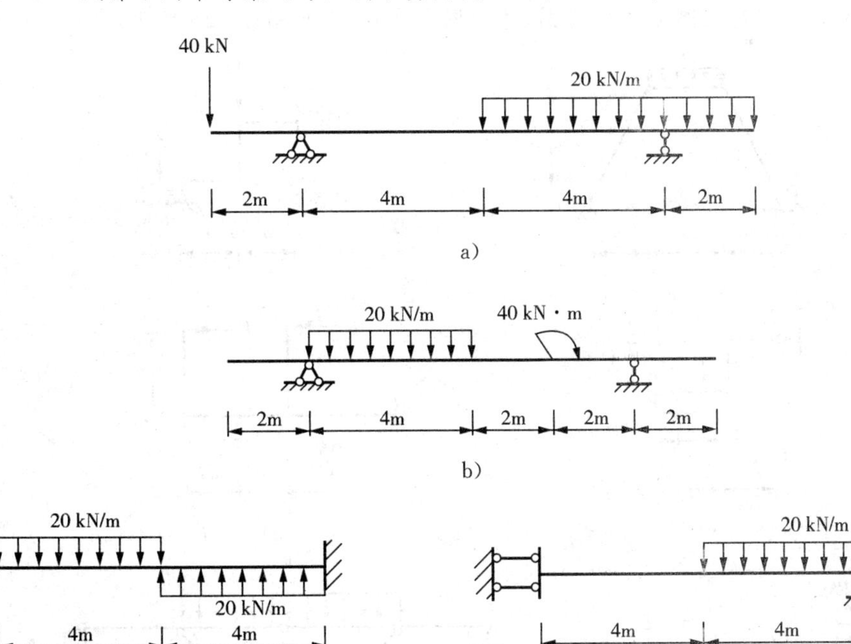

图 3 - 26　习题 3 - 1 图示

3 - 2　试作下列多跨静定梁的弯矩图和剪力图(如图 3 - 27 所示)。

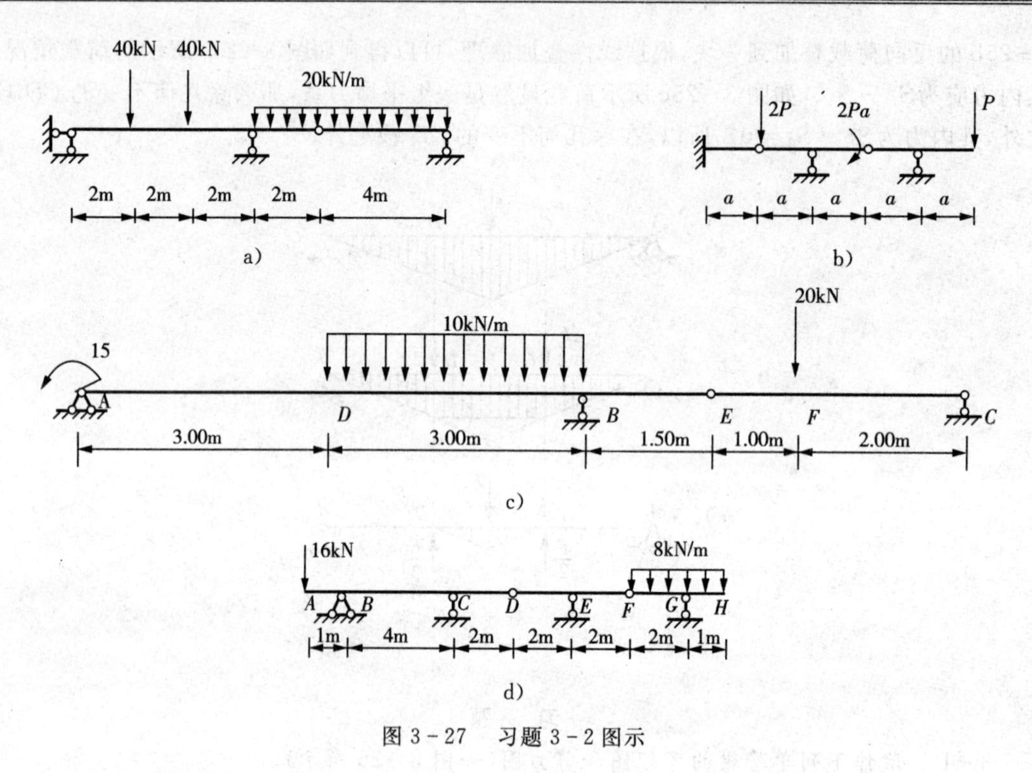

图 3-27　习题 3-2 图示

3-3　试作下列静定刚架的轴力图、剪力图和弯矩图(如图 3-28 所示)。

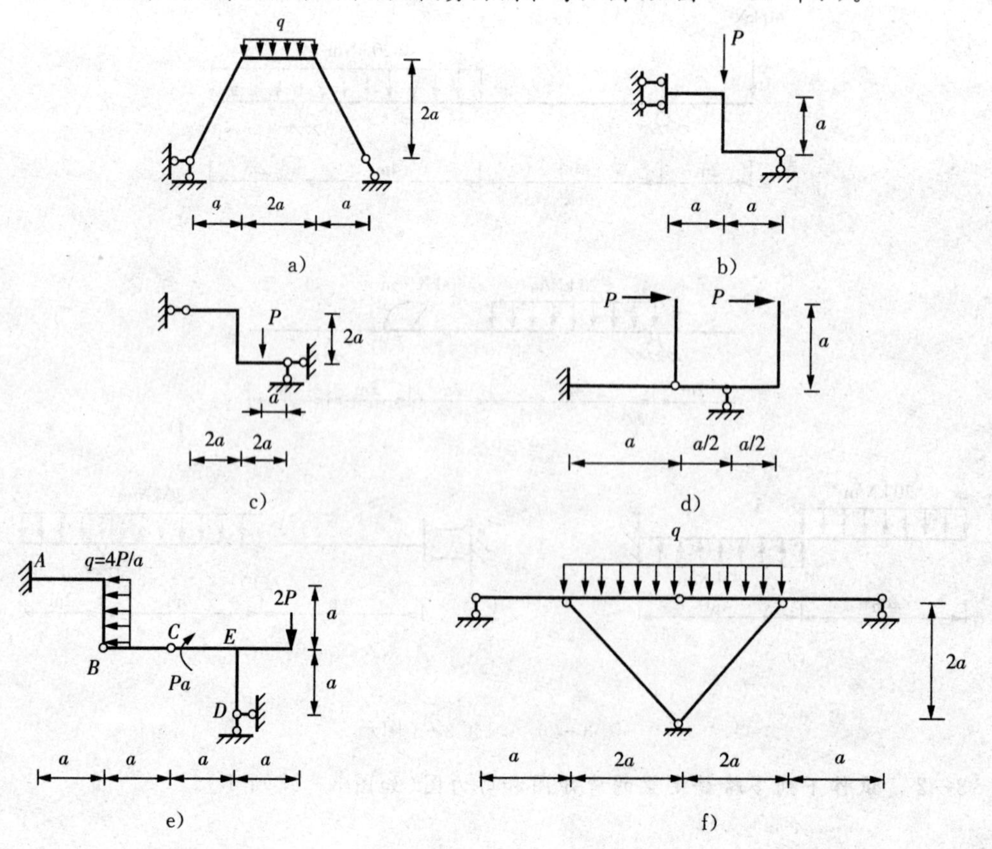

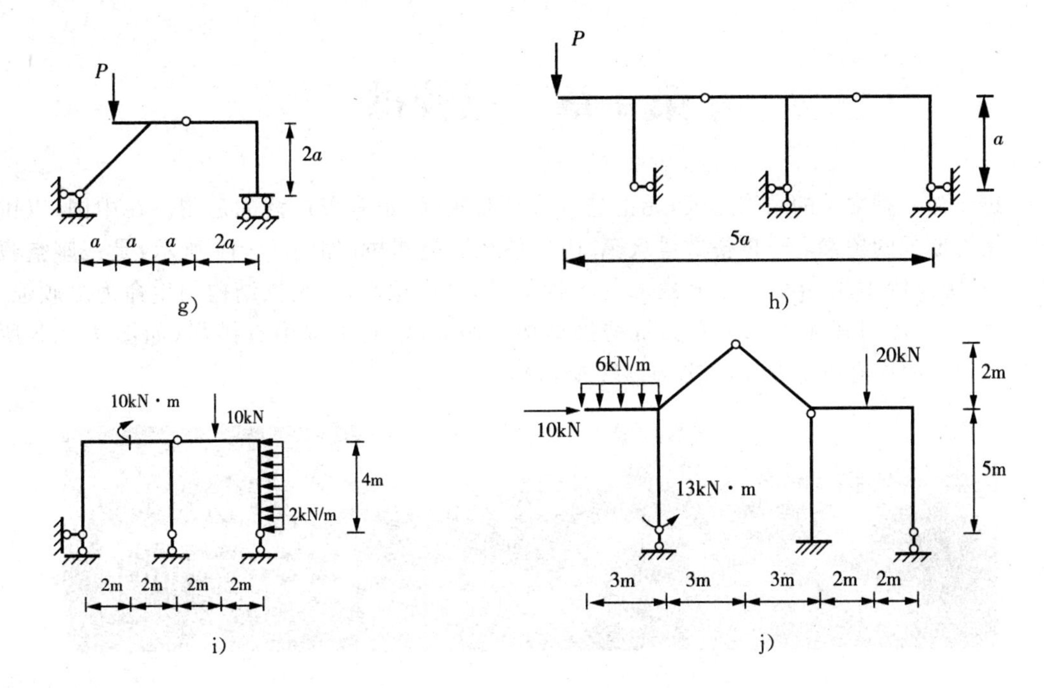

P
2a
a
a
a
2a
g)
P
a
5a
h)
10kN · m
10kN
4m
2kN/m
2m
2m
2m
2m
i)
6kN/m
10kN
20kN
2m
5m
13kN · m
3m
3m
3m
2m
2m
j)

图 3-28　习题 3-3 图示

第4章 三铰拱

拱作为一种常见的结构形式，无论是古代还是现代，都有着广泛的运用。在中国，以拱作为结构形式的桥梁——拱桥数量众多，历史悠久。赵州桥（如图 4-1a 所示）是一座空腹式拱桥，距今约 1500 年，历经 10 次水灾，8 次战乱，多次地震，可见拱结构的生命力之顽强。除了桥梁，土木的其他专业也有大量的拱结构。例如，水利工程中有拱坝（如图 4-1b 所示），建筑工程中有拱形屋架（如图 4-1c 所示）等。

图 4-1 拱结构

拱结构在竖向荷载作用下会产生水平推力。通常情况下，它的杆轴线是曲线。在竖向荷载作用下产生水平推力是拱结构区别于其他结构的重要特征，如图 4-2a 所示就是典型的三铰拱结构。而图 4-2b 所示结构在竖向荷载作用下并不能产生水平推力，因此并不是拱结构，而是曲梁。杆轴线是否为曲线并不是拱结构必须具备的特征，如图 4-2c 所示为三铰刚架，在竖向荷载作用下，也会产生水平推力，因此三铰刚架的本质也是一种广义的拱结构。拱的常用形式有三铰拱（如图 4-2a 所示）、两铰拱（如图 4-2d 所示）和无铰拱（如图 4-2e 所示）。对拱做几何组成分析可知，三铰拱为静定结构，两铰拱和无铰拱均为超静定结构。本章只讨论静定的三铰拱结构。

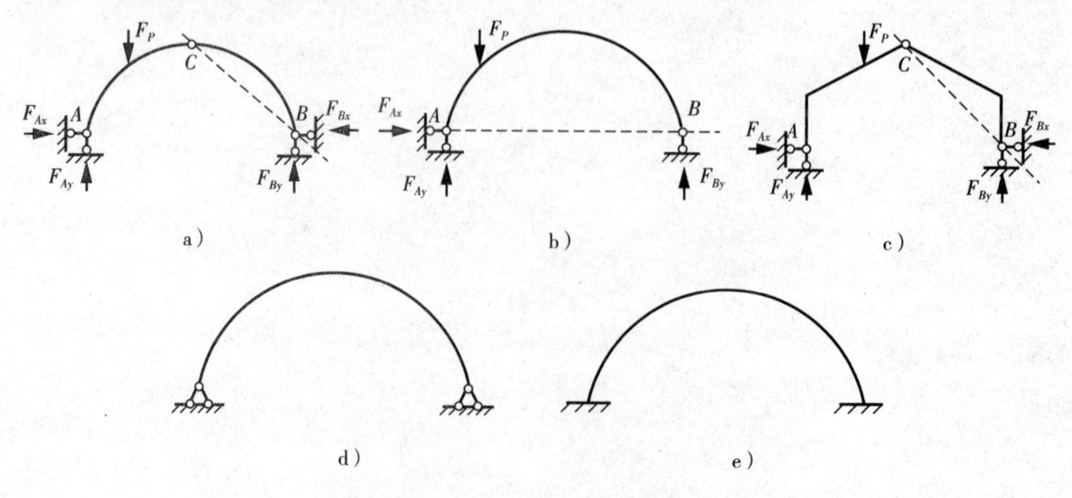

图 4-2 拱、曲梁和三铰刚架

竖向荷载作用下产生水平推力的特征，使拱具有梁结构以及其他结构所不具有的受力特点：

(1)在拱结构中，由于水平推力的存在，其各截面的弯矩要比相应简支梁或曲梁小得多，因此它的截面就可做得小一些，能节省材料、减小自重，跨越能力强。

(2)在拱结构中，主要内力是轴向压力，因此可以利用抗拉性能比较差而抗压性能比较强的材料构筑建筑物。

(3)由于拱结构会对下部支撑结构产生水平推力，因此它需要更坚固的基础或下部结构。同时，它的外形比较复杂，导致施工比较困难，模板费用也比较大。

前两点为拱结构的优点，而最后一点可以算是拱结构的缺点。因此，在工程结构中，经常使用拉杆将拱的水平推力转化为拉杆的拉力(如图4-3所示)。

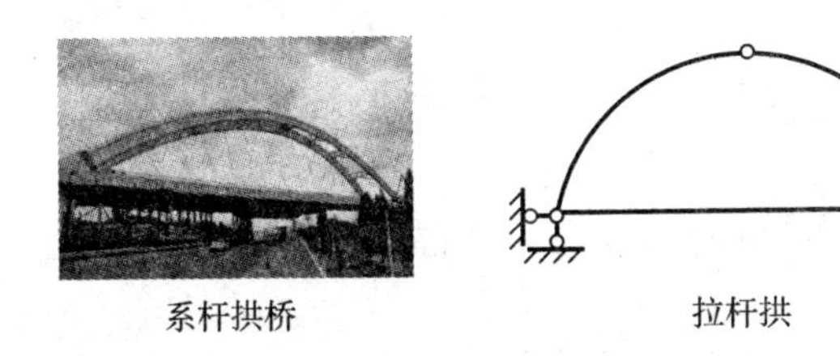

图4-3 带拉杆的拱结构

拱的各个部位的名称如图4-4a所示：拱轴线为拱截面形心的连线；拱顶：拱结构的最高点；拱趾：拱两端与支座连接处；起拱线：拱趾之间的连线。拱的参数如图4-4b所示：L——跨度，为拱趾之间的水平距离；f——矢高，为两拱趾间的连线到拱顶的竖向距离；f/L——矢跨比，拱的主要性能与它有关，工程中这个值控制在1/10～1。

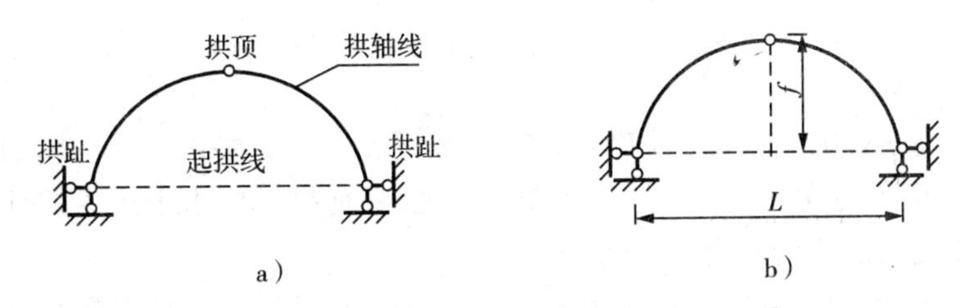

图4-4 拱各部分的名称及参数

§4.1 三铰拱的计算

三铰拱作为静定结构，与其他静定结构也有着类似的计算过程，即先求支反力，再求截面内力，最后绘制内力图。

1. 支反力计算

【例4-1】 试计算图4-5所示三铰拱的支反力，并讨论当矢高f扩大一倍以及结构尺寸皆扩大一倍情况下水平支反力的变化。

【解】 三铰拱的几何组成可以看成AC、BC和地基三个刚片按照三刚片组成规则形成的静定结构。同三铰刚架类似，先建立整体的静力平衡方程。

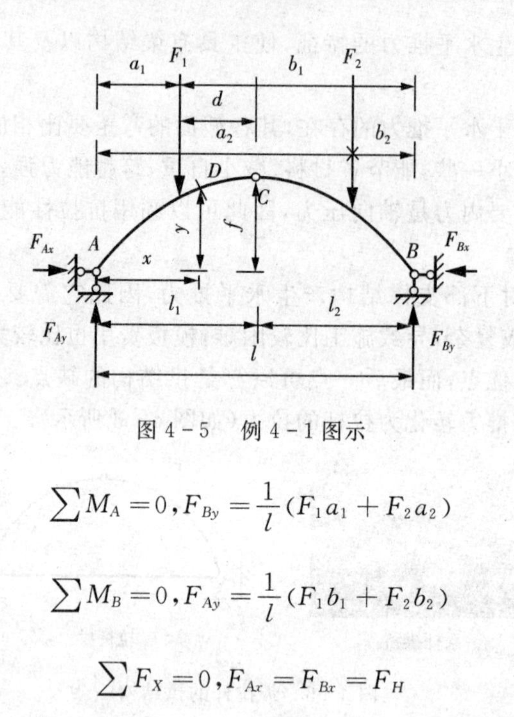

图 4-5 例 4-1 图示

$$\sum M_A=0, F_{By}=\frac{1}{l}(F_1a_1+F_2a_2)$$

$$\sum M_B=0, F_{Ay}=\frac{1}{l}(F_1b_1+F_2b_2)$$

$$\sum F_X=0, F_{Ax}=F_{Bx}=F_H$$

然后再以其中一个刚片为隔离体，建立补充的静力平衡方程（如图 4-6 所示，取左边刚片 AC）：

$$\sum M_C=0, F_{Ay}\cdot l_1-F_1\cdot d-F_H\cdot f=0$$

$$\therefore F_H=\frac{1}{f}\left[(F_1a_1+F_2a_2)\frac{l_1}{l}-F_1d\right]$$

讨论：当矢高 f 扩大一倍时，即矢跨比扩大，水平推力 F_H 缩小一半。当结构尺寸扩大一倍时，即矢跨比不变，水平推力 F_H 维持不变。可见，根据拱结构水平推力的计算，较之于矢高，矢跨比更能反映拱结构的内力特性。

下面讨论三铰拱的支座反力与如图 4-7 所示的等代简支梁支反力和内力的关系。

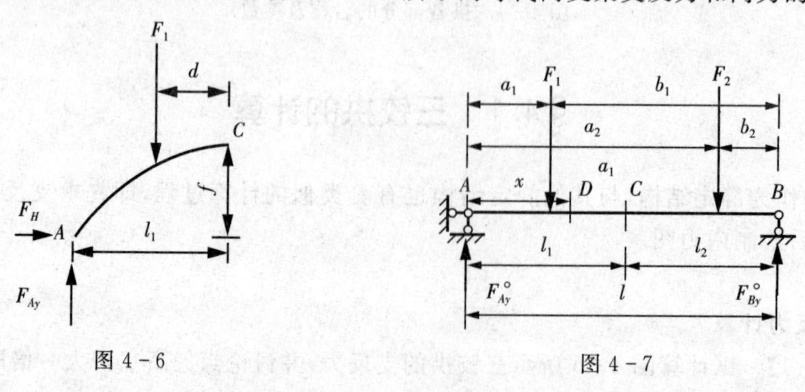

图 4-6　　　　图 4-7

设等代简支梁的跨径、荷载大小和位置均与如图 4-5 所示的三铰拱一致，则简支梁支反力分别为 F_{Ay}^0 和 F_{By}^0，根据平衡方程可得

$$F_{Ay}^{0}=\frac{1}{l}(F_1b_1+F_2b_2),F_{By}^{0}=\frac{1}{l}(F_1a_1+F_2a_2)$$

即

$$F_{Ay}=F_{Ay}^{0},F_{By}=F_{By}^{0} \tag{4-1}$$

而等代简支梁的跨中弯矩为

$$M_C^0=(F_1a_1+F_2a_2)\frac{l_1}{l}-F_1\mathrm{d}$$

则三铰拱的水平推力计算公式可以简化为

$$F_H=\frac{M_C^0}{f} \tag{4-2}$$

由式(4-2)可知,三铰拱的推力 F_H 等于相应的等代简支梁跨中截面 C 的弯矩 M_C^0 除以拱高 f。计算时,仅需根据 M_C^0 和 f 就可以确定三铰拱的水平推力 F_H。当荷载和拱跨不变时,推力 F_H 与拱高 f 成反比,即:拱越陡,水平推力越小;拱越平坦,水平推力越大。当拱高 $f=0$ 时,体系成为瞬变体系,推力 F_H 无穷大,这与几何组成分析时得到的结论一致。

2. 内力计算

支反力求解出来之后,就可以使用截面法求指定截面的内力。如图 4-5 所示,计算截面 D 的内力,选取截面 D 左侧作为隔离体,将截面内力标示在隔离体之上(如图 4-8a 所示),设截面 D 到拱脚 A 的水平距离为 x,垂直距离为 y,拱轴线倾角为 φ。与此同时,计算等代梁上与三铰拱截面 D 对应的截面的内力(如图 4-8b 所示)。

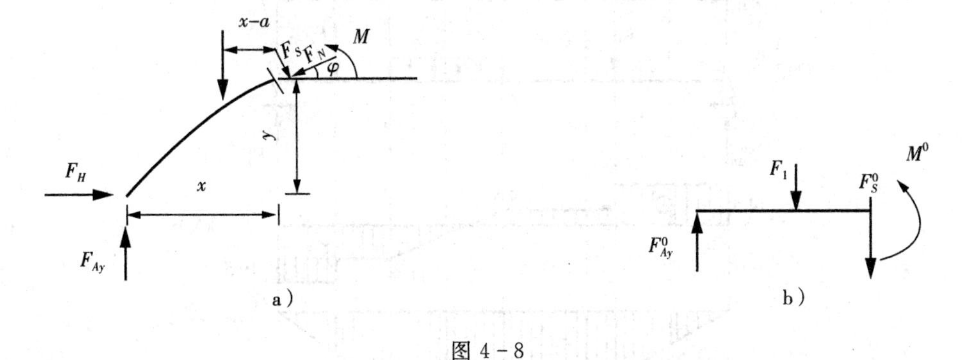

图 4-8

等代梁上截面 D 的截面内力为

$$M^0=F_{Ay}^0x-F_1(x-a_1) \tag{4-3}$$

$$F_S^0=F_{Ay}^0-F_1 \tag{4-4}$$

三铰拱上截面 D 的截面弯矩为

$$M=F_{Ay}x-F_1(x-a_1)-F_Hy$$

由于 $F_{Ay}=F_{Ay}^0$,并将式(4-3)代入,可化简得

$$M = M^0 - F_H y \tag{4-5}$$

剪力为

$$\begin{aligned} F_S &= F_{Ay}\cos\varphi - F_1\cos\varphi - F_H\sin\varphi \\ &= (F_{Ay} - F_1)\cos\varphi - F_H\sin\varphi \\ &= F_S\cos\varphi - F_H\sin\varphi \end{aligned} \tag{4-6}$$

轴力为

$$F_N = (F_{Ay} - F_1)\sin\varphi + F_H\cos\varphi = F_S\sin\varphi + F_H\cos\varphi \tag{4-7}$$

从三铰拱的内力计算公式可见三铰拱的受力特点：

(1) 在竖向荷载作用下有水平反力 F_H；

(2) 由拱截面弯矩计算式可见，比相应简支梁小得多；

(3) 拱内有较大的轴向压力 F_N。

【例 4-2】 三铰拱及其所受荷载如图 4-9 所示，拱的轴线为圆曲线，计算反力并绘制内力图。

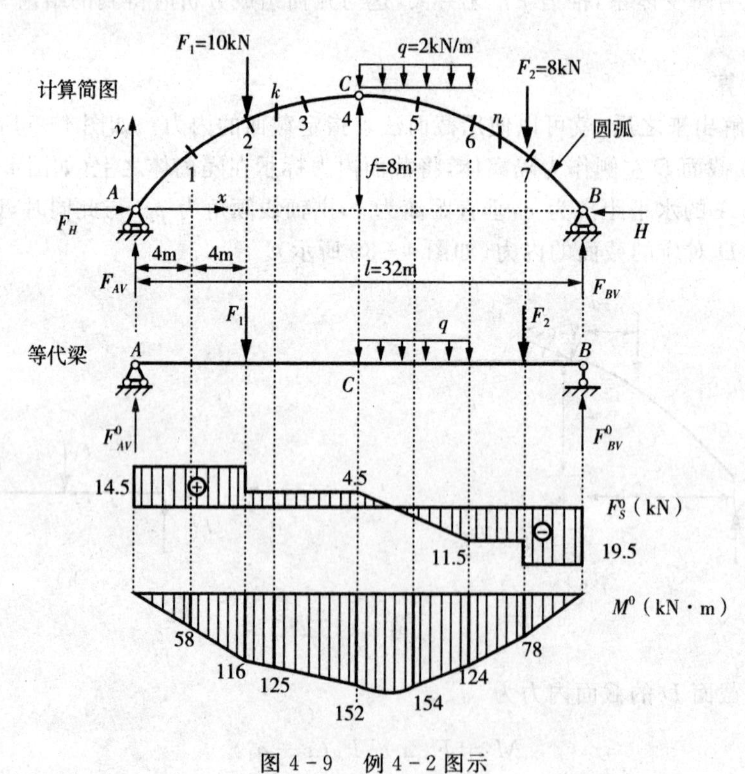

图 4-9　例 4-2 图示

【解】 (1) 计算等代梁支座反力

$$F_{AV}^0 = \frac{10\times24 + 2\times8\times12 + 8\times4}{32} = 14.5\text{kN}(\uparrow)$$

$$F_{BV}^0 = \frac{10\times8 + 2\times8\times20 + 8\times28}{32} = 19.5\text{kN}(\uparrow)$$

根据等代梁支反力作出等代梁弯矩图 M^0 和剪力图 F_S^0。可知在跨中点 C 处弯矩为 $M_C^0=152\text{kN}\cdot\text{m}$。所以，三铰拱支反力为

$$F_{AV}=F^0{}_{AV}=14.5\text{kN},F_{BV}=F^0{}_{BV}=19.5\text{kN},FH=\frac{M^0{}_C}{f}=\frac{152}{8}=19\text{kN}$$

(2) 内力计算

根据圆弧的几何关系可知，

$$R=\frac{f}{2}+\frac{l^2}{8f}=\frac{8}{2}+\frac{32^2}{8\times 8}=20\text{m}$$

因此，拱轴线方程为

$$y=y(x)=\sqrt{R^2-\left(\frac{l}{2}-x\right)^2}-R+f=\sqrt{400-(16-x)^2}-12$$

各截面三角函数为

$$\sin\varphi=\frac{l-2x}{2R}=\frac{32-2x}{40}\quad \cos\varphi=\frac{y+R-f}{R}=\frac{y+12}{20}$$

将竖标 y、$\sin\varphi$、$\cos\varphi$ 代入式(4-5)～式(4-7)，可逐个截面计算各截面内力，计算结果详见表 4-1 所列。

表 4-1　三铰圆弧拱内力表

截面	x(m)	y(m)	$\sin\varphi$	$\cos\varphi$	M_x^0 (kN·m)	$H\cdot y$ (kN·m)	M_x (kN·m)	F_{Sx}^0 (kN)	F_{Sx} (kN)	F_{Nx} (kN)
0	1	2	3	4	5	6	7	8	9	10
A	0.0	0.0	0.8	0.6	0	0.0	0	14.5	−6.5	−23
1	4	4	0.6	0.8	58	76	−18	14.5	0.2	−23.9
2	8	6.330	0.4	0.9165	116	120.27	−4.27	14.5 —— 4.5	5.6892 —— −3.4757	−23.213 —— −19.213
k	10	7.0788	0.3	0.9539	125	134.497	−9.497	4.5	−1.4074	−19.474
3	12	7.596	0.2	0.9798	134	144.324	−10.324	4.5	0.6091	−19.516
4(C)	16	8.0	0.0	1.0	152	152	0.0	4.5	4.5	−19.00
5	20	7.596	−0.2	0.9798	154	144.324	9.676	−3.5	0.3707	−19.316
6	24	6.330	−0.4	0.9165	124	120.27	3.73	−11.5	−2.9397	−22.013
n	26	5.3205	−0.5	0.8660	101	101.89	−0.089	−11.5	−0.459	−22.204
7	28	4	−0.6	0.8	78	76	2	−11.5 —— −19.5	2.2 —— −4.2	−22.1 —— −26.9
B	32	0.0	−0.8	0.6	0	0.0	0	−19.5	3.5	−27

注：表格单元中有横线的，横线上方为左截面内力，横线下方为右截面内力。

(3)绘制内力图

根据表 4－1 计算所示，绘制内力图(如图 4－10 所示)。

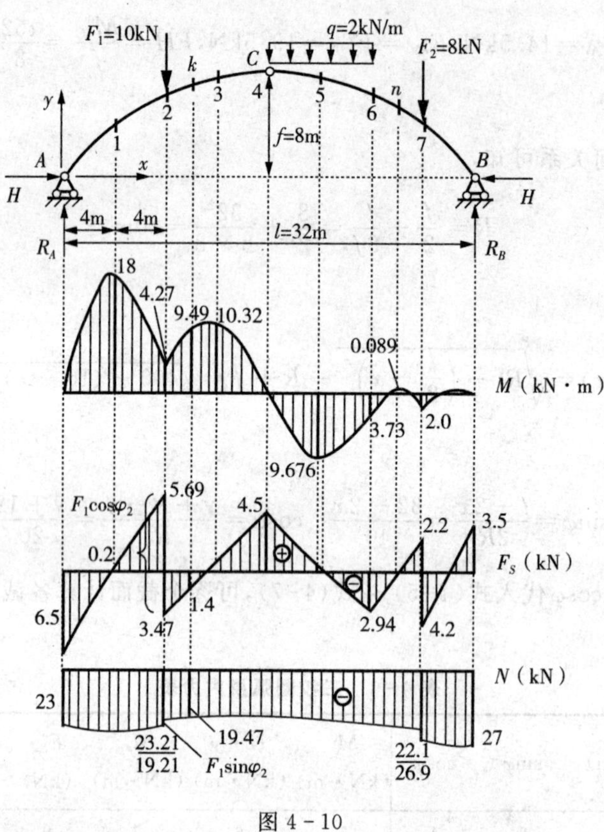

图 4－10

§4.2 三铰拱的合理拱轴线

从三铰拱的计算过程中可以发现，当荷载和三个铰的位置确定之后，三铰拱的反力即可确定，这与拱轴线的形状无关，而三铰拱的内力则与拱的形状有关。当拱上各个截面的弯矩为 0(此时剪力也为 0)、仅有轴力存在时，截面轴心受压，正应力均匀分布，材料性能得到最充分利用。从力学角度来看，此时最为经济，所以称此时的拱轴线为合理拱轴线。

因此，根据拱轴线各截面弯矩计算公式 $M=M^0-F_Hy$ 可知，如需求得某一固定荷载下的合理拱轴线，只需令

$$M=M^0-F_Hy=0$$

即

$$y=\frac{M^0}{F_H} \tag{4-8}$$

可见，在竖向荷载作用下，三铰拱的合理轴线的纵标值与相应简支梁各点的弯矩值成比例。

【例 4-3】　如图 4-11a 所示，设三铰拱承受均匀分布的竖向荷载，求其合理轴线。

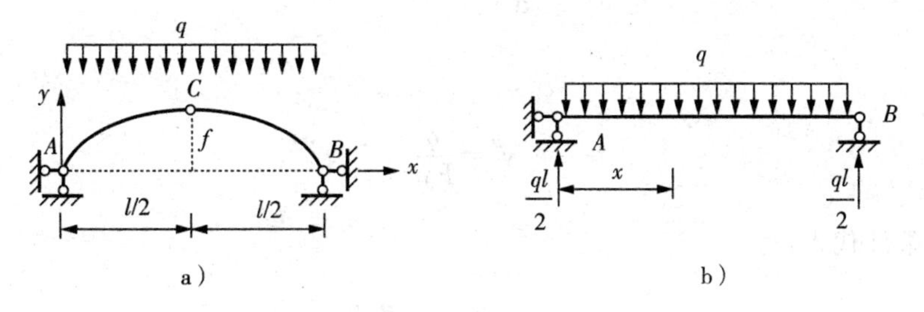

图 4-11　例 4-3 图示

【解】　由式(4-8)可知

$$y(x)=\frac{M^0(x)}{F_H}$$

并根据图 4-11b，列出等代简支梁的弯矩方程

$$M^0(x)=\frac{q}{2}x(l-x)$$

则拱的推力为

$$F_H=\frac{M^0{}_C}{f}=\frac{ql^2}{8f}$$

所以，拱的合理拱轴线(是一抛物线)方程为

$$y(x)=\frac{q}{2}x(l-x)\times\frac{8f}{ql^2}=\frac{4f}{l^2}x(l-x)$$

需要说明的是，一种合理轴线只对应一种荷载。

【例 4-4】　如图 4-12 所示，试求对称三铰拱在上填料重量作用下的合理拱轴线。荷载集度$q=q_c+\gamma y$，q_c 为拱顶处的荷载集度，γ 为填料容重。

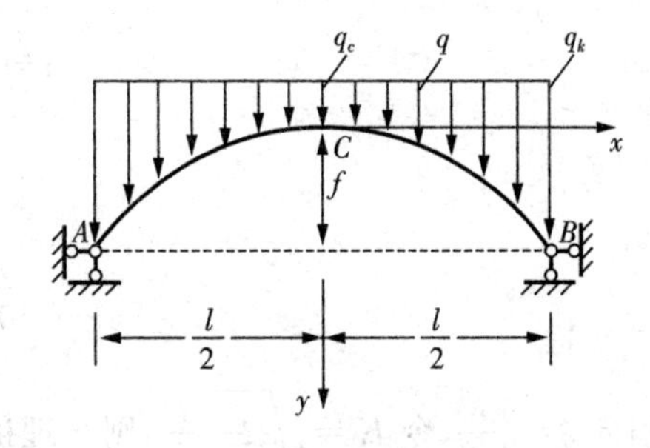

图 4-12　例 4-4 图示

【解】　根据如图 4-12 所示的坐标系写出截面弯矩

$$M=M^0-F_H(f-y)$$

由 $M=0$，可得

$$(f-y)=\frac{M^0}{F_H}$$

由于相应简支梁的弯矩方程无法写出，上式两边对 x 求导两次，得

$$-y''=\frac{1}{F_H}\frac{\mathrm{d}^2M^0}{\mathrm{d}x^2}$$

当 q 向下为正时

$$\frac{d^2M^0}{dx^2}=-q$$

可得

$$y''=\frac{q}{F_H}$$

将已知条件代入，得

$$y''-\frac{\gamma}{F_H}y=\frac{q_c}{F_H}$$

为二阶常系数线性非齐次微分方程。方程的一般解为

$$y=A\cosh\sqrt{\frac{\gamma}{F_H}}x+B\sinh\sqrt{\frac{\gamma}{F_H}}x-\frac{q_c}{\gamma}$$

代入边界条件

$$x=0,y=0:\quad A=\frac{q_c}{\gamma}$$

$$x=0,y'=0:\quad B=0$$

因此，合理拱轴线的方程为

$$y=\frac{q_c}{\gamma}(\cosh\sqrt{\frac{\gamma}{F_H}}x-1)$$

为了使用方便，避免直接计算推力 F_H，引入

$$m=\frac{q_K}{q_C}=\frac{q_C+\gamma f}{q_C}$$

即

$$\frac{q_C}{\gamma}=\frac{f}{m-1}$$

并引入 $\xi=\frac{x}{l/2}$，令 $K=\sqrt{\frac{\gamma}{F_H}}\,\frac{l}{2}$，则合理拱轴线方程为

$$y=\frac{f}{m-1}(\cosh K\xi-1) \tag{4-9}$$

称之为列格氏悬链线。其中，K 值可以由 m 和边界条件确定：当 $\xi=1,y=f$，得到

$$\cosh K=m$$

或

$$K=\ln(m+\sqrt{m^2-1})$$

可见，只要当拱趾和拱顶处的荷载集度之比 $m=\frac{q_K}{q_C}$ 确定，合理拱轴线即可确定。但是，当 $m=1$，即 $q_K=q_C$ 时，式(4－9)不再适用。此时，拱上荷载为均布荷载，合理拱轴线为抛物线 $y=f\xi^2$。

【例 4－5】　如图 4－13a 所示，试求三铰拱在垂直于拱轴线的均布荷载作用下的合理拱轴线。

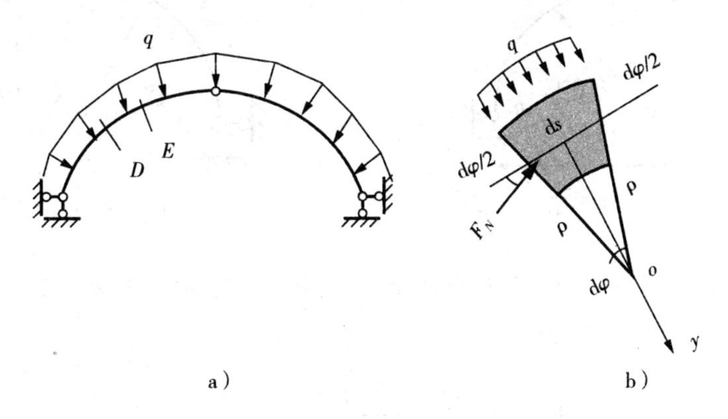

图 4－13　例 4－5 图示

【解】　本题荷载并非竖向荷载。因此，可以假定拱处于无弯矩状态，根据平衡条件推导合理拱轴线方程。设在拱上取一微段(如图 4－13b 所示)，由于拱处于无弯矩状态，截面受力状态为仅有轴力 F_N 和 F_N+dF_N 作用，由 $\sum M_o=0$ 可知

$$F_N\cdot\rho-(F_N+dF_N)\cdot\rho=0$$

即

$$dF_N=0$$

由此可知，轴力 F_N 为一常数。

再沿 y 轴建立力的投影平衡方程 $\sum F_y=0$，即

$$2F_N\cdot\sin\frac{d\varphi}{2}-q\cdot\rho d\varphi=0$$

由于 $d\varphi$ 极小，可认为 $\sin\frac{d\varphi}{2}=\frac{d\varphi}{2}$，即

$$F_N-q\rho=0$$

$$\rho=\frac{F_N}{q}=\text{常数}$$

F_N 为一常数，q 也为一常数，所以任一点的曲率半径 ρ 也是常数，即拱轴为圆弧。因此，拱坝的水平截面常是圆弧形，高压隧洞常采用圆形截面。

习　题

4-1　计算如图 4-14、图 4-15 所示半圆拱 K 截面弯矩。

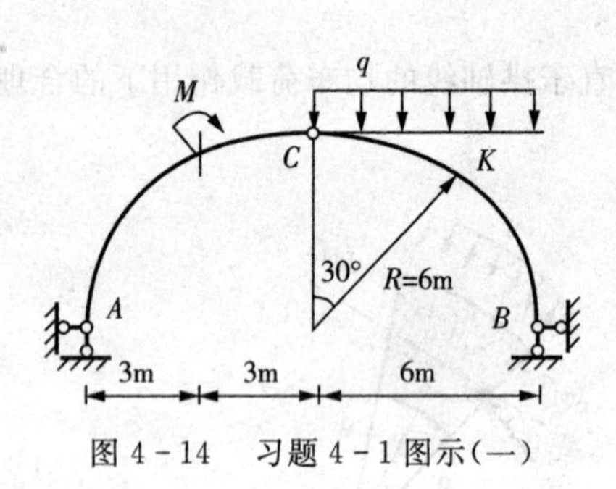

图 4-14　习题 4-1 图示(一)

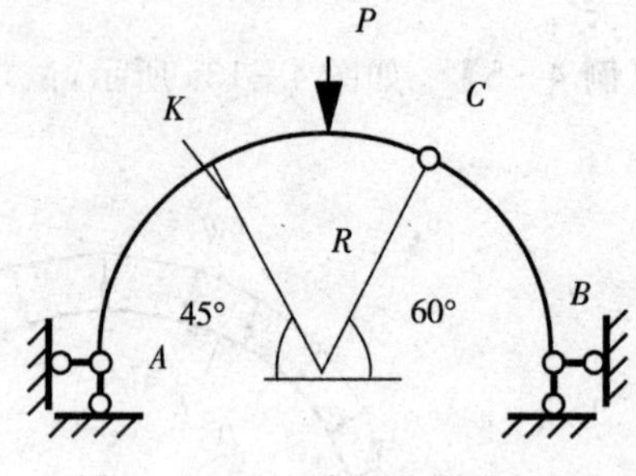

图 4-15　习题 4-1 图示(二)

4-2　计算如图 4-16 所示抛物线三铰拱 K 截面的内力，已知 $P=4\text{kN}$，$q=1\text{kN/m}$，$f=8\text{m}$。

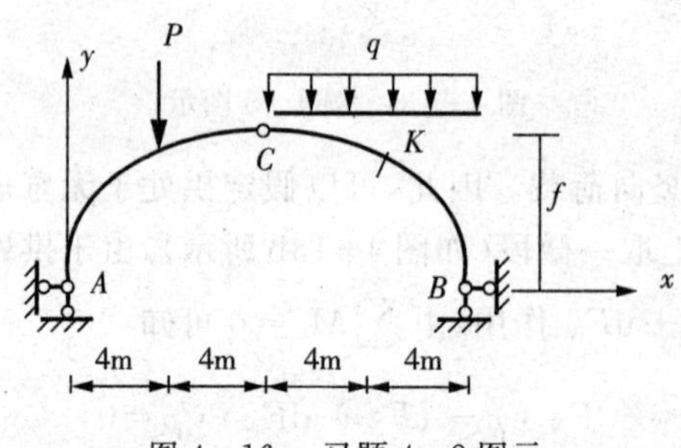

图 4-16　习题 4-2 图示

4-3　如图 4-17 所示三铰拱 K 截面倾角 $\varphi=26°33'$，计算 K 截面的内力。$y=4fx(l-x)/l^2$（$l=16\text{m}$，$f=4\text{m}$）。

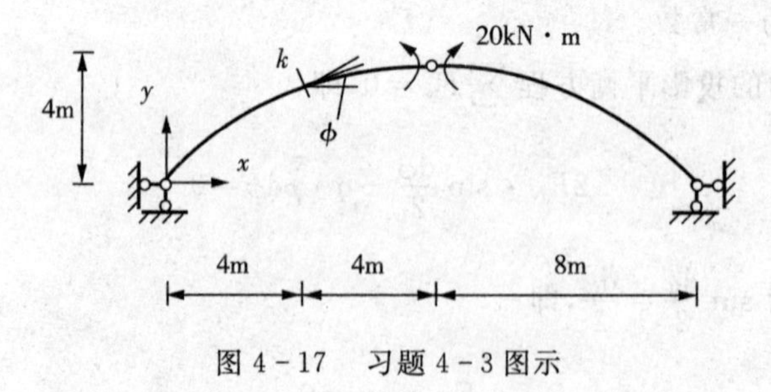

图 4-17　习题 4-3 图示

第 5 章　静定平面桁架

§5.1　概　　述

梁和刚架在受到荷载作用时以承受弯矩为主，横截面主要产生非均匀分布的弯曲正应力，截面边缘应力大而中部小，材料得不到充分利用。桁架是由若干根直杆在端点铰接而组成的结构。当荷载作用在结点时，桁架整体受弯，桁架中各杆内力主要为轴力，任意截面的应力分布均匀，可以充分发挥材料的性能。与梁和刚架相比，桁架具有用料省和自重轻的优点。桁架是大跨度结构常用的一种形式，常用于房屋屋架、桥梁等土木工程结构中，如图 5－1所示的南京长江大桥、图 5－2 所示的秦始皇兵马俑博物馆屋架采用的都是桁架形式。

图 5－1　南京长江大桥

图 5－2　秦始皇兵马俑博物馆

在平面桁架的计算简图中，通常引用以下假定：

(1)桁架中各结点均是光滑的、无摩擦的理想铰；

(2)桁架中各杆轴线都是直线，并在同一平面内且通过铰的中心；

(3)荷载作用在结点上，并位于桁架平面内。

如图 5－3 所示就是根据上述假定做出的一个平面桁架的计算简图，桁架中各杆都是仅承受轴力的二力杆，如图 5－4 所示。将符合上述三条假定的桁架称为理想平面桁架。

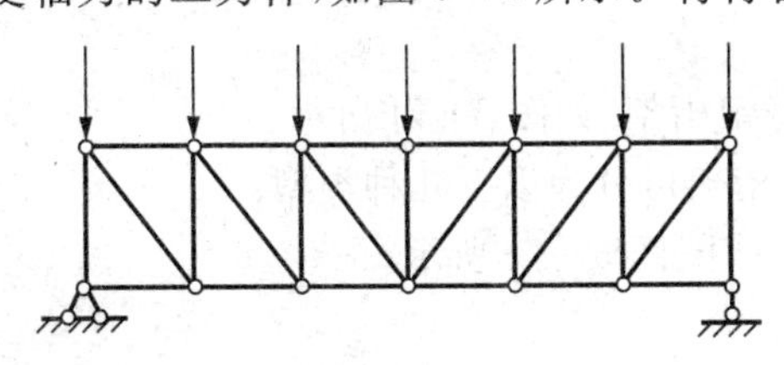

图 5－3　平面桁架计算简图

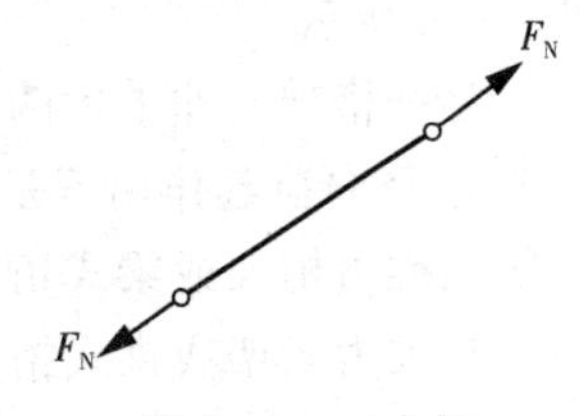

图 5－4　二力杆

实际桁架与理想平面桁架有很大差别，并不能完全符合上述假定。如钢桁架的结点采用焊接、铆接或螺栓连接，钢筋混凝土结构的结点是浇筑的，这些结点都有一定的刚性，并不是理想的铰结点，如图 5－5 所示。实际桁架的杆件也不可能绝对平直，荷载也不是完全作用在结点上，各杆件也不可能完全在一个平面内。通常把按理想平面桁架计算得到的应力称为主应力，把不符合理想情况而产生的应力称为次应力。理论计算和实测结果表明，在一般情况下次应力的影响不大，可以忽略不计。

a）

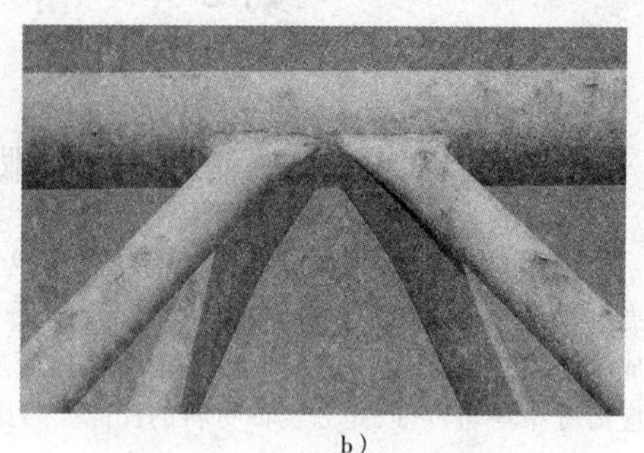
b）

图 5-5 实际桁架结点

桁架的杆件根据其所在位置不同，分为弦杆和腹杆。弦杆是指桁架上下外围的杆件，具体分为上弦杆和下弦杆。腹杆是指位于弦杆之间的杆件，具体分为竖杆和斜杆。弦杆上相邻两结点间的区间称为节间，用符号 d 表示节间长度。桁架最高点与支座连线的距离 h 称为桁高，两支座之间的水平距离 l 称为跨度，如图 5-6 所示。

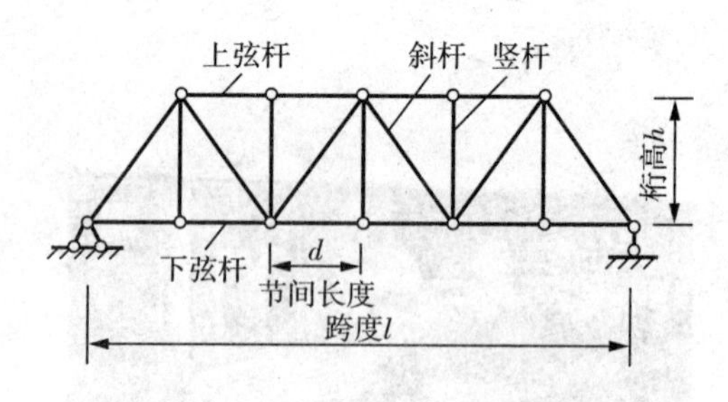

图 5-6 平面桁架杆件名称

静定平面桁架构造形式多种多样，按不同特征可分为以下几类：

(1)按桁架的外形，可分为平行弦桁架、折弦桁架、三角形桁架，如图 5-7a、图 5-7b、图 5-7c 所示。

(2)按桁架几何组成，可分为以下几种类型：

① 简单桁架。在基础或一个基本铰结三角形上依次加二元体而组成的桁架，如图5-7a、图 5-7b、图 5-7c 所示。

② 联合桁架。由若干个简单桁架按几何不变体系基本组成规则组成的桁架，如图5-7d、图 5-7e 所示。

③ 复杂桁架。非上述两种方式组成的其他静定桁架，如图 5-7f 所示。

(3)按竖向荷载作用下是否会引起水平推力，桁架可分为以下几种类型：

① 无推力桁架或梁式桁架，如图 5-7a、图 5-7b、图 5-7c 所示。

② 有推力桁架或拱式桁架，如图 5-7d 所示。

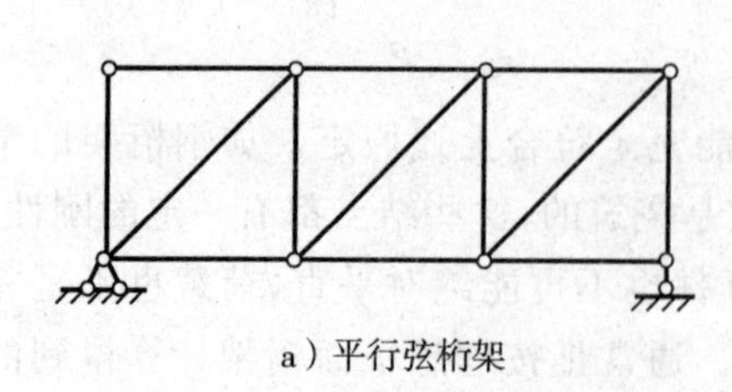
a）平行弦桁架

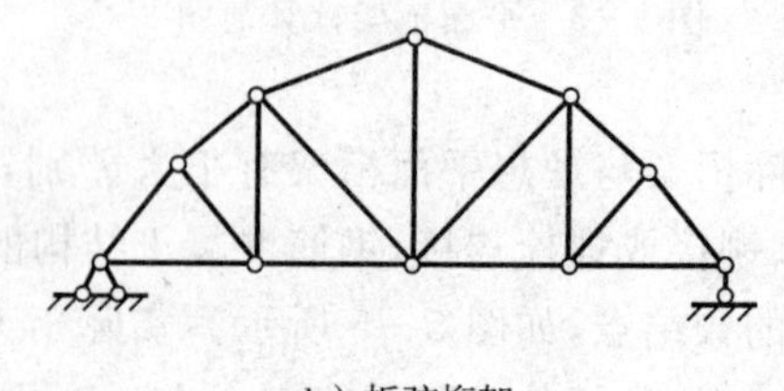
b）折弦桁架

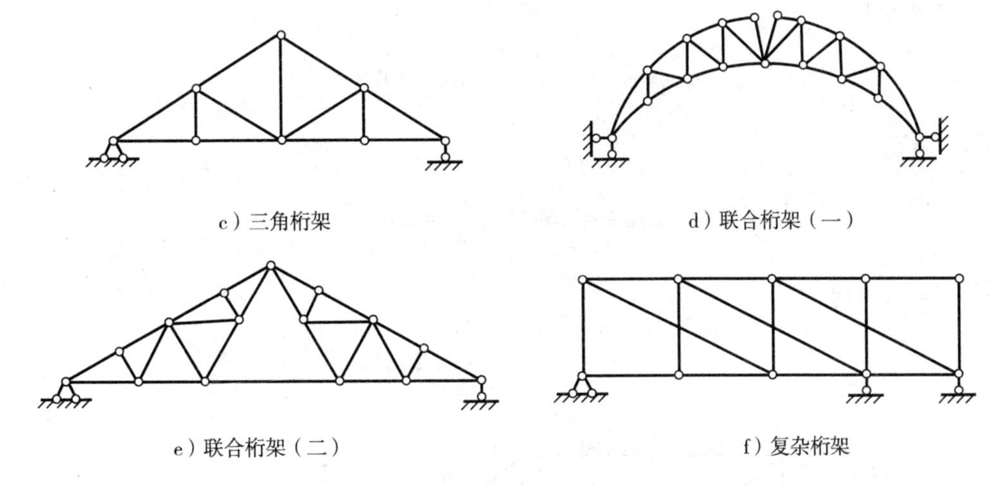

图5-7 静定平面桁架

§5.2 结 点 法

求解静定平面桁架各杆的轴力时，可以截取桁架中的一部分为隔离体，建立隔离体的平衡方程，计算杆件的内力。当隔离体中只含一个结点时，称为结点法。隔离体只包含一个结点时，隔离体上受到的是平面汇交力系，可用两个独立的投影方程求解，因此一般应先截取只包含两个未知轴力杆件的结点进行求解。简单桁架最适用于结点法进行计算。

计算过程中，通常先假定未知杆件的内力为拉力，若所得结果为负，则为压力。建立结点平衡方程时，经常需要将斜杆的内力 F_N 分解为水平分力 F_{Nx} 和竖向分力 F_{Ny}，如图5-8所示。设斜杆长度为 l，则其水平投影 l_x 和竖向投影 l_y 组成一个三角形，由比例关系可知

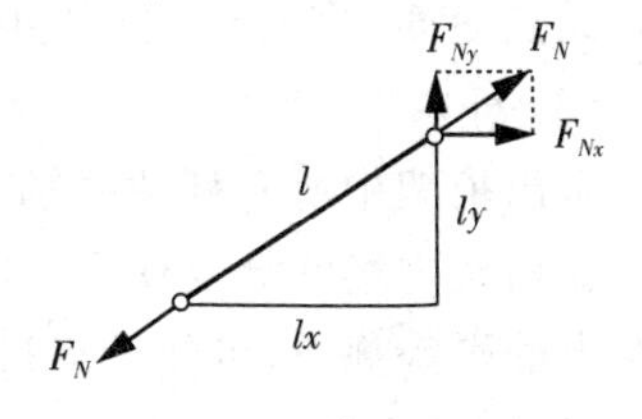

图5-8 内力分解

$$\frac{F_N}{l}=\frac{F_{Nx}}{l_x}=\frac{F_{Ny}}{l_y} \qquad (5-1)$$

运用这个比例关系，不需要使用三角函数就可以很迅速地计算出轴力或其任意一个分力。

【例5-1】 试用结点法求解图5-9a所示桁架各杆件的轴力。

【解】 (1) 求支座反力

由桁架的整体平衡条件求出各支座反力，可得

$$F_{Ax}=120\text{kN}(\rightarrow),F_{Ay}=45\text{kN}(\uparrow),F_{Bx}=120\text{kN}(\leftarrow)$$

(2) 截取各结点，计算杆件内力

有两个未知力的结点有 A、G 结点，由于 A 结点求解后，后续结点连接杆件内力求解比较困难，故从 G 结点开始进行求解，取隔离体如图5-9b所示。由 $\sum F_y=0$，可得

$$F_{GEy}=15\text{kN}$$

由比例关系，可得

$$F_{GEx}=15\text{kN}\times\frac{4}{3}=20\text{kN}$$

以及

$$F_{NGE}=15\text{kN}\times\frac{5}{3}=25\text{kN}$$

由$\sum F_x=0$，可得

$$F_{NGF}=-F_{GEx}=-20\text{kN}$$

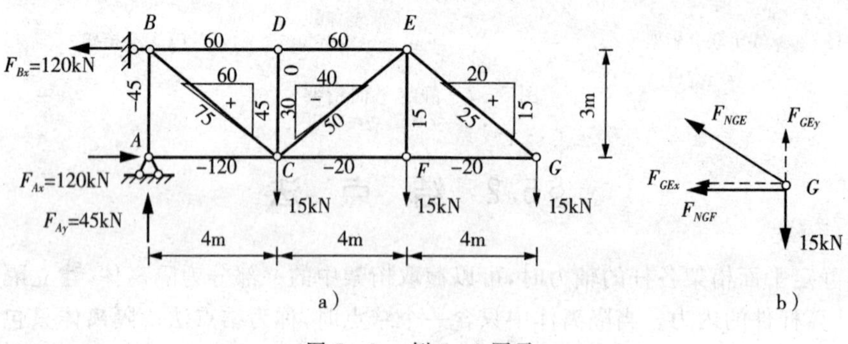

图 5-9 例 5-1 图示

然后依次截取结点 F、E、D、C、B 和 A 计算，每次都只有两个未知力，故不难求解，到最后取结点 A 时，各杆件内力均已求出，可以利用该结点的两个平衡方程进行校核。

(3) 杆内力标注

求出桁架中所有杆件的轴力后，应把轴力及其分力标于杆件旁，如图 5-9a 所示。

在桁架中经常会发现一些特殊形状的结点，在运用节点法进行计算时，若掌握了这些特殊结点的平衡规律，可使计算过程大为简化。现将几种特殊结点列举如下：

(1)L 形结点

不共线的两杆交于一点，当结点上无外荷载作用时，两杆的轴力均为零，桁架中内力等于零的杆件称为零杆。当其中一杆与外荷载作用线共线时，则该杆轴力等于外荷载，另一杆为零杆，如图 5-10a 所示。

(2)T 形结点

三杆交于同一结点，其中两杆共线，若结点无荷载，则第三杆是零杆，而共线的两杆内力大小相等，且性质相同(同为拉力或压力)。当第三杆与外荷载作用线共线时，则第三杆轴力等于外荷载，而共线的两杆内力大小相等，且性质相同，如图 5-10b 所示。

(3)X 形结点

四杆交于同一结点，其中两两共线，若结点无荷载，则在同一直线上的两杆内力大小相等，且性质相同，如图 5-10c 所示。

(4)K 形结点

四杆交于同一结点，其中两杆共线，另外两杆在此直线同侧且交角相等。若结点无荷载，则非共线两杆内力大小相等，符号相反，如图 5-10d 所示。

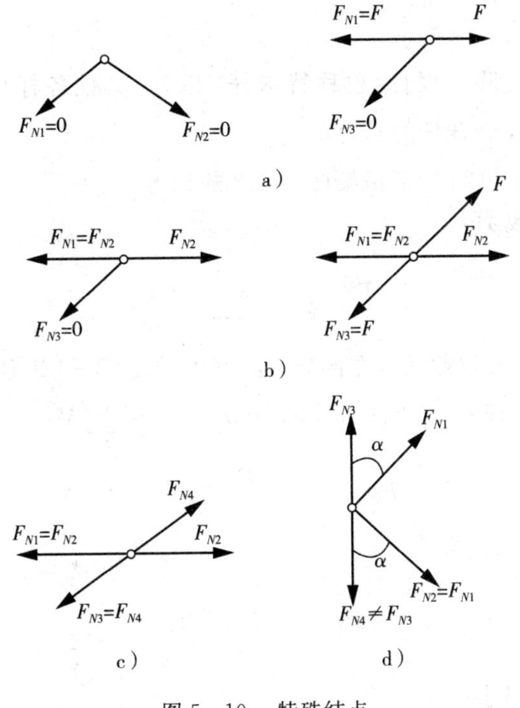

图 5－10　特殊结点

以上所有结论，均可根据相应的投影平衡方程得出。运用上述结论，可知图 5－11a、图 5－11b 所示桁架中用虚线表示各杆的内力都为零。

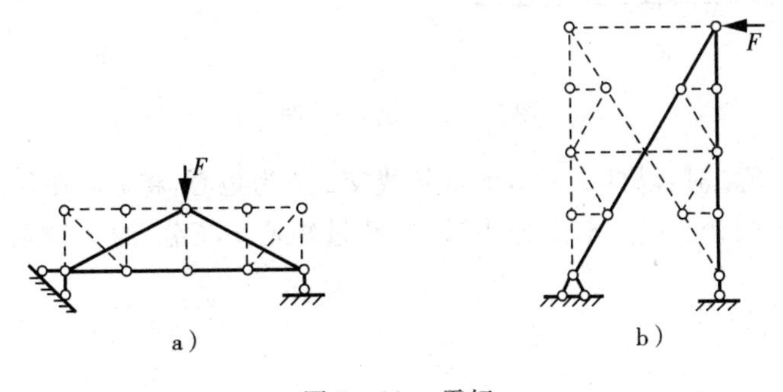

图 5－11　零杆

§5.3　截　面　法

截面法是利用一截面将桁架分成两部分，然后任取一部分为隔离体（隔离体包含一个以上的结点），作用在隔离体上的各力形成平面一般力系，因此可建立三个平衡方程，计算所截杆件的内力。若隔离体上的未知力不超过三个，则可直接将截面上的全部未知力求出。计算过程中，根据所选平衡方程的不同，截面法又分为力矩法和投影法。截面法适用于联合桁架的计算及简单桁架中指定杆件的计算。

1. **力矩法**

在截面截断的杆中，除一根杆(也称特殊杆)以外，其他各杆均相交于一点。可运用 $\sum M=0$ 平衡方程，求出特殊杆的轴力。

【例 5-2】 求图 5-12a 所示桁架杆 1、2、3 的轴力。

【解】 (1) 求支座反力

$$F_{Ay}=F_{By}=\frac{F}{2}(\uparrow)$$

(2) 作截面 Ⅰ-Ⅰ 并取截面以左部分为隔离体，如图 5-12b 所示。

以点 a 为矩心，除 1 杆外，杆 2、杆 3 均交于 a 点，利用 $\sum M_a=0$，有

$$F_{N1}\times 3a+\frac{F}{2}\times 6a=0$$

得

$$F_{N1}=-F(\text{压力})$$

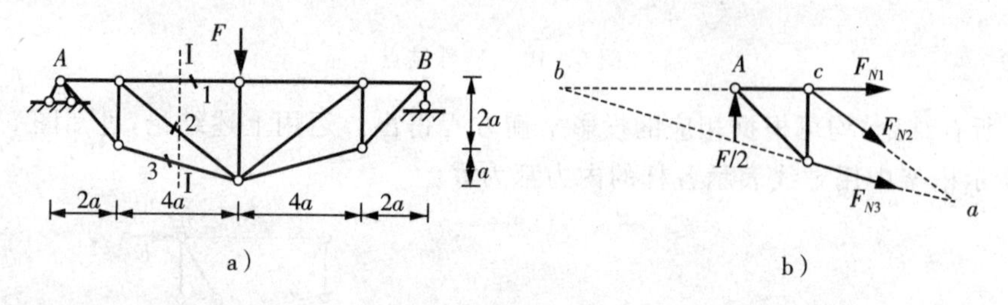

图 5-12 例 5-2 图示

求杆 2 的轴力 F_{N2} 时，以杆 1、杆 3 的延长线交点 b 为矩心，将 F_{N2} 在其作用线上的点 c 处分解为水平和竖向两个分力，水平分力 F_{N2x} 经过矩心 c，F_{N2y} 的力臂为 $8a$，如图 5-12b 所示。

由 $\sum M_b=0$，有

$$F_{N2y}\times 8a-\frac{F}{2}\times 6a=0$$

得

$$F_{N2y}=\frac{3F}{8}(\text{拉力})$$

根据比例关系 $\frac{F_{N2}}{l_2}=\frac{F_{N2y}}{l_{2y}}$，得

$$F_{N2}=\frac{F_{N2y}l_2}{l_{2y}}=\frac{3/8F5a}{3a}=\frac{5F}{8}(\text{拉力})$$

求杆件 3 的轴力 F_{N3} 的方法与杆 2 的计算相同。

由 $\sum M_c=0$，有

$$F_{N3x}\times 2a-\frac{F}{2}\times 2a=0$$

得

$$F_{N3x}=\frac{F}{2}(拉力)$$

根据比例关系 $\frac{F_{N3}}{l_3}=\frac{F_{N3y}}{l_{3y}}$，得

$$F_{N3}=\frac{F_{N3x}l_3}{l_{3x}}=\frac{1/2F\sqrt{17}a}{4a}=\frac{\sqrt{17}F}{8}(拉力)$$

2. **投影法**

在截面截断的杆中，除一根杆（特殊杆）以外，其他各杆均相互平行。可运用 $\sum F_x=0$ 或 $\sum F_y=0$ 平衡方程，求出特殊杆的轴力。

【例 5-3】　求图 5-13 所示桁架杆 2、3 的轴力。

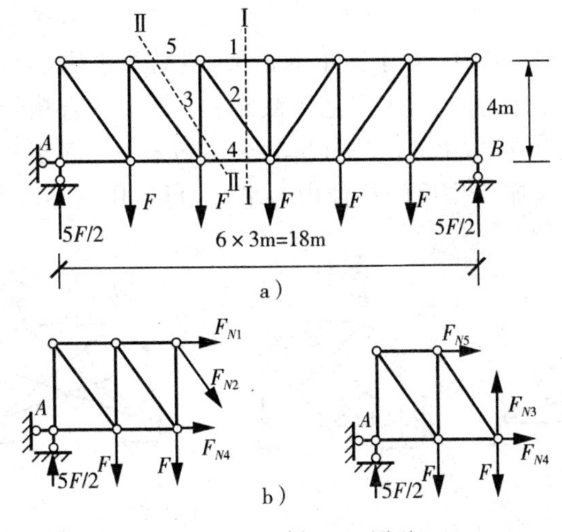

图 5-13　例 5-3 图示

【解】　(1) 求支座反力

$$F_{Ay}=F_{By}=\frac{5F}{2}(\uparrow)$$

(2) 求杆件 2 的轴力

作截面 Ⅰ－Ⅰ 并取截面以左部分为隔离体，如图 5-13a 所示。

由 $\sum F_y=0$，有

$$5F/2-F-F-F_{N2y}=0$$

得

$$F_{N2y}=F/2$$

根据比例关系$\frac{F_{N2}}{l_2}=\frac{F_{N2y}}{l_{2y}}$,得

$$F_{N2}=\frac{F_{N2y}l_2}{l_{2y}}=\frac{1/2F\times 5}{4}=\frac{5F}{8}(\text{拉力})$$

(3) 求杆件 3 的轴力

作截面 Ⅱ－Ⅱ 并取截面以左部分为隔离体,如图 5－13b 所示。

由$\sum F_y=0$,有

$$5F/2-F-F+F_{N3}=0$$

得

$$F_{N3}=-F/2(\text{压力})$$

应用截面法求解桁架杆件的内力时,尽量使所截杆件的数目不超过三根。这样可直接利用隔离体的平衡条件,求出所截杆件的内力。但在某些特殊情况下,虽然截断的杆件超过三根,但只要除所求杆件外,其余各杆均交于一点或全部平行,则此杆内力仍可求得,如图 5－14 所示。

上面讨论了结点法和截面法,对于简单的桁架,当需要求出全部杆件内力时,可以选用结点法。如果只求个别杆件的内力,则可选用截面法。对于联合桁架,用结点法分析时会遇到未知力多于两个结点的情况,用截面法分析时会遇到未知力多于三根杆件的情况,故宜先用截面法将联合桁架中起连接作用的杆件内力求出,再运用前述两种方法计算所求杆的内力,如图 5－15 所示。

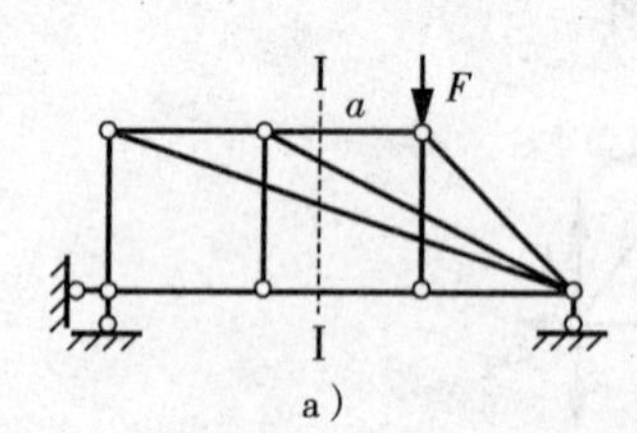

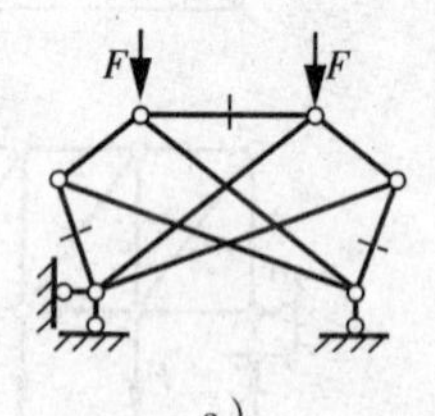

图 5－14　截面法用于某些特殊情况

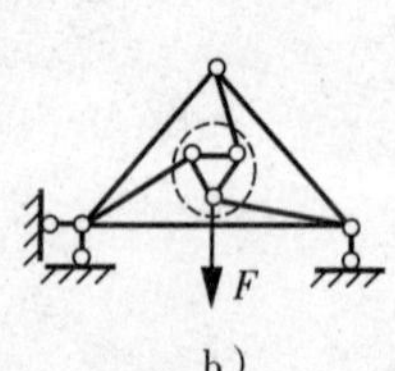

图 5－15　截面法求联合桁架

§5.4　结点法和截面法的联合运用

结点法和截面法在计算桁架内力时各有所长,如果单独使用某一种方法不能求出某些杆件内力时,可以将两种方法联合起来使用,下面举例说明。

【例 5－4】　求图 5－16a 所示桁架杆 a、b 的轴力。

【解】　(1) 求支座反力

$$F_{Ay}=F_{By}=12\text{kN}(\uparrow)$$

(2) 求杆件 a 的轴力

作截面 Ⅰ－Ⅰ 并取截面以左部分为隔离体，如图 5-16b 所示。

由 $\sum F_y = 0$，有

$$F_{Ncy} - F_{Nay} + 3 + 6 - 12 = 0$$

得

$$F_{Nay} - F_{Ncy} + 3 = 0 \tag{5-2}$$

由于节点 K 是 K 形结点，由 K 形结点特性可知 $F_{Na} = -F_{Nc}$，则

$$F_{Nay} = -F_{Ncy} \tag{5-3}$$

将式(5-3)代入式(5-2)，得

$$F_{Nay} = -\frac{3}{2}\text{kN}$$

根据比例关系

$$\frac{F_{Nay}}{3} = \frac{F_{Na}}{5}$$

则

$$F_{Na} = -\frac{5}{2}\text{kN(压力)}$$

(3) 求杆件 b 的轴力

作截面 Ⅱ－Ⅱ 并取截面以左部分为隔离体，如图5-16c所示，可知截断的四根杆件中有三根杆件受力交于一点 C，则由 $\sum M_C = 0$，有

$$12 \times 4 - 3 \times 4 + F_{Nb} \times 6 = 0$$

得

$$F_{Nb} = -6\text{kN(压力)}$$

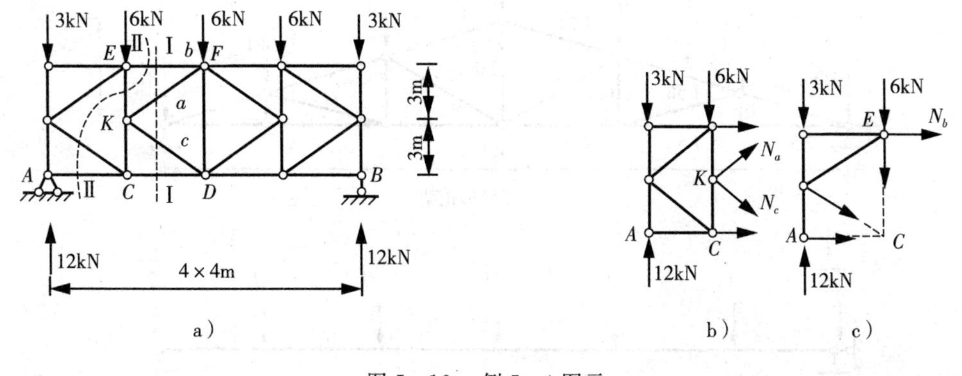

图5-16　例5-4图示

上述分析过程表明，如果要求杆 a、杆 c 的内力，需联合运用截面法和结点法，取结点 K 为研究对象，运用结点法求出两杆件内力之间的关系，继而求出两杆件内力值的大小。

§5.5　常见平面桁架的受力特征比较

不同外形的桁架，因其内部不同杆件内力值分布情况不同，适用场合亦各不同，工程中根据具体要求选取适用合理的桁架形式。如图 5－17a、图 5－17b、图 5－17c 所示为工程中常用的三种梁式桁架：平行弦桁架、抛物线桁架和三角形桁架。

设全跨布满均匀荷载(已简化为结点集中荷载，设各结点荷载 $F=1$) 作用于桁架上弦，如图 5－17d 所示。弦杆的内力大小可由截面法和力矩平衡方程推导，计算公式为

$$F_{N弦}=\pm\frac{M^0}{r}$$

其中，M^0 表示相应简支梁上与矩心对应的点的弯矩；r 指弦杆至矩心的力臂。

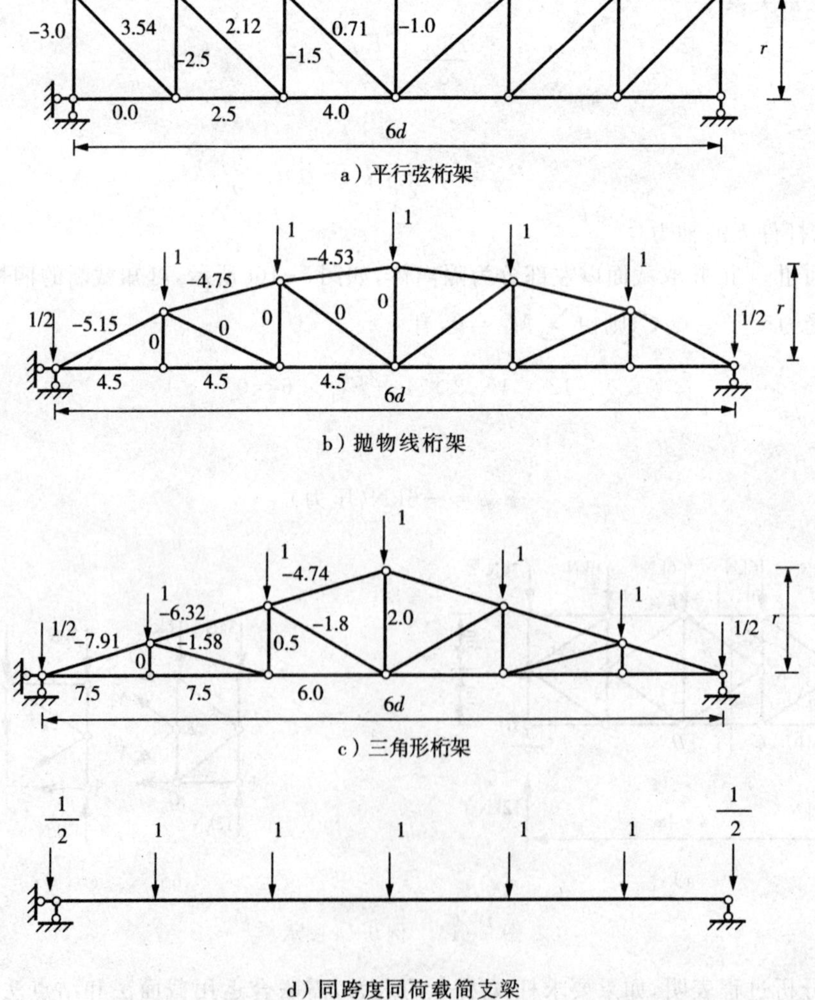

图 5－17　梁式桁架

根据前面章节所学知识，得知在均布荷载作用下，简支梁的弯矩图是抛物线形，中间大两边小。因此，可以由力臂 r 的变化情况来讨论弦杆的内力变化情况。

（1）平行弦桁架。在平行弦桁架中，弦杆的力臂是一常数，故弦杆内力与弯矩的变化规律相同，即跨中大、两端小。至于腹杆内力，由投影法可知，竖杆内力与斜杆的竖向分力分别等于相应简支梁上对应节间的剪力。因此，平行弦杆桁架腹杆内力和相应简支梁对应节间的剪力值变化规律相同，即由两端向跨中递减。

（2）抛物线桁架。抛物线桁架上弦各结点均落在同一抛物线上，各下弦杆内力及各上弦杆的水平分力对其矩心的力臂，即为各竖杆的长度。因此，各下弦杆内力与各上弦杆水平分力的大小都相等。由于上弦杆倾角不大，所以上弦杆各杆的内力也近似相等。根据截面法，由 $\sum F_x = 0$ 可知，腹杆的内力为零。

（3）三角形桁架。在三角形桁架中，弯矩从两端到跨中按抛物线递增，弦杆所对应的力臂是由跨中向两端按线性递增。由于力臂的增长比弯矩的增长快，所以弦杆内力由两端向跨中递减。根据结点法可知腹杆的内力、竖杆及斜杆的内力都是由两端向跨中递增的。

根据上述三种桁架受力分析，不难得出以下结论：

（1）平行弦桁架的内力分布不均匀，中部弦杆轴力大而端部弦杆轴力小。由于它在构造上有许多优点，如所有弦杆、斜杆、竖杆的长度相同，所有结点处相应各杆交角相同，有利于标准化生产。平行弦桁架多用于厂房中12m以上的吊车梁，以及跨度50m以下的桥梁。

（2）抛物线桁架的内力分布均匀，在材料上使用最经济，但上弦杆在每一节之间的倾角都不相同，结点构造复杂，施工不便。抛物线桁架常用于18～30m的屋架和100～150m的桥梁。

（3）三角形桁架的内力分布不均匀，端部弦杆轴力较大，跨中小，腹杆内力端部小，中间大。两端结点处夹角很小，构造很复杂。但是三角形桁架两斜面符合坡屋顶构造需要，故只在屋架中采用。

§5.6　组合结构的计算

组合结构是由两种以上受力性质不同的杆件所组合而成的结构。一种是仅承受轴力的链杆（二力杆），另一种是承受弯矩、剪力和轴力的梁式杆。采用组合结构主要是为了减小梁式杆的弯矩，充分发挥材料性能，节省材料。组合结构常用于房屋建筑中的屋架、吊车梁以及桥梁的承重结构。

分析组合结构时，常采用截面法。为了使隔离体上的未知力不致过多，应尽量避免先截断梁式杆件。因此，计算组合结构时，一般是先求支座反力和各链杆的轴力，然后计算梁式杆的内力，并作出内力图。

【例5-5】　作出图5-18a所示组合结构的内力图。

【解】　（1）计算支座反力

$$F_{Ay} = \frac{4F \cdot 3a}{4a} = 3F(\uparrow), F_{By} = 4F - 3F = F(\uparrow), F_{Ax} = 0$$

（2）求各杆轴力

作截面Ⅰ并取截面以左部分为隔离体，如图5-18b所示。由 $\sum M_C = 0$，有

$$F_{NDE} \cdot a + 4F \cdot a - 3F \cdot 2a = 0$$

得

$$F_{NDE} = 2F(\text{拉力})$$

再考虑结点 D 和 E 的平衡条件，求出其余各杆的轴力，如图 5-18a 所示。

(3) 求梁式杆内力，如图 5-18c 所示，取杆 AC 作为隔离体，根据平衡条件可求出

$$F_{Cx} = 2F(\leftarrow), F_{Cy} = F(\uparrow)$$

可以绘制出梁式杆的弯矩图、剪力图和轴力图，如图 5-18d、e、f 所示。

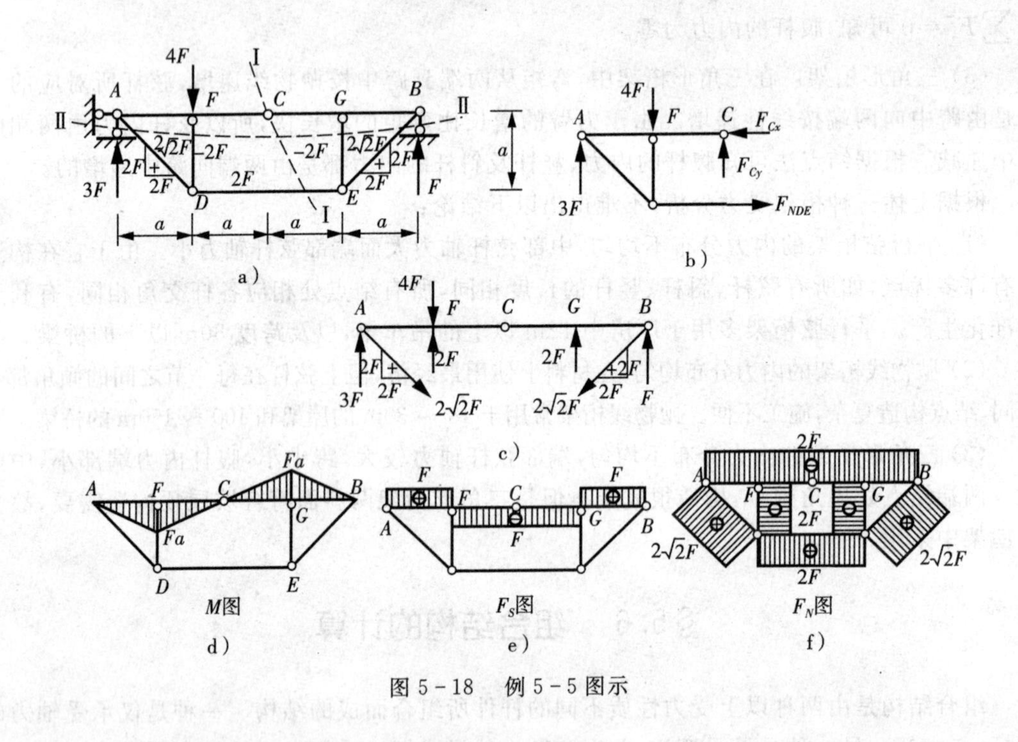

图 5-18　例 5-5 图示

习　题

5-1　试用结点法计算图 5-19 所示桁架各杆的内力。

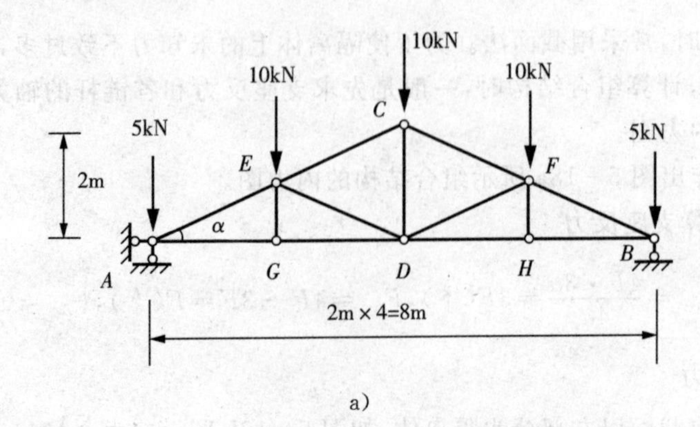

a)

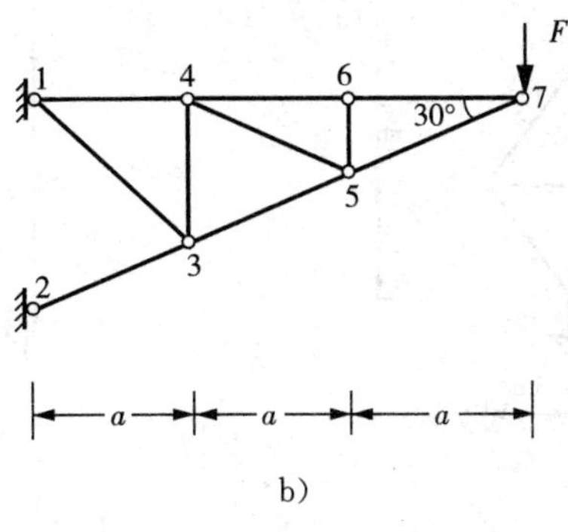

b）

图 5－19　习题 5－1 图示

5－2　试判断图 5－20 所示各桁架中的零杆。

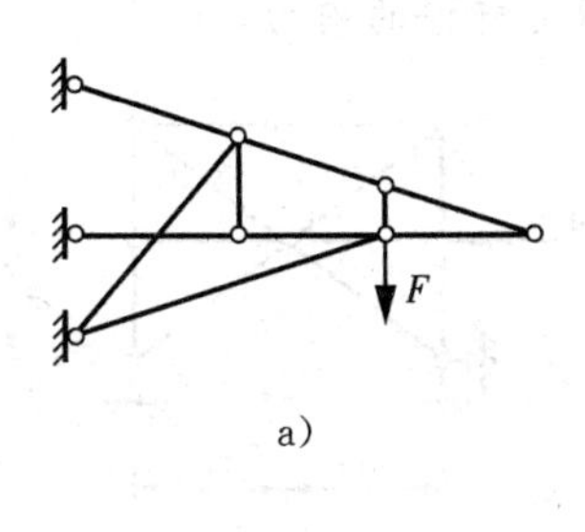

a）

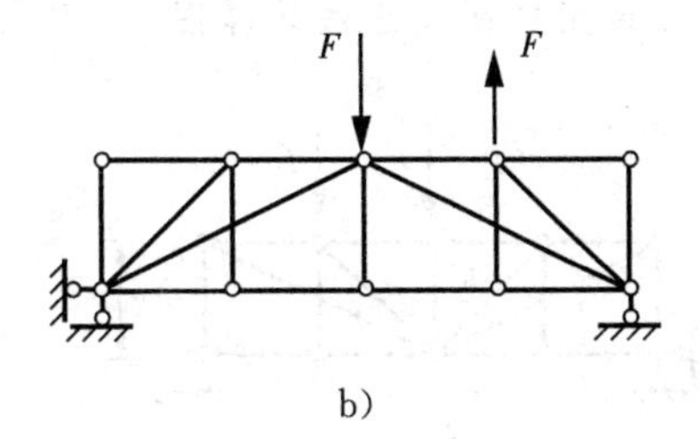

b）

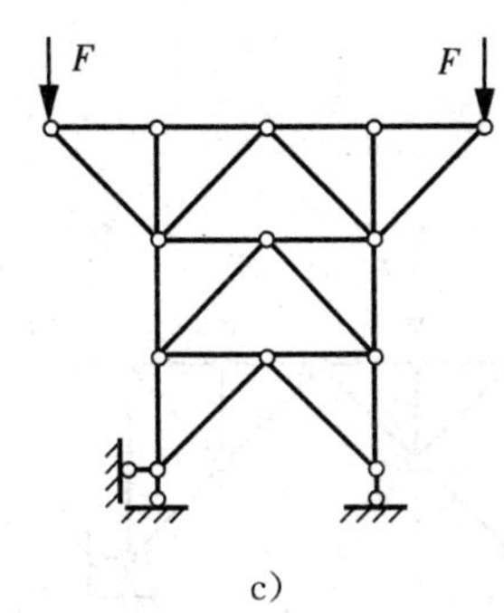

c）

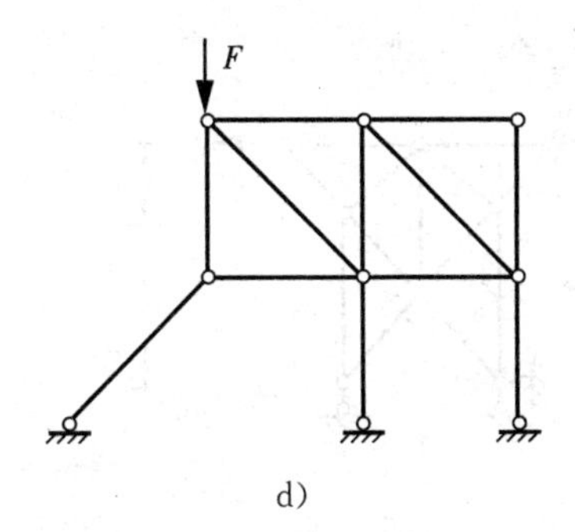

d）

图 5－20　习题 5－2 图示

5－3　试用截面法计算图 5－21 所示各桁架中指定杆件的内力。

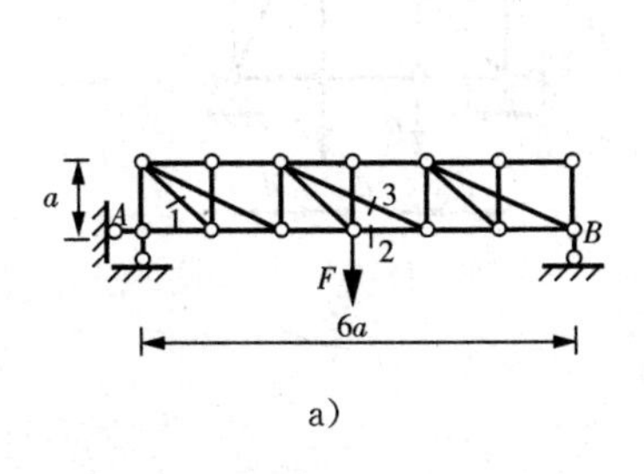

a）

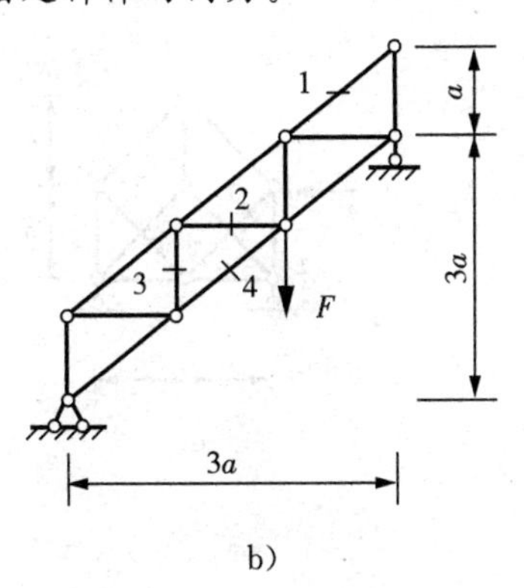

b）

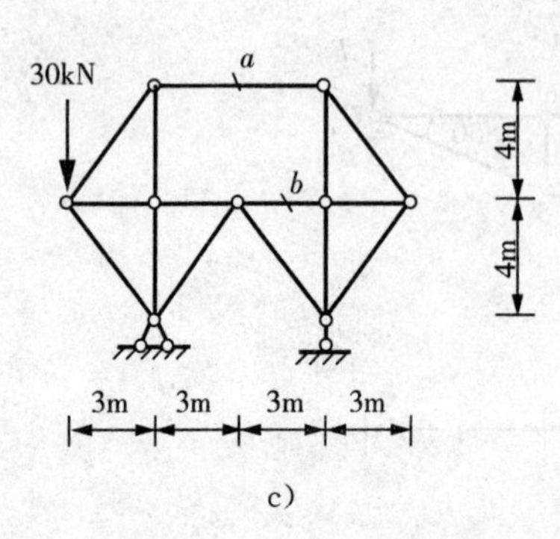

c)

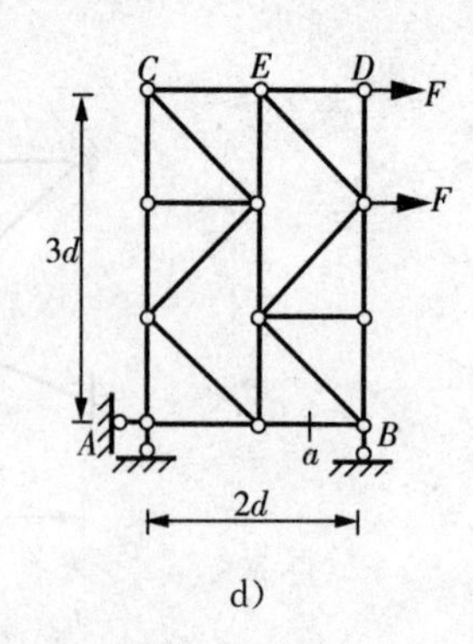

d)

图 5-21 习题 5-3 图示

5-4 试用较简便方法计算图 5-22 所示桁架中指定杆件的内力。

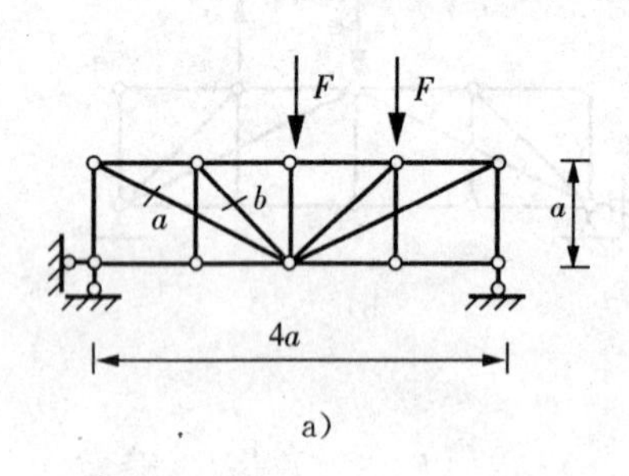

a)

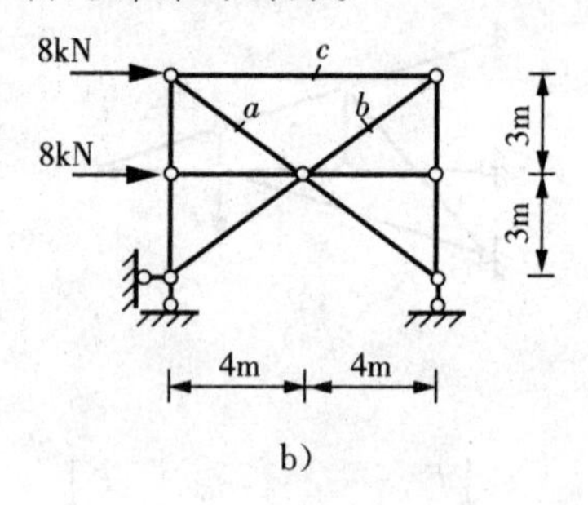

b)

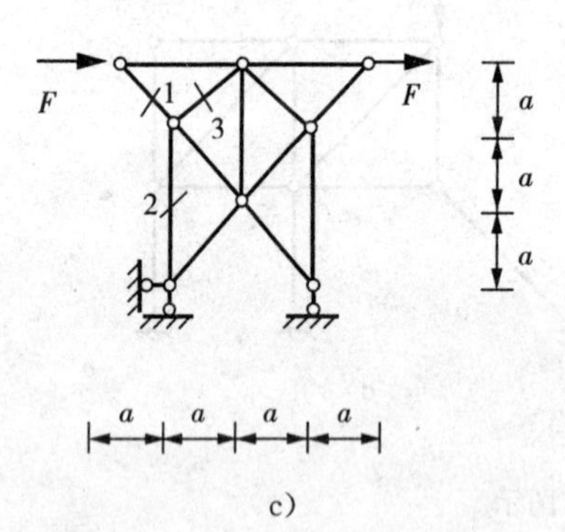

c)

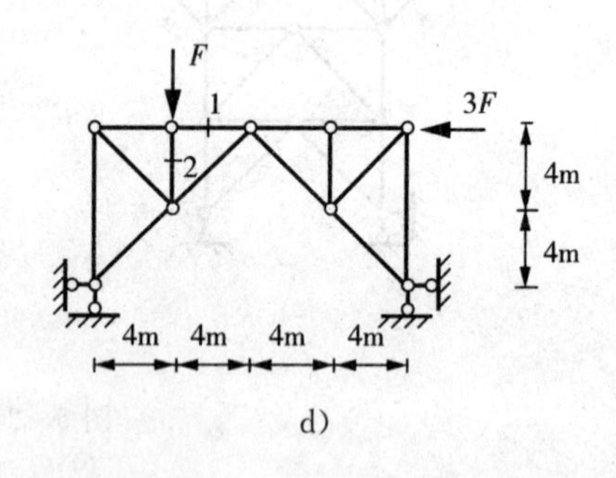

d)

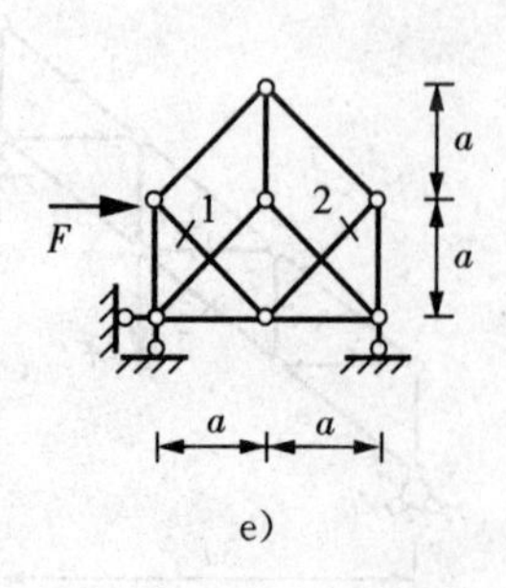

e)

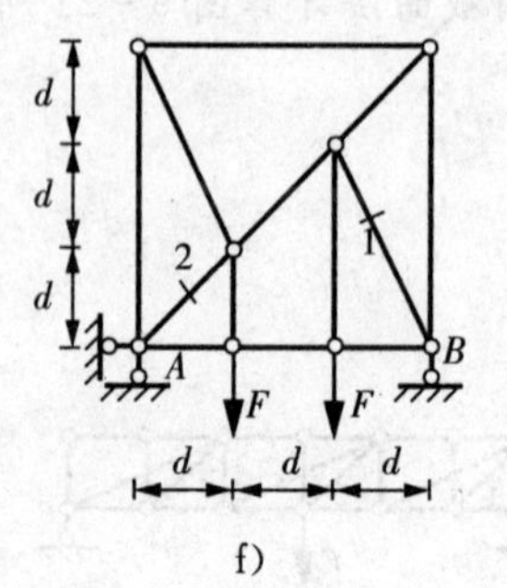

f)

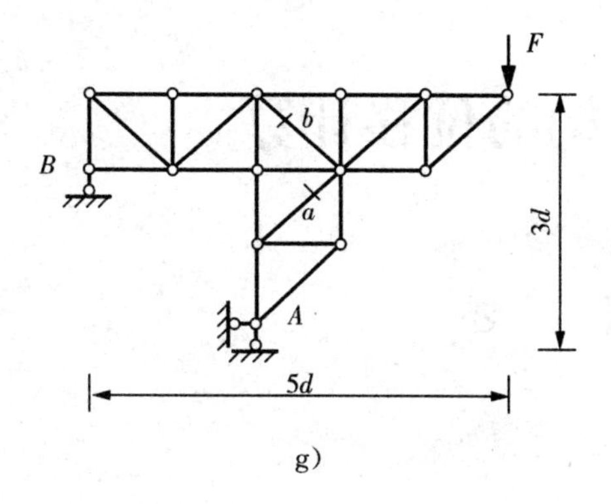

g）

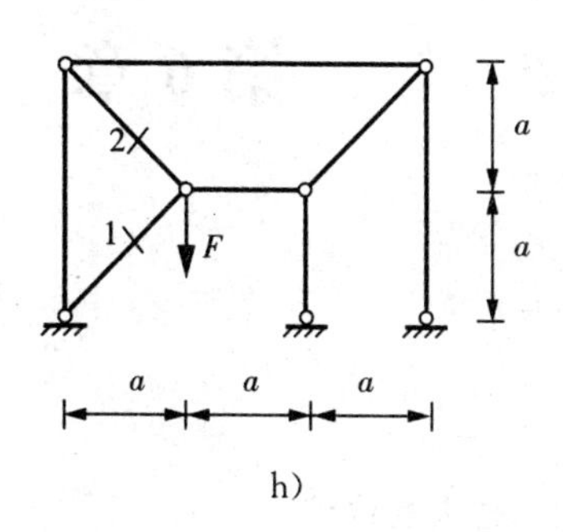

h）

图 5－22　习题 5－4 图示

5－5　试求图 5－23 所示组合结构中各链杆的轴力并作受弯杆件的内力图。

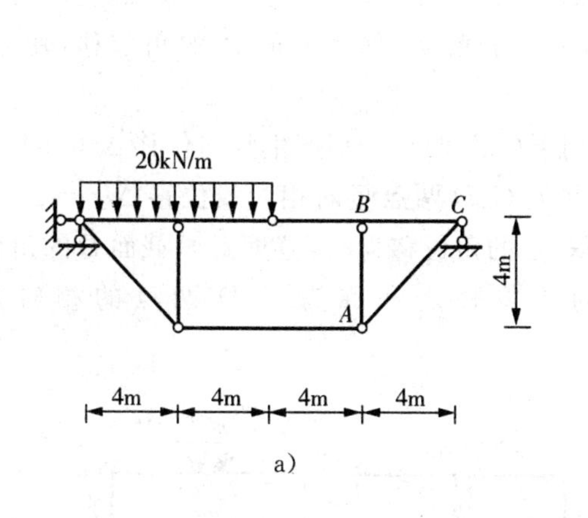

a）

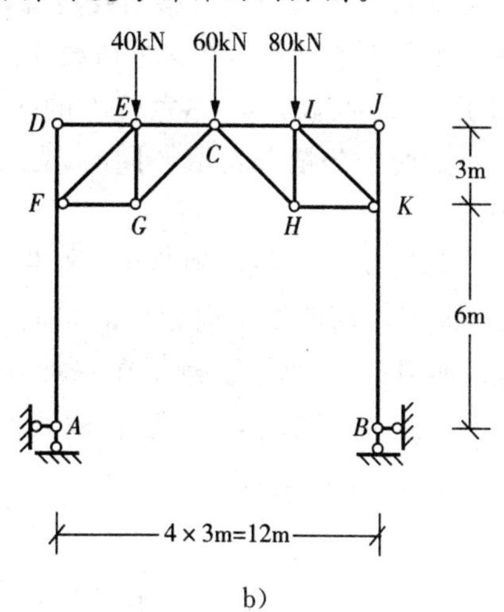

b）

图 5－23　习题 5－5 图示

第6章 静定结构的位移计算

§6.1 概 述

1. 结构的位移

任何结构都是由可变形的固体材料组成的，在荷载作用下将会产生应力，同时材料会产生应变，结构会发生变形和位移。变形是指结构在外部因素作用下发生的形状的变化，位移是指结构各截面位置的移动或转动，包括线位移和角位移。

如图6-1所示，在集中荷载作用下，刚架发生如图虚线所示的变形，截面A形心点A移到了点A'，线段AA'称为点A的线位移，记为Δ_A。它也可以用水平线位移Δ_{Ax}和竖向线位移Δ_{Ay}两个分量来表示。同时，截面A还转动了一个角度，称为截面A的角位移，用φ_A表示。

如图6-2a所示，刚架在一对集中荷载F作用下C、D两点分别产生竖向位移Δ_C(向上)、Δ_D(向下)，这两个指向相反的竖向位移之和就称为C、D两点竖向相对线位移$\Delta_{CD}=\Delta_C+\Delta_D$，如图6-2b所示。刚架在一对力偶$m$作用下$C$点的角位移为$\varphi_C$(逆时针)、截面$D$的角位移为$\varphi_D$(顺时针)，这两个截面转向相反的角位移之和称为$C$、$D$两点的相对角位移$\varphi_{CD}=\varphi_C+\varphi_D$。

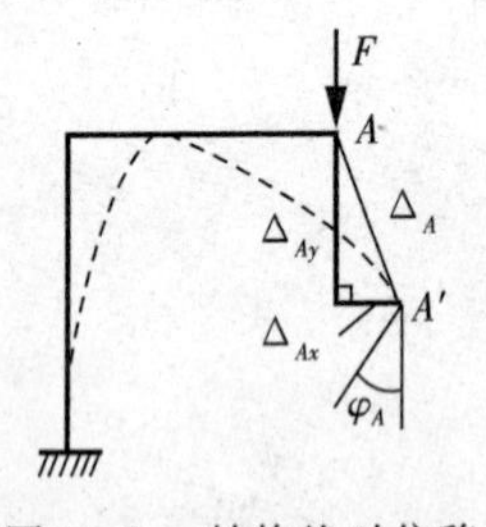

图6-1 结构绝对位移

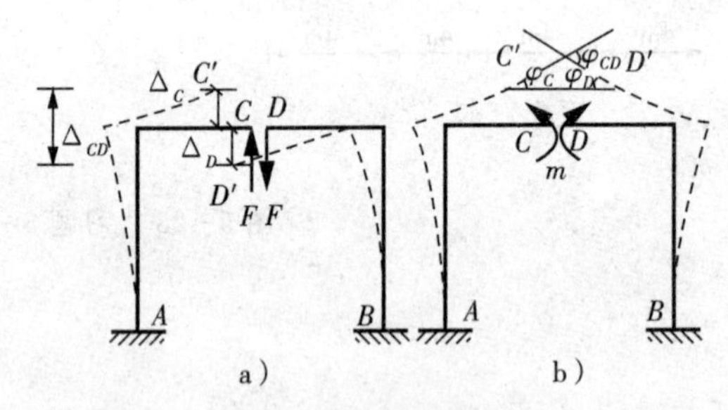

图6-2 结构相对位移

除荷载以外，其他一些因素如温度变化、支座移动、材料收缩和制造误差等，都会使结构改变原来的位置而产生位移。如图6-3a、图6-3b所示为简支梁在温度变化和支座移动时的位移。

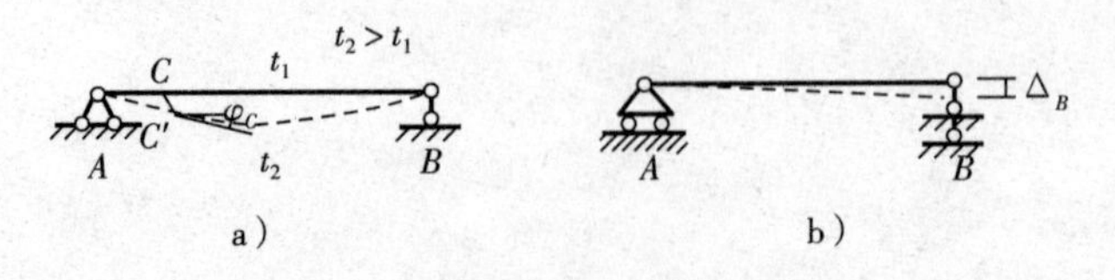

图6-3 非荷载因素产生的位移

2. **计算结构位移的目的**

工程结构设计和施工过程中，结构位移计算是非常重要的一个环节，其主要有以下三个方面的用途：

(1) 校核结构的刚度

结构刚度校核是指检验结构的变形是否符合使用的要求。在结构设计时，不仅要求结构满足强度条件，还必须要求结构具有足够的刚度，即保证结构在使用过程中不致因发生过大的变形而影响结构的正常使用。例如，列车通过桥梁时，若桥梁的挠度过大，则道路线形不够平顺，汽车在行驶的过程中，将引起较大的冲击、振动，影响汽车的正常行驶。因此，结构的变形不得超过规范规定的容许值(如在竖向荷载作用下桥梁的最大挠度，钢板梁不得超过跨度的 1/700，钢桁梁不得超过跨度的 1/900；建筑结构中楼面主梁的最大挠度不得超过跨度的 1/400，吊车梁最大挠度不得超过跨度的 1/600)。

(2) 结构制作、施工过程中的位移计算

某些结构在制作、施工架设等过程中，常需要预先知道结构变形后的位置，以便采取必要的施工措施，保证施工能够顺利进行，结构竣工后满足设计要求。特别是在大跨度结构施工中，结构位移计算是非常重要的。

如图 6-4a 所示，桁架在荷载作用下，其下弦结点将产生虚线所示的竖向位移，为避免出现这种显著的下垂现象，制作桁架时将下弦部分按起拱的做法制作安装，桁架承受荷载后，其下弦结点正好处于两支座连线上的水平位置。

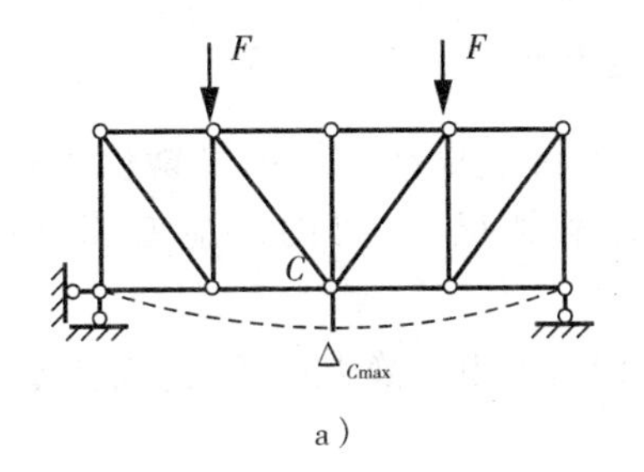

a)

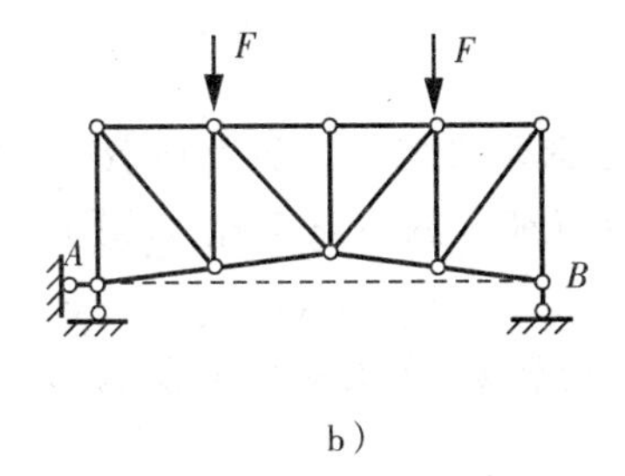

b)

图 6-4　结构的挠度和施工预拱度

(3) 超静定结构、结构稳定和动力计算的基础

超静定结构的内力仅凭静力平衡条件不能全部确定，还需考虑变形条件。建立变形协调条件时，必须计算结构的位移。在结构的稳定计算和动力计算中，也需要计算结构的位移。因此，结构的位移计算在工程上具有重要的意义。

结构力学中计算位移是以虚功原理为基础的。本章先介绍变形体系的虚功原理，然后讨论静定结构的位移计算。

§6.2　变形体系的虚功原理

结构位移计算的理论基础是虚功原理，虚功原理的核心是虚功。功包含两个要素：力和位移。根据力和位移之间的关系，功具体又分为实功和虚功。

1. 实功和虚功

力的实功是指外力在其本身引起的位移上所做的功，即做功的位移是由该力产生的。力的虚功是指力在其他原因引起的位移上所做的功，也就是说做功的力与位移彼此毫不相关。下面举例说明实功和虚功的概念。

图6-5表示悬臂梁的两种受力状态，状态1表示承受一静力荷载F_1的作用，取静力加载方式，即荷载从零逐渐增加到F_1值，梁变形后到达虚线所示的平衡位置；状态2表示承受一静力荷载F_2的作用，取静力加载方式，即荷载从零逐渐增加到F_2值，梁变形后到达虚线所示的平衡位置。Δ_{ij}第一个下标表示位移产生的位置和方向；第二个下标表示产生位移的原因。即：Δ_{11}和Δ_{12}表示分别在荷载F_1和F_2作用下，悬臂梁在荷载F_1作用点及方向上产生的位移；Δ_{21}和Δ_{22}表示分别在荷载F_1和F_2作用下，悬臂梁在荷载F_2作用点及方向上产生的位移。

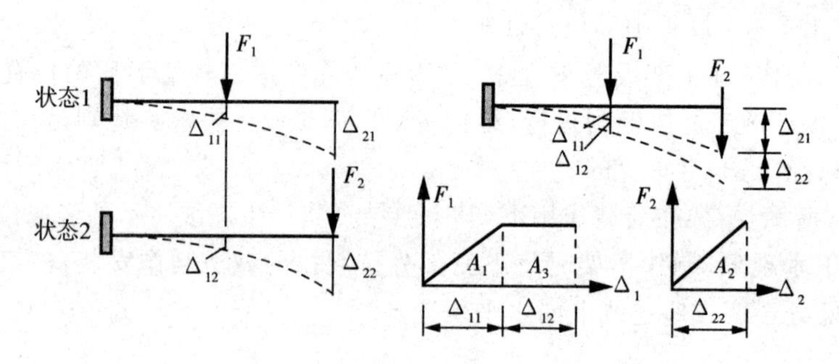

图6-5 悬臂梁的两种受力状态

假定悬臂梁承受一静力荷载F_1的作用，梁变形后到达虚线所示的平衡位置；然后施加荷载F_2(荷载从零逐渐增加到F_2值)。在这种加载情况下，梁的总应变能分成三个部分：

(1) 荷载F_1在梁发生变形(Δ_{11})过程中所做的功W_1。由于静力加载(荷载从零逐渐增加到F_1)，$W_1=\frac{1}{2}F_1\Delta_{11}$。

(2) 荷载F_2在梁发生变形(Δ_{22})过程中所做的功W_2。由于静力加载(荷载从零逐渐增加到F_2)，$W_2=\frac{1}{2}F_2\Delta_{22}$。

(3) 荷载F_1在梁发生变形(Δ_{12})过程中所做的功W_3。在施加荷载F_2过程中，荷载F_1一直作用在梁上，故而$W_3=F_1\Delta_{12}$。

应变能U等于外力功，故而

$$U=\frac{1}{2}F_1\Delta_{11}+\frac{1}{2}F_2\Delta_{22}+F_1\Delta_{12} \tag{6-1}$$

另外，若假定悬臂梁承受一静力荷载F_2的作用，梁变形后到达虚线所示的平衡位置；然后再施加荷载F_1(荷载从零逐渐增加到F_1值)。那么应变能U可写成式(6-2)：

$$U=\frac{1}{2}F_2\Delta_{22}+\frac{1}{2}F_1\Delta_{11}+F_2\Delta_{21} \tag{6-2}$$

对于线弹性变形体，应变能 U 与加载顺序无关，比较式(6－1) 和式(6－2)

$$F_1\Delta_{12}=F_2\Delta_{21} \quad 或 \quad W_{12}=W_{21} \tag{6-3}$$

Δ_{11} 和 Δ_{22} 分别与荷载 F_1 和 F_2 相关；W_1 和 W_2 称为外力实功。Δ_{12} 与荷载 F_1 无关，Δ_{21} 与荷载 F_2 无关，故而 W_{12} 和 W_{21} 称为外力虚功。“虚”表示位移与力无关。

方程(6－3) 为功的互等定理。它的文字表述是：在任何弹性系统中，状态 1 的外荷载在状态 2 的位移上所做的外力虚功等于状态 2 的外荷载在状态 1 的位移上所做的外力虚功。

这里所讨论的力可以是一个力，也可以是一组力；位移可以是由力产生的，也可以是温度改变、支座移动和制造误差等因素产生的，只要是边界条件所允许的、连续的微小位移即可。

2. 变形体系的虚功原理

在理论力学中已经介绍过刚体虚功原理，其表述为：刚体体系处于平衡状态的必要和充分条件是，对于任何虚位移，所有外力所作的虚功总和为零。

杆件结构在变形过程中，不但各杆发生刚体运动，内部材料同时也产生应变，体系则属于变形体体系。变形体体系虚功原理表述如下：变形体体系处于平衡的必要和充分条件是，对于符合变形体约束条件的任意微小的连续虚位移(体系变形后仍然是一个连续体，既不出现裂缝或者断开，也不出现重叠或搭接)，变形体系上所有外力所作的虚功总和等于变形体系各微段截面上的内力在其虚变形上所作的虚功(虚变形能) 总和。变形体系的虚功原理用公式表示为

$$W_{外}=W_{内} \tag{6-4}$$

式中：$W_{外}$ 为体系的外力虚功，即体系的外力在虚位移状态对应的位移上所做的虚功；$W_{内}$ 为体系的内力虚功，即体系的内力在虚位移状态对应的应变上所做的虚功。公式(6－4) 又称为变形体系的虚功方程。

在虚功中，力与位移是彼此独立无关的两个因素。因此，可将两者看成是分别属于同一体系的两种彼此无关的状态。其中力所属状态称为力状态，如图 6－6a 所示；该结构由于另一力系、温度变化、支座沉降等原因所引起的虚位移状态称为位移状态，如图 6－6b 所示。这里的虚位移应是微小的，为变形连续条件和约束条件所允许的，即应是所谓协调的位移。

下面叙述 $\mathrm{d}W_{内}$ 的计算。图 6－6a 表示简支梁在荷载作用下的一组平衡力系，图 6－6b 表示简支梁在其他因素作用下的位移和变形状态。从图 6－6a 的状态下取出微段 $\mathrm{d}s$，该微段 $\mathrm{d}s$(如图 6－6c 所示) 两侧截面作用着弯矩、轴力和剪力；从图 6－6b 的状态下取出微段 $\mathrm{d}s$，该微段 $\mathrm{d}s$(如图 6－6d 所示) 产生了拉伸变形 $\mathrm{d}u$、剪切变形 $\gamma\mathrm{d}s$ 和弯曲变形 $\mathrm{d}\varphi$。分布荷载 q 以及 $\mathrm{d}F_N$、$\mathrm{d}F_S$ 和 $\mathrm{d}M$ 在微段变形所做的虚功均为高阶微量，可略去不计。图 6－6c 中微段的内力在图 6－6d 中微段的变形上所做的内力虚功可表示如下：

$$\mathrm{d}W_{内}=M\mathrm{d}\varphi+F_N\mathrm{d}u+F_S\gamma\mathrm{d}s$$

图 6－6a 所示简支梁的内力在整个杆件上所做的虚功只需将上式沿梁长进积分即可，其表达式为

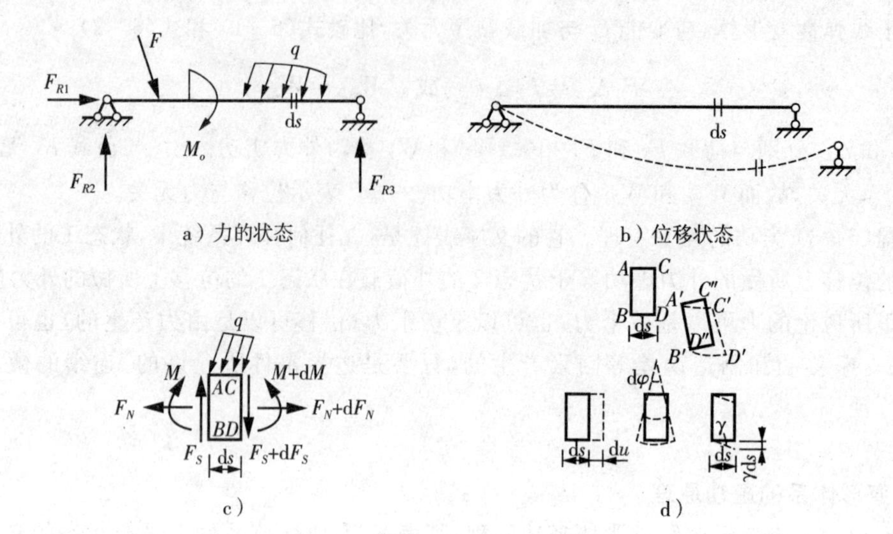

图 6－6　梁的受力和变形状态

$$W_{内}=\int M\mathrm{d}\varphi+\int F_N\mathrm{d}u+\int F_S\gamma\mathrm{d}s$$

对于由许多杆件组成的平面杆系，内力虚功的表达式为

$$W_{内}=\sum\int M\mathrm{d}\varphi+\sum\int F_N\mathrm{d}u+\sum\int F_S\gamma\mathrm{d}s \tag{6-5}$$

由方程（6－4）和方程（6－5）可得

$$W_{外}=\sum\int M\mathrm{d}\varphi+\sum\int F_N\mathrm{d}u+\sum\int F_S\gamma\mathrm{d}s \tag{6-6}$$

上述的推导过程中没有涉及材料的物理性质，因此对于弹性、非弹性、线性、非线性的变形体系，虚功原理都是适用的。

3. 虚功原理的两种应用

虚功原理涉及两个状态：力状态和位移状态。两个状态彼此独立，故虚功原理有以下两种应用形式。

（1）虚位移原理

给定力状态，虚设位移状态，通过虚设的位移，利用虚功方程求解给定力状态中的未知力。此时，虚功原理称为虚位移原理。在前面理论力学课程中曾详细讨论过这种应用形式，此处不再详述。

（2）虚力原理

给定位移状态，虚设的是力状态，通过虚设的力，利用虚功方程求解给定位移状态中的未知位移。这时的虚功原理称为虚力原理，本章讨论用虚力原理求结构位移的方法。

§6.3　位移计算的一般公式——单位荷载法

如图 6-7a 所示，平面杆系结构由于荷载、温度变化和支座移动等因素引起了如图虚线所示的变形，现在要求任一指定点 K 沿任一指定方向 $k-k$ 上的位移 Δ_K。

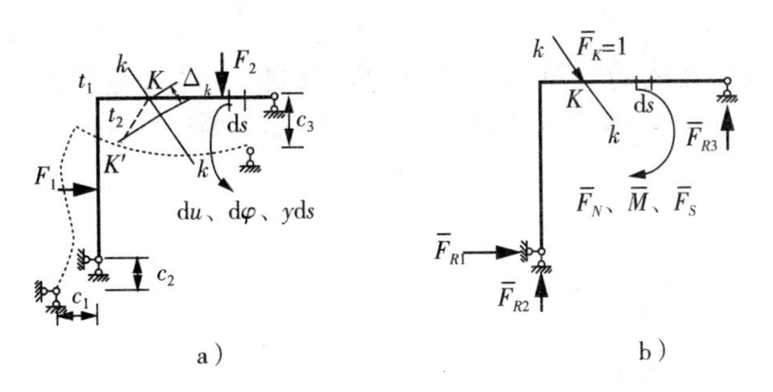

图 6-7　结构位移计算的实际状态和虚拟状态

利用虚功原理求位移时，需要拟定力状态和位移状态。若要求的位移是由于荷载、温度变化和支座移动等因素引起的，则设为位移状态，称为实际状态，如图 6-7a 所示；因此还要虚设一个力状态。由于虚设力状态和位移状态相互独立，可以根据求位移的需要，虚拟一个尽可能简单的力状态。因此，若欲求 K 点的位移（角位移和线位移），则首先在结构体系与原结构相同的结构上的 K 点虚设一个集中荷载（集中力偶或集中力）。本问题求指定点 K 沿指定方向 $k-k$ 上的位移 Δ_K（如图 6-7b 所示）。沿 $k-k$ 方向虚设一个集中荷载 $\overline{F}_K$，其指向为 $k-k$ 方向。为了计算方便，令集中荷载 $\overline{F}_K=1$，称为单位荷载，或称单位力。以此单位荷载及其所产生的支座反力、内力作为虚设的力状态，即虚拟状态。

将 $\overline{F}_K=1$ 及其相应的支座反力 $\overline{F}_{Ri}$ 和内力代入式（6-6），得到

$$1\cdot\Delta_K+\sum\overline{F}_RC=\sum\int\overline{F}_N\mathrm{d}u+\sum\int\overline{M}\mathrm{d}\varphi+\sum\int\overline{F}_S\gamma\mathrm{d}s$$

于是得到用单位荷载法求位移的一般公式为

$$\Delta_K=\sum\int\overline{F}_N\mathrm{d}u+\sum\int\overline{M}\mathrm{d}\varphi+\sum\int\overline{F}_S\gamma\mathrm{d}s-\sum\overline{F}_RC \tag{6-7}$$

式（6-7）中的 Δ_K、C、$\mathrm{d}u$、$\gamma\mathrm{d}s$ 以及 $\mathrm{d}\varphi$ 是实际状态的位移和变形，$\overline{M}$、$\overline{F}_N$、$\overline{F}_S$ 和 $\overline{F}_R$ 都是虚设的。求得的 Δ_K 如果是正值，说明位移 Δ_K 的指向与所设指向一致；反之，则相反。这种计算位移的方法就是单位荷载法，此法的巧妙之处在于虚拟状态中只在所求位移地点沿所求位移方向虚设一个单位荷载，使荷载虚功恰好等于所求位移。

方程（6-7）是平面杆系结构位移计算的一般公式，可应用于计算不同的材料、不同的变形、产生变形的不同原因以及不同结构类型的位移。

在实际问题中，除了计算线位移外，有时还需要计算角位移、相对位移等。下面讨论如何按照所求位移类型不同设置相应的虚拟力状态。

当要求结构某截面沿某方向的线位移时，应在该截面沿所求位移方向加一个单位集中力，如图 6-8a 所示即为求截面 A 水平线位移时的虚拟力状态。

当要求某截面的角位移时，则应在该截面处加一个单位力偶，如图 6-8b 所示，这样荷载所做的虚功为 $1\cdot\varphi_A=\varphi_A$，恰好等于所求角位移。

要求两截面间距离的变化，也就是求两截面沿其连线方向上的相对线位移，此时应在两截面沿其连线方向加上一对方向相反的单位力，如图 6-8c 所示。

同理，若要求两截面的相对角位移，就应在两截面加一对方向相反的单位力偶，如图 6-8d 所示。

要求结构上两截面连线的转角，此时应在两截面位置沿垂直两截面连线方向加上一对方向相反的力，大小为两截面距离的倒数。如图 6-8e 所示。

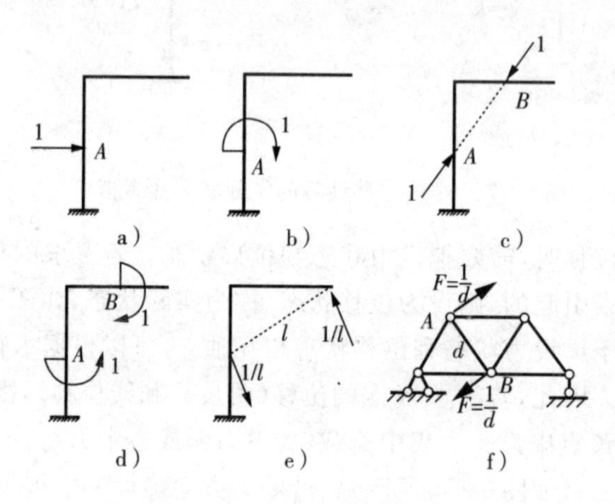

图 6-8 几种常见单位荷载

在求桁架某杆的角位移时，由于桁架只承受轴力，故应将单位力偶转换为等效的结点集中荷载，即在该杆两端加一对方向与其杆件垂直，大小等于杆长倒数而指向相反的集中力，如图 6-8f 所示。这是因为在位移微小的情况下，桁架杆件的角位移等于其两端在垂直于杆轴方向上的相对线位移除以杆长。

$$\varphi_{AB}=\frac{\Delta_A+\Delta_B}{\mathrm{d}}$$

荷载所作虚功为

$$\frac{1}{\mathrm{d}}\Delta_A+\frac{1}{\mathrm{d}}\Delta_B=\frac{\Delta_A+\Delta_B}{\mathrm{d}}=\varphi_{AB}$$

即等于所求杆件角位移。

可以看出，应用单位荷载法求位移时要虚设正确的虚拟力状态，即在所求位移处沿所求位移方向施加一个与所求位移相应的广义力。集中力、力偶、一对集中力、一对力偶以及某一力系等，统称为广义力。求任何广义位移时，虚拟状态所加的荷载应是与所求广义位移相应的单位广义力。这里的相应是指力与位移在做功的关系上的对应，如集中力与线位移对应、力偶与角位移对应等。

§6.4　荷载作用下的位移计算

1. 荷载作用下的位移计算公式

现在讨论静定结构在荷载作用下的位移计算。这里仅限于研究线弹变形体，应力与应变的关系符合胡克定律，结构的位移与荷载是成正比例的，在计算过程中可以利用叠加原理。

设如图 6-9a 所示的结构只受到荷载作用，求结构 K 截面竖向位移 Δ_{KP}，此时没有支座位移。虚拟状态如图 6-9b 所示，K 点作用一个竖向单位集中力。

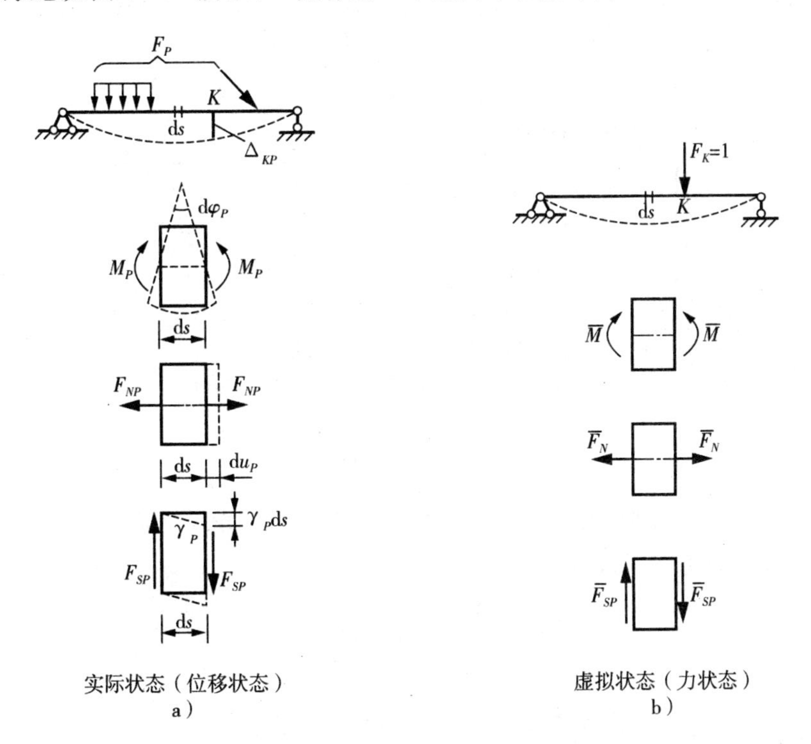

图 6-9　荷载作用下结构位移计算的两种状态

由于位移状态没有支座移动，因此位移计算公式(6-7) 可写为

$$\Delta_{KP}=\sum\int\overline{F}_N\mathrm{d}u_P+\sum\int\overline{M}\mathrm{d}\varphi_P+\sum\int\overline{F}_S\gamma_P\mathrm{d}s \tag{6-8}$$

式中，$\mathrm{d}\varphi_P$、$\mathrm{d}u_P$、$\gamma_P\mathrm{d}s$ 是实际状态中微段的变形，$\overline{M}$、$\overline{F}_N$、$\overline{F}_S$ 是虚拟状态中微段的内力。

若实际状态中微段的内力为 M_P、F_{NP} 和 F_{SP}，由材料力学知识可知微段上内力引起的弯曲变形、轴向变形和剪切变形分别是

$$\mathrm{d}\varphi_P=\frac{M_P\mathrm{d}s}{EI} \tag{6-9}$$

$$\mathrm{d}u_P=\frac{F_{NP}\mathrm{d}s}{EA} \tag{6-10}$$

$$\gamma_P \mathrm{d}s = \frac{kF_{SP}\mathrm{d}s}{GA} \tag{6-11}$$

式(6－9)、式(6－10)和式(6－11)中E、G分别为材料的弹性模量和剪切弹性模量，A、I分别是杆件的截面面积和惯性矩，k为剪应力沿截面分布不均匀而引用的修正系数，其值与截面形状有关，对于矩形截面，$k=6/5$；圆形截面，$k=10/9$；薄壁圆环截面，$k=2$；工字形截面，$k=A/A'$，A'为腹板面积。将式(6－9)、式(6－10)和式(6－11)代入式(6－8)，得

$$\Delta_{KP} = \sum\int\frac{\overline{M}M_P\mathrm{d}s}{EI} + \sum\int\frac{\overline{F}_N F_{NP}\mathrm{d}s}{EA} + \sum\int\frac{k\overline{F}_S F_{SP}\mathrm{d}s}{GA} \tag{6-12}$$

式(6－12)就是平面杆系结构在荷载作用下的位移计算公式。

【例6－1】 试求图6－10所示刚架A点的竖向位移Δ_{Ay}。各杆件材料相同，截面的A、I为常数。

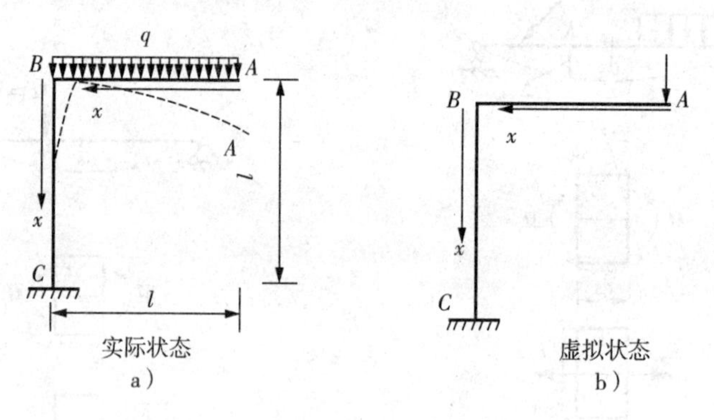

图6－10 例6－1图示

【解】 (1) 在A点施加竖直向下的单位集中力$F=1$，并分别建立两杆件的坐标系，如图6－10b所示，则各杆的内力方程为

$$AB\text{段}:\overline{M}=-x,\ \overline{F}_N=0,\overline{F}_S=1$$

$$BC\text{段}:\overline{M}=-l,\ \overline{F}_N=-1,\overline{F}_S=0$$

(2) 在实际状态中(如图6－10a所示)，各杆的内力方程为

$$AB\text{段}:M_P=-\frac{qx^2}{2},\ F_{NP}=0,F_{SP}=qx$$

$$BC\text{段}:M_P=-\frac{ql^2}{2},\ F_{NP}=-ql,F_{SP}=0$$

(3) 将各段杆件在实际状态和虚拟状态下的内力函数代入位移计算公式(6－12)，得

$$\Delta_{Ay} = \sum\int\frac{\overline{M}M_P\mathrm{d}s}{EI} + \sum\int\frac{\overline{F}_N F_{NP}\mathrm{d}s}{EA} + \sum\int\frac{k\overline{F}_S F_{SP}\mathrm{d}s}{GA}$$

$$=\int_0^l(-x)\left(-\frac{qx^2}{2}\right)\frac{\mathrm{d}x}{EI}+\int_0^l(-l)\left(-\frac{ql^2}{2}\right)\frac{\mathrm{d}x}{EI}$$

$$+\int_0^l (-1)(-ql)\frac{dx}{EA}+\int_0^l k(+1)(qx)\frac{dx}{EA}$$

$$=\frac{5}{8}\frac{ql^4}{EI}+\frac{ql^2}{EA}+\frac{kql^2}{2GA}$$

$$=\frac{5}{8}\frac{ql^4}{EI}(1+\frac{8}{5}\frac{I}{Al^2}+\frac{4}{5}\frac{kEI}{GAl^2})(\downarrow)$$

(4) 讨论:上式中第一项为弯矩的影响;第二项为轴力的影响,第三项为剪力的影响。设杆件为矩形截面,其宽度为 b,高度为 h,则有 $A=bh$,$I=\frac{bh^3}{12}$,$k=\frac{6}{5}$,代入上式得

$$\Delta_{Ay}=\frac{5}{8}\frac{ql^4}{EI}\left[1+\frac{2}{15}\left(\frac{h}{l}\right)^2+\frac{2}{25}\frac{E}{G}\left(\frac{h}{l}\right)^2\right]$$

从计算结果可以得知,杆件的截面高度和杆长之比 h/l 越大,则轴力和剪力对结构的位移影响越大。当 $h/l=1/10$,取 $G=0.4E$,可得

$$\Delta_{Ay}=\frac{5}{8}\frac{ql^4}{EI}\left[1+\frac{1}{750}+\frac{1}{500}\right]$$

根据计算结果看出,轴力和剪力对刚架的影响是不大的,通常可以略去不计。

2. 不同类型结构的位移计算简化公式

式(6-12)右边三项分别代表结构的弯曲变形、剪切变形和轴向变形对结构位移的影响。各种不同的结构类型,因其受力特点不同,这三种影响在位移中所占比重也不同。在实际位移计算中,根据不同结构的受力特点,常只考虑其中的一项(或两项),可得到不同结构的位移简化公式。

(1) 梁和刚架

在梁和刚架中,位移主要是由弯矩引起的,轴力和剪力的影响很小,可以略去不计,式(6-12)可以简化为

$$\Delta_{KP}=\sum\int\frac{\overline{M}M_P\,ds}{EI} \tag{6-13}$$

(2) 桁架

在桁架中,杆件内力只有轴力作用,且同一杆件的轴力 F_{NP}、$\overline{F}_N$ 及 EA 沿杆长 l 均为常数,式(6-12)可以简化为

$$\Delta_{KP}=\sum\int\frac{\overline{F}_N F_{NP}\,ds}{EA}=\sum\frac{\overline{F}_N F_{NP}}{EA}\int ds=\sum\frac{\overline{F}_N F_{NP}l}{EA} \tag{6-14}$$

(3) 组合结构

在组合结构中,梁式杆主要承受弯矩,只考虑弯曲变形,链杆只承受轴力,只考虑轴向变形。式(6-12)可以简化为

$$\Delta_{KP}=\sum\int\frac{\overline{M}M_P\,ds}{EI}+\sum\frac{\overline{F}_N F_{NP}l}{EA} \tag{6-15}$$

(4) 拱

一般的实体拱，计算位移时可忽略曲率对位移的影响，只考虑弯曲变形；在扁平拱中需同时考虑弯曲变形和轴向变形的影响。因此，式(6-12)可以简化为

$$\Delta_{KP}=\sum\int\frac{\overline{M}M_P\,\mathrm{d}s}{EI}+\sum\int\frac{\overline{F}_N F_{NP}\,\mathrm{d}s}{EA} \tag{6-16}$$

【例6-2】 试求图6-11a所示桁架，计算下弦D点的竖向位移。各杆件截面的E、A为常数。

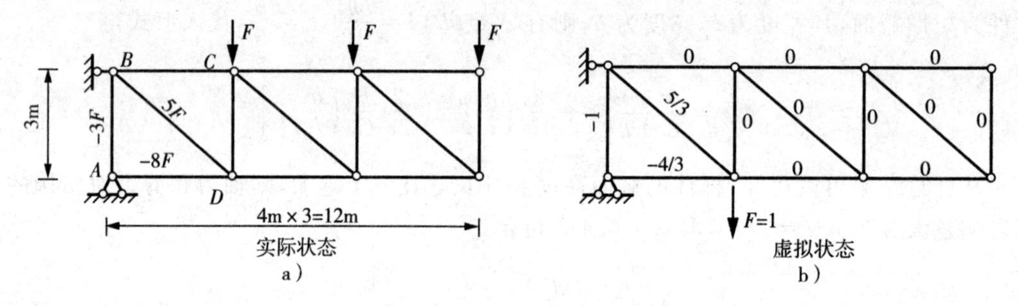

图6-11　例6-2图示

【解】 (1) 在D点施加竖直向下的单位集中力$F=1$，如图6-11b所示。

(2) 求F_{NP}。计算实际状态中桁架在荷载作用下各杆的轴力F_{NP}，如图6-11a所示。

(3) 求$\overline{F}_N$。计算虚拟状态中桁架在单位集中力$F=1$作用下各杆的轴力$\overline{F}_N$，如图6-11b所示。

(4) 求Δ_{Dy}(利用方程(6-14))。

$$\begin{aligned}\Delta_{Dy}&=\sum\frac{\overline{F}_N F_{NP}l}{EA}\\&=\frac{1}{EA}\left[(-3F)\times(-1)\times 3+5F\times\frac{5}{3}\times 5+(-8F)\times\left(-\frac{4}{3}\right)\times 4\right]\\&=\frac{280F}{3EA}(\downarrow)\end{aligned}$$

【例6-3】 试求图6-12a所示等截面圆弧曲梁B的竖向位移Δ_{By}。设梁的截面厚度远小于其半径R。

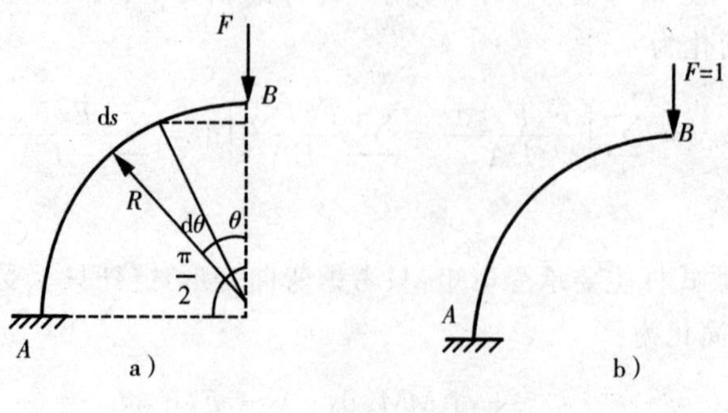

图6-12　例6-3图示

【解】 此曲梁系小曲率杆，故可近似采用直杆的位移计算公式，可以略去轴力和剪力对位移的影响，只考虑弯矩一项。在实际状态中(如图 6-12a 所示)，任一截面的弯矩为(以内侧受拉为正)

$$M_P=-FR\sin\theta$$

在虚拟状态中，任一截面的弯矩为

$$\overline{M}=-R\sin\theta$$

代入位移计算公式(6-13)，得

$$\Delta_{Bx}=\sum\int\frac{\overline{M}M_P\mathrm{d}s}{EI}$$

$$=\frac{FR^3}{EI}\int_0^{\frac{\pi}{2}}\sin^2\theta\mathrm{d}\theta$$

$$=\frac{\pi}{4}\frac{FR^3}{EI}(\downarrow)$$

§6.5　图　乘　法

根据上节的推导可知，计算梁和刚架在荷载作用下的位移需要求下列积分，即

$$\Delta_{KP}=\sum\int\frac{\overline{M}M_P\mathrm{d}s}{EI}$$

有时积分计算比较麻烦，但是当结构的各杆段符合下列条件时：

(1) 杆轴是直线；

(2) EI 是常数；

(3) M_P、$\overline{M}$ 图形至少有一个是直线图形。

则可以运用图乘法来代替烦琐的积分运算，从而简化计算。

1. 图乘法公式及其应用条件

如图 6-13 所示是等截面直杆 AB 的两个弯矩图，假设 $\overline{M}$ 图为直线图形，M_P 图为任意形状。以杆轴为 x 轴，以 $\overline{M}$ 图的直线延长线与 x 轴的交点为原点，则积分式

$$\int\frac{\overline{M}M_P\mathrm{d}s}{EI}$$

其中的 EI 可以提到积分号外面，$\mathrm{d}s$ 可以用 $\mathrm{d}x$ 来代替，且因 $\overline{M}$ 为直线变化，由图 6-13 可知，有 $\overline{M}=x\cdot\tan\alpha$，且 $\tan\alpha$ 为常数，上面的积分式可写成

$$\int\frac{\overline{M}M_P\mathrm{d}s}{EI}=\frac{1}{EI}\int x\tan\alpha M_P\mathrm{d}x=\frac{\tan\alpha}{EI}\int xM_P\mathrm{d}x=\frac{\tan\alpha}{EI}\int x\mathrm{d}A_\omega$$

其中，$\mathrm{d}A_\omega=M_P\mathrm{d}x$ 表示 M_P 图中阴影部分的微分面积，故 $x\mathrm{d}A_\omega$ 为微分面积对 y 轴的静

矩，$\int x\mathrm{d}A_\omega$ 即为整个 M_P 的面积对于 y 轴的静矩。根据合力矩定理，它应该等于 M_P 图的面积 A_ω 乘以其形心 C 到 y 轴的距离 x_C，即

$$\int x\mathrm{d}A_\omega = A_\omega x_C$$

代入上式，得

$$\int \frac{\overline{M}M_P\mathrm{d}s}{EI} = \frac{\tan\alpha}{EI}A_\omega x_C = \frac{A_\omega y_C}{EI}$$

其中，y_C 是 M_P 图的形心 C 处所对应的 $\overline{M}$ 图的竖标。上述积分式等于一个弯矩图的面积 A_ω 乘以其形心处所对应的另一个直线弯矩图上的竖标 y_C，再除以 EI，这就是图乘法。图乘法将上述积分运算问题转化为求图形的面积、形心和竖标的问题。

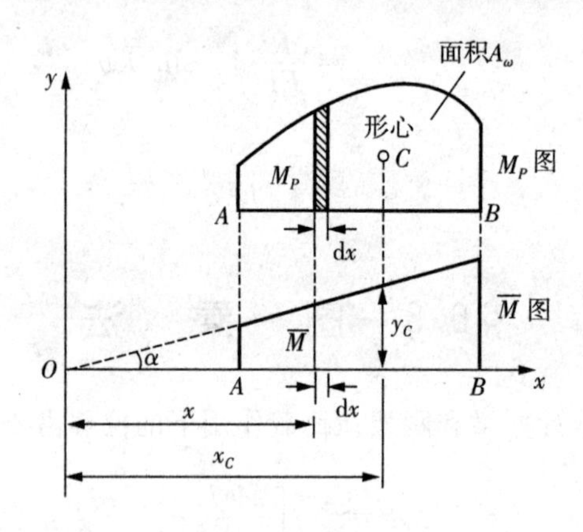

图 6-13　图乘法

如果结构由多根杆组成，且各杆均可采用图乘法，则

$$\Delta_{KP} = \sum\int \frac{\overline{M}M_P\mathrm{d}s}{EI} = \sum \frac{A_\omega y_C}{EI} \tag{6-17}$$

应用图乘法时要注意以下几点：

(1) 必须符合上述三个前提条件；

(2) 公式中竖标 y_C 只能取自直线图形；

(3) 正负号规定：面积 A_ω 与竖标 y_C 在基线的同侧乘积为正，反之为负。

为方便计算，现将几种常用的简单图形的面积公式及形心位置列入图 6-14 中。在应用时注意，图中的抛物线是指标准抛物线，其顶点在中间或端点，即过抛物线顶点处的切线与基线平行，即在弯矩图顶点处的剪力为零。

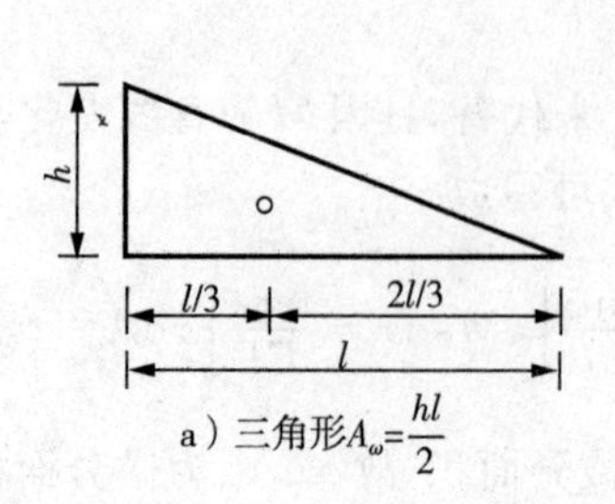

a）三角形$A_\omega=\dfrac{hl}{2}$

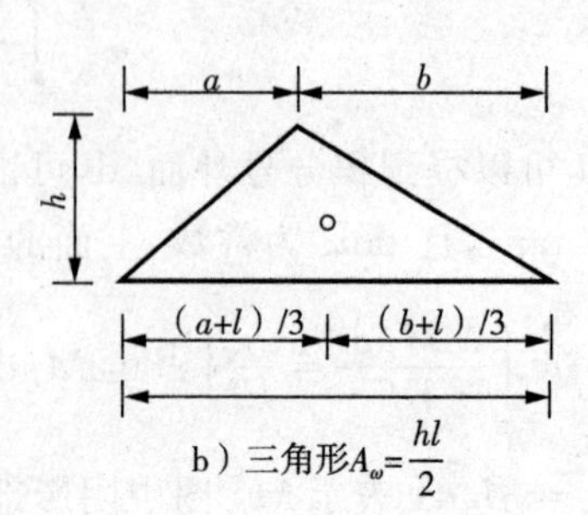

b）三角形$A_\omega=\dfrac{hl}{2}$

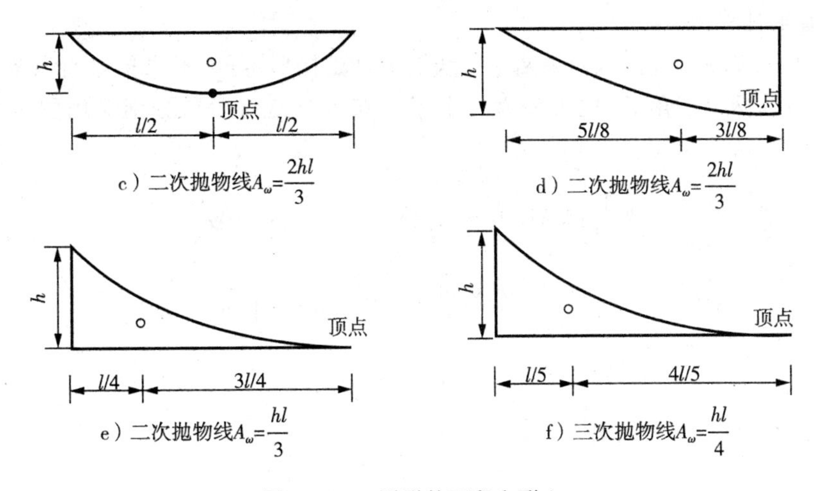

图 6-14　图形的面积和形心

2. 图乘法计算中常用的处理方法

在图乘法实际计算中，经常会遇到图形比较复杂或形心位置不易确定的情况。此时，常采取以下处理方法。

(1) 分段

当 y_C 所属图形是由若干段直线图形组成时，或各杆段的截面不相等时，均应分段相乘，然后再进行叠加。

对于图 6-15a 所示情形，一个图形是曲线，另一个图形是由几段直线组成的折线，则应分段计算，有

$$\frac{1}{EI}\int \overline{M}M_P\mathrm{d}x=\frac{1}{EI}(A_{\omega1}y_1+A_{\omega2}y_2+A_{\omega3}y_3)$$

对于图 6-15b 所示情形，杆件各段有不同的 EI，则应在 EI 变化处分段，分段后图乘，有

$$\int\frac{\overline{M}M_P\mathrm{d}s}{EI}=\frac{A_{\omega1}y_1}{EI_1}+\frac{A_{\omega2}y_2}{EI_2}+\frac{A_{\omega3}y_3}{EI_3}$$

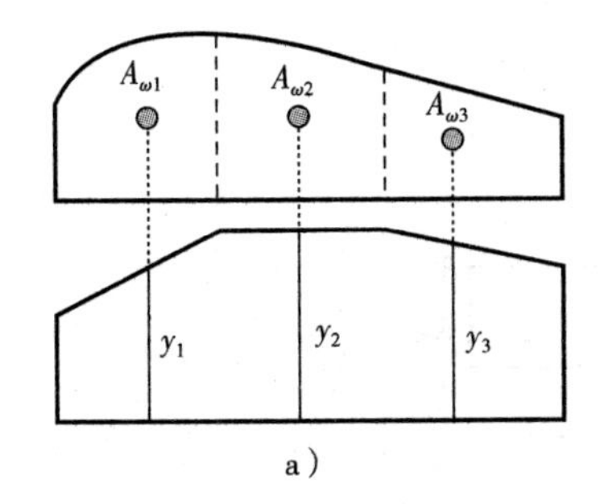

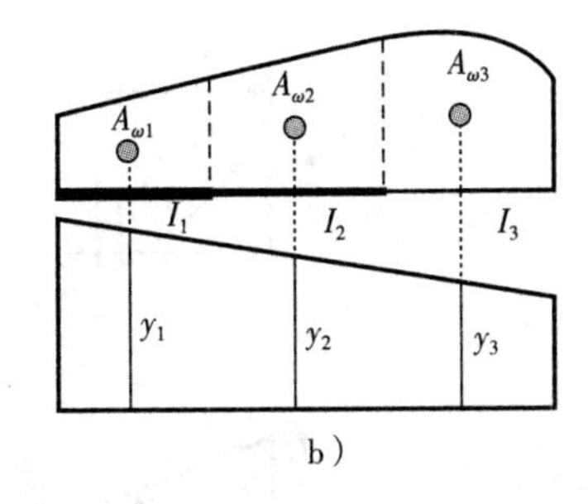

图 6-15　折线及变截面分段图乘

(2) 叠加

当图形的面积计算或形心位置的确定比较复杂时，可将复杂的图形分解为几个简单图

形，然后再叠加计算。

对于图 6-16a 所示情形，如果两个直线图形都是梯形，可以不求梯形面积及其形心，而把一个梯形分为两个三角形（也可分为一个矩形和一个三角形），分别应用图乘法，然后叠加，有

$$\frac{1}{EI}\int \overline{M}M_P\mathrm{d}s=\frac{1}{EI}\int \overline{M}(M_{Pa}+M_{Pb})\mathrm{d}x$$

$$=\frac{1}{EI}\left(\int \overline{M}M_{Pa}\mathrm{d}x+\int \overline{M}M_{Pb}\mathrm{d}x\right)$$

$$=A_{\omega a}y_a+A_{\omega b}y_b$$

式中：竖标 y_a、y_b 可以按下式计算

$$y_1=\frac{2c+\mathrm{d}}{3},y_2=\frac{c+2\mathrm{d}}{3}$$

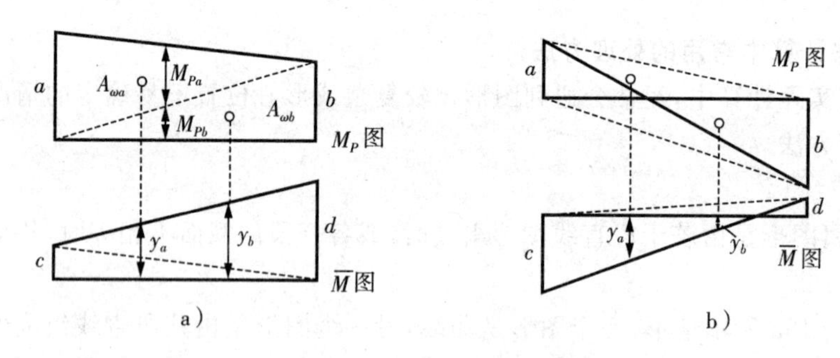

图 6-16 同侧及异侧叠加图乘

对于图 6-16b 所示情形，当 M_P 或 $\overline{M}$ 图的竖标 a、b 或 c、d 不在基线的同一侧时，可将图形分解为位于基线两侧的两个三角形，再按上述方法分别图乘，然后叠加。

在均布荷载作用下的任何一段直杆（如图 6-17a 所示），由绘制直杆弯矩图的叠加法知道，其弯矩图可看成是一个梯形与一个标准二次抛物线图形的叠加。因此，可将图 6-17a 中的 M_P 图分解成图 6-17b 和图 6-17c 两个图形，然后将图 6-17b 所示梯形弯矩图分解成两个三角形的叠加，再分别应用图乘法。

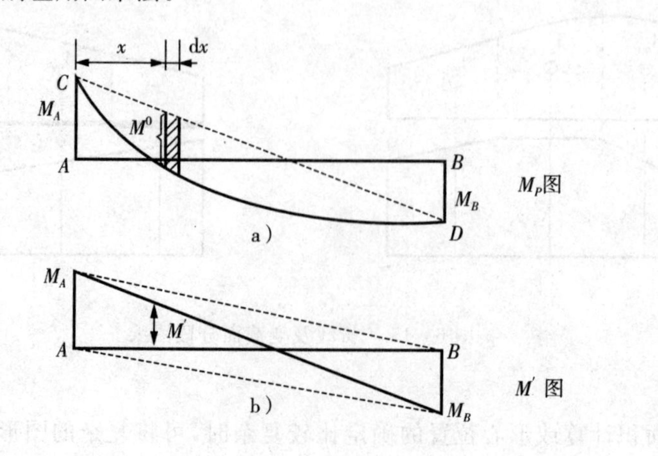

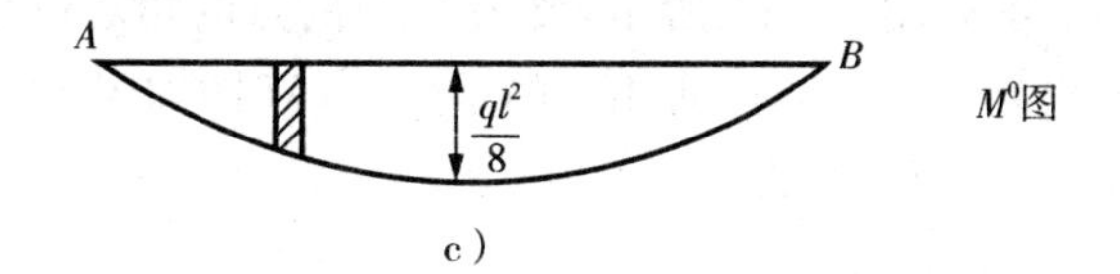

图 6－17　M_P 图叠加图乘

【例 6－4】　试求图 6－18a 所示悬臂梁中点 C 点的竖向位移 Δ_{Cy}，梁的 EI ＝常数。

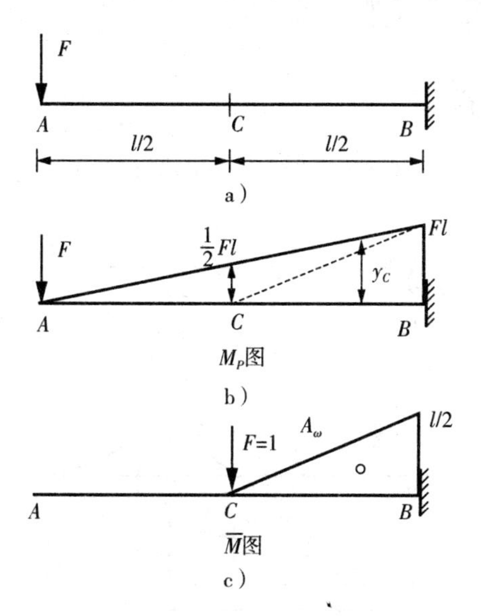

图 6－18　例 6－4 图示

【解】（1）实际状态的 M_P 图如图 6－18b 所示。

（2）在悬臂梁上中点 C 点加单位荷载 $F=1$，$\overline{M}$ 如图 6－18c 所示。

（3）计算 Δ_{Cy}。将图 6－18b 与图 6－18c 图乘，得

$$\Delta_{Cy}=\frac{A_\omega y_C}{EI}=\frac{1}{EI}\left(\frac{1}{2}\times\frac{l}{2}\times\frac{l}{2}\right)\times\left(\frac{2}{3}\times Fl+\frac{1}{3}\times\frac{Fl}{2}\right)$$

$$=\frac{5Fl^3}{48EI}(\downarrow)$$

【例 6－5】　试求图 6－19a 所示简支刚架 C、D 两点相对水平位移 Δ_{CD}，已知 EI 为常数。

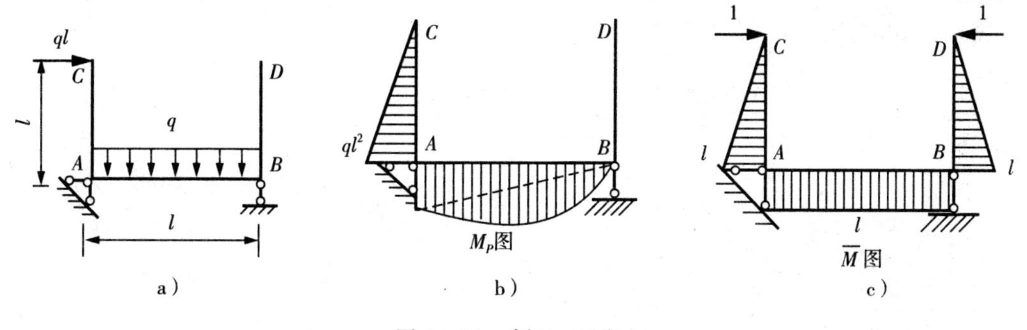

图 6－19　例 6－5 图示

【解】 实际状态 M_P 图如图 6-19b 所示，要求 C、D 两点的相对位移，需虚设一个虚拟状态，在 C、D 两点沿起连线方向加一对指向相反的单位力，$\overline{M}$ 图如图 6-19c 所示。

将图 6-19b 与图 6-19c 相乘，得

$$\Delta_{CD}=\sum\frac{A_{\omega}y_C}{EI}$$

$$=\frac{1}{EI}(\frac{1}{2}\cdot l\cdot ql^2\cdot\frac{2}{3}\cdot l+\frac{1}{2}\cdot l\cdot ql^2\cdot l+\frac{2}{3}\cdot l\cdot\frac{ql^2}{8}\cdot l)$$

$$=\frac{11ql^4}{12EI}(\rightarrow\leftarrow)$$

【例 6-6】 试求图 6-20a 所示外伸梁 C 点的竖向位移 Δ_{Cy}，梁的 $EI=$ 常数。

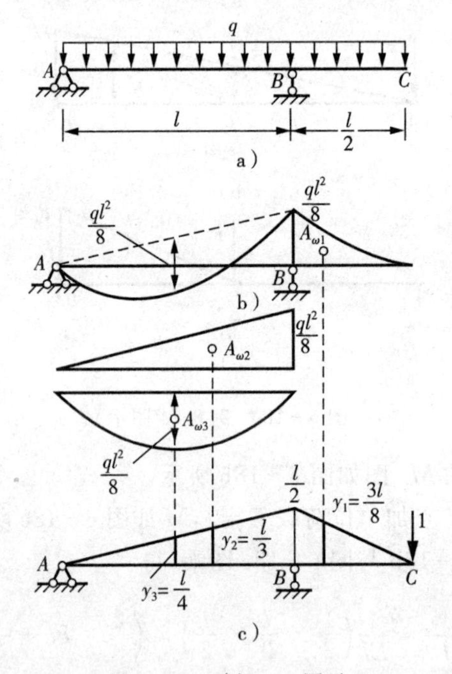

图 6-20 例 6-6 图示

【解】 实际状态下 M_P 图如图 6-20b 所示，虚拟状态下 $\overline{M}$ 图如图 6-20c 所示。AB 段的 M_P 图可以分解为一个三角形和一个标准二次抛物线图形，BC 段的 M_P 图是一个标准的二次抛物线。

图 6-20b 与图 6-20c 相乘，得

$$\Delta_{Cy}=\sum\frac{A_{\omega}y_C}{EI}$$

$$=\frac{1}{EI}[(\frac{1}{3}\times\frac{ql^2}{8}\times\frac{l}{2})\times\frac{3l}{8}+(\frac{1}{2}\times\frac{ql^2}{8}\times l)\times\frac{l}{3}-(\frac{2}{3}\times\frac{ql^2}{8}\times l)\times\frac{l}{4}]$$

$$=\frac{ql^4}{128EI}(\downarrow)$$

【例 6-7】 如图 6-21a 所示为一组合结构，水平杆件 BD 承受 10kN/m 的均布荷载，各

材料、截面相同，已知 $E=2.1\times10^4\text{kN/cm}^2$、$I=3200\text{cm}^4$ 及 $A=16\text{cm}^2$。试求 B 点的竖向位移 Δ_{By}。

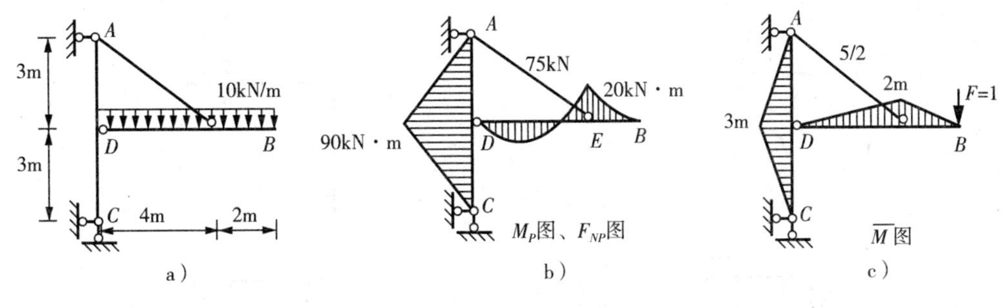

图 6 - 21　例 6 - 7 图示

【解】 计算组合结构在荷载作用下的位移时，对链杆只计轴力影响，对其余受弯杆只计弯矩影响。现分别求 F_{NP}、M_P 及如图 $\overline{F}_N$、$\overline{M}$（如图 6 - 20b、c 所示），根据式（6 - 15）得

$$\Delta_{By}=\sum\int\frac{\overline{M}M_P\mathrm{d}s}{EI}+\sum\int\frac{\overline{F}_NF_{NP}\mathrm{d}s}{EA}$$

$$=\frac{1}{EI}\left[\frac{1}{3}\times20\times2\times\frac{3}{4}\times2+\frac{1}{2}\times20\times4\times\frac{2}{3}\times2-\frac{2}{3}\times20\times4\times\frac{1}{2}\times2\right.$$

$$\left.+2\times\frac{1}{2}\times90\times3\times\frac{2}{3}\times3\right]+\frac{1}{EA}\times75\times\frac{5}{2}\times5=\frac{560}{EI}+\frac{937.5}{EA}$$

$$=0.086\text{m}(\downarrow)$$

§6.6　温度变化时的位移计算

对于静定结构，除荷载外，其他原因如温度变化、支座位移等均不引起内力。值得注意的是，静定结构受到温度改变的影响时，由于材料热胀冷缩，会产生约束所允许的变形和位移，且结构为零内力状态。

本节讨论如何计算静定结构在温度变化时的位移。用单位荷载法求位移的一般公式来求温度变化产生的位移时，重要的是求出由于温度变化引起的变形，即 $\mathrm{d}\varphi_t$、$\mathrm{d}u_t$ 以及 $\gamma_t\mathrm{d}s$。下面来分析温度变化产生的变形。

设如图 6 - 22a 所示的简支刚架外侧温度升高 t_1，内侧温度升高 t_2，现求由此引起的任一点沿任一方向的位移。例如，求点 K 竖向位移 Δ_{Kt}。由于只有温度变化，无外荷载和支座移动，所以此时位移计算的一般公式（6 - 7）为

$$\Delta_{Kt}=\sum\int\overline{F}_N\mathrm{d}u_t+\sum\int\overline{M}\mathrm{d}\varphi_t+\sum\int\overline{F}_S\gamma_t\mathrm{d}s\qquad(6-18)$$

现在从实际位移状态中梁上取一微段 $\mathrm{d}s$，由于温度变化产生变形，微段上下边缘纤维的伸长量分别为 $\alpha t_1\mathrm{d}s$ 和 $\alpha t_2\mathrm{d}s$，α 为材料的线膨胀系数。为简便计算，需作一些假定如下：

（1）每根杆受的温度是均匀作用的，即每杆上各截面的温度是相同的；

（2）杆件两侧的温度可以是不同的，但从高温一侧到低温一侧温度是按直线变化的；

(3) 由于假定温度沿杆长均匀分布，只有轴向变形 $d\varphi_t$ 和截面转角 du_t，剪切变形 $\gamma_t ds$ 为零。

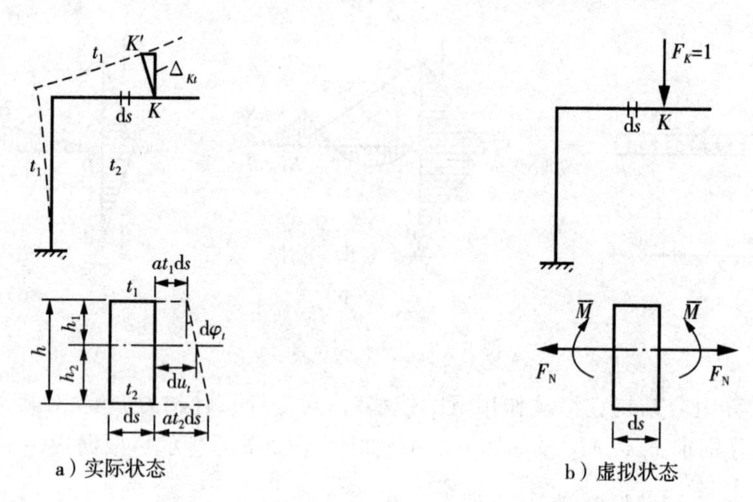

图 6-22 温度变化时结构位移计算的两种状态

因此，截面上材料的应变沿高度也呈线性变化，杆件由于温度变化变形后截面仍然为平面。根据图 6-22a 所示微段 ds 的变形图，结构温度变化时微段 ds 的轴向变形 du_t 和截面转角 $d\varphi_t$ 计算如下：

$$du_t = \alpha t_1 ds + \frac{(\alpha t_2 ds - \alpha t_1 ds)h_1}{h} = \alpha\left(\frac{h_2 t_1}{h} + \frac{h_1 t_2}{h}\right)ds = \alpha t ds \tag{6-19}$$

得

$$t = \frac{h_2 t_1}{h} + \frac{h_1 t_2}{h}$$

当杆件的截面对称于形心轴，即 $h_1 = h_2 = \frac{h}{2}$ 时，则

$$t = \frac{t_1 + t_2}{2}$$

杆件上下边缘的温度差为

$$\Delta t = t_2 - t_1$$

式中，h 为杆件截面高度；h_1，h_2 为杆件形心轴到上下边缘的距离；t_1，t_2 为杆件上下边缘的温度。

微段两侧截面的相对转角为

$$d\varphi_t = \frac{\alpha t_2 ds - \alpha t_1 ds}{h} = \frac{\alpha(t_2 - t_1)ds}{h} = \frac{\alpha \Delta t ds}{h} \tag{6-20}$$

将式(6-19)、式(6-20)(即轴向变形 du_t 和截面转角 $d\varphi_t$ 的表达式）代入式(6-18)，得

$$\Delta_{Kt} = \sum\int \overline{F}_N \alpha t ds + \sum\int \overline{M}\frac{\alpha \Delta t ds}{h}$$

$$= \sum \alpha t \int \overline{F}_N \mathrm{d}s + \sum \alpha \Delta t \int \frac{\overline{M}\mathrm{d}s}{h} \tag{6-21}$$

若对于各杆为等截面直杆，有

$$\Delta_{Kt} = \sum \alpha t \int \overline{F}_N \mathrm{d}s + \sum \frac{\alpha \Delta t}{h} \int \overline{M}\mathrm{d}s \tag{6-22}$$

式中：$\int \overline{F}_N \mathrm{d}s$ 为 $\overline{F}_N$ 图面积；$\int \overline{M}\mathrm{d}s$ 为 $\overline{M}$ 图面积。

应用上述公式时，应注意等号右侧各项正负号的确定。由于它们都是内力所作变形虚功，故当实际温度变形与虚拟力方向一致时其乘积为正，相反时为负。因此，对于温度变化，规定以升温为正，降温为负，则轴力 $\overline{F}_N$ 以拉力为正，压力为负，弯矩 $\overline{M}$ 以使 t_2 边受拉者为正，反之为负。

必须指出，计算梁和刚架由于温度变化所引起的位移时，不能略去轴向变形的影响。对于桁架，温度变化时其位移计算公式为

$$\Delta_{Kt} = \sum \overline{F}_N \alpha t l \tag{6-23}$$

当桁架的杆件长度因制造误差而与设计长度不符时，由此所引起的位移计算与温度变化时相类似，设各杆长度的误差为 Δl，则其位移计算公式为

$$\Delta_{Kt} = \sum \overline{F}_N \Delta l \tag{6-24}$$

【例 6-8】　如图 6-23a 所示，由于某种原因刚架内侧温度上升 10℃，外侧温度下降 20℃，试求 D 点的竖向位移。已知各杆均为矩形截面，截面高 $h=0.4\mathrm{m}$，线膨胀系数 $\alpha=10^{-5}$。

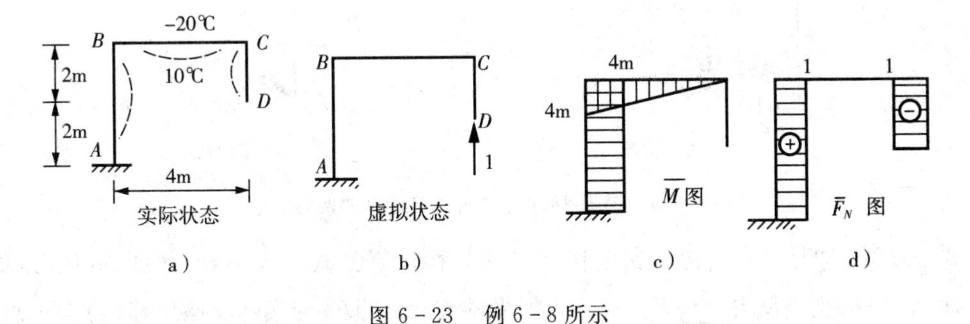

图 6-23　例 6-8 所示

【解】　外侧温度变化为 $t_1=-20℃$，内侧温度变化为 $t_2=10℃$，有

$$t = \frac{t_1 + t_2}{2} = -5℃$$

$$\Delta t = t_2 - t_1 = 30℃$$

虚拟状态如图 6-23b 所示，绘出 $\overline{M}$ 图、$\overline{F}_N$ 图，如图 6-23c、图 6-23d 所示，并注意正负号的确定，可得

$$A_{\omega \bar{M}}=4\times4+\frac{1}{2}\times4\times4=24$$

$$A_{\omega \bar{F}_N}=1\times4-1\times2=2$$

$$\Delta_{Kt}=\sum\frac{\alpha\Delta t}{h}A_{\omega\bar{M}}+\sum\alpha tA_{\omega\bar{F}_N}$$

$$=10^{-5}\times\frac{30℃}{0.4}\times24+10^{-5}\times(-5℃)\times2$$

$$=0.0179\text{m}(\uparrow)$$

§6.7　支座移动时的位移计算

如图6-24a所示的静定结构，其支座发生水平位移c_1、竖向位移c_2和转角c_3，要求出由此引起的任一点沿任一方向的位移，例如K点的竖向位移Δ_{Kc}。

在静定结构中，当支座发生移动时并不引起内力，因而材料不发生变形，故此时结构的位移纯属刚体位移。因此，位移计算的一般公式(6-7)简化为

$$\Delta_{Kc}=-\sum\bar{F}_Rc \tag{6-25}$$

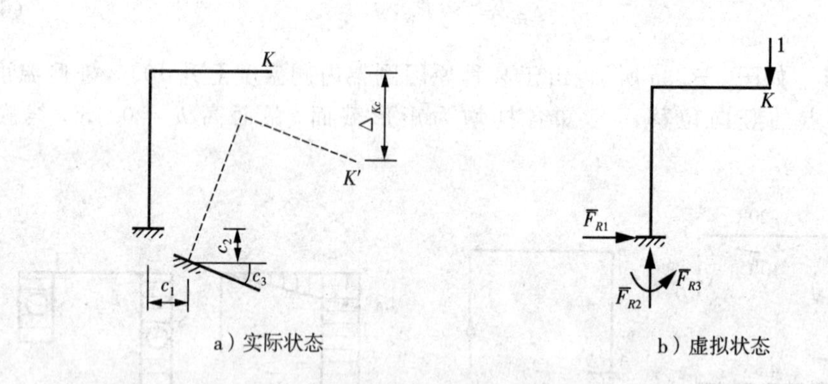

图6-24　支座移动时结构位移计算的两种状态

式(6-25)即是静定结构在支座移动时的位移计算公式。式中，$\bar{F}_R$为虚拟状态（如图6-24b所示）的支座反力；$\sum\bar{F}_Rc$为反力所做的虚功。当$\bar{F}_R$与实际支座位移c方向一致时，其乘积为正，相反时为负。公式右侧还有一负号，系原来移项所得，不能漏掉。

【例6-9】 如图6-25a所示，三铰刚架右边支座的水平位移为a，竖向位移为b。试求铰C连接杆件两端的相对转角φ_{C-C}、C点的竖向位移Δ_{Cy}。

【解】 虚拟状态如图6-25b、图6-25c所示，考虑刚架的整体平衡求得相应虚拟状态的支座反力。由式(6-25)得

$$\varphi_{C-C}=-\sum\bar{F}_Rc$$

$$=-(\frac{1}{h}\times a+0\times b)$$

$$=-\frac{a}{h}(\circlearrowleft\circlearrowright)$$

$$\Delta_{Cy}=-\sum\overline{F}_{RC}$$

$$=-\left[-\frac{1}{2}\times b+\frac{l}{4h}\times(-a)\right]$$

$$=\frac{b}{2}+\frac{la}{4h}(\downarrow)$$

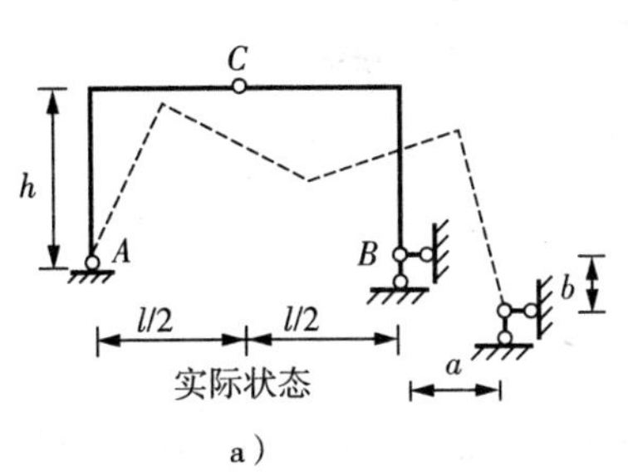

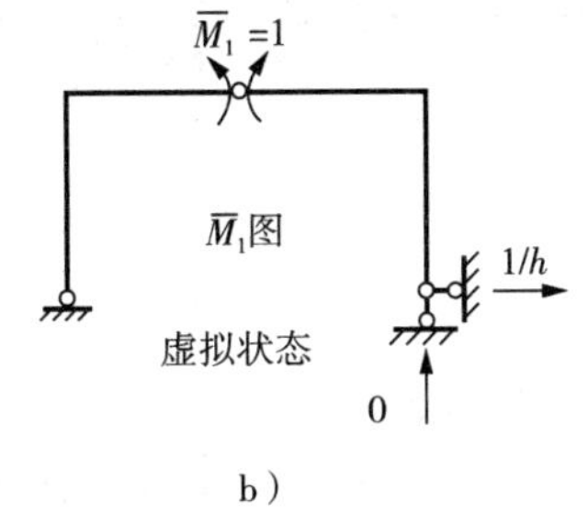

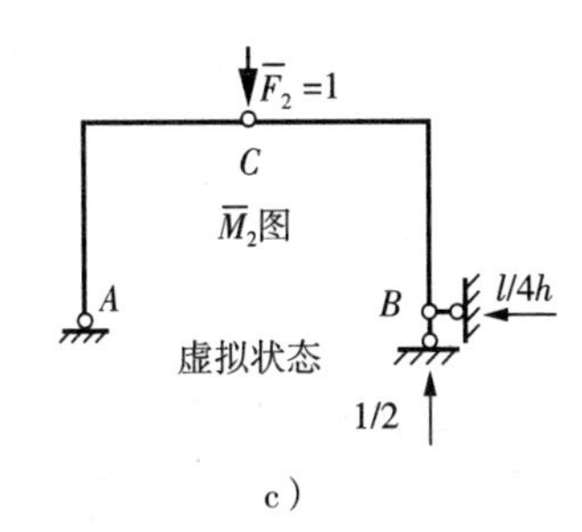

图6-25　例6-9图示

§6.8　线弹性变形体的互等定理

本节介绍线弹性变形体的四个互等定理：功的互等定理、位移互等定理、反力互等定理、反力位移互等定理。功的互等定理是基本定理，其他三个互等定理由功的互等定理导出。

这些定理不仅在以下的章节中会经常引用，也是将来进一步学习、研究其他线弹性结构的基本定理。

1. 功的互等定理(Betti Theorem)

设有两组外力 F_1 和 F_2 分别作用于同一线弹性结构上，如图6-26a、图6-26b所示，分别称为第一状态和第二状态。根据虚功原理，第一状态的外力和内力在第二状态相应的位移和变形上所做的外力虚功 $W_{外12}$ 等于内力虚功 $W_{内12}$，即

$$F_1\Delta_{12}=\sum\int\frac{M_1M_2\,\mathrm{d}s}{EI}+\sum\int\frac{F_{N1}F_{N2}\,\mathrm{d}s}{EA}+\sum\int k\frac{F_{S1}F_{S2}\,\mathrm{d}s}{GA}\qquad(6-26)$$

位移 Δ_{12} 的两个脚标的含义：第一个下标“1”表示位移的地点和方向；第二个下标“2”表示产生位移的原因。Δ_{12} 表示由外力 F_2 引起的沿外力 F_1 作用点方向上的位移。

同理，根据虚功原理，第二状态的外力和内力在第一状态相应的位移和变形上所做的外力虚功 $W_{外21}$ 等于内力虚功 $W_{内21}$，即

$$F_2\Delta_{21}=\sum\int\frac{M_2M_1\,\mathrm{d}s}{EI}+\sum\int\frac{F_{N2}F_{N1}\,\mathrm{d}s}{EA}+\sum\int k\frac{F_{S2}F_{S1}\,\mathrm{d}s}{GA}\qquad(6-27)$$

显然，式(6-26)、式(6-27)两式的右边是相等的，因此左边也应相等，故有

$$F_1\Delta_{12} = F_2\Delta_{21} \tag{6-28}$$

或写为

$$W_{外12} = W_{外21} \tag{6-29}$$

方程(6－29)是著名的功的互等定理。它表明：第一状态的外力在第二状态的位移上所做的虚功等于第二状态的外力在第一状态的位移上所做的虚功。在 §6.2 中，从应变能的角度证明了功的互等定理，本节从虚功原理的角度再次证明了功的互等定理。

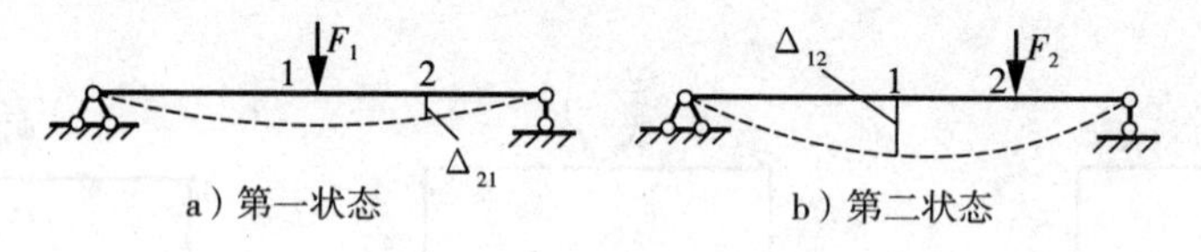

图 6－26 功的互等定理

2. **位移互等定理**(Maxwell Theorem)

位移互等定理是功的互等定理的一种特殊情况。如图 6－27 所示，假设两个状态中的荷载都为单位力，即 $F_1 = F_2 = 1$，则由功的互等定理即 $1 \times \Delta_{12} = 1 \times \Delta_{21}$，得

$$1 \times \Delta_{12} = 1 \times \Delta_{21}$$

即

$$\Delta_{12} = \Delta_{21}$$

将单位力产生的位移 Δ_{12} 和 Δ_{21} 用 δ_{ij} 表示，则上式可以写成

$$\delta_{12} = \delta_{21} \tag{6-30}$$

这就是位移互等定理，它表明：第二个单位力所引起的第一个单位力作用点沿其方向的位移，等于第一个单位力所引起的第二个单位力作用点沿其方向的位移。这里的单位力如果是广义力，那么计算的位移则是对应的广义位移。

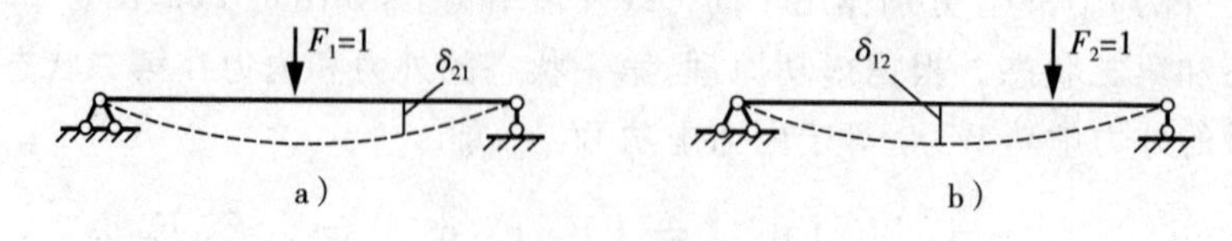

图 6－27 位移互等定理

3. **反力互等定理**(Rayleigh First Theorem)

反力互等定理也是功的互等定理的一个特殊情况，它用来说明在超静定结构中两个支座分别发生单位位移时两状态中反力的互等关系。

如图6－28所示为同一超静定结构的两种变形状态。图6－28a表示支座1发生单位位移的状态，此时支座2产生的反力为 r_{21}；图6－28b表示支座2发生单位位移的状态，此时支座1产生的反力为 r_{12}。根据功的互等定理，有

$$r_{21}\Delta_2 = r_{12}\Delta_1$$

由于 $\Delta_1 = \Delta_2 = 1$，故有

$$r_{21} = r_{12} \tag{6-31}$$

这就是反力互等定理，它表明：支座 1 发生单位位移所引起的支座 2 的反力，等于支座 2 发生单位位移所引起的支座 1 的反力。

图 6-28 中其他支座反力未一一标出，原因是它们对应的另一个状态的位移均为零，因而所做虚功为零。

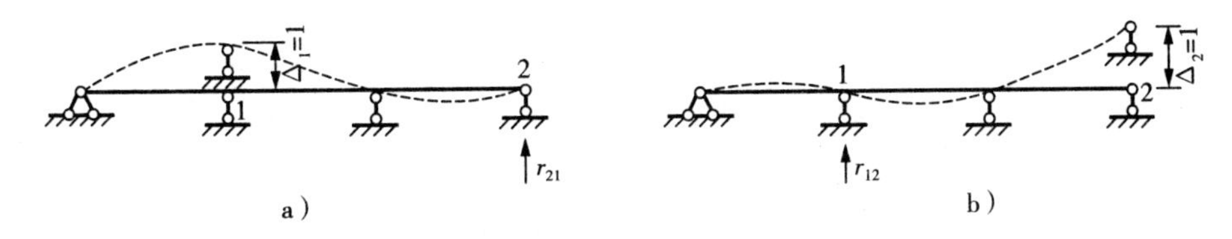

图 6-28　反力互等定理

4. 反力位移互等定理（Rayleigh Second Theorem）

反力位移互等定理仍然是功的互等定理的一个特例，它说明一个状态中的反力与另一个状态中的位移之间的互等关系。

如图 6-29a 所示，超静定梁的 2 点上作用单位荷载 $F_2=1$，在支座 1 处引起的反力为 r_{12}，称此为第一状态；如图 6-29b 所示，该梁的支座 1 沿 r_{12} 的方向发生一单位角位移 $\varphi_1=1$ 时，在 2 点沿 $F_2=1$ 的方向上引起的位移为 δ_{21}，称此为第二状态。根据功的互等定理，则有

$$r_{12}\varphi_1 + F_2\delta_{21} = 0$$

因为 $\varphi_1=1$，$F_2=1$，故得

$$r_{12} = -\delta_{21} \tag{6-32}$$

这就是反力位移互等定理，它表明：单位荷载引起结构的某支座反力，等于该支座发生单位位移时所引起的单位荷载作用点沿其方向上的位移，但符号相反。

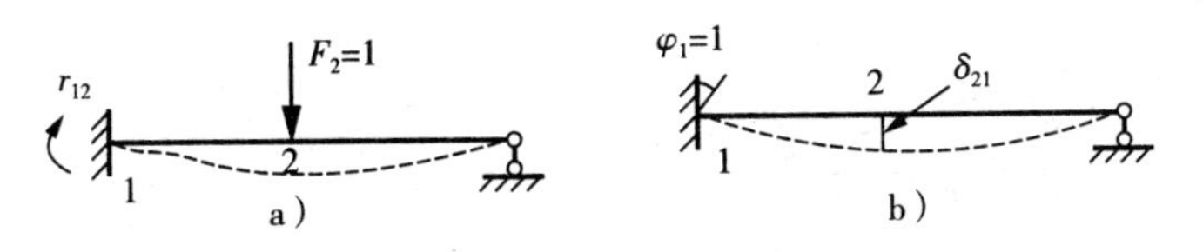

图 6-29　反力位移互等定理

习　题

6-1　试用积分法计算图 6-30 所示刚架 C 点的水平位移，EI = 常数。

6-2　试用积分法计算图 6-31 所示圆弧形曲梁 B 点的水平位移，EI = 常数。

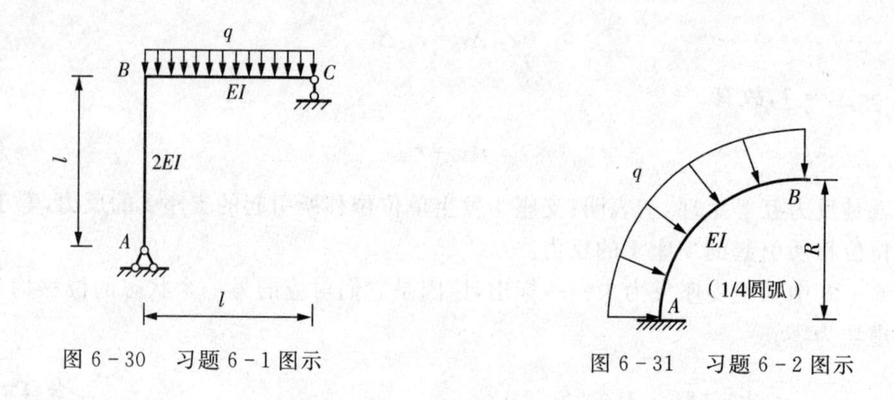

图 6-30　习题 6-1 图示　　　　图 6-31　习题 6-2 图示

6-3　试计算图 6-32 所示桁架结构 C 点的竖向位移，各杆 $EI=$常数。

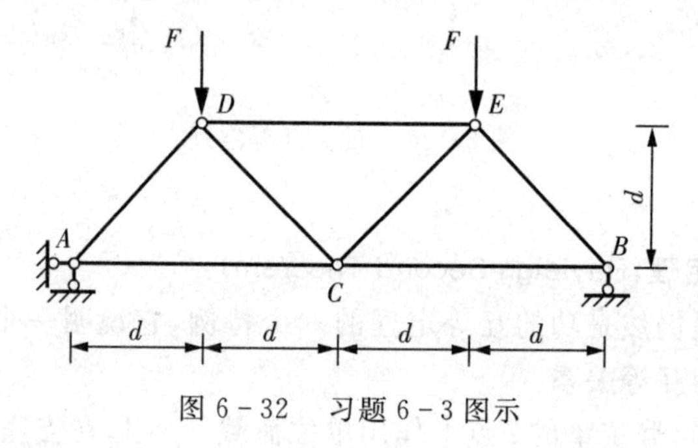

图 6-32　习题 6-3 图示

6-4　如图 6-33 所示的图乘法结果是否正确？如不正确，应如何改正？

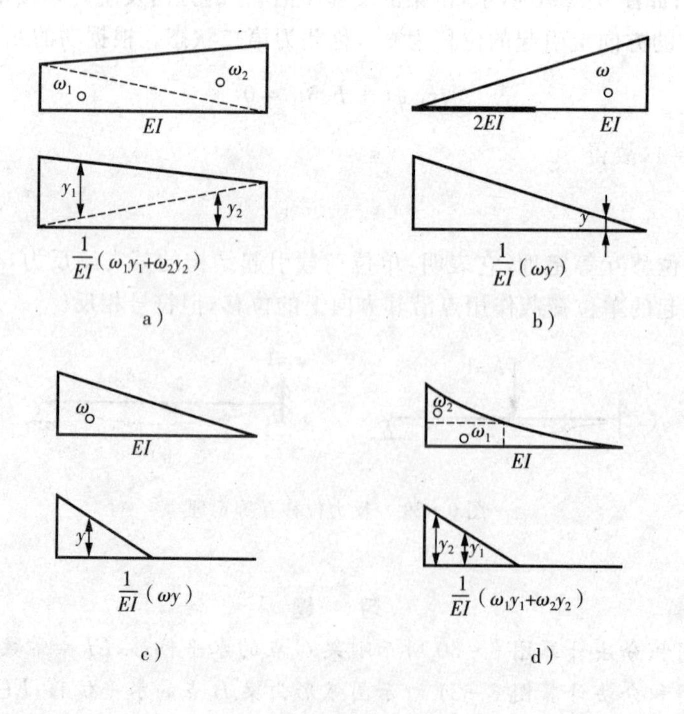

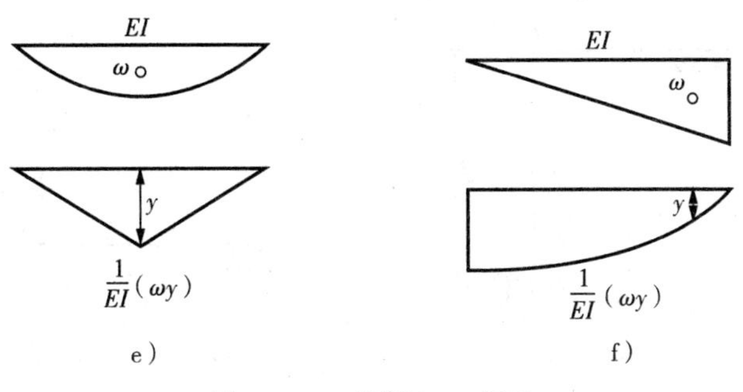

图 6-33　习题 6-4 图示

6-5　利用图乘法求指定位移(如图 6-34 所示),如无说明,EI = 常数。

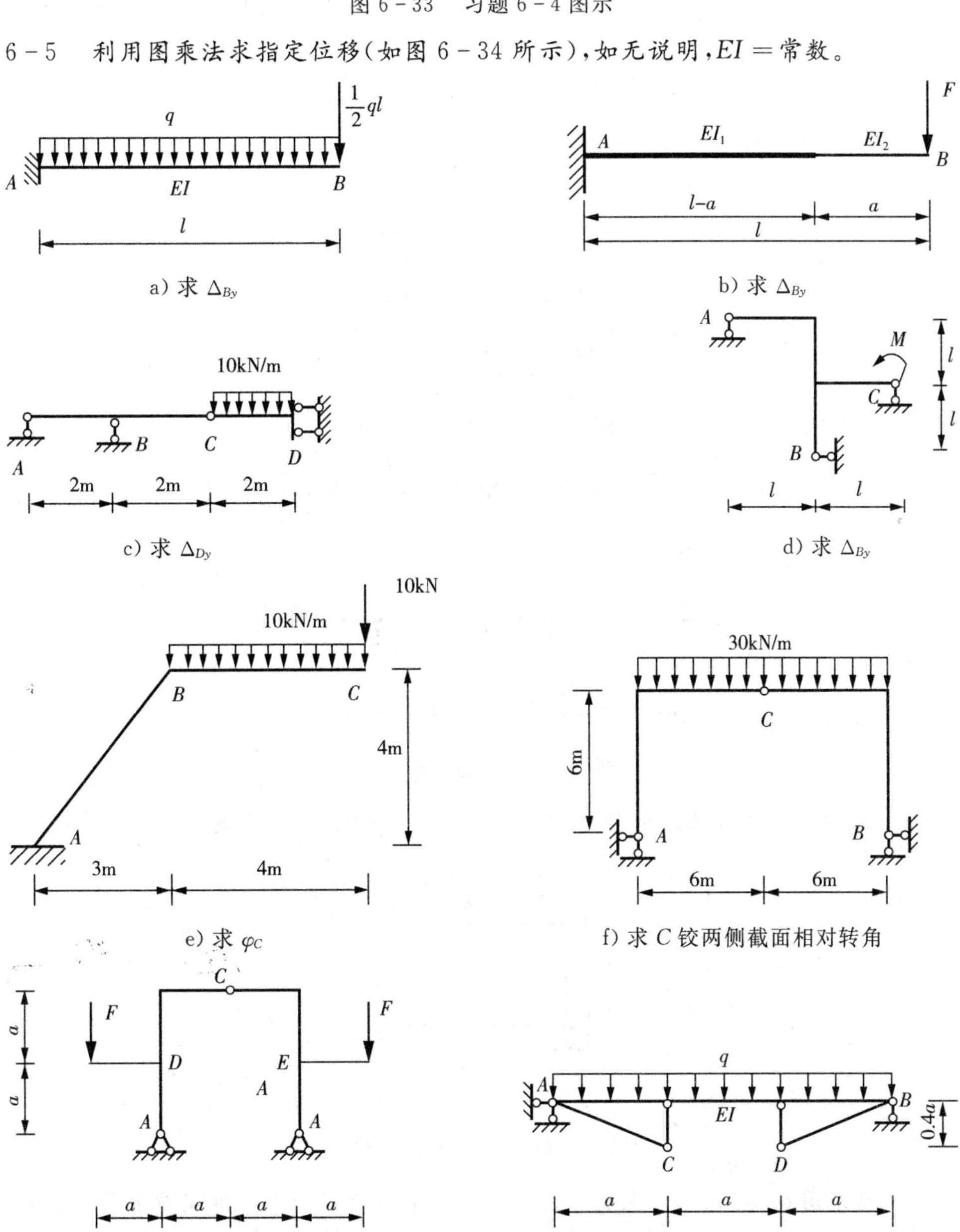

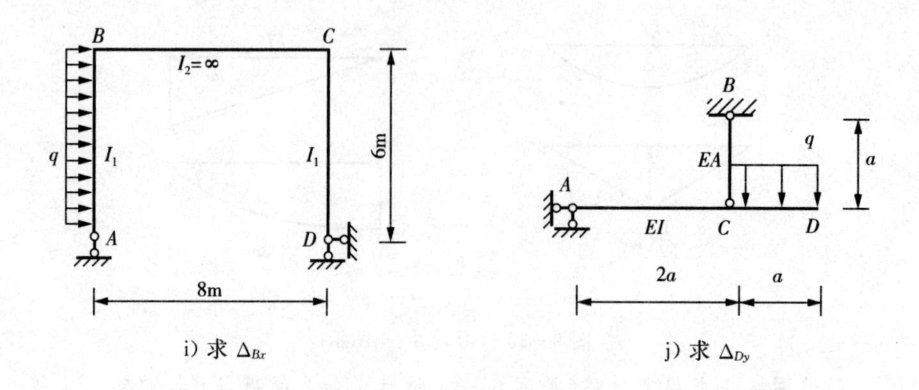

图 6-34 习题 6-5 图示

6-6 刚架支座移动如图 6-35 所示，$c_1=a/200$，$c_2=a/300$，求 D 点的竖向位移。

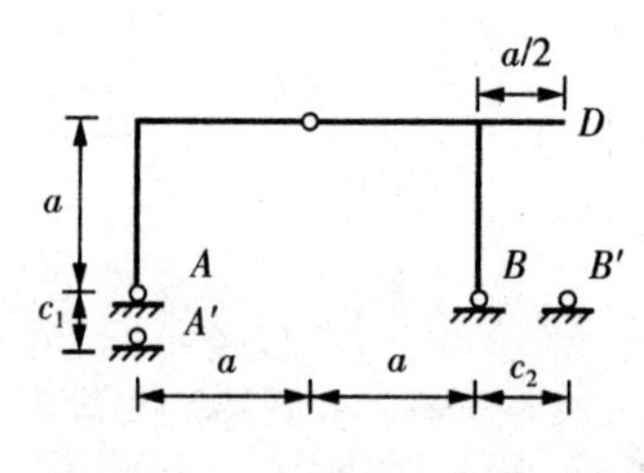

图 6-35 习题 6-6 图示

6-7 如图 6-36 所示，梁 A 支座发生转角 θ，求 D 点的竖向位移。

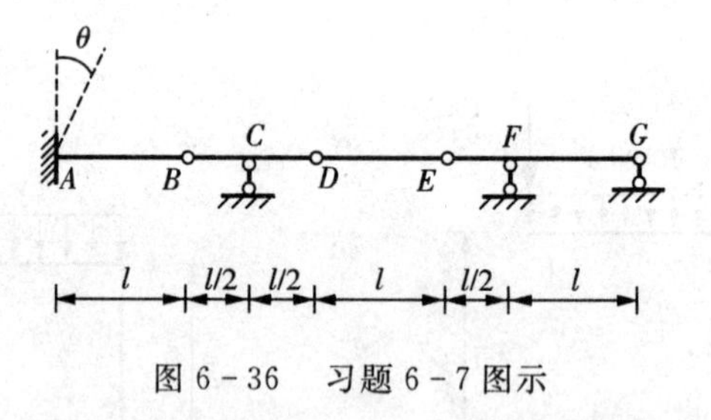

图 6-36 习题 6-7 图示

6-8 求图 6-37 所示结构 D 点水平位移 Δ_{Dx}，弹簧的刚度系数为 $k=3EI/l^3$。

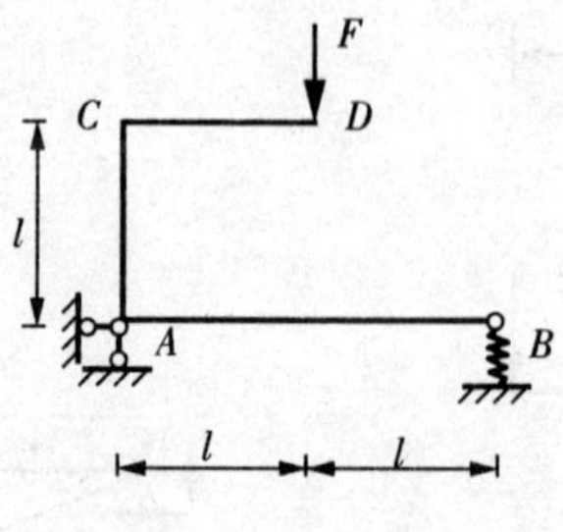

图 6-37 习题 6-8 图示

6-9 试求图 6-38 所示刚架由于温度改变而引起的 C、F 两点距离改变量。已知 $\alpha=8\times10^{-6}$，各截面高度 $h=20\text{cm}$，$a=2\text{m}$。

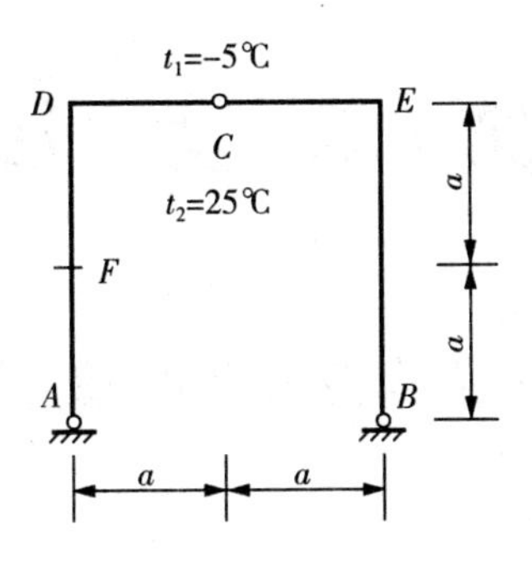

图 6-38　习题 6-9 图示

6-10　如图 6-39 所示，桁架各杆温度均匀升高 t℃，材料线膨胀系数为 α，求 C 点的竖向位移。

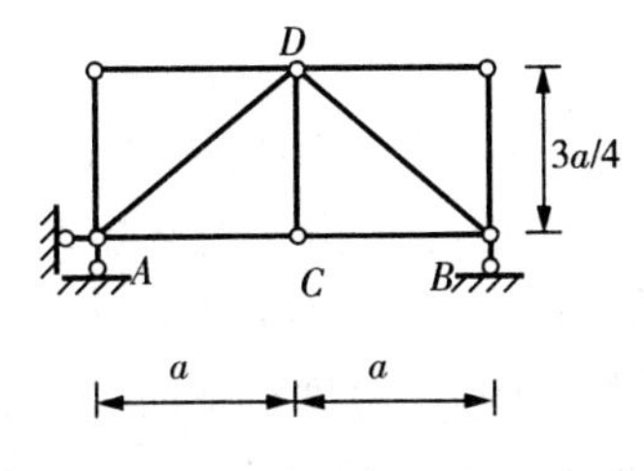

图 6-39　习题 6-10 图示

6-11　如图 6-40 所示，桁架由于 a 杆制造时短了 0.5cm，试求结点 C 的竖向位移。已知 $l=2\text{m}$。

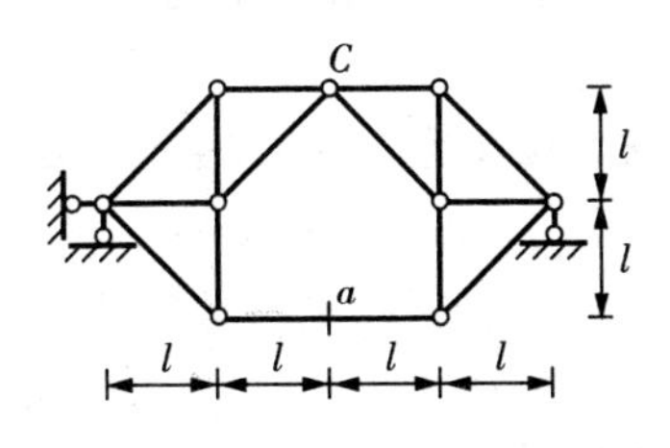

图 6-40　习题 6-11 图示

第7章 力 法

§7.1 超静定结构的概念和超静定次数的确定

1. 超静定结构的概念

(1)超静定结构的定义

结构的静定性可以从两个方面来定义:从几何组成的角度来看,静定结构是没有多余联系的几何不变体系;从受力的角度来看,静定结构是仅利用静力平衡方程就能求出全部反力和内力的结构。

本章将讨论超静定结构的概念、分析方法和内力计算。超静定结构同样可以从两个方面来定义:从几何组成的角度来看,超静定结构是具有多余联系的几何不变体系;从受力的角度来看,超静定结构是仅利用静力平衡方程不能求出全部反力或内力的结构。

如图7-1a所示的简支梁是静定的,当跨度增加时,其内力和变形都将迅速增加。为减少梁的内力和变形,在梁的中部增加一个支座,如图7-1b所示,从几何组成的角度分析,它就变成具有一个多余联系的结构。由于这个多余联系的存在,所以仅用静力平衡方程不能求出全部4个约束反力F_{Ax}、F_{Ay}、F_{By}、F_{Cy}和全部内力。具有多余约束、仅用静力平衡条件不能求出全部支座反力或内力的结构称为超静定结构。图7-1b和图7-2所示的连续梁和桁架都是超静定结构。

如图7-3所示为工程中常见的几种超静定梁、超静定刚架、超静定桁架、超静定拱、超静定组合结构和排架。

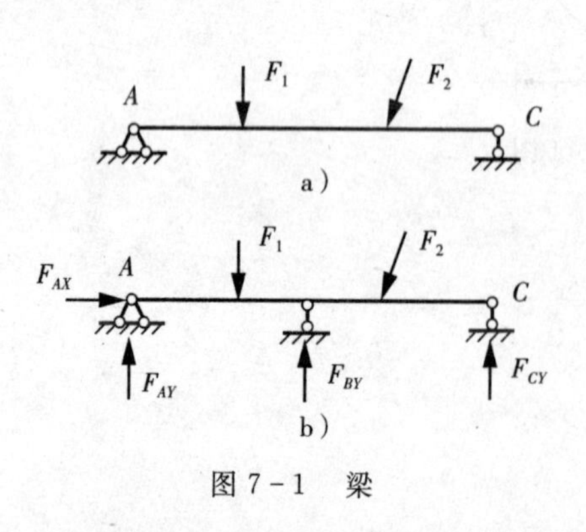

图7-1 梁

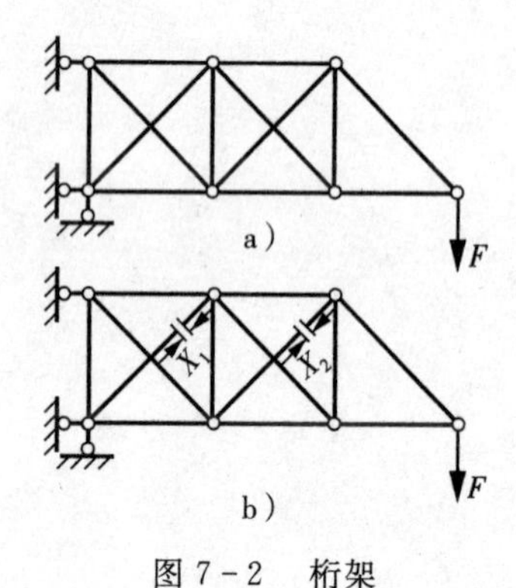

图7-2 桁架

求解任何超静定结构问题,都必须综合考虑以下三个方面的条件。

① 平衡条件:结构的整体及任何一部分的受力状态都应满足平衡方程。

② 几何条件:又称为变形条件或协调条件、相容条件等,即结构的变形和位移必须符合支承约束条件和各部分之间的变形连续条件。

③ 物理条件:应力与应变之间的物理关系。

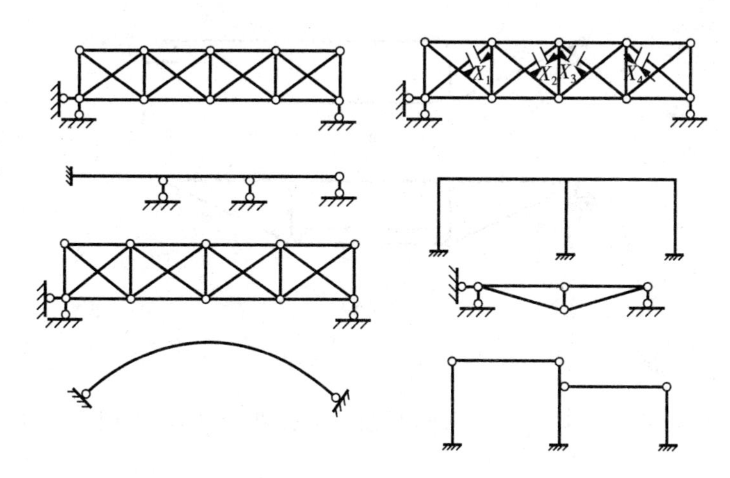

图7-3　超静定结构

在具体求解时，根据计算途径的不同，可以有两种不同的基本方法：力法（又称柔度法）和位移法（又称刚度法）。二者的主要区别在于基本未知量的选择不同。所谓基本未知量是指这样一些未知量，当求出它们之后，即可利用它们求出其他未知量。在力法中，多余未知力作为基本未知量；在位移法中，则是以某些位移作为基本未知量。除力法和位移法两种基本方法外，还有其他各种方法，但它们都是从上述两种方法演变而来的。例如，力矩分配法就是位移法的变体，混合法则是力法和位移法的联合应用等。随着电子计算机和计算技术的发展，结构矩阵分析方法得到广泛应用。结构矩阵分析方法按所取基本未知量的不同，相应地也有矩阵力法和矩阵位移法。

(2) 超静定结构的特点

① 结构反力和内力仅利用静力平衡方程不能确定或不能完全确定。

② 除荷载之外，支座移动、温度改变、制造误差等均引起结构内力。

③ 多余联系遭破坏后，仍能维持几何不变性。

④ 局部荷载对结构影响范围大，内力分布均匀。

(3) 关于超静定结构的几点说明

① 多余联系是相对保持几何不变性而言，并非真正多余。

② 内部有多余联系亦是超静定结构。

③ 超静定结构去掉多余联系后，就成为静定结构。

④ 超静定结构应用广泛。

2. 超静定次数的确定

力法是分析超静定结构最基本的方法。用力法求解时，首先要确定结构的超静定次数。通常将多余联系的数目或多余未知力的数目称为超静定结构的超静定次数。如果一个超静定结构在去掉 n 个联系后变成静定结构，那么，这个结构就是 n 次超静定。

显然，可用去掉多余联系使原来的超静定结构（以后称原结构）变成静定结构的方法来确定结构的超静定次数。去掉多余联系的方式，通常有以下几种：

(1) 去掉支座处的一根支杆或切断一根链杆，相当于去掉一个联系。如图7-4所示的结构就是一次超静定结构。图中原结构的多余联系去掉后用未知力 X_1 代替。

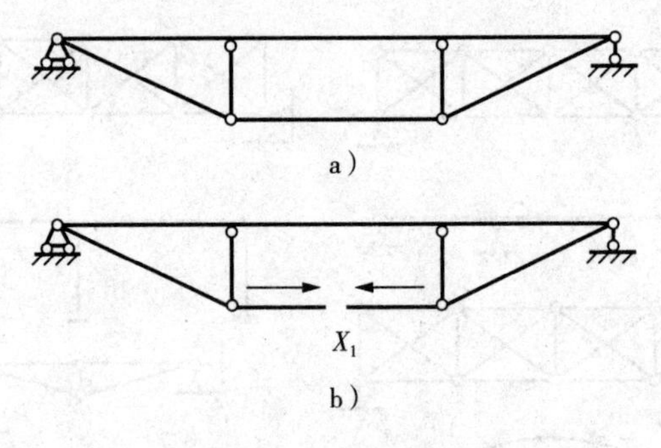

图 7-4　组合结构

(2) 去掉一个单铰或去掉一个铰支座，相当于去掉两个联系（如图 7-5 所示）。

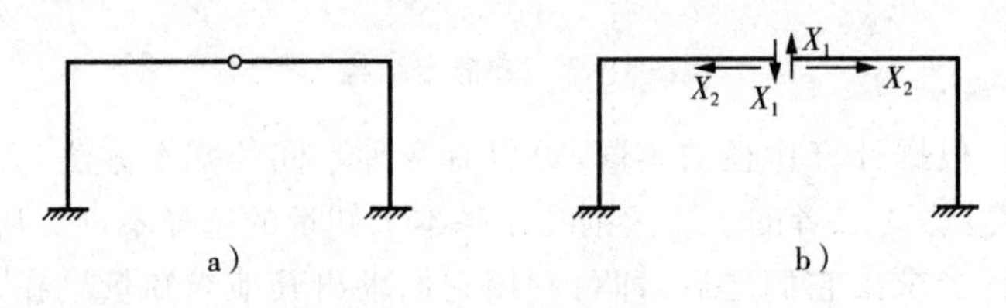

图 7-5　单铰刚架

(3) 在连续杆中加入一个单铰，或把刚性联结改成单铰联结，相当于去掉一个联系（如图 7-6 所示）。

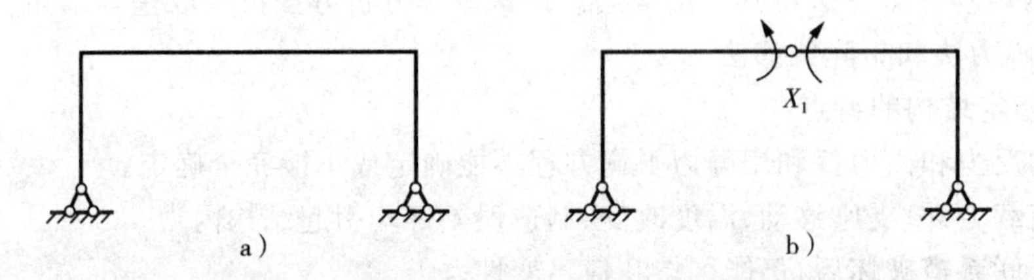

图 7-6　双铰刚架

(4) 切断一个梁式杆或撤去一个固定支座，相当于去掉三个联系（如图 7-7 所示）。

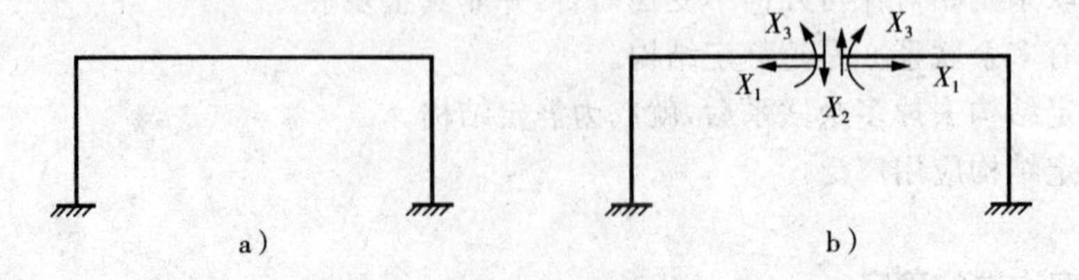

图 7-7　刚架

(5) 去掉一个连接 n 个杆件的复铰结点，等于拆掉 $2(n-1)$ 个约束。

(6) 去掉一个连接 n 个杆件的复刚结点，等于拆掉 $3(n-1)$ 个约束。

应用上述去掉多余联系的基本方式，可以确定结构的超静定次数。应该指出，同一个超静定结构，可以采用不同方式去掉多余联系。如图 7-8a 所示，刚架可以有三种不同的方式拆除多余联系，分别如图 7-8b、图 7-8c、图 7-8d 所示。无论采用何种方式，原结构的超静定次数都是相同的。这说明拆除多余约束的方式不是唯一的。这里面所说的去掉“多余联系”(或“多余约束”),是以保证结构是几何不变体系为前提的。如图 7－9a 所示中的水平联系就不能去掉,因为它是使这个结构保持几何不变的“必要联系”(或“必要约束”)。如果去掉水平链杆(如图 7－9b 所示),则原体系就变成几何可变了。

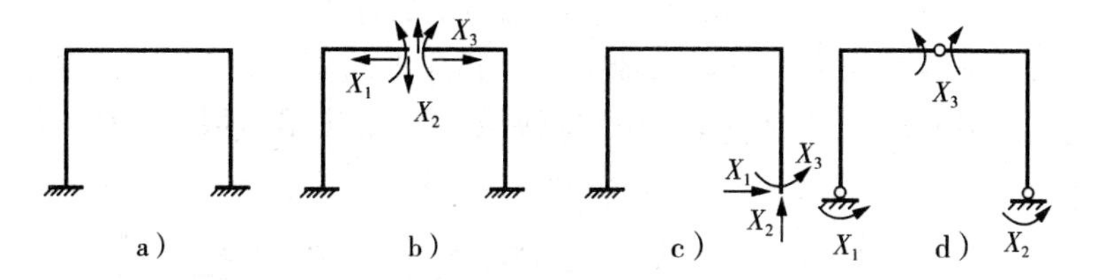

图 7－8　刚架拆除多余约束的三种形式

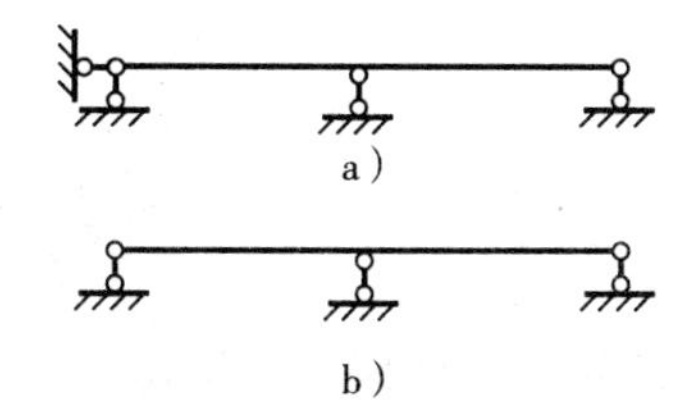

图 7－9　连续梁

如图7-10a所示的多跨多层刚架,在将每一个封闭框格的横梁切断,共去掉3×4=12个多余联系后,变成为如图 7－10b 所示的静定结构,所以它是 12 次超静定的结构。

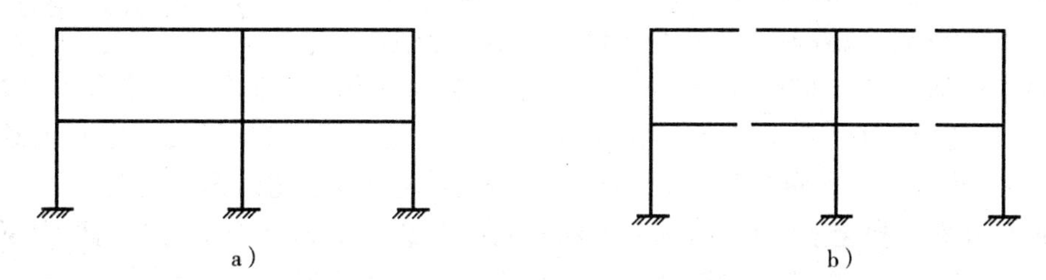

图 7－10　多跨多层刚架

对于由许多封闭框格组成的超静定结构,按封闭框格的数目来确定超静定次数是较为方便的。每一个封闭无铰框格的超静定次数是3。例如,图7-11a所示结构有7个封闭框格,其超静定次数为 7×3＝ 21。当结构上还有若干铰结点时,则超静定次数应再减去单铰的数目。例如,图7-11b结构中有7个框格、5个单铰,则其超静定次数为3×7－5＝ 16。在确定封闭框格数目时,应注意由地基本身围成的框格不应计算在内,也就是说地基是一个非封闭框格。例如,图 7－11c 所示结构的封闭格子数应为 3,而不是 4,其超静定次数为 3×3＝ 9。

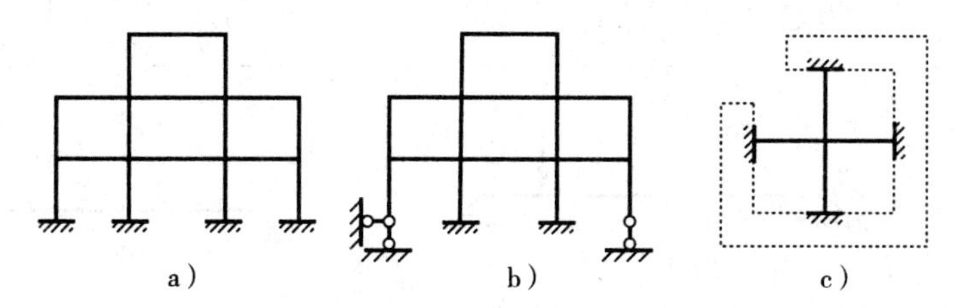

图 7－11　多跨多层刚架

此外，超静定结构的超静定次数也可由结构的计算自由度W来确定。显然，对于几何不变体系有$n=-W$。如图7-4a所示结构的计算自由度为$W=3m-(2h+r)=3\times6-(2\times8+3)=-1$，故超静定次数为1；如图7-2a所示，桁架的计算自由度为$W=2j-(b+r)=2\times7-(13+3)=-2$，故超静定次数为2。

去掉约束的同时应在相应的位置上加上与其相应的约束力，由于去掉多余约束方式的多样性，在力法计算中，同一结构去掉多余约束后形成的静定结构可有各种不同的形式。

§7.2 力法原理和力法典型方程

1. 力法基本原理

力法是计算超静定结构最基本的方法之一。下面通过一个简单的例子阐述力法分析超静定结构的基本思想和基本原理。

如图7-12所示的作用集中荷载F的两跨连续梁，该结构具有四个支座反力，对于平面问题仅有三个平衡方程，因此该结构是一次超静定连续梁。

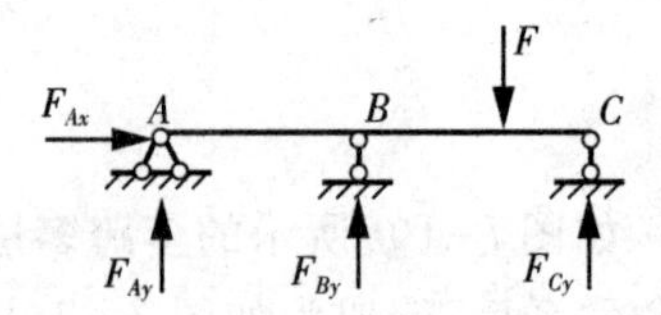

图7-12 两跨连续梁

采用两种基本结构：第一种基本结构，选择支座B为多余约束，拆去支座B的约束，用$X=F_{Bx}$（多余未知力）代替支座B的约束作用，原结构转化为静定结构。确定X的位移条件是原结构和基本结构变形应相同，即基本结构在外荷载F和多余未知力X共同作用下，挠度$y_B=0$。第二种基本结构，选择支座C为多余约束，拆去支座C的约束，用$X=F_{Cy}$（多余未知力）代替支座C的约束作用，原结构转化为静定结构。确定X的位移条件是原结构和基本结构变形应相同，即基本结构在外荷载F和多余未知力共同作用下，挠度$y_C=0$。力法分析一次超静定连续梁的基本思想见表7-1所列。

表7-1 力法分析一次超静定连续梁的基本思想

基本未知量	基本结构1 竖向反力F_{By}	基本结构2 竖向反力F_{Cy}
基本体系	F, F_{Ax}, A, B, C, F_{Ay}, $X=F_{By}$, F_{Cy}	F, F_{Ax}, A, B, C, F_{Ay}, F_{By}, $X=F_{Cy}$
荷载F引起的位移	F, A, B, C, $y_B(F)$	F, A, B, C, $y_C(F)$

（续表）

基本未知量	基本结构 1	基本结构 2
	竖向反力 F_{By}	竖向反力 F_{Cy}
基本未知力引起的位移	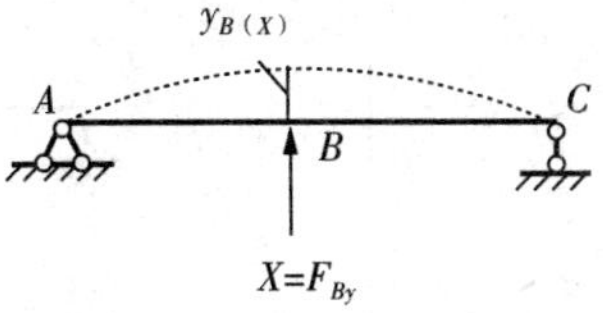	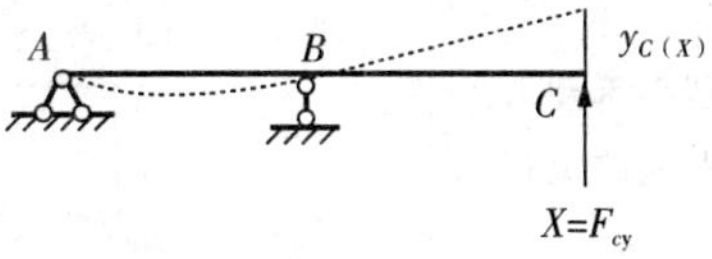
协调方程	$y_B=0$ $y_B=y_B(F)+y_B(X)=0$	$y_C=0$ $y_C=y_C(F)+y_C(X)=0$

【例 7－1】 确定图 7－13 所示超静定梁的支座反力和弯矩图。

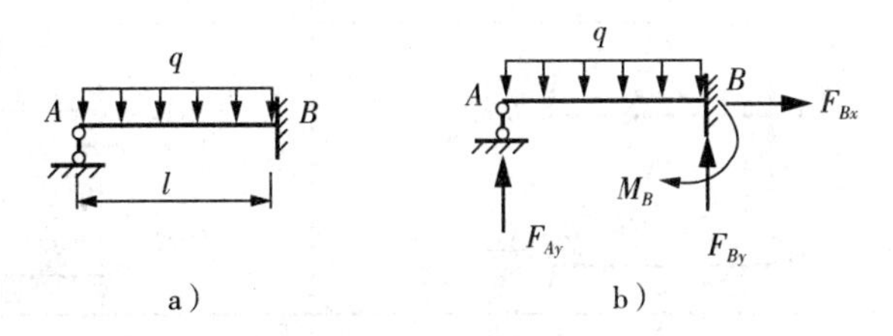

图 7－13　超静定梁

【解】 超静定梁具有四个支座反力 F_{Ay}、F_{By}、F_{Bx}、M_B，对于平面问题仅有三个平衡方程，因此该结构是一次超静定单跨梁。采用两种基本结构求解图示超静定梁的详细过程见表7－2 所列。

表 7－2　采用两种基本结构求解图示超静定梁的详细过程

基本未知量	基本结构 1	基本结构 2
	竖向反力 F_{Ay}	固端弯矩 M_B
基本体系	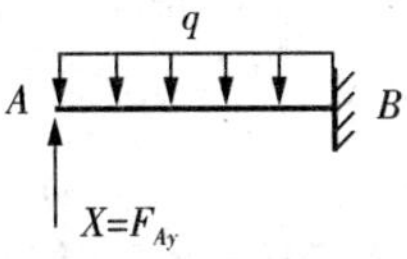	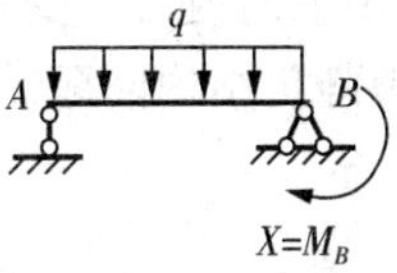
位移协调条件	$y_A=0$	$\theta_B=0$
荷载 q 引起的位移	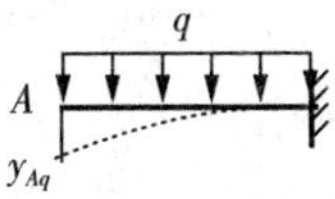	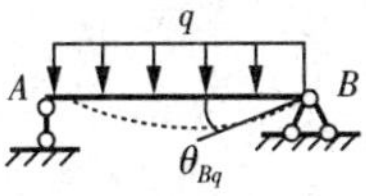

（续表）

基本未知量	基本结构 1	基本结构 2
	竖向反力 F_{Ay}	固端弯矩 M_B
基本未知力引起的位移	y_{AX} A $X=F_{Ay}$	B θ_{BX} $X=M_B$
协调方程的解	$y_A=y_{AX}+y_{Aq}=0$ $y_{Aq}=-\frac{ql^4}{8EI}, y_{AX}=\frac{Xl^3}{3EI}$ $X=F_{Ay}=\frac{3}{8}ql$	$\theta_B=\theta_{BX}+\theta_{Bq}=0$ $\theta_{Bq}=-\frac{ql^4}{24EI}, \theta_{BX}=\frac{Xl}{3EI}$ $X=M_B=\frac{1}{8}ql^2$
最终弯矩图	q A B $\frac{3}{8}ql$ M $\frac{ql^2}{8}$	q A B $\frac{ql^2}{8}$ M $\frac{ql^2}{8}$

2. 力法的典型方程

下面通过一个简单的例子来说明如何建立力法的典型方程。

如图 7－14 所示为一单跨超静定梁，它是具有一个多余联系的超静定结构。如果把支座 B 去掉，在去掉多余联系 B 支座处加上多余未知力 X_1，原结构就变成静定结构，说明它是一次超静定结构。此时梁上作用有集中荷载 F 和集中力 X_1，这种在去掉多余联系后所得到的静定结构称为原结构的基本结构，代替多余联系的未知力 X_1 称为多余未知力，如果能设法求出符合实际受力情况的 X_1，也就是支座 B 处的真实反力，那么，基本结构在荷载和多余力 X_1 共同作用下的内力和变形就与原结构在荷载作用下的情况完全一样，从而将超静定结构问题转化为静定结构问题。

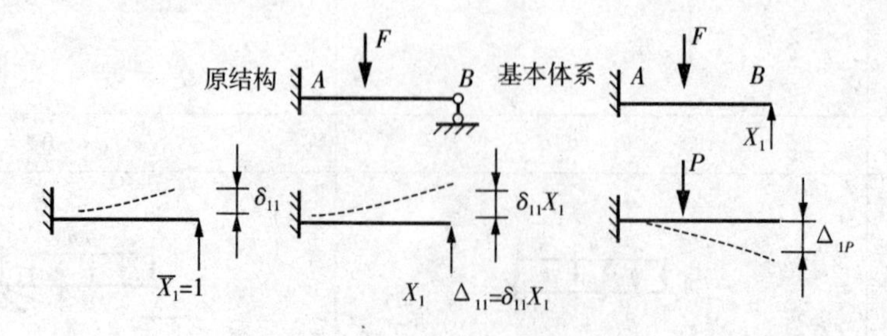

图 7－14 力法计算单跨超静定梁

如图 7－14 所示，基本结构上 B 点的位移应与原结构相同，即 $\Delta B=0$，这就是原结构与基本结构内力和位移相同的位移条件。基本结构上同时作用有荷载和多余未知力 X_1，称为基本体系。可以把基本体系分解成分别由荷载和多余未知力单独作用在基本结构上的这两种情况的叠加。

用 Δ_{11} 表示基本结构在 X_1 单独作用下 B 点沿 X_1 方向的位移，用 δ_{11} 表示当 $\overline{X}_1=1$ 时 B 点沿 X_1 方向的位移，所以有 $\Delta_{11}=\delta_{11}X_1$。这里 A 的物理意义为：基本结构上，由于 $\overline{X}_1=1$ 的作用，在 X_1 的作用点沿 X_1 方向产生的位移。

用 Δ_{1P} 表示基本结构在荷载作用下 B 点沿 X_1 方向的位移。根据迭加原理，B 点的位移可视为基本结构上的上述两种位移之和，即

$$\Delta_B=\delta_{11}X_1+\Delta_{1P}=0$$

从而获得力法解一次超静定结构的典型方程：

$$\delta_{11}X_1+\Delta_{1P}=0 \tag{7-1}$$

其中，δ_{11} 称作柔度系数；Δ_{1P} 称为自由项，它们都表示基本结构在单位荷载和已知荷载作用下的位移。利用力法方程求出 X_1 后就完成了把超静定结构转换成静定结构来计算的过程。

下面讨论多次超静定的情况。如图 7-15a 所示的刚架为二次超静定结构。下面以 B 点支座的水平和竖直方向反力 X_1、X_2 为多余未知力，确定基本结构，如图 7-15b 所示。按上述力法基本原理，基本结构在给定荷载和多余未知力 X_1、X_2 共同作用下，其内力和变形应等同于原结构的内力和变形。原结构在铰支座 B 点处沿多余力 X_1 和 X_2 方向的位移(或称为基本结构上与 X_1 和 X_2 相应的位移) 都应为零，即

$$\begin{cases}\Delta_1=0\\ \Delta_2=0\end{cases} \tag{7-2}$$

式(7-2) 就是求解多余未知力 X_1 和 X_2 的位移条件。

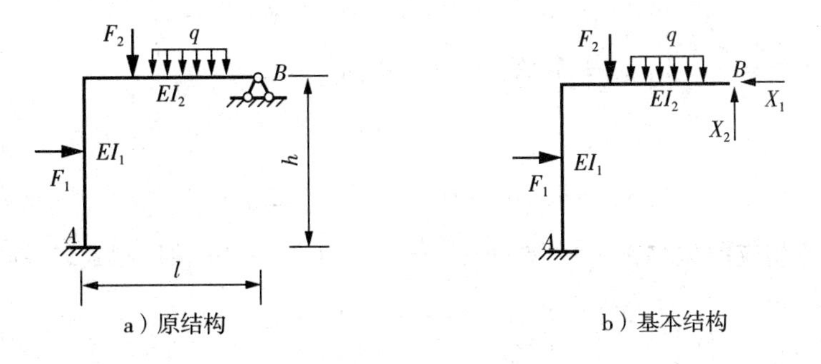

图 7-15　二次超静定结构

如图 7-16 所示，Δ_{1P} 表示基本结构上多余未知力 X_1 的作用点沿其作用方向，由于荷载单独作用时所产生的位移；Δ_{2P} 表示基本结构上多余未知力 X_2 的作用点沿其作用方向，由于荷载单独作用时所产生的位移；$\delta_{ij}=0$ 表示基本结构上 X_i 的作用点沿其作用方向，由于 $\overline{X}_j=1$ 单独作用时所产生的位移。根据迭加原理，式(7-2) 可写成以下形式：

$$\begin{cases}\Delta_1=\delta_{11}X_1+\delta_{12}X_3+\Delta_{1P}=0\\ \Delta_2=\delta_{11}X_1+\delta_{22}X_3+\Delta_{1P}=0\end{cases}$$

从而获得力法解二次超静定结构的典型方程：

$$\begin{cases}\delta_{11} X_1 + \delta_{12} X_3 + \Delta_{1P} = 0 \\ \delta_{11} X_1 + \delta_{22} X_3 + \Delta_{1P} = 0\end{cases} \tag{7-3}$$

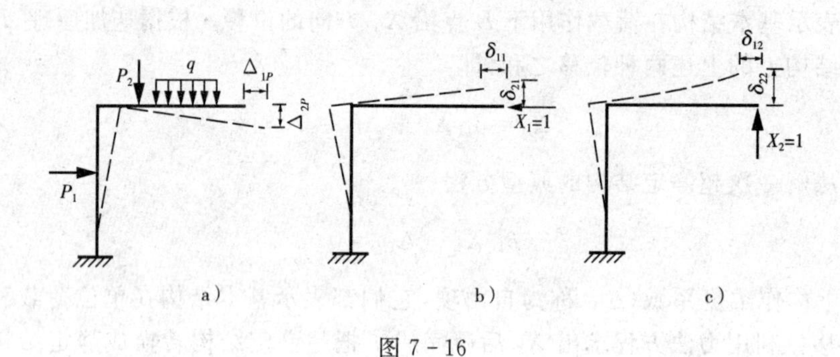

图 7-16

方程(7-3) 就是为求解多余未知力 X_1 和 X_2 所需要建立的力法基本方程，简称力法方程。它的物理意义是：在基本结构上，由于全部的多余未知力和已知荷载的共同作用，在去掉多余联系处的位移应与原结构中相应的位移相等。在本例中等于零。

在计算时，首先要求得式(7-3) 中的系数和自由项，然后代入式(7-3)，即可求出 X_1 和 X_2，剩下的问题就是静定结构的计算问题了。

用同样的分析方法，可以建立力法的一般方程。对于 n 次超静定的结构，用力法计算时，可去掉 n 个多余联系，得到静定的基本结构，在去掉的多余联系处代以 n 个多余未知力。相应地，也就有 n 个已知的位移条件 $\Delta_i(i=1,2,\cdots,n)$。据此可以建立 n 个关于多余未知力的方程：

$$\left.\begin{aligned}\delta_{11} X_1 + \delta_{12} X_2 + \cdots + \delta_{1n} X_n + \Delta_{1P} &= \Delta_1 \\ \delta_{21} X_1 + \delta_{22} X_2 + \cdots + \delta_{2n} X_n + \Delta_{2P} &= \Delta_2 \\ &\vdots \\ \delta_{n1} X_1 + \delta_{n2} X_2 + \cdots + \delta_{nn} X_n + \Delta_{nP} &= \Delta_n\end{aligned}\right\} \tag{7-4}$$

当与多余力相应的位移都等于零，即 $\Delta_i = 0(i=1,2,\cdots,n)$ 时，则式(7-4) 变为

$$\left.\begin{aligned}\delta_{11} X_1 + \delta_{12} X_2 + \cdots + \delta_{1n} X_n + \Delta_{1P} &= 0 \\ \delta_{21} X_1 + \delta_{22} X_2 + \cdots + \delta_{2n} X_n + \Delta_{2P} &= 0 \\ &\vdots \\ \delta_{n1} X_1 + \delta_{n2} X_2 + \cdots + \delta_{nn} X_n + \Delta_{nP} &= 0\end{aligned}\right\} \tag{7-5}$$

方程(7-4) 或方程(7-5) 就是力法方程的一般形式。通常称为力法典型方程。

在方程(7-4) 或方程(7-5) 中，位于从左上方至右下方的一条主对角线上的系数 δ_{ii} ($i=j$) 称为主系数，主对角线两侧的其他系数 δ_{ij} ($i \neq j$) 称为副系数，Δ_{iP} 称为自由项。所有系数和自由项都是基本结构上与某一多余未知力相应的位移，并规定以与所设多余未知力方向一致为正。由于主系数 δ_{ii} 代表由于单位力 $\overline{X}_i = 1$ 的作用在其本身方向所引起的位移，它总

是与该单位力的方向一致，故总是正的。副系数 $\delta_{ij}(i \neq j)$ 则可能为正、负或零。根据位移互等定理，有 $\delta_{ij}=\delta_{ji}$，它表明：力法方程中位于对角线两侧对称位置的两个副系数是相等的。

力法方程在组成上具有一定的规律，副系数具有互等的关系。无论是哪种超静定结构，也无论其静定的基本结构如何选取，只要超静定次数是一样的，则方程的形式和组成就完全相同。因为基本结构是静定结构，所以力法典型方程(7-4)及方程(7-5)中的系数和自由项都可按静定结构求位移的方法求得。对于平面结构，这些位移的计算式可写为

$$\delta_{ii}=\sum\int\frac{\overline{M}_i^2\,ds}{EI}+\sum\int\frac{\overline{F}_{Ni}^2\,ds}{EA}+\sum\int\frac{k\overline{F}_{Si}^2\,ds}{GA}$$

$$\delta_{ij}=\delta_{ji}=\sum\int\frac{\overline{M}_i\overline{M}_j\,ds}{EI}+\sum\int\frac{\overline{F}_{Ni}\overline{F}_{Nj}\,ds}{EA}+\sum\int\frac{k\overline{F}_{Si}\overline{F}_{Sj}\,ds}{GA} \tag{7-6}$$

$$\Delta_{iP}=\sum\int\frac{\overline{M}_iM_P\,ds}{EI}+\sum\int\frac{\overline{F}_{Ni}F_{NP}\,ds}{EA}+\sum\int\frac{k\overline{F}_{Si}F_{SP}\,ds}{GA}$$

系数和自由项求得后，将它们代入典型方程即可解出各多余约束反力 $X_i(i=1,2,\cdots,n)$。然后，由平衡条件即可求出其余反力和内力，或按下述叠加公式求出弯矩：

$$M=X_1\overline{M}_1+X_2\overline{M}_2+\cdots X_n\overline{M}_n+M_P \tag{7-7}$$

如上所述，力法典型方程中的每个系数都是基本结构在某一单位多余约束反力作用下产生的位移。显然，当结构的刚度愈小时，这些位移的数值就愈大，因此这些系数又称为柔度系数；力法典型方程表示的是位移条件，故又称为结构的柔度方程，力法又称为柔度法。

根据以上所述，用力法计算超静定结构的步骤可归纳如下：

(1) 确定结构的超静定次数。

(2) 选择多余未知量，它们的数目等于超静定次数。

(3) 通过拆去多余约束，将原结构转化为静定结构，即确定基本结构。

(4) 以多余未知力代替多余约束。

(5) 计算系数和自由项，作出基本结构的单位力内力图和荷载内力图(或写出内力表达式)，按照求位移的方法计算方程中的系数和自由项。

(6) 利用协调条件，建立力法方程。协调条件的物理意义：基本结构在外荷载 F 和多余未知力共同作用下，在拆去多余约束处，基本结构的变形与原结构相同。力法方程的数目等于超静定次数。

(7) 求解包含多余未知力的力法典型方程，确定多余未知力的值。

(8) 确定多余未知力后，将多余未知力作用于基本结构，求解内力的过程与静定结构一样。

(9) 内力图也可以利用已作出的基本结构的单位力内力图和荷载内力图按公式(7-7)求得。

§7.3　用力法计算荷载作用下的超静定结构

本节通过实例分析，说明如何利用力法计算荷载作用下的超静定结构。

1. 超静定梁和刚架

用力法计算超静定梁和刚架时，在计算力法典型方程中的系数和自由项的过程中，通常可忽略轴力和剪力的影响，只考虑弯矩的影响。计算公式为

$$\begin{cases}\delta_{ii}=\sum\int\dfrac{\overline{M}_i^2}{EI}\mathrm{d}s\\ \delta_{ij}=\sum\int\dfrac{\overline{M}_i\,\overline{M}_j}{EI}\mathrm{d}s\\ \Delta_{iP}=\sum\int\dfrac{\overline{M}_iM_P}{EI}\mathrm{d}s\end{cases}\tag{7-8}$$

【例 7-2】 试作如图 7-17a 所示梁的弯矩图。设 B 端弹簧支座的刚度为 k，EI 为常数。

【解】 图示梁是一次超静定结构，去掉支座 B 的弹簧联系，代以多余力 X_1，得到如图 7-17b 所示的基本结构。由于 B 处为弹簧支座，在荷载作用下弹簧被压缩，B 处向下移动 $\Delta=\dfrac{1}{k}X_1$，据此建立如下力法方程：

$$\delta_{11}X_1+\Delta_{1P}=-\frac{1}{k}X_1$$

或改写成

$$\left(\delta_{11}+\frac{1}{k}\right)X_1+\Delta_{1P}=0$$

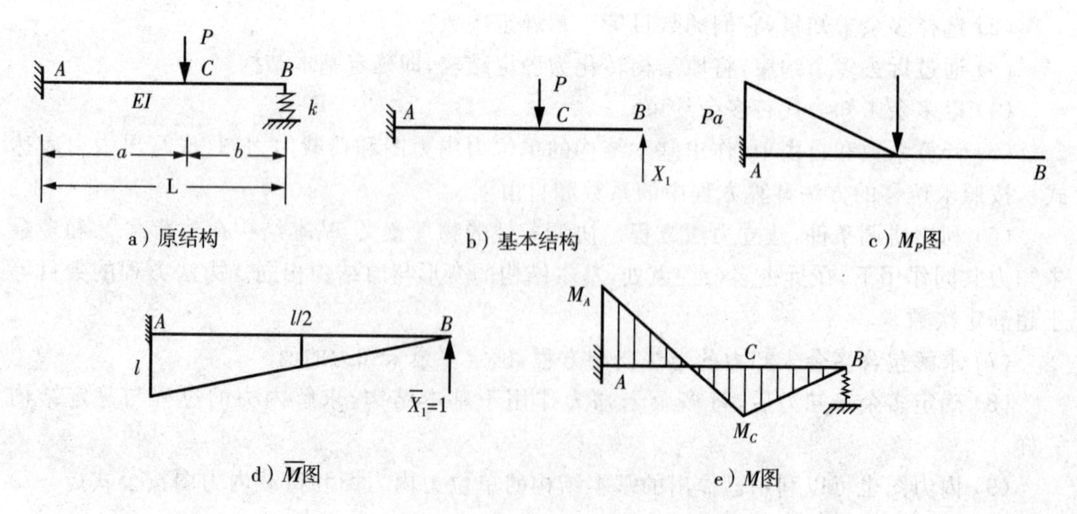

a）原结构　b）基本结构　c）M_P图　d）$\overline{M}$图　e）M图

图 7-17

作基本结构的单位弯矩图和荷载弯矩图，利用图乘法可求得

$$\delta_{11}=\frac{l^3}{3EI};\Delta_{1P}=\frac{Pa^2(3l-a)}{6EI}$$

将以上各值代入力法方程，解得

$$X_1=\frac{Pa^2(3l-a)}{2l^3+\frac{6EI}{k}}=\frac{Pa^2(3b+2a)}{2l^3\left(1+\frac{3EI}{kl^3}\right)}$$

由上式可以看出，由于 B 端为弹簧支座，多余力 X_1 的值不仅与弹簧刚度 k 值有关，而且与梁 AB 的弯曲刚度 EI 有关。

当 $k=\infty$ 时，相当于 B 端为刚性链杆支承情形，此时 $X'_1=\frac{Pa^2(3l-a)}{2l^3}$。

当 $k=0$ 时，相当于 B 端为完全柔性支承（自由端）情形，此时

$$X''_1=0$$

故实际上 B 端多余力（B 支座处竖向反力）在 X'_1 和 X''_1 之间。

求得 X_1 后，根据 $M=X_1\overline{M}_1+M_P$ 作出最后弯矩图，如图 7-17c 所示。

$$M_A=\frac{Pa\left(\frac{3EL}{kl}+\frac{ab}{2}+b^2\right)}{l^2\left(1+\frac{3EI}{kl^3}\right)};M_C=\frac{Pa^3b\left(1+\frac{3b}{2a}\right)}{l^3\left(1+\frac{3EI}{kl^3}\right)}$$

【例 7-3】　用力法计算如图 7-18a 所示刚架。

【解】　刚架是二次超静定结构，基本结构如图 7-18b 所示。力法典型方程为

$$\begin{cases}\delta_{11}X_1+\delta_{12}X_2+\Delta_{1P}=0\\ \delta_{21}X_1+\delta_{22}X_2+\Delta_{2P}=0\end{cases}$$

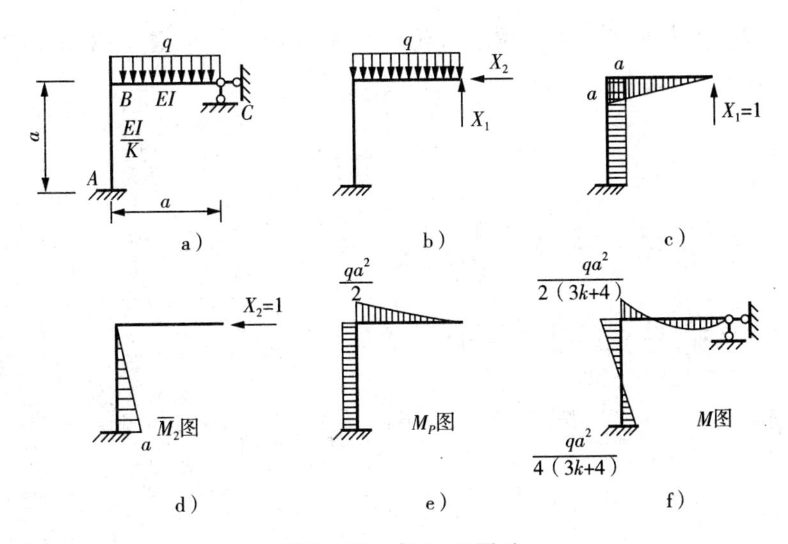

图 7-18　例 7-3 图示

作 $\overline{M}_1$ 图、$\overline{M}_2$ 图和 M_P 图，用图乘法计算系数和自由项，得

$$\delta_{11}=\frac{K}{EI}a^3+\frac{1}{EI}\times\frac{a^2}{2}\times\frac{2}{3}a=\frac{3K+1}{3EI}a^3$$

$$\delta_{22}=\frac{K}{EI}\times\frac{a^2}{2}\times\frac{2}{3}a=\frac{Ka^3}{3EI};\delta_{12}=\delta_{21}=\frac{K}{EI}\times\frac{a^2}{2}\times a=\frac{K}{2EI}a^3$$

$$\Delta_{1P}=-\frac{K}{EI}\times a^2\times\frac{1}{2}qa^2-\frac{1}{EI}\times\frac{1}{3}\times\frac{1}{2}qa^2\times a\times\frac{3}{4}a=-\frac{4K+1}{8EI}qa^4$$

$$\Delta_{2P}=-\frac{K}{EI}\times\frac{a^2}{2}\times\frac{1}{2}qa^2=-\frac{K}{4EI}qa^4$$

代入力法方程,解得

$$X_1=\frac{3(K+1)}{2(3K+4)}qa;X_2=\frac{3}{4(3K+4)}qa$$

M图如图7-18f所示,可按M图作出F_s图。

【例7-4】 试作如图7-19a所示刚架的弯矩图,设EI为常数。

【解】 此刚架是三次超静定结构,去掉支座B处的三个多余联系,代以多余力X_1、X_2和X_3,得如图7-19b所示的基本结构。根据原结构在支座B处不可能产生位移的条件,建立力法方程如下:

$$\begin{cases}\delta_{11}X_1+\delta_{12}X_2+\delta_{13}X_3+\Delta_{1P}=0\\\delta_{21}X_1+\delta_{22}X_2+\delta_{23}X_3+\Delta_{2P}=0\\\delta_{31}X_1+\delta_{32}X_2+\delta_{33}X_3+\Delta_{3P}=0\end{cases}$$

分别绘出基本结构的单位弯矩图和荷载弯矩图,如图7-19c、图7-19d、图7-19e、图7-19f所示。用图乘法求得各系数和自由项如下:

$$\delta_{11}=\frac{2}{2EI}\left(\frac{1}{2}\times6\times6\times\frac{2}{3}\times6\right)+\frac{1}{3EI}(6\times6\times6)=\frac{144}{EI}$$

$$\delta_{22}=\frac{1}{2EI}(6\times6\times6)+\frac{1}{3EI}\left(\frac{1}{2}\times6\times6\times\frac{2}{3}\times6\right)=\frac{132}{EI}$$

$$\delta_{33}=\frac{2}{2EI}(1\times6\times1)+\frac{1}{3EI}(1\times6\times1)=\frac{8}{EI}$$

$$\delta_{12}=\delta_{21}=-\frac{1}{2EI}\left(\frac{1}{2}\times6\times6\times6\right)-\frac{1}{3EI}\left(\frac{1}{2}\times6\times6\times6\right)=-\frac{90}{EI}$$

$$\delta_{13}=\delta_{31}=-\frac{2}{2EI}\left(\frac{1}{2}\times6\times6\times1\right)-\frac{1}{3EI}\left(\frac{1}{2}\times6\times6\times1\right)=-\frac{30}{EI}$$

$$\delta_{23}=\delta_{32}=\frac{1}{2EI}(6\times6\times1)+\frac{1}{3EI}\left(\frac{1}{2}\times6\times6\times1\right)=\frac{24}{EI}$$

$$\Delta_{1P}=\frac{1}{2EI}\left(\frac{1}{3}\times126\times6\times\frac{1}{4}\times6\right)=\frac{189}{EI}$$

$$\Delta_{2P}=-\frac{1}{2EI}\left(\frac{1}{3}\times126\times6\times6\right)=-\frac{756}{EI}$$

$$\Delta_{3P}=-\frac{1}{2EI}\left(\frac{1}{3}\times126\times6\right)=-\frac{126}{EI}$$

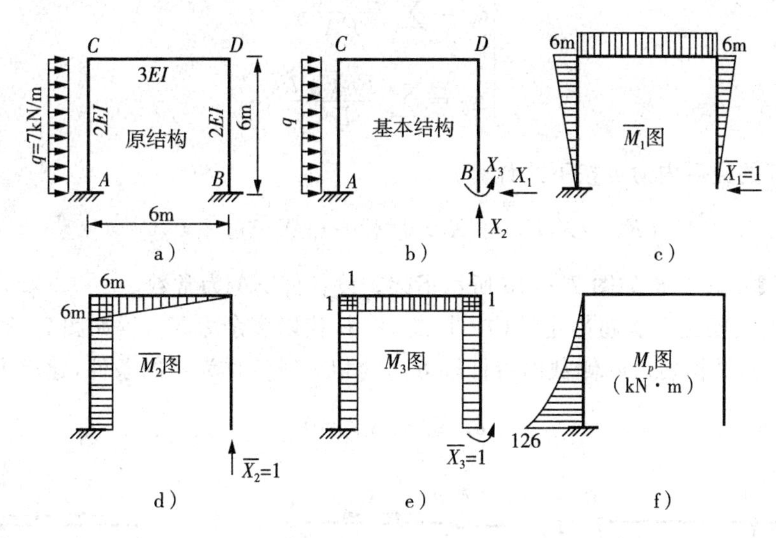

图 7 - 19　例 7 - 4 图示

将系数和自由项代入力法方程，化简后得

$$\begin{cases}24X_1-15X_2-5X_3+31.5=0\\-15X_1+22X_2+4X_3-126=0\\-5X_1+4X_2+\dfrac{4}{3}X_3-21=0\end{cases}$$

解此方程组，得

$$X_1=9\text{kN}\cdot\text{m};X_2=6.3\text{kN}\cdot\text{m};X_3=30.6\text{kN}\cdot\text{m}$$

按叠加公式(7 - 7)计算得最后弯矩图，如图 7 - 20 所示。

从以上例子可以看出，在荷载作用下，多余力和内力的大小都只与各杆弯曲刚度的相对值有关，而与其绝对值无关。对于同一材料构成的结构(梁、柱的 E 值相同)，材料的弹性模量 E 对多余力和内力的大小也无影响。

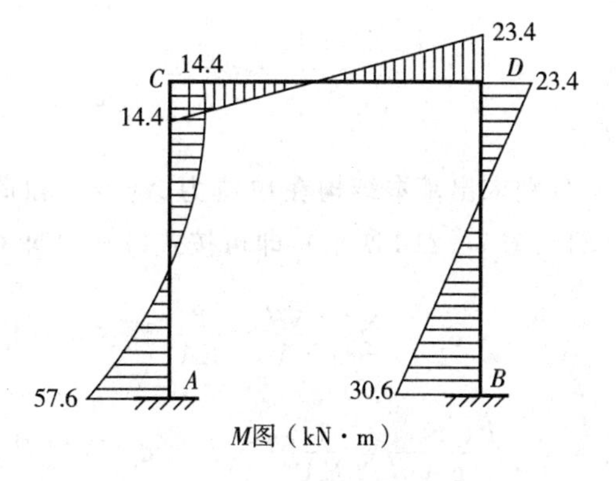

图 7 - 20　例 7 - 4 最终弯矩图

2. 超静定桁架和排架

用力法计算超静定桁架，在只承受结点荷载时，由于在桁架的杆件中只产生轴力，故力法典型方程中的系数和自由项的计算

公式为

$$\begin{cases}\delta_{ij}=\sum \dfrac{\overline{F}_{Ni}^{2}l}{EA}\\ \delta_{ij}=\sum \dfrac{\overline{F}_{Ni}\overline{F}_{Nj}l}{EA}\\ \Delta_{ij}=\sum \dfrac{\overline{F}_{Ni}\overline{F}_{NP}l}{EA}\end{cases} \tag{7-9}$$

桁架各杆的最后内力可按下式计算：

$$F_N=X_1\overline{F}_{N1}+X_2\overline{F}_{N2}+\cdots+X_n\overline{F}_{Nn}+F_{NP} \tag{7-10}$$

【例 7-5】 试分析如图 7-21a 所示桁架。设各杆 EA 为常数。

【解】 此桁架是一次超静定结构。切断 BC 杆代以多余力 X_1，得如图 7-21b 所示的基本结构。根据原结构切口两侧截面沿杆轴方向的相对线位移为零的条件，建立力法方程：

$$\delta_{11}X_1+\Delta_{1P}=0$$

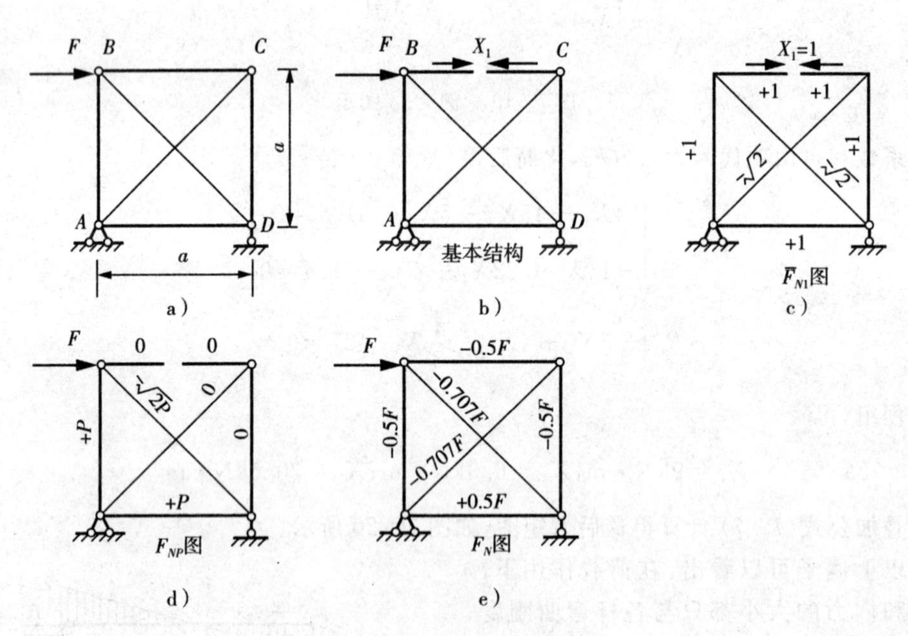

图 7-21 例 7-5 图示

分别求出基本结构在单位力 $\overline{X}_1=1$ 和荷载单独作用下各杆的内力 F_{N1} 和 F_{NP}（如图 7-21c、图 7-21d 所示），即可按式(7-9) 求得系数和自由项：

$$\delta_{11}=\sum \frac{\overline{F}_{N1}^{2}l}{EA}=\frac{2}{EA}[1^2\times a+1^2\times a+2\times\sqrt{2}a]=\frac{2a}{EA}(2+2\sqrt{2})$$

$$\Delta_{1P}=\sum \frac{\overline{F}_{N1}F_{NP}l}{EA}=\frac{1}{EA}[1\times P\times a+1\times P\times a+(-P)\times(-2)\times\sqrt{2}a]=\frac{Pa}{EA}(2+2\sqrt{2})$$

代入力法方程，求得

$$X_1=-\frac{\Delta_{1P}}{\delta_{11}}=-\frac{P}{2}$$

各杆轴力按下式计算：

$$F_N=X_1\overline{F}_{N1}+F_{NP}$$

最后结果如图7-21e中所示。

【例7-6】　用力法计算如图7-22a所示桁架各杆轴力。设各杆 EA 为常数。

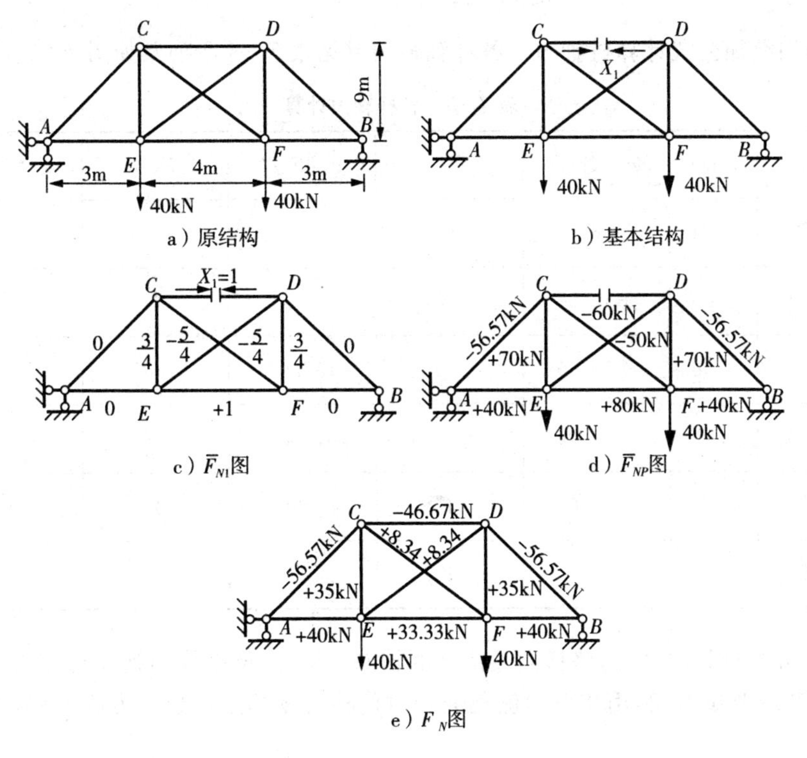

图7-22　例7-6图示

分析：

(1) 本题桁架和荷载都是对称的，宜取对称的基本结构。取对称基本结构时，可计算半个桁架的杆件。

(2) 计算 δ_{11} 和 Δ_{1P} 时，只考虑轴向变形的影响。计算半个桁架的变形时，EF 杆长度可取其一半长度。最后结果为半个桁架杆件变形总和的两倍。

因取基本体系时作为多余约束的链杆已切断，基本结构在 $X_1=1$ 作用下，δ_{11} 中应包含切断杆的变形影响；在荷载作用下切断杆轴力为零，Δ_{1P} 中切断杆的变形影响为零。

【解】　(1) 切断对称轴上的 CD 链杆，代以多余未知力 X_1，得到基本体系和基本未知量，如图7-22b所示。

(2) 列力法方程：$\delta_{11}X_1+\Delta_{1P}=0$。

(3) 计算 $\overline{F}_{N1}$、F_{NP}，并求 δ_{11}、Δ_{1P}。

$\overline{F}_{N1}$ 图、F_{NP} 图分别如图7-22c、图7-22d所示。

$$\delta_{11}=\sum\frac{F_{N1}^{2}l}{EA}=2\times\frac{13.5}{EA}=\frac{27}{EA}$$

$$\Delta_{1P}=\sum\frac{\overline{F}_{N1}F_{NP}l}{EA}=2\times\frac{630}{EA}=\frac{1260}{EA}$$

(4) 解方程：

$$X_1=\frac{\Delta_{1P}}{\delta_{12}}-\frac{1260}{27}=-46.57(\mathrm{kN\cdot m})$$

(5) 利用叠加公式计算机轴力。各杆轴力结果见表 7-3 所列及如图 7-22e 所示。

表 7-3　各杆轴力计算

杆件	EA	l(m)	F_{NP}(kN)	$\overline{F}_{N1}$	$\overline{F}_{N1}F_{NP}l$	$\overline{F}_{N1}^{2}l$	$F_N=\overline{F}_{N1}X_1+F_{NP}$
AC	EA	4.24	−56.57	0	0	0	−56.57
AE	EA	3.00	+40.00	0	0	0	+40.00
CE	EA	3.00	+70.00	3/4	157.50	1.69	+35
CF	EA	5.00	−50.00	$-\frac{5}{4}$	312.50	7.81	+8.34
EF	EA	2.00	+80.00	1	160	2	+33.33
CD	EA	2.00	0	1		2	−46.67

用力法分析排架时，常忽略横向连接杆的轴向变形，一般把横向连接杆作为多余约束切断，代之以多余未知力，利用切口两侧截面相对位移为零的条件建立力法方程，下面举例加以说明。

【例 7-7】 如图 7-23a 所示为装配式单跨单层厂房排架结构的计算简图，其中左、右柱为阶梯形变截面杆件，横梁为 $EA=\infty$ 的二力杆，左柱受到风荷载 q 的作用。试用力法计算，并作其弯矩图。竖柱 E 为常数。

【解】 此排架为一次超静定结构，切断横梁（二力杆）并代之相应的多余约束反力 X_1，即得基本体系，如图 7-23b 所示。其力法方程为

$$\delta_{11}X_1+\Delta_{1P}=0$$

绘出基本结构的 $\overline{M}_1$ 图和 M_P 图（如图 7-23c、图 7-23d 所示），并求出系数和自由项

$$\delta_{11}=2\times\left\{\frac{1}{EI}\times\frac{1}{2}\times\frac{l}{3}\times\frac{l}{3}\times\frac{2}{3}\times\frac{l}{3}\right.$$

$$\left.+\frac{1}{4EI}\left[\frac{1}{2}\times\frac{2l}{3}l\times\left(\frac{2l}{3}+\frac{1}{3}\times\frac{l}{3}\right)+\frac{1}{2}\times\frac{2l}{3}\times\frac{l}{3}\times\left(\frac{l}{3}+\frac{2}{3}\times\frac{l}{3}\right)\right]\right\}$$

$$=\frac{5l^3}{27EI}$$

$$\Delta_{1P}=\frac{1}{EI}\times\frac{1}{3}\times\frac{9l^2}{18}\times\frac{l}{3}\times\frac{3}{4}\times\frac{l}{3}$$

$$+\frac{1}{4EI}\left(\frac{1}{3}\times\frac{ql^2}{2}\times l\times\frac{3l}{4}-\frac{1}{3}\times\frac{9l^2}{18}\times\frac{l}{3}\times\frac{3}{4}\times\frac{l}{3}\right)$$

$$=\frac{7ql^4}{216EI}$$

解方程，得

$$X_1=-\frac{\Delta_{1P}}{\delta_{11}}=-\frac{7}{40}ql（压力）$$

最后弯矩图由叠加原理$M=X_1\overline{M}_1+M_P$绘出，如图7-23e所示。需要指出的是，铰接排架的超静定次数等于排架的跨数，用力法分析排架结构时，其基本结构由切断或去掉各跨横梁（二力杆）得到，这样选取基本结构计算较为简便。

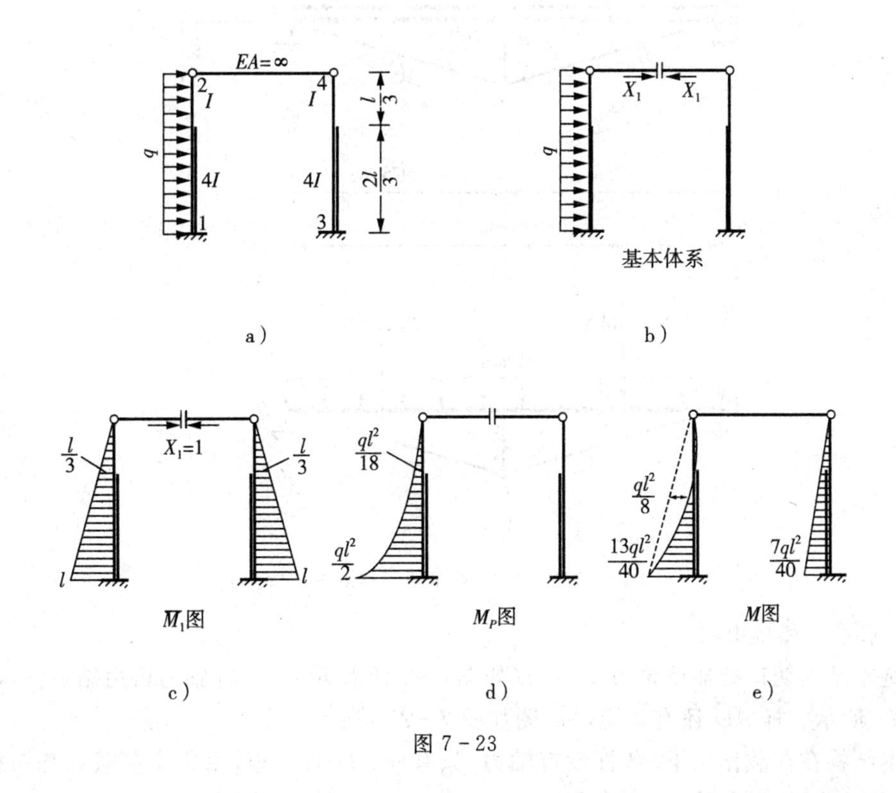

图7-23

3. 超静定组合结构

组合结构中既有链杆，又有梁式杆，计算位移时，对链杆只考虑轴力的影响，而对梁式杆通常可忽略轴力和剪力的影响，只考虑弯矩的影响。

【例7-8】　如图7-24a所示为一次超静定的组合结构，求在图示荷载作用下的内力。各杆的刚度给定如下。

$$杆\ AD\ 为梁式杆：EI=1.4\times10^4\text{kN}\cdot\text{m}^2$$

$$EA = 1.99 \times 10^6 \text{kN}$$

$$\text{杆 } AC \text{ 和 } CD \text{ 为链杆：} EA = 2.56 \times 10^5 \text{kN}$$

$$\text{杆 } BC \text{ 为链杆：} EA = 2.02 \times 10^5 \text{kN}$$

【解】 (1) 求基本体系和力法方程

切断多余链杆 BC，在切口处代以未知轴力 X_1，得到如图 7-24b 所示基本体系。基本体系由于荷载和未知力在 X_1 方向的位移应当为零，亦即切口处两截面的相对位移应为零。由此得到力法方程：

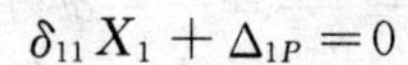

$$\delta_{11} X_1 + \Delta_{1P} = 0$$

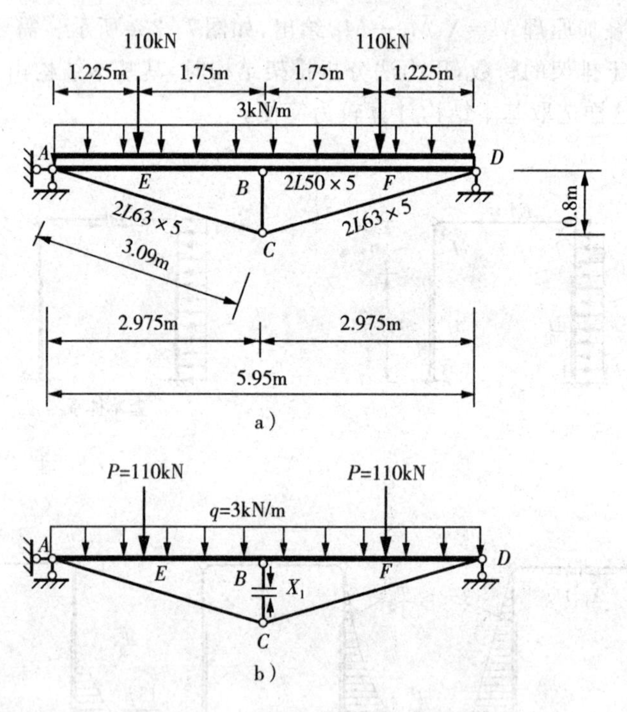

图 7-24　例 7-8 原结构和基本结构

(2) 求系数和自由项

在基本结构切口处加单位力 $X_1 = 1$（如图 7-24b 所示）。各杆轴力可由结点法求得，如图 7-25a 所示。杆 AD 还有弯矩，$\overline{M}_1$ 图如图 7-25b 所示。

基本结构在荷载作用下，各杆没有轴力，只有杆 AD 有弯矩，由集中荷载和均布荷载产生的两个 M_P 图分别如图 7-25c、图 7-25d 所示（M_{P1} 图、M_{P2} 图）。

$$\delta_{11} = \int \frac{\overline{M}_1^2}{EI} ds + \sum \frac{\overline{F}_{N1} l}{EA} = \frac{1}{1.4 \times 10^4} \times \left[\frac{1.49 \times 2.975}{2} \times \left(\frac{2}{3} \times 1.49 \right) \right]$$

$$\times 2 + \frac{1}{1.99 \times 10^6} \times (1.86^2 \times 5.95) + \frac{1}{2.56 \times 10^5} \times (1.93^2 \times 3.09)$$

$$\times 2 + \frac{1}{2.02 \times 10^5} \times (1^2 \times 0.80) = 0.000419 \text{m/kN}$$

$$\Delta_{1P}=\int\frac{\overline{M}_1M_P}{EI}\mathrm{d}s=\frac{1}{1.4\times10^4}\times\left[\left(\frac{2}{3}\times13.25\times2.975\right)\times\left(\frac{5}{8}\times1.49\right)\times2+\left(\frac{1}{2}\times1.35\times1.225\right)\right.$$

$$\left.\times\left(\frac{2}{3}\times0.61\right)\times2+(135\times1.75)\times\left(\frac{0.61\times1.49}{2}\right)\times2\right]=0.0438(\mathrm{m})$$

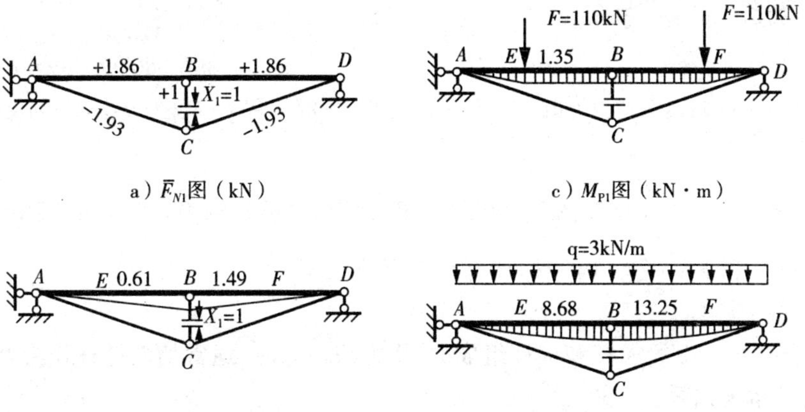

a）$\overline{F}_{N1}$图（kN）　　c）M_{P1}图（kN·m）

b）$\overline{M}_1$图（kN·m）　　d）M_{P2}图（kN·m）

图 7-25　例 7-8 单位荷载和外荷载作用下基本结构内力图

(3) 求多余未知力

$$X_1=-\frac{\Delta_{1P}}{\delta_{11}}=-\frac{0.0438}{0.000419}=-104.5\mathrm{kN}(\text{压力})$$

(4) 求内力

内力叠加公式为

$$F_N=\overline{F}_{N1}X_1+F_{NP}$$

$$M=\overline{M}_1X_1+M_P$$

各杆轴力及横梁 AD 弯矩图如图 7-26a、图 7-26b 所示。

(5) 讨论

由图 7-26b 可以看出，横梁 AD 在中点 B 受到下部桁架的支承反力为 104.5kN，这时横梁最大弯矩为 79.9kN，如果没有下部桁架的支承，则横梁 AD 为一简支梁，其弯矩图如图 7-27a 所示，其最大弯矩为 148.3kN·m。可见由于桁架的支承，横梁的最大弯矩减少了 46%。

还需指出，这个超静定结构的内力分布与横梁和桁架的相对刚度有关。如果下部链杆的截面很小，则横梁的 M 图接近于简支梁的 M 图(如图 7-27a 所示)。如果下部链杆的截面很大，则横梁的 M 图接近两跨连续梁的 M 图(如图 7-27b 所示)。

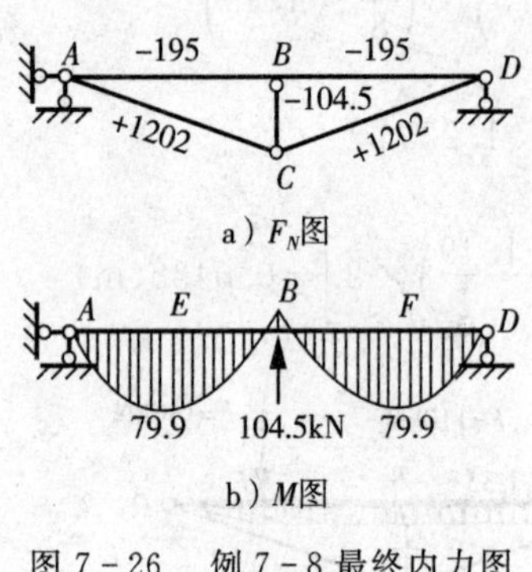

图 7-26 例 7-8 最终内力图

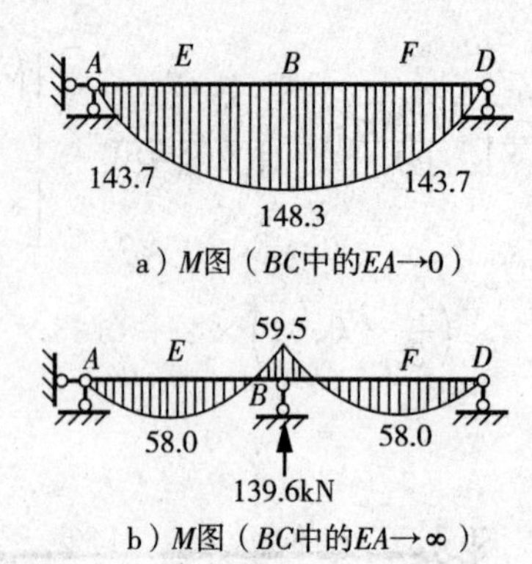

图 7-27 例 7-8 链杆 BC 取不同值时内力图

【例7-9】 用力法计算如图7-28a所示组合结构的链杆轴力，作M图，其中$\dfrac{I}{A}=\dfrac{L^2}{10}$。并讨论当$EA\to 0$和$EA\to\infty$时链杆轴力及$M$图的变化。

说明：

(1) 组合结构是由梁式杆和链杆组成的，用力法计算时，通常切断链杆作为基本体系，以链杆轴力为基本未知量。

(2) 计算系数和自由项时，注意系数中应包含切断链杆的轴向变形影响，因链杆已切断，自由项中的链杆轴向变形为零。

【解】 该结构是超静定组合结构，取基本体系及相应的基本未知量，如图7-28b所示。

力法方程为

$$\delta_{11}X_1+\Delta_{1P}=0$$

计算$\overline{N}_1$、$\overline{M}_1$、M_P，如图 7-28c、图 7-28d 所示；计算δ_{11}、Δ_{1P}。

$$\delta_{11}=\sum\int\frac{\overline{M}_1^2}{EI}\mathrm{d}x+\sum\frac{F_{N1}^2}{EA}L=\frac{1}{EI}\left[\left(2\times\frac{1}{2}L\times L\times\frac{2}{3}L\right)+(L\times L\times L)\right]$$

$$+\frac{L}{EA}=\frac{5}{3EL}L^3+\frac{L}{EA}$$

$$\Delta_{1P}=\sum\int\frac{\overline{M}_1^2M_{1P}}{EI}\mathrm{d}x=-\frac{1}{EI}\left(\frac{1}{2}L\times FL\times\frac{2}{3}+\frac{1}{2}L\times PL\times L\right)=-\frac{5FL^3}{6EI}$$

解方程

$$X_1=-\frac{\Delta_{1P}}{\delta_{11}}=\frac{\dfrac{1}{EI}\cdot\dfrac{5}{6}FL^3}{\dfrac{5}{3EI}L^3+\dfrac{L}{EA}}$$

当$\dfrac{I}{A}=\dfrac{L^2}{10}$时，$X_1=\dfrac{25}{53}F$。

(1) 作M图

M图如图 7-28e 所示。

(2) 校核

校核公式：$\Delta=\sum\int\frac{\overline{M}_1 M}{EI}\mathrm{d}x+\frac{\overline{F}_{N1}F_N}{EA}L=0$（请同学自己完成。注意：$\Delta_1$ 的计算公式中应含有链杆的轴向变形项）。

(3) 讨论

由 $X_1=\dfrac{\frac{1}{EI}\cdot\frac{5}{6}FL^3}{\frac{5}{3EI}L^3+\frac{L}{EA}}$ 可以看出：当 $EA\rightarrow\infty$ 时，$X_1\rightarrow\frac{F}{2}$，由 $M=\overline{M}_1X_1+M_P$ 得到 M 图，如图 7-28f 所示。这时链杆 AB 相当于刚性杆，结构可以看成是 B 端为固定铰支座的刚架，如图 7-28h 所示。当 $EA\rightarrow 0$ 时，$X_1\rightarrow 0$，这时结构可以完成 B 端为单跨杆支承的简支刚架，如图 7-28g 所示。

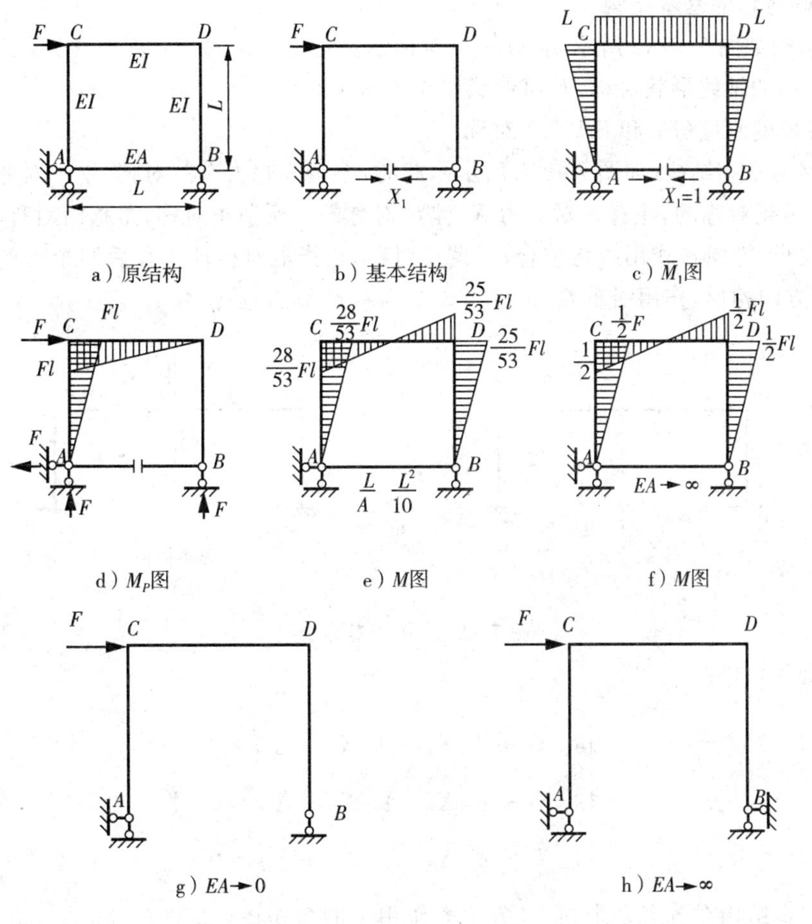

图 7-28　例 7-9 图示

§7.4　对称性的利用

用力法分析超静定结构时，结构的超静定次数越高，计算工作量也就越大，而其中主要工作量又在于需要计算大量的系数、自由项并求解力法典型方程。若要使计算简化,则需从简化典型方程入手。在力法典型方程中,若能使一些系数及自由项等于零,则计算可得到简化。主系数是恒为正且不等于零的,因此力法简化总的原则是使尽可能多的副系数以及自由项等于零。达到这一目的的途径很多,例如利用对称性、弹性中心法等。利用各种方法的关键在于选择合理的基本结构以及设置适宜的基本未知量。本节讨论对称性的利用。

工程中很多结构是对称的。所谓对称结构,是指结构的几何形状、支承情况、杆件的截面尺寸和弹性模量均对称于某一几何轴线的结构。所谓对称荷载,是指荷载沿对称轴对折后,左右两部分的荷载彼此重合,具有相同的作用点、相同的数值和相同的方向。反对称荷载是指荷载沿对称轴对折后,左右两部分的荷载彼此重合,具有相同的作用点、相同的数值和相反的方向。

1. 选取对称的基本结构

对称结构如图 7-29a 所示,它有一个对称轴。对称包含两个方面的含义:

(1) 结构的轴线形状对称,几何形状和支承情况对称。

(2) 各杆的刚度(EI 和 EA 等) 对称。

取对称的基本结构(如图 7-29b 所示),此时,多余未知力有三对,其中一对弯矩 X_1 和一对轴力 X_2 是正对称的,还有一对剪力 X_3 是反对称的。所谓正对称,是指沿对称轴折叠后其两个力的大小、方向和作用线均重合;所谓反对称,是指沿对称轴折叠后两个力的大小、作用点相同,而方向相反,作用线重叠。

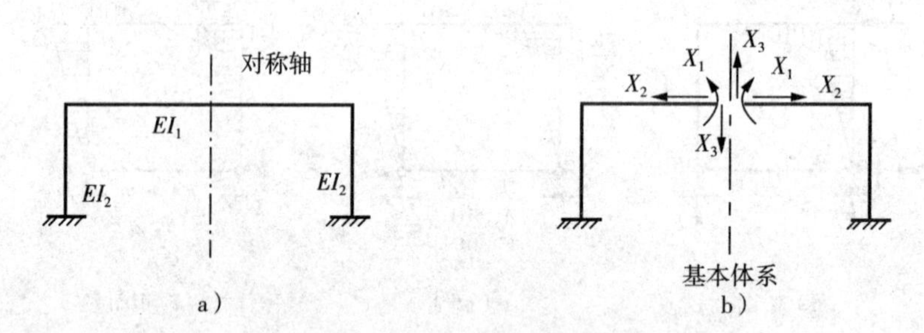

图 7-29 单跨对称刚架

则力法方程

$$\begin{cases}\delta_{11}X_1+\delta_{12}X_2+\delta_{13}X_3+\Delta_{1P}=0\\ \delta_{21}X_1+\delta_{22}X_2+\delta_{23}X_3+\Delta_{2P}=0\\ \delta_{31}X_1+\delta_{32}X_2+\delta_{33}X_3+\Delta_{3P}=0\end{cases} \tag{7-11}$$

绘出基本结构在各多余未知力、单位力作用下的弯矩图,如图 7-30 所示。可以看出,$\overline{M}_1$ 图和 $\overline{M}_2$ 图是正对称的,而 $\overline{M}_3$ 图是反对称的。由于正对称和反对称的图形图乘时恰好正负抵消,使结果为零,所以可得典型方程中的副系数 $\delta_{13}=\delta_{31}=0$,$\delta_{23}=\delta_{32}=0$。于是,典型方程便简化为

$$\begin{cases}\delta_{11}X_1+\delta_{12}X_2+\Delta_{1P}=0\\ \delta_{21}X_1+\delta_{22}X_2+\Delta_{2P}=0\\ \delta_{33}X_3+\Delta_{3P}=0\end{cases} \tag{7-12}$$

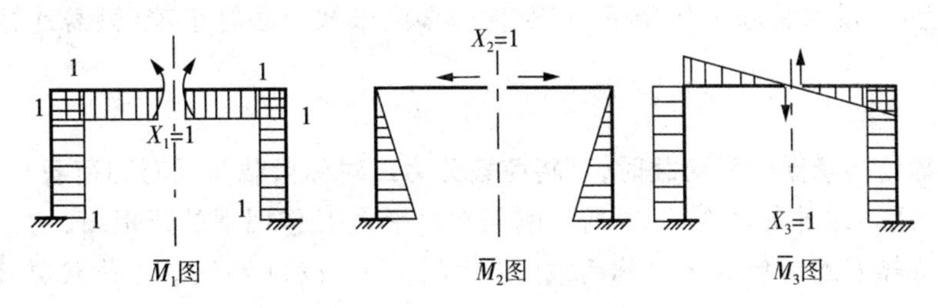

图 7-30　基本结构在多余未知力作用下弯矩图

由此可见，典型方程已分为两组，一组只含正对称的多余未知力 X_1 和 X_2，而另一组只含反对称的多余未知力 X_3。

2. 选择对称或反对称的荷载(荷载分组)

如果作用在对称结构上的荷载也是正对称的(如图 7-31a 所示)，则 M_P 图也是正对称的(如图 7-31b 所示)，于是有 $\Delta_{3P}=0$。由典型方程的第3式可知反对称的多余未知力 $X_3=0$，因此只需计算正对称的多余未知力 X_1 和 X_2。最后的弯矩图为 $M=\overline{M}_1X_1+\overline{M}_2X_2+M_P$，它也是正对称的，其形状如图 7-31c 所示。由此可推知：对称结构在正对称荷载作用下，结构上所有的反力、内力及位移(如图 7-31a 中虚线所示)都是正对称的。同时必须注意，此时剪力图是反对称的，这是由于剪力的正负号规定所致，而剪力的实际方向则是正对称的。

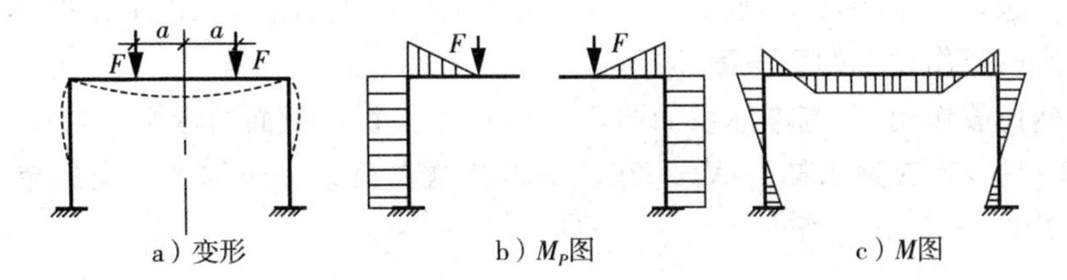

图 7-31　对称结构对称荷载

如果作用在结构上的荷载是反对称的，如图 7-32a 所示，作出 M_P 图如图 7-32b 所示，则同理可证，此时正对称的多余未知力 $X_1=X_2=0$，只剩下反对称的多余未知力 X_3。最后的弯矩图为 $M=\overline{M}_3X_3+M_P$，它也是反对称的，如图 7-32c 所示，并且此时结构上所有反力、内力和位移都是反对称的。但必须注意，剪力图是正对称的，剪力的实际方向则是反对称的。

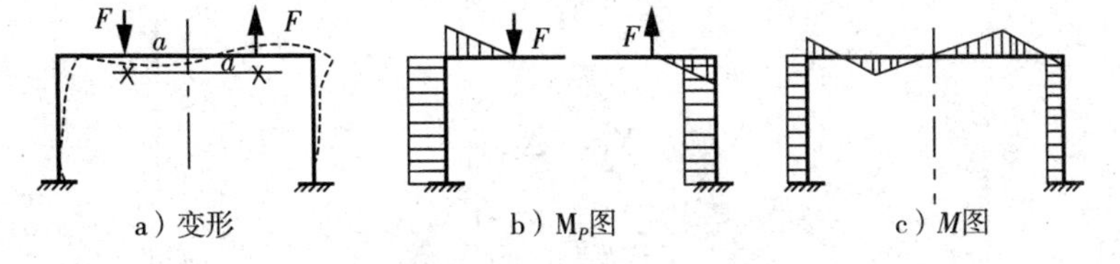

图 7-32　对称结构反对称荷载

通过前面的分析可得出如下结论：

(1) 对称结构在正对称荷载作用下，其内力和位移都是正对称的。

(2) 对称结构在反对称荷载作用下，其内力和位移都是反对称的。

也就是说，对称结构在正对称荷载作用下，反对称多余未知力必等于零，只需计算正对称多余未知力；在反对称荷载作用下，正对称的多余未知力必等于零，只需计算反对称多余未知力。

3. 当对称结构承受一般荷载时，可将荷载分为正对称荷载与反对称荷载

【例 7-10】 求作如图 7-33a 所示刚架在水平力 F 作用下的弯矩图。

【解】 荷载 F 可分解为正对称荷载(如图 7-33b 所示)和反对称荷载(如图 7-33c 所示)。

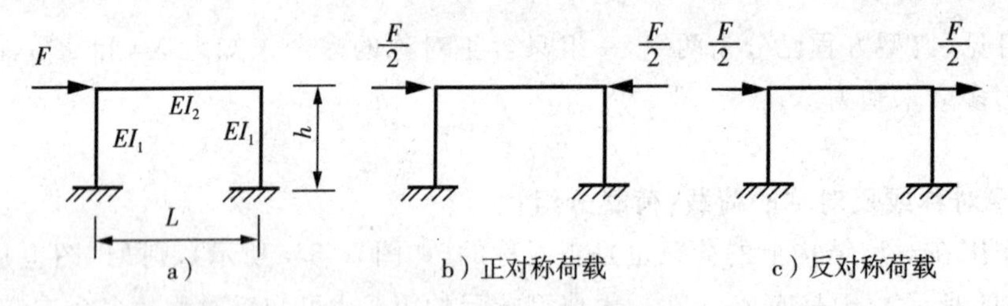

图 7-33 例 7-10 图示

在正对称荷载作用下(如图 7-33b 所示)，可以得出只有横梁承受压力为 $F/2$，而其他杆无内力的结论。这是因为在计算刚架时通常忽略轴力对变形的影响，也就是忽略横梁的压缩变形。在这个条件下，上述内力状态不仅满足了平衡条件，也满足了变形条件，所以它就是真正的内力状态。因此，为了求如图 7-33a 所示刚架的弯矩图，只需求作如图 7-33c 所示刚架在反对称荷载作用下的弯矩图即可。

在反对称荷载作用下，基本体系如图 7-34a 所示。切口截面的弯矩、轴力都是对称的未知力，应为零；只有反对称未知力 X_1 存在。基本结构在荷载和未知力方向的单位力作用下的弯矩图如图 7-34b、7-34c 所示。

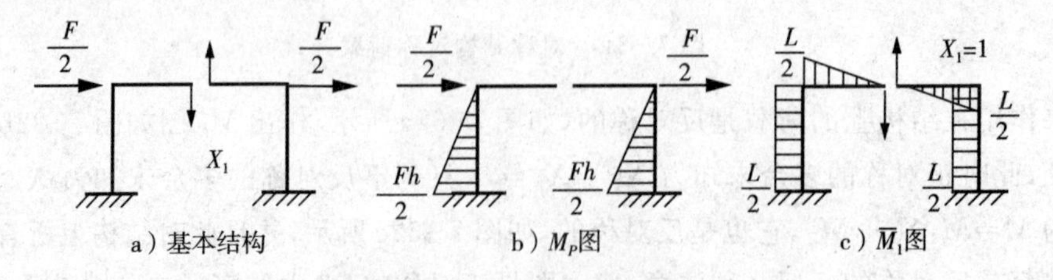

图 7-34 基本结构弯矩图

由此，得

$$\delta_{11}X_1+\Delta_{1P}=0$$

$$\Delta_{1P}=\frac{Fh^2L}{4EI_1}$$

$$\delta_{11}=\frac{L^2h}{2EI_1}+\frac{L^3}{12EI_2}$$

代入力法方程并设 $k=\frac{I_2h}{I_1L}$,得

$$X_1=-\frac{\Delta_{1P}}{\delta_{11}}=-\frac{6k}{6k+1}\times\frac{Fh}{2L}$$

刚架的弯矩图如图 7－35a 所示。

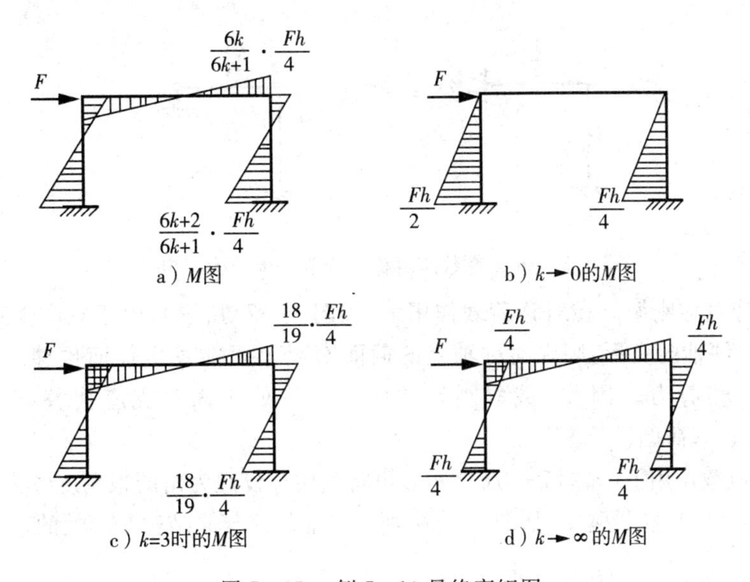

图 7－35　例 7－10 最终弯矩图

结合例 7－10 讨论如下:弯矩图随横梁与立柱刚度比值 k 而改变。

(1) 当横梁刚度比立柱刚度小很多时,即 k 很小时,特别 $k\to 0$ 弯矩图如图 7－35b 所示,此时柱顶弯矩为零。

(2) 当横梁刚度比立柱刚度大很多时,即 k 很大时,特别 $k\to\infty$ 弯矩图如图 7－35d 所示,此时柱的弯矩零点趋于柱的中点。

(3) 一般情况下,柱的弯矩图有零点,此弯矩零点在柱上半部范围内变动。当 $k=3$ 时,零点位置与柱中点已很接近(如图 7－35c 所示)。

4. 取半结构计算

当对称结构承受正对称或反对称荷载时,也可以只截取结构的一半来进行计算,从而减少超静定次数。下面分别就奇数跨和偶数跨两种对称刚架加以说明。

(1) 奇数跨对称刚架。如图 7－36a 所示,刚架在正对称荷载作用下,由于只产生正对称内力和位移,故可知在对称轴上的截面 C 处不可能发生转角和水平线位移,但可有竖向线位移。同时,该截面上将有弯矩和轴力,而无剪力。因此截取刚架的一半时,在该处应用一滑动铰支座(也称定向支座)来代替原有联系,从而得到如图 7－36b 所示的计算简图。

在反对称荷载作用下(如图 7－36c 所示),由于只产生反对称的内力和位移,故可知在对称轴上的截面 C 处不可能发生竖向线位移,但可有水平线位移和转角。同时,该截面上弯矩

和轴力均为零，只有剪力。因此截取刚架的一半时，在该处应用一竖向支承链杆来代替原来的联系，从而得到如图 7－36d 所示的计算简图。

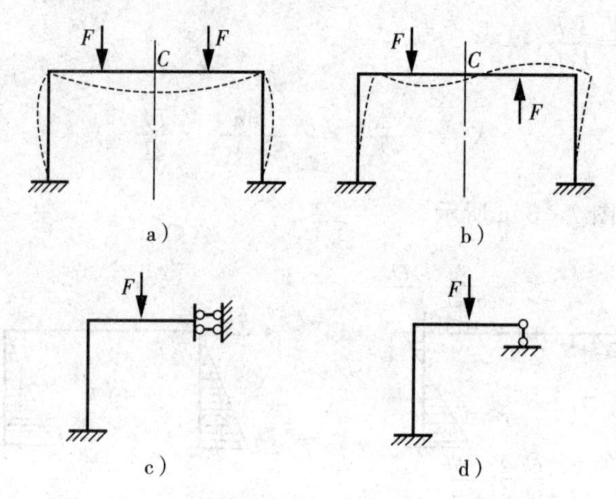

图 7－36　奇数跨对称结构取一半结构分析

（2）偶数跨对称刚架。在对称荷载作用下（如图 7－37a 所示），由于只产生对称的内力和位移，如忽略杆件轴向变形，则在对称轴上的截面 C 处不可能发生任何位移。同时，该截面上有弯矩、轴力和剪力。因此，截取刚架的一半时该处用固定支座代替，从而得到如图 7－37b 所示的计算简图。

在反对称荷载作用下（如图 7－37c 所示），可将其中柱设想为由两根刚度各为 $I/2$ 的竖柱组成，它们在顶端分别与横梁刚接（如图 7－37e 所示），显然这与原结构是等效的。其理由如下：

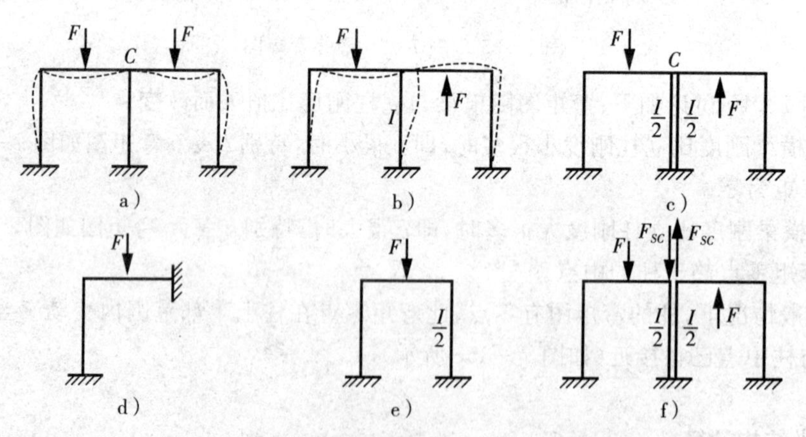

图 7－37　偶数跨对称结构取一半结构分析

设想将此两柱中间的横梁切开，由于荷载是反对称的，故切口上只有剪力 F_{SC}（如图 7－37f 所示）。这对剪力只使两柱分别产生等值反向的轴力，而不使其他杆件产生内力。原结构中间柱的内力等于该两柱内力的代数和，故剪力 F_{SC} 实际上对原结构的内力和变形均无影响。因此，可将其去掉不计，而取一半的刚架，中柱刚度取一半，计算简图如图 7－37e 所示。

【例 7－11】　计算如图 7－38a 所示圆环的弯矩图。$EI=$ 常数。

【解】　由于该结构及荷载有两个对称轴，故可取 1/4 进行分析，计算简图如图 7－38b 所示。

(1)$n=1$。

(2) 选基本结构如图7-38c所示。

(3) 列力法方程：$\delta_{11}X_1+\Delta_{1P}=0$。

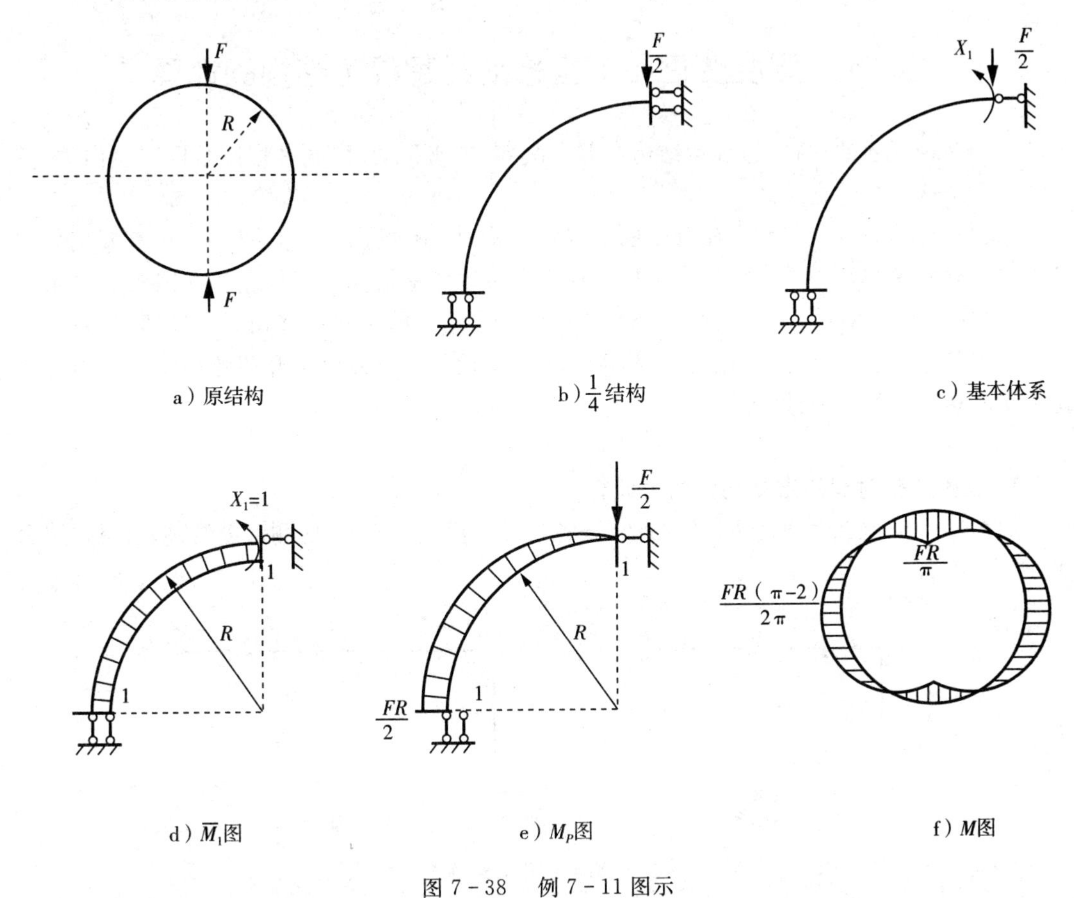

a）原结构　b）$\frac{1}{4}$结构　c）基本体系

d）$\overline{M}_1$图　e）M_P图　f）M图

图7-38　例7-11图示

(4) 计算δ_{11}、Δ_{1P}。取极坐标r、φ，计算位移时只考虑弯矩影响，忽略轴力、剪力及曲率的影响。

$$\overline{M}_1=1\quad M_P=-\frac{P}{2}R\sin\varphi\quad ds=Rd\varphi$$

$$\delta_{11}=\sum\int\frac{\overline{M}_1^2}{EI}ds=\frac{1}{EI}\int_0^{\frac{\pi}{2}}Rd\varphi=\frac{R\pi}{2EI}$$

$$\Delta_{1P}=\sum\int\frac{\overline{M}_1M_P}{EI}ds=\frac{1}{EI}\int_0^{\frac{\pi}{2}}-\frac{F}{2}R\sin\varphi Rd\varphi=-\frac{FR^2}{2EI}$$

(5) 解力法方程：$\frac{R\pi}{2EI}X_1-\frac{FR^2}{2EI}=0$，即$X_1=\frac{FR}{\pi}$。

(6) 绘M图。$M=\overline{M}_1X_1+M_P$，然后根据对称性绘出如图7-38f所示结构的M图。

(7) 校核。

$$\Delta_{1P}=\sum\int\frac{\overline{M}_1M}{EI}ds=\frac{1}{EI}\int_0^{\frac{\pi}{2}}(\frac{FR}{\pi}-\frac{F}{2}R\sin\varphi)Rd\varphi$$

$$=\frac{FR^2}{EI}\int_0^{\frac{\pi}{2}}(\frac{1}{\pi}-\frac{\sin\varphi}{2})\mathrm{d}\varphi=\frac{FR^2}{EI}(\frac{\varphi}{\pi}+\frac{\cos\varphi}{2})\bigg|_0^{\frac{\pi}{2}}=0$$

证明 M 计算正确。

§7.5 温度变化和支座移动时超静定结构的计算

由于多余联系的存在，超静定结构在温度改变、支座移动时，通常将使结构产生内力，这是超静定结构的特性之一。

用力法计算温度变化和支座移动的超静定结构时，根据前述的力法原理，也需要用位移条件来建立力法典型方程，确定多余未知力。位移条件是指基本结构在外在因素和多余未知力的共同作用下，在去掉多余联系处的位移应与原结构的实际位移相同。显然，这对于荷载以外的其他因素，如温度变化、支座移动等也是适用的。下面分别介绍超静定结构温度变化和支座移动时的内力计算方法。

1. 温度变化时超静定结构的内力计算

如图7-39a所示为三次超静定结构，设各杆外侧温度升高 t_1，内侧温度升高 t_2，现在用力法计算其内力。

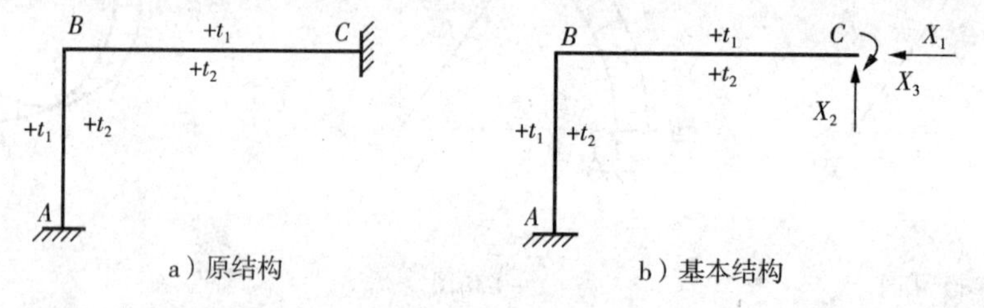

图 7-39 温度变化时超静定结构

去掉支座 C 处的3个多余联系，代以多余力 X_1、X_2 和 X_3，得到基本结构（如图7-39b所示）。变形条件为

$$\begin{cases}\Delta_1=0\\\Delta_2=0\\\Delta_3=0\end{cases}\tag{7-13}$$

根据基本结构在多余力 X_1、X_2 和 X_3 以及温度改变的共同作用下 C 点位移应与原结构的实际位移相同的条件，可以列出如下的力法方程：

$$\begin{cases}\delta_{11}X_1+\delta_{12}X_2+\delta_{13}X_3+\Delta_{1t}=0\\\delta_{21}X_1+\delta_{22}X_2+\delta_{23}X_3+\Delta_{2t}=0\\\delta_{31}X_1+\delta_{32}X_2+\delta_{33}X_3+\Delta_{3t}=0\end{cases}\tag{7-14}$$

力法方程(7-14)中的系数，对于弯曲为主的杆件：$\delta_{ii}=\sum\int\frac{\overline{M}_i^2\mathrm{d}s}{EI}$，$\delta_{ij}=\sum\int\frac{\overline{M}_i\overline{M}_j\mathrm{d}s}{EI}$；

对于轴向拉压杆件：$\delta_{ii}=\sum\frac{\overline{F}_{Ni}^{2}l}{EA}$，$\delta_{ij}=\sum\frac{\overline{F}_{Ni}\overline{F}_{Nj}l}{EA}$。

自由项 Δ_{it} 表示基本结构在温度变化影响下在 X_i 作用点沿 X_i 方向的位移，可利用下式计算：

$$\Delta_{it}=\sum(\pm)\int\overline{F}_{Ni}\alpha t_0\mathrm{d}s+\sum(\pm)\int\frac{\overline{M}_i\alpha\Delta t}{h}\mathrm{d}s(i=1,2,3) \tag{7-15}$$

由于基本结构是静定的，温度的改变并不使其产生内力，所以其内力均由多余未知力 X_i 引起。因此，由式(7-14)解出多余力 X_1、X_2 和 X_3 后，按式(7-16)计算原结构的弯矩和轴力：

$$\begin{cases}M=X_1\overline{M}_1+X_2\overline{M}_2+X_3\overline{M}_3\\F_N=\overline{F}_{N1}X_1+\overline{F}_{N2}X_2+\overline{F}_{N3}X_3\end{cases} \tag{7-16}$$

再根据平衡条件即可求其剪力。

在位移计算中，由于基本结构除 X_1、X_2、X_3 引起变形外，温度变化也引起变形，故位移计算公式为

$$\Delta_K=\sum\int\frac{\overline{M}_KM\mathrm{d}s}{EI}+\Delta_{Kt}=\sum\int\frac{\overline{M}_KM\mathrm{d}s}{EI}+\sum\overline{F}_{NK}\alpha t_0l+\sum\alpha\frac{\Delta t}{h}\int\overline{M}_K\mathrm{d}s \tag{7-17}$$

式中：Δ_{Kt} 表示基本结构由于温度变化引起的在虚拟力$\overline{F}_K=1$ 作用点沿$\overline{F}_K$ 方向的位移。

【例7-12】 试计算如图7-40a所示刚架的内力。设刚架各杆内侧温度升高10℃，外侧温度无变化，各杆线膨胀系数为 α，EI 和截面高度 h 均为常数。

【解】 此刚架为一次超静定结构，取基本结构如图7-40b所示。力法方程为

$$\delta_{11}X_1+\Delta_{1t}=0$$

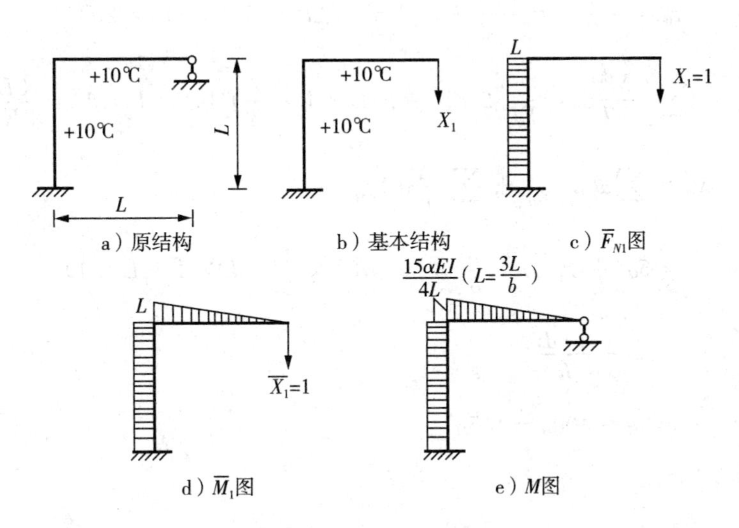

图7-40 例7-12图示

绘出 $\overline{F}_{N1}$ 图和 $\overline{M}_1$ 图，分别如图7-40c、图7-40d所示。求得系数和自由项如下：

$$\delta_{11}=\int\frac{\overline{M}_1^2}{EI}\mathrm{d}s=\frac{1}{EI}(L^2\times L+\frac{L^2}{2}\times\frac{2}{3}L)=\frac{4L^3}{3EI}$$

$$\Delta_{1t}=\sum(\pm)\alpha t_0\int\overline{F}_{N1}\mathrm{d}s+\sum(\pm)\int\alpha\frac{\overline{M}_1\Delta t}{h}\mathrm{d}s$$

$$=-\alpha\times5\times L+\left[-\alpha\times\frac{10}{h}\left(L^2+\frac{1}{2}L^2\right)\right]$$

$$=-5\alpha L\left(1+\frac{3L}{h}\right)$$

代入力法方程，求得

$$X_1=-\frac{\Delta_{1t}}{\delta_{11}}=\frac{15\alpha EI}{4L^2}\left(1+\frac{3L}{h}\right)$$

根据 $M=X_1\overline{M}_1$ 即可作出最后弯矩图，如图 7-40e 所示。得出 M 图后，则不难据此求出相应的 F_S 图和 F_N 图，在此不再赘述。

由以上计算结果可以看出，超静定结构由于温度变化引起的内力与各弯曲刚度 EI 的绝对值有关，这与荷载作用下的情况有所不同。

【例 7-13】 用力法计算如图 7-41a 所示刚架在温度变化影响下的弯矩图。各杆 α、h、EI 均为常量，截面对称于形心轴 $h=\frac{L}{10}$。

【解】 (1)$n=1$。

(2) 基本结构的选择如图 7-41b 所示。

(3) 列力法方程：$\delta_{11}X_1+\Delta_{1t}=0$。

(4) 计算系数及自由项。$\overline{M}_1$ 图及$\overline{F}_{N1}$ 图分别如图 7-41c、图 7-41d 所示。

$$t_0=\frac{t_1+t_2}{2}=\frac{15-5}{2}=+5℃,\Delta t=15-(-)5=20℃$$

$$\delta_{11}=\sum\int\frac{\overline{M}_1^2}{EI}\mathrm{d}s=\frac{1}{EI}[2\times(\frac{1}{2}\times L\times1\times\frac{2}{3})+1\times L\times1]=\frac{5L}{3EI}$$

$$\Delta_{1t}=\sum\alpha t_0A_{\omega_{\overline{F}_{N1}}}+\sum\frac{\Delta t}{h}\alpha A_{\omega_{\overline{M}_1}}$$

$$=5\alpha(\frac{1}{L}\times L)+\frac{\alpha}{h}\times20\times(2\times\frac{1}{2}\times L\times1+L\times1)$$

$$=5\alpha+\frac{40\alpha L}{h}$$

$$=5\alpha+400\alpha=405\alpha$$

(5) 解方程：

$$\frac{5L}{3EI}X_1+405\alpha=0$$

$$X_1=-\frac{243\alpha EI}{L}$$

(6) 绘 M 图(如图 7-41e 所示)。

$$M=\overline{M}_1 X_1$$

(7) 校核。平衡条件的校核可从图上直接观察得到。下面进行位移条件的校核。

$$\Delta_1=\sum\int\frac{\overline{M}_1 M\mathrm{d}s}{EI}+\Delta_{1t}$$

$$=\frac{1}{EI}\left[-2\times\left(\frac{1}{2}\times\frac{243\alpha EI}{L}\times L\times\frac{2}{3}\times 1\right)-\frac{243\alpha EI}{L}\times L\times 1\right]+405\alpha$$

$$=-162\alpha-243\alpha+405\alpha=0$$

证明 M 图是正确的。

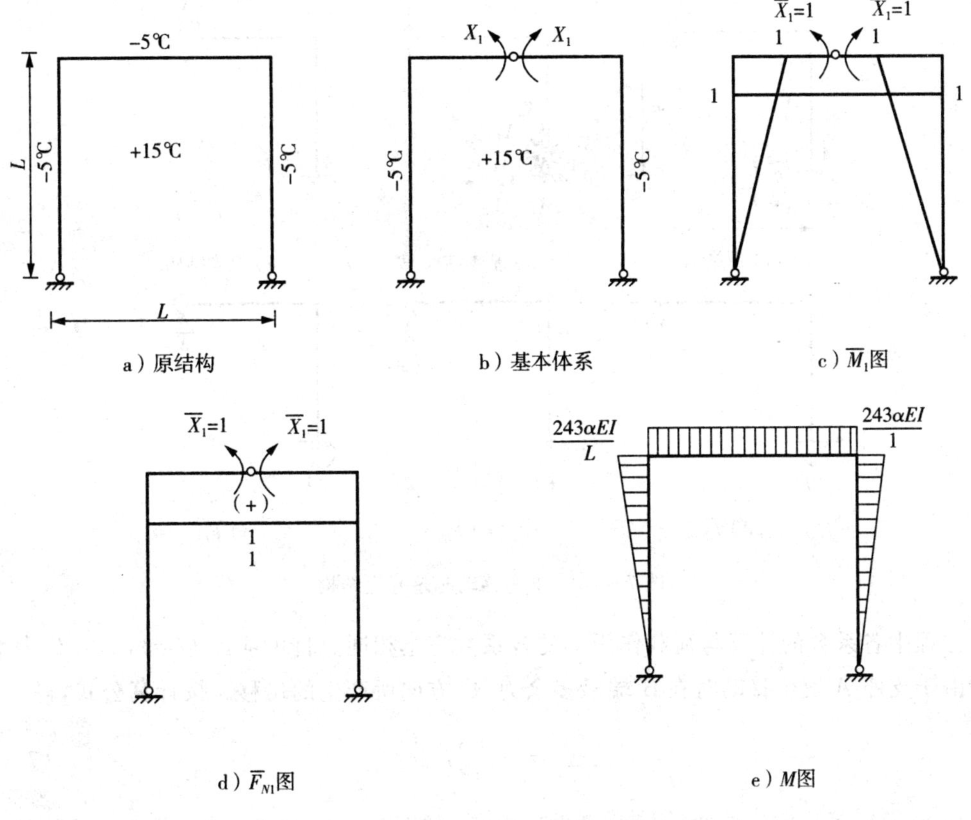

图 7-41　例 7-13 图示

以上计算结果表明,温度变化引起的内力与杆件的 EI 成正比,在给定的温度条件下,截面尺寸愈大则内力愈大,不同于在荷载作用下各杆的内力仅与 EI 的相对值有关。由温度变化引起的内力还与 α、h 有关。值得一提的是,当杆件两侧有温差 Δt 时,从 M 图上可以看出,杆件的降温侧出现拉应力,升温一侧出现压应力,这与静定结构在温度影响下的变形相反,因此在钢筋混凝土结构中,要特别注意降温侧出现的裂缝。

2. **支座移动时超静定结构的内力计算**

超静定结构在支座移动情况下的内力计算，原则上与前述温度变化情况下的并无不同，唯一的区别在于力法方程中自由项的计算。

如图 7－42a 所示为三次超静定刚架，设其支座 A 向右移动 C_1，向下移动 C_2，并按顺时针方向转动了角度 θ。计算此刚架时，设取基本结构如图 7－42c 所示，则力法方程为

$$\begin{cases}\Delta_1=\delta_{11}X_1+\delta_{12}X_2+\delta_{13}X_3+\Delta_{1C}=0\\ \Delta_2=\delta_{21}X_2+\delta_{22}X_2+\delta_{23}X_3+\Delta_{2C}=0\\ \Delta_3=\delta_{31}X_1+\delta_{32}X_2+\delta_{33}X_3+\Delta_{3C}=0\end{cases}$$

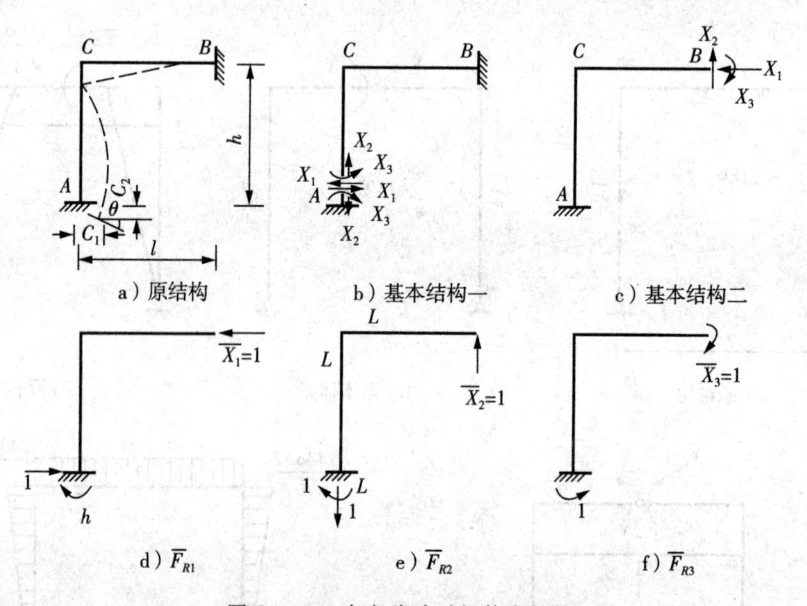

图 7－42　支座移动时超静定结构

方程中各系数的计算与荷载作用下的各系数完全相同。自由项 Δ_{ic}（$i=1,2,3$）代表基本结构由于支座 A 发生移动时在 B 端沿多余力 X_i 方向所产生的位移。按计算公式，得

$$\Delta_{ic}=-\sum\overline{F}_{Ri}c_i \tag{7-18}$$

分别令 $X_i=1$ 作用于基本结构，求出反力 $\overline{F}_{Ri}$ 如图 7－42d、图 7－42e、图 7－42f 所示。代入式(7－18)，得

$$\Delta_{1c}=-(c_1+h\theta)$$

$$\Delta_{2c}=-(c_2+l\theta)$$

$$\Delta_{3c}=-(-\theta)=\theta$$

将系数和自由项代入力法方程，可解得 X_1、X_2 和 X_3。

如果取如图 7－43 所示的基本结构，则力法方程为

$$\begin{cases}\Delta_1=\delta_{11}X_1+\delta_{12}X_2+\delta_{13}X_3+\Delta_{1C}=C_1\\ \Delta_2=\delta_{21}X_2+\delta_{22}X_2+\delta_{23}X_3+\Delta_{2C}=C_2\\ \Delta_3=\delta_{31}X_1+\delta_{32}X_2+\delta_{33}X_3+\Delta_{3C}=-\theta\end{cases}$$

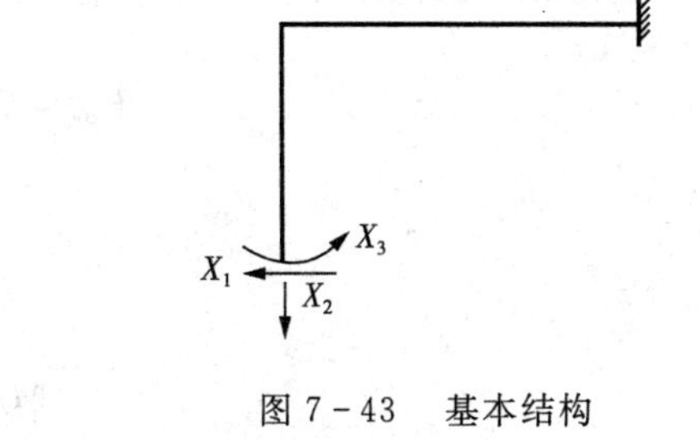

图 7-43 基本结构

其中，

$$\Delta_{1C}=0$$

$$\Delta_{2C}=0$$

$$\Delta_{3C}=0$$

也就是说，此时的基本结构没有支座移动。

【例 7-14】 如图 7-44a 所示为单跨超静定梁，设固定支座 A 处发生转角 φ，试求梁的支座反力和内力。

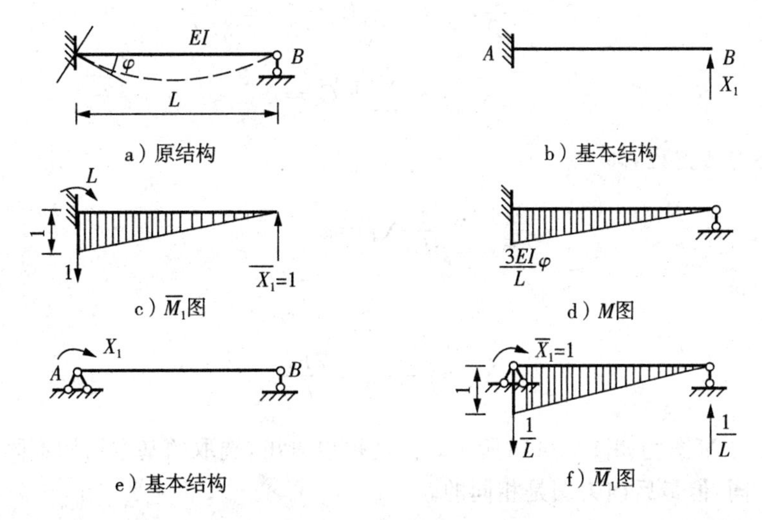

图 7-44 例 7-14 图示

【解】 设取基本结构如图 7-44b 所示的悬臂梁。根据原结构支座 B 处竖向位移等于零的条件，列出力法方程：

$$\delta_{11}X_1+\Delta_{1C}=0$$

绘出 $\overline{M}_1$ 图，如图 7-44c 所示(相应的反力 $\overline{F}_{R1}$ 也标在图中)，由此可求得

$$\delta_{11}=\frac{1}{EI}\left(\frac{1}{2}\times L\times L\times\frac{2}{3}L\right)=\frac{L^3}{3EI}$$

$$\Delta_{1C}=-\sum\overline{F}_{R1}C_i=-(L\times\varphi)=-L\varphi$$

代入力法方程，可求得

$$X_1=\frac{\Delta_{1C}}{\delta_{11}}=\frac{3EI}{L^2}\varphi$$

所得结果为正值，表明多余力的作用方向与图 7-44b 中所设的方向相同。

根据 $M=X_1\overline{M}_1$ 作出最后弯矩图，如图 7－44d 所示。梁的支座反力分别为

$$F_{By}=X_1=\frac{3EI}{L^2}\varphi(\uparrow)$$

$$F_{Ay}=-F_{By}=-\frac{3EI}{L^2}\varphi(\downarrow)$$

$$M_A=\frac{3EI}{L}\varphi(\curvearrowright)$$

如果选取基本结构如图 7－44e 所示的简支梁，则相应的力法方程就成为

$$\delta_{11}X_1+\Delta_{1C}=\varphi$$

绘出 $\overline{M}_1$ 图并求出相应的反力 $\overline{F}$(如图 7－44f 所示)。由此可求得

$$\delta_{11}=\frac{1}{EI}\left(\frac{1}{2}\times 1\times L\times\frac{2}{3}\right)=\frac{L}{3EI}$$

$$\Delta_{1C}=-\sum\overline{F}_iC_i=0$$

代入上述力法方程，即

$$\frac{1}{3EI}X_1=\varphi$$

故

$$X_1=\frac{\varphi}{L/3EI}=\frac{3EI}{L}\varphi$$

据此作出的M图仍如图7-44d所示。由此可以看出，选取的基本结构不同，相应的力法方程形式也不同，但最后内力图是相同的。

【例 7－15】 求如图 7－45a 所示结构在两支座发生位移时的 M 图。已知$EI=13440\text{kN}\cdot\text{m}^2$。

【解】 (1)$n=2$。

(2) 选基本结构(如图7-45b所示)。值得注意的是，由于A支座处限制转动的约束未去掉，故相应的支座转动应保留。

(3) 列力法方程：

$$\delta_{11}X_1+\delta_{12}X_2+\Delta_{1C}=-0.02$$

$$\delta_{21}X_1+\delta_{22}X_2+\Delta_{2C}=-0.03$$

(4) 绘$\overline{M}_1$ 图、$\overline{M}_2$ 图(如图 7－45c、图 7－45d 所示)，计算系数及自由项。

$$\delta_{11}=\frac{1}{EI}\left[2\times\left(\frac{1}{2}\times 5\times 5\times\frac{2}{3}\times 5\right)+5\times 5\times 5\right]=\frac{625}{3EI}$$

$$\delta_{12}=\delta_{21}=\frac{1}{EI}\left(-5\times 5\times\frac{5}{2}-\frac{1}{2}\times 5\times 5\times 5\right)=-\frac{125}{EI}$$

$$\delta_{22}=\frac{1}{EI}\left(5\times5\times5+\frac{1}{2}\times5\times5\times\frac{2}{3}\times5\right)=\frac{500}{3EI}$$

$$\Delta_{1C}=0,\Delta_{2C}=-(5\times0.01)=-0.05$$

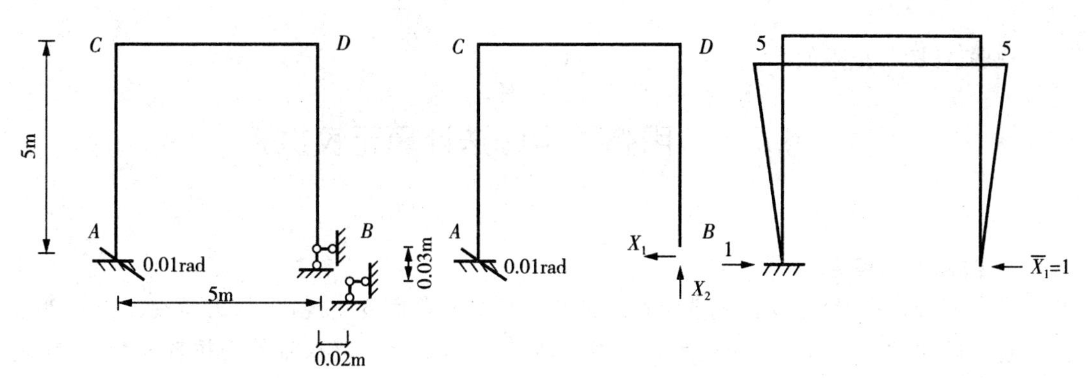

a）原结构　　　　b）基本体系　　　　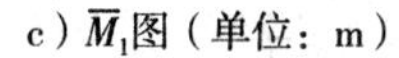c）$\overline{M}_1$图（单位：m）

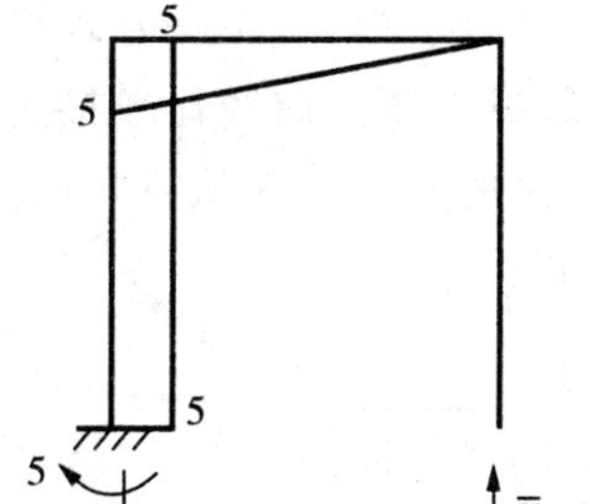

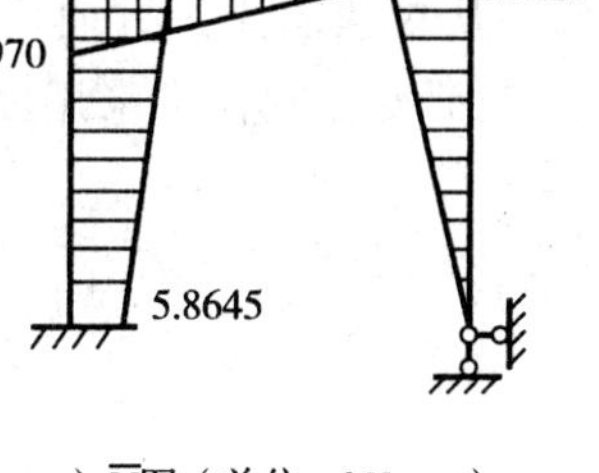

d）$\overline{M}_2$图（单位：m）　　　　e）$\overline{M}$图（单位：kN·m）

图 7－45　例 7－15 图示

（5）解方程，求多余未知力 X_1、X_2。

$$\begin{cases}\dfrac{625}{3EI}X_1-\dfrac{125}{EI}X_2=-0.02\\[2ex]-\dfrac{125}{EI}X_1+\dfrac{500}{3EI}X_2-0.05=-0.03\end{cases}$$

$$X_1=-0.5865\text{kN}(\rightarrow),X_2=1.1729\text{kN}(\uparrow)$$

（6）绘 M 图：$M=\overline{M}_1X_1+\overline{M}_2X_2$，如图 7－45e 所示。

（7）校核。

$$\Delta_1=\sum\int\frac{\overline{M}_1M\mathrm{d}s}{EI}-\sum\overline{F}_{R1}C$$

$$=\frac{1}{EI}\Big[\frac{5}{6}\times(-2\times8.7970\times7-5.8645)+\frac{5}{6}$$

$$\times(2\times8.7970\times7-2\times2.9325\times5-8.7970\times7-2.9325\times5)$$

$$-\frac{1}{2}\times 2.9325\times 5\times\frac{2}{3}\times 5\Big]-0$$

$$=-\frac{268.8}{EI}=-0.02\text{m}$$

说明 M 图是正确的。

§7.6 用弹性中心法计算无铰拱

1. 截面变化规律

计算超静定拱时，必须首先选定拱轴曲线的形状和截面变化规律，从力学观点出发则希望所选择的拱轴曲线与压力曲线重合。换句话说，最好选用合理拱轴作为拱轴曲线，这在超静定拱中是很难实现的。这是由于超静定结构的内力和刚度 EI 有关，按预先假定的拱轴曲线与截面尺寸计算出的内力其弯矩不一定为零，即该拱轴线不是合理拱轴。这样就必须将拱轴曲线及截面尺寸进行反复修改，直到拱轴曲线与压力曲线比较接近为止。在无铰拱计算中，因弯矩一般是从拱顶向拱趾方向增加，故拱的厚度也应从拱顶向拱趾方向逐渐增加，如图 7-46 所示。截面变化规律常采用经验公式：

$$I=\frac{I_C}{\left[1-(1-n)\dfrac{x}{l_1}\right]\cos\varphi} \tag{7-19}$$

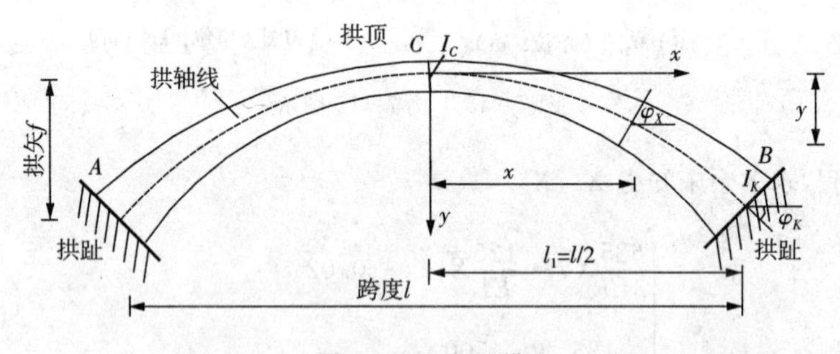

图 7-46　无铰拱

在拱趾，$x=l_1$，$f=f_K$，$I=I_K$，由式(7-19)得到 $n=\dfrac{I_C}{I_K\cos\varphi_K}$，$n$ 的范围一般为 0.25～1。当 $n=1$ 时，截面二次矩按“余弦规律”变化：$I=\dfrac{I_C}{\cos\varphi}$，计算简便；对于截面面积，为简化计算，也近似采用 $A=\dfrac{A_C}{\cos\varphi}$。当拱高 $f<l/8$ 时，由于 φ 较小，可近似取 $A=A_C=$ 常数。

2. 基本结构

取从拱顶处切开的对称的基本结构(如图 7-47b 所示)，多余未知力中的弯矩 X_1 和轴力 X_2 是对称的，剪力 X_3 是反对称的，故知副系数 $\delta_{13}=\delta_{31}=0$，$\delta_{23}=\delta_{32}=0$，但仍有 $\delta_{12}=\delta_{21}\neq 0$。

如果能设法使 $\delta_{12}=\delta_{21}=0$，则典型方程中的全部副系数都为零，计算更加简化。这可以用下述引入“刚臂”的办法来实现（如图 7-47c、图 7-47d 所示）。

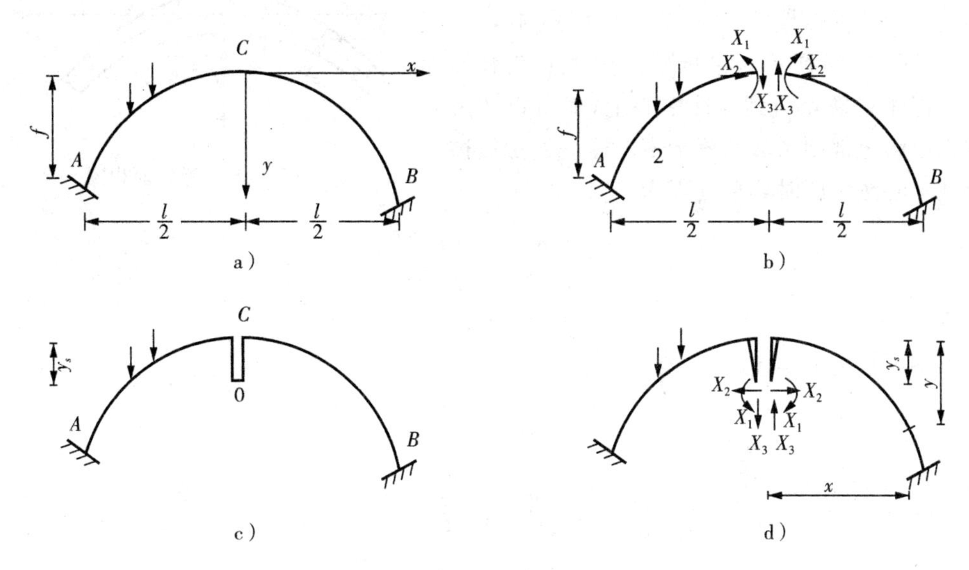

图 7-47　无铰拱的弹性中心法

3. **弹性中心法**

各单位多余未知力作用下基本结构的内力表达式为

$$\begin{cases}\overline{M}_1=1,\overline{F}_{S1}=0,\overline{F}_{N1}=0\\ \overline{M}_2=y,\overline{F}_{S2}=\sin\varphi,\overline{F}_{N1}=\cos\varphi\\ \overline{M}_3=x,\overline{F}_{S1}=\cos\varphi,\overline{F}_{N1}=-\sin\varphi\end{cases}\tag{7-20}$$

由于多余未知力中的 X_1 和 X_2 是对称的，X_3 是反对称的，故有副系数 $\delta_{13}=\delta_{31}=0$，$\delta_{23}=\delta_{32}=0$，而副系数 δ_{12}、δ_{21} 值如下所示：

$$\begin{aligned}\delta_{12}=\delta_{21}&=\int\frac{\overline{M}_1\ \overline{M}_2\,\mathrm{d}s}{EI}+\int\frac{\overline{F}_{N1}\ \overline{F}_{N2}\,\mathrm{d}s}{EA}+\int k\,\frac{\overline{F}_{S1}\ \overline{F}_{S2}\,\mathrm{d}s}{GA}\\ &=\int\frac{\overline{M}_1\ \overline{M}_2\,\mathrm{d}s}{EI}+0+0=\int y\,\frac{\mathrm{d}s}{EI}=\int(y_1-y_s)\,\frac{\mathrm{d}s}{EI}\\ &=\int y_1\,\frac{\mathrm{d}s}{EI}-\int y_s\,\frac{\mathrm{d}s}{EI}\end{aligned}$$

令 $\delta_{12}=\delta_{21}=0$，便可得到刚臂长度为

$$y_S=\frac{\int y_1\,\frac{\mathrm{d}s}{EI}}{\int\frac{\mathrm{d}s}{EI}}\tag{7-21}$$

为了形象地理解式(7-21)的几何意义，设想沿拱轴线作宽度等于 $1/EI$ 的图形，则

ds/EI 代表此图中的微面积，而式(7－21)就是计算这个图形面积的形心计算公式。由于此图形的面积与结构的弹性性质 EI 有关，故称它为弹性面积图(如图 7－48 所示)，它的形心 y_s 则称为弹性中心。把刚臂端点引到弹性中心上，就可以使力法方程中的全部副系数都等于零。这一方法被称为弹性中心法。此时典型方程为

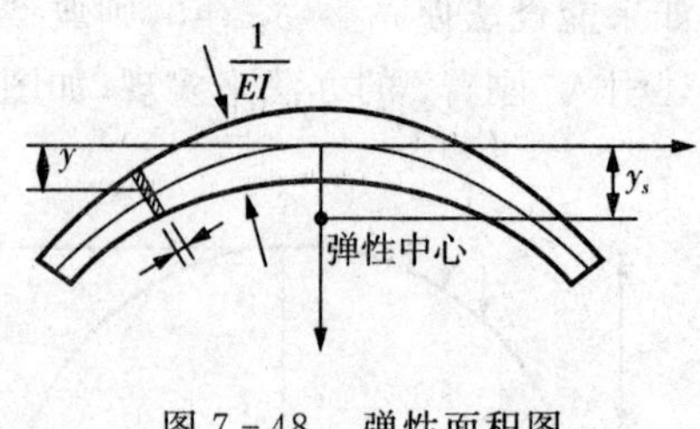

图 7－48 弹性面积图

$$\begin{cases}\delta_{11}X_1+\Delta_{1P}=0\\\delta_{22}X_2+\Delta_{2P}=0\\\delta_{33}X_3+\Delta_{3P}=0\end{cases}$$

多余未知力可按式(7－22)计算：

$$\begin{cases}X_1=-\dfrac{\Delta_{1P}}{\delta_{11}}\\[2ex]X_2=-\dfrac{\Delta_{2P}}{\delta_{22}}\\[2ex]X_3=-\dfrac{\Delta_{3P}}{\delta_{33}}\end{cases}\tag{7-22}$$

由于曲率对变形的影响很小，故可用直杆位移计算公式来求系数及自由项：

$$\delta_{ii}=\sum\int\frac{\overline{M}_i^2\,\mathrm{d}s}{EI}+\sum\int\frac{\overline{F}_{Ni}^2\,\mathrm{d}s}{EA}+\sum\int k\frac{\overline{F}_{Si}^2\,\mathrm{d}s}{GA}$$

$$\Delta_{iP}=\sum\int\frac{\overline{M}_iM_P\,\mathrm{d}s}{EI}+\sum\int\frac{\overline{F}_{Ni}F_{NP}\,\mathrm{d}s}{EA}+\sum\int k\frac{\overline{F}_{Si}F_{NP}\,\mathrm{d}s}{GA}$$

对于多数情况，通常可忽略轴向变形和剪切变形的影响，少数情况下才考虑这两项影响。

对于一般拱桥，常有 $h_c<\frac{l}{10}$，故只有当拱高 $f<\frac{l}{5}$ 时才考虑轴力对 δ_{22} 的影响，于是各系数及自由项的计算公式为

$$\begin{cases}E\delta_{11}=\displaystyle\int\overline{M}_1^2\frac{\mathrm{d}s}{I}=\int\frac{\mathrm{d}s}{I}\\[2ex]E\delta_{22}=\displaystyle\int\overline{M}_2^2\frac{\mathrm{d}s}{I}+\int\overline{F}_{N2}^2\frac{\mathrm{d}s}{A}=\int y^2\frac{\mathrm{d}s}{I}+\int\cos^2\varphi\frac{\mathrm{d}s}{A}\\[2ex]E\delta_{33}=\displaystyle\int\overline{M}_3^2\frac{\mathrm{d}s}{I}=\int x^2\frac{\mathrm{d}s}{I}\\[2ex]E\Delta_{1P}=\displaystyle\int\overline{M}_1M_P\frac{\mathrm{d}s}{I}=\int M_P\frac{\mathrm{d}s}{I}\\[2ex]E\Delta_{2P}=\displaystyle\int\overline{M}_2M_P\frac{\mathrm{d}s}{I}=\int yM_P\frac{\mathrm{d}s}{I}\\[2ex]E\Delta_{3P}=\displaystyle\int\overline{M}_3M_P\frac{\mathrm{d}s}{I}=\int xM_P\frac{\mathrm{d}s}{I}\end{cases}\tag{7-23}$$

如果拱轴方程和截面变化规律已知，则式(7-23)可进行积分计算。当截面按余弦规律变化，即 $I=\dfrac{I_C}{\cos\varphi}$ 并取 $A=\dfrac{A_C}{\cos\varphi}$ 时，则有 $\dfrac{ds}{I}=\dfrac{ds\cos\varphi}{I_C}=\dfrac{dx}{I_C}$，$\dfrac{ds}{A}=\dfrac{dx}{A_C}$。这时，式(7-23)可写为

$$\begin{cases} EI_C\delta_{11}=\int dx=l \\ EI_C\delta_{22}=\int y^2 dx+\dfrac{I_C}{A_C}\int\cos^2\varphi dx \\ EI_C\delta_{33}=\int x^2 dx \\ EI_C\Delta_{1P}=\int M_P dx \\ EI_C\Delta_{2P}=\int yM_P dx \\ EI_C\Delta_{3P}=\int xM_P dx \end{cases} \tag{7-24}$$

求出多余未知力后，其任一截面的内力可按叠加法求得：

$$\begin{cases} M=X_1+X_2 y+X_3 x+M_P \\ F_S=X_2\sin\varphi+X_3\cos\varphi+F_{SP} \\ F_N=X_2\cos\varphi-X_3\sin\varphi+F_{NP} \end{cases} \tag{7-25}$$

§7.7　两铰拱及系杆拱

1. 两铰拱

两铰拱(如图7-49所示)是一次超静定拱，两铰拱的弯矩在两拱趾处为零，逐渐向拱顶增大，所以其截面一般设计为由拱趾向拱顶逐渐增大的形式，通常采用的变化规律为

$$I=I_C\cos\varphi \tag{7-26}$$

但这个变化规律计算很不方便，当 $f<\dfrac{l}{4}$ 时，可以采用式 $I=\dfrac{I_C}{\cos\varphi}$，这样计算方便而结果相差不大。

计算两铰拱时，通常采用简支曲梁为基本结构，以支座的水平推力 X_1 为多余未知力(如图7-49所示)。

典型方程为 $\delta_{11}X_1+\Delta_{1P}=0$。

计算系数和自由项时，一般可略去剪力影响，而轴力影响仅当 $f<\dfrac{l}{5}$ 时才在 δ_{11} 中考虑，因此有

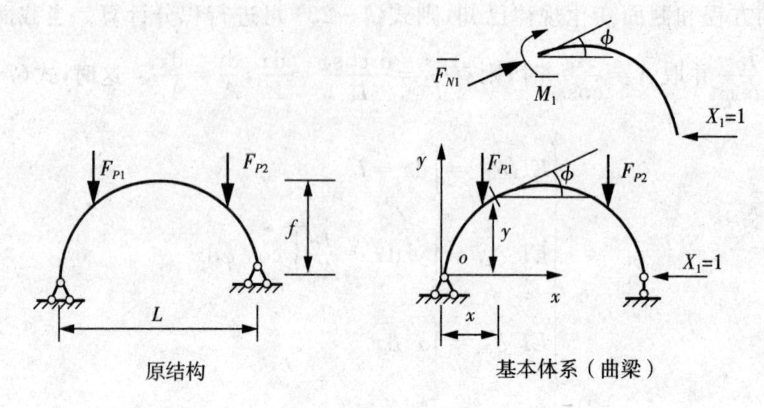

图 7-49 两铰拱

$$\delta_{11}=\int\frac{\overline{M}_1^2\,\mathrm{d}s}{EI}+\int\frac{\overline{F}_{N1}^2\,\mathrm{d}s}{EA};\Delta_{1P}=\int\frac{\overline{M}_1M_P\,\mathrm{d}s}{EI}$$

由于$\overline{M}_1=-y,\overline{F}_{N1}=\cos\varphi$，故有

$$X_1=-\frac{\Delta_{1P}}{\delta_{11}}=\frac{\int yM_P\,\frac{\mathrm{d}s}{I}}{\int y^2\,\frac{\mathrm{d}s}{I}+\int\cos^2\varphi\,\frac{\mathrm{d}s}{A}}\tag{7-27}$$

任一截面的内力计算与三铰拱相似：

$$\begin{cases}M=M^0-X_1y\\F_S=F_S^0\cos\varphi-X_1\sin\varphi\\F_N=F_N^0\sin\varphi+X_1\cos\varphi\end{cases}\tag{7-28}$$

2. 系杆拱

为避免支座承受推力，可采用带拉杆的两铰拱，也称为系杆拱。以系杆中的内力 X_1 为多余未知力（如图 7-50 所示）。

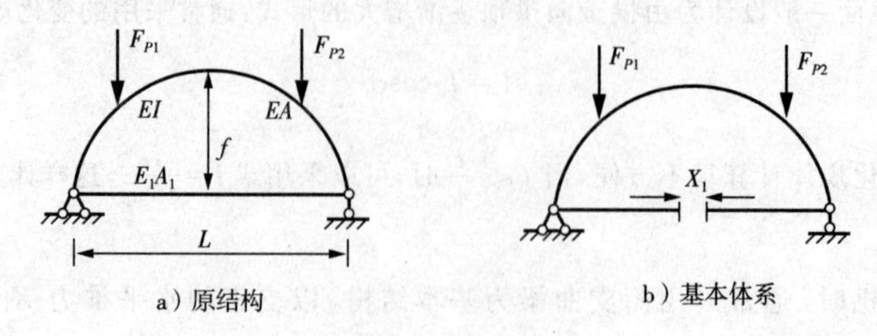

图 7-50 系杆拱

典型方程为 $\delta_{11}X_1+\Delta_{1P}=0$。

计算 δ_{11} 时，注意不能丢掉系杆轴向变形的影响，即

$$\delta_{11}=\int\frac{\overline{M}_1^2\mathrm{d}s}{EI}+\int\frac{\overline{F}_{N1}^2\mathrm{d}s}{EA}+\frac{l}{E_1A_1};\Delta_{1P}=\int\frac{\overline{M}_1M_P\mathrm{d}s}{EI}$$

将$\overline{M}_1=-y,\overline{F}_{N1}=\cos\varphi$代入，故有

$$X_1=-\frac{\Delta_{1P}}{\delta_{11}}=\frac{\int yM_P\frac{\mathrm{d}s}{I}}{\int y^2\frac{\mathrm{d}s}{I}+\int\cos^2\varphi\frac{\mathrm{d}s}{A}+\frac{l}{E_1A_1}} \tag{7-29}$$

可知，系杆中的轴力要比两铰拱中的推力小。当系杆的 $E_1A_1\rightarrow\infty$ 时，则系杆拱的内力与两铰拱相同；当 $E_1A_1\rightarrow 0$ 时，则 $X_1\rightarrow 0$，系杆拱将成为简支曲梁，从而丧失拱的特征。

§7.8　超静定结构的位移计算和最后内力图的校核

1. 超静定结构的位移计算

在静定结构的位移计算中，根据虚功原理推导出计算位移的一般公式为

$$\Delta=\sum\int\frac{\overline{M}_kM_P}{EI}\mathrm{d}s+\sum\int\frac{\overline{F}_{Nk}F_{NP}}{EA}\mathrm{d}s$$
$$+\sum\int\frac{k\overline{F}_{Sk}F_{SP}}{GA}\mathrm{d}s+\sum(\pm)\int\alpha\overline{M}_k\frac{\Delta t}{h}\mathrm{d}s-\sum\overline{F}_{Ri}C_i$$

对于超静定结构，只要求出多余未知力，将多余未知力也当作荷载并加在基本结构上，则该静定基本结构在已知荷载、温度变化、支座移动以及各多余力共同作用下的位移也就是原超静定结构的位移。这样，计算超静定结构的位移问题通过基本结构即转化成计算静定结构的位移问题，即上式仍可应用。此时，$\overline{M}_K$、$\overline{F}_{SK}$、$\overline{F}_{NK}$ 和 $\overline{R}_K$ 即是基本结构由于虚拟状态的单位力 $F=1$ 的作用所引起的内力和支座反力；M_K、F_{SK} 和 F_{NP} 是由原荷载和全部多余力产生的基本结构的内力；t_0、Δt、c_a 仍代表结构的温度变化和支座移动。

由于超静定结构的内力并不因所取基本结构的不同而有所改变，可以将其内力看作是按任一基本结构求得的。这样，计算超静定结构的位移时，就可以将所设单位力 $P=1$ 施加于任一基本结构作为虚力状态。为了使计算简化，应当选取单位内力图比较简单的基本结构。

下面举例说明超静定结构的位移计算。

【例7-16】　试求如图7-51a所示刚架 D 点的水平位移 Δ_{DH} 和横梁中点 F 的竖向移 Δ_{FV}。设 EI 为常数。

【解】　此刚架同例7-4中的刚架。计算内力时，选取去掉支座 B 处的多余联系而得到的悬臂刚架作为基本结构。最后弯矩图如图7-51b所示。

求 D 点的水平位移时，可选取如图7-51c所示的基本结构作为虚拟状态。在 D 点加水平单位力 $F=1$，得到虚力状态的 $\overline{M}_1$ 图(如图7-51c所示)。应用图乘法求得

$$\Delta_{DH}=\frac{1}{2E}\left[\frac{1}{2}\times6\times6\times\left(\frac{2}{3}\times30.6-\frac{1}{3}\times23.4\right)\right]=\frac{113.4}{EI}(\mathrm{kN\cdot m^3})(\rightarrow)$$

计算结果为正值，表示位移方向与所设单位力的方向一致，即向右。

求横梁中点F的竖向位移时，为了使计算简化，可选取如图7-51d所示的基本结构作为虚拟状态。在F点加竖向单位力$F=1$，得虚力状态的M_1图。

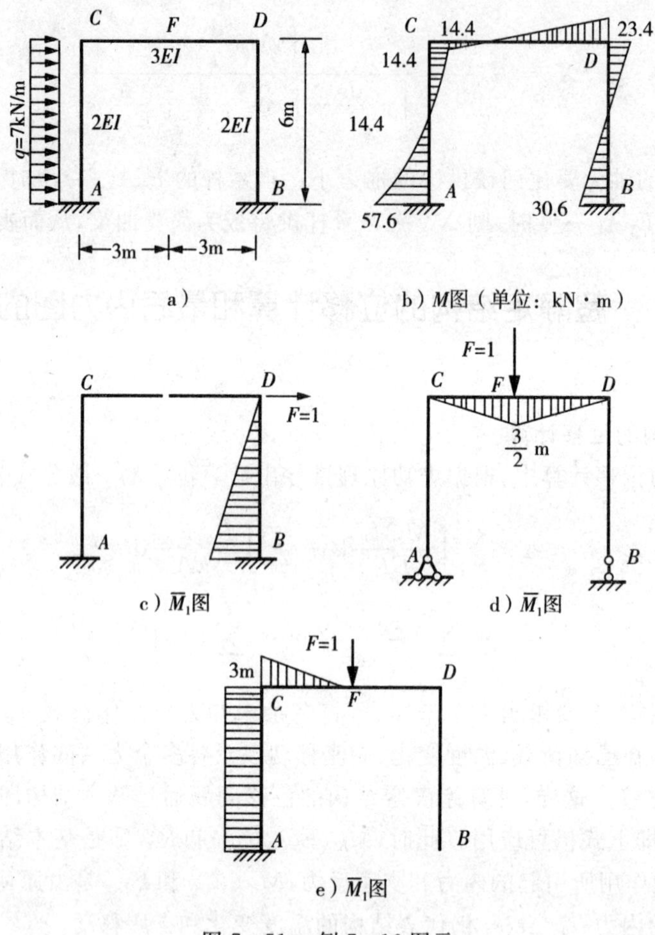

图7-51　例7-16图示

应用图乘法求得

$$\Delta_{FV}=\frac{1}{3EI}\left(\frac{1}{2}\times\frac{3}{2}\times6\times\frac{14.4-23.4}{2}\right)=-\frac{6.75}{EI}(\text{kN}\cdot\text{m}^3)(\uparrow)$$

计算结果为负值，表示F点的位移方向与所设单位力的方向相反，即向上。

若采用如图7-51e所示的基本结构作为虚拟状态，并作出相应的$\overline{M}_1$图。则应用图乘法计算，得

$$\Delta_{FV}=\frac{1}{2EI}\left[\frac{1}{2}\times(57.6-14.4)\times6\times3-\frac{2}{3}\times\frac{1}{8}\times7\times6^2\times6\times3\right]$$

$$-\frac{1}{3EI}\times\frac{1}{2}\times3\times\left(\frac{2}{3}\times14.4-\frac{1}{3}\times\frac{23.4-14.4}{2}\right)=-\frac{6.75}{EI}(\text{kN}\cdot\text{m}^3)(\uparrow)$$

与上述计算结果完全相同。显然，选取如图7-51d所示基本结构作为虚拟状态时，计算比较

简单。

【例7-17】 试计算如图7-52a所示两端固定的单跨超静定梁中点C的竖向位移Δ_{CV}。设EI为常数。

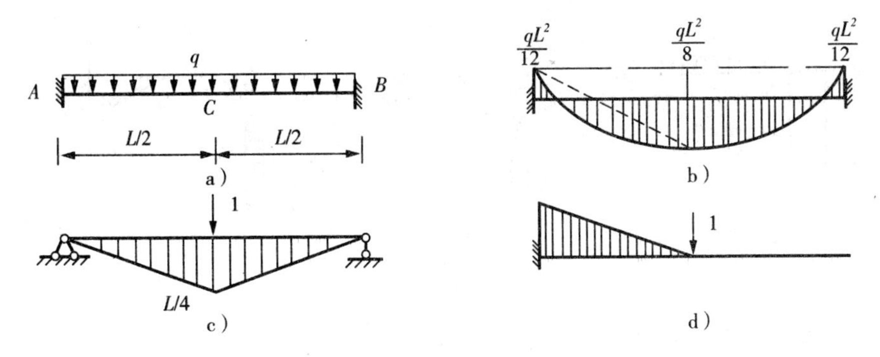

图7-52 例7-17图示

【解】 梁的弯矩图如图7-52b所示。用两种基本结构计算并比较其结果。

(1) 取如图7-55c所示基本结构,用图乘法计算得

$$\Delta_{CV}=\frac{1}{EI}\left[-\left(\frac{ql^2}{12}\times\frac{l}{2}\right)\times\left(\frac{1}{2}\times\frac{l}{4}\right)+\left(\frac{2}{3}\times\frac{ql^2}{8}\times\frac{l}{2}\right)\times\left(\frac{5}{8}\times\frac{l}{4}\right)\right]=\frac{ql^2}{384EI}$$

(2) 取如图7-52d所示基本结构,用图乘法计算得

$$\Delta_{CV}=\frac{1}{EI}\left[\left(\frac{ql^2}{12}\times\frac{l}{2}\right)\times\left(\frac{1}{2}\times\frac{l}{2}\right)-\left(\frac{2}{3}\times\frac{ql^2}{8}\times\frac{l}{2}\right)\times\left(\frac{3}{8}\times\frac{1}{2}\right)\right]=\frac{ql^2}{384EI}$$

可见其结果是相同的。

2. 超静定结构最后内力图的校核

内力图是结构设计的依据,因此求得内力图后,应该对其进行校核,以保证它的正确性。正确的内力图必须同时满足平衡条件和位移条件,所以校核工作就是验算内力图是否满足这两个条件。现通过例题说明最后内力图的校核方法。

【例7-18】 试校核如图7-53a所示刚架的内力图。

【解】 (1) 校核平衡条件

首先作内力图,如图7-53b、图7-53c、图7-53d所示,取结点B为研究对象(分离体),如图7-53f所示,内力图按实际方向画出各内力,显然能满足结点平衡条件:

$$\begin{cases}\sum F_x=0\\ \sum F_y=0\\ \sum M=0\end{cases}$$

(2) 校核位移条件

校核C支座的竖向位移。取一种基本结构作$\overline{M}_1$,如图7-53所示,用图乘法计算。

$$\Delta_{CV}=\frac{1}{EI}[-\frac{1}{2}\times\frac{qa^2}{14}\times a\times\frac{2}{3}a+\frac{2}{3}\times\frac{qt^2}{8}\times a\times\frac{1}{2}a-\frac{1}{2}\times(\frac{qa^2}{14}-\frac{qa^2}{28})\times a\times a]=0$$

这个结果说明满足位移条件。

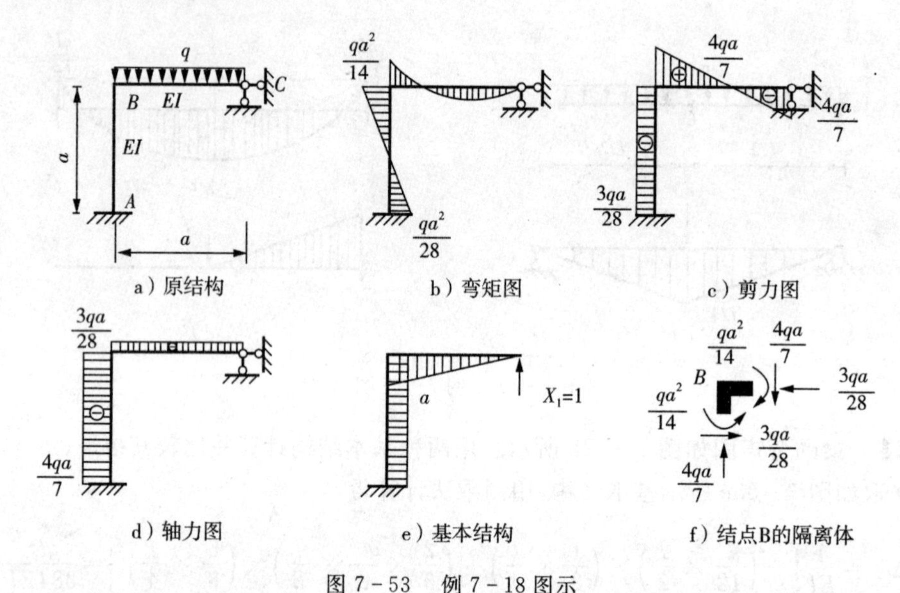

图 7－53　例 7－18 图示

下面以图 7－54a 所示刚架为例，讨论“闭合刚架”位移的校核。

刚架上的 B、C 结点是满足平衡条件的。下面根据刚架固定端支座 E 转角为零的条件，校核弯矩图。刚架的基本结构和 $\overline{M}_1$ 图如图 7－54b 所示，E 截面的转角为

$$\theta_E=\sum\int\frac{\overline{M}_1 M}{EI}\mathrm{d}x$$

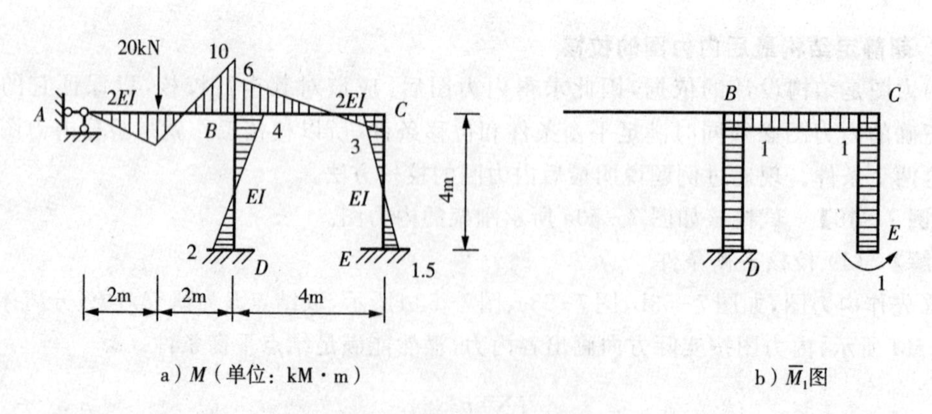

图 7－54　闭合刚架位移校核

式中：$\overline{M}_1=1$。若满足截面的位移条件，必有

$$\sum\int\frac{M}{EI}\mathrm{d}x=0$$

上式积分表示 $DBCE$ 部分 M/EI 图的面积为零（正、负面积抵消）。由此可得出结论：沿刚架任一无铰的封闭图形，其 M/EI 图的面积代数和为零。

如图 7-54a 所示刚架，$DBCE$ 为无铰封闭形，其 M/EI 图的面积为

$$\sum\int\frac{M}{EI}\mathrm{d}x=\frac{1}{EI}\left(-\frac{2\times4}{2}+\frac{4\times4}{2}\right)+\frac{1}{2EI}\left(-\frac{6\times4}{2}+\frac{3\times4}{2}\right)$$

$$+\frac{1}{EI}\left(-\frac{1.5\times4}{2}+\frac{3\times4}{2}\right)=\frac{4}{EI}\neq0$$

可见，如图 7-54a 所示 M 图是错误的。

【例 7-19】 核图 7-55 所示刚架的 M 图。

【解】 刚结点 B、C 满足平衡条件，下面按位移条件校核。$EBCF$ 为无铰封闭形(闭合刚架)：

$$\sum\int\frac{M}{EI}\mathrm{d}x=\frac{1}{6EI}\left[\frac{1}{2}\times(40.5+52.71)\times6\right]+\frac{1}{1.5EI}$$

$$\times\frac{1}{2}\times15.43\times3+\frac{1}{1.5EI}\times\frac{1}{2}\times5.68\times6$$

$$-\frac{1}{6EI}\times\frac{2}{3}\times90\times6-\frac{1}{1.5EI}\times\frac{1}{2}\times2.84\times6\approx0$$

满足位移条件。

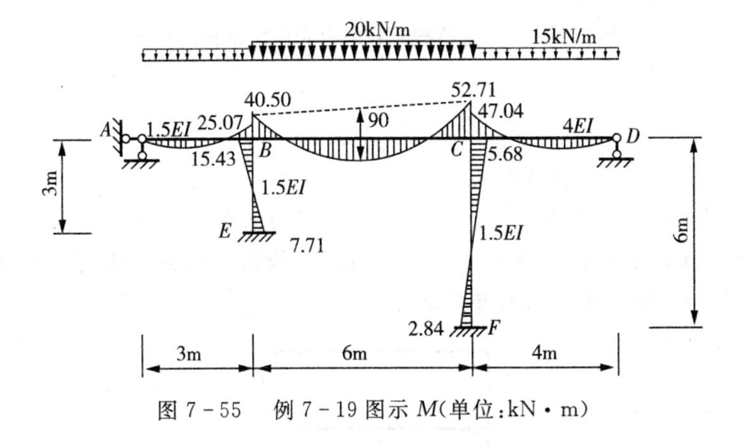

图 7-55　例 7-19 图示 M(单位：kN·m)

§7.9　超静定结构的特性

超静定结构具有以下一些重要特性：

(1) 静定结构的内力只用静力平衡条件即可确定，其值与结构的材料性质以及杆件截面尺寸无关。超静定结构的内力单由静力平衡条件不能全部确定，同时还需要考虑位移条件。所以，超静定结构的内力与结构的材料性质以及杆件截面尺寸有关。

(2) 在静定结构中，除了荷载作用以外，其他因素(如支座移动、温度变化、制造误差等)不会引起内力。在超静定结构中，任何上述因素作用通常都会引起内力。这是由于上述因素都将引起结构变形，而此种变形由于受到结构的多余联系的限制，往往使结构产生内力。

(3) 静定结构在任一联系遭到破坏后，即丧失几何不变性，因而就不能再承受荷载。超静定结构由于具有多余联系，在多余联系遭到破坏后，仍然维持其几何不变性，因而还具有一定的承载能力。

(4) 局部荷载作用对超静定结构的影响比对静定结构影响的范围大。如图 7-56a 所示连续梁，当中跨受荷载作用时，两边跨也将产生内力。但是，如图 7-56b 所示的多跨静定梁则不同，即当中跨受荷载作用时，两边跨只随着转动，不产生内力。因此，从结构的内力分布情况看，超静定结构比静定结构要均匀些。

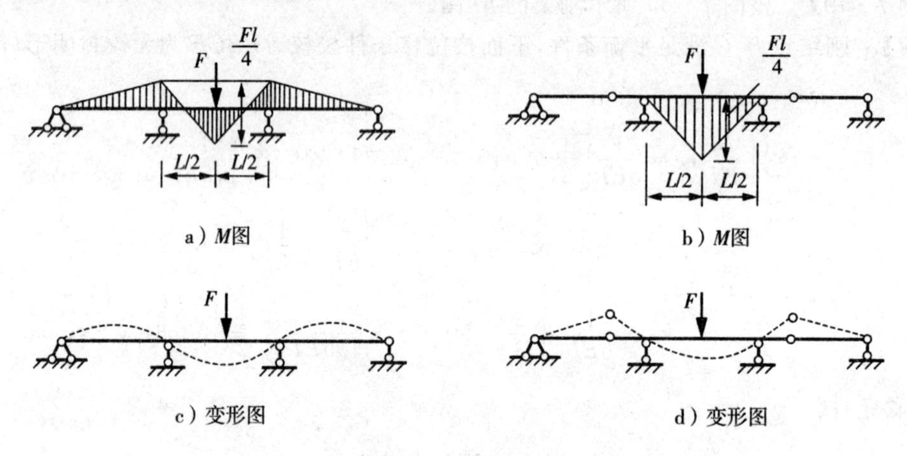

图 7-56　局部荷载对超静定和静定结构的影响

习　题

7-1　力法典型方程的物理意义是(　)。

A. 结构的平衡条件　　B. 结构的位移条件

C. 结构的变形协调条件　　D. 结构的平衡条件及变形协调条件

7-2　图 7-57 所示结构的超静定次数为________。

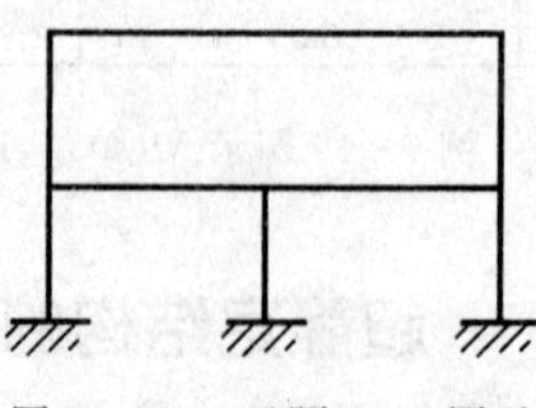

图 7-57　习题 7-2 图示

7-3　图 7-58 所示对称结构的半结构计算简图为(　)。

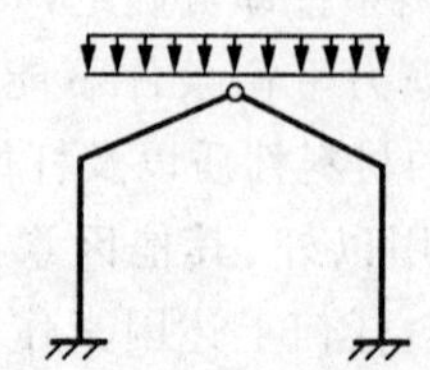

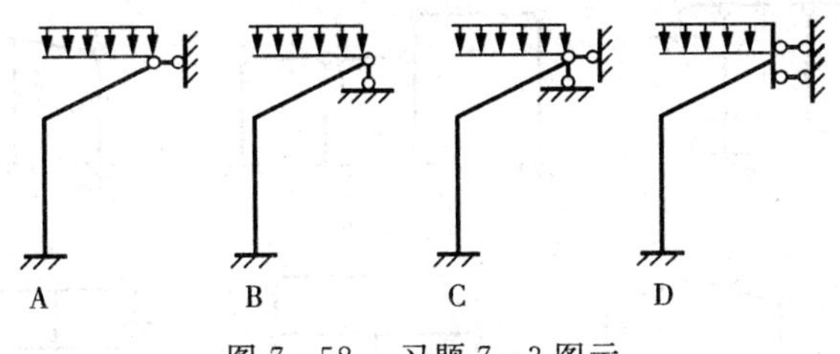

图 7-58　习题 7-3 图示

7-4　图 7-59 所示等截面梁正确的 M 图是图(　)。

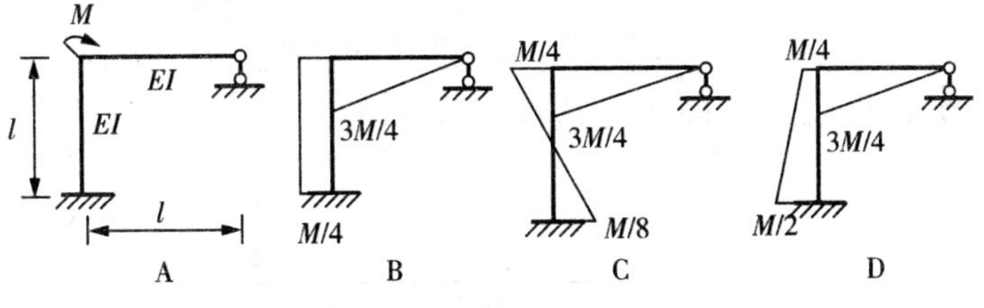

图 7-59　习题 7-4 图示

7-5　如图 7-60 所示，已知右支座反力 $X_1=\frac{3}{8}ql$，跨中间弯矩为______，______侧受拉。

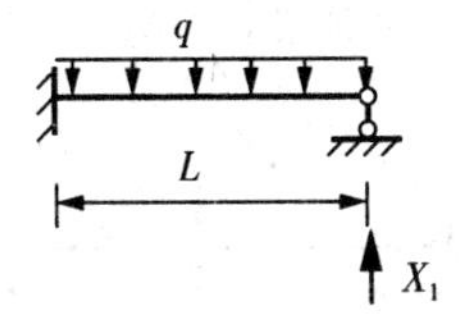

图 7-60　习题 7-5 图示

7-6　如图 7-61 所示结构，EI 为常数，如图 7-61b 所示为力法基本体系，典型方程中的 Δ_{1P} 为________。

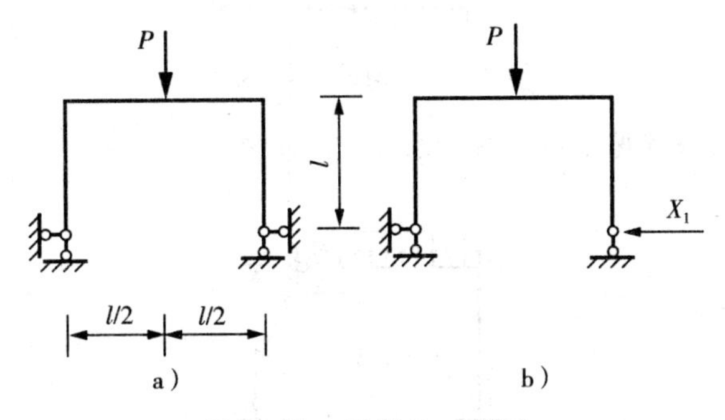

图 7-61　习题 7-6 图示

7-7　试确定图 7-62 所示结构的超静定次数。

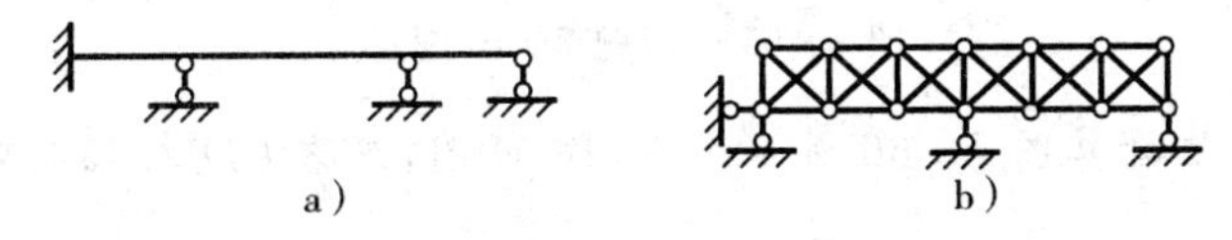

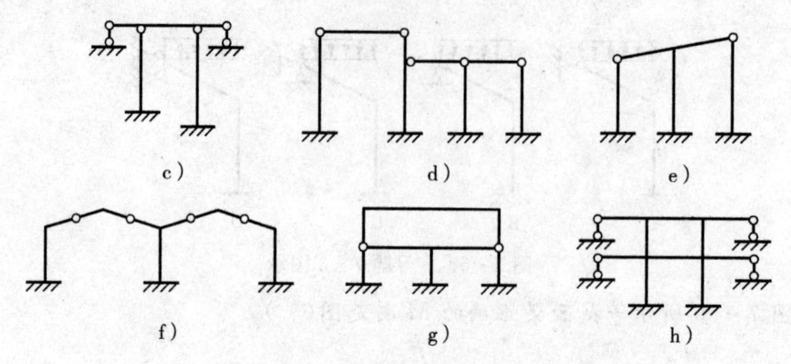

图 7-62　习题 7-7 图示

7-8　试用力法计算图 7-63 所示结构，作弯矩图。

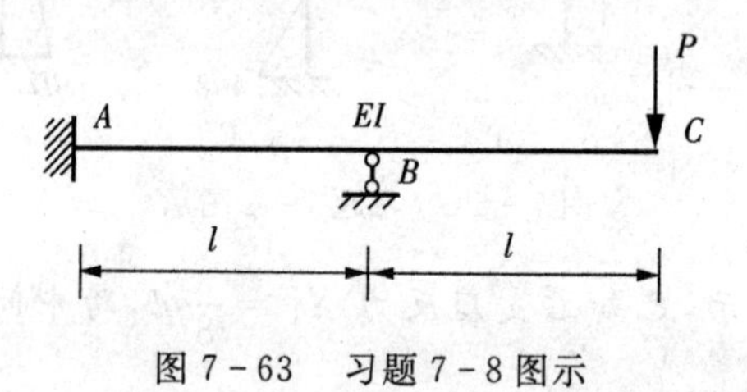

图 7-63　习题 7-8 图示

7-9　试用力法计算图 7-64 所示刚架，作 M 图，EI 为常数。

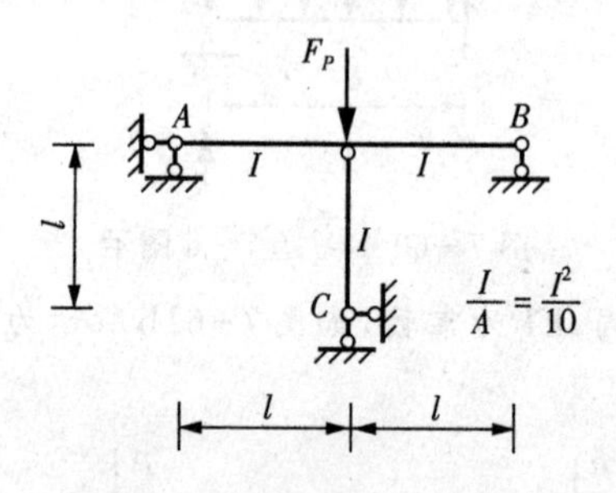

图 7-64　习题 7-9 图示

7-10　试用力法计算图 7-65 所示刚架，作 M 图。

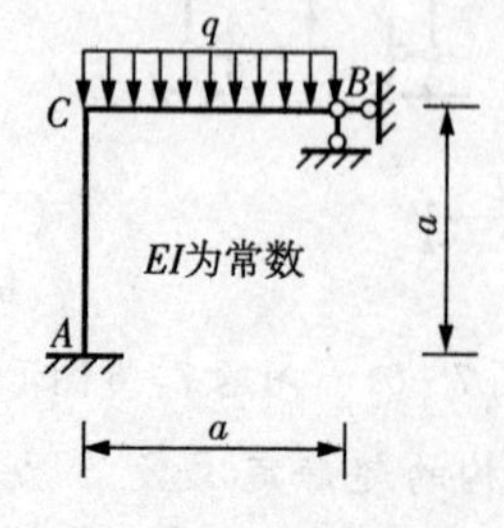

图 7-65　习题 7-10 图示

7-11　试用力法计算图 7-66 所示排架，作 M 图，忽略 CD 杆轴向变形的影响。

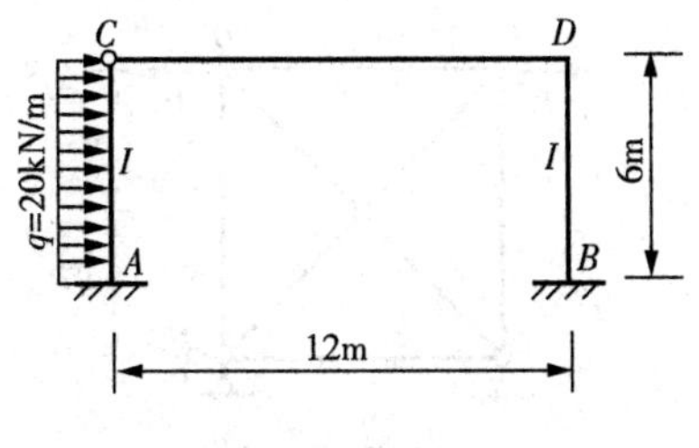

图 7-66 习题 7-11 图示

7-12 试用力法求作图 7-67 所示结构的 M 图，各杆 EI 为常数。

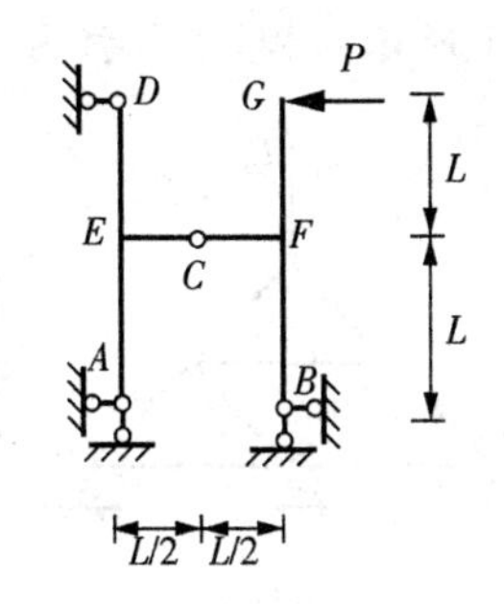

图 7-67 习题 7-12 图示

7-13 试用力法计算图 7-68 所示结构，并作 M 图，各杆 EI 为常数。

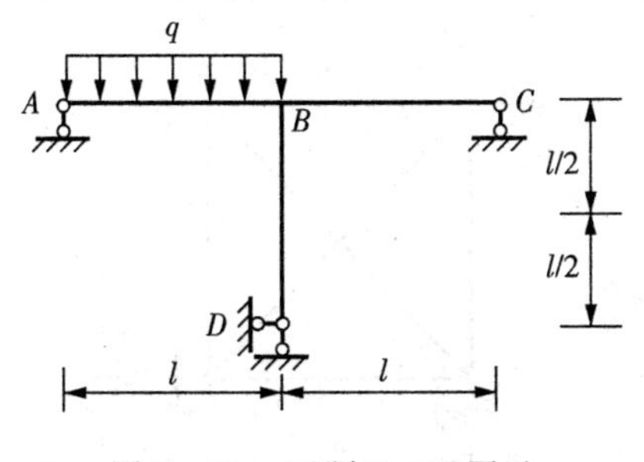

图 7-68 习题 7-13 图示

7-14 试用力法计算图 7-69 所示结构，并作 M 图，各杆 EI 为常数。

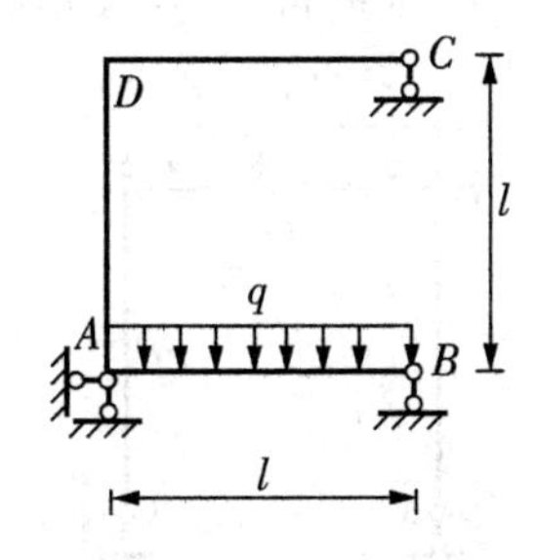

图 7-69 习题 7-14 图示

7-15 试用力法计算图 7-70 所示结构，求各杆内力，各杆 EA 为常数。

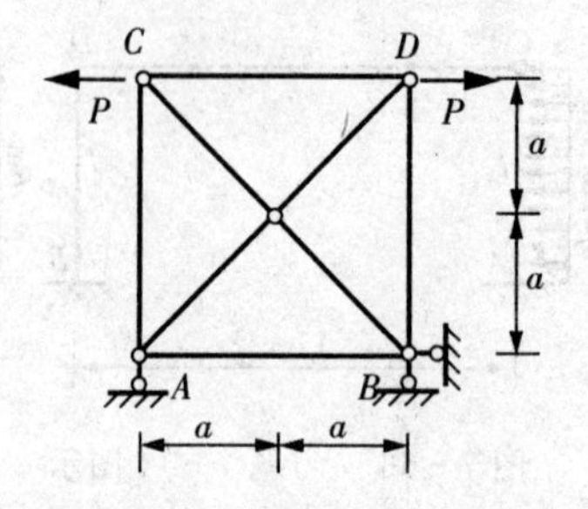

图 7-70 习题 7-15 图示

7-16 试用力法计算图 7-71 所示结构，求各杆内力，各杆 EA 为常数。

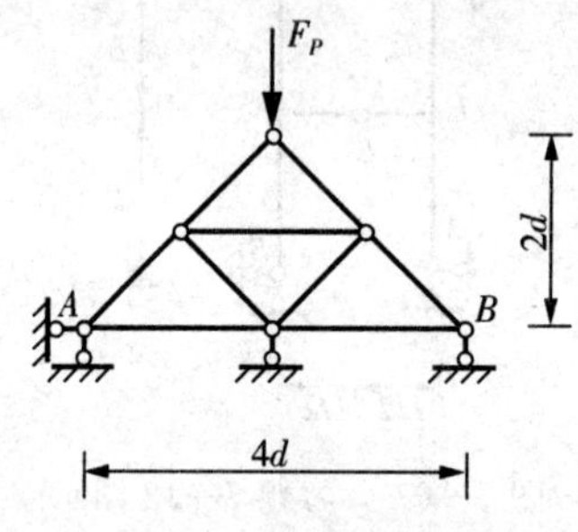

图 7-71 习题 7-16 图示

7-17 试用力法计算图 7-72 所示结构，求各杆内力，各杆 EA 为常数。

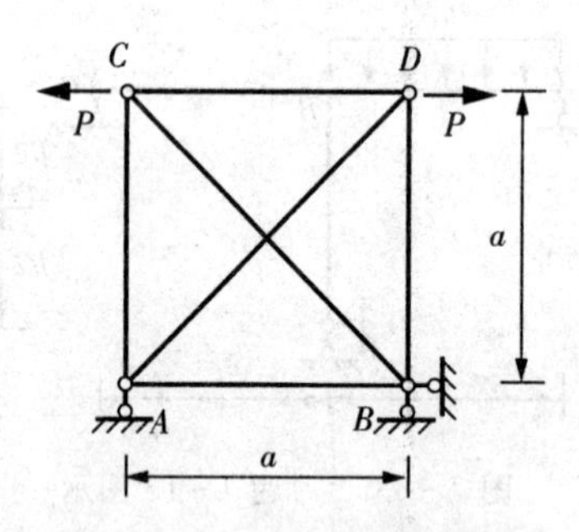

图 7-72 习题 7-17 图示

7-18 试用力法计算图 7-73 所示结构，并作弯矩图，其中 EI 为常数。

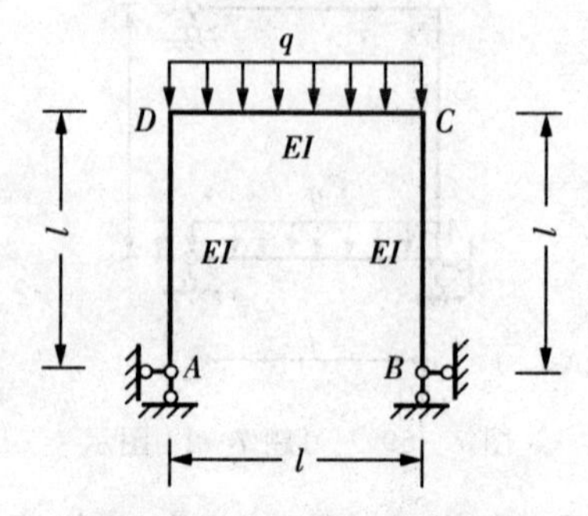

图 7-73 习题 7-18 图示

7-19 试用力法作图 7-74 所示结构的 M 图，各杆 EI 为常数。

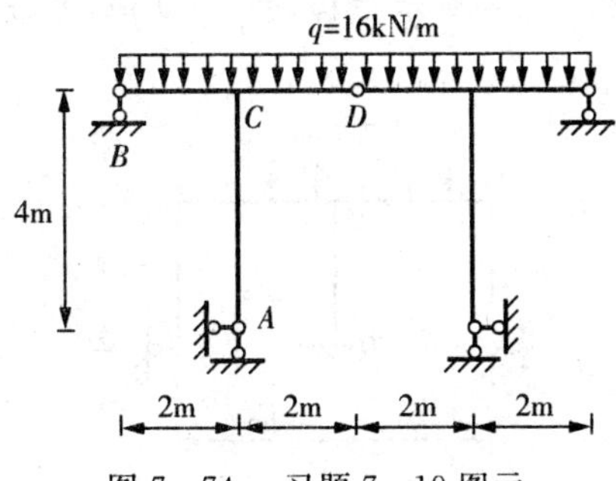

图7-74 习题7-19图示

7-20 试用力法作图7-75所示结构的M图，各杆EI为常数。

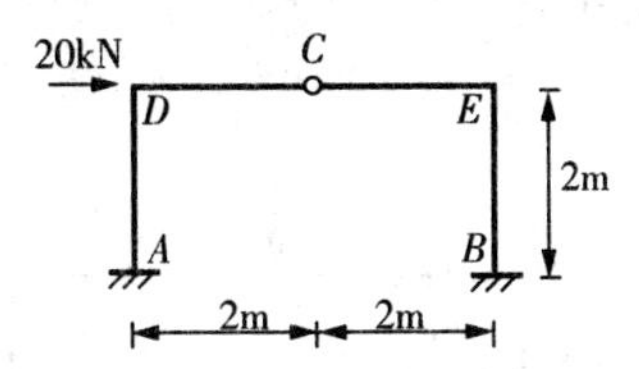

图7-75 习题7-20图示

7-21 试用力法计算图7-76所示结构，并作M图，各杆EI为常数，忽略轴向变形的影响。

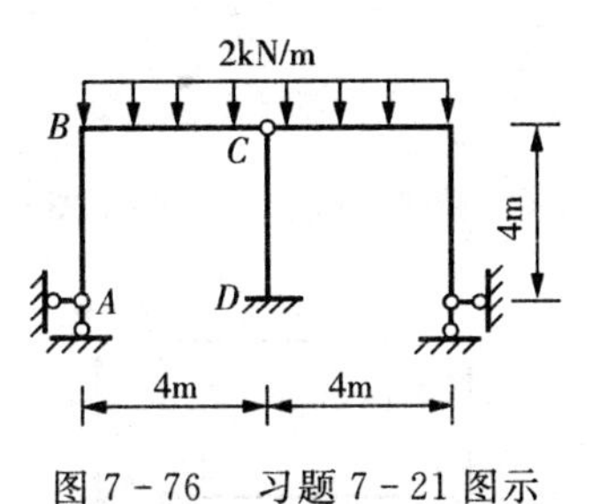

图7-76 习题7-21图示

7-22 试用力法计算图7-77所示结构，并作M图，各杆EI为常数，忽略轴向变形的影响。

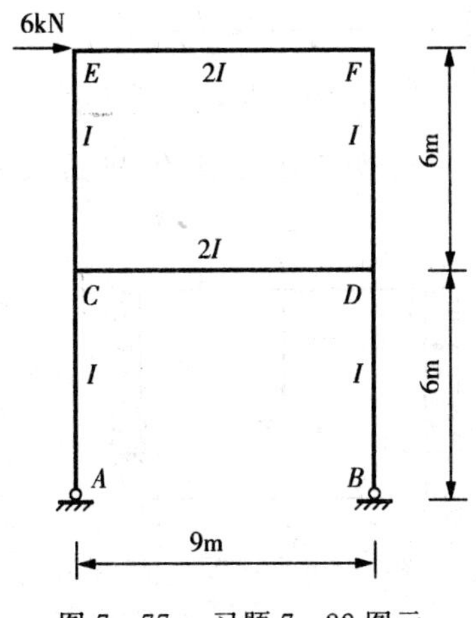

图7-77 习题7-22图示

7－23　试用力法计算图7－78所示结构，并作M图，各杆EI为常数，忽略轴向变形的影响。

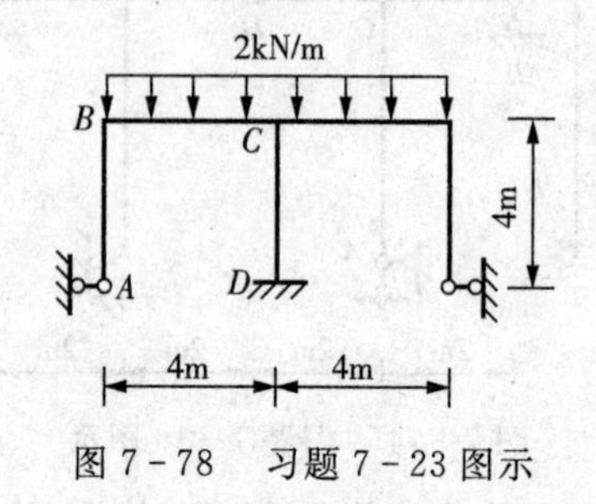

图7－78　习题7－23图示

7－24　试用力法计算图7－79所示结构，并作M图，各杆EI为常数，忽略轴向变形的影响。

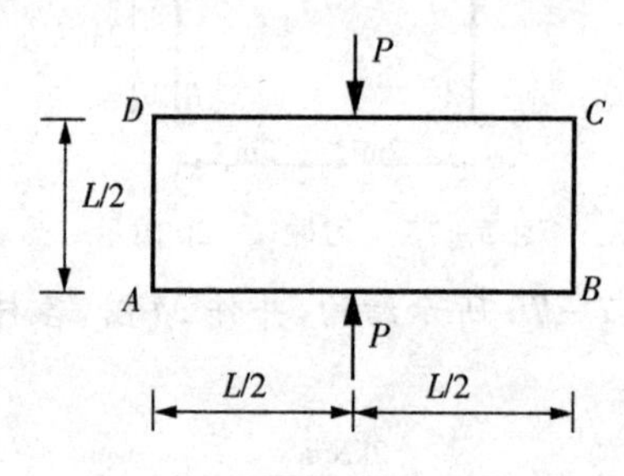

图7－79　习题7－24图示

7－25　已知EA、EI均为常数，试用力法计算并作图7－80所示对称结构M图。

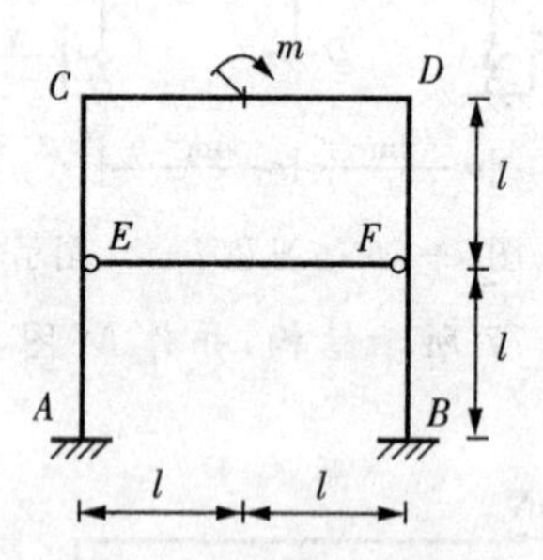

图7－80　习题7－25图示

7－26　试用力法计算图7－81所示结构，并作M图，各杆EI为常数，忽略轴向变形的影响。

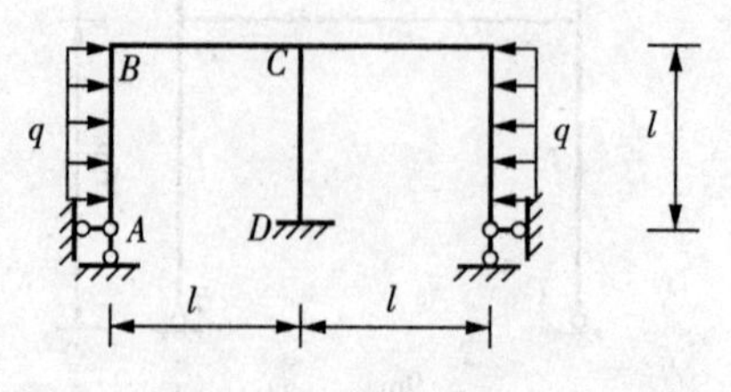

图7－81　习题7－26图示

7－27　试用力法作出如图7－82所示结构的M图。各杆EI相同，杆长均为

3m，$q=28\mathrm{kN/m}$。

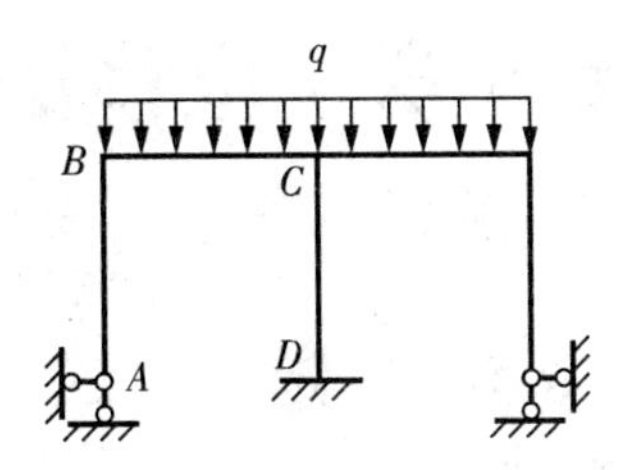

图7-82 习题7-27图示

7-28 用力法计算并作出如图7-83所示结构的M图。已知$EI/EA=1.414/3(\mathrm{m}^2)$。

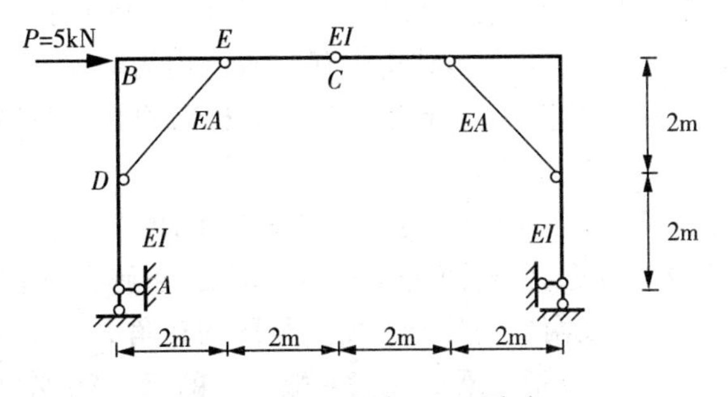

图7-83 习题7-28图示

7-29 计算习题7-8中C点的竖向位移。

7-30 计算习题7-10中C点的转角。

7-31 计算习题7-11中C点的水平位移。

7-32 计算习题7-13中B点的转角。

7-33 计算习题7-14中D点的水平位移。

第8章 位移法

§8.1 概 述

位移法是计算超静定结构的一个基本方法，处理问题的基本思路和力法是一致的，即先把不会算的结构（超静定结构）转化为会算的结构（基本结构或基本体系），然后消除其间的差别，使其恢复到原有结构的受力和变形状态。在力法中，未知量是作用在基本结构上的多余未知力，求出多余未知力后，即可求得结构内任一点的内力和位移。在位移法中，未知量是结点（杆端）位移（角位移和线位移）。利用位移法分析结构时采用如下假定：

(1) 轴力和剪力引起的变形忽略不计。

(2) 杆件变形前的长度与变形后的长度的差别忽略不计。

为了说明位移法的基本概念，分析图 8-1a 所示刚架的变形。它在荷载 F 作用下将发生虚线表示的变形，在刚结点 1 处两杆的杆端均发生相同的转角 Z_1。忽略轴向变形，刚结点 1 没有线位移。对于 1－2 杆，可以把它看成一根两端固定的梁，该梁除了受荷载 F 作用外，固端支座 1 还发生了转角 Z_1（如图 8-1b 所示）。可以将 1－3 杆看作是一端固定另一端铰支的梁，而在固定端 1 处发生了转角 Z_1（如图 8-1c 所示）。这两种情况的内力都可以用力法算出。由此可见，如果以结点的转角 Z_1 为基本未知量，设法求出转角 Z_1，则各杆的内力均可确定。

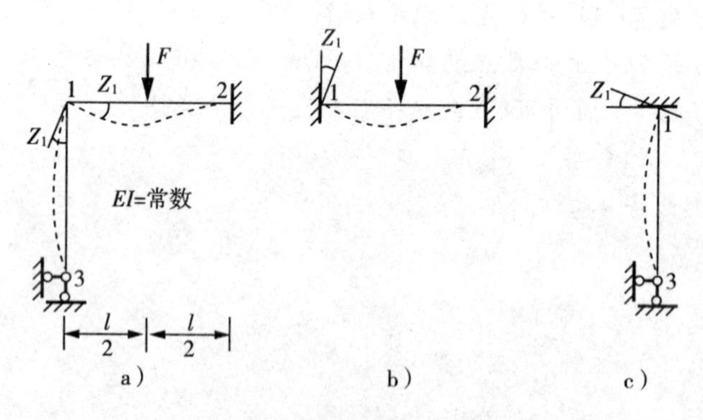

图 8-1 位移法分析超静定结构示意图

综上所述，在位移法中需要解决以下问题：

(1) 算出单跨超静定梁在杆端发生各种位移时以及在荷载等因素作用下的内力。

(2) 确定结构的基本位移未知量的数目。

(3) 设法求出基本位移未知量。

位移法求解超静定结构的内力有如下两种思路。

第一种思路：把结构分离成单个杆件，建立杆端位移和杆端力之间的关系式，利用结点和截面平衡条件建立位移法方程，求出杆端位移后，再求杆端力。

第二种思路：先对结点施加约束，阻止位移，形成基本结构；然后放松结点，消除附加约束，恢复原有位移。通过这一过程，建立位移法典型方程，求出结点位移和杆端力。

§8.2　等截面直杆的转角位移方程

利用位移法计算超静定刚架时，将每根杆件均看作单跨超静定梁，将超静定刚架看作单跨超静定梁的组合体。单跨超静定梁有以下三种形式：

(1) 两端固定的杆件。

(2) 一端固定、另一端简支的梁。

(3) 一端固定、另一端定向支承的梁。

下面来推导等截面直杆的杆端力与杆端位移及荷载之间的关系式，即等截面直杆的转角位移方程。杆端力与杆端位移的正负号规定如下：

(1) 杆端转角位移 φ(结点角位移) 以顺时针方向转动为正；反之为负。

(2) 杆端线位移 Δ(结点线位移) 是指杆件两端垂直于杆轴线方向的相对线位移，正负号则以使整个杆件顺时针方向转动为正；反之为负。

(3) 杆端弯矩。对杆件而言，以杆端弯矩(M) 绕杆件顺时针方向转动为正；反之为负。

(4) 结点弯矩。对结点而言，以杆端弯矩绕结点(或支座) 逆时针方向转动为正；反之为负。

(5) 杆端剪力。当剪力 F_S 对微段隔离体内一点的力矩为顺时针转动时，剪力为正；反之为负。

如图 8-2 所示为一等截面杆件 AB，截面抗弯刚度 EI 为常数。已知端点 A 和 B 的角位移分别为 φ_A 和 φ_B，两端垂直杆轴的相对位移为 Δ，杆端弯矩分别为 M_{AB} 和 M_{BA}，杆端剪力分别为 F_{SAB} 和 F_{SBA}(注意：如果杆端沿平行杆轴方向发生相对移动或杆件在垂直杆轴方向发生平动，则不引起杆端弯矩，因此，只需考虑 Δ 为杆件两端在垂直杆轴方向发生的相对线位移的情况即可)。

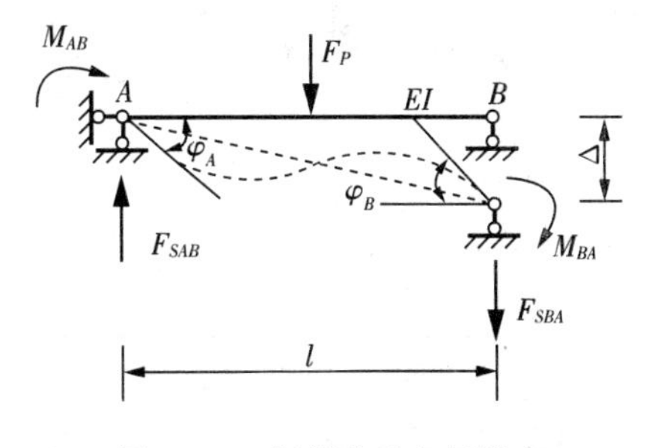

图 8-2　杆端位移与杆端力

(1) 两端固定的等截面直杆的转角位移方程(不考虑外荷载)

利用形常数表 8-1 和叠加原理，可以很方便地获得如下两端固定的等截面直杆的转角位移方程(不考虑外荷载)，即杆端力与杆端位移之间的关系式。

$$
\begin{cases}
M_{AB}=4i\varphi_A+2i\varphi_B-6i\dfrac{\Delta}{l}\\
M_{BA}=2i\varphi_A+4i\varphi_B-6i\dfrac{\Delta}{l}\\
F_{SAB}=F_{SBA}=-\dfrac{6i}{l}\varphi_A-\dfrac{6i}{l}\varphi_B+\dfrac{12i}{l^2}\Delta
\end{cases}
\tag{8-1}
$$

式中：$i=\dfrac{EI}{l}$ 表示线刚度。

表 8－1　等截面直杆的杆端弯矩和剪力

编号	梁的简图	弯矩		剪力	
		M_{AB}	M_{BA}	F_{SAB}	F_{SBA}
1	$\varphi=1$, A, EI, B, l	$4i$ （$i=\frac{El}{i}$,下同）	$2i$	$-\frac{6i}{l}$	$-\frac{6i}{l}$
2	A, B, l, l	$-\frac{6i}{l}$	$-\frac{6i}{l}$	$\frac{12i}{l^2}$	$\frac{12i}{l^2}$
3	a, F, b, A, B, l	$-\frac{Fab^2}{l^2}$	$\frac{Fa^2b}{l^2}$	$\frac{Fb^2(l+2a)}{l^3}$	$-\frac{Fa^2(l+2b)}{l^3}$
		当 $a-b=l/2$ 时， $-\frac{Fl}{8}$	$\frac{Fl}{8}$	$\frac{F}{2}$	$-\frac{F}{2}$
4	q, A, B, l	$-\frac{ql^2}{12}$	$\frac{ql^2}{12}$	$\frac{ql}{2}$	$-\frac{ql}{2}$
5	q, A, B, a, l	$-\frac{qa^2}{12l^2}\times$ $(6l^2-8la+3a^2)$	$\frac{qa^3}{12l^2}\times$ $(4l-3a)$	$\frac{qa}{2l^2}\times$ $(2l^2-2la^2+a^3)$	$-\frac{qa^3}{2l^3}\times$ $(2l-a)$
6	q, A, B, l	$-\frac{ql^2}{20}$	$\frac{ql^2}{30}$	$\frac{7ql}{20}$	$-\frac{3ql}{20}$
7	a, b, A, B, M, l	$M\frac{b(3a-l)}{l^2}$	$M\frac{a(3b-l)}{l^2}$	$-M\frac{6ab}{l^3}$	$-M\frac{6ab}{l^3}$
8	$\Delta t=t_2-t_1$, t_1, t_2, A, B	$-\frac{EI\alpha\Delta t}{h}$	$\frac{EI\alpha\Delta t}{h}$	0	0
9	$\varphi=1$, A, B, l	$3i$	0	$-\frac{3i}{l}$	$-\frac{3i}{l}$

（续表）

编号	梁的简图	弯　　矩		剪　　力	
		M_{AB}	M_{BA}	F_{SAB}	F_{SBA}
10	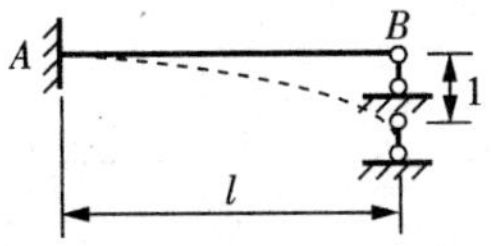	$-\frac{3i}{l}$	0	$\frac{3i}{l^2}$	$\frac{3i}{l^2}$
11	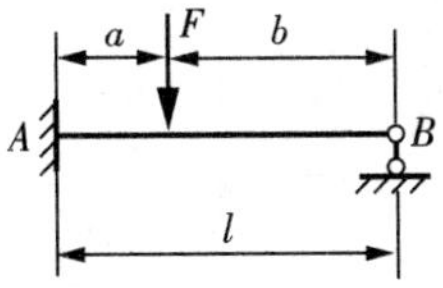	$-\frac{Fab(l+b)}{2l^2}$	0	$\frac{Fb(3l^2-b^2)}{2l^3}$	$\frac{Fa^2(2l+b)}{2l^3}$
		当 $a-b=l/2$ 时，$-\frac{3Fl}{16}$	0	$\frac{11F}{16}$	$-\frac{5F}{16}$
12	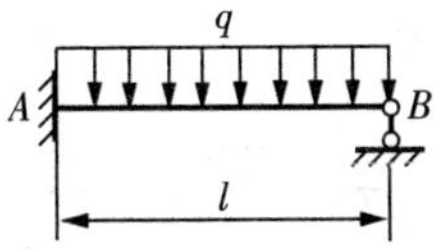	$-\frac{ql^2}{8}$	0	$\frac{5ql}{8}$	$-\frac{3ql}{8}$
13	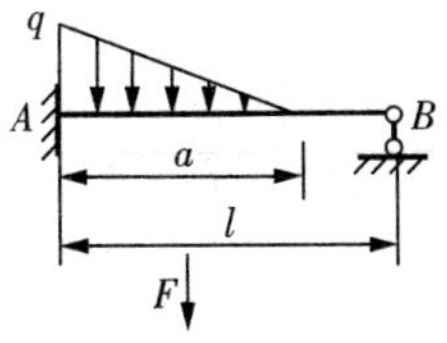	$-\frac{qa^2}{24}\left(4-\frac{3a}{l}+\frac{3a^2}{5l^2}\right)$	0	$\frac{qa}{8}\left(4-\frac{a^2}{l^2}+\frac{a^3}{5l^3}\right)$	$-\frac{qa^3}{8l^2}\left(1-\frac{a}{5l}\right)$
		当 $a=l$ 时，$-\frac{ql^2}{15}$	0	$\frac{4ql}{10}$	$-\frac{ql}{10}$
14	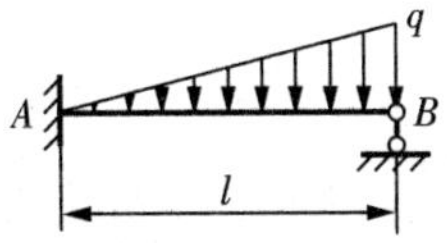	$-\frac{7ql^2}{120}$	0	$\frac{9ql}{40}$	$-\frac{11ql}{40}$
15	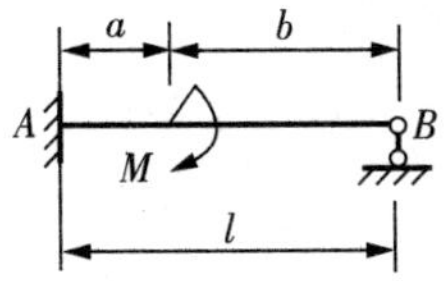	$M\frac{l^2-3b^2}{2l^2}$	0	$-M\frac{3(l^2-b^2)}{2l^3}$	$-M\frac{3(l^2-b^2)}{2l^3}$
		当 $a=l$ 时，$\frac{M}{2}$	$M_B^L=M$	$-M\frac{3}{2l}$	$-M\frac{3}{2l}$
16	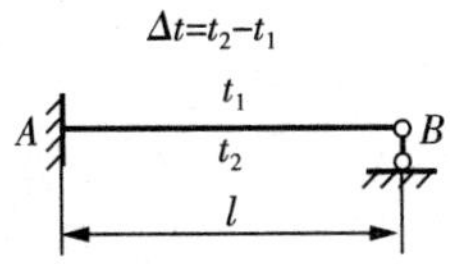	$-\frac{3EL\alpha\Delta t}{2h}$	0	$\frac{3EI\alpha\Delta t}{2hl}$	$\frac{3EI\alpha\Delta t}{2hl}$
17	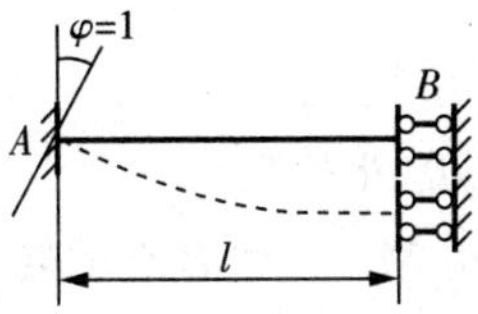	i	$-i$	0	0

（续表）

编号	梁的简图	弯矩		剪力	
		M_{AB}	M_{BA}	F_{SAB}	F_{SBA}
18	A端固定，B端滑动支座，距A为 a 处作用集中力 F（a、b，l）	$-\frac{Fa}{2l}(2l-a)$	$-\frac{Fa^2}{2l}$	F	0
		当 $a=\frac{1}{2}$ 时，$\frac{3Fl}{8}$	$-\frac{Fl}{8}$	F	0
19	A端固定，B端滑动支座，B端作用集中力 F（l）	$-\frac{Fl}{2}$	$-\frac{Fl}{2}$	F	$F^L_{SAB}=F$，$F^R_{SBA}=0$
20	A端固定，B端滑动支座，均布荷载 q（l）	$-\frac{ql^2}{3}$	$-\frac{ql^2}{6}$	ql	0
21	A端固定，B端滑动支座，$\Delta t=t_2-t_1$，t_1，t_2	$\frac{EI\alpha\Delta t}{h}$	$\frac{EI\alpha\Delta t}{h}$	0	0

方程(8-1)可写成矩阵形式：

$$\begin{Bmatrix} M_{AB} \\ M_{BA} \\ F_{SAB} \end{Bmatrix}=\begin{bmatrix} 4i & 2i & -\frac{6i}{l} \\ 2i & 4i & -\frac{6i}{l} \\ -\frac{6i}{l} & -\frac{6i}{l} & \frac{12i}{l^2} \end{bmatrix}\begin{Bmatrix} \varphi_A \\ \varphi_B \\ \Delta \end{Bmatrix} \tag{8-2}$$

方程(8-2)称为两端固定的截面直杆的刚度方程，其中

$$\begin{bmatrix} 4i & 2i & -\frac{6i}{l} \\ 2i & 4i & -\frac{6i}{l} \\ -\frac{6i}{l} & -\frac{6i}{l} & \frac{12i}{l^2} \end{bmatrix} \tag{8-3}$$

为两端固定的等截面直杆的刚度矩阵，刚度矩阵中的元素称为刚度系数。

(2) 一端固定、另一端简支的等截面直杆的转角位移方程(不考虑外荷载)

考虑 A 端固定、B 端简支的等截面直杆。由于 B 端简支，则弯矩 $M_{BA}=0$，B 端的转角 φ_B 可以不作为基本未知量。可以利用方程(8-1)的第二式消去转角 φ_B。由方程(8-1)的第二

式可得

$$2i\varphi_A + 4i\varphi_B - 6i\frac{\Delta}{l} = 0$$

解上式，得

$$\varphi_B = -\frac{1}{2}\varphi_A + \frac{3\Delta}{2l}$$

将上式代入方程(8-1)，得到

$$\begin{cases} M_{AB} = 3i\varphi_A - 3i\dfrac{\Delta}{l} \\ F_{SAB} = F_{SBA} = -\dfrac{3i}{l}\varphi_A + \dfrac{3i}{l^2}\Delta \end{cases} \tag{8-4}$$

方程(8-4)为一端固定、另一端简支的等截面直杆的转角位移方程。

(3) 一端固定、另一端定向支承的等截面直杆的转角位移方程(不考虑外荷载)

考虑 A 端固定、B 端定向支承的等截面直杆。由于 B 端定向支承，则转角 $\varphi_B = 0$。剪力 $F_{SAB} = F_{SBA} = 0$，由方程(8-1)第三式可得 $\dfrac{\Delta}{l} = \dfrac{1}{2}\varphi_A$，将其代入方程(8-1)得

$$\begin{cases} M_{AB} = i\varphi_A \\ M_{BA} = -i\varphi_A \end{cases} \tag{8-5}$$

利用表 8-1 中等截面直杆的形常数、载常数以及叠加原理，由方程(8-1)、方程(8-4)、方程(8-5)获得杆端力与杆端位移及荷载之间的关系式。

(4) 两端固定的等截面直杆的转角位移方程(考虑外荷载)

$$\begin{cases} M_{AB} = 4i\varphi_A + 2i\varphi_B - 6i\dfrac{\Delta}{l} + M_{AB}^F \\ M_{BA} = 2i\varphi_A + 4i\varphi_B - 6i\dfrac{\Delta}{l} + M_{BA}^F \\ F_{SAB} = -\dfrac{6i}{l}\varphi_A - \dfrac{6i}{l}\varphi_B + \dfrac{12i}{l^2}\Delta + F_{SAB}^F \\ F_{SBA} = -\dfrac{6i}{l}\varphi_A - \dfrac{6i}{l}\varphi_B + \dfrac{12i}{l^2}\Delta + F_{SBA}^F \end{cases} \tag{8-6}$$

(5) 一端固定、另一端简支的等截面直杆的转角位移方程(考虑外荷载)

$$\begin{cases} M_{AB} = 3i\varphi_A - 3i\dfrac{\Delta}{l} + M_{AB}^F \\ F_{SAB} = -\dfrac{3i}{l}\varphi_A + \dfrac{3i}{l^2}\Delta + F_{SAB}^F \\ F_{SBA} = -\dfrac{3i}{l}\varphi_A + \dfrac{3i}{l^2}\Delta + F_{SBA}^F \end{cases} \tag{8-7}$$

(6) 一端固定、另一端定向支承的等截面直杆的转角位移方程(考虑外荷载)

$$\begin{cases}M_{AB}=i\varphi_A+M_{AB}^F\\M_{BA}=-i\varphi_A+M_{BA}^F\end{cases}\tag{8-8}$$

【例 8-1】 如图 8-3 所示,用平衡条件求结构的结点角位移 Z_1 和独立结点线位移 Z_2。

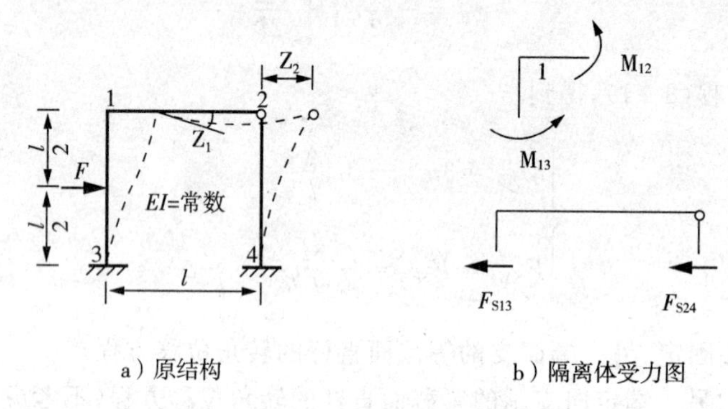

a) 原结构 b) 隔离体受力图

图 8-3 例 8-1 图示

【解】 (1) 确定基本未知量:结点 1 有角位移 Z_1、结点 2 有水平线位移 Z_2,如图 8-3a 所示。

(2) 写平衡方程。

设 Z_1 顺时针方向转动,Z_2 向右移,如图 8-3b 所示:

结点 1 的力矩平衡:

$$\sum M=0, M_{12}+M_{13}=0\tag{8-9}$$

与结点 1 和 2 相关的截面平衡:

$$\sum F_x=0, F_{S13}+F_{S24}=0\tag{8-10}$$

(3) 写杆端弯矩、杆端剪力表达式:

$$M_{13}=4iZ_1-\frac{6i}{l}Z_2+\frac{Fl}{8}, M_{12}=3iZ_1, M_{42}=-\frac{3i}{l}Z_2\tag{8-11}$$

$$F_{S13}=-\frac{6i}{l}Z_1+\frac{12i}{l^2}Z_2-\frac{F}{2}, F_{S24}=\frac{3i}{l^2}Z_2\tag{8-12}$$

(4) 将式(8-11)、式(8-12) 分别代入平衡方程(8-9)、(8-10) 中,可得

$$\begin{cases}7iZ_1-\frac{6i}{l}Z_2+\frac{Pl}{8}=0\\-\frac{6i}{l}Z_1+\frac{15i}{l^2}Z_2-\frac{P}{2}=0\end{cases}$$

联立方程求解:

$$Z_1=\frac{9Fl}{552i}, Z_2=\frac{22Fl^2}{552i}$$

现将直接列平衡方程法解题步骤概括如下：

① 确定位移法基本未知量。

② 利用转角位移方程写出各杆端弯矩表达式。

③ 对每个角位移，建立结点的力矩平衡方程：$\sum M=0$，

对每个线位移，建立截面平衡方程：$\sum F_X=0$ 或 $\sum F_Y=0$。

④ 联立求解位移法方程，求出结点位移。

⑤ 将求得的结点位移代入杆端弯矩表达式，求出杆端弯矩并绘出最后弯矩图。

⑥ 取出杆件，根据M图和荷载，根据平衡方程求剪力F_S，绘F_S图。再取结点，根据结点荷载和F_S图，由结点投影平衡方程求轴力F_N。

§8.3　位移法的基本未知量和基本结构

由§8.2内容可知，如果结构上每根杆件两端的角位移和线位移都已求得，则全部杆件的内力均可确定。在位移法中，基本未知量应是各结点的角位移和线位移。利用位移法分析结构时，应首先确定结构的结点位移(独立的结点角位移和线位移)的数目。结点位移n可用下式表示：

$$n=n_r+n_d \tag{8-13}$$

式中，n_r表示结构刚性结点独立角位移的数目；n_d表示结构独立结点线位移的数目。

在同一刚性结点处，各杆端的转角都是相等的，每一个刚性结点只有一个独立的角位移未知量。在固定支座处，其转角等于零或等于已知的转角值。铰结点或铰支座处的各杆端的转角可不作为基本未知量。确定结构独立角位移的数目时，只要计算刚性结点的数目即可。确定结构独立线位移的数目时，可把原结构的所有刚结点和固定支座改为铰结，从而得到一个相应的铰结体系。若此铰结体系为几何不变，则可推知原结构所有结点均无线位移。若此铰结体系为几何可变的，那么需要几根链杆(如图8-4b所示)才能保证其几何不变，则所需要添加最少的链杆数目就是原结构独立结点线位移的数目。位移法的基本思想是在每一个刚结点上假想地加上一个附加刚臂，以阻止刚结点的转动(但不能阻止刚结点的移动)，同时附加支座链杆以阻止刚结点的线位移，把原结构暂时转变为单跨超静定梁。

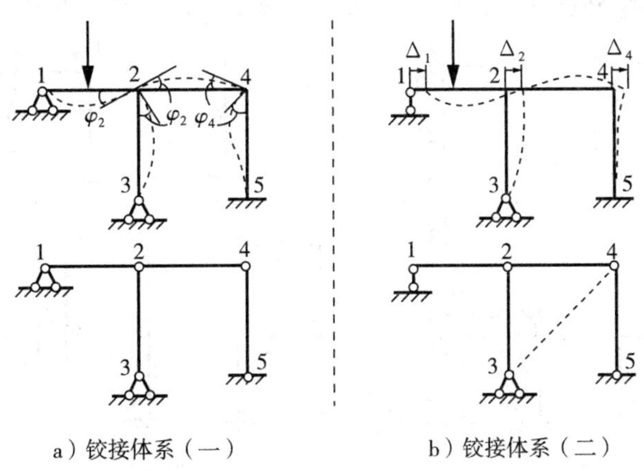

a) 铰接体系(一)　　b) 铰接体系(二)

图8-4　两种刚架结点位移的确定

如图8-4a所示的刚架，在荷载的作用下发生变形，结点2和4产生转角φ_2和φ_4，称为结点2和4的角位移，$n_r=2$；原结构铰结体系的结点线位移等于零，$n_d=0$，结构的结点位移数$n=2$。如图8-4b所示的刚架，在荷载的作用下发生变形，结点2和4产生转角φ_2和φ_4，$n_r=2$；结点1、2和4产生水平位移Δ_1、Δ_2和Δ_4，当不考虑轴向变形影响时，$\Delta_1=\Delta_2=\Delta_4=\Delta$，$n_d=1$，结构的结点位移数$n=3$。实际上，图8-4b所示原结构的刚架的铰结体系是可变体系，因此必须添加一根杆件（如杆件3—4），才能保证原结构的铰结体系是几何不变的。

结构的结点位移分两类：结点角位移和结点线位移。位移法基本未知量总数应该是独立线位移和独立角位移之和。位移法基本未知量用$Z_i(i=1,2,\cdots,n)$表示。位移法的基本结构是："在原结构的结点上施加附加约束锁定结点位移，把原结构拆成若干个单跨超静定梁组合的结构，施加附加约束锁定结点位移的数目为位移法基本未知量的数目"。

(1) 独立的结点角位移数目的确定。结构的结点类型除了刚结点和铰结点外，还有混合结点，而混合结点部分有刚性联结部分和铰结部分。可把一个刚性联结部分也作为一个刚结点，仍然适用于一个刚结点只有一个独立结点角位移；用铰结点联结的各杆端角位移，不作为基本未知量。为使结点不发生角位移，需要在具有角位移的结点施加附加刚臂数，它等于全部刚结点和半铰结点的结点转角数目。

(2) 独立的结点线位移可以用铰结体系法确定。在有可能发生结点线位移处施加附加链杆，使其不发生线位移，则附加链杆数即为独立结点线位移数。应用此法时应注意，自由端、滑动支承端或滚轴支承端与杆轴垂直方向的线位移不作为基本未知量。

如图8-5a所示，刚架结点1和结点2是刚性结点，故结点角位移数为2；结点2处存在结点线位移，故结点线位移数为1。只要在刚架结点1和结点2处加上刚臂，阻止其转动，在结点2处加上支座链杆，阻止其线位移，则该刚架转变成单跨超静定梁。该刚架的基本未知量总数为3。如图8-5b所示，刚架结点1、2、3和4是刚性结点，故结点角位移数为4；结点2和3处存在结点线位移，故结点线位移数为2。只要在刚架结点1、2、3和4处加上刚臂，阻止其转动，在结点2和4处加上支座链杆，阻止其线位移，则该刚架转变成单跨超静定梁。该刚架的基本未知量总数为6。如图8-5c所示，刚架结点1和结点3是刚性结点，结点2是混合结点，故结点角位移数为3；结点1和3处存在结点线位移，故结点线位移数为2。只要在刚架结点1和3以及混合结点2处加上刚臂，阻止其转动，在结点1和3处加上支座链杆，阻止其线位移，则该刚架转变成单跨超静定梁。该刚架的基本未知量总数为5。如图8-5d所示，刚架横梁

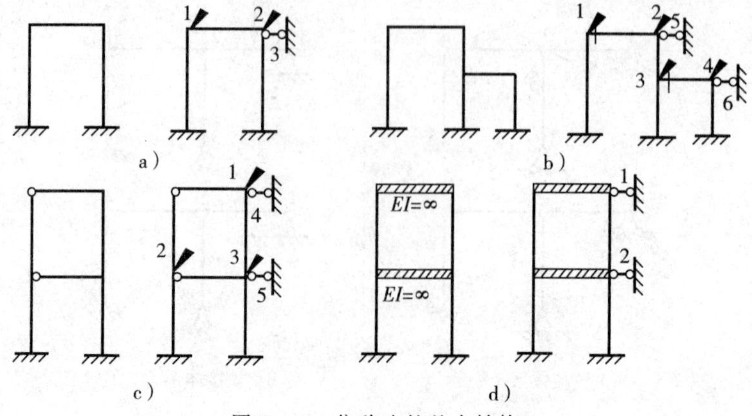

图8-5 位移法的基本结构

$EI=\infty$,在不考虑轴向变形时,刚性横梁与柱连接的刚性结点不可能产生角位移,故结点角位移数为 0;结点 1 和结点 2 处存在结点线位移,故结点线位移数为 2。只要在结点 1 和 2 处加上支座链杆,阻止其线位移,则该刚架转变成单跨超静定梁。该刚架的基本未知量总数为 2。

§8.4　位移法的典型方程

用位移法求解超静定结构时,采用增加附加约束暂时限制结构的独立结点位移的发生,使原结构变成三类单跨超静定杆件组成的体系,该体系称为位移法的基本结构。分析单跨超静定杆件可借助于形常数和载常数表,写出该杆件在已知荷载、温度变化、支座移动等因素作用下的杆端内力表达式。

使用的附加约束又有两种形式:对应于结点角位移,在刚结点处附加刚臂,只限制刚结点的角位移,不限制结点线位移;对应于独立的结点线位移用附加链杆加以限制。下面采用具体例子(如图 8-6 所示)来说明位移法的基本思想。

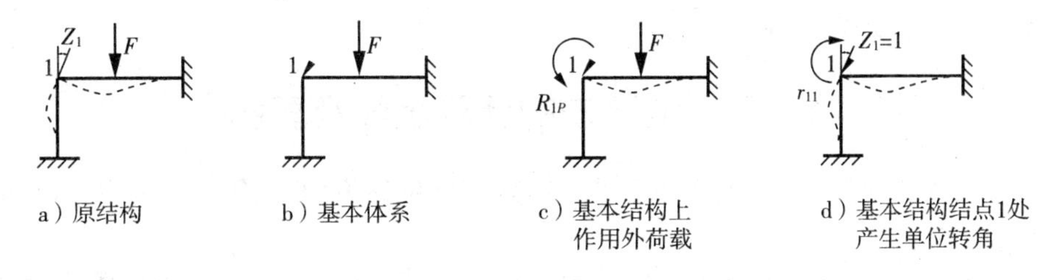

图 8-6　平面刚架

(1) 图 8-6a 中的虚线表示原结构在外荷载 F 作用下的变形曲线,在结点 1 发生了顺时针转动的转角 Z_1。

(2) 图 8-6b 表示在原结构结点 1 处加上刚臂,限制刚结点的角位移,形成基本结构,然后加上外荷载 F。图 8-6c 表明,原结构与基本结构的差别是基本结构在外荷载 F 作用下,仅水平梁产生了变形和内力,垂直杆件既没有产生变形又没有产生内力,但在刚臂 1 处产生了反力矩 R_{1P}。

(3) 为了消除原结构与基本结构的差别,刚臂 1 必须产生与原结构相同的角位移 Z_1。当刚臂 1 产生角位移 Z_1 时,则在刚臂产生反力矩。令刚臂 1 产生单位角位移($Z_1=1$),那么刚臂产生的反力矩称为单位角位移作用下产生的反力矩,用 r_{11} 表示(如图 8-6d 所示)。在刚臂 1 上,由外荷载 P 和角位移 Z_1 产生的总反力矩为 $r_{11}Z_1+R_{1P}$。实际上,原结构没有刚臂 1,若刚臂 1 上的总反力矩为零,则原结构与基本结构变形相同。因此,得到一个基本未知量的位移法典型方程如下:

$$r_{11}Z_1+R_{1P}=0 \tag{8-14}$$

r_{11} 和 R_{1P} 的两个下标的力学意义为:第一下标表示该反力所属的附加约束;第二下标表示引起该反力的原因。

(4) 解方程(8-14),可得 $Z_1=-R_{1P}/r_{11}$。利用叠加原理,原结构最终的弯矩图可用下述公式计算:

$$M_F=\overline{M}_1Z_1+M_F^0 \tag{8-15}$$

式中:$\overline{M}_1$ 表示刚臂 1 产生单位角位移($Z_1=1$)时所产生的弯矩图;M_F^0 表示基本结构在外荷

载F作用下的弯矩图。

考虑具有n个位移未知量的超静定结构，位移未知量$Z_i(i=1,2,\cdots,n)$表示结点位移(角位移或线位移)。具有n个位移未知量的超静定结构的位移法典型方程如下：

$$\begin{cases} r_{11}Z_1+r_{12}Z_2+\cdots+r_{1n}Z_n+R_{1P}=0 \\ r_{21}Z_1+r_{22}Z_2+\cdots+r_{2n}Z_n+R_{2P}=0 \\ \vdots \\ r_{n1}Z_1+r_{n2}Z_2+\cdots+r_{nn}Z_n+R_{nP}=0 \end{cases} \tag{8-16}$$

位移法典型方程的数目等于原结构位移未知量的数目。r_{ij}表示约束Z_j产生单位位移($Z_j=1$)，其他约束的位移等于零，在约束Z_i上产生的反力(或反力矩)；R_{iP}表示在荷载P作用下，在约束Z_i上产生的反力(或反力矩)，或称为自由项。

(5)r_{ij}的特性。$r_{ii}(i=j)$严格大于零，即$r_{ii}>0$；$r_{ij}(i\neq j)$可以大于零、小于零或等于零。根据反力互等原理，有$r_{ij}=r_{ji}$。

§8.5 位移法的计算步骤及算例

用位移法典型方程计算各种外部因素(荷载、支座位移等)作用下结构的内力，具体计算步骤可归纳如下：

(1) 确定原结构的基本结构和基本未知量$Z_i(i=1,2,\cdots,n)$。需要指出的是，弹性支座处的位移要作为基本未知量考虑，当刚架有无限刚性梁连接时，刚性梁处的刚结点无转角位移。

(2) 列位移法的基本方程(典型方程)。

(3) 作基本结构(固定结构)的单位位移弯矩图和荷载弯矩图。

(4) 计算系数r_{ij}和自由项R_{iP}。

(5) 解联立方程组，求解基本未知量$Z_i(i=1,2,\cdots,n)$。

(6) 求解结构内力，并作内力图。求出基本未知量后，根据叠加原理可得到超静定结构的内力，并作内力图。

$$M_P=\overline{M}_1Z_1+\overline{M}_2Z_2+\cdots+\overline{M}_nZ_n+M_P^0 \tag{8-17}$$

(7) 校核。对计算结果进行校核时，要注意用位移法选取基本未知量时已经考虑到变形协调条件，因此，在位移法校核中，常把平衡条件作为校核的重点。

用位移法分析超静定结构时，把只有结点角位移没有结点线位移的结构称为无侧移结构，如连续梁；把有结点线位移的结构，称为有侧移结构，如铰结排架和有侧移刚架等。下面用实例分别介绍各种无侧移刚架和有侧移刚架的具体计算过程。

【例8-2】 试用位移法求图8-7a所示两跨连续梁在图示荷载作用下的弯矩图，EI为常数。

【解】 (1) 确定基本未知量和基本结构

连续梁为无侧移结构，只有在刚结点1处有角位移，故其为基本未知量。在结点1处设置附加刚臂限制结点转角，从而将原结构分成单跨超静定杆$1A$和$1B$，得基本结构和基本未知量Z_1。

(2) 建立位移法典型方程

由附加约束处1结点的转动平衡条件建立位移法方程。

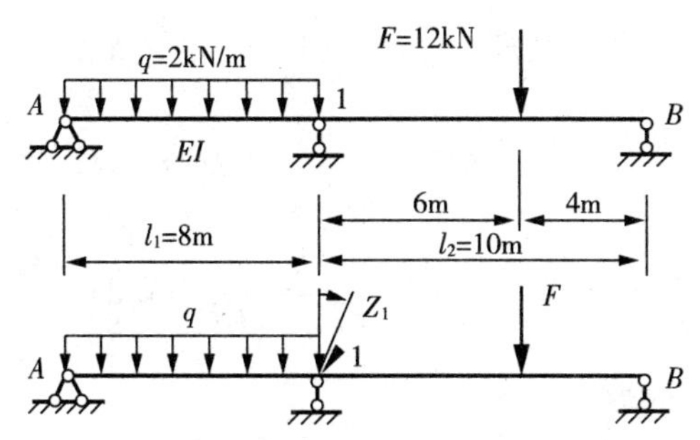

a）原结构基本结构和基本未知量

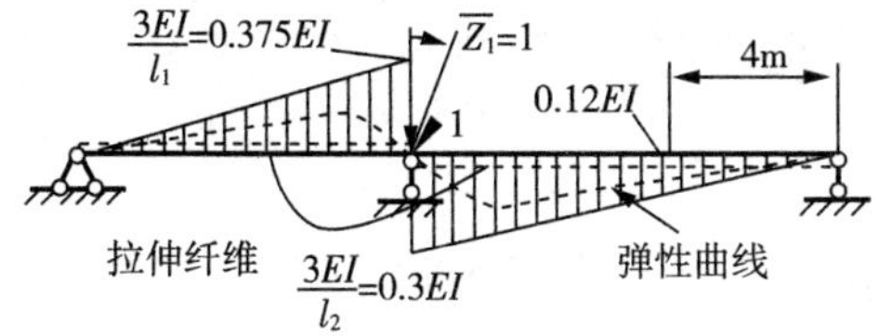

b）基本结构在附加约束1处产生
单位转角，$\overline{M}_1$图

c）基本结构在附加约束1处产生
单位转角，结点1的隔离体

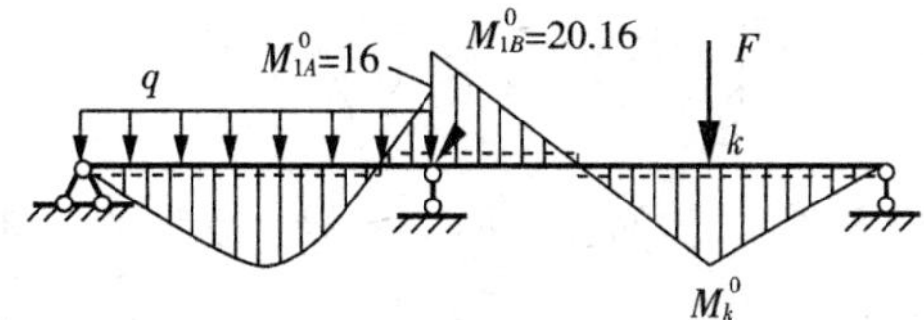

d）基本结构受荷载作用
（单位：kN·m），M_P^0图

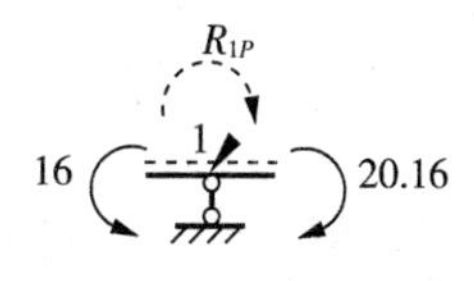

e）基本结构受荷载作用
（单位：kN·m），结点1的隔离体

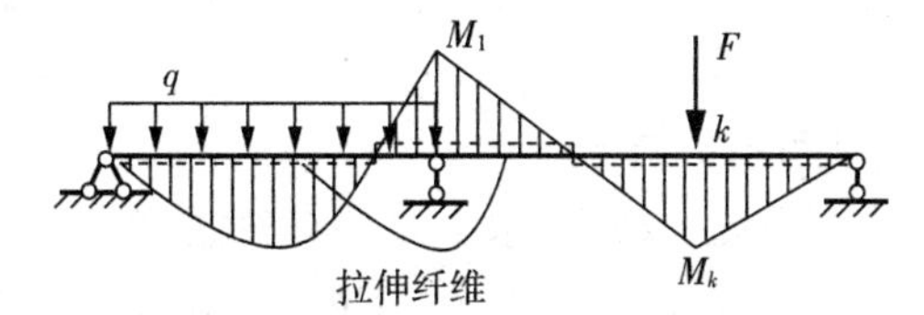

f）原结构弯矩图（单位：kN·m），M_P图

图 8-7　两跨连续梁

$$r_{11}Z_1 + R_{1P} = 0$$

(3) 绘制弯矩图

根据形常数和载常数(见表 8-1 所列)作基本结构的单位位移产生弯矩图与荷载弯矩图,如图 8-7b、图 8-7d 所示。

$$M_{1A}^0 = \frac{ql_1^2}{8} = \frac{2\times 8^2}{8} = 16(\text{kN}\cdot\text{m}), M_{1B}^0 = -\frac{Fab(l_2+\text{b})}{2l_2}$$

$$= -\frac{12\times 6\times 4(10+4)}{2\times 10^2} = -20.16(\text{kN}\cdot\text{m})$$

$$M_k^0 = \frac{Pa^2(2l_2+\text{b})}{2l_2^3}b = \frac{12\times 6^2\times(2\times 10+4)}{2\times 10^3}\times 4 = 20.736(\text{kN}\cdot\text{m})$$

(4) 计算系数和自由项

分别由图 8-7c、图 8-7e 中结点 1 的转动平衡条件可得

$$r_{11}=0.675EI, R_{1P}=-4.16(\text{kN}\cdot\text{m})$$

(5) 解方程

求得基本未知量 Z_1：

$$Z_1=-\frac{R_{1P}}{r_{11}}=\frac{4.16}{0.675EI}=\frac{6.163}{EI}(\text{rad})$$

(6) 求解结构内力,并作内力图

由已知的 $\overline{M}_1$ 图和 M_P^0 图,用叠加法求杆端弯矩。

$$M_P=\overline{M}_1 Z_1+M_P^0$$

计算结果如下：

$$M_{1A}=0.375EI\times\frac{6.163}{EI}+16=18.31\text{kN}\cdot\text{m}$$

$$M_{1B}=0.3EI\times\frac{6.163}{EI}-20.16=-18.31\text{kN}\cdot\text{m}$$

$$M_k=0.12EI\times\frac{6.163}{EI}+20.73616=21.475\text{kN}\cdot\text{m}$$

结点 1 的弯矩 $M_{1A}=M_{1B}$,符合结点平衡条件。令 $M_{1A}=M_{1B}=M_1$,最终的弯矩图如图 8-7f 所示。

【例 8-3】 如图 8-8a 所示,刚架的竖杆的弯曲刚度为 EI,横梁弯曲刚度为 $2EI$,用圆圈中 1 和 2 表示相对弯曲刚度。集中荷载 P 作用在横梁的水平方向。绘制图 8-8a 所示刚架在荷载作用下的弯矩图。

【解】 (1) 确定基本未知量和基本结构

基本结构图 8-8b 中,结点 1 是混合结点,水平杆件有独立角位移 Z_1,结点 2 处有独立水平线位移 Z_2。垂直和水平杆件的线刚度分别为 $i_v=\frac{EI}{5}=0.2EI$,$i_h=\frac{2EI}{6}=0.333EI$。

(2) 建立位移法典型方程

该结构具有两个基本未知量,位移法方程为

$$\begin{cases}r_{11}Z_1+r_{12}Z_2+R_{1P}=0\\ r_{21}Z_1+r_{22}Z_2+R_{2P}=0\end{cases}$$

(3) 绘制弯矩图

根据形常数和载常数(见表 8-1 所列) 作基本结构的单位位移产生弯矩图与荷载弯矩图,如图 8-8c、图 8-8d、图 8-8f 所示。

(4) 计算系数和自由项

分别由图 8-8c、图 8-8e、图 8-8f 可得

$$r_{11}=2EI, r_{21}=r_{12}=0, r_{22}=0.072EI, R_{1P}=0, R_{2P}=-P$$

(5) 解方程,求得基本未知量 Z_1 和 Z_2

利用求得系数代入位移法典型方程,得

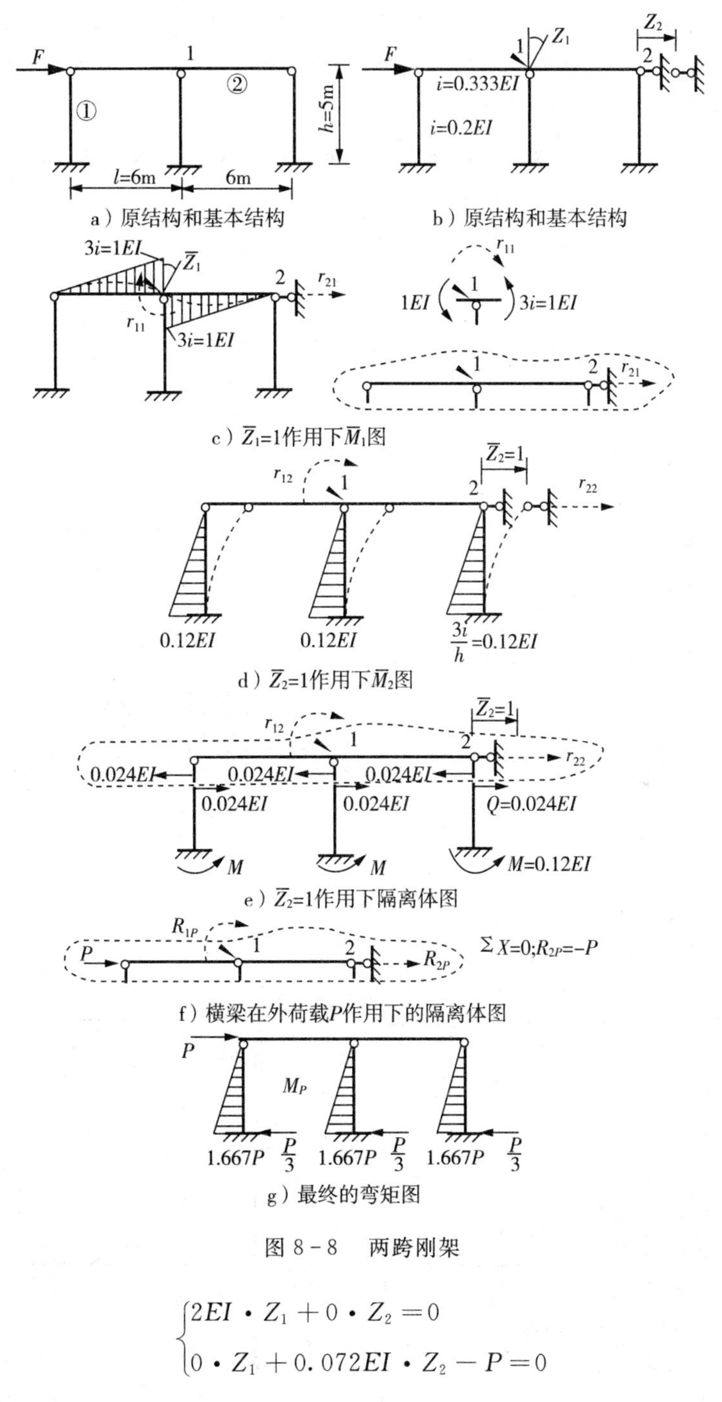

图 8－8　两跨刚架

$$
\begin{cases}
2EI \cdot Z_1 + 0 \cdot Z_2 = 0 \\
0 \cdot Z_1 + 0.072EI \cdot Z_2 - P = 0
\end{cases}
$$

解上面方程，得

$$
Z_1 = 0, Z_2 = P/0.072EI
$$

（6）求解结构内力，并作内力图

$$
M_P = \overline{M}_1 Z_1 + \overline{M}_2 Z_2 + M_P^0
$$

由已知的 $\overline{M}_1$ 图、$\overline{M}_2$ 图和 M_P^0 图，用叠加法求杆端弯矩及最终弯矩图，如图 8－8g 所示。

【例 8-4】 绘制如图 8-9a 所示刚架弯矩图。刚架竖杆的弯曲刚度为 EI，横梁弯曲刚度为 $2EI$，用圆圈中 1 和 2 表示相对弯曲刚度。刚架上竖向集中力 $F=8\text{kN}$，均布荷载 $q=2\text{kN/m}$。

【解】 (1) 确定基本未知量和基本结构

基本结构图 8-9b 中，有独立角位移 Z_1 和独立水平线位移 Z_2。垂直和水平杆件的线刚度分别为

$$i_{1-3}=\frac{EI}{5}=0.2EI;i_{6-8}=\frac{2EI}{10}=0.2EI;i_{4-5}=\frac{EI}{3}=0.333EI$$

(2) 绘制弯矩图

根据形常数和载常数表 8-1 作基本结构的单位位移产生弯矩图与荷载弯矩图，如图 8-9d、图 8-9e、图 8-9f 所示。

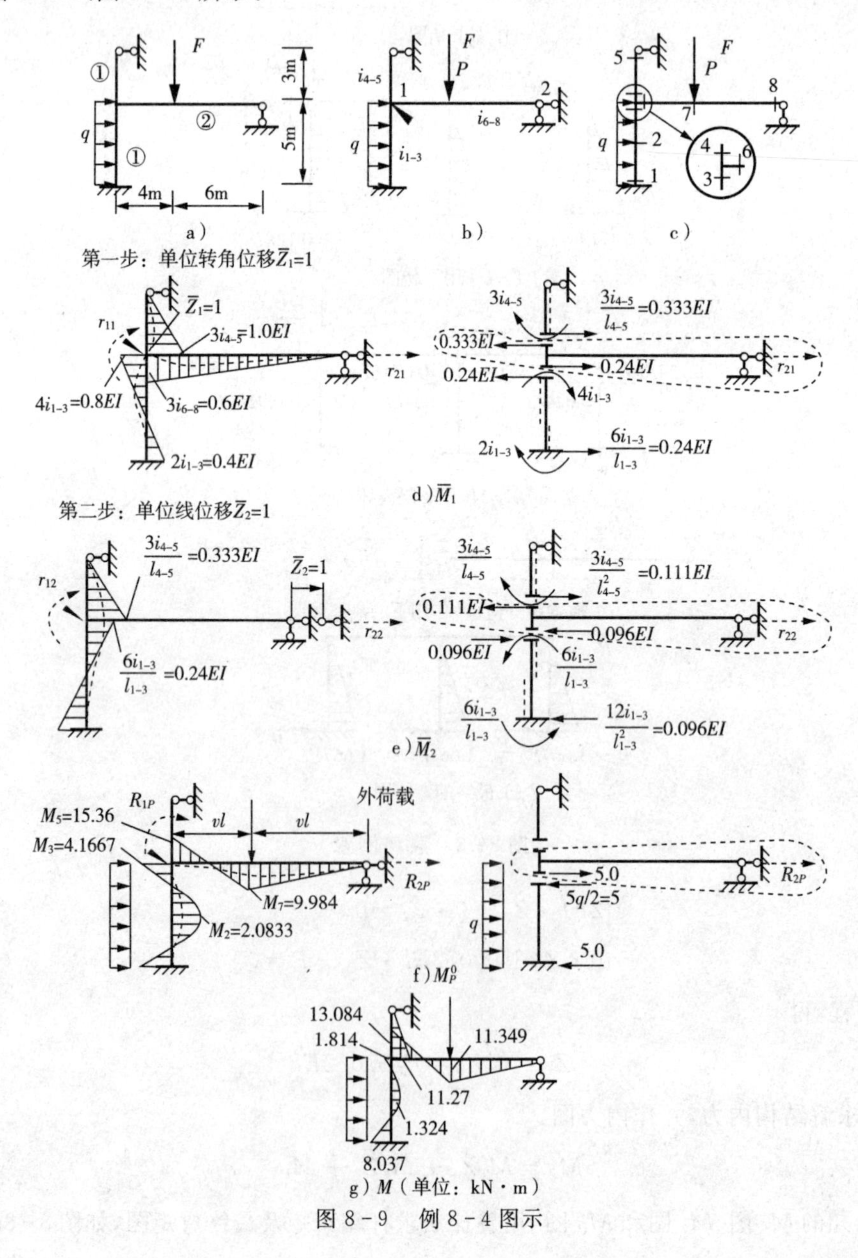

图 8-9 例 8-4 图示

(3) 建立位移法典型方程

该结构具有两个基本未知量，位移法方程为

$$\begin{cases} r_{11}Z_1 + r_{12}Z_2 + R_{1P} = 0 \\ r_{21}Z + r_{22}Z_2 + R_{2P} = 0 \end{cases}$$

(4) 计算系数和自由项

分别由图 8-9d、e、f 可得(见表 8-2、表 8-3 所列)。

(5) 解方程，求得基本未知量 Z_1 和 Z_2

由表 8-2 和表 8-3 可得位移法方程的具体形式：

$$\begin{cases} 2.4Z_1 + 0.093Z_2 - \dfrac{11.19333}{EI} = 0 \\ 0.093Z_1 + 0.207Z_2 - \dfrac{5}{EI} = 0 \end{cases}$$

解上面方程，得

$$Z_1 = \frac{3.794}{EI}(\text{rad}), Z_2 = \frac{22.450}{EI}(\text{m})$$

表 8-2　单位位移 $Z_1 = 1$ 和荷载作用下的反力

弯矩图	结点隔离体	平衡方程	反力
$\overline{M}_1$	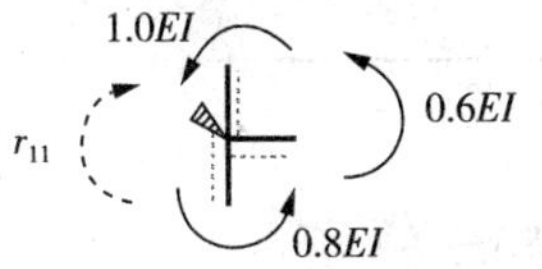 r_{11}；1.0EI；0.6EI；0.8EI	$\sum M = 0$ $r_{11} - (1.0 + 0.6 + 0.8)EI = 0$	$r_{11} = 2.4EI(\text{kN} \cdot \text{m/rad})$
$\overline{M}_2$	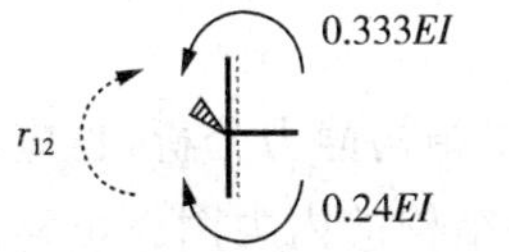 r_{12}；0.333EI；0.24EI	$\sum M = 0$ $r_{12} + 0.24EI - 0.333EI = 0$	$r_{12} = 0.093EI(\text{kN} \cdot \text{m/rad})$
M_P^0	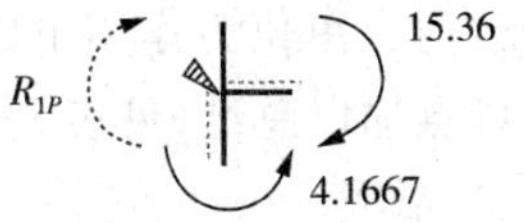 R_{1P}；15.36；4.1667	$\sum M = 0$ $R_{1P} + 15.36 - 4.1667 = 0$	$R_{1P} = -11.1933\text{kN} \cdot \text{m}$

表 8-3　单位位移 $Z_2 = 1$ 和荷载作用下的反力

弯矩图	截面隔离体	平衡方程	反力
$\overline{M}_1$	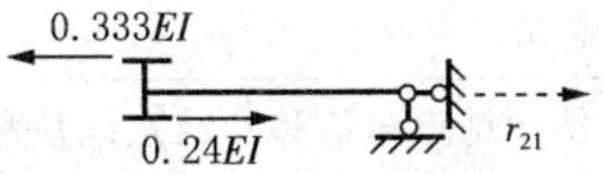 0.333EI；0.24EI；r_{21}	$\sum X = 0$ $r_{21} + 0.24EI - 0.333EI = 0$	$r_{21} = 0.093EI(\text{kN} \cdot \text{m/rad})$
$\overline{M}_2$	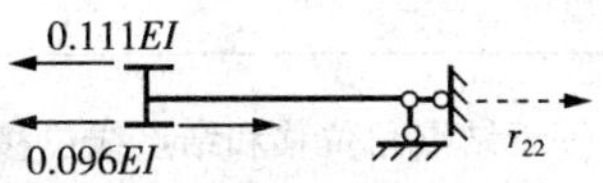 0.111EI；0.096EI；r_{22}	$\sum X = 0$ $r_{22} - 0.111EI - 0.096EI = 0$	$r_{22} = 0.207EI(\text{kN} \cdot \text{m/rad})$
M_P^0	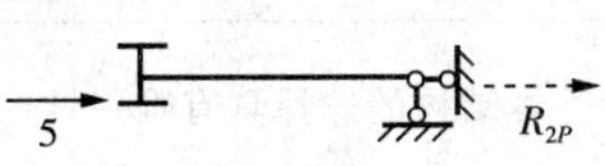 5；R_{2P}	$\sum X = 0$ $R_{2P} + 5 = 0$	$R_{2P} = -5\text{kN}$

(6) 求解结构内力，并作内力图

$$M_P = \overline{M}_1 Z + \overline{M}_2 Z_2 + M_P^0$$

由已知的 $\overline{M}_1$ 图、$\overline{M}_2$ 图和 M_P^0 图，用叠加法求杆端弯矩。

利用表 8-4 即可绘制弯矩图，最终弯矩图如图 8-9g 所示。

表 8-4 最终弯矩图的计算

点	$\overline{M}_1$	$\overline{M}_1 \cdot Z_1$	$\overline{M}_2$	$\overline{M}_2 \cdot Z_2$	M_P^0	M_P(kN·m)
1	−0.4	−1.5176	+0.24	+5.388	+4.1667	+8.037
2	+0.2	+0.7588	0.0	0.0	−2.0833	−1.324
3	+0.8	+3.0352	−0.24	−5.388	+4.1667	+1.814
4	−1.0	−3.794	−0.333	−7.476	0.0	−11.27
5	0.0	0.0	0.0	0.0	0.0	0.0
6	−0.6	−2.2764	0.0	0.0	+15.36	+13.084
7	−0.36	−1.3658	0.0	0.0	−9.984	−11.349
8	0.0	0.0	0.0	0.0	0.0	0.0
系数	EI		EI			

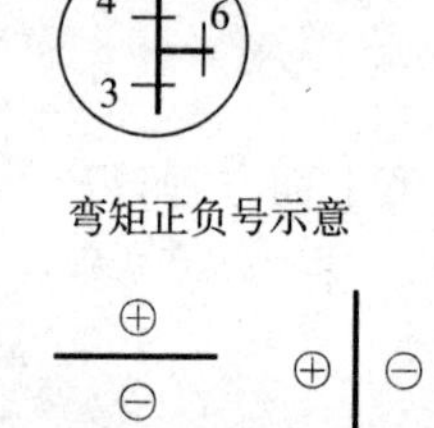

弯矩正负号示意

§8.6 位移法与力法的特点分析

位移法与力法是结构分析的两种主要方法，不仅应用于结构静力分析，也应用于结构稳定和结构动力分析。两种方法都需要构建基本结构和基本结构的内力图。位移法需要绘制基本结构在单位位移作用下的内力图。力法需要绘制基本结构在单位力作用下的内力图。两种方法构建基本结构是不同的。下面对这两种分析方法特点加以总结(见表 8-5 所列)。

表 8-5 位移法与力法的差别

	力　法	位　移　法
基本结构	从原结构拆除多余约束，使原结构变成静定结构	在原结构上增加约束，原结构变成单跨超静定梁
基本未知量	用多余未知力来代替多余约束，以多余未知力作为基本未知量	使用结点角位移和结点线位移作为基本未知量
基本未知量的数目	等于结构的超静定次数	等于结点角位移和结点线位移的和
基本结构的选择	基本结构的选择具有非唯一性	基本结构的选择具有唯一性

（续表）

	力　法	位　移　法
典型方程	$\delta_{11}X_1+\delta_{12}X_2+\cdots+\delta_{1n}X_n+\Delta_{1P}=0$ $\delta_{21}X_1+\delta_{22}X_2+\cdots+\delta_{2n}X_n+\Delta_{2P}=0$ $\vdots$ $\delta_{n1}X_1+\delta_{n2}X_2+\cdots+\delta_{nn}X_n+\Delta_{nP}=0$ 典型方程的数目与多余未知力的数目相等	$r_{11}Z_1+r_{12}Z_2+\cdots+r_{1n}Z_n+R_{1P}=0$ $r_{21}Z_1+r_{22}Z_2+\cdots+r_{2n}Z_n+R_{2P}=0$ $r_{n1}Z_1+r_{n2}Z_2+\cdots+r_{nn}Z_n+R_{nP}=0$ 典型方程的数目等于结点角位移和结点线位移的和
方程的物理意义	基本结构在所有多余未知力和外荷载共同作用下，所有多余未知力作用方向的位移等于零	基本结构在结点角位移、结点线位移和外荷载共同作用下，附加约束上总反力等于零
典型方程的特点	典型方程的左边表示位移	典型方程的左边表示附加约束上总反力
典型方程的系数矩阵	$\boldsymbol{\delta}=\begin{bmatrix}\delta_{11} & \delta_{12} & \cdots & \delta_{1n}\\ \delta_{21} & \delta_{22} & \cdots & \delta_{2n}\\ \cdots & \cdots & \cdots & \cdots\\ \delta_{n1} & \delta_{n2} & \cdots & \delta_{nn}\end{bmatrix}$，$\det\boldsymbol{\delta}>0$ $\delta_{ii}>0$，$\delta_{ij}=\delta_{ji}$，δ 是柔度矩阵	$\boldsymbol{K}=\begin{bmatrix}r_{11} & r_{12} & \cdots & r_{1n}\\ r_{21} & r_{22} & \cdots & r_{2n}\\ \cdots & \cdots & \cdots & \cdots\\ r_{n1} & r_{n2} & \cdots & r_{nn}\end{bmatrix}$，$\det\boldsymbol{K}>0$ $r_{ii}>0$，$r_{ij}=r_{ji}$，κ 是刚度矩阵
典型方程的系数的意义	δ_{ik} 表示基本结构由于 $X_k=1$ 在 X_i 方向产生的位移	r_{ik} 表示基本结构由于 $Z_k=1$ 在约束 Z_i 上产生的反力
自由项的意义	Δ_{iP} 表示基本结构在荷载 P 作用下在 X_i 方向产生的位移	R_{iP} 表示基本结构在荷载 P 作用下在约束 Z_i 上产生的反力

§8.7　支座位移引起结构内力计算的位移法

对于超静定结构，当支座产生已知的位移（角位移或线位移）时，结构会产生内力。支座位移引起结构内力用位移法计算时，基本未知量和基本结构以及分析步骤与荷载作用时一样，不同的是附加约束上的反力或反力矩（自由项）计算，附加约束上的反力或反力矩是由支座位移引起的。

支座位移引起结构内力的位移法典型方程：

$$\begin{cases} r_{11}Z_1+r_{12}Z_2+\cdots+r_{1n}Z_n+R_{1c}=0\\ r_{21}Z_1+r_{22}Z_2+\cdots+r_{2n}Z_n+R_{2c}=0\\ \vdots\\ r_{n1}Z_1+r_{n2}Z_2+\cdots+r_{nn}Z_n+R_{nc}=0 \end{cases} \tag{8-18}$$

式中：自由项 $R_{ic}(i=1,2,\cdots,n)$ 是由支座位移引起第 i 个附加约束上的反力或反力矩；r_{ij} 和

Z_i 的意义与方程(8-16)相同。原结构由支座位移引起结构内力图可按式(8-19)计算。

$$M_c = \overline{M}_1 Z_1 + \overline{M}_2 Z_2 + \cdots + \overline{M}_n Z_n + M_c^0 \tag{8-19}$$

式中:M_c^0 是支座位移引起的基本结构的内力图。

【例8-5】 绘制如图8-10a所示刚架是由支座位移引起的弯矩图。刚架竖杆的弯曲刚度为EI,横梁弯曲刚度为$2EI$,用圆圈中1和2表示相对弯曲刚度。支座A位移:$a=2\text{cm}$,$b=1\text{cm}$,$\varphi=0.01(\text{rad})$。

【解】 在基本结构图8-10b中,有独立角位移Z_1和独立水平线位移Z_2。支座位移引起结构内力的位移法典型方程为

$$\begin{cases} r_{11}Z_1 + r_{12}Z_2 + R_{1c} = 0 \\ r_{21}Z_1 + r_{22}Z_2 + R_{2c} = 0 \end{cases}$$

系数 r_{ij} 与算例 8-3 相同,它们是

$$r_{11} = 2.4EI(\text{kN}\cdot\text{m/rad}),\ r_{12} = 0.093EI(\text{kN}\cdot\text{m/m})$$

$$r_{21} = 0.093EI(\text{kN/rad}),\ r_{22} = 0.207(\text{kN/m})$$

自由项R_{1c}和R_{2c}表示基本结构A支座发生位移时在附加约束上产生的反力或反力矩。图M_a、图M_b和图M_φ分别表示A支座发生$a=2\text{cm}$,$b=1\text{cm}$,$\varphi=0.01\text{rad}$时基本结构的内力图。图M_a、图M_b和图M_φ可用表8-1计算。$M_a+M_b+M_\varphi$表示A支座发生位移时基本结构内力图的和。由图8-10d、e,根据平衡条件得

$$\sum M = 0,\ R_{1c} = 0.0064EI + 0.0012EI = 0.0076EI$$

$$\sum X = 0,\ R_{2c} = -0.00336EI$$

位移法典型方程为

$$2.4Z_1 + 0.093Z_2 + 0.0076 = 0$$

$$0.093Z_1 + 0.207Z_2 - 0.00336 = 0$$

方程的解为

$$Z_1 = -0.386\times 10^{-2}\,\text{rad},\ Z_2 = 1.797\times 10^{-2}\,\text{m}$$

原结构支座 A 发生位移时的最终弯矩图,采用叠加法计算。

$$M_c = \overline{M}_1 Z_1 + \overline{M}_2 Z_2 + M_c^0$$

上式中 $M_c^0 = M_a + M_b + M_\varphi$。计算过程见表 8-6 所列,最终弯矩图如图 8-10f 所示。

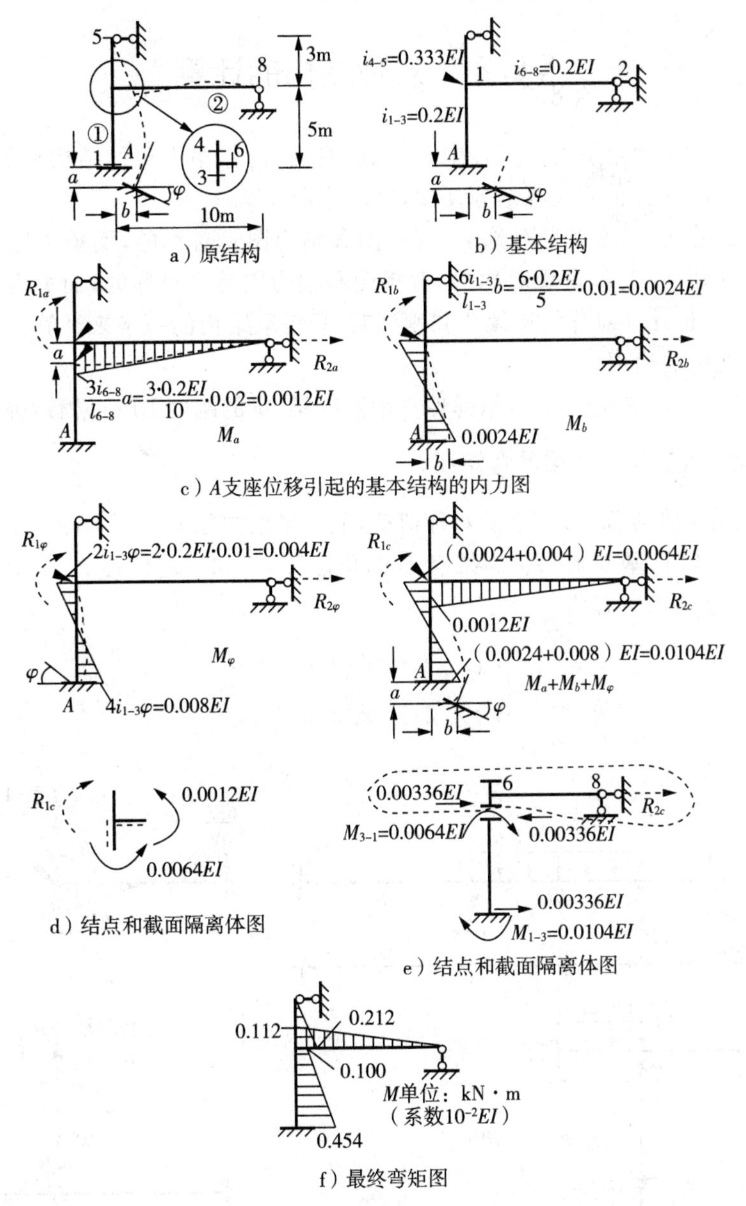

图 8-10　刚架 A 支座位移

表 8-6　叠加法计算弯矩图

点号	$\overline{M}_1$	$\overline{M}_1 Z_1$	$\overline{M}_2$	$\overline{M}_2 Z_2$	$M_a+M_b+M_\varphi$	M_c
1	−0.4	0.155	0.24	0.431	−1.04	−0.454
3	0.8	−0.309	−0.24	−0.431	0.64	−0.100
4	−1.0	0.386	−0.333	−0.598	0.0	−0.212
5	0.0	0.0	0.0	0.0	0.0	0.0
6	−0.6	0.232	0.0	0.0	−0.12	0.112
8	0.0	0.0	0.0	0.0	0.0	0.0
因子	EI	$10^{-2}EI$	EI	$10^{-2}EI$	$10^{-2}EI$	$10^{-2}EI$

§8.8 对称结构的计算

对称的连续梁和刚架结构在工程中有广泛的应用。作用于对称结构上的任意荷载，可以分为对称荷载和反对称荷载两部分叠加，然后分别计算。

在对称荷载作用下：变形是对称的，弯矩图和轴力图是对称的，而剪力图是反对称的。在反对称荷载作用下：变形是反对称的，弯矩图和轴力图是反对称的，而剪力图是对称的。利用 §7-4 的结论计算对称的连续梁和刚架时，只需取结构的一半来计算。本节主要讨论对称性在位移法中的运用。

【例 8-6】 计算图 8-11a 所示弹性支承连续梁，梁的刚度 $EI=$常数，弹性支承的刚度 $k=\frac{EI}{10m^3}$，绘制弹性支承连续梁的弯矩图。

【解】 该结构是对称结构，承受对称荷载，取一半结构如图 8-11b 所示，C 处为滑动支座。用位移法求解时，基本未知量为结点 B 的角位移 Z_1 和竖向位移 Z_2，基本体系如图 8-11c 所示。位移法典型方程为

$$\begin{cases}r_{11}Z_1+r_{12}Z_2+R_{1P}=0\\r_{21}Z_1+r_{22}Z_2+R_{2P}=0\end{cases}$$

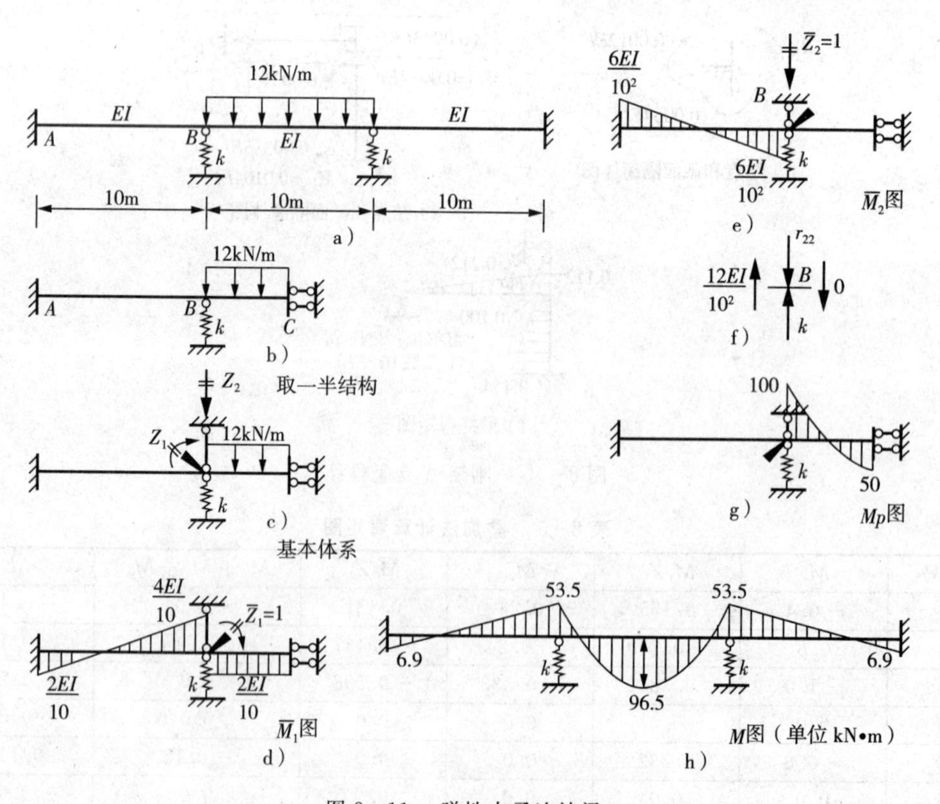

图 8-11 弹性支承连续梁

根据表 8-1 绘制基本结构的 $\overline{M}_1$ 图、$\overline{M}_2$ 图、M_P^0 图（如图 8-11d、图 8-11e、图 8-11g 所

示)，可求得

$$r_{11}=\frac{6EI}{10m},r_{12}=r_{21}=-\frac{6EI}{100m^2}$$

$$r_{22}=\frac{12EI}{(10m)^3}+k=\frac{12EI}{1000m^3}+\frac{EI}{10m^3}=\frac{112EI}{1000m^3}$$

$$R_{1P}=-100\text{kN}\cdot\text{m},R_{2P}=-60\text{kN}$$

将上述系数代入典型方程，得

$$\frac{6EI}{10m}Z_1-\frac{6EI}{100m^2}Z_2-100\text{kN}\cdot\text{m}=0$$

$$-\frac{6EI}{100m^2}Z_1+\frac{112EI}{1000m^3}Z_2-60\text{kN}=0$$

解上式，得

$$Z_1=\frac{232.7\text{kN}\cdot\text{m}^2}{EI},Z_2=\frac{660.4\text{kN}\cdot\text{m}^3}{EI}$$

由叠加法 $M_P=\overline{M}_1Z_1+\overline{M}_2Z_2+M_P^0$ 可绘制最终的弯矩图，如图8-11h所示。

习　题

8-1　用位移法解如图8-12所示结构，求出未知量，各杆 EI 相同。

8-2　如图8-13所示结构，设 $P_1=40\text{kN}$，$P_2=90\text{kN}$，各杆 $EI=24000\text{kN}\cdot\text{m}^2$，用位移法作弯矩图。

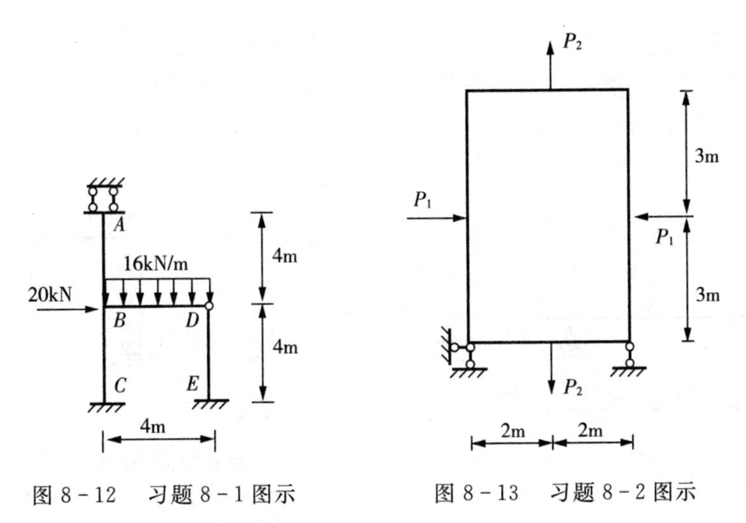

图8-12　习题8-1图示　　图8-13　习题8-2图示

8-3　用位移法作图8-14所示结构 M 图。EI 为常数。

8-4　用位移法作图8-15所示结构 M 图。EI 为常数。

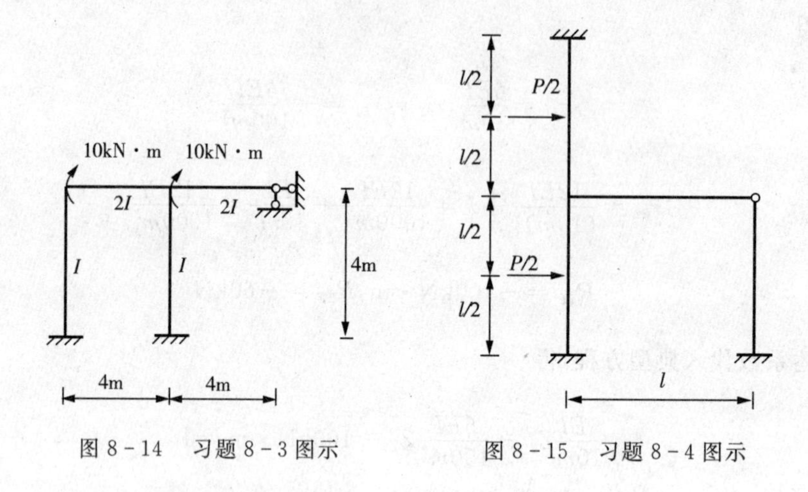

图 8-14　习题 8-3 图示　　　　图 8-15　习题 8-4 图示

8-5　用位移法计算图 8-16 所示结构，并作 M 图。

8-6　用位移法计算图 8-17 所示结构，并作 M 图，EI 为常数。

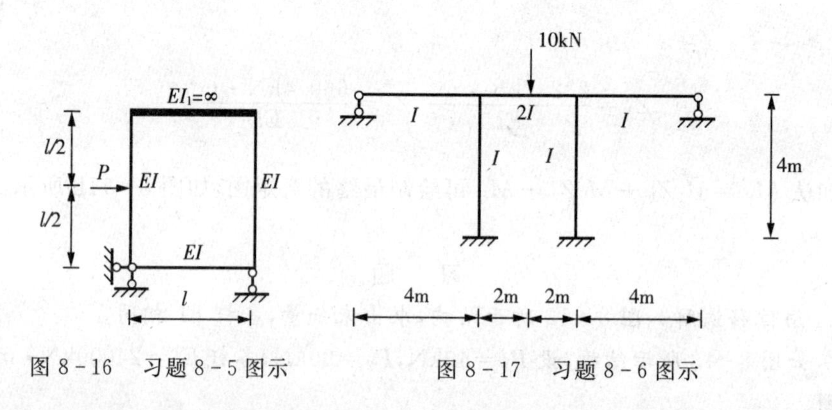

图 8-16　习题 8-5 图示　　　　图 8-17　习题 8-6 图示

8-7　求图 8-18 所示结构 B、C 两截面的相对角位移，各杆 EI 为常数。

8-8　已知图 8-19 所示结构在荷载作用下结点 A 产生的角位移 $\varphi_A = Pl^2/(22EI)$（逆时针方向），试作 M 图。

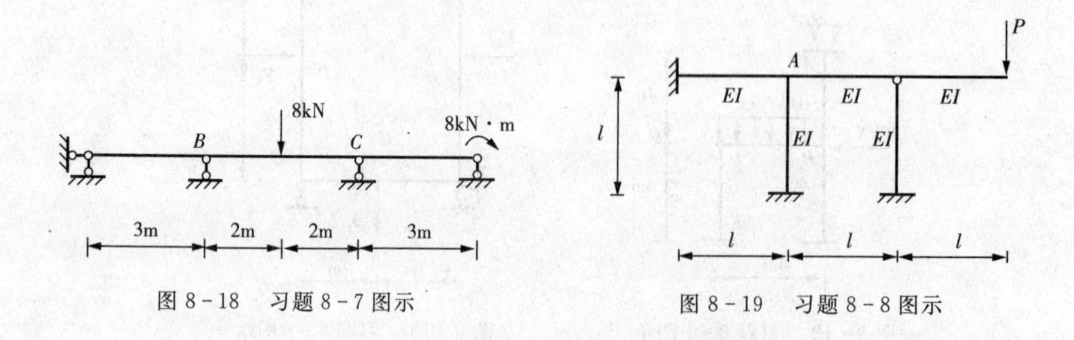

图 8-18　习题 8-7 图示　　　　图 8-19　习题 8-8 图示

8-9　已知图 8-20 所示结构结点位移 $Z_1 = ql^4/36EI$，作 M 图。EI 为常数。

8-10　用位移法作图 8-21 所示结构 M 图，横梁刚度 $EA \to \infty$，两柱线刚度均为 i。

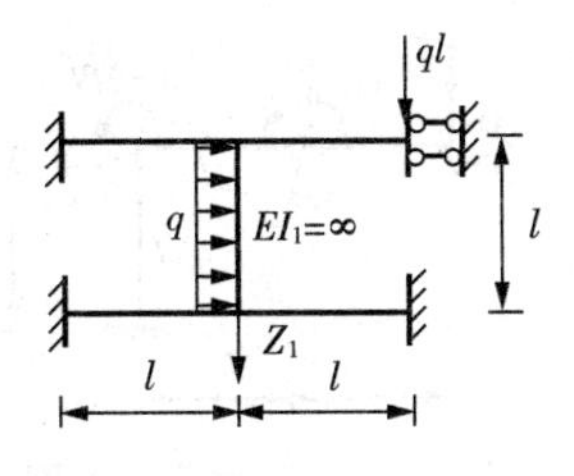

图 8-20　习题 8-9 图示

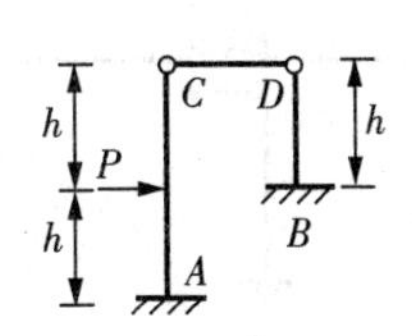

图 8-21　习题 8-10 图示

8-11　试确定图 8-22 所示结构位移法基本未知量数目和基本结构。两根链杆 a 和 b 需考虑轴向变形影响。

8-12　根据位移法基本原理，草绘图 8-23 所示结构最后弯矩图。

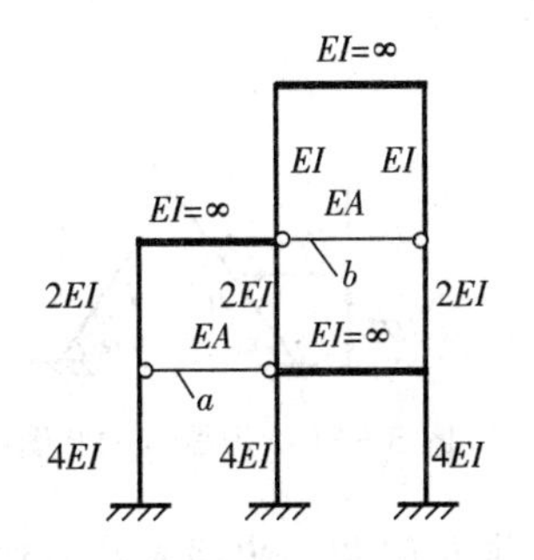

图 8-22　习题 8-11 图示

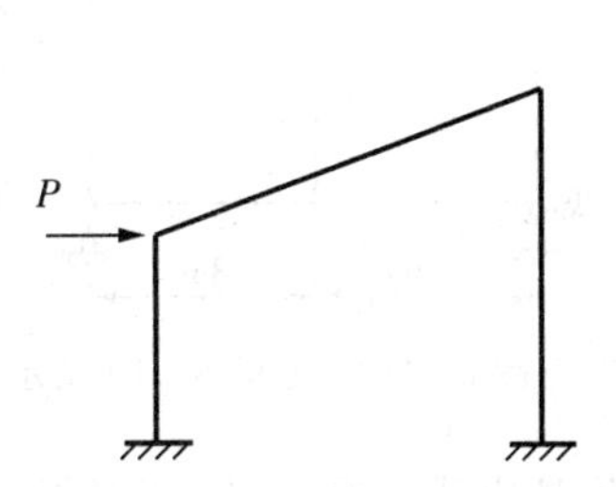

图 8-23　习题 8-12 图示

8-13　如图 8-24 所示，已知结点 C 的转角和水平位移分别为 $Z_1=50/(7EI)$（顺时针方向），$Z_2=80/(7EI)$（→），试作出结构的 M 图。EI 为常数。

8-14　用位移法作图 8-25 所示结构 M 图。EI 为常数。

8-15　用位移法计算图 8-26 所示结构，作 M 图。

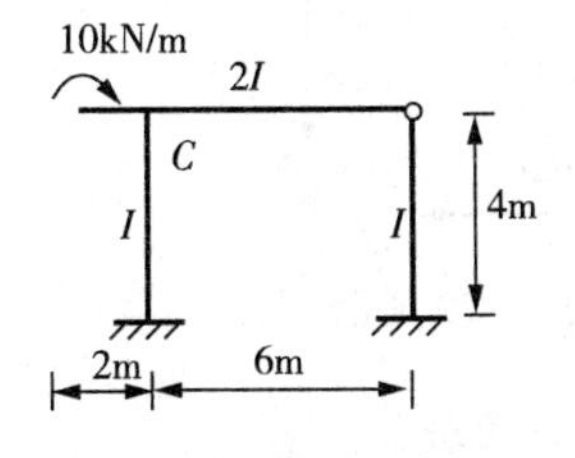

图 8-24　习题 8-13 图示

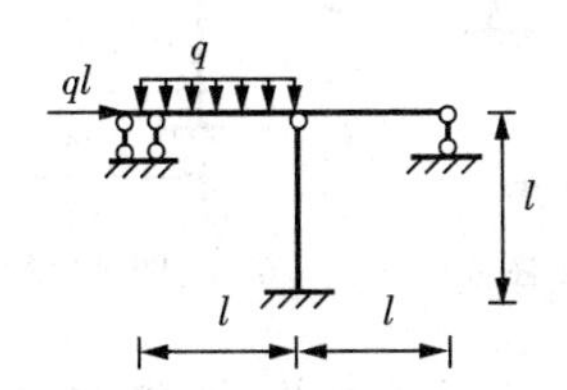

图 8-25　习题 8-14 图示

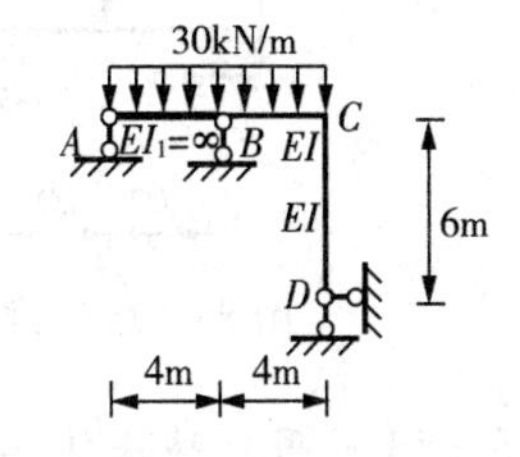

图 8-26　习题 8-15 图示

8-16　列出用位移法并利用对称性计算图 8-27 所示刚架的基本结构及典型方程（各杆的 EI 为常数）。

8-17　用位移法计算图 8-28 所示结构，并作 M 图。各杆刚度为 EI，杆长为 l。

8-18　计算图 8-29 所示结构位移法典型方程式中的系数 r_{11} 和自由项 R_{2P}（各杆的 EI 为常数）。

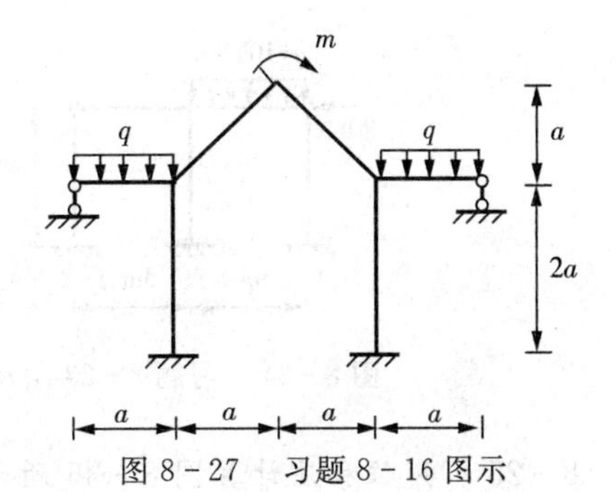

图 8-27　习题 8-16 图示

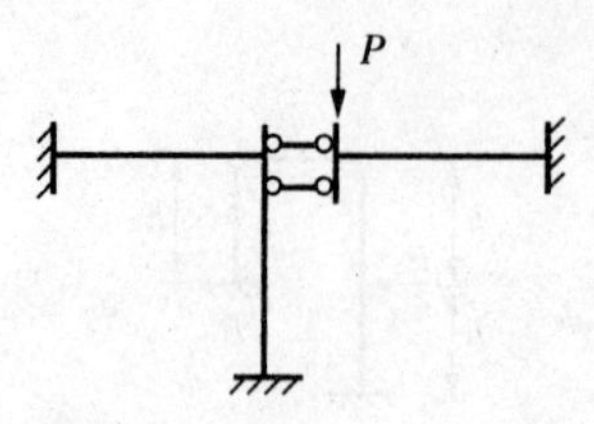

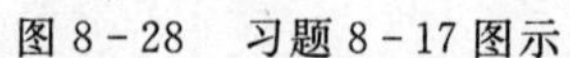

图 8-28 习题 8-17 图示

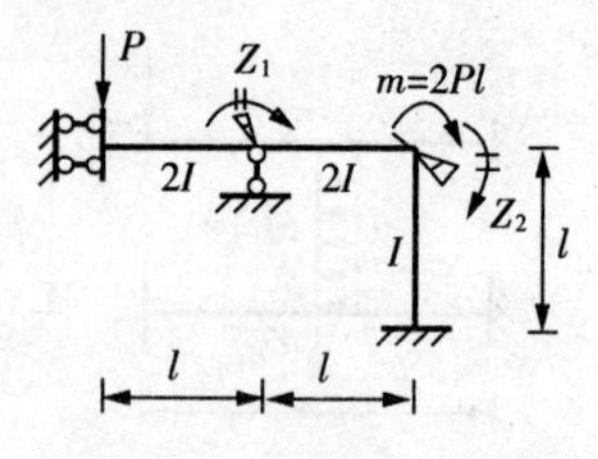

图 8-29 习题 8-18 图示

8-19 用位移法作图 8-30 所示结构的 M 图。设各杆的相对线刚度为 2，其余各杆的相对线刚度为 1。

8-20 用位移法作图 8-31 所示结构 M 图，$P=20\text{kN}$，$l=6\text{m}$。

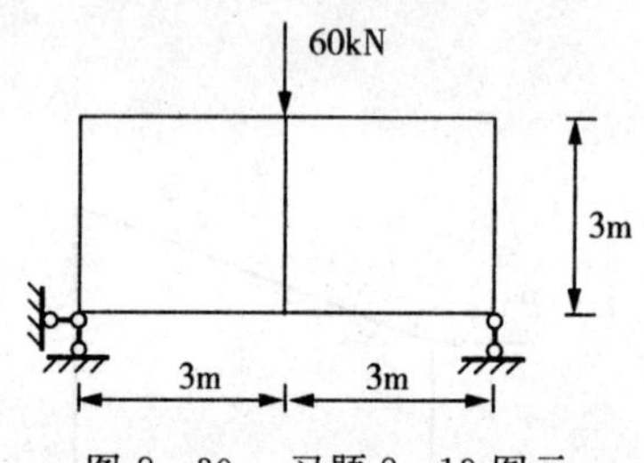

图 8-30 习题 8-19 图示

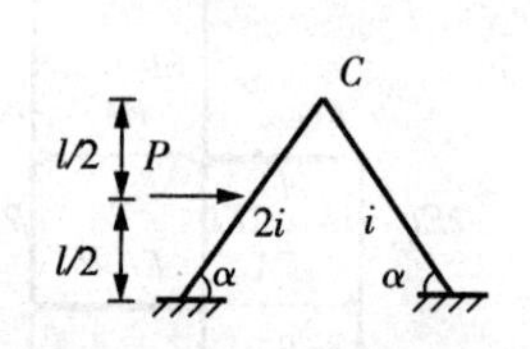

图 8-31 习题 8-20 图示

8-21 用位移法计算图 8-32 所示连续梁并作出 M 图。中间支座为弹性支座，其刚度系数 $k=5EI/l^3$，EI 为常数。

8-22 用位移法计算图 8-33 所示结构，并作出 M 图。

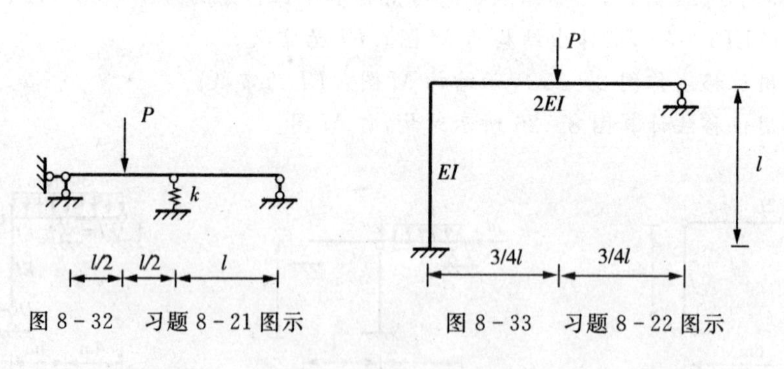

图 8-32 习题 8-21 图示　　图 8-33 习题 8-22 图示

8-23 用位移法计算图 8-34 所示结构，并作 M 图。EI 为常数。

8-24 用位移法计算图 8-35 所示结构，并作出 M 图。EI 为常数。

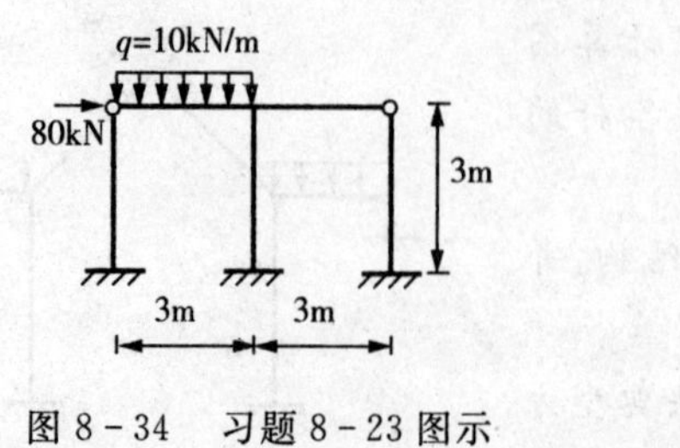

图 8-34 习题 8-23 图示

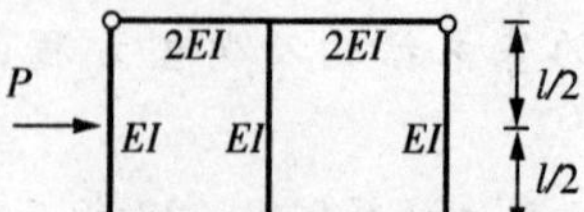

图 8-35 习题 8-24 图示

8-25 用位移法计算图 8-36 所示刚架，作 M 图。各杆 EI 为常数，$q=20\text{kN/m}$。

8-26　用位移法计算图8-37所示刚架，作M图。各杆EI为常数，$P=8\text{kN}$，$q=12\text{kN/m}$。

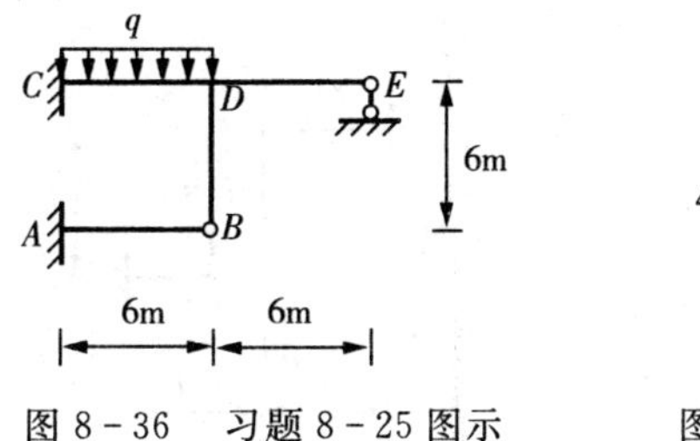

图8-36　习题8-25图示

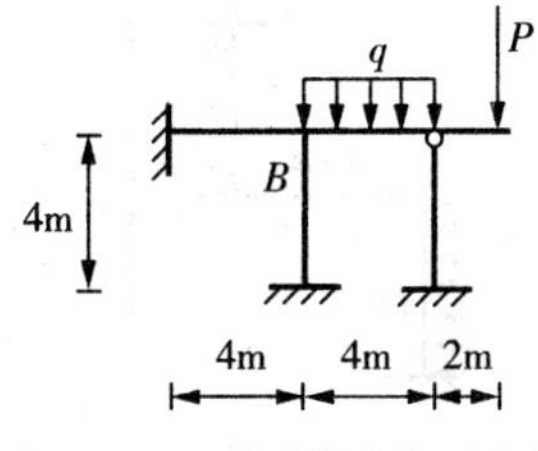

图8-37　习题8-26图示

8-27　用位移法作图8-38所示结构M图。EI为常数。

8-28　用位移法计算图8-39所示结构，并作M图。EI为常数。

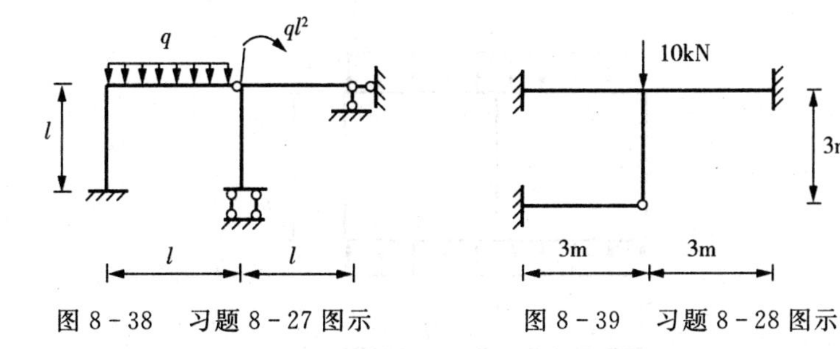

图8-38　习题8-27图示　　图8-39　习题8-28图示

8-29　用位移法作图8-40所示结构M图。已知典型方程的系数$r_{11}=11EI/4$，自由项$R_{1P}=22\text{kN}\cdot\text{m}$，$EI$为常数。

8-30　计算图8-41所示结构，并作出M图。EI为常数。

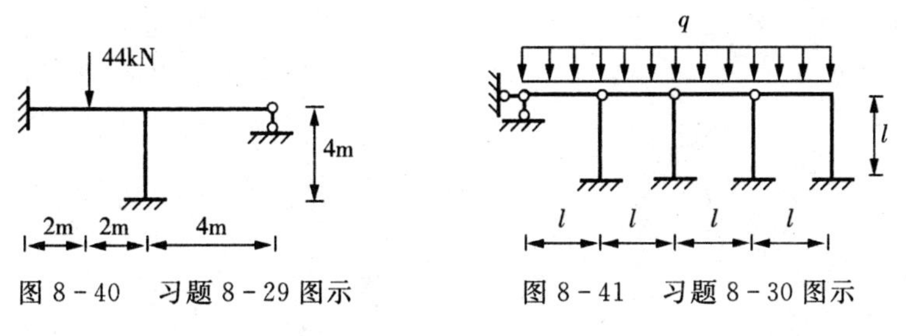

图8-40　习题8-29图示　　图8-41　习题8-30图示

8-31　用位移法计算图8-42所示结构，并作出M图。EI为常数。

8-32　用位移法计算图8-43所示结构，并作出M图。EI为常数。

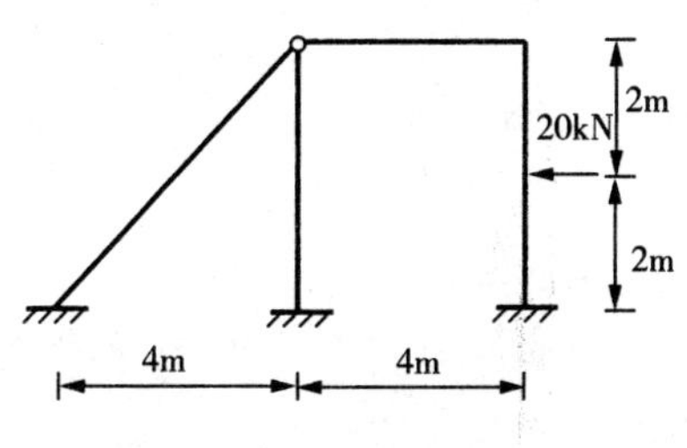

图8-42　习题8-31图示

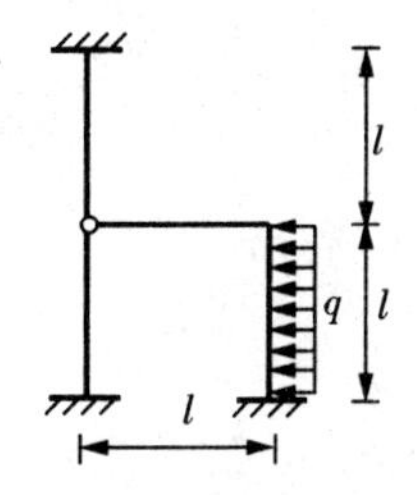

图8-43　习题8-32图示

8－33　用位移法计算图 8－44 所示结构，并作 M 图。

8－34　用位移法计算图 8－45 所示结构，并作 M 图。

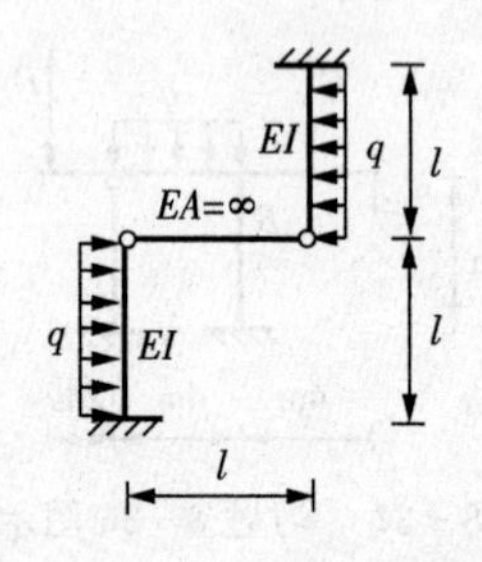

图 8－44　习题 8－33 图示

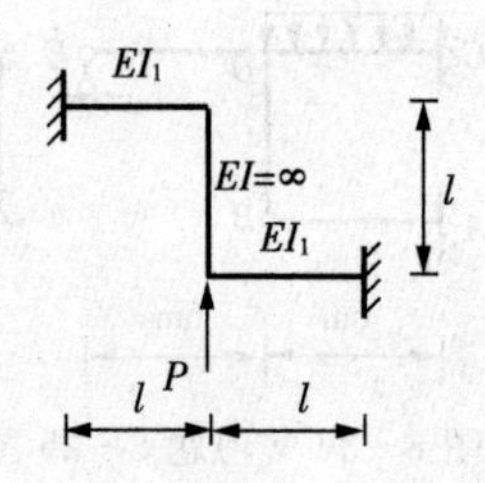

图 8－45　习题 8－34 图示

8－35　用位移法作图 8－46 所示结构 M 图。EI 为常数。

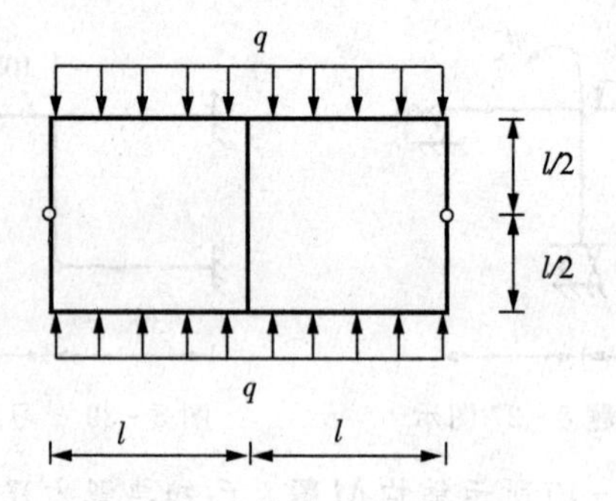

图 8－46　习题 8－35 图示

第 9 章　力矩分配法

§9.1　概　　述

力矩分配法的理论基础来自位移法，属于位移法的近似计算方法。其适用范围为连续梁和无结点线位移的结构。本章将介绍有关力矩分配法的几个相关概念和基本原理。

1. 转动刚度

转动刚度表示杆端对转动的抵抗能力。杆端的转动刚度以 S 表示，在数值上等于使杆端产生单位转角时需要施加的力矩。图 9-1 给出了等截面杆件在 A 端的转动刚度 S_{AB} 的数值。关于 S_{AB}，应当注意以下几点：

(1) 在 S_{AB} 中 A 点是施力端，B 点称为远端。

(2) S_{AB} 是指施力端 A 产生单位角位移（没有线位移）时的转动刚度。

(3) 在图 9-1 中，A 端画成铰支座，目的是强调 A 端只能转动，不能移动。

由图 9-1 得到各种情况下杆件的转动刚度分别如下（i：线刚度，$i=\dfrac{EI}{l}$）：

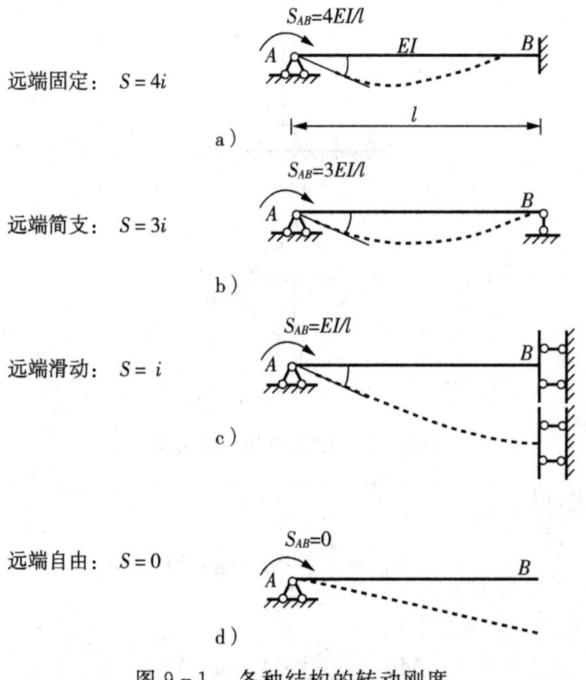

图 9-1　各种结构的转动刚度

2. 分配系数

如图 9-2 所示，三杆 AB、AD、AC 在刚结点 A 处连接在一起。远端 B、C、D 端分别为固定端、滑动支座、铰支座。

假设有外荷载 M 作用在 A 端，使结点 A 产生转角 θ_A，然后达到平衡。试求杆端弯矩 M_{AB}、M_{AC}、M_{AD}。

由转动刚度的定义可知：

$$M_{AB}=S_{AB}\theta_A=4i_{AB}\theta_A$$
$$M_{AC}=S_{AC}\theta_A=i_{AC}\theta_A$$
$$M_{AD}=S_{AD}\theta_A=3i_{AD}\theta_A$$

取结点 A 作隔离体，由平衡方程 $\sum M=0$，得

$$M=S_{AB}\theta_A+S_{AC}\theta_A+S_{AD}\theta_A$$
$$\theta_A=\frac{M}{S_{AB}+S_{AC}+S_{AD}}=\frac{M}{\sum\limits_A S}$$

式中：$\sum\limits_A S$ 表示各杆 A 端转动刚度之和。

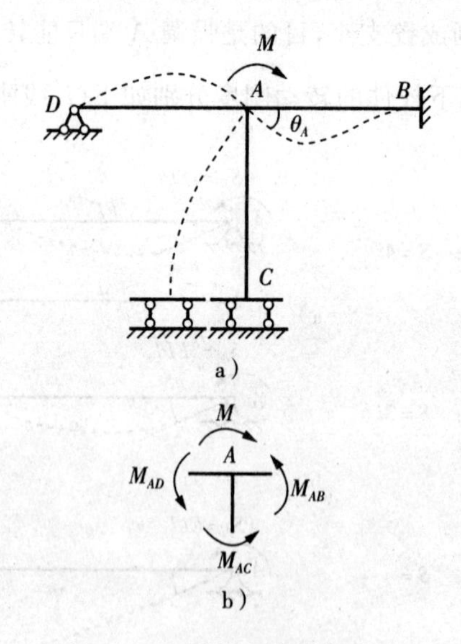

图 9-2　刚结点作用外力偶

将 θ_A 值代入上式，得

$$M_{AB}=\frac{S_{AB}}{\sum\limits_A S}M=\mu_{AB}M$$

$$M_{AC}=\frac{S_{AC}}{\sum\limits_A S}M=\mu_{AC}M$$

$$M_{AD}=\frac{S_{AD}}{\sum\limits_A S}M=\mu_{AD}M$$

由上式可以得出各杆 A 端的弯矩与各杆的转动刚度成正比，即

$$M_{Aj}=\mu_{Aj}M$$

μ_{Aj} 称为分配系数，其中 j 可以是远端 B、C、D。μ_{AB} 称为杆 AB 在 A 端的分配系数，即等于杆 AB 的转动刚度与交于 A 点的各杆的转动刚度之和的比值，即 $\mu_{AB}=\dfrac{S_{AB}}{\sum\limits_{A}S}$。

注意：同一结点各杆分配系数之和应等于 1，即

$$\sum_{A}\mu_{Aj}=\mu_{AB}+\mu_{AC}+\mu_{AD}=1$$

总之，作用于结点 A 的力偶荷载 M 按各杆端的分配系数分配于各杆的 A 端。

3. 传递系数

在图 9－2 中，力偶荷载 M 作用于结点 A，使各杆近端产生弯矩，同时也使各杆远端产生弯矩。由位移法的刚度方程可得杆端弯矩的具体数值如下：

$$M_{AB}=4i_{AB}\theta_A,M_{BA}=2i_{AB}\theta_A$$

$$M_{AC}=i_{AC}\theta_A,M_{CA}=-i_{AC}\theta_A$$

$$M_{AD}=3i_{AD}\theta_A,M_{DA}=0$$

将远端弯矩和近端弯矩的比值用 C_{AB} 表示，称为传递系数。对等截面杆件来说，传递系数 C 随远端的支承情况而定，即

远端固定：　$C=0.5$；

远端简支：　$C=0$；

远端滑动：　$C=-1$。

一旦已知传递系数和近端弯矩，远端弯矩自然可求出：

$$M_{BA}=C_{AB}M_{AB}$$

就图 9－2 所示问题的计算方法归纳如下：结点 A 作用的力偶荷载 M 按各杆的分配系数给各杆的近端，远端弯矩等于近端弯矩乘以传递系数 C_{AB}。

§9.2　力矩分配法的基本原理

先从具有一个结点角位移的连续梁考虑，两跨连续梁如图 9－3a 所示。

在力矩分配法中，不需列方程计算，直接计算各杆的杆端弯矩。杆端弯矩以顺时针为正。计算步骤表述如下：

(1) 锁定：假想先在结点 B 处加一个阻止转动的刚臂（即限制其转动），如图 9－3b 所示，然后再加荷载，此时，只有 AB 跨有变形；在此步骤中，约束的存在使连续梁变成两个单跨梁。在被锁住的结点 B 上，通过 AB 跨的固端弯矩 M_{BA}^{F}，再由图 9－3a 中的 BC 跨，得 BC 的固

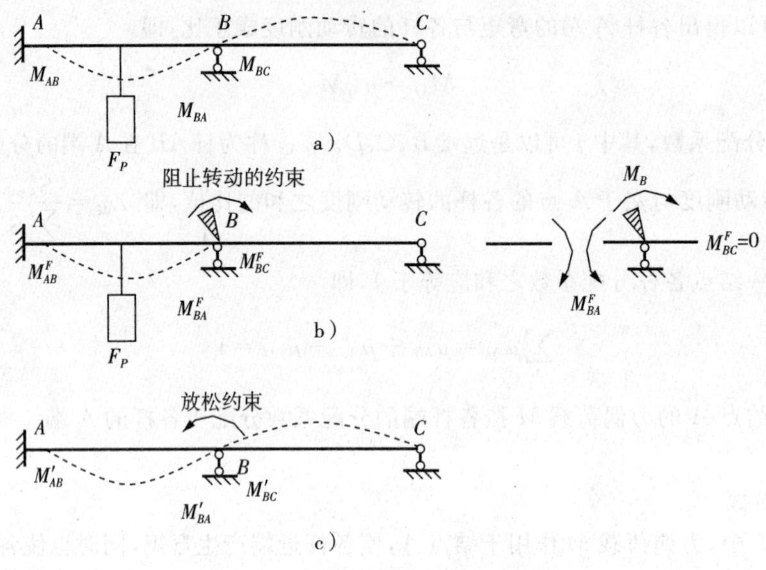

图 9-3 单结点的力矩分配过程

端弯矩为 $M^F_{BC}=0$，由 $\sum M_B=0$（即 $M_B=M^F_{BA}+M^F_{BC}$）得到结点 B 的约束力矩 M_B；约束力矩等于固端弯矩之和，以顺时针为正。

（2）放松：连续梁的结点 B 原来无约束，也不存在约束力矩 M_B，要与原结构相吻合，须去掉约束处的约束力矩，如图 9-3c 所示。通过放松结点，即在 B 结点上施加反方向的约束力矩，也就是不平衡力矩（$-M_B$）。这时在结点 B 上就有一外力偶作用，根据前面的步骤进行分配以及传递。

（3）叠加：把以上两步的情况进行叠加，就得到与原图（如图 9-3a 所示）相同的变形和荷载。因此，把图 9-3b 与图 9-3c 中的杆端弯矩相叠加，就得到实际的杆端弯矩（如图 9-3a 所示）。

力矩分配法的物理概念简述如下：

先在刚结点 B 上加上阻止转动的约束，把连续梁分为单跨梁，求出杆端产生的固端弯矩。结点 B 各杆固端弯矩之和即为约束力矩 M_B。去掉约束（相当于在结点 B 上新加 $-M_B$），求出各 B 端新产生的分配力矩和远端新产生的传递力矩。叠加各杆端记下的力矩就得到实际杆端弯矩。

对于多结点的连续梁和刚架，只要逐个对每一个结点应用单结点力矩分配法的基本运算步骤，就可求出杆端弯矩。

如图 9-4a 所示为一个三跨连续梁，结构的外荷载是在 BC 跨上施加荷载，变形如图 9-4a 所示，下面说明分析过程。

用力矩分配法计算多跨连续梁是利用单结点力矩分配法的基本运算步骤，即放松结点进行分配、传递，循环进行，直到最后分配的弯矩很小，满足精度要求，便可停止计算，然后把杆端的固端弯矩、分配弯矩、传递弯矩相加便得到杆端的最后弯矩，故此力矩分配法也称渐近计算法。具体计算步骤如下：

第一步，锁定。先在结点 BC 上加约束，阻止结点转动，然后施加荷载（如图 9-4b 所示），这时由于约束的存在使得连续梁被分成三个单跨梁，仅 BC 一跨有变形，如图 9-4b 中虚线所示。

第二步，放松。去掉结点 B 的约束（即放松 B 结点），如图 9-4c 所示，此时结点 C 仍有约束，这时结点 B 将有转角，累加的总变形如图 9－4c 中虚线所示。

第三步，循环。重新将 B 点锁住，然后去掉结点 C 的约束。累加的总变形如图 9－4d 中虚线所示，此时的变形已比较接近实际情况的变形。

以此类推，再重复第二步和第三步，即轮流去掉结点 B 和结点 C 的约束，则连续梁的变形和内力很快就达到实际的状态。

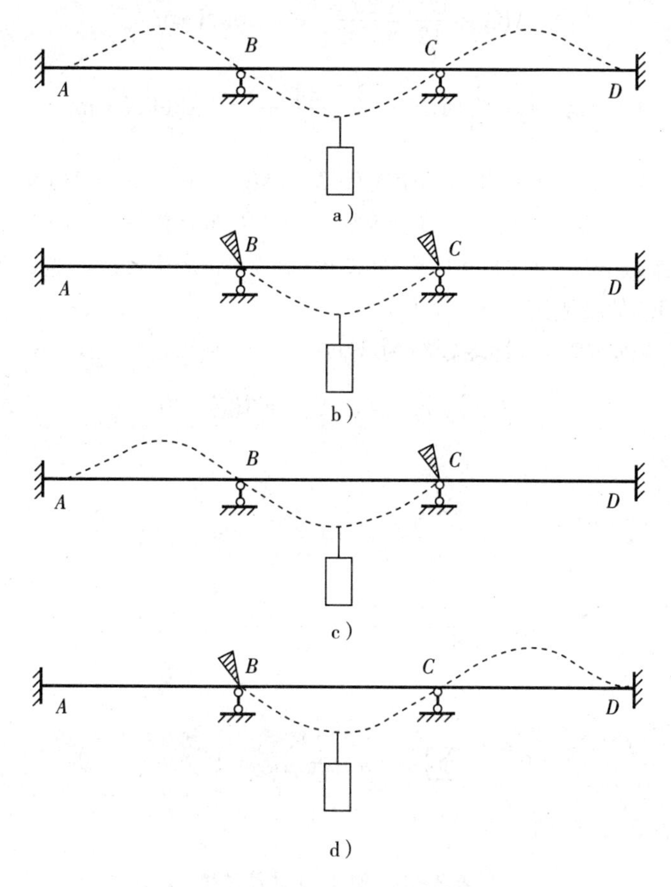

图 9－4　三跨连续梁的力矩分配过程

最后，叠加。将各项步骤所得的杆端弯矩进行叠加，即得到所求的杆端弯矩。

注意：结点不平衡力矩和附加约束处的约束力矩大小相同但方向相反，正确计算分配系数和传递系数，特别要注意符号问题。

§9.3　应用举例

【例 9－1】　用力矩分配法计算图 9－5 所示连续梁，绘其弯矩图。EI＝常数。

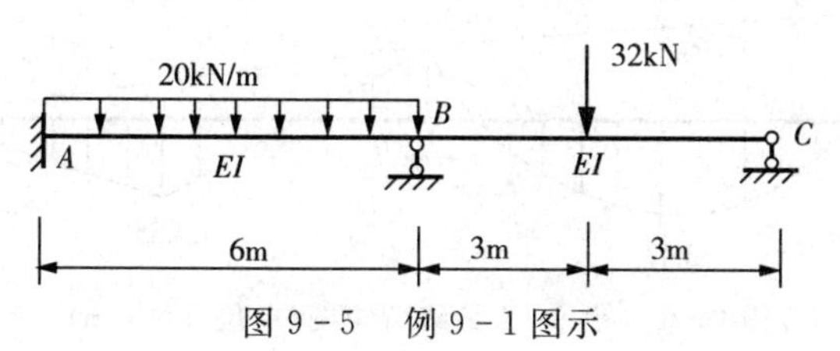

图 9－5　例 9－1 图示

【解】 (1) 先在结点 B 上加上阻止转动的约束，计算由荷载产生的固端弯矩，计算结果如下：

$$M_{AB}^{F}=-\frac{ql^{2}}{12}=-\frac{20\times 6^{2}}{12}=-60\text{kN}\cdot\text{m}$$

$$M_{BA}^{F}=\frac{ql^{2}}{12}=\frac{20\times 6^{2}}{12}=60\text{kN}\cdot\text{m}$$

$$M_{BC}^{F}=-\frac{3}{16}PL=-\frac{3\times 32\times 6}{16}=-36\text{kN}\cdot\text{m}$$

在结点 B 处，各杆端弯矩总和为约束力矩 M_B，$M_B=60-36=24\text{kN}\cdot\text{m}$。

(2) 放松结点 B，这相当于在结点 B 上施加一个外力偶荷载 $-24\text{kN}\cdot\text{m}$。结点 B 上作用的力偶荷载，按分配系数分配于两杆的 B 端，并使远端(A 端) 产生传递力矩，具体演算如下。

杆 AB 和杆 BC 的线刚度相等，都为 i。

转动刚度(远端固定为 $4i$，远端铰结为 $3i$)：

$$S_{BA}=4i_{AB}=4i,S_{BC}=3i_{BC}=3i$$

分配系数：

$$\mu_{BA}=\frac{S_{BA}}{S_{BA}+S_{BC}}=\frac{4i}{4i+3i}=0.571$$

$$\mu_{BC}=\frac{S_{BC}}{S_{BA}+S_{BC}}=\frac{3i}{4i+3i}=0.429$$

校核：

$$\sum\mu=\mu_{BA}+\mu_{BC}=1$$

计算过程见表 9-1 所列。

表 9-1　例 9-1 计算过程

杆　端	AB	BA	BC	CB
分配系数 μ_{ij}		0.571	0.429	
固端弯矩 M_{ij}^{F}	−60	+60	−36	0
分配传递	−6.85 ←	−13.7	−10.3 →	0
最终弯矩	−66.85	46.30	−46.30	0

根据杆端弯矩绘弯矩图，如图 9-6 所示。

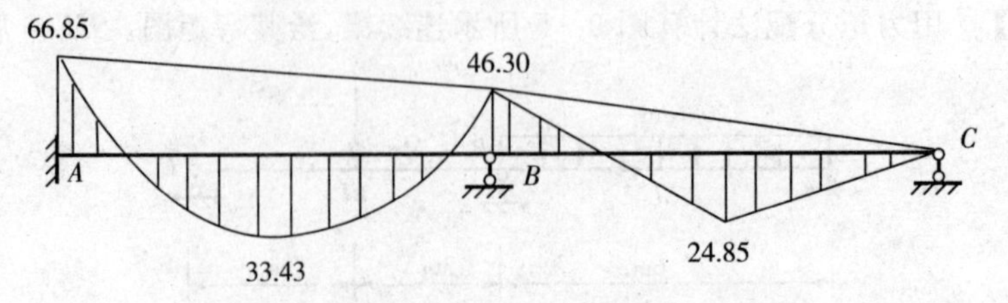

图 9-6　例 9-1 最终弯矩图(单位：kN·m)

【例9-2】 用力矩分配法计算图9-7所示连续梁，并绘弯矩图。

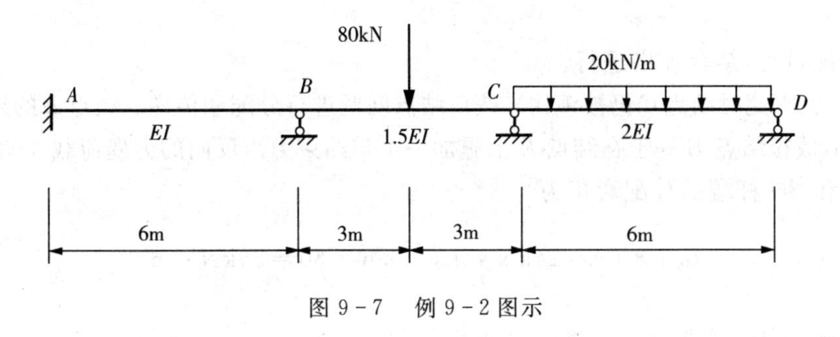

图9-7　例9-2图示

【解】 现按演算格式进行计算。

(1) 计算各结点的分配系数。因为在计算中只有 B、C 两个结点有角位移，在这两个结点施加约束并进行放松，所以只需计算结点 B、C 的分配系数，为简单起见，不妨设 $EI=1$。计算分配系数如下。

结点 B：

$$S_{BA}=4i_{BA}=4\times\frac{1}{6}=0.667$$

$$S_{BC}=4i_{BC}=4\times\frac{1.5}{6}=1$$

所以，分配系数：

$$\mu_{BA}=\frac{S_{BA}}{\sum\limits_{B}S}=\frac{0.667}{0.667+1}=0.4,\mu_{BC}=\frac{S_{BC}}{\sum\limits_{B}S}=\frac{1}{0.667+1}=0.6$$

验算：

$$\sum\mu=\mu_{BA}+\mu_{BC}=1$$

同理，结点 C：

$$S_{CB}=4i_{CB}=4\times\frac{1.5}{6}=1,S_{CD}=3i_{CD}=3\times\frac{2}{6}=1$$

$$\mu_{CB}=\frac{S_{CB}}{\sum\limits_{C}S}=\frac{1}{1+1}=0.5,\mu_{CD}=\frac{S_{CD}}{\sum\limits_{C}S}=\frac{1}{1+1}=0.5$$

验算：

$$\sum\mu=\mu_{CB}+\mu_{CD}=1$$

(2) 求固端弯矩，锁住结点 B、C。按单跨的超静定梁确定固端弯矩，计算如下：

$$M_{BC}^{F}=-\frac{1}{8}Pl=-\frac{1}{8}\times 80\times 6=-60\text{kN}\cdot\text{m}$$

$$M_{CB}^{F}=+\frac{1}{8}Pl=+\frac{1}{8}\times 80\times 6=+60\text{kN}\cdot\text{m}$$

$$M_{CD}^{F}=-\frac{1}{8}ql^{2}=-\frac{1}{8}\times20\times6^{2}=-90\text{kN}\cdot\text{m}$$

(3) 分配过程，结合表格进行。

放松结点 B(此时结点 C 仍被锁住)，按单结点问题进行分配和传递。结点 B 的约束力矩为 $-60\text{kN}\cdot\text{m}$，放松结点 B 等于在结点 B 上施加一个与约束力矩反向的力偶荷载 $+60\text{kN}\cdot\text{m}$。

BA 杆和 BC 杆端的分配弯矩为

$$0.4\times60=24\text{kN}\cdot\text{m},\quad 0.6\times60=36\text{kN}\cdot\text{m}$$

杆端 CB 的传递弯矩为 $\frac{1}{2}\times36=18\text{kN}\cdot\text{m}$

杆端 AB 的传递弯矩为 $\frac{1}{2}\times24=12\text{kN}\cdot\text{m}$

将以上分配和传递弯矩分别写在各杆端的相应位置，经过分配和传递，结点 B 已经平衡，可在分配弯矩的数字下面画一横线，以示区别，同时用箭头表示将分配弯矩传递到远端结点上，并写明各杆的远端弯矩。

(4) 重新锁住结点 B 并放松结点 C。

结点 C 的约束力矩为 $60-90+18=-12\text{kN}\cdot\text{m}$。

放松结点 C 等于在结点 C 上施加一个与约束力矩反向的力偶荷载 $12\text{kN}\cdot\text{m}$。CB、CD 两杆端的分配弯矩都是 $0.5\times12=6\text{kN}\cdot\text{m}$；杆端 BC 的传递弯矩为 $0.5\times6=3\text{kN}\cdot\text{m}$。将分配弯矩和传递弯矩按同样的方法表示于各杆端。

此时，结点 C 已经平衡，但结点 B 又有新的约束力矩。以上完成了力矩分配法的第一个循环，按此原理再进行弯矩分配，详细见表 9-2 所列。

(5) 将各杆的固端弯矩、历次的分配弯矩、传递弯矩相加，即得最后的杆端弯矩(如图 9-8 所示)。

表 9-2 例 9-2 计算过程

杆端	AB		BA	BC		CB	CD	DC
分配系数			0.4	0.6		0.5	0.5	
固端弯矩	0		0	−60		60	−90	0
弯矩分配与传递	12	←	24	36	→	18		
				3	←	6	6	
	−0.6	←	−1.2	−1.8	→	−0.9		
				0.23	←	0.45	0.45	
	−0.05	←	−0.09	−0.14	→	−0.07		
						0.04	0.04	
最终弯矩	11.35		22.71	−22.71		83.52	−83.52	0

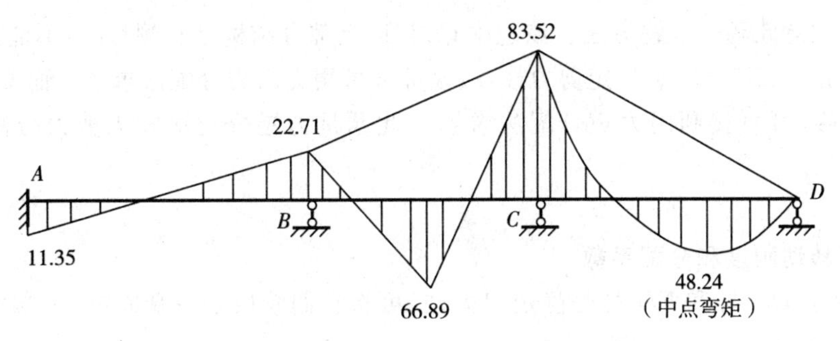

图 9-8　例 9-2 最终弯矩图

§9.4　无剪力分配法

在位移法中,刚架分为无侧移刚架与有侧移刚架两类。它们的区别是:前者的基本未知量只包含结点角位移;后者还包含结点线位移。

力矩分配法适用于连续梁和无侧移刚架,一般不能直接用于有侧移刚架。但对有些特殊的有侧移刚架,可以用与力矩分配法类似的无剪力分配法进行计算。

(1) 无剪力分配法的使用条件:结构中除了无侧移的杆外,其余的杆均为剪力静定杆。

无侧移杆:如果杆件两端线位移平行并且不与轴线垂直,则该杆为两端无相对线位移的杆,即无侧移杆(平动)。*EC*、*CF*、*DB* 杆均为无侧移杆,如图 9-9a 所示。

剪力静定杆指的是剪力可由截面投影平衡求出来的杆。*AB*、*BC* 杆均为剪力静定杆,如图 9-9a 所示。

两端无相对线位移的杆转动刚度、传递系数和固端弯矩确定,本章第一节已经讨论过,下面讨论剪力静定杆的转动刚度、传递系数和固端弯矩确定。

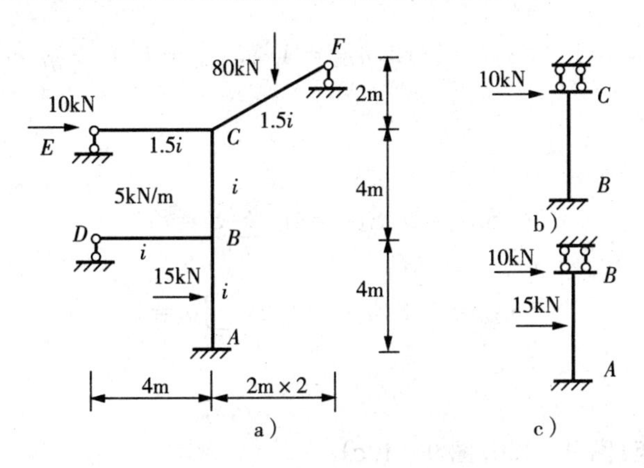

图 9-9　无剪力分配法概念

(2) 剪力静定杆的固端弯矩计算。

先由截面投影平衡求出杆端剪力,然后将杆端剪力看作由杆端荷载施加于杆端上,则该端按滑动支承,另一端固定的单跨梁计算固端弯矩,如图 9-9b、图 9-9c 所示。

(3) 剪力静定杆的转动刚度:$S=i$,传递系数:$C=-1$。

【例 9-3】　用无剪力分配法计算图 9-10a 所示刚架,绘 M 图。

【解】 注意此题的解题方法。该题中 CDE 以上部分结构是有侧移的,不能用力矩分配法求解。但由于 HF、FD 是静定剪力柱,故该部分可用无剪力分配法求解。而 CDE 以上部分结构无侧移,可直接利用力矩分配法求解。此题是力矩分配法和无剪力分配法的联合应用。

1. 计算转动刚度和分配系数

注意:由于 HF 杆和 FD 杆是静定剪力柱,可将它们看成是一端固定、一端滑动支承的杆,其转动刚度为 i,传递系数为 -1。

H 结点:

$$S_{HI}=3i,S_{HF}=i,\sum_{H}S=4i$$

$$\mu_{HI}=3/4,\mu_{HF}=1/4,\sum_{H}\mu=1$$

F 结点:

$$S_{FG}=3i,S_{FH}=i,S_{FD}=i,\sum_{F}S=5i$$

$$\mu_{FG}=3/5,\mu_{FH}=1/5,\mu_{FD}=1/5,\sum_{F}\mu=1$$

D 结点:

$$S_{DC}=3i,S_{DF}=i,S_{DA}=4i,S_{DE}=4i,\sum_{D}S=12i$$

$$\mu_{DC}=1/4,\mu_{DF}=1/12,\mu_{DA}=1/3,\mu_{DE}=1/3,\sum_{D}\mu=1$$

E 结点:

$$S_{ED}=4i,S_{EB}=4i,\sum_{E}S=8i$$

$$\mu_{ED}=1/2,\mu_{ED}=1/2,\sum_{E}\mu=1$$

2. 计算固端弯矩(图 9-10b、图 9-10c)

$$M_{DE}^{f}=-\frac{Pl}{8}=-\frac{1}{8}\times 80\times 6=-60\text{kN}\cdot\text{m}$$

$$M_{ED}^{f}=\frac{Pl}{8}=\frac{1}{8}\times 80\times 6=60\text{kN}\cdot\text{m}$$

$$M_{HF}^{f}=-\frac{ql^{2}}{6}=-\frac{10\times 6^{2}}{6}=-60\text{kN}\cdot\text{m}$$

$$M_{FH}^{f}=-\frac{ql^{2}}{3}=-\frac{10\times6^{2}}{3}=-120\text{kN}\cdot\text{m}$$

注意：计算 FD 杆的固端弯矩时，F 端还要承受上部 HF 杆传下来的剪力 $Q=10\times6=60\text{kN}$，此剪力当作外荷载作用在 FD 杆的 F 端，如图 9-10c 所示。

$$M_{FD}^{f}=-\frac{ql^{2}}{6}-\frac{Q}{2}l=-\frac{1}{6}\times10\times6^{2}-\frac{1}{2}\times60\times6=-240\text{kN}\cdot\text{m}$$

$$M_{DF}^{f}=-\frac{ql^{2}}{3}-\frac{Q}{2}l=-\frac{1}{3}\times10\times6^{2}-\frac{1}{2}\times60\times6=-300\text{kN}\cdot\text{m}$$

3. 分配、传递过程

分配、传递过程如图 9-10d 所示，此图中有 4 个刚结点，为加快计算收敛速度，可先放松不相邻结点 F、E，再放松 H、D 结点。

4. 绘 M 图

M 图如图 9-10e 所示。

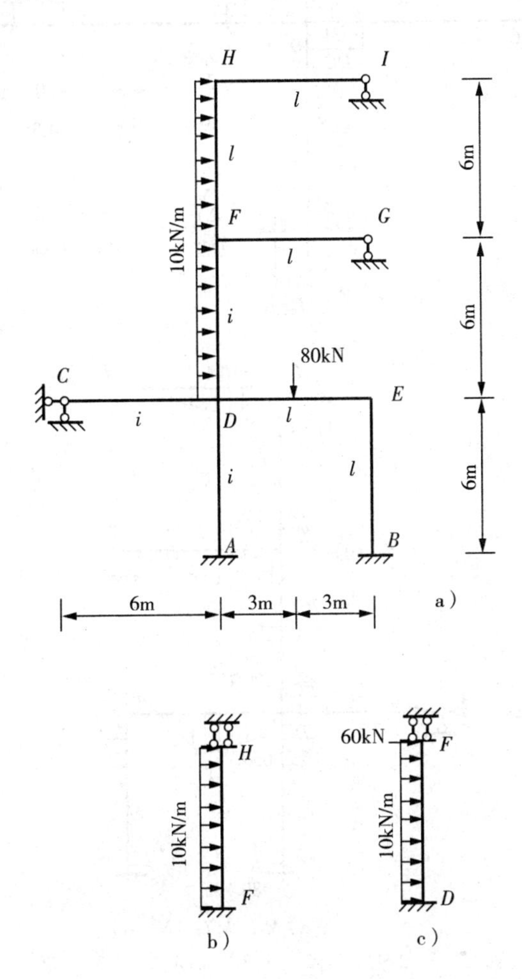

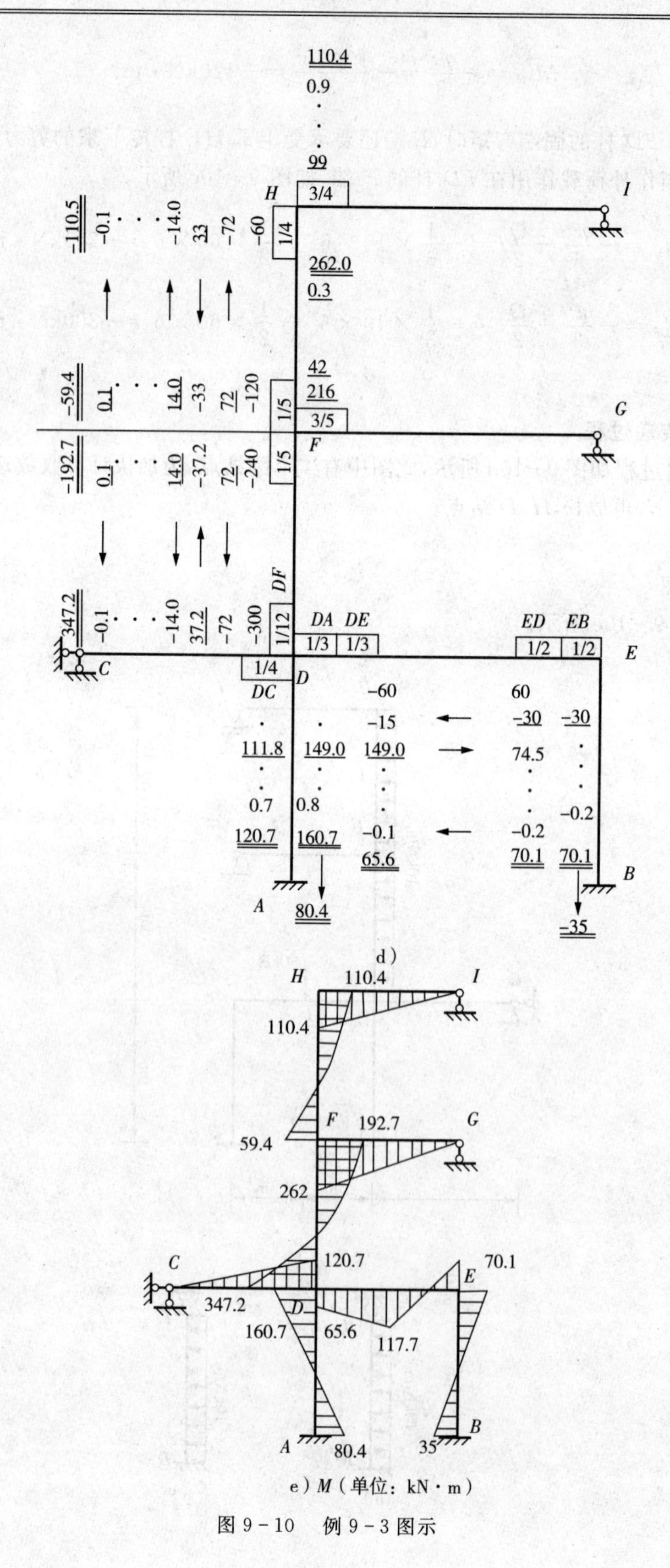

d）

e）M（单位：kN·m）

图 9-10　例 9-3 图示

§9.5　力矩分配法与位移法的联合应用

对于一般有结点线位移的刚架，上述的力矩分配法和无剪力分配法均不适用。为此，可联合应用力矩分配法与位移法求解，用力矩分配法时需考虑角位移的影响，用位移法时需考虑线位移的影响。现在以图 9－11a 所示刚架为例说明计算的原理。

首先，用位移法求解，但所取的基本体系只控制结点线位移，而不控制角位移。如图 9－11b 所示，以结点 E 的竖向线位移为基本未知量 Z_1，在 E 处加一链杆，即得位移法基本结构，如图 9－11b、图 9－11c 所示。

根据基本结构在 Z_1 及荷载共同作用下附加链杆上的反力为零的条件，可以建立典型方程为

$$r_{11}Z_1+R_{1P}=0$$

设 $i=EI/l$，则基本结构各杆在 D、F 端的转动刚度分别为

$$S_{DA}=4i,S_{DC}=i,S_{DB}=3i$$

$$S_{FD}=0,S_{FE}=3i,S_{FG}=3i$$

故分配系数为

$$\mu_{DA}=0.5,\mu_{DC}=0.125,\mu_{DE}=0.375,\mu_{FD}=0,\mu_{DA}=0.5,\mu_{DA}=0.5$$

利用力矩分配法做出基本结构在 $Z_1=1$ 及荷载单独作用下的弯矩，如图 9－11b、图 9－11c 所示。

求得典型方程系数：

$$r_{11}=\frac{27i}{8l^2},R_{1P}=-\frac{9P}{4},Z_1=\frac{2}{3}\frac{pl^2}{i}$$

由叠加法求得最终弯矩，绘制 M 图（如图 9－11d 所示）如下：

联合应用力矩分配法与位移法在很多情况下能明显减少基本未知量的数目，因为此时的基本未知量只有结点线位移。采用该联合方法时，其典型方程的物理意义与位移法对应结点线位移的基本方程的物理意义相同，由于基本结构没有结点线位移，可以采用力矩分配法计算。

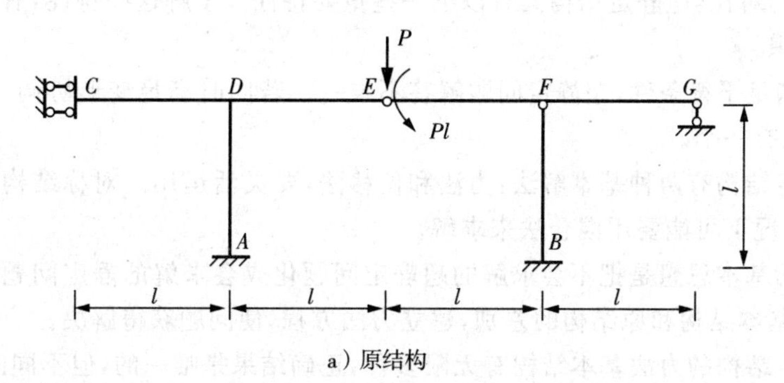

a）原结构

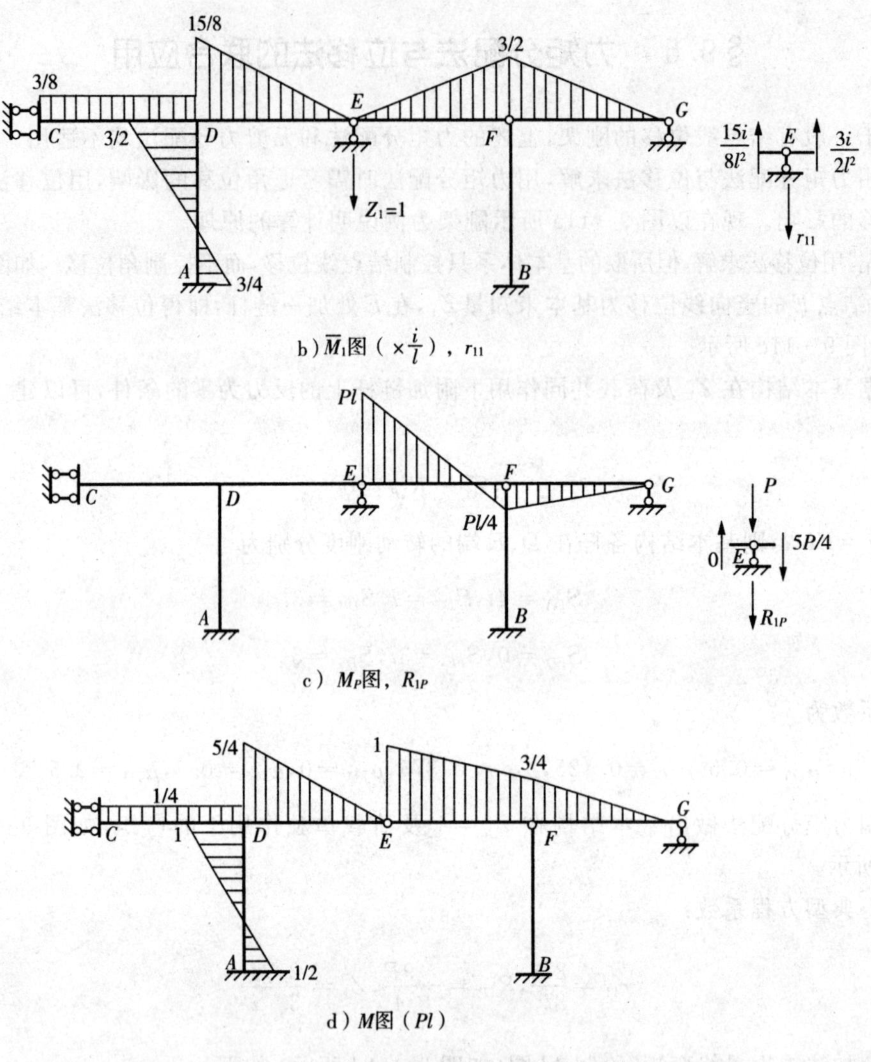

图 9-11　力矩分配法与位移法联合应用

§9.6　超静定结构总论

与静定结构对比，超静定结构具有以下一些重要特性。了解这些特性，有助于加深对超静定结构的认识。

(1) 若仅满足平衡条件，超静定问题解答不唯一。若同时满足变形协调、本构关系和平衡条件，解答只有一个。

(2) 超静定结构有两种基本解法：力法和位移法，要灵活运用。对称结构可能用联合法简单些，一些情况下可能要用混合法来求解。

(3) 力法的基本思想是把不会求解的超静定问题化成会求解的静定问题（内力、变形），然后通过消除基本结构和原结构的差别，建立力法方程，使问题获得解决。

(4) 超静定结构的力法基本结构有无限多种，正确结果是唯一的，但不同的基本结构，其计算的工作量可能不同。合理选取基本结构才能既快又准地获得解答，这主要靠练习过程中及时总结经验来积累。

(5) 当然，力法的解题步骤不是一成不变的，顺序可略有变动。但超静定次数、取基本结构如果错了，整个求解自然就错了。这说明切不可忽视结构几何组成分析的作用。

(6) 应该养成对计算结果的正确性进行检查的良好习惯。对力法来说，除每一步应认真细致检查外，最后的总体检查也是必要的。总体检查主要是检查变形协调条件是否满足，这实际上是位移计算问题。超静定结构的位移计算可以看成是基本结构的位移计算，当外因是支座移动或温度改变等时，切忌忽视基本结构上有外因作用，位移计算时必须用多因素位移公式。

(7) 对称结构往往利用对称性可使计算得到极大的简化，为此应该深刻理解和熟记对称结构取半计算的四种计算简图。应了解不考虑轴向变形时，受结点荷载作用刚架的无弯矩状态判别方法。力法简化方案(如弹性中心法等)很多。

(8) 位移法的思路本质上也是化未知问题为已知问题，但它的“已知问题”是基于力法求解结果的单跨梁形常数和载常数。它的做法是设法将结构变成能计算(有形、载常数)的结构。

(9) 力法和位移法相比较，基本未知量的多少是影响计算工作量的主要因素。凡是多余约束多、结点位移少的结构，位移法优于力法；反之，力法优于位移法。

(10) 渐进法中力矩分配法是在位移法基础上演变而成的方法，利用此方法不用建立位移法方程和求结点位移，只需直接计算杆端弯矩。比较力矩分配法和位移法，由于前者省去了建立方程和解算方程的步骤，并且直接计算杆端弯矩，故计算机械、简洁，适合于手算，不需要求解联立方程。特别是实际工程中遇到超高次静定结构时，用力法和位移法计算需求解联立方程，计算工作量相当大。用渐进法计算能大大减少计算工作量。

习　题

9-1　力矩分配法的适用条件是什么?

9-2　什么叫固端弯矩? 约束力矩如何计算?

9-3　什么是转动刚度、分配系数和传递系数?

9-4　什么是不平衡力矩? 如何分配?

9-5　力矩分配法的计算步骤是什么?

9-6　多结点的连续梁和无侧移的刚架是如何分配和传递弯矩的?

9-7　求作图9-12所示结构的M图。已知分配系数$\mu_{BA}=0.429$，$\mu_{BC}=0.571$，$\mu_{CB}=\mu_{CD}=0.50$。(计算二轮)

9-8　用力矩分配法计算图9-13所示结构，并作M图。

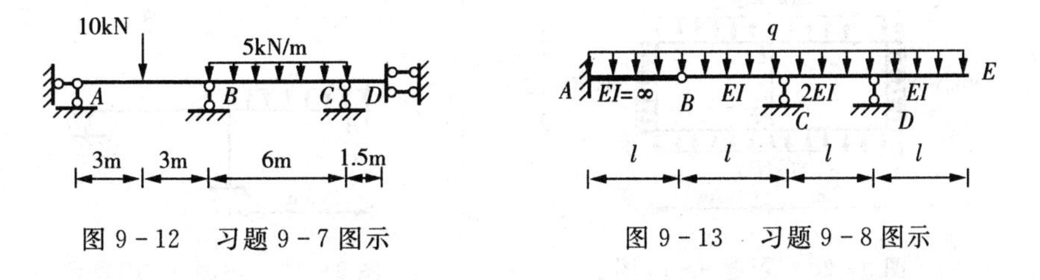

图9-12　习题9-7图示　　图9-13　习题9-8图示

9-9　用力矩分配法计算图9-14所示结构，并作M图。EI常常数。

9-10 已知图 9-15 所示结构的力矩分配系数为 $\mu_{A1}=1/2$，$\mu_{A2}=1/6$，$\mu_{A3}=1/3$，试作 M 图。

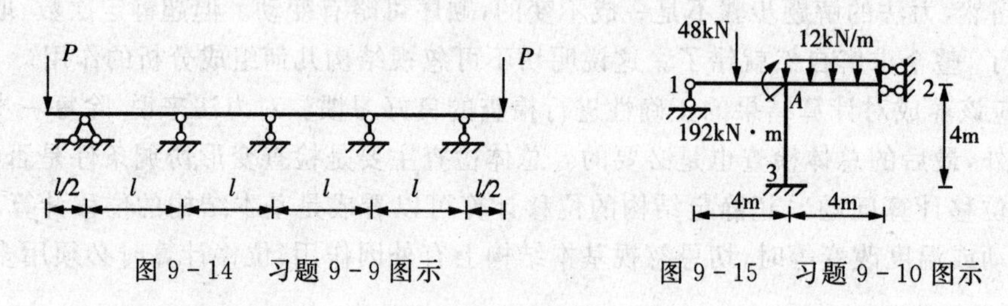

图 9-14 习题 9-9 图示　　图 9-15 习题 9-10 图示

9-11 用力矩分配法作图 9-16 所示刚架的弯矩图。

9-12 用力矩分配法作图 9-17 所示结构 M 图。（计算二轮，保留一位小数）

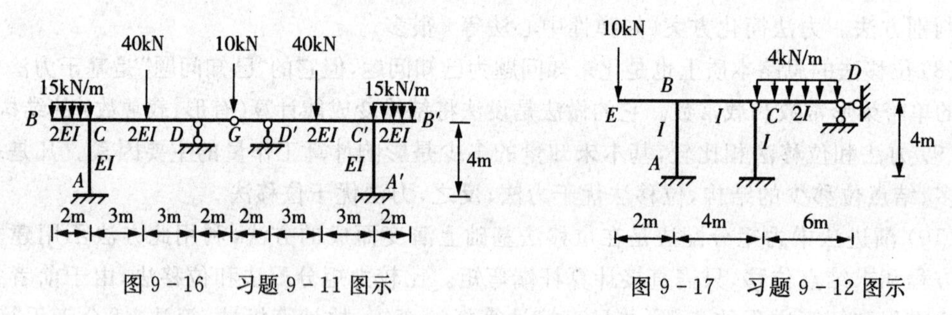

图 9-16 习题 9-11 图示　　图 9-17 习题 9-12 图示

9-13 用力矩分配法计算图 9-18 所示连续梁，绘 M 图，求支座 C 的反力。

9-14 用力矩分配法作图 9-19 所示对称结构的 M 图。已知：$q=40\text{kN/m}$，各杆 EI 相同。

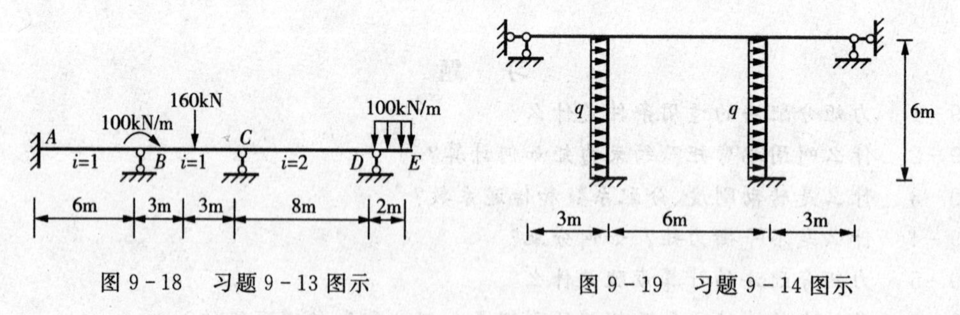

图 9-18 习题 9-13 图示　　图 9-19 习题 9-14 图示

9-15 用力矩分配法作图 9-20 所示对称刚架的 M 图。EI 为常数。

9-16 用力矩分配法作图 9-21 所示结构的 M 图。已知：$q=20\text{kN/m}$，$M_0=100\text{kN}\cdot\text{m}$，$\mu_{AB}=0.4$，$\mu_{AC}=0.35$，$\mu_{AD}=0.25$。

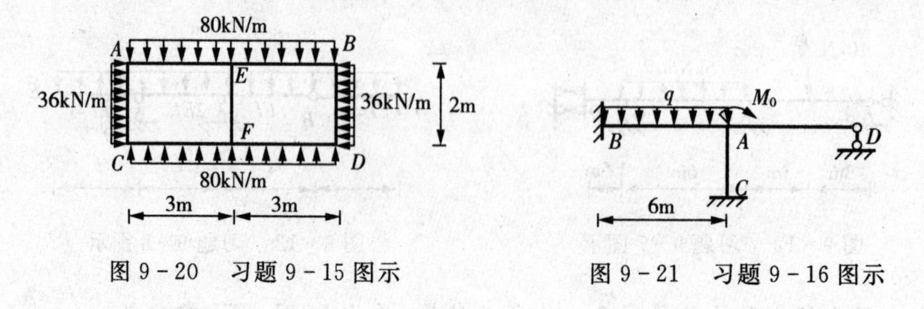

图 9-20 习题 9-15 图示　　图 9-21 习题 9-16 图示

9-17　用力矩分配法绘制图9-22所示梁的弯矩图。(计算二轮)

9-18　用力矩分配法作图9-23所示对称结构的M图。已知:$P=10\text{kN}$,$q=1\text{kN/m}$,横梁抗弯刚度为$2EI$,柱抗弯刚度为EI。

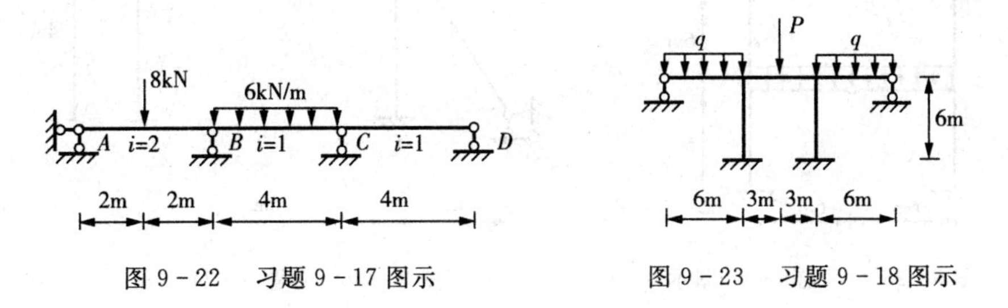

图9-22　习题9-17图示　　　图9-23　习题9-18图示

9-19　求图9-24所示结构的力矩分配系数和固端弯矩。EI为常数。

9-20　用力矩分配法作图9-25所示对称结构的M图。EI为常数。

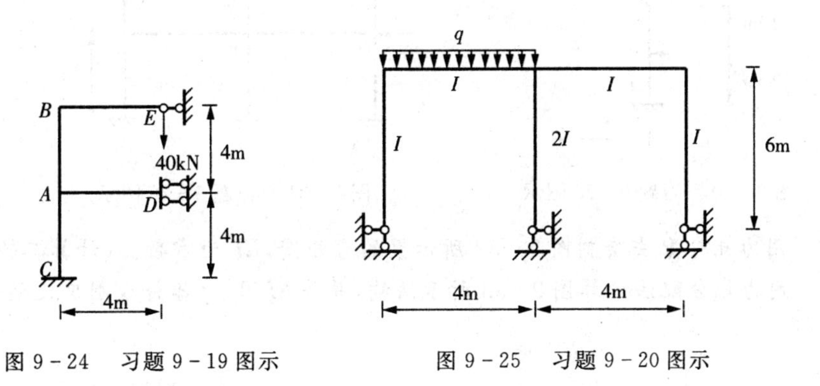

图9-24　习题9-19图示　　　图9-25　习题9-20图示

9-21　求图9-26所示结构的力矩分配系数和固端弯矩。已知$P=400\text{kN}$,各杆EI相同。

9-22　用力矩分配法计算图9-27所示对称结构,并作M图。EI为常数。(计算二轮)

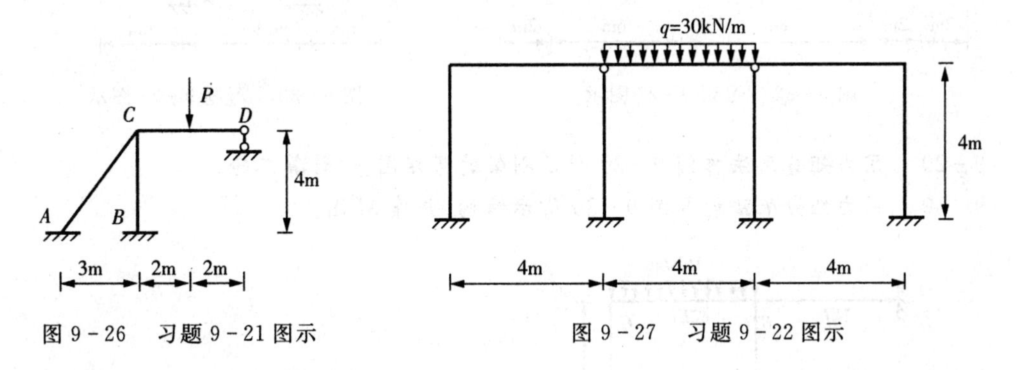

图9-26　习题9-21图示　　　图9-27　习题9-22图示

9-23　用力矩分配法作图9-28所示对称结构的M图。已知:$P_u=30\text{kN/m}$,$q_2=40\text{kN/m}$,各杆EI相同。(计算二轮)

9-24　用力矩分配法计算图9-29所示结构,并作M图。(计算二轮)

9-25　用无剪力分配法计算图9-30所示结构,并作M图。EI为常数,$P=8\text{kN}$。

9-26　如图9-31所示刚架及各横梁P_u,各柱EI=常数,求横梁DE的D端弯矩M_u。

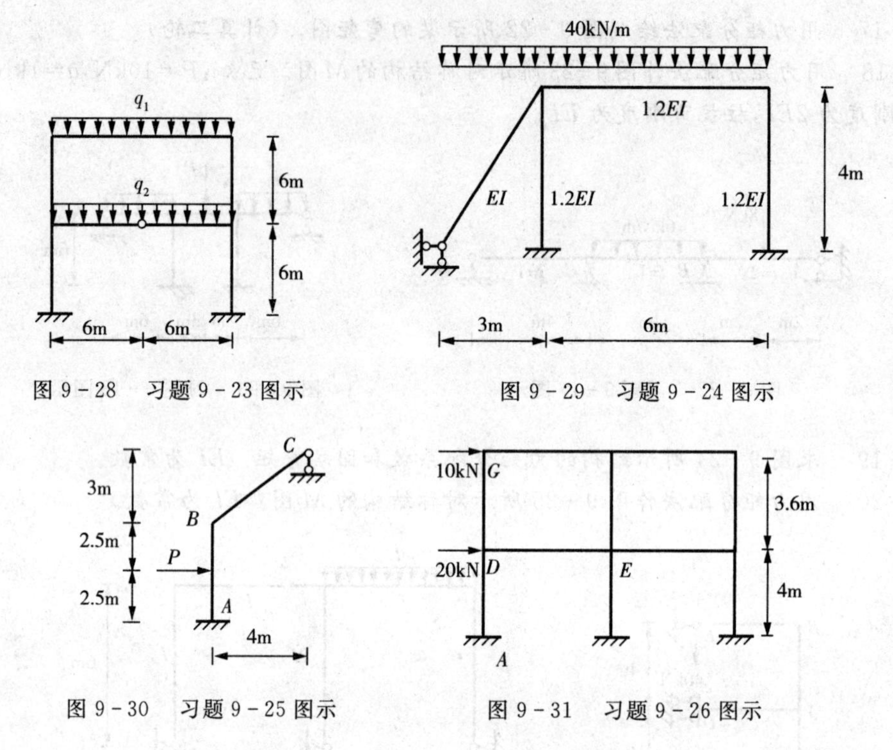

图 9-28　习题 9-23 图示　　　　图 9-29　习题 9-24 图示

图 9-30　习题 9-25 图示　　　　图 9-31　习题 9-26 图示

9-27　用力矩分配法绘制图 9-32 所示梁的弯矩图，EI 为常数。(计算二轮)

9-28　用力矩分配法计算图 9-33 所示结构，并作 M 图。(各杆线刚度比值如图 9-33 所示)

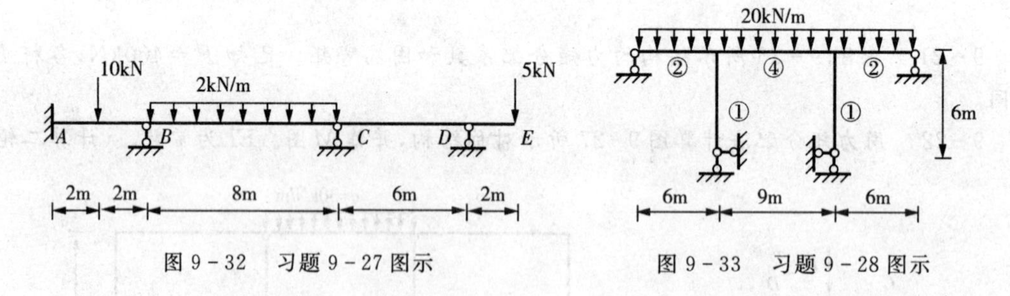

图 9-32　习题 9-27 图示　　　　图 9-33　习题 9-28 图示

9-29　用力矩分配法作图 9-34 所示刚架的弯矩图。(计算二轮)

9-30　用力矩分配法计算图 9-35 所示结构，并作 M 图。

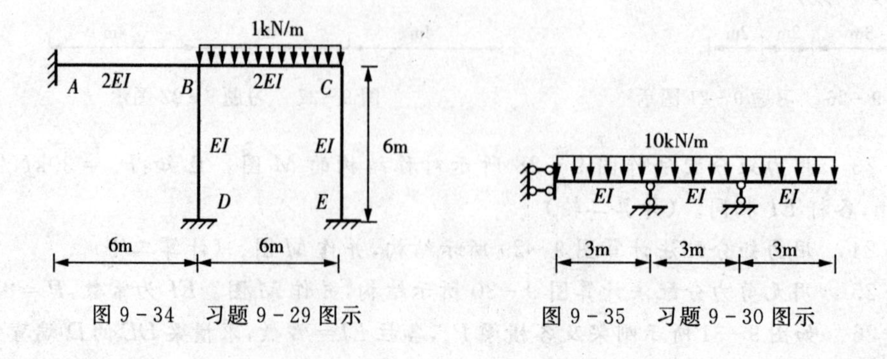

图 9-34　习题 9-29 图示　　　　图 9-35　习题 9-30 图示

9－31　已知图 9－36 所示结构的力矩分配系数为 M_u，用力矩分配法进行计算，并作出其 M 图。

9－32　用力矩分配法作图 9－37 所示结构的弯矩图。

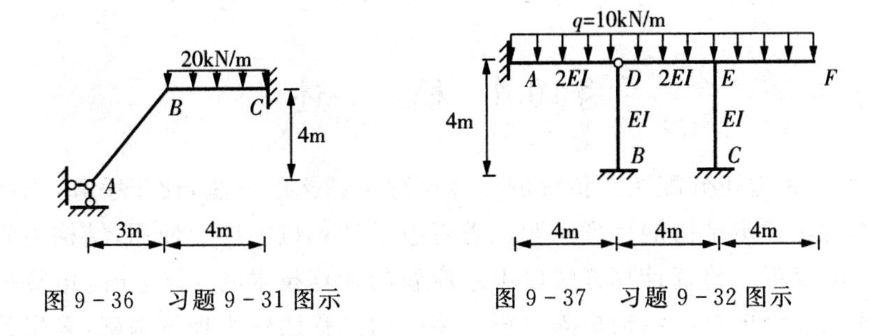

图 9－36　习题 9－31 图示　　图 9－37　习题 9－32 图示

9－33　求作图 9－38 所示结构的 M 图。各杆 $EI=2\times10^5\mathrm{kN\cdot m^2}$，$l=2\mathrm{m}$，$P=10\mathrm{kN}$。

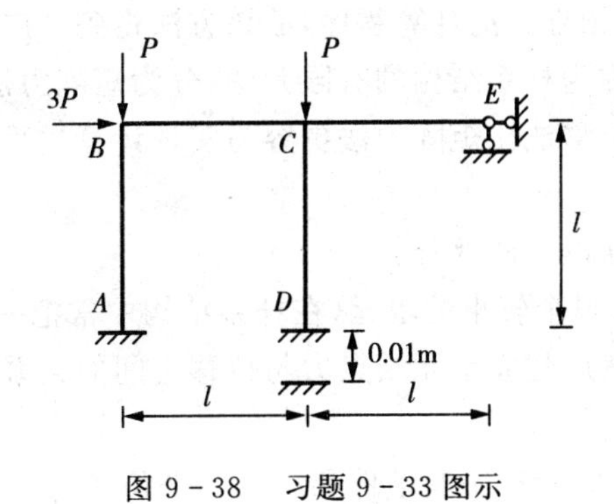

图 9－38　习题 9－33 图示

第 10 章　矩阵位移法

§10.1　概　　述

力法、位移法和力矩分配法是传统的计算超静定结构的方法，便于手算，因而只能解决一些比较简单的超静定结构的计算问题。随着电子计算机的广泛使用，结构力学的计算方法产生了很大的变革。传统计算方法已不适应新的计算技术的要求，于是电算的结构矩阵分析得到迅速发展。电算的结构矩阵分析以传统的位移法作为理论基础，采用数学中的矩阵形式，计算工具是计算机。采用矩阵运算不仅使公式形式紧凑，而且运算规律性强，很适合电算的要求，便于编制通用性强的计算程序，故该方法得到了广泛应用。

杆系结构矩阵分析又称为杆系结构的有限元法，分为矩阵力法和矩阵位移法，亦称为柔度法和刚度法。利用矩阵位移法比矩阵力法更容易实现计算过程程序化，应用广泛，故本章只讨论矩阵位移法。

矩阵位移法的内容包括以下两部分：

(1) 将整体结构分成有限个较小的单元（在杆系结构中常把一个等截面直杆作为一个单元），进行结构的离散化。然后建立单元结点力与位移之间的关系式，形成单元的刚度方程，该过程称为单元分析。

(2) 利用各单元结点处的变形协调条件和结点的平衡条件将离散单元集合成原整体结构，形成整体结构的结构刚度矩阵，建立整体结构的结构刚度方程，解方程后求出原结构的结点位移和内力，该过程称为整体分析。

上述一分一合、先拆后搭的过程，是将复杂结构的计算问题转化为简单单元的分析及集成问题。根据单元刚度矩阵直接构建结构刚度矩阵是直接刚度法的核心内容。本章主要讨论杆系结构的单元刚度矩阵及其在单元局部坐标系与结构整体坐标系间的变换、结构刚度矩阵的形成、荷载及边界条件处理等内容。

矩阵位移法和传统位移法计算手段不同，从而引起计算方法有差异。若从手算角度看，会感到该方法死板、繁杂；从电算的角度看则是方便的，说明该方法适合电算，不适合手算。因为手算繁杂，且有大量重复性的运算；电算怕乱，会出现无规律性的计算。矩阵位移法适用于计算过程程序化强、计算量大的问题。

§10.2　单元刚度矩阵

1. 一般单元杆端力和杆端位移的表示方法

如图 10 - 1 所示为平面刚架中的一等截面直杆单元 e。设杆件除弯曲变形外，还有轴向变形。杆件两端各有三个位移（两个线位移、一个角位移）分量，杆件两端共有六个杆端位移分量，这是平面杆系结构单元的一般情况，故称为一般单元。单元的两端采用局部编码 i 和

j。现建立局部坐标系 $\bar{x}o\bar{y}$，以 i 点为原点，以从 i 向 j 的方向为 $\bar{x}$ 轴的正方向，并以 $\bar{x}$ 轴正向逆时针转过 90° 为 $\bar{y}$ 的正方向。这样的坐标系称为单元的局部坐标系。字母 $\bar{x}$、$\bar{y}$ 上面的一横表示局部坐标系。i 端、j 端分别称为单元的始端和末端。i 端的杆端位移为 $\bar{u}_i^e$、$\bar{v}_i^e$ 和 $\bar{\varphi}_i^e$，相应的杆端力为 $\bar{F}_{Ni}^e$、$\bar{F}_{Si}^e$ 和 $\bar{M}_i^e$（各符号上面的一横代表局部坐标系中的量值，上标 e 表示单元的编号，下同）；j 端的杆端位移为 $\bar{u}_j^e$、$\bar{v}_j^e$ 和 $\bar{\varphi}_j^e$，相应的杆端力为 $\bar{F}_{Nj}^e$、$\bar{F}_{Sj}^e$ 和 $\bar{M}_j^e$。杆端力和杆端位移的正负号规定：杆端轴力 $\bar{F}_N^e$ 以与 $\bar{x}$ 轴正方向一致为正；杆端剪力 $\bar{F}_S^e$ 以与 $\bar{y}$ 轴正方向相同为正；杆端弯矩 $\bar{M}^e$ 以逆顺时针转向为正；杆端位移的正负号规定与杆端力相同。这种正负号规定不同于材料力学中的规定，也与前面各章中杆端力的正负号规定不同，应特别注意。

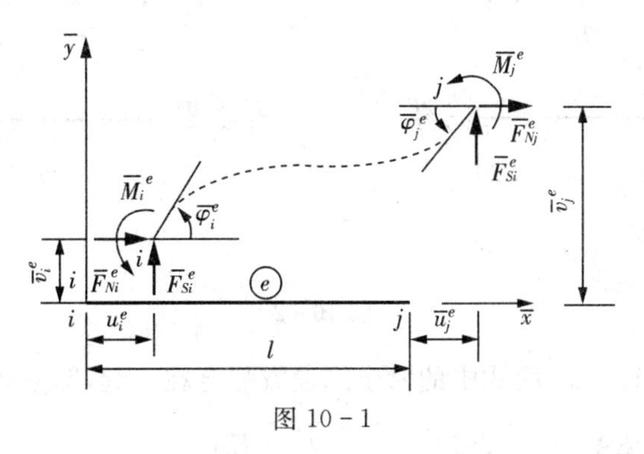

图 10－1

2. **一般单元的刚度矩阵**

结构离散化之后，要进行单元分析，其任务是建立一般单元的杆端位移和杆端力之间的关系。若忽略轴向变形和弯曲变形之间的相互影响，则可分别导出轴向变形和弯曲变形的刚度方程。

现设六个杆端位移分量已给出，同时杆上无荷载作用，要确定相应的六个杆端力分量。根据图 10－2a、图 10－2d 所示的杆端力与杆端位移的关系，利用叠加原理，杆端轴力与轴向位移可表示为

$$\begin{cases} \bar{F}_{Ni}^e = \dfrac{EA}{l}\bar{u}_i^e - \dfrac{EA}{l}\bar{u}_j^e \\ \bar{F}_{Nj}^e = -\dfrac{EA}{l}\bar{u}_i^e + \dfrac{EA}{l}\bar{u}_j^e \end{cases} \tag{10-1}$$

再根据图 10－2b、图 10－2c、图 10－2e、图 10－2f 所示的杆端力与杆端位移的关系，利用叠加原理，并按本节规定的符号和正负号，可将单元两端的弯矩和剪力表示为

$$\begin{cases} \bar{F}_{Si}^e = \dfrac{12EI}{l^3}\bar{v}_i^e + \dfrac{6EI}{l^2}\bar{\varphi}_i^e - \dfrac{12EI}{l^3}\bar{v}_j^e + \dfrac{6EI}{l^2}\bar{\varphi}_j^e \\ \bar{M}_i^e = \dfrac{6EI}{l^2}\bar{v}_i^e + \dfrac{4EI}{l}\bar{\varphi}_i^e - \dfrac{6EI}{l^2}\bar{v}_j^e + \dfrac{2EI}{l}\bar{\varphi}_j^e \\ \bar{F}_{Sj}^e = -\dfrac{12EI}{l^3}\bar{v}_i^e - \dfrac{6EI}{l^2}\bar{\varphi}_i^e + \dfrac{12EI}{l^3}\bar{v}_j^e - \dfrac{6EI}{l^2}\bar{\varphi}_j^e \\ \bar{M}_j^e = \dfrac{6EI}{l^2}\bar{v}_i^e + \dfrac{2EI}{l}\bar{\varphi}_i^e - \dfrac{6EI}{l^2}\bar{v}_j^e + \dfrac{4EI}{l}\bar{\varphi}_j^e \end{cases} \tag{10-2}$$

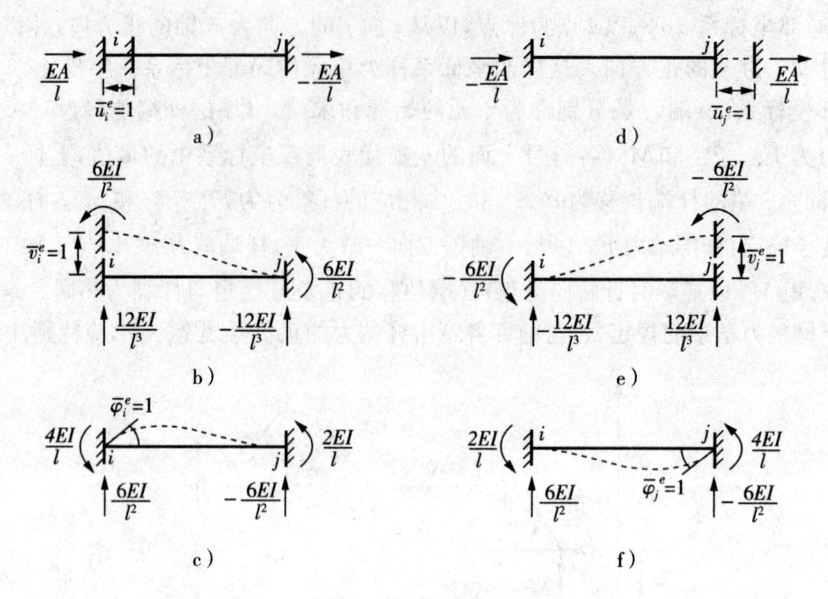

图 10－2

将式(10－1)、式(10－2)两式中的六个刚度方程合在一起，写成矩阵形式为

$$\begin{bmatrix}\bar{F}_{Ni}^e\\\bar{F}_{Si}^e\\\bar{M}_i^e\\\bar{F}_{Nj}^e\\\bar{F}_{Sj}^e\\\bar{M}_j^e\end{bmatrix}=\begin{bmatrix}\frac{EA}{l}&0&0&-\frac{EA}{l}&0&0\\0&\frac{12EI}{l^3}&\frac{6EI}{l^2}&0&-\frac{12EI}{l^3}&\frac{6EI}{l^2}\\0&\frac{6EI}{l^2}&\frac{4EI}{l}&0&-\frac{6EI}{l^2}&\frac{2EI}{l}\\-\frac{EA}{l}&0&0&\frac{EA}{l}&0&0\\0&-\frac{12EI}{l^3}&-\frac{6EI}{l^2}&0&\frac{12EI}{l^3}&-\frac{6EI}{l^2}\\0&\frac{6EI}{l^2}&\frac{2EI}{l}&0&-\frac{6EI}{l^2}&\frac{4EI}{l}\end{bmatrix}\begin{bmatrix}\bar{u}_i^e\\\bar{v}_i^e\\\bar{\varphi}_i^e\\\bar{u}_j^e\\\bar{v}_j^e\\\bar{\varphi}_j^e\end{bmatrix}\tag{10-3}$$

式(10－3)为杆端位移与杆端力之间的转换关系式，称为单元刚度方程。它可写成以下矩阵形式：

$$\bar{\boldsymbol{F}}^e=\bar{\boldsymbol{k}}^e\bar{\boldsymbol{\delta}}^e\tag{10-4}$$

$$\bar{\boldsymbol{F}}^e=\begin{bmatrix}\bar{F}_{Ni}^e & \bar{F}_{Si}^e & \bar{M}_i^e & \bar{F}_{Nj}^e & \bar{F}_{Sj}^e & \bar{M}_j^e\end{bmatrix}^{\mathrm{T}}\tag{10-5}$$

$$\bar{\boldsymbol{\delta}}^e=\begin{bmatrix}\bar{u}_i^e & \bar{v}_i^e & \bar{\varphi}_i^e & \bar{u}_j^e & \bar{v}_j^e & \bar{\varphi}_j^e\end{bmatrix}^{\mathrm{T}}\tag{10-6}$$

$\bar{\boldsymbol{F}}^e$、$\bar{\boldsymbol{\delta}}^e$ 分别称为单元的杆端力列向量和杆端位移列向量。

$$
\begin{array}{c}
\qquad\qquad \bar{u}_i^e \qquad\quad \bar{v}_i^e \qquad\quad \bar{\varphi}_i^e \qquad\quad \bar{u}_j^e \qquad\quad \bar{v}_j^e \qquad\quad \bar{\varphi}_j^e
\end{array}
$$

$$
\bar{\boldsymbol{k}}^e=\begin{bmatrix}
\dfrac{EA}{l} & 0 & 0 & -\dfrac{EA}{l} & 0 & 0 \\
0 & \dfrac{12EI}{l^3} & \dfrac{6EI}{l^2} & 0 & -\dfrac{12EI}{l^3} & \dfrac{6EI}{l^2} \\
0 & \dfrac{6EI}{l^2} & \dfrac{4EI}{l} & 0 & -\dfrac{6EI}{l^2} & \dfrac{2EI}{l} \\
-\dfrac{EA}{l} & 0 & 0 & \dfrac{EA}{l} & 0 & 0 \\
0 & -\dfrac{12EI}{l^3} & -\dfrac{6EI}{l^2} & 0 & \dfrac{12EI}{l^3} & -\dfrac{6EI}{l^2} \\
0 & \dfrac{6EI}{l^2} & \dfrac{2EI}{l} & 0 & -\dfrac{6EI}{l^2} & \dfrac{4EI}{l}
\end{bmatrix}
\begin{array}{l}
\bar{F}_{Ni}^e \\ \bar{F}_{Si}^e \\ \bar{M}_i^e \\ \bar{F}_{Nj}^e \\ \bar{F}_{Sj}^e \\ \bar{M}_j^e
\end{array}
\qquad (10-7)
$$

式(10－7) 称为单元刚度矩阵(简称单刚)。它的行数等于杆端力列向量的分量数,列数等于杆端位移列向量的分量数,因而 $\bar{\boldsymbol{k}}^e$ 是一个 6×6 阶的方阵。值得注意的是,杆端力列向量和杆端位移列向量的各个分量必须按式(10－5) 和式(10－6) 那样从 i 到 j 按一定次序排列。随着排列顺序的改变,$\bar{\boldsymbol{k}}^e$ 中各元素的排列亦将随之改变。为清晰起见,在式(10－7) 的上方注明杆端位移分量,在右方注明杆端力分量。

3. 特殊单元的刚度矩阵

式(10－7) 是一般单元的刚度矩阵,六个杆端位移可指定为任意值。有时,由于支承条件、考虑变形形式的影响及杆件受力特性等情况的不同,经常会遇到一些特殊单元。在这些单元中,有些杆端位移的值已知为零,从而使单元刚度矩阵较一般单元的要简单。各种特殊单元的刚度矩阵无须另行推导,只需对一般单元刚度矩阵式(10－7) 作一些特殊处理即可得到。

(1) 平面桁架单元(拉压杆单元) 刚度矩阵

对于平面桁架中的杆件(两端铰结的拉压杆件),在外因影响下,杆件只产生拉压变形,杆件只有轴力,其两端仅有轴力,而剪力和弯矩均为零,即该单元杆件两端只有轴向变形而无弯曲变形。平面桁架单元杆端位移和杆端力如图 10－3 所示。

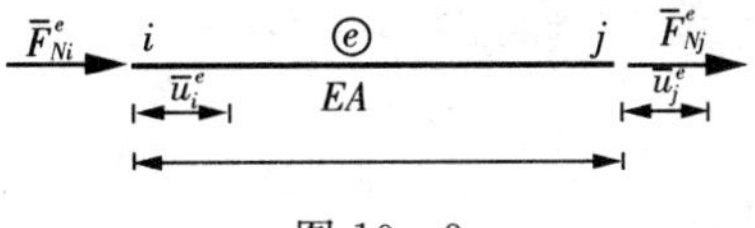

图 10－3

由虎克定律,有

$$
\begin{cases}
\bar{F}_{Ni}^e=\dfrac{EA}{l}(\bar{u}_i^e-\bar{u}_j^e) \\
\bar{F}_{Nj}^e=\dfrac{EA}{l}(\bar{u}_j^e-\bar{u}_i^e)
\end{cases}
$$

上式的矩阵表达式为

$$\begin{Bmatrix} \overline{F}_{Ni}^{e} \\ \overline{F}_{Nj}^{e} \end{Bmatrix} = \begin{bmatrix} \frac{EA}{l} & -\frac{EA}{l} \\ -\frac{EA}{l} & \frac{EA}{l} \end{bmatrix} \begin{Bmatrix} \overline{u}_{i}^{e} \\ \overline{u}_{j}^{e} \end{Bmatrix}$$

单元刚度矩阵为

$$\overline{\boldsymbol{k}}^{e} = \begin{bmatrix} \frac{EA}{l} & -\frac{EA}{l} \\ -\frac{EA}{l} & \frac{EA}{l} \end{bmatrix} \tag{10-8a}$$

由于平面桁架每个结点的位移分量有两个，为了坐标变换的需要，常将式(10－8a)添加零元素，扩展为 4×4 单元刚度矩阵：

$$\overline{\boldsymbol{k}}^{e} = \begin{bmatrix} \frac{EA}{l} & 0 & -\frac{EA}{l} & 0 \\ 0 & 0 & 0 & 0 \\ -\frac{EA}{l} & 0 & \frac{EA}{l} & 0 \\ 0 & 0 & 0 & 0 \end{bmatrix} \tag{10-8b}$$

(2) 连续梁单元刚度矩阵

若不计轴向变形影响，连续梁每个结点既无水平位移，也无竖向位移。因此，其单元杆端位移和杆端力如图 10－4 所示。

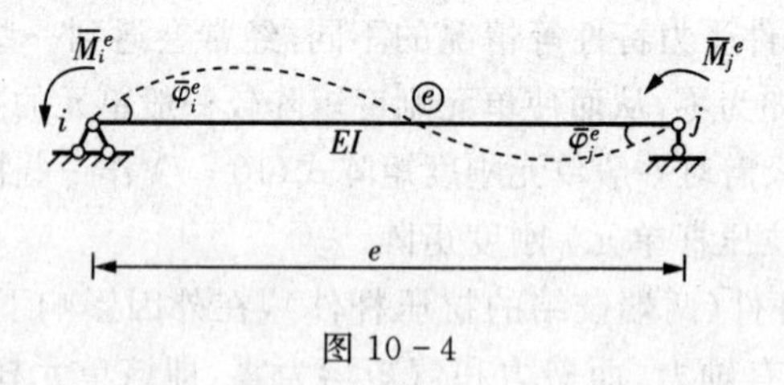

图 10－4

单元杆端位移向量为

$$\overline{\delta}^{e} = \left[\overline{\varphi}_{i}^{e} \quad \overline{\varphi}_{j}^{e}\right]^{\mathrm{T}}$$

单元杆端力向量为

$$\overline{F}^{e} = \left[\overline{M}_{i}^{e} \quad \overline{M}_{j}^{e}\right]^{\mathrm{T}}$$

根据两端固端梁的转角位移方程和叠加原理，则有

$$\overline{M}_{i}^{e} = \frac{4EI}{l}\overline{\varphi}_{i}^{e} + \frac{2EI}{l}\overline{\varphi}_{j}^{e}$$

$$\overline{M}_{j}^{e} = \frac{2EI}{l}\overline{\varphi}_{i}^{e} + \frac{4EI}{l}\overline{\varphi}_{j}^{e}$$

将上式写成矩阵形式，为

$$\begin{Bmatrix}\overline{M}_i^e\\ \overline{M}_j^e\end{Bmatrix}=\begin{bmatrix}\dfrac{4EI}{l} & \dfrac{2EI}{l}\\ \dfrac{2EI}{l} & \dfrac{4EI}{l}\end{bmatrix}\begin{Bmatrix}\overline{\varphi}_i^e\\ \overline{\varphi}_j^e\end{Bmatrix} \tag{10-9}$$

式(10 - 9) 为连续梁单元刚度方程，从而求得其单元刚度矩阵为

$$\overline{\boldsymbol{k}}^e=\begin{bmatrix}\dfrac{4EI}{l} & \dfrac{2EI}{l}\\ \dfrac{2EI}{l} & \dfrac{4EI}{l}\end{bmatrix} \tag{10-10}$$

前面介绍的 3 个单元刚度矩阵，虽然矩阵阶数不同，但它们之间仍存在某种联系。由于连续梁单元杆端位移$\overline{u}_i^e=\overline{v}_i^e=\overline{u}_j^e=\overline{v}_j^e=0$，从平面刚架自由单元刚度矩阵中，划去零位移分量所在的行和列，即 1、2、4、5 行和列，便得到连续梁单元刚度矩阵；同样划去 2、3、5、6 行和列，($\overline{v}_i^e=\overline{\varphi}_i^e=\overline{v}_j^e=\overline{\varphi}_j^e=0$) 即得到平面桁架单元刚度矩阵。采用类似的处理方法，由平面刚架单元刚度矩阵，可以得到其他有约束的单元刚度矩阵。

4. 单元刚度矩阵的性质

(1) 单元刚度矩阵中各元素的物理意义

$\overline{\boldsymbol{k}}^e$ 中每一元素的物理意义：当所在列对应的杆端位移分量等于 1(其余杆端位移分量为零) 时，所引起的所在行对应的杆端力分量的数值。

(2) 单元刚度矩阵的性质

① 对称性由反力互等定理可知，在单元刚度矩阵 $\overline{\boldsymbol{k}}^e$ 中位于主对角线两边对称位置的两个元素是相等的，即 $\overline{\boldsymbol{k}}_{ij}^e=\overline{\boldsymbol{k}}_{ji}^e$，故 $\overline{\boldsymbol{k}}^e$ 是一个对称方阵。

② 奇异性单元刚度矩阵 $\overline{\boldsymbol{k}}^e$ 是奇异矩阵。$\overline{\boldsymbol{k}}^e$ 的相应行列式的值为零，逆矩阵不存在。因此，若给定了杆端位移 $\overline{\boldsymbol{\delta}}^e$，则可以由式(10 - 6) 确定杆端力 $\overline{\boldsymbol{F}}^e$；给定了杆端力 $\overline{\boldsymbol{F}}^e$ 后，却不能由式(10 - 6) 反求出杆端位移 $\overline{\boldsymbol{\delta}}^e$。由于讨论的是一般单元(自由单元)，两端没有任何支承约束，杆件除了由杆端力所引起的弹性变形外，还可以具有任意的刚体位移。而刚体位移由单元本身是无法确定的，故由给定的 $\overline{\boldsymbol{F}}^e$ 还不能求得 $\overline{\boldsymbol{\delta}}^e$ 的唯一解，除非增加足够的约束条件。

对于有约束的单元，当约束使单元成为几何不变体时，例如连续梁单元，单元不会产生刚体位移，其单元刚度矩阵是非奇异的。

③ 单元刚度矩阵的分块

单元刚度矩阵(10 - 7) 可分成 4 个 3 × 3 的子矩阵，即

$$\overline{\boldsymbol{k}}^e=\begin{bmatrix}\overline{\boldsymbol{k}}_{ii}^e & \overline{\boldsymbol{k}}_{ij}^e\\ \overline{\boldsymbol{k}}_{ji}^e & \overline{\boldsymbol{k}}_{jj}^e\end{bmatrix} \tag{10-11}$$

式中：$\overline{\boldsymbol{k}}_{ij}^e$ 为 $\overline{\boldsymbol{k}}^e$ 中任一块，它是 3 × 3 阶方阵。用分块矩阵可将单元刚度方程(10 - 4) 改为

$$\begin{Bmatrix} \overline{\boldsymbol{F}}_i^e \\ \overline{\boldsymbol{F}}_j^e \end{Bmatrix} = \begin{bmatrix} \overline{\boldsymbol{k}}_{ii}^e & \overline{\boldsymbol{k}}_{ij}^e \\ \overline{\boldsymbol{k}}_{ji}^e & \overline{\boldsymbol{k}}_{jj}^e \end{bmatrix} \begin{Bmatrix} \overline{\boldsymbol{\delta}}_i^e \\ \overline{\boldsymbol{\delta}}_j^e \end{Bmatrix} \tag{10-12}$$

其中，

$$\overline{\boldsymbol{F}}_i^e = \begin{Bmatrix} \overline{F}_{Ni}^e \\ \overline{F}_{Si}^e \\ \overline{M}_i^e \end{Bmatrix};\overline{\boldsymbol{F}}_j^e = \begin{Bmatrix} \overline{F}_{Nj}^e \\ \overline{F}_{Sj}^e \\ \overline{M}_j^e \end{Bmatrix};\overline{\boldsymbol{\delta}}_i^e = \begin{Bmatrix} \overline{u}_i^e \\ \overline{v}_i^e \\ \overline{\varphi}_j^e \end{Bmatrix};\overline{\boldsymbol{\delta}}_j^e = \begin{Bmatrix} \overline{u}_j^e \\ \overline{v}_j^e \\ \overline{\varphi}_j^e \end{Bmatrix}$$

用分块矩阵形式表示单元刚度矩阵和单元刚度方程的目的是使运算简便、层次分明。

§10.3　单元刚度矩阵的坐标变换

在局部坐标系下推导出的单元刚度矩阵形式最简单。对于整个结构，由于各杆轴线方向不尽相同，各单元的局部坐标也不尽相同。如图 10-5 所示，平面刚架单元 ①、②、③ 系采用局部坐标系的方向各不相同。为了便于整体分析，在考虑整个结构的几何条件和平衡条件时，必须选定一个统一的坐标系，一般称为整体坐标系(或结构坐标系)。为了与局部坐标区分，结构坐标系用 xOy 表示。

例如，图 10-6 所示中的 xOy 可作为整体坐标系。本节主要讨论如何将各单元局部坐标系的单元刚度矩阵 $\overline{\boldsymbol{k}}^e$ 转换到整体坐标系的单元刚度矩阵 $\boldsymbol{K}^e$，为整体分析做好准备。

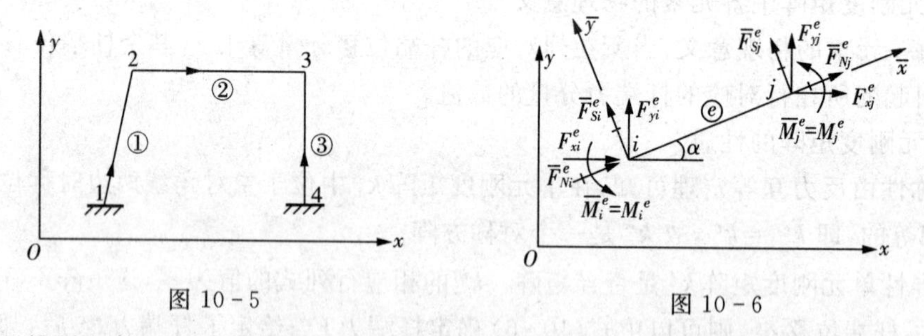

图 10-5　　　　图 10-6

为了推导整体坐标系下的单元刚度矩阵 $\boldsymbol{k}^e$，可采用坐标变换的方法，即把局部坐标系中建立的单元刚度矩阵 $\overline{\boldsymbol{k}}^e$ 转换为整体坐标系中的 $\boldsymbol{k}^e$。为此，首先讨论两种坐标系中单元杆端力和杆端位移的转换关系式，得到单元坐标转换矩阵；其次讨论两种坐标系中单元刚度矩阵的转换式。

1. 单元坐标转换矩阵

下面讨论两种坐标系中杆端力之间的转换关系。图10-6所示杆件 ij 在局部坐标系 $\overline{x}i\overline{y}$ 中，仍按式(10-5)、式(10-6)，以 $\overline{\boldsymbol{F}}^e$、$\overline{\boldsymbol{\delta}}^e$ 分别表示杆端力列向量和杆端位移列向量。而在结构整体坐标系 XOY 中，用 $\boldsymbol{F}^e$ 和 $\boldsymbol{\delta}^e$ 来表示杆端力列向量和杆端位移列向量，即

$$\boldsymbol{F}^e = \begin{bmatrix} F_{xi}^e & F_{yi}^e & M_i^e & F_{xj}^e & F_{yj}^e & M_j^e \end{bmatrix}^{\mathrm{T}} \tag{10-13a}$$

$$\boldsymbol{\delta}^e = \begin{bmatrix} u_i^e & v_i^e & \varphi_i^e & u_j^e & v_j^e & \varphi_j^e \end{bmatrix}^{\mathrm{T}} \tag{10-13b}$$

其中，力和线位移与结构坐标系指向一致者为正；力偶和角位移以逆时针方向为正；由 x 轴到 $\bar{x}$ 轴的夹角 α 以逆时针转向为正。

在两种坐标系中，力偶都作用在同一平面上，是垂直于坐标平面的矢量，因而不受平面内坐标变换的影响，有

$$\begin{cases} \overline{M}_i^e = M_i^e \\ \overline{M}_j^e = M_j^e \end{cases} \tag{10-14a}$$

杆端力之间的转换关系式可由投影关系得到，即

$$\begin{cases} \overline{F}_{Ni}^e = F_{xi}^e \cos\alpha + F_{yi}^e \sin\alpha \\ \overline{F}_{Si}^e = -F_{xi}^e \sin\alpha + F_{yi}^e \cos\alpha \\ \overline{F}_{Nj}^e = F_{xj}^e \cos\alpha + F_{yj}^e \sin\alpha \\ \overline{F}_{Sj}^e = -F_{xj}^e \sin\alpha + F_{yj}^e \cos\alpha \end{cases} \tag{10-14b}$$

将式(10－14a)、式(10－14b) 两式写成矩阵形式，则为

$$\begin{bmatrix} \overline{F}_{Ni}^e \\ \overline{F}_{Si}^e \\ \overline{M}_i^e \\ \overline{F}_{Nj}^e \\ \overline{F}_{Sj}^e \\ \overline{M}_j^e \end{bmatrix} = \begin{bmatrix} \cos\alpha & \sin\alpha & 0 & 0 & 0 & 0 \\ -\sin\alpha & \cos\alpha & 0 & 0 & 0 & 0 \\ 0 & 0 & 1 & 0 & 0 & 0 \\ 0 & 0 & 0 & \cos\alpha & \sin\alpha & 0 \\ 0 & 0 & 0 & -\sin\alpha & \cos\alpha & 0 \\ 0 & 0 & 0 & 0 & 0 & 1 \end{bmatrix} \begin{bmatrix} F_{xi}^e \\ F_{yi}^e \\ M_i^e \\ F_{yj}^e \\ F_{yj}^e \\ M_j^e \end{bmatrix} \tag{10-15}$$

或简写为

$$\overline{\boldsymbol{F}}^e = \boldsymbol{T}\,\boldsymbol{F}^e \tag{10-16}$$

其中，

$$\boldsymbol{T} = \begin{bmatrix} \cos\alpha & \sin\alpha & 0 & 0 & 0 & 0 \\ -\sin\alpha & \cos\alpha & 0 & 0 & 0 & 0 \\ 0 & 0 & 1 & 0 & 0 & 0 \\ 0 & 0 & 0 & \cos\alpha & \sin\alpha & 0 \\ 0 & 0 & 0 & -\sin\alpha & \cos\alpha & 0 \\ 0 & 0 & 0 & 0 & 0 & 1 \end{bmatrix} \tag{10-17}$$

称为坐标转换矩阵，即两种坐标系中杆端力之间的转换式。

单元坐标转换矩阵 $\boldsymbol{T}$ 是一个正交矩阵。因此,其逆矩阵等于其转置矩阵,即

$$\boldsymbol{T}^{-1}=\boldsymbol{T}^{\mathrm{T}} \tag{10-18}$$

同理,在两种坐标系中单元杆端位移之间也存在相同的转换关系式,即

$$\bar{\boldsymbol{\delta}}^{e}=\boldsymbol{T}\boldsymbol{\delta}^{e} \tag{10-19}$$

2. 整体坐标系中的单元刚度矩阵

下面讨论两种坐标系中单元刚度矩阵之间的转换关系。由式(10-4)可得单元 e 在局部坐标系中的刚度方程为

$$\bar{\boldsymbol{F}}^{e}=\bar{\boldsymbol{k}}^{e}\bar{\boldsymbol{\delta}}^{e}$$

将式(10-16)和式(10-19)代入上式,得

$$\boldsymbol{T}\boldsymbol{F}^{e}=\bar{\boldsymbol{k}}^{e}\boldsymbol{T}\boldsymbol{\delta}^{e}$$

两边同左乘以$\boldsymbol{T}^{-1}$,得

$$\boldsymbol{F}^{e}=\boldsymbol{T}^{-1}\bar{\boldsymbol{k}}^{e}\boldsymbol{T}\boldsymbol{\delta}^{e}=\boldsymbol{T}^{\mathrm{T}}\bar{\boldsymbol{k}}^{e}\boldsymbol{T}\boldsymbol{\delta}^{e} \tag{10-20}$$

式(10-20)可写为

$$\boldsymbol{F}^{e}=\boldsymbol{k}^{e}\boldsymbol{\delta}^{e} \tag{10-21}$$

其中,

$$\boldsymbol{k}^{e}=\boldsymbol{T}^{\mathrm{T}}\bar{\boldsymbol{k}}^{e}\boldsymbol{T} \tag{10-22}$$

这里,$\boldsymbol{k}^{e}$ 就是结构坐标系中的单元刚度矩阵,式(10-22)即为两种坐标系中单元刚度矩阵之间的转换关系式。

为便于讨论,把方程(10-21)按单元的始末端结点 i、j 进行分块,写成以下分块形式:

$$\begin{bmatrix}\boldsymbol{F}_{i}^{e}\\ \boldsymbol{F}_{j}^{e}\end{bmatrix}=\begin{bmatrix}\boldsymbol{k}_{ii}^{e} & \boldsymbol{k}_{ij}^{e}\\ \boldsymbol{k}_{ji}^{e} & \boldsymbol{k}_{jj}^{e}\end{bmatrix}\begin{bmatrix}\boldsymbol{\delta}_{i}^{e}\\ \boldsymbol{\delta}_{j}^{e}\end{bmatrix} \tag{10-23}$$

式中,

$$\boldsymbol{F}_{i}^{e}=\begin{bmatrix}F_{xi}^{e}\\ F_{yi}^{e}\\ M_{i}^{e}\end{bmatrix},\boldsymbol{F}_{j}^{e}=\begin{bmatrix}F_{xj}^{e}\\ F_{yj}^{e}\\ M_{j}^{e}\end{bmatrix},\boldsymbol{\delta}_{i}^{e}=\begin{bmatrix}u_{i}^{e}\\ v_{i}^{e}\\ \varphi_{i}^{e}\end{bmatrix},\boldsymbol{\delta}_{j}^{e}=\begin{bmatrix}u_{j}^{e}\\ v_{j}^{e}\\ \varphi_{j}^{e}\end{bmatrix} \tag{10-24}$$

分别为始端 i 及末端 j 的杆端力及杆端位移列向量。$\boldsymbol{k}_{ii}^{e}$、$\boldsymbol{k}_{ij}^{e}$、$\boldsymbol{k}_{ji}^{e}$、$\boldsymbol{k}_{jj}^{e}$ 为单元刚度矩阵 $\boldsymbol{k}^{e}$ 的四个子块,即

$$\boldsymbol{k}^{e}=\begin{bmatrix}\boldsymbol{k}_{ii}^{e} & \boldsymbol{k}_{ij}^{e}\\ \boldsymbol{k}_{ji}^{e} & \boldsymbol{k}_{jj}^{e}\end{bmatrix} \tag{10-25}$$

每个子块为 3×3 阶方阵。由式(10 - 25) 可知：

$$\begin{cases} \boldsymbol{F}_i^e = \boldsymbol{k}_{ii}^e \boldsymbol{\delta}_i^e + \boldsymbol{k}_{ij}^e \boldsymbol{\delta}_j^e \\ \boldsymbol{F}_j^e = \boldsymbol{k}_{ji}^e \boldsymbol{\delta}_i^e + \boldsymbol{k}_{jj}^e \boldsymbol{\delta}_j^e \end{cases} \tag{10-26}$$

将式(10-7) 和式(10-17) 代入式(10-22)，并进行矩阵乘法运算，可得整体坐标系下的单元刚度矩阵的计算公式。

与局部坐标系中的单元刚度矩阵 $\bar{\boldsymbol{k}}^e$ 相似，结构坐标系中的单元刚度矩阵 $\boldsymbol{k}^e$ 也具有以下性质：

(1)$\boldsymbol{k}^e$ 是一个对称矩阵；

(2)$\boldsymbol{k}^e$ 是奇异矩阵。

当结构坐标系与局部坐标系相同($\alpha = 0°$) 时，则两种坐标系中的单元刚度矩阵亦相同，即

$$\bar{\boldsymbol{k}}^e = \boldsymbol{k}^e \tag{10-27}$$

拉压杆单元(如桁架中各杆件) 如图 10-7 所示，结构坐标系中的杆端力和杆端位移列向量分别为

$$\boldsymbol{F}^e = \begin{bmatrix} \boldsymbol{F}_i^e \\ \boldsymbol{F}_j^e \end{bmatrix} = \begin{bmatrix} F_{xi}^e \\ F_{yi}^e \\ F_{xj}^e \\ F_{yj}^e \end{bmatrix}, \boldsymbol{\delta}^e = \begin{bmatrix} \boldsymbol{\delta}_i^e \\ \boldsymbol{\delta}_j^e \end{bmatrix} = \begin{bmatrix} u_i^e \\ v_i^e \\ u_j^e \\ v_j^e \end{bmatrix} \tag{10-28}$$

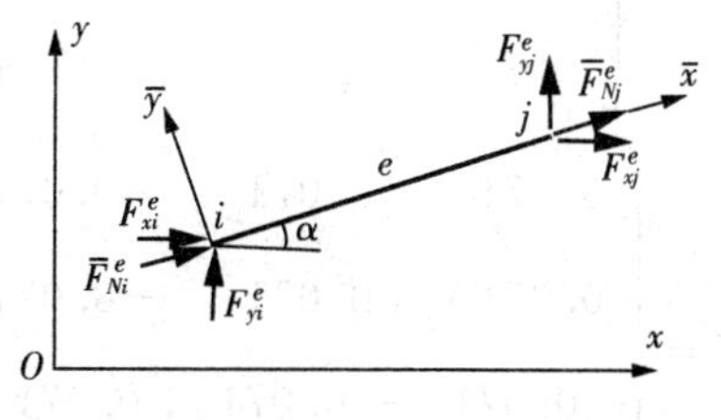

图 10 - 7

杆件在局部坐标系中的单元刚度矩阵如式(10 - 8a) 所示，而坐标转换矩阵 $\boldsymbol{T}$ 为

$$\boldsymbol{T} = \begin{bmatrix} \cos\alpha & \sin\alpha & 0 & 0 \\ -\sin\alpha & \cos\alpha & 0 & 0 \\ 0 & 0 & \cos\alpha & \sin\alpha \\ 0 & 0 & -\sin\alpha & \cos\alpha \end{bmatrix} \tag{10-29}$$

结构坐标系下的单元刚度矩阵可按式(10 - 20) 来计算，其四个子块为

$$\boldsymbol{k}^e = \begin{bmatrix} \boldsymbol{k}_{ii}^e & \boldsymbol{k}_{ij}^e \\ \boldsymbol{k}_{ji}^e & \boldsymbol{k}_{jj}^e \end{bmatrix} = \frac{EA}{l} \begin{bmatrix} \cos^2\alpha & \cos\alpha\sin\alpha & -\cos^2\alpha & -\cos\alpha\sin\alpha \\ \cos\alpha\sin\alpha & \sin^2\alpha & -\cos\alpha\sin\alpha & -\sin^2\alpha \\ -\cos^2\alpha & -\cos\alpha\sin\alpha & \cos^2\alpha & \cos\alpha\sin\alpha \\ -\cos\alpha\sin\alpha & -\sin^2\alpha & \cos\alpha\sin\alpha & \sin^2\alpha \end{bmatrix} \tag{10-30}$$

【例 10-1】 试求如图 10-8 所示平面桁架中①、②单元整体坐标系的单元刚度矩阵。其中，各杆 $EA=1$。

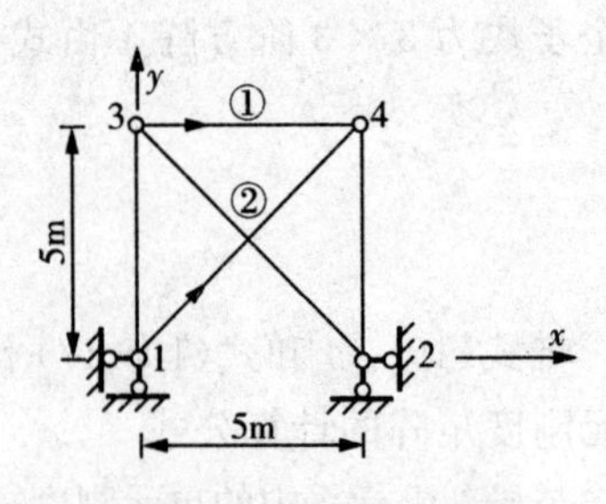

图 10-8 例 10-1 图示

【解】 单元①：由于局部坐标系与整体坐标系一致，故 $\alpha=0$，即 $\boldsymbol{T}=\boldsymbol{I}$。

$$\boldsymbol{k}^{①}=\bar{\boldsymbol{k}}^{①}=\begin{bmatrix}0.2 & 0 & -0.2 & 0\\ 0 & 0 & 0 & 0\\ -0.2 & 0 & 0.2 & 0\\ 0 & 0 & 0 & 0\end{bmatrix}$$

单元②：$\alpha=45°$，$\sin\alpha=0.707$，$\cos\alpha=0.707$

$$\boldsymbol{T}=\begin{bmatrix}0.707 & 0.707 & 0 & 0\\ -0.707 & 0.707 & 0 & 0\\ 0 & 0 & 0.707 & 0.707\\ 0 & 0 & -0.707 & 0.707\end{bmatrix}$$

$$\bar{\boldsymbol{k}}^{②}=\begin{bmatrix}0.1414 & 0 & -0.1414 & 0\\ 0 & 0 & 0 & 0\\ -0.1414 & 0 & 0.1414 & 0\\ 0 & 0 & 0 & 0\end{bmatrix}$$

$$\boldsymbol{k}^{②}=\boldsymbol{T}^{\mathrm{T}}\bar{\boldsymbol{k}}^{②}\boldsymbol{T}=\begin{bmatrix}0.071 & 0.071 & -0.071 & -0.071\\ 0.071 & 0.071 & -0.071 & -0.071\\ -0.071 & -0.071 & 0.071 & 0.071\\ -0.071 & -0.071 & 0.071 & 0.071\end{bmatrix}$$

【例 10-2】 试计算如图 10-9 所示平面刚架中各单元在整体坐标系的单元刚度矩阵。设各杆均为矩形截面，立柱：$b_1\times h_1=0.5\mathrm{m}\times 1\mathrm{m}$；梁：$b_2\times h_2=0.5\mathrm{m}\times 1.26\mathrm{m}$；$E=1$。

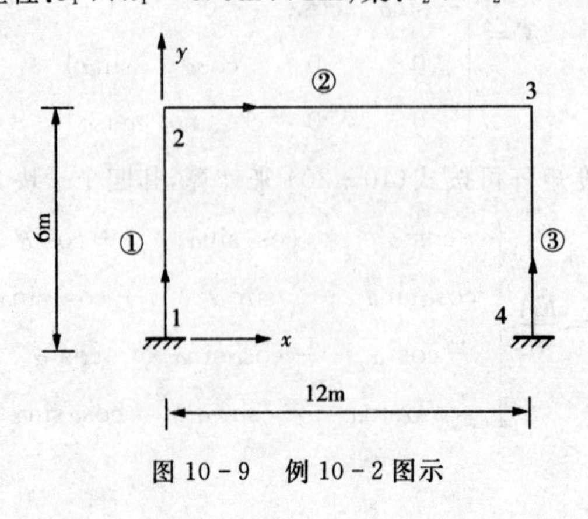

图 10-9 例 10-2 图示

【解】 对单元和结点进行编号，选定单元局部坐标系和整体坐标系，如图10-9所示。原始数据计算如下。

柱：$A_1=0.5\text{m}^2$　$I_1=41.67\times10^{-3}\text{m}^4$　$l_1=6\text{m}$

$$i_1=\frac{EI_1}{l_1}=6.94\times10^{-3}\quad \frac{EA_1}{l_1}=83.3\times10^{-3}$$

$$2i_1=13.9\times10^{-3}\quad 4i_1=27.8\times10^{-3}$$

$$\frac{6i_1}{l_1}=6.94\times10^{-3}\quad \frac{12i_1}{l_1^2}=2.31\times10^{-3}$$

梁：$A_2=0.63\text{m}^2$　$I_2=83.33\times10^{-3}\text{m}^4$　$l_2=12\text{m}$

$$i_2=\frac{EI_2}{l_2}=6.94\times10^{-3}\quad \frac{EA_2}{l_2}=52.5\times10^{-3}$$

$$2i_2=13.9\times10^{-3}\quad 4i_2=27.8\times10^{-3}$$

$$\frac{6i_2}{l_2}=3.47\times10^{-3}\quad \frac{12i_2}{l_2^2}=0.58\times10^{-3}$$

由式(10-7)得到局部坐标系的各单元刚度矩阵：

$$\bar{\boldsymbol{k}}^{①}=\bar{\boldsymbol{k}}^{③}=10^{-3}\begin{bmatrix}83.3 & 0 & 0 & -83.3 & 0 & 0\\ 0 & 2.31 & -6.94 & 0 & -2.31 & -6.94\\ 0 & -6.94 & 27.8 & 0 & 6.94 & 13.9\\ -83.3 & 0 & 0 & 83.3 & 0 & 0\\ 0 & -2.31 & 6.94 & 0 & 2.31 & 6.94\\ 0 & -6.94 & 13.9 & 0 & 6.94 & 27.8\end{bmatrix}$$

$$\bar{\boldsymbol{k}}^{②}=10^{-3}\begin{bmatrix}52.5 & 0 & 0 & -52.5 & 0 & 0\\ 0 & 0.58 & -3.47 & 0 & -0.58 & -3.47\\ 0 & -3.47 & 27.8 & 0 & 3.47 & 13.9\\ -52.5 & 0 & 0 & 52.5 & 0 & 0\\ 0 & -0.58 & 3.47 & 0 & 0.58 & 3.47\\ 0 & -3.47 & 13.9 & 0 & 3.47 & 27.8\end{bmatrix}$$

单元①和单元③：$\alpha=90°,\sin\alpha=1,\cos\alpha=0$。

$$T=\begin{bmatrix} 0 & 1 & 0 & 0 & 0 & 0 \\ -1 & 0 & 0 & 0 & 0 & 0 \\ 0 & 0 & 1 & 0 & 0 & 0 \\ 0 & 0 & 0 & 0 & 1 & 0 \\ 0 & 0 & 0 & -1 & 0 & 0 \\ 0 & 0 & 0 & 0 & 0 & 1 \end{bmatrix}$$

$$\boldsymbol{k}^{①}=\boldsymbol{k}^{③}=\boldsymbol{T}^{\mathrm{T}}\bar{\boldsymbol{k}}^{①}\boldsymbol{T}$$

$$=10^{-3}\begin{bmatrix} 2.31 & 0 & 6.94 & -2.31 & 0 & 6.94 \\ 0 & 83.3 & 0 & 0 & -83.3 & 0 \\ 6.94 & 0 & 27.8 & -6.94 & 0 & 13.9 \\ -2.31 & 0 & -6.94 & 2.31 & 0 & -6.94 \\ 0 & -83.3 & 0 & 0 & 83.3 & 0 \\ 6.94 & 0 & 13.9 & -6.94 & 0 & 27.8 \end{bmatrix}$$

单元 ②：$\alpha=0°$，$\cos\alpha=1$，$\sin\alpha=0$，即 $\boldsymbol{T}=\boldsymbol{I}$，则

$$\boldsymbol{k}^{②}=\bar{\boldsymbol{k}}^{②}$$

§10.4 结构的整体刚度矩阵

在单元分析的基础上将离散的单元组合成原结构，即根据结点的几何条件和平衡条件建立结点荷载和结点位移的关系，从而解出结构的结点位移和各杆的内力。这一步骤称为整体分析。整体分析的主要目的是建立结构刚度方程，形成结构的刚度矩阵。结构刚度方程反映了结点荷载和结构位移之间的关系，其实质就是位移法的基本方程。它们之间的区别仅是建立方程的方法不同。矩阵位移法采用的是直接刚度法，即在结构整体坐标系下将单元刚度矩阵按一定规则集装成结构刚度矩阵，从而建立结构刚度方程。现以图 10-10a 所示刚架为例，来说明直接刚度法的原理。

首先，对各单元及结点进行编号。用①、②…表示单元编号；用1、2…表示结点编号，这里将支座视为结点。其次，选取结构整体坐标系和各单元的局部坐标系，如图 10-10b 所示。各单元的始末两端 i、j 的结点号码见表 10-1 所列，按式(10-25)表示的各单元刚度矩阵的四个子块应为

$$\boldsymbol{k}^{1}=\begin{bmatrix} \boldsymbol{k}_{11}^{1} & \boldsymbol{k}_{12}^{1} \\ \boldsymbol{k}_{21}^{1} & \boldsymbol{k}_{22}^{1} \end{bmatrix},\boldsymbol{k}^{2}=\begin{bmatrix} \boldsymbol{k}_{22}^{2} & \boldsymbol{k}_{23}^{2} \\ \boldsymbol{k}_{32}^{2} & \boldsymbol{k}_{33}^{2} \end{bmatrix},\boldsymbol{k}^{3}=\begin{bmatrix} \boldsymbol{k}_{33}^{3} & \boldsymbol{k}_{34}^{3} \\ \boldsymbol{k}_{43}^{3} & \boldsymbol{k}_{44}^{3} \end{bmatrix} \tag{10-31}$$

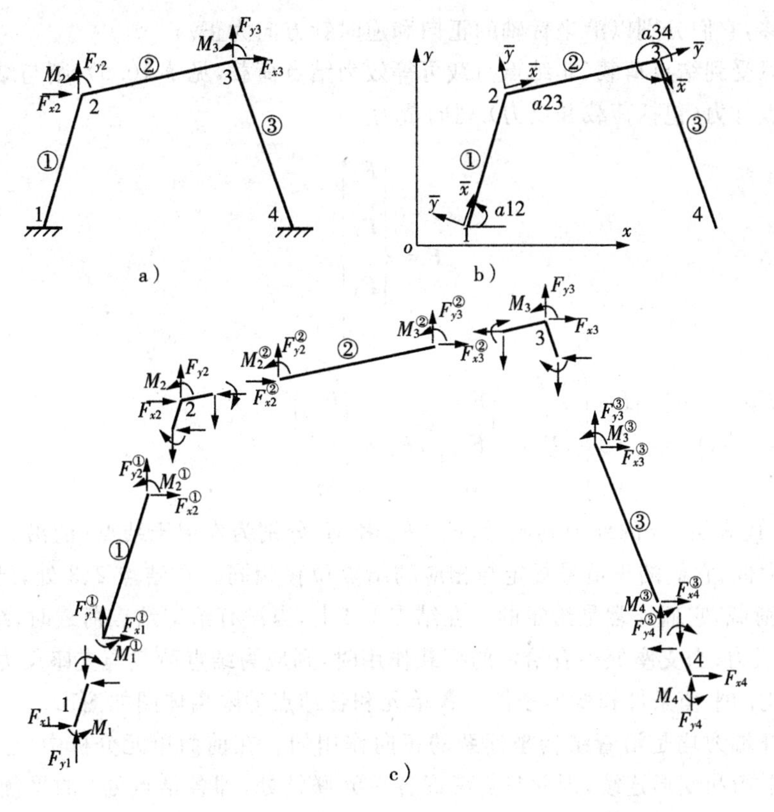

图 10－10

表 10－1　各单元始末端的结点编号

单元号	始末端结点号	
	i	j
①	1	2
②	2	3
③	3	4

在平面刚架中，每个结点有两个线位移和一个角位移。此刚架有四个结点，共有 12 个结点位移分量，按一定顺序排列成一列阵，称为结点位移列向量，即

$$\boldsymbol{\Delta}=\begin{bmatrix}\boldsymbol{\Delta}_1\\ \boldsymbol{\Delta}_2\\ \boldsymbol{\Delta}_3\\ \boldsymbol{\Delta}_4\end{bmatrix}$$

式中：$\boldsymbol{\Delta}_1=\begin{bmatrix}u_1\\ v_1\\ \varphi_1\end{bmatrix}$，$\boldsymbol{\Delta}_2=\begin{bmatrix}u_2\\ v_2\\ \varphi_2\end{bmatrix}$，$\boldsymbol{\Delta}_3=\begin{bmatrix}u_3\\ v_3\\ \varphi_3\end{bmatrix}$，$\boldsymbol{\Delta}_4=\begin{bmatrix}u_4\\ v_4\\ \varphi_4\end{bmatrix}$。

其中，$\boldsymbol{\Delta}_i$ 表示结点 i 的位移列向量，u_i、v_i 和 φ_i 分别为结点 i 沿结构坐标系 x 轴、y 轴的线

位移和角位移，它们分别以沿坐标轴的正向和逆时针方向为正。

设刚架只受到结点荷载(非结点荷载可等效为结点荷载，见 §10.6)，则与结点位移列向量相应的结点外力(包括荷载和反力)列向量为

$$\boldsymbol{F}=\begin{Bmatrix}\boldsymbol{F}_1\\\boldsymbol{F}_2\\\boldsymbol{F}_3\\\boldsymbol{F}_4\end{Bmatrix}$$

式中：$\boldsymbol{F}_1=\begin{Bmatrix}F_{x1}\\F_{y1}\\M_1\end{Bmatrix}$，$\boldsymbol{F}_2=\begin{Bmatrix}F_{x2}\\F_{y2}\\M_2\end{Bmatrix}$，$\boldsymbol{F}_3=\begin{Bmatrix}F_{x3}\\F_{y3}\\M_3\end{Bmatrix}$，$\boldsymbol{F}_4=\begin{Bmatrix}F_{x4}\\F_{y4}\\M_4\end{Bmatrix}$。

这里，$\boldsymbol{F}_i$ 代表结点 i 的外力列向量，F_{xi}、F_{yi} 和 M_i 分别为作用于结点 i 的沿 x 轴、y 轴方向的外力和外力偶，它们的正负号规定与相应的结点位移相同。在结点 2、3 处，结点外力 $\boldsymbol{F}_2$、$\boldsymbol{F}_3$ 就是结点荷载，它们通常是给定的。在结点 1、4 上，当没有给定结点荷载时，结点外力 $\boldsymbol{F}_1$、$\boldsymbol{F}_4$ 就是支座反力；当支座处还有给定的荷载作用时，则应为结点荷载与支座反力的代数和。下面考虑结构的平衡条件和变形条件。各单元和各结点的隔离体图如图10－10c 所示，图中各单元上的杆端力均是沿着结构坐标系的正向作用的。在前面单元分析中，已经保证了各单元本身的平衡和变形连续，因此只需考虑各单元联结处(即各结点处)的平衡条件和变形连续条件。现以结点 2 为例，由平衡条件 $\sum F_x=0$、$\sum F_y=0$ 和 $\sum M=0$，可得

$$F_{x2}=F_{x2}^{①}+F_{x2}^{②},F_{y2}=F_{y2}^{①}+F_{y2}^{②},M_2=M_2^{①}+M_2^{②}$$

写成矩阵形式：

$$\begin{bmatrix}F_{x2}\\F_{y2}\\M_2\end{bmatrix}=\begin{bmatrix}F_{x2}^{①}\\F_{y2}^{①}\\M_2^{①}\end{bmatrix}+\begin{bmatrix}F_{x2}^{②}\\F_{y2}^{②}\\M_2^{②}\end{bmatrix}\tag{10-32}$$

式(10－32) 左边为结点 2 的荷载列向量 $\boldsymbol{F}_2$，右边两列分别为单元 ① 和单元 ② 在 2 端的杆端力列向量 $\boldsymbol{F}_2{}^{①}$ 和 $\boldsymbol{F}_2{}^{②}$，故式(10－32) 可简写为

$$\boldsymbol{F}_2=\boldsymbol{F}_2{}^{①}+\boldsymbol{F}_2{}^{②}\tag{10-33}$$

根据式(10－24)，上述杆端力列向量可用杆端位移列向量来表示：

$$\begin{cases}\boldsymbol{F}_2^{①}=\boldsymbol{k}_{21}^{①}\boldsymbol{\delta}_1^{①}+\boldsymbol{k}_{22}^{①}\boldsymbol{\delta}_2^{①}\\\boldsymbol{F}_2^{②}=\boldsymbol{k}_{22}^{②}\boldsymbol{\delta}_2^{②}+\boldsymbol{k}_{23}^{②}\boldsymbol{\delta}_3^{②}\end{cases}\tag{10-34}$$

再根据结点处的变形连续条件，应该有

$$\boldsymbol{\delta}_2^1=\boldsymbol{\delta}_2^2=\boldsymbol{\Delta}_2,\boldsymbol{\delta}_1^1=\boldsymbol{\Delta}_1,\boldsymbol{\delta}_3^2=\boldsymbol{\Delta}_3\tag{10-35}$$

将式(10－34) 和式(10－35) 代入式(10－33)，则得到以结点位移表示的结点 2 的平衡方程：

$$\boldsymbol{F}_2=\boldsymbol{k}_{21}^{1}\boldsymbol{\Delta}_1+(\boldsymbol{k}_{22}^{1}+\boldsymbol{k}_{22}^{2})\boldsymbol{\Delta}_2+\boldsymbol{k}_{23}^{2}\boldsymbol{\Delta}_3 \tag{10-36}$$

同理，对结点 1、3、4 都可建立类似的平衡方程。将所有四个结点的方程汇集在一起，就有

$$\begin{cases}\boldsymbol{F}_1=\boldsymbol{k}_{11}^{①}\boldsymbol{\Delta}_1+\boldsymbol{k}_{12}^{①}\boldsymbol{\Delta}_2\\ \boldsymbol{F}_2=\boldsymbol{k}_{21}^{①}\boldsymbol{\Delta}_1+(\boldsymbol{k}_{22}^{①}+\boldsymbol{k}_{22}^{②})\boldsymbol{\Delta}_2+\boldsymbol{k}_{23}^{②}\boldsymbol{\Delta}_3\\ \boldsymbol{F}_3=\boldsymbol{k}_{32}^{②}\boldsymbol{\Delta}_2+(\boldsymbol{k}_{33}^{②}+\boldsymbol{k}_{33}^{③})\boldsymbol{\Delta}_3+\boldsymbol{k}_{34}^{③}\boldsymbol{\Delta}_4\\ \boldsymbol{F}_4=\boldsymbol{k}_{43}^{③}\boldsymbol{\Delta}_3+\boldsymbol{k}_{44}^{③}\boldsymbol{\Delta}_4\end{cases} \tag{10-37}$$

写成矩阵形式则为

$$\begin{bmatrix}\boldsymbol{F}_1=\begin{bmatrix}F_{x1}\\F_{y1}\\M_1\end{bmatrix}\\ \boldsymbol{F}_2=\begin{bmatrix}F_{x2}\\F_{y2}\\M_2\end{bmatrix}\\ \boldsymbol{F}_3=\begin{bmatrix}F_{x3}\\F_{y3}\\M_3\end{bmatrix}\\ \boldsymbol{F}_4=\begin{bmatrix}F_{x4}\\F_{y4}\\M_4\end{bmatrix}\end{bmatrix}=\begin{bmatrix}\boldsymbol{k}_{11}^{①} & \boldsymbol{k}_{12}^{①} & 0 & 0\\ \boldsymbol{k}_{21}^{①} & \boldsymbol{k}_{22}^{①}+\boldsymbol{k}_{22}^{②} & \boldsymbol{k}_{23}^{2} & 0\\ 0 & \boldsymbol{k}_{32}^{②} & \boldsymbol{k}_{33}^{②}+\boldsymbol{k}_{33}^{③} & \boldsymbol{k}_{34}^{③}\\ 0 & 0 & \boldsymbol{k}_{43}^{③} & \boldsymbol{k}_{44}^{③}\end{bmatrix}\begin{bmatrix}\boldsymbol{\Delta}_1=\begin{bmatrix}u_1\\v_1\\\varphi_1\end{bmatrix}\\ \boldsymbol{\Delta}_2=\begin{bmatrix}u_2\\v_2\\\varphi_2\end{bmatrix}\\ \boldsymbol{\Delta}_3=\begin{bmatrix}u_3\\v_3\\\varphi_3\end{bmatrix}\\ \boldsymbol{\Delta}_4=\begin{bmatrix}u_4\\v_4\\\varphi_4\end{bmatrix}\end{bmatrix} \tag{10-38}$$

式(10－38) 便是用结点位移表示的所有结点的平衡方程，它表明了结点外力与结点位移之间的关系，通常称为结构的原始刚度方程，“原始”之意是指尚未引入支承条件。式(10－38) 可简写为

$$\boldsymbol{F}=\boldsymbol{K}\boldsymbol{\Delta} \tag{10-39}$$

式中：$\boldsymbol{K}$ 称为结构的原始刚度矩阵，也称结构的总刚度矩阵(简称总刚)。它的每个子块都是 3×3 阶方阵，故 $\boldsymbol{K}$ 为 12×12 阶方程。其中，每一个元素的物理意义就是当其所在列对应的结点位移分量等于 1(其余结点位移分量均为零) 时其所在行对应的结点外力分量的数值。结构的原始刚度矩阵 $\boldsymbol{K}$ 具有如下性质：

(1) 对称性。原始刚度矩阵 $\boldsymbol{K}$ 是一个对称方阵，这可由反力互等定理得知。

(2) 奇异性。原始刚度矩阵是奇异的，其逆阵不存在。这是由于建立方程(10-39)时没有考虑结构的约束条件。结构还可以有任意刚体位移，结点位移的解答不是唯一的。故还不能由式(10-39)来求结点位移，只能引入支承条件，对结构的原始刚度方程进行修改后，才能求解未知的结点位移，这将在下一节中讨论。

(3) 稀疏性。下面讨论如何由单元刚度矩阵直接建立结构原始刚度矩阵。

考察式(10-31)及式(10-38)可知，结构的原始刚度矩阵是由每个单元刚度矩阵的四个子块按其两个下标号码送入结构刚度矩阵中的相应位置而形成的，也就是将各单元子块"对号入座"即形成总刚。以单元②的四个子块为例，其入座位置如图10-11所示。一般而言，某单刚子块 $\boldsymbol{k}_{ij}^{e}$ 就应被送入总刚(以子块形式表示)中第 i 行第 j 列的位置。这种利用结构坐标系中的单元刚度矩阵子块对号入座直接形成总刚的方法，称为直接刚度法。

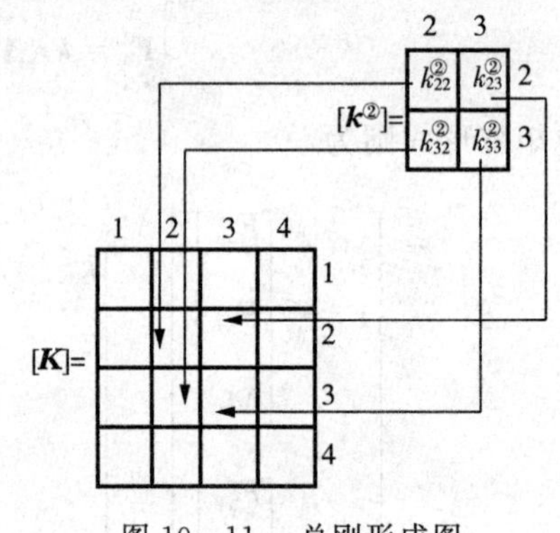

图10-11　总刚形成图

在对号入座时，具有相同下标的各单刚子块，在总刚中被送到同一位置上，各单刚子块要进行叠加，而没有单刚子块送入的位置上则为零子块。位于主对角线上的子块称为主子块；其余子块称为副子块。同交于一个结点上的各杆件称为该结点的相关单元；两个结点之间有杆件直接相连者称为相关结点。由单刚子块对号入座形成总刚具有以下规律：

(1) 总刚中的主子块 $\boldsymbol{K}_{ii}$ 是由结点 i 的各相关单元的主子块叠加求得的，即 $\boldsymbol{K}_{ii}=\Sigma\boldsymbol{k}_{ii}^{e}$。

(2) 对于总刚中的副子块 $\boldsymbol{K}_{im}$，当 i、m 为相关结点时即为联结它们的单元的相应副子块，即 $\boldsymbol{K}_{im}=\boldsymbol{k}_{im}^{e}$；当 i、m 为非相关结点时为零子块，即 $\boldsymbol{K}_{im}=0$。

【例10-3】 试建立如图10-12所示连续梁的结构原始刚度矩阵。

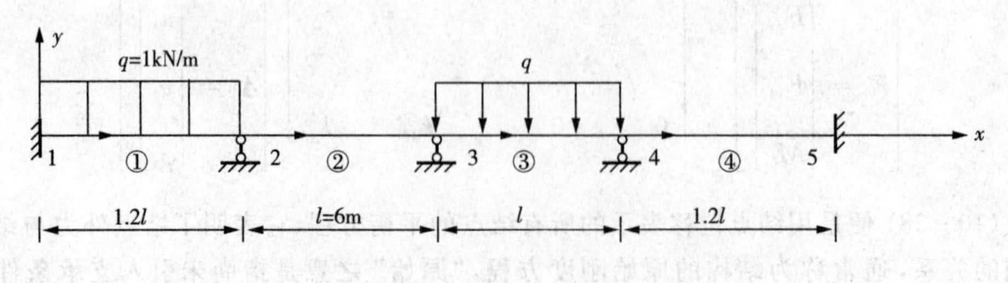

图10-12　例10-3图示

【解】 (1) 对单元和结点进行编号，如图10-12所示。

(2) 由式(10-10)写出各单元的刚度矩阵。

$$\bar{\boldsymbol{k}}^{①}=\boldsymbol{k}^{①}=\frac{EI}{l}\begin{bmatrix}3.33 & 1.67\\1.67 & 3.33\end{bmatrix}\begin{matrix}1\\2\end{matrix}$$

$$\bar{k}^{②}=k^{②}=\frac{EI}{l}\begin{bmatrix}4 & 2\\ 2 & 4\end{bmatrix}\begin{matrix}2\\3\end{matrix}\quad(\text{列编号 }2\ \ 3)$$

$$\bar{k}^{③}=k^{③}=\frac{EI}{l}\begin{bmatrix}4 & 2\\ 2 & 4\end{bmatrix}\begin{matrix}3\\4\end{matrix}\quad(\text{列编号 }3\ \ 4)$$

$$\bar{k}^{④}=k^{④}=\frac{EI}{l}\begin{bmatrix}3.33 & 1.67\\ 1.67 & 3.33\end{bmatrix}\begin{matrix}4\\5\end{matrix}\quad(\text{列编号 }4\ \ 5)$$

(3) 利用直接刚度法建立结构原始刚度矩阵：

结构有 5 个结点，结构原始刚度矩阵[K]的分块形式为 5 行 5 列。连续梁单元由于局部坐标系和整体坐标系是一致的，所以各单元刚度矩阵不需坐标变换，可直接分块编号，对号入座形成结构原始刚度矩阵。另外，由于连续梁单元刚度为 2×2 阶矩阵，故分块后每个子块只有一个元素。

$$K=\frac{EI}{l}\begin{Bmatrix}3.33 & 1.67 & 0 & 0 & 0\\ 1.67 & 3.33+4 & 2 & 0 & 0\\ 0 & 2 & 4+4 & 2 & 0\\ 0 & 0 & 2 & 4+3.33 & 1.67\\ 0 & 0 & 0 & 1.67 & 3.33\end{Bmatrix}\begin{matrix}1\\2\\3\\4\\5\end{matrix}\quad(\text{列编号 }1\ \ 2\ \ 3\ \ 4\ \ 5)$$

$$=\frac{EI}{l}\begin{Bmatrix}3.33 & 1.67 & 0 & 0 & 0\\ 1.67 & 7.33 & 2 & 0 & 0\\ 0 & 2 & 8 & 2 & 0\\ 0 & 0 & 2 & 7.33 & 1.67\\ 0 & 0 & 0 & 1.67 & 3.33\end{Bmatrix}$$

【例 10-4】 利用例 10-2 的结果，求如图 10-9 所示平面刚架的结构原始刚度矩阵。

【解】 将例 10-2 中已形成各整体坐标系的单元刚度矩阵分块编号。

$$k^{①}=10^{-3}\left[\begin{array}{ccc|ccc}2.31 & 0 & 6.94 & -2.31 & 0 & 6.94\\ 0 & 83.3 & 0 & 0 & -83.3 & 0\\ 6.94 & 0 & 27.8 & -6.94 & 0 & 13.9\\ \hline -2.31 & 0 & -6.94 & 2.31 & 0 & -6.94\\ 0 & -83.3 & 0 & 0 & 83.3 & 0\\ 6.94 & 0 & 13.9 & -6.94 & 0 & 0\end{array}\right]\begin{matrix}1\\ \\ \\2\end{matrix}\quad(\text{列编号 }1\ \ 2)$$

$$
\boldsymbol{k}^{②}=10^{-3}\begin{array}{c}
\begin{array}{cccccc} & 2 & & & 3 & \end{array}\\
\left[\begin{array}{ccc:ccc}
52.5 & 0 & 0 & -52.5 & 0 & 0\\
0 & 0.58 & 3.47 & 0 & -0.58 & 3.47\\
0 & 3.47 & 27.8 & 0 & -3.47 & 13.9\\
\hdashline
-52.5 & 0 & 0 & 52.5 & 0 & 0\\
0 & -0.58 & -3.47 & 0 & 0.58 & -3.47\\
0 & 3.47 & 13.9 & 0 & -3.47 & 27.8
\end{array}\right]\begin{array}{c} \\ 2\\ \\ \\ 3\\ \\ \end{array}
\end{array}
$$

$$
\boldsymbol{k}^{③}=10^{-3}\begin{array}{c}
\begin{array}{cccccc} & 4 & & & 3 & \end{array}\\
\left[\begin{array}{ccc:ccc}
2.31 & 0 & 6.94 & -2.31 & 0 & 6.94\\
0 & 83.3 & 0 & 0 & -83.3 & 0\\
6.94 & 0 & 27.8 & -6.94 & 0 & 13.9\\
\hdashline
-2.31 & 0 & -6.94 & 2.31 & 0 & -6.94\\
0 & -83.3 & 0 & 0 & 83.3 & 0\\
6.94 & 0 & 13.9 & -6.94 & 0 & 27.8
\end{array}\right]\begin{array}{c} \\ 4\\ \\ \\ 3\\ \\ \end{array}
\end{array}
$$

结构有 4 个结点，故结构原始刚度矩阵的分块形式为 4×4 阶，将各单元刚度矩阵的子块直接对号入座，得

$$
\boldsymbol{K}=
$$

$$
10^{-3}\begin{array}{c}
\begin{array}{cccccccccccc} & 1 & & & 2 & & & 3 & & & 4 & \end{array}\\
\left[\begin{array}{ccc:ccc:ccc:ccc}
2.31 & 0 & 6.94 & -2.31 & 0 & 6.94 & 0 & 0 & 0 & 0 & 0 & 0\\
0 & 83.3 & 0 & 0 & -83.3 & 0 & 0 & 0 & 0 & 0 & 0 & 0\\
6.94 & 0 & 27.8 & -6.94 & 0 & 13.9 & 0 & 0 & 0 & 0 & 0 & 0\\
\hdashline
-2.31 & 0 & -6.94 & 54.81 & 0 & -6.94 & -52.5 & 0 & 0 & 0 & 0 & 0\\
0 & -83.3 & 0 & 0 & 83.88 & -3.47 & 0 & -0.58 & -3.47 & 0 & 0 & 0\\
6.94 & 0 & 13.9 & -6.94 & -3.47 & 55.6 & 0 & 3.47 & 13.9 & 0 & 0 & 0\\
\hdashline
0 & 0 & 0 & -52.5 & 0 & 0 & 52.5 & 0 & -6.94 & -2.31 & 0 & -6.94\\
0 & 0 & 0 & 0 & -0.58 & 3.47 & 0 & 83.88 & 3.47 & 0 & -83.8 & 0\\
0 & 0 & 0 & 0 & -3.47 & 13.9 & -6.94 & 3.47 & 55.6 & 6.94 & 0 & 13.9\\
\hdashline
0 & 0 & 0 & 0 & 0 & 0 & -2.31 & 0 & 6.94 & 2.31 & 0 & 6.94\\
0 & 0 & 0 & 0 & 0 & 0 & 0 & -83.8 & 0 & 0 & 83.8 & 0\\
0 & 0 & 0 & 0 & 0 & 0 & -6.94 & 0 & 13.9 & 6.94 & 0 & 27.8
\end{array}\right]\begin{array}{c} \\ 1\\ \\ \\ 2\\ \\ \\ 3\\ \\ \\ 4\\ \\ \end{array}
\end{array}
$$

§10.5　支承条件的引入

§10.4中建立的图10－10所示结构的原始刚度方程式(10－36)并没有考虑支承条件，结构还可以有任意的刚体位移，所以原始刚度矩阵是奇异的，其逆矩阵不存在。因而不能由式(10－38)来求解结点位移。

在式(10－38)中，$\boldsymbol{F}_2$、$\boldsymbol{F}_3$是已知的结点荷载，与之相应的$\boldsymbol{\Delta}_2$、$\boldsymbol{\Delta}_3$是待求的未知结点位移；$\boldsymbol{F}_1$、$\boldsymbol{F}_4$是未知的支座反力，与之相应的$\boldsymbol{\Delta}_1$、$\boldsymbol{\Delta}_4$是已知的结点位移。因结点1、4均为固定端，故支承条件为

$$\boldsymbol{\Delta}_1=\boldsymbol{\Delta}_4=0 \tag{10-40}$$

代入式(10－38)，由矩阵乘法运算可得

$$\begin{bmatrix}\boldsymbol{F}_2\\ \boldsymbol{F}_3\end{bmatrix}=\begin{bmatrix}\boldsymbol{k}_{22}^{①}+\boldsymbol{k}_{22}^{②} & \boldsymbol{k}_{23}^{②}\\ \boldsymbol{k}_{32}^{②} & \boldsymbol{k}_{33}^{②}+\boldsymbol{k}_{33}^{③}\end{bmatrix}\begin{bmatrix}\boldsymbol{\Delta}_2\\ \boldsymbol{\Delta}_3\end{bmatrix} \tag{10-41}$$

和

$$\begin{bmatrix}\boldsymbol{F}_1\\ \boldsymbol{F}_4\end{bmatrix}=\begin{bmatrix}\boldsymbol{k}_{12}^{①} & 0\\ 0 & \boldsymbol{k}_{43}^{③}\end{bmatrix}\begin{bmatrix}\boldsymbol{\Delta}_2\\ \boldsymbol{\Delta}_3\end{bmatrix} \tag{10-42}$$

式(10－41)即为引入支承条件后的结构刚度方程，亦即位移法的典型方程，可简写为

$$\widetilde{\boldsymbol{F}}=\widetilde{\boldsymbol{K}}\,\widetilde{\boldsymbol{\Delta}} \tag{10-43a}$$

其中，$\widetilde{\boldsymbol{F}}$是已知结点荷载列向量；$\widetilde{\boldsymbol{\Delta}}$是未知结点位移列向量；$\widetilde{\boldsymbol{K}}$是由原始刚度矩阵中删去与已知为零的位移对应的行和列而得的，称为结构的刚度矩阵，或称为缩减的总刚。

原结构在引入支承条件后便消除了任意刚体位移，因而结构刚度矩阵$[\widetilde{K}]$为非奇异矩阵，可由式(10－42)求解未知的结点位移，即

$$\widetilde{\boldsymbol{\Delta}}=\widetilde{\boldsymbol{K}}^{-1}\widetilde{\boldsymbol{F}} \tag{10-43b}$$

求出结点位移后，便可由单元刚度矩阵计算各单元的杆端内力。将式(10－21)中的杆端位移$\boldsymbol{\delta}^e$改为用单元两端的结点位移$\boldsymbol{\Delta}^e$来表示，整体坐标系中的杆端力计算式为

$$\boldsymbol{F}^e=\boldsymbol{k}^e\boldsymbol{\Delta}^e \tag{10-44}$$

再由式(10－16)可求得局部坐标系中的杆端力：

$$\overline{\boldsymbol{F}}^e=\boldsymbol{T}\,\boldsymbol{F}^e=\boldsymbol{T}\,\boldsymbol{k}^e\boldsymbol{\Delta}^e \tag{10-45}$$

或者由式(10－19)可求得局部坐标系中的杆端位移：

$$\overline{\boldsymbol{\Delta}}^e=\boldsymbol{T}\,\boldsymbol{\Delta}^e \tag{10-46}$$

再由式(10－4)可求得局部坐标系中的杆端力：

$$\overline{\boldsymbol{F}}^e=\overline{\boldsymbol{k}}^e\overline{\boldsymbol{\Delta}}^e=\overline{\boldsymbol{k}}^e\boldsymbol{T}\boldsymbol{\Delta}^e \tag{10-47}$$

当求出未知的结点位移后,还可以利用式(10-42)计算支座反力。求出全部杆件的内力后,一般无需再求反力,即使要求也可由结点平衡很容易求得,故一般不用该式求反力。

§10.6 非结点荷载的处理

结构上受到的荷载,按其作用位置的不同可分为两类:一类直接作用在结点上的称为结点荷载;另一类作用在结点之间的杆件上的称为非结点荷载。非结点荷载不能直接用于结构矩阵分析,但实际中所遇到的大部分荷载又是非结点荷载。因此,在结构矩阵分析中,必须将非结点荷载处理为结点荷载,将其与结点荷载一并形成结构荷载列向量。

1. 等效结点荷载

如图10-13a所示,刚架受有非结点荷载,可按以下两个步骤来处理:(1)在具有结点位移的结点上加入附加刚臂和附加链杆以阻止所有结点的转动和移动,此时各单元将产生固端力,附加刚臂和附加链杆上产生附加反力矩和反力。由结点的平衡可知,这些附加反力矩和反力的大小等于汇交于该结点的各单元固端力的代数和,如图10-13b所示。(2)取消附加刚臂和链杆,相当于将上述附加反力矩和反力反号作为荷载加于结点上,如图10-13c所示。这些结点荷载称为原非结点荷载的等效结点荷载。这里的"等效"之意是指图10-13a与图10-13c两种情况的结点位移是相等的,因为图10-13b情况下的结点位移为零。在等效结点荷载作用下,便可按前述方法求解。最后,将通过以上两步所得的内力叠加,即可得原结构在非结点荷载作用下的内力解答。

设某单元 e 在非结点荷载作用下,其局部坐标系中的固端力为

$$\overline{\boldsymbol{F}}^{Fe}=\begin{bmatrix}\overline{\boldsymbol{F}_i}^{Fe}\\ \overline{\boldsymbol{F}_j}^{Fe}\end{bmatrix}=\begin{bmatrix}\overline{F}_{Ni}^{Fe}\\ \overline{F}_{Si}^{Fe}\\ \overline{M}_i^{Fe}\\ \overline{F}_{Nj}^{Fe}\\ \overline{F}_{Sj}^{Fe}\\ \overline{M}_j^{Fe}\end{bmatrix}\tag{10-48}$$

其中,上标"F"表示固端之意。固端力可由表8-1(第8章位移法中的载常数)查得。则由式(10-16)和式(10-18)可知,整体坐标系中的固端力应为

$$\boldsymbol{F}^{Fe}=\boldsymbol{T}^{\mathrm{T}}\overline{\boldsymbol{F}}^{Fe}=\begin{bmatrix}\boldsymbol{F}_i^{Fe}\\ \boldsymbol{F}_j^{Fe}\end{bmatrix}=\begin{bmatrix}F_{xi}^{Fe}\\ F_{yi}^{Fe}\\ M_i^{Fe}\\ F_{xj}^{Fe}\\ F_{yj}^{Fe}\\ M_j^{Fe}\end{bmatrix}\tag{10-49}$$

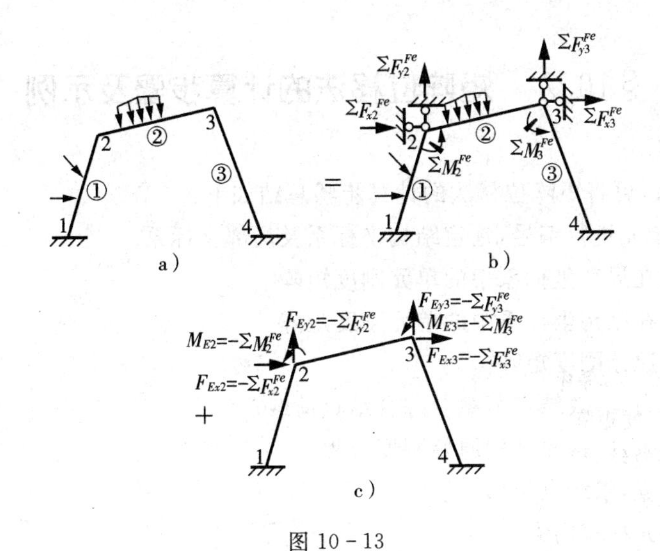

图 10－13

任一结点 i 上的等效结点荷载$[F_{Ei}]$（下标“E”为等效之意）为

$$\boldsymbol{F}^{Ei}=\begin{bmatrix}F_{Exi}\\F_{Eyi}\\M_{Ei}\end{bmatrix}=\begin{bmatrix}-\Sigma F_{xi}^{Fe}\\-\Sigma F_{yi}^{Fe}\\-\Sigma M_{i}^{Fe}\end{bmatrix}=-\Sigma\boldsymbol{F}_{i}^{Fe}\tag{10-50}$$

2. 综合结点荷载

若除了非结点荷载的等效结点荷载 $\boldsymbol{F}_{Ei}$ 外，结点上还有原来直接作用的荷载 $\boldsymbol{F}_{Di}$（下标“D”表示直接之意），则总的结点荷载为

$$\boldsymbol{F}^{i}=\boldsymbol{F}^{Ei}+\boldsymbol{F}^{Di}\tag{10-51}$$

$\boldsymbol{F}_{i}$ 称为综合结点荷载。整个结构的结点荷载列阵为

$$\boldsymbol{F}=\boldsymbol{F}_{E}+\boldsymbol{F}_{D}\tag{10-52}$$

式中：$\boldsymbol{F}_{D}$ 是直接结点荷载列阵，$\boldsymbol{F}_{E}$ 是等效结点荷载列阵。

各单元的最后杆端力是综合结点荷载作用下的杆端力与固端力之和，即

$$\boldsymbol{F}^{e}=\boldsymbol{F}^{Fe}+\boldsymbol{k}^{e}\boldsymbol{\Delta}^{e}\tag{10-53}$$

及

$$\overline{\boldsymbol{F}}^{e}=\overline{\boldsymbol{F}}^{Fe}+\boldsymbol{T}\,\boldsymbol{k}^{e}\boldsymbol{\Delta}^{e}\tag{10-54}$$

或

$$\overline{\boldsymbol{F}}^{e}=\overline{\boldsymbol{F}}^{Fe}+\overline{\boldsymbol{k}}^{e}\boldsymbol{T}\boldsymbol{\Delta}^{e}\tag{10-55}$$

结构在温度变化及支座移动影响下的计算同样可按上述方法处理。只要确定了各杆在温度变化及支座移动下的固端力，即可由式(10－48)及式(10－49)计算相应的等效结点荷载。

§10.7 矩阵位移法的计算步骤及示例

通过上述分析,可将矩阵位移法的计算步骤总结如下:

(1) 对结点、单元进行编号,选定结构坐标系及局部坐标系。

(2) 建立单元在局部坐标系中的单元刚度矩阵。

(3) 建立单元在结构坐标系中的单元刚度矩阵。

(4) 建立结构原始刚度矩阵。

(5) 计算固端力、等效结点荷载及综合结点荷载。

(6) 引入支承条件,修改结构原始刚度方程。

(7) 解刚度方程,求结点位移。

(8) 计算各单元杆端内力。

【例 10-5】 用矩阵位移法计算如图 10-12 所示连续梁的内力。

【解】 (1) 结构离散化。

(2) 计算单元刚度矩阵。

(3) 建立结构原始刚度矩阵。

以上计算结果见例 10-3 所示。

(4) 计算结构等效结点荷载向量。

由于单元局部坐标系和整体坐标系一致,故单元等效结点荷载向量为

$$\boldsymbol{F}_E^{①} = \overline{\boldsymbol{F}}_E^{①} = -\begin{Bmatrix} \dfrac{ql^2}{12} \\ -\dfrac{ql^2}{12} \end{Bmatrix} = \begin{Bmatrix} -4.32 \\ 4.32 \end{Bmatrix}$$

$$\boldsymbol{F}_E^{③} = \overline{\boldsymbol{F}}_E^{③} = -\begin{Bmatrix} \dfrac{ql^2}{12} \\ -\dfrac{ql^2}{12} \end{Bmatrix} = \begin{Bmatrix} -3 \\ 3 \end{Bmatrix}$$

$$\boldsymbol{F}_E^{②} = \overline{\boldsymbol{F}}_E^{②} = \begin{Bmatrix} 0 \\ 0 \end{Bmatrix}$$

$$\boldsymbol{F}_E^{④} = \overline{\boldsymbol{F}}_E^{④} = \begin{Bmatrix} 0 \\ 0 \end{Bmatrix}$$

对号入座,形成$\{F_E\}$为

$$\boldsymbol{F}_E=\begin{Bmatrix}-4.32\\4.32\\-3.00\\3.00\\0.00\end{Bmatrix}$$

结构上无结点荷载,故结构综合结点荷载为

$$\boldsymbol{F}=\boldsymbol{F}_E=\begin{Bmatrix}-4.32\\4.32\\-3.00\\3.00\\0.00\end{Bmatrix}$$

结构的原始刚度方程为

$$\begin{Bmatrix}-4.32\\4.32\\-3\\3\\0\end{Bmatrix}=\frac{EI}{l}\begin{bmatrix}3.33&1.67&0&0&0\\1.67&7.33&2&0&0\\0&2&8&2&0\\0&0&2&7.33&1.67\\0&0&0&1.67&3.33\end{bmatrix}\begin{Bmatrix}\varphi_1\\\varphi_2\\\varphi_3\\\varphi_4\\\varphi_5\end{Bmatrix}$$

(5) 边界条件处理。

引入边界条件:$\varphi_1=0$、$\varphi_5=0$,则得结构刚度方程为

$$\begin{Bmatrix}4.32\\-3\\3\end{Bmatrix}=\frac{EI}{l}\begin{bmatrix}7.33&2&0\\2&8&2\\0&2&7.33\end{bmatrix}\begin{Bmatrix}\varphi_2\\\varphi_3\\\varphi_4\end{Bmatrix}$$

(6) 求解结构刚度方程。

$$\boldsymbol{\Delta}=\begin{Bmatrix}\varphi_2\\\varphi_3\\\varphi_4\end{Bmatrix}=\frac{l}{EI}\begin{Bmatrix}0.786\\-0.723\\0.606\end{Bmatrix}$$

(7) 计算各单元杆端力。

$$\overline{\boldsymbol{F}}^{①} = \overline{\boldsymbol{k}}^{①}\overline{\boldsymbol{\delta}}^{①} + \overline{\boldsymbol{F}}_E^{①}$$

$$= \begin{bmatrix} 3.33 & 1.67 \\ 1.67 & 3.33 \end{bmatrix} \begin{Bmatrix} 0 \\ 0.786 \end{Bmatrix} + \begin{Bmatrix} 4.32 \\ -4.32 \end{Bmatrix} = \begin{Bmatrix} 5.63 \\ -1.70 \end{Bmatrix}$$

$$\overline{\boldsymbol{F}}^{②} = \overline{\boldsymbol{k}}^{②}\overline{\boldsymbol{\delta}}^{②} + \overline{\boldsymbol{F}}_E^{②}$$

$$= \begin{bmatrix} 4 & 2 \\ 2 & 4 \end{bmatrix} \begin{Bmatrix} 0.786 \\ -0.723 \end{Bmatrix} + \begin{Bmatrix} 0 \\ 0 \end{Bmatrix} = \begin{Bmatrix} 1.70 \\ -1.32 \end{Bmatrix}$$

$$\overline{\boldsymbol{F}}^{③} = \overline{\boldsymbol{k}}^{③}\overline{\boldsymbol{\delta}}^{③} + \overline{\boldsymbol{F}}_E^{③}$$

$$= \begin{bmatrix} 4 & 2 \\ 2 & 4 \end{bmatrix} \begin{Bmatrix} -0.723 \\ 0.606 \end{Bmatrix} + \begin{Bmatrix} 3 \\ -3 \end{Bmatrix} = \begin{Bmatrix} 1.32 \\ -2.02 \end{Bmatrix}$$

$$\overline{\boldsymbol{F}}^{④} = \overline{\boldsymbol{k}}^{④}\overline{\boldsymbol{\delta}}^{④} + \overline{\boldsymbol{F}}_E^{④}$$

$$= \begin{bmatrix} 3.33 & 1.67 \\ 1.67 & 3.33 \end{bmatrix} \begin{Bmatrix} 0.606 \\ 0 \end{Bmatrix} + \begin{Bmatrix} 0 \\ 0 \end{Bmatrix} = \begin{Bmatrix} 2.02 \\ 1.01 \end{Bmatrix}$$

(8) 作出结构弯矩图，如图 10－14 所示。

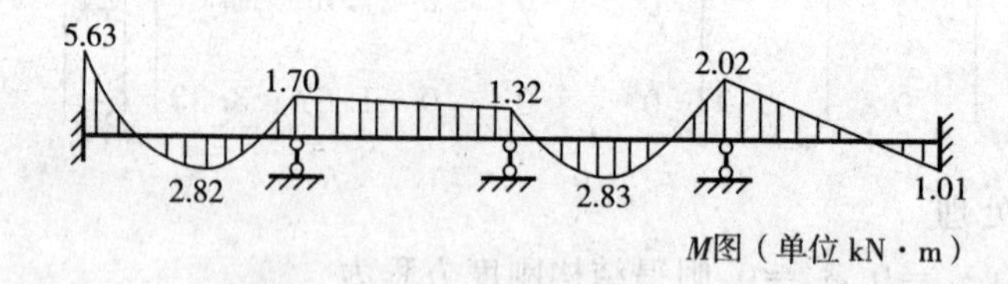

图 10－14　M 图(单位 kN・m)

【例 10-6】 试用矩阵位移法计算如图 10－15 所示刚架的内力。各杆材料及表面，见例 10－2。

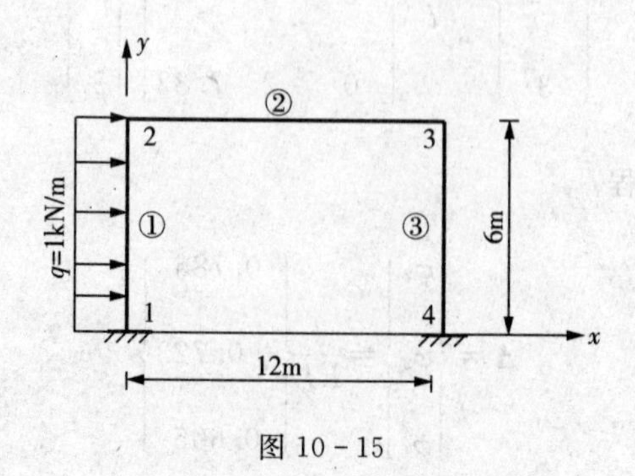

图 10－15

【解】 (1) 结构离散化，将单元结合编号确立坐标系，如图 10－15 所示。

(2) 计算单元刚度矩阵见例 10－4。

(3) 建立结构原始刚度矩阵。

以上计算结果见例 10－2 和例 10－4 所列。

(4) 计算结构等效结点荷载和结构综合结点荷载。

利用式(10－51) 计算各单元整体坐标系下的等效结点荷载。

单元 ①：$\alpha = 90°, \sin\alpha = 1, \cos\alpha = 0$，则

$$\boldsymbol{F}_E^{①} = -\boldsymbol{T}^{\mathrm{T}}\,\overline{\boldsymbol{F}_E}^{①} = \begin{bmatrix} 0 & -1 & 0 & 0 & 0 & 0 \\ 1 & 0 & 0 & 0 & 0 & 0 \\ 0 & 0 & 1 & 0 & 0 & 0 \\ 0 & 0 & 0 & 0 & -1 & 0 \\ 0 & 0 & 0 & 1 & 0 & 0 \\ 0 & 0 & 0 & 0 & 0 & 1 \end{bmatrix} \begin{bmatrix} 0 \\ 3 \\ -3 \\ 0 \\ 3 \\ -3 \end{bmatrix} \begin{matrix} 1 \\ \\ \\ \\ 2 \end{matrix} = \begin{bmatrix} 3 \\ 0 \\ 3 \\ \cdots \\ 3 \\ 0 \\ -3 \end{bmatrix}$$

单元 ②、单元 ③：无非结点荷载作用，则

$$\boldsymbol{F}_E^{②} = \{\overset{2}{0 \quad 0 \quad 0} \ \vdots \ \overset{3}{0 \quad 0 \quad 0}\}^{\mathrm{T}}$$

$$\boldsymbol{F}_E^{③} = \{\overset{3}{0 \quad 0 \quad 0} \ \vdots \ \overset{4}{0 \quad 0 \quad 0}\}^{\mathrm{T}}$$

将单元等效结点荷载按结点分块编号，集装结构等效结点荷载为

$$\boldsymbol{F}_E = \{\overset{1}{3 \quad 0 \quad 3} \ \vdots \ \overset{2}{3 \quad 0 \quad -3} \ \vdots \ \overset{3}{0 \quad 0 \quad 0} \ \vdots \ \overset{4}{0 \quad 0 \quad 0}\}^{\mathrm{T}}$$

而

$$\boldsymbol{F}_D = \{\overset{1}{F_{x1} \quad F_{y1} \quad M_1} \ \vdots \ \overset{2}{0 \quad 0 \quad 0} \ \vdots \ \overset{3}{0 \quad 0 \quad 0} \ \vdots \ \overset{4}{F_{x4} \quad F_{y4} \quad M_4}\}^{\mathrm{T}}$$

结构综合结点荷载为

$$\boldsymbol{F} = \boldsymbol{F}_D + \boldsymbol{F}_E = \{\overset{1}{F_{x1} \quad F_{y1} \quad M_1} \ \vdots \ \overset{2}{3 \quad 0 \quad -3} \ \vdots \ \overset{3}{0 \quad 0 \quad 0} \ \vdots \ \overset{4}{F_{x4} \quad F_{y4} \quad M_4}\}^{\mathrm{T}}$$

(5) 引入支承条件，修改结构刚度方程。

由图 10－15 可知：$u_1 = v_1 = \varphi_1 = 0, u_4 = v_4 = \varphi_4 = 0$，采用“划零置 1”法，结构刚度矩阵为

$$
\begin{bmatrix} F_{x1} \\ F_{y1} \\ M_1 \\ 3 \\ 0 \\ -3 \\ 0 \\ 0 \\ 0 \\ F_{x4} \\ F_{y4} \\ M_4 \end{bmatrix} = 10^{-3}
\begin{bmatrix}
1 & 0 & 0 & 0 & 0 & 0 & 0 & 0 & 0 & 0 & 0 & 0 \\
0 & 1 & 0 & 0 & 0 & 0 & 0 & 0 & 0 & 0 & 0 & 0 \\
0 & 0 & 1 & 0 & 0 & 0 & 0 & 0 & 0 & 0 & 0 & 0 \\
0 & 0 & 0 & 54.81 & 0 & -6.94 & -52.5 & 0 & 0 & 0 & 0 & 0 \\
0 & 0 & 0 & 0 & 83.88 & -3.47 & 0 & -0.58 & -3.47 & 0 & 0 & 0 \\
0 & 0 & 0 & -6.94 & -3.47 & 55.6 & 0 & 3.47 & 13.9 & 0 & 0 & 0 \\
0 & 0 & 0 & -52.5 & 0 & 0 & 54.81 & 0 & -6.94 & 0 & 0 & 0 \\
0 & 0 & 0 & 0 & -0.58 & 3.47 & 0 & 83.88 & 3.47 & 0 & 0 & 0 \\
0 & 0 & 0 & 0 & -3.47 & 13.9 & -6.94 & 3.47 & 55.6 & 0 & 0 & 0 \\
0 & 0 & 0 & 0 & 0 & 0 & 0 & 0 & 0 & 1 & 0 & 0 \\
0 & 0 & 0 & 0 & 0 & 0 & 0 & 0 & 0 & 0 & 1 & 0 \\
0 & 0 & 0 & 0 & 0 & 0 & 0 & 0 & 0 & 0 & 0 & 1
\end{bmatrix}
\begin{bmatrix} u_1 \\ v_1 \\ \varphi_1 \\ u_2 \\ v_2 \\ \varphi_2 \\ u_3 \\ v_3 \\ \varphi_3 \\ u_4 \\ v_4 \\ \varphi_4 \end{bmatrix}
$$

(6) 解方程,求出结点位移。

$$
\boldsymbol{\Delta}_1 = \begin{Bmatrix} 0 \\ 0 \\ 0 \end{Bmatrix} \quad \boldsymbol{\Delta}_4 = \begin{Bmatrix} 0 \\ 0 \\ 0 \end{Bmatrix}
$$

$$
\boldsymbol{\Delta}_2 = \begin{Bmatrix} 847 \\ 5.13 \\ 28.4 \end{Bmatrix} \quad \boldsymbol{\Delta}_3 = \begin{Bmatrix} 824 \\ -5.13 \\ 96.5 \end{Bmatrix}
$$

(7) 计算各单元局部坐标系下的杆端力 $\{\overline{F}\}^e$。

单元 ①:$\alpha = 90°$,则

$$
\boldsymbol{F}^{①} = \boldsymbol{k}^{①}\boldsymbol{\delta}^{①} + \boldsymbol{F}_E^{①}
$$

$$
= 10^{-3}
\begin{bmatrix}
2.31 & 0 & 6.94 & -2.31 & 0 & 6.94 \\
0 & 83.3 & 0 & 0 & -83.3 & 0 \\
6.94 & 0 & 27.8 & -6.94 & 0 & 13.9 \\
-2.31 & 0 & -6.94 & 2.31 & 0 & -6.94 \\
0 & -83.3 & 0 & 0 & 83.3 & 0 \\
6.94 & 0 & 13.9 & -6.94 & 0 & 27.9
\end{bmatrix}
\begin{bmatrix} 0 \\ 0 \\ 0 \\ 847 \\ 5.13 \\ 28.4 \end{bmatrix}
+ \begin{bmatrix} -3 \\ 0 \\ -3 \\ -3 \\ 0 \\ 3 \end{bmatrix}
= \begin{Bmatrix} -4.67 \\ -0.43 \\ -8.49 \\ -1.24 \\ 0.43 \\ -2.09 \end{Bmatrix}
$$

$$\bar{\boldsymbol{F}}^{①} = \boldsymbol{T}\boldsymbol{F}^{①} = \begin{Bmatrix} -0.43 \\ 4.76 \\ -8.49 \\ 0.43 \\ 1.24 \\ -2.09 \end{Bmatrix}$$

单元 ②：$\alpha = 0°$，则

$$\bar{\boldsymbol{F}}^{②} = \boldsymbol{F}^{②} = \boldsymbol{k}^{②}\boldsymbol{\delta}^{②}$$

$$= 10^{-3}\begin{bmatrix} 52.5 & 0 & 0 & -52.5 & 0 & 0 \\ 0 & 0.58 & -3.47 & 0 & -0.58 & -3.47 \\ 0 & -3.47 & 27.8 & 0 & 3.47 & 13.9 \\ -52.5 & 0 & 0 & 52.5 & 0 & 0 \\ 0 & -0.58 & 3.47 & 0 & 0.58 & 3.47 \\ 0 & -3.47 & 13.9 & 0 & 3.47 & 27.8 \end{bmatrix}\begin{bmatrix} 847 \\ 5.13 \\ 28.4 \\ 824 \\ -5.13 \\ 96.5 \end{bmatrix} = \begin{Bmatrix} 1.24 \\ -0.43 \\ -2.09 \\ -1.24 \\ 0.43 \\ 3.04 \end{Bmatrix}$$

单元 ③：$\alpha = 90°$，则

$$\boldsymbol{F}^{③} = \boldsymbol{k}^{③}\boldsymbol{\delta}^{③}$$

$$= 10^{-3}\begin{bmatrix} 2.31 & 0 & 6.94 & -2.31 & 0 & 6.94 \\ 0 & 83.3 & 0 & 0 & -83.3 & 0 \\ 6.94 & 0 & 27.8 & -6.94 & 0 & 13.9 \\ -2.31 & 0 & -6.94 & 2.31 & 0 & -6.94 \\ 0 & -83.3 & 0 & 0 & 83.3 & 0 \\ 6.94 & 0 & 13.9 & -6.94 & 0 & 27.8 \end{bmatrix}\begin{bmatrix} 0 \\ 0 \\ 0 \\ 824 \\ -5.13 \\ 96.5 \end{bmatrix} = \begin{Bmatrix} -1.24 \\ -0.43 \\ -4.38 \\ -1.24 \\ -0.43 \\ -3.04 \end{Bmatrix}$$

$$\bar{\boldsymbol{F}}^{③} = \boldsymbol{T}\boldsymbol{F}^{③} = \begin{Bmatrix} 0.43 \\ 1.24 \\ -4.38 \\ -0.43 \\ -1.24 \\ -3.04 \end{Bmatrix}$$

(8) 绘制内力图,如图 10-16 所示。

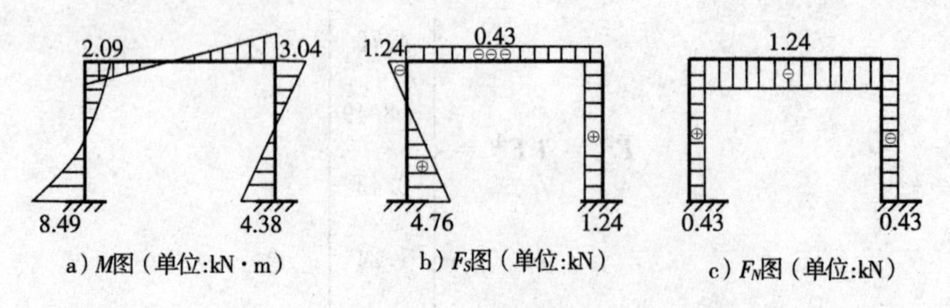

图 10-16　最终内力图

【例 10-7】 试用矩阵位移法计算如图 10-17 所示平面桁架的内力。EA = 常数。

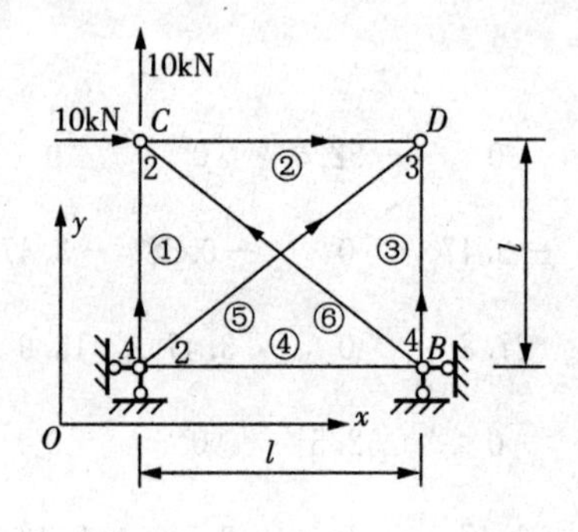

图 10-17　例 10-7 图示

【解】 (1) 对单元和结点进行编号,如图 10-17 所示。

(2) 计算局部坐标系下的单元刚度矩阵。由式(10-8b),得到单元 ①、②、③、④ 在局部坐标系下的单元刚度矩阵为

$$\bar{\boldsymbol{k}}^{①}=\bar{\boldsymbol{k}}^{②}=\bar{\boldsymbol{k}}^{③}=\bar{\boldsymbol{k}}^{④}=\frac{EA}{l}\begin{bmatrix}1 & 0 & -1 & 0\\0 & 0 & 0 & 0\\-1 & 0 & 1 & 0\\0 & 0 & 0 & 0\end{bmatrix}$$

单元 ⑤、单元 ⑥ 在局部坐标系下的刚度矩阵为

$$\bar{\boldsymbol{k}}^{⑤}=\bar{\boldsymbol{k}}^{⑥}=\frac{EA}{\sqrt{2}\,l}\begin{bmatrix}1 & 0 & -1 & 0\\0 & 0 & 0 & 0\\-1 & 0 & 1 & 0\\0 & 0 & 0 & 0\end{bmatrix}$$

(3) 求整体坐标系下的单元刚度矩阵。

坐标变换矩阵采用式(10-17)。

单元 ①、单元 ③：$\alpha=90°$，则

$$T=\begin{bmatrix}0 & 1 & 0 & 0\\ -1 & 0 & 0 & 0\\ 0 & 0 & 0 & 1\\ 0 & 0 & -1 & 0\end{bmatrix}$$

$$k^{①}=k^{③}=T^{T}\bar{k}^{①}T=\frac{EA}{l}\begin{bmatrix}0 & 0 & 0 & 0\\ 0 & 1 & 0 & -1\\ 0 & 0 & 0 & 0\\ 0 & -1 & 0 & 1\end{bmatrix}$$

单元 ⑤：$\alpha=45°$，则

$$T=\frac{1}{\sqrt{2}}\begin{bmatrix}1 & 1 & 0 & 0\\ -1 & 1 & 0 & 0\\ 0 & 0 & 1 & 1\\ 0 & 0 & -1 & 1\end{bmatrix}$$

$$k^{⑤}=T^{T}\bar{k}^{⑤}T=\frac{EA}{l}\frac{1}{2\sqrt{2}}\begin{bmatrix}1 & 1 & -1 & -1\\ 1 & 1 & -1 & -1\\ -1 & -1 & 1 & 1\\ -1 & -1 & 1 & 1\end{bmatrix}$$

单元 ②、单元 ④：$\alpha=0°$，则

$$k^{②}=k^{④}=\frac{EA}{l}\begin{bmatrix}1 & 0 & -1 & 0\\ 0 & 0 & 0 & 0\\ -1 & 0 & 1 & 0\\ 0 & 0 & 0 & 0\end{bmatrix}$$

单元 ⑥：$\alpha=135°$，则

$$T=\frac{1}{\sqrt{2}}\begin{bmatrix}-1 & 1 & 0 & 0\\ -1 & -1 & 0 & 0\\ 0 & 0 & -1 & 1\\ 0 & 0 & -1 & -1\end{bmatrix}$$

$$\boldsymbol{k}^{⑥}=\boldsymbol{T}^{\mathrm{T}}\bar{\boldsymbol{k}}^{⑥}\boldsymbol{T}=\frac{EA}{l}\frac{1}{2\sqrt{2}}\begin{bmatrix}1 & -1 & -1 & 1\\ -1 & 1 & 1 & -1\\ -1 & 1 & 1 & -1\\ 1 & -1 & -1 & 1\end{bmatrix}$$

(4) 集装结构原始刚度矩阵。

将各整体坐标系下的单元刚度矩阵分块并按单元结点编号，对号入座形成结构原始刚度矩阵为

$$\boldsymbol{K}=\frac{EA}{l}\begin{bmatrix}1.35 & 0.35 & 0 & 0 & -0.35 & -0.35 & -1 & 0\\ 0.35 & 1.35 & 0 & -1 & -0.35 & -0.35 & 0 & 0\\ 0 & 0 & 1.35 & -0.35 & -1 & 0 & -0.35 & 0.35\\ 0 & -1 & -0.35 & 1.35 & 0 & 0 & 0.35 & -0.35\\ -0.35 & -0.35 & -1 & 0 & 1.35 & 0.35 & 0 & 0\\ -0.35 & -0.35 & 0 & 0 & 0.35 & 1.35 & 0 & -1\\ -1 & 0 & -0.35 & 0.35 & 0 & 0 & 1.35 & -0.35\\ 0 & 0 & 0.35 & -0.35 & 0 & -1 & -0.35 & 1.35\end{bmatrix}$$

(5) 计算结点荷载向量。

$$\boldsymbol{F}=\boldsymbol{F}_D=\{F_{x1},F_{y1},10,10,0,0,F_{x4},F_{y4}\}^{\mathrm{T}}$$

(6) 引入支承条件。

由于 $u_1=v_1=u_4=v_4=0$，采用“划零置 1”法，修改后的刚度方程为

$$\begin{bmatrix}F_{x1}\\ F_{y1}\\ 10\\ 10\\ 0\\ 0\\ F_{x4}\\ F_{y4}\end{bmatrix}=\frac{EA}{l}\begin{bmatrix}1 & 0 & 0 & 0 & 0 & 0 & 0 & 0\\ 0 & 1 & 0 & 0 & 0 & 0 & 0 & 0\\ 0 & 0 & 1.35 & -0.35 & -1 & 0 & 0 & 0\\ 0 & 0 & -0.35 & 1.35 & 0 & 0 & 0 & 0\\ 0 & 0 & -1 & 0 & 1.35 & 0.35 & 0 & 0\\ 0 & 0 & 0 & 0 & 0.35 & 1.35 & 0 & 0\\ 0 & 0 & 0 & 0 & 0 & 0 & 1 & 0\\ 0 & 0 & 0 & 0 & 0 & 0 & 0 & 1\end{bmatrix}\begin{Bmatrix}u_1\\ v_1\\ u_2\\ v_2\\ u_3\\ v_3\\ u_4\\ v_4\end{Bmatrix}$$

(7) 解方程,求出结点位移。

$$\boldsymbol{\Delta}=\begin{Bmatrix} u_1 \\ v_1 \\ u_2 \\ v_2 \\ u_3 \\ v_3 \\ u_4 \\ v_4 \end{Bmatrix}=\frac{1}{EA}\begin{Bmatrix} 0 \\ 0 \\ 26.94 \\ 14.42 \\ 21.36 \\ -5.58 \\ 0 \\ 0 \end{Bmatrix}$$

(8) 计算各单元在局部坐标系下的杆端力。

单元 ①:

$$\overline{\boldsymbol{F}}^{①}=\boldsymbol{T}\boldsymbol{k}^{①}\boldsymbol{\delta}^{①}$$

$$=\begin{bmatrix} 0 & 1 & 0 & 0 \\ -1 & 0 & 0 & 0 \\ 0 & 0 & 0 & 1 \\ 0 & 0 & -1 & 0 \end{bmatrix}\begin{bmatrix} 0 & 0 & 0 & 0 \\ 0 & 1 & 0 & -1 \\ 0 & 0 & 0 & 0 \\ 0 & -1 & 0 & 1 \end{bmatrix}\begin{Bmatrix} 0 \\ 0 \\ 26.94 \\ 14.42 \end{Bmatrix}=\begin{Bmatrix} -14.42 \\ 0 \\ 14.42 \\ 0 \end{Bmatrix}$$

单元 ②:

$$\overline{\boldsymbol{F}}^{②}=\boldsymbol{F}^{②}=\boldsymbol{k}^{②}\boldsymbol{\delta}^{②}$$

$$=\begin{bmatrix} 1 & 0 & -1 & 0 \\ 0 & 0 & 0 & 0 \\ -1 & 0 & 1 & 0 \\ 0 & 0 & 0 & 0 \end{bmatrix}\begin{Bmatrix} 26.94 \\ 14.42 \\ 21.36 \\ -5.58 \end{Bmatrix}=\begin{Bmatrix} 5.58 \\ 0 \\ -5.58 \\ 0 \end{Bmatrix}$$

单元 ③:

$$\overline{\boldsymbol{F}}^{③}=\boldsymbol{T}\boldsymbol{k}^{③}\boldsymbol{\delta}^{③}$$

$$=\begin{bmatrix} 0 & 1 & 0 & 0 \\ -1 & 0 & 0 & 0 \\ 0 & 0 & 0 & 1 \\ 0 & 0 & -1 & 0 \end{bmatrix}\begin{bmatrix} 0 & 0 & 0 & 0 \\ 0 & 1 & 0 & -1 \\ 0 & 0 & 0 & 0 \\ 0 & -1 & 0 & 1 \end{bmatrix}\begin{Bmatrix} 0 \\ 0 \\ 21.36 \\ -5.58 \end{Bmatrix}=\begin{Bmatrix} 5.58 \\ 0 \\ -5.58 \\ 0 \end{Bmatrix}$$

单元 ④：

$$\overline{\boldsymbol{F}}^{④}=\boldsymbol{F}^{④}=\boldsymbol{k}^{④}\boldsymbol{\delta}^{④}=\begin{Bmatrix}0\\0\\0\\0\end{Bmatrix}$$

单元 ⑤：

$\overline{\boldsymbol{F}}^{⑤}=\boldsymbol{T}\boldsymbol{k}^{⑤}\boldsymbol{\delta}^{⑤}$

$$=\frac{1}{\sqrt{2}}\begin{bmatrix}1&1&0&0\\-1&1&0&0\\0&0&1&1\\0&0&-1&1\end{bmatrix}\times\frac{1}{2\sqrt{2}}\begin{bmatrix}1&1&-1&-1\\1&1&-1&-1\\-1&-1&1&1\\-1&-1&1&1\end{bmatrix}\begin{Bmatrix}0\\0\\26.36\\-5.58\end{Bmatrix}=\begin{Bmatrix}-7.89\\0\\7.89\\0\end{Bmatrix}$$

单元 ⑥：

$\overline{\boldsymbol{F}}^{⑥}=\boldsymbol{T}\boldsymbol{k}^{⑥}\boldsymbol{\delta}^{⑥}$

$$=\frac{1}{\sqrt{2}}\begin{bmatrix}-1&1&0&0\\-1&-1&0&0\\0&0&-1&1\\0&0&-1&-1\end{bmatrix}\times\frac{1}{2\sqrt{2}}\begin{bmatrix}1&-1&-1&1\\-1&1&1&-1\\-1&1&1&-1\\1&-1&-1&1\end{bmatrix}\begin{Bmatrix}0\\0\\26.94\\14.42\end{Bmatrix}=\begin{Bmatrix}6.26\\0\\-6.26\\0\end{Bmatrix}$$

各杆内力值如图 10－18 所示。

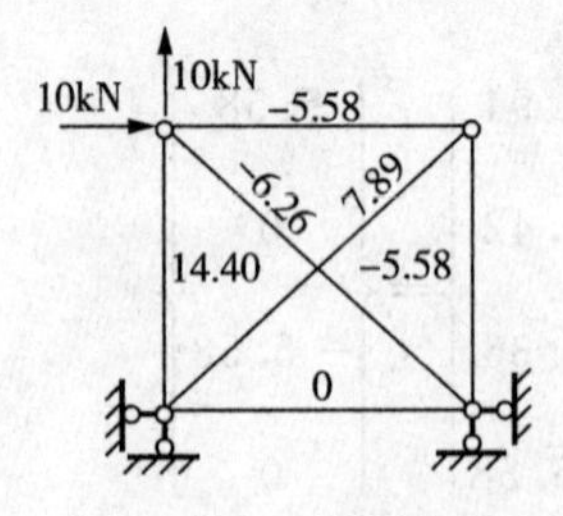

图 10－18　例 10－7 内力图

§10.8　几点补充说明

为了便于电算，对实际的计算问题做以下补充说明。

1. 结点位移分量的编号，单元定位向量

单刚子块对号入座形成总刚，必须落实到对每个元素进行对号入座。单刚子块的两个下标号码是由单元两端的结点编号确定的，而每个元素的两个下标号码则由单元两端的结点位移分量的编号确定。因此，不仅要对结点进行编号，而且要对结点位移的每个分量进行编号。对图 10－19 所示刚架，单元、结点和结点位移分量编号如图所示，它们的对应关系见表 10－5 所列。

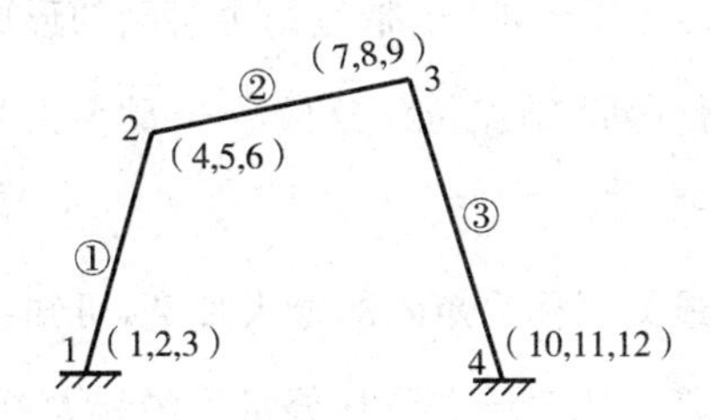

图 10－19　各单元编号及结点编号

表 10－2　各单元始末端结点及结点位移分量编号

单 元	始末端结点号		结点位移分量编号(单元定位向量)					
	i	j	u_i	v_i	φ_i	u_j	v_j	φ_j
①	1	2	1	2	3	4	5	6
②	2	3	4	5	6	7	8	9
③	3	4	7	8	9	10	11	12

对结点位移分量进行编号，同时也就是对结点外力分量进行编号，两者是一一对应的。

有了结点位移分量的编号，单刚中的每个元素便可按其两个下标号码送到总刚中相应的行列位置。如图 10－20 所示为单元 ② 的单刚元素 k_{86}^{2} 的入座位置。一个平面刚架的一般单元有 6 个杆端结点位移，依靠这 6 个号码，才能确定其单刚的 36 个元素在总刚中的位置，因此这 6 个号码称为单元定位向量。如图 10－19 所示，单元 ② 的定位向量 $\boldsymbol{\lambda}^{②} = [4 \quad 5 \quad 6 \quad 7 \quad 8 \quad 9]^{T}$。

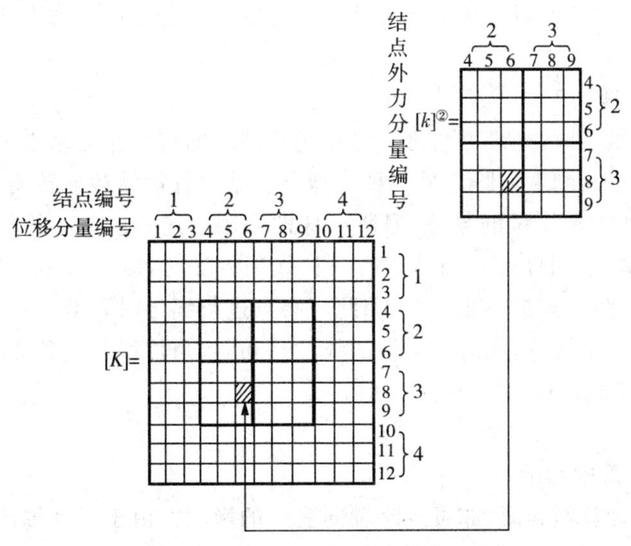

图 10－20　整体刚度矩阵的组装

2. 总刚的带宽及存储方式

结构总刚度矩阵为稀疏矩阵，具有大量的零元素，而非零元素通常集中在主对角线附近的斜带形区域内，称为带状矩阵。在带状矩阵中，从主对角元素起至该行(列)最外一个非零元素止所包含的元素个数，称为该行(列)的带宽。由总刚的形成规律可知：

$$\text{某行(列)的带宽} = \text{该行(列)结点位移分量号} - \text{最小相关结点位移分量号} + 1 \tag{10-56}$$

所有各行(列)带宽中的最大值称为矩阵的最大带宽，可知：

$$\text{最大带宽} = \text{相关结点位移分量号的最大差值} + 1 \tag{10-57}$$

当平面刚架所有结点均为刚结点，且结点编号 i 与结点位移分量编号有简单对应关系 $3i-2, 3i-1, 3i$ 时，则有

$$\text{最大带宽} = (\text{相关结点位移分量号的最大差值} + 1) \times 3 \tag{10-58}$$

在电算中，可以将总刚的全部元素存储起来，称为满阵存储。但为了节省存储单元，对于对称带状矩阵，可以只存储其下半带(或上半带)在最大带宽范围内的元素，称为等带宽存储。显然，最大带宽愈大，存储量也愈大。因此，对结点位移分量进行编号时，应使相关结点位移分量号的最大差值为最小。

3. 关于支承条件的引入

前面介绍的矩阵位移法是指把包括支座在内的全部结点位移分量都先看作是未知量而依次编号，每一单元的所有元素都对号入座以形成总刚，然后处理支承条件，这种方法称为后处理法。后处理法的优点是程序简单、适应范围广，但形成的总刚阶数较高，占用存储量大。如果先考虑支承条件，则可以将已知的结点位移分量编号均用 0 表示，如图 10-21 所示(括号内数字依次为结点水平、竖向位移和角位移的编号)。单刚中凡与 0 对应的行和列的元素均不送入总刚，这样便可直接形成缩减后的总刚。这种方法称为先处理法。

4. 铰结点的处理

当刚架中有铰结点时，处理方法之一是不把铰结点的转角作为基本未知量，当然这需要引用具有铰结端的单元刚度矩阵。另一种处理方法是将各铰结端的转角均作为基本未知量求解，这样虽然增加了未知量的数目，但所有杆件采用前述一般单元的刚度矩阵，因而单元类型统一、程序简单、通用性强。当采用后一种处理方法时，由于铰结点处各杆的转角不相等，故铰结点处的转角未知量不止一个，因此对结点进行编号时要编 2 个及 2 个以上的号，把每个铰结端都作为一个结点，同时令它们的线位移相等，角位移各自独立。对位移相等的铰结点编相同的编号，如图 10-22 所示。

5. 忽略轴向变形的影响

用矩阵位移法计算刚架时，亦可忽略轴向变形的影响。由于不计轴向变形，各结点线位移不再全部独立，所以只对其独立的结点线位移予以编号，凡结点线位移相等者编号亦相同

(如图 10－23 所示)。但当有斜杆等情况时,这样处理并不方便。忽略轴向变形影响的另一方便的处理办法是采用前面讲的一般方法(即将每个结点位移分量均作为独立未知量求解),将杆件的截面面积 A 输为很大的数(例如是实际面积的 $10^4\sim10^6$ 倍),就可得到满意的结果。

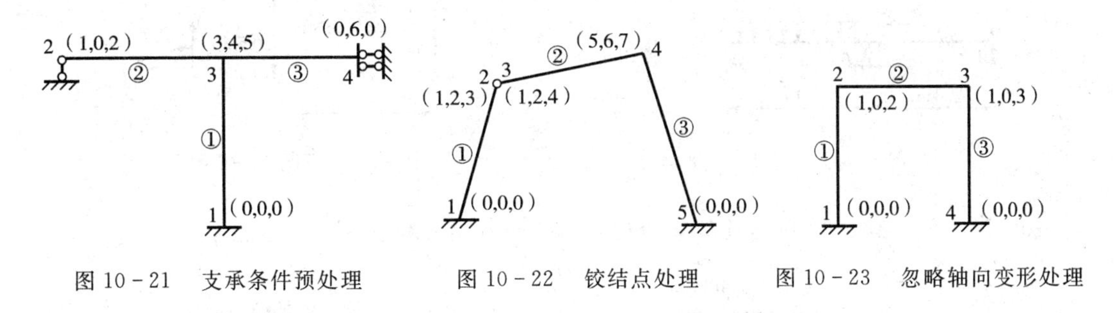

图 10－21　支承条件预处理　　图 10－22　铰结点处理　　图 10－23　忽略轴向变形处理

习　题

10－1　结构整体坐标如图 10－24 所示,$l=1\text{m}$,$EA=i/l$,写出位移编码、单元定位向量(力和位移均按水平、竖直、转动方向顺序排列)。求结构刚度矩阵 $\boldsymbol{K}$。

10－2　用先处理法写出图 10－25 所示结构刚度矩阵。E＝常数。

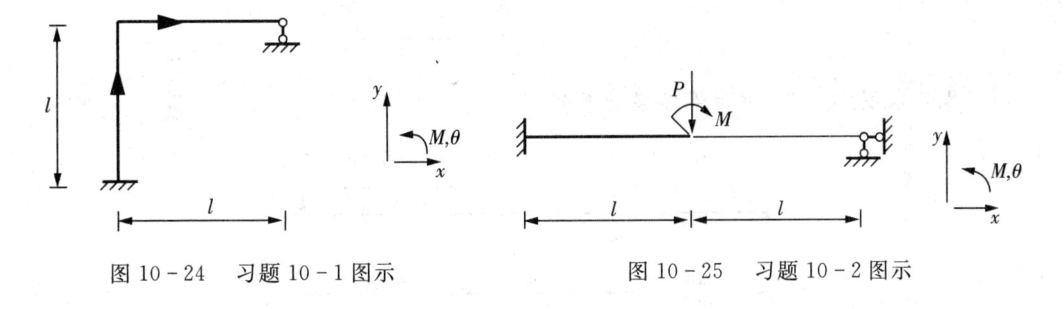

图 10－24　习题 10－1 图示　　图 10－25　习题 10－2 图示

10－3　如图 10－26 所示刚架,$q=12\text{kN/m}$,求结构的等效结点荷载列阵。

10－4　求图 10－27 所示结构的自由结点荷载列阵 $\boldsymbol{P}$。

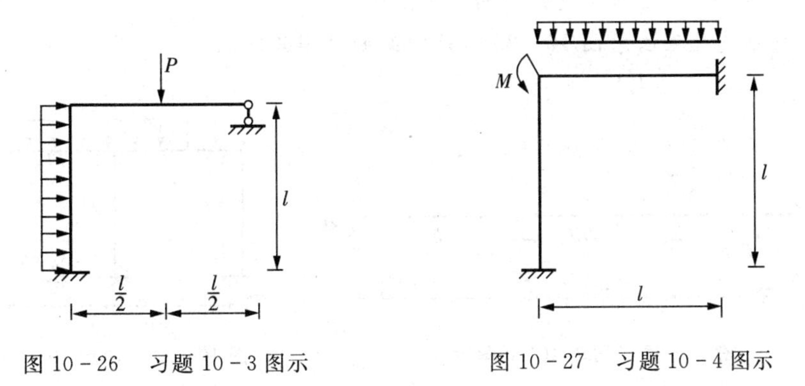

图 10－26　习题 10－3 图示　　图 10－27　习题 10－4 图示

10－5　已知图 10－28 所示梁结点转角列阵为 $\boldsymbol{\Delta}=[0\quad -ql^2/56i\quad 5ql^2/168i]^{\mathrm{T}}$,$EI$＝常数。试求 B 支座的反力。

10－6　已知图 10－29 所示结构结点位移列阵为 $\boldsymbol{\Delta}=[0\quad 0\quad 0\quad -0.1569$

－0.2338　0.4232　0　0　0]。试求杆 1－2、杆 2－3 的杆端力列阵。

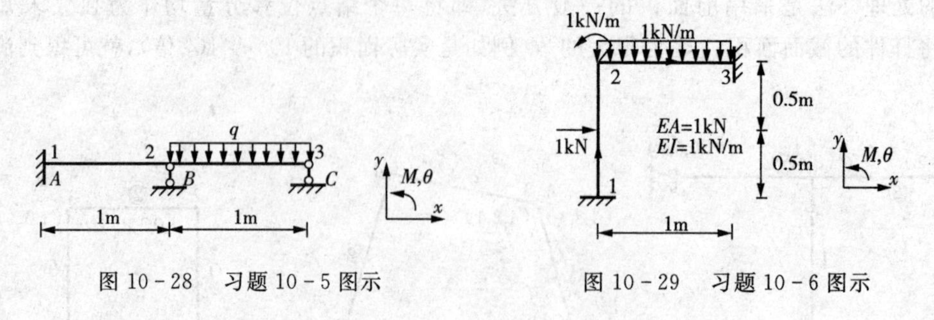

图 10－28　习题 10－5 图示　　　　图 10－29　习题 10－6 图示

10－7　求图 10－30 所示连续梁的结点转角和杆端弯矩。

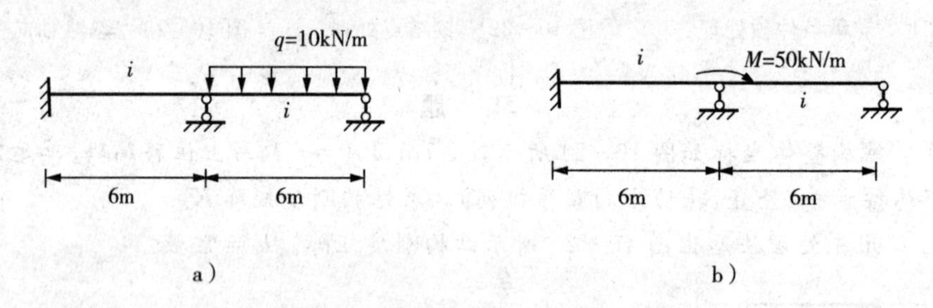

图 10－30　习题 10－7 图示

10－8　求图 10－31 所示连续梁的弯矩图。

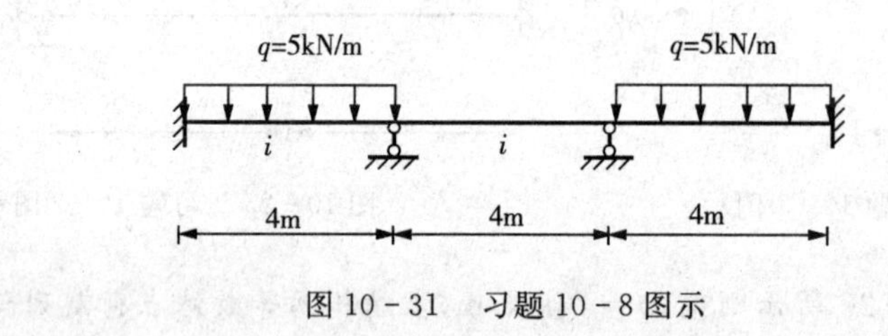

图 10－31　习题 10－8 图示

10－9　求图 10－32 所示连续梁的刚度矩阵 **K**。

10－10　用先处理法求图 10－33 所示刚架的总刚矩阵。

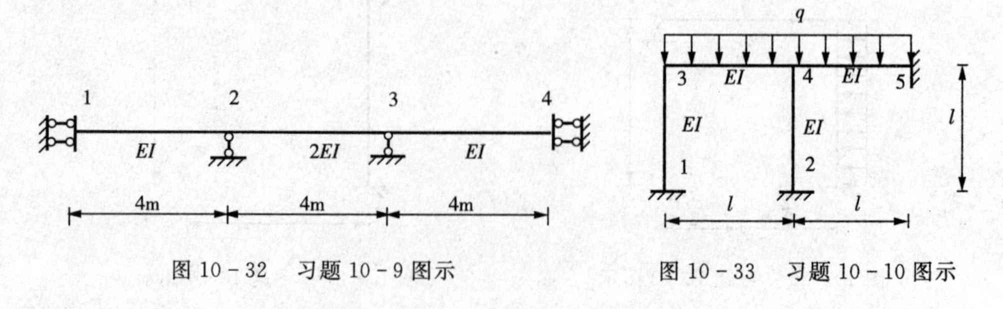

图 10－32　习题 10－9 图示　　　　图 10－33　习题 10－10 图示

10－11　求图 10－34 所示刚架的总刚矩阵和等效结点荷载。

10－12　求图 10－35 所示桁架各杆轴力，各杆 E、I、A 相同。

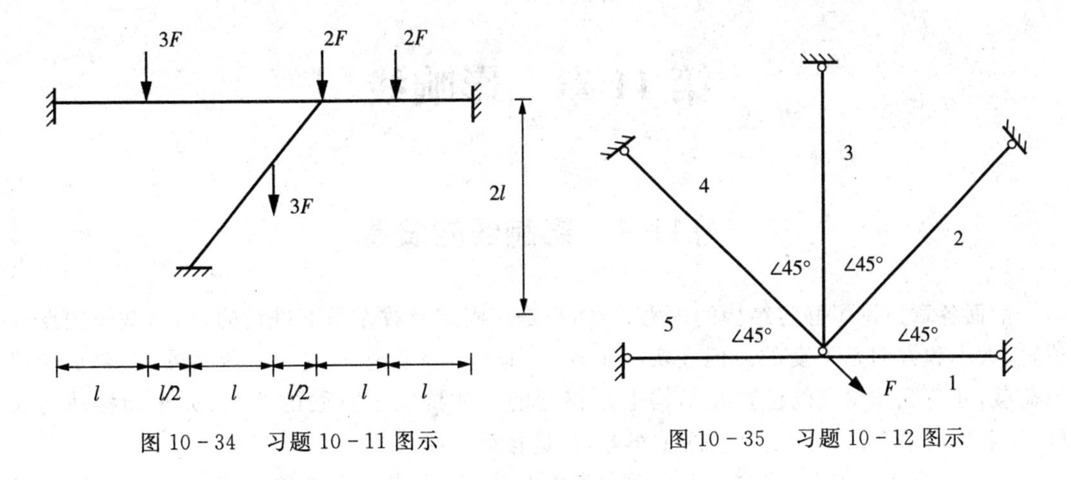

图 10-34　习题 10-11 图示　　　　图 10-35　习题 10-12 图示

10-13　求图 10-36 所示桁架各杆轴力，各杆 E、I、A 相同。

10-14　求图 10-37 所示刚架的总刚矩阵和结点位移及各杆内力。

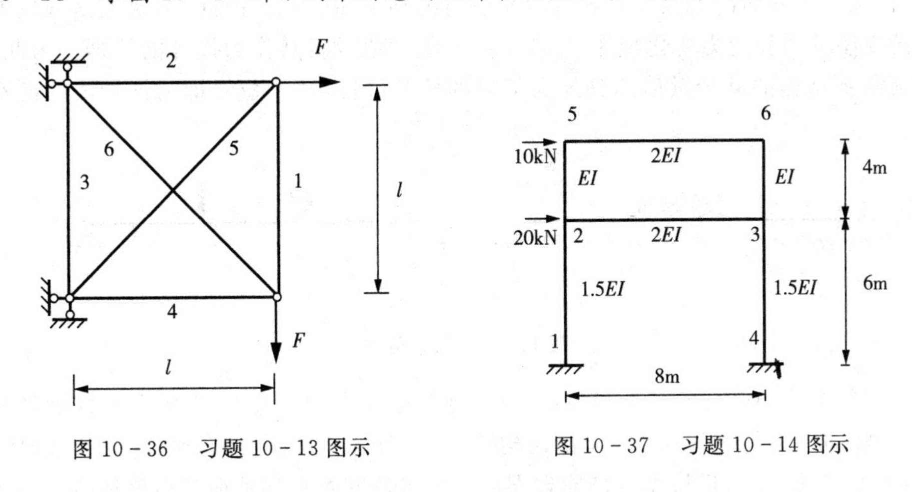

图 10-36　习题 10-13 图示　　　　图 10-37　习题 10-14 图示

10-15　求如图 10-38 所示特殊单元的单元刚度矩阵。

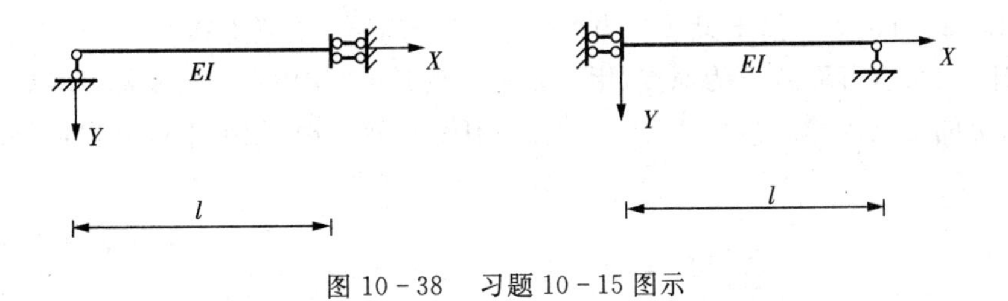

图 10-38　习题 10-15 图示

第11章 影响线

§11.1 影响线的概念

前面各章讨论了静定结构的内力计算，都是在固定荷载作用下进行的，即荷载作用点的位置、大小和方向是不变的。但在实际工程中，有些结构除了承受固定荷载外，还要承受移动荷载，即荷载作用点的位置在结构上是移动的。如桥梁上行驶的汽车、火车和移动的人群，工业厂房中在吊车梁上移动的吊车等，都是移动荷载。

在移动荷载作用下，结构的支座反力和内力将随着荷载位置的移动而变化。如图11-1所示，汽车在桥梁AB上自A向B移动时，桥梁支座反力F_A将逐渐减小，而支座反力F_B将逐渐增大，桥梁的各截面内力大小也随着汽车位置的移动而变化。因此，需研究荷载位置变化时结构的支座反力和内力变化规律，才能求出其最大值以将其作为设计的依据。为此，需确定移动荷载下结构的某个量值达到最大值时的荷载位置，这一位置即为该量值的最不利荷载位置。

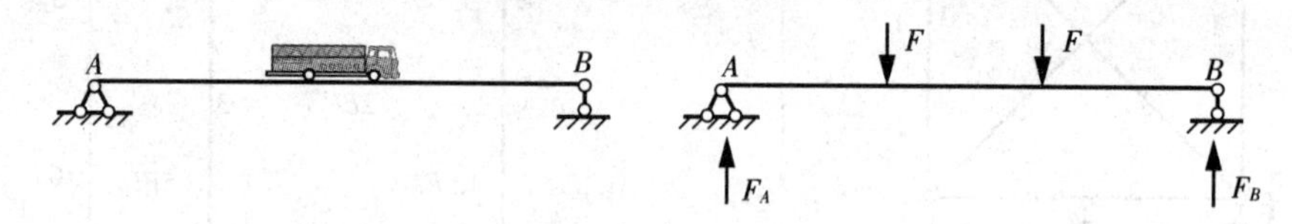

图11-1 汽车荷载

工程实际中移动荷载的类型很多，不可能逐个进行研究。为此，先研究一种最简单的荷载，即一个竖向单位集中荷载$F=1$沿结构移动时，对某一量值（如支座反力、某截面的内力或位移）产生的影响，然后根据叠加原理即可进一步研究各种移动荷载对该量值的影响及最不利荷载位置。下面举例说明。

如图11-2a所示为一简支梁AB，当单位集中荷载$F=1$沿梁上移动时，研究支座反力F_B的变化规律。为此，可取A点为原点，用x表示荷载$F=1$作用点的横坐标，用纵坐标y表示支座反力F_B的变化规律。当荷载$F=1$在梁上任意位置x时，根据平衡方程，可求出支座反力F_B。

$$\sum M_A=0, \qquad F\cdot x-F_B\cdot l=0$$

$$F_B=\frac{x}{l}F=\frac{x}{l}(0\leqslant x\leqslant l)$$

上式即为F_B的影响线方程。F_B是x的一次函数，所以其图形为一直线，确定出直线的两点纵坐标，即可绘出该直线，如图11-2b所示。

由图11-2可以清楚地看出支座反力F_B随荷载$F=1$移动的变化规律：当荷载$F=1$从支座A开始向支座B移动时，支座反力F_B则相应地从零开始逐渐增大，最后达到最大值1，这

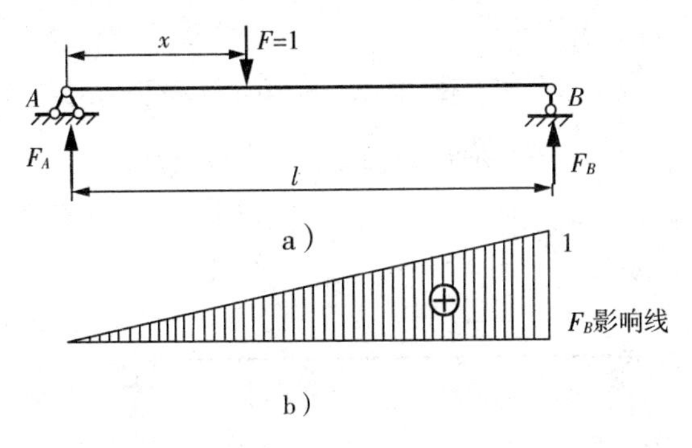

图 11 - 2　F_B 的影响线

一图形就称为 F_B 的影响线。由此，可引出影响线的定义为：当一个方向不变的单位集中荷载（方向一般为竖直向下）沿结构移动时，表示某一指定量值（如支座反力或某一指定截面的内力等）变化规律的图形称为该量值的影响线。影响线上任一点的横坐标 x 表示荷载位置参数，相应的纵坐标 y 表示荷载 $F=1$ 作用于此点时某量值 S 的数值。

某量值的影响线一经绘出，就可利用它来确定最不利荷载位置，从而求出该量值的最大值。

绘制影响线图形时，正值画在基线上侧，负值画在基线下侧，并标明正负号。由于单位荷载 $F=1$ 为无量纲量，某量值 S 影响线纵坐标的量纲等于量值 S 的量纲除以力的量纲，如 F_B 的影响线纵坐标无量纲。

§11.2　静力法作单跨静定梁的影响线

静定结构影响线有两种基本作法，即静力法和机动法。用静力法绘制影响线就是选定一个坐标系，以荷载作用位置 x 为变量，根据平衡条件求出所求量值与荷载位置 x 之间的函数关系式，这种关系式称为所求量值的影响线方程，再根据方程作出影响线图形。本节先介绍用静力法绘制单跨静定梁的影响线。

1. 简支梁的影响线

(1) 支座反力的影响线

简支梁支座反力 F_B 的影响线在 §11.1 中讨论过（如图 11 - 2 所示），现在讨论支座反力 F_A 的影响线。仍取 A 点为原点，用 x 表示荷载 $F=1$ 作用点的横坐标，x 向右为正。当 $F=1$ 在梁上任意位置（即 $0 \leqslant x \leqslant l$）时，取全梁为隔离体，由平衡条件 $\sum M_B=0$，并设反力向上为正，则有

$$F_A \cdot l - F \cdot (l-x) = 0$$

得

$$F_A = \frac{l-x}{l}F = \frac{l-x}{l} \quad (0 \leqslant x \leqslant l)$$

上式就是 F_A 的影响线方程。它是 x 的一次函数，所以其图形为一条直线，由两点就可

以确定：

$$F=1\text{ 在 }A\text{ 点}:x=0,F_A=1$$

$$F=1\text{ 在 }B\text{ 点}:x=l,F_A=0$$

从而画出 F_A 的影响线，如图 11－3b 所示。

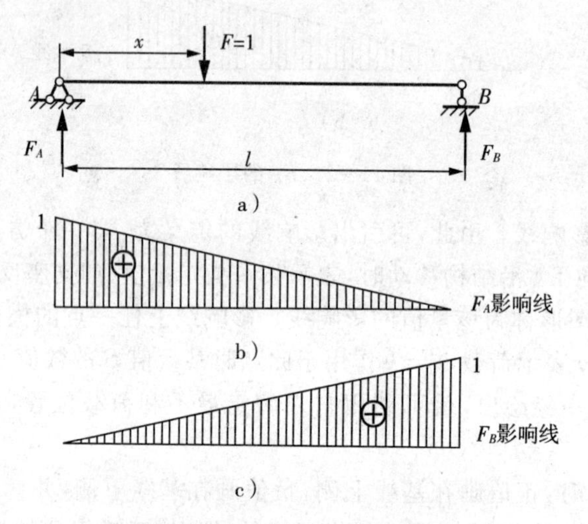

图 11－3　简支梁支座反力的影响线

支座反力向上为正，影响线的纵坐标量纲为无量纲。

(2) 剪力的影响线

设要绘制图 11－4a 所示简支梁指定截面 C 的剪力 F_{SC} 的影响线。当 $F=1$ 作用在截面 C 以左或以右时，剪力 F_{SC} 影响线方程具有不同的表达式，应当分别进行考虑，剪力以绕隔离体顺时针转为正。

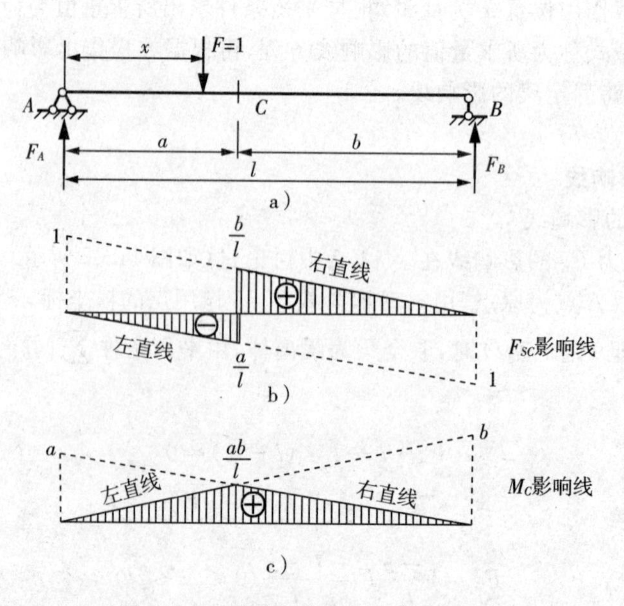

图 11－4　简支梁截面内力的影响线

当 $F=1$ 作用在 AC 段移动时(如图 11-4a 所示),为研究方便,取截面 C 以右部分为隔离体,由 $\sum F_y=0$,得

$$F_{SC}=-F_B=-\frac{x}{l}\quad(0\leqslant x\leqslant a)$$

通过上式可以看出,将 F_B 影响线反号并取其 AC 段,可得 F_{SC} 在 AC 段的影响线,如图 11-4b 所示。

同理,当 $F=1$ 作用在 CB 段移动时,取截面 C 以左部分为隔离体,由 $\sum F_y=0$,得

$$F_{SC}=F_A=\frac{l-x}{l}\quad(a\leqslant x\leqslant l)$$

因此,F_{SC} 在 CB 段的影响线可以直接取 F_A 影响线 CB 段,如图 11-4b 所示。通常称 F_{SC} 影响线在截面 C 以左的部分为左直线,在截面 C 以右的部分为右直线。剪力影响线的纵坐标量纲为无量纲。

(3) 弯矩 M_C 的影响线

绘制图 11-4a 所示简支梁指定截面 C 的弯矩 M_C 的影响线。

当 $F=1$ 作用在 AC 段移动时,为研究方便,取截面 C 以右部分为隔离体,并以使梁下边纤维受拉为正,则由 $\sum M_C=0$,得

$$M_C-F_B\cdot b=0$$

$$M_C=F_B\cdot b=\frac{x}{l}b\quad(0\leqslant x\leqslant a)$$

当 $F=1$ 作用在 CB 段移动时,取截面 C 以左部分为隔离体,可得

$$M_C=F_A\cdot a=\frac{l-x}{l}a\quad(a\leqslant x\leqslant l)$$

由上述两式可知,M_C 由两段 x 的一次函数所构成的左右直线组成,如图 11-4c 所示。也可视为将 F_A 与 F_B 的影响线分别放大 a 和 b 倍,并取相应 x 的适用范围构成。左右直线交点即为三角形的顶点,影响线的竖标为 $\frac{ab}{l}$。

弯矩影响线的纵坐标量纲为长度量纲。

2. 伸臂梁的影响线

(1) 支座反力的影响线

现绘制如图 11-5a 所示伸臂梁支座反力的影响线。仍取 A 点为原点,x 向右为正,向左为负。当 $F=1$ 在梁上任意位置时,由平衡条件可求得两支座反力分别为

$$F_A=\frac{l-x}{l},F_B=\frac{x}{l}(-l_1\leqslant x\leqslant l+l_2)$$

由上式可见,伸臂梁两支座反力的影响线方程同简支梁完全相同,只是 $F=1$ 的作用范

围扩大($-l_1 \leqslant x \leqslant l+l_2$)。因此,只需将简支梁的影响线向两个伸臂部分延长,即可得到伸臂梁支座反力的影响线,如图 11-5b、图 11-5c 所示。

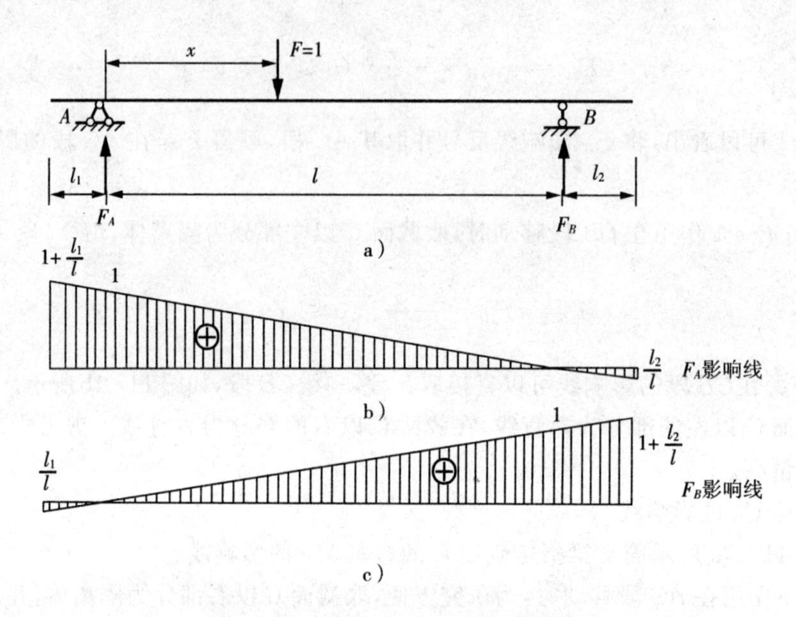

图 11-5　伸臂梁支座反力的影响线

(2) 跨内部分截面内力影响线

绘制图 11-6a 所示伸臂梁 AB 跨内指定截面 C 的剪力 F_{SC} 和弯矩 M_C 的影响线。

当 $F=1$ 作用在 AC 段移动时,取截面 C 以右部分为隔离体,得

$$F_{SC}=-F_B, M_C=F_Bb, (-l_1 \leqslant x \leqslant a)$$

当 $F=1$ 作用在 CB 段移动时,取截面 C 以左部分为隔离体,得

$$F_{SC}=F_A, M_C=F_Aa, (a \leqslant x \leqslant l+l_2)$$

由上述两式可知,F_{SC} 和弯矩 M_C 的影响线方程和简支梁相应影响线方程相同,因此只需将相应简支梁截面的剪力和弯矩影响线向伸臂部分延长即得,如图 11-6b、图 11-6c 所示。

(3) 伸臂部分截面内力影响线

绘制如图 11-7a 所示伸臂梁在伸臂部分 K 截面的剪力 F_{SK} 和弯矩 M_K 影响线。为简便起见,截取伸臂部分为隔离体,坐标原点选在 K 点,x 向左为正。当 $F=1$ 在 K 以左移动时,其剪力与弯矩影响线方程为

$$F_{SK}=-1, M_C=-x(0 \leqslant x \leqslant d)$$

当 $F=1$ 在 K 以右移动时,K 截面内力为零。

于是可以绘出剪力 F_{SK} 和弯矩 M_K 的影响线,分别如图 11-7b、图 11-6c 所示。

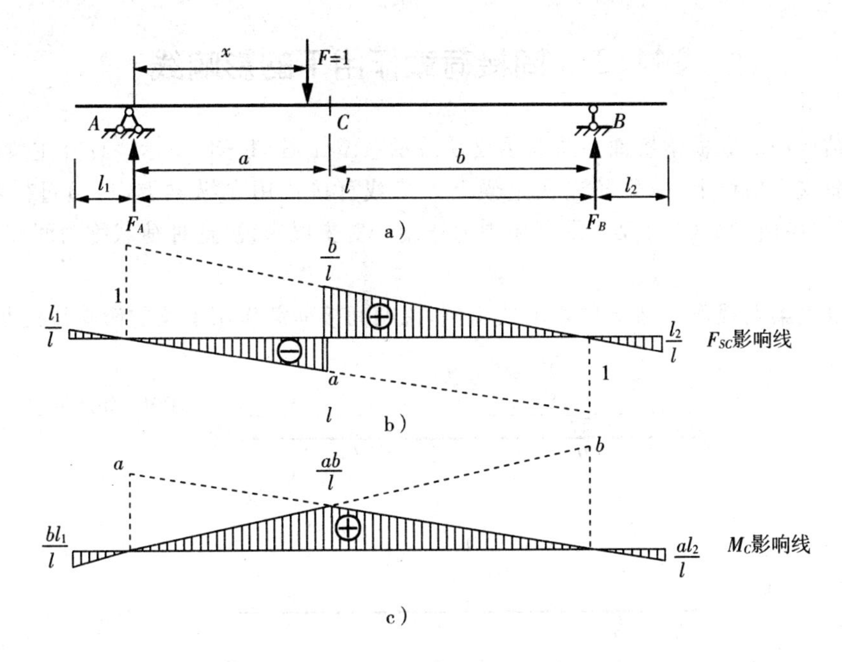

图 11-6　伸臂梁跨内部分截面内力的影响线

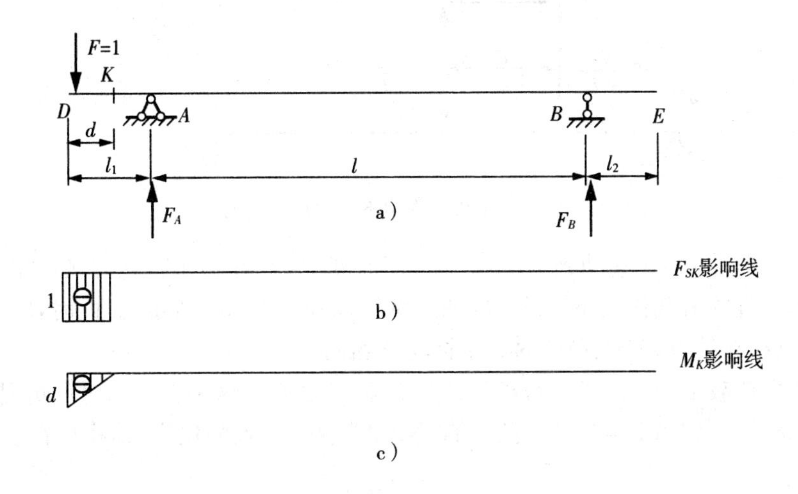

图 11-7　伸臂梁伸臂部分截面内力的影响线

需要注意的是，对于伸臂梁支座处截面的剪力影响线，需就支座左、右两侧分别进行讨论。

通过对简支梁和伸臂梁影响线的绘制，可以总结出用静力法作静定结构影响线的步骤：

(1) 将单位荷载 $F=1$ 作用在结构上的任意位置，选择合适的坐标原点，以 $F=1$ 的作用位置 x 为变量；

(2) 用截面法取隔离体，运用平衡条件求出所求量值的影响线方程；

(3) 根据影响线方程作出影响线。

§11.3 间接荷载作用下的影响线

桥梁结构中的纵横梁桥面系统及主梁承载示意图如图 11-8a 所示。计算主梁时通常可假定纵梁简支在横梁上,横梁简支在主梁上。荷载直接作用在纵梁上,再通过横梁传到主梁,主梁只在各横梁处(结点处)受到集中力作用。对主梁来说,这种荷载称为间接荷载或结点荷载。

下面以主梁上截面 C 弯矩的影响线为例,说明间接荷载作用下梁的影响线绘制方法。

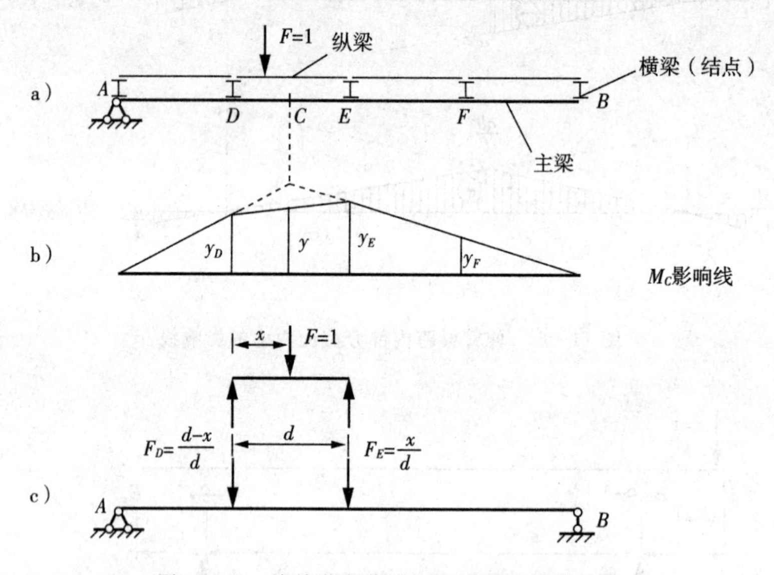

图 11-8　擅接荷载作用下主梁的弯矩影响线

首先,考虑荷载 $F=1$ 移动到各结点 D、E、F 时的情况,相当于荷载直接作用在主梁的结点上,可先作出直接荷载作用下主梁 M_C 的影响线(如图 11-8b 所示)。此时,间接荷载和直接荷载的影响线在结点 D、E、F 处的纵坐标完全相同。

其次,考虑荷载 $F=1$ 在任意两相邻结点 D 和 E 之间的纵梁上移动时的情况。设 $F=1$ 到 D 点的距离为 x,则当 $F=1$ 在 D、E 之间移动时,纵梁受到的反力(即作用在主梁的力)为

$$F_D=\frac{d-x}{d}$$

$$F_E=\frac{x}{d}$$

设当 $F=1$ 分别作用于 D、E 处时,M_C 分别为 y_D 和 y_E,则根据影响线的定义和叠加原理,在上述两结点荷载 F_D、F_E 作用下 M_C 值应该为

$$y=\frac{d-x}{d}y_D+\frac{x}{d}y_E$$

上式为 x 的一次函数式,说明在 DE 段内 M_C 随 x 成线性变化,并且当

$$x=0,\quad y=y_D$$

$$x=d,\quad y=y_E$$

因此，可知用直线连接竖标 y_D 和 y_E 即可得到 M_C 在 D、E 节间的影响线，其他各节间类似，如图 11－8b 所示。

根据上述分析可知，在间接荷载作用下，结构的影响线有以下两个特点：在结点处，间接荷载与直接荷载的影响线纵坐标相同；在相邻结点之间，影响线为一直线。由此，可将绘制间接荷载作用下影响线的一般方法归纳如下：

(1) 作出直接荷载作用下所求量值的影响线；

(2) 确定各结点处的影响线纵坐标，并将其相邻结点纵坐标在每一纵梁范围内连以直线。

间接荷载作用下影响线的另一例如图 11－9 所示，读者可自行校核。

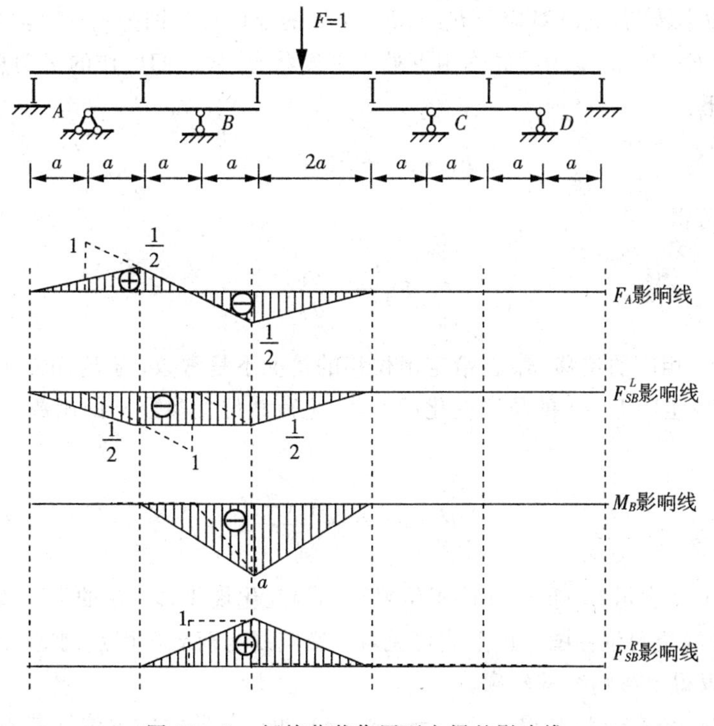

图 11－9　间接荷载作用下主梁的影响线

§11.4　机动法作单跨静定梁的影响线

除了前面介绍的静力法外，作静定梁的影响线还可采用机动法。用机动法作静定梁的影响线以虚位移原理为基础，把作影响线的静力问题转化为作刚体位移图的几何问题。根据虚位移原理，刚体体系在力系作用下处于平衡状态的充分必要条件是：在任何微小的虚位移中，力系所做虚功总和等于零。

现以图 11－10a 所示简支梁的反力 F_B 影响线为例，来说明用机动法作影响线的原理和

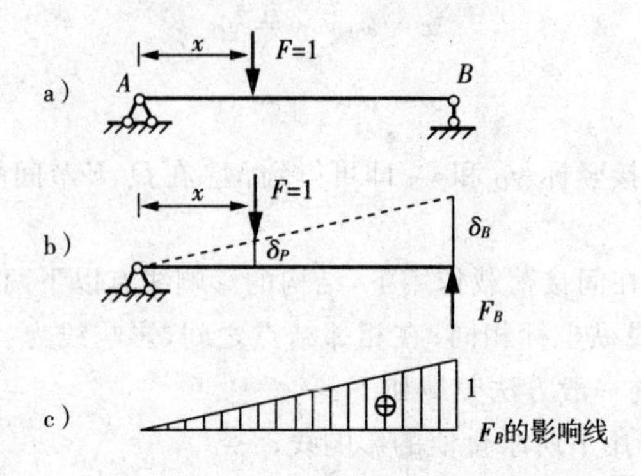

图 11-10 机动法作简支梁支座反力的影响线

步骤。首先，解除与反力 F_B 相应的约束，即撤去支座 B 处支座链杆，并代以向上的正向支座反力 F_B，此时体系为具有一个自由度的几何可变体系。然后，给体系以微小虚位移，使梁 AB 绕 A 点作微小转动，此时对应于 F_B 与 $F=1$ 处的虚位移分别为 δ_B 和 δ_P（如图 11-10b 所示）。体系在力 F_A、F 和 F_B 的共同作用下处于平衡状态，故它们所作的虚功总和应为零。列出虚功方程如下：

$$F_B \cdot \delta_B + F \cdot \delta_P = 0$$

因 $F=1$，可得

$$F_B = -\frac{\delta_P}{\delta_B}$$

式中：δ_B 是与 F_B 相应的位移，δ_B 在给定虚位移的情况下是常数，与 F_B 正方向一致为正。当 $F=1$ 移动时，δ_P 也随 $F=1$ 的位置变化而变化，是荷载位置参数 x 的函数。因此，上式可表示成

$$F_B(x) = -\frac{\delta_P(x)}{\delta_B}$$

这里的 $F_B(x)$ 表示 F_B 随 $F=1$ 作用位置移动的变化规律，即 F_B 的影响线，$\delta_P(x)$ 是荷载 $F=1$ 作用点处的竖向位移图。由上式可见，F_B 影响线与荷载作用点的竖向位移图成正比，即由位移图可以得出影响线的轮廓。

为方便起见，令 $\delta_B=1$，则得 $F_B(x)=-\delta_P(x)$，也就是此时的虚位移图 $\delta_P(x)$ 为 F_B 的影响线，只是符号相反（如图 11-10c 所示）。这里 δ_P 与荷载 $F=1$ 方向一致为正，故 δ_P 也以向下为正，因而可知：当 δ_P 向上时，F_B 为正；当 δ_P 向下时，F_B 为负。这就恰与在影响线中正值的竖标绘在基线的上方一致。

故欲作某一量值 S 的影响线，只需将与 S 相应的联系去掉，并使所得体系沿 S 正向发生单位位移，则由此得到荷载作用点的竖向位移图即为量值 S 的影响线。这种作影响线的方法称为机动法。

机动法的优点在于不必经过具体计算就能迅速绘出影响线的轮廓，这对设计工作很有帮助，同时亦便于对静力法所作影响线进行校核。

综上所述，可归纳得出用机动法作任一个量值 S 影响线的具体步骤：

(1) 解除与量值 S 相应的约束,代以正向未知力 S;

(2) 使体系沿量值 S 的正方向发生单位位移,做出荷载作用点的竖向位移图(δ_P 图);

(3) 横坐标轴以上的图形,影响线纵坐标取正号,横坐标轴以下的图形,影响线纵坐标则取负号。

1. 作弯矩影响线

作如图 11-11a 所示简支梁截面 C 的弯矩影响线。先去除截面 C 处与弯矩 M_C 相应的约束,即将 C 截面由连续改为铰结,并施加一对大小相等、方向相反的力偶 M_C 代替原有联系的作用,使体系沿 M_C 正方向发生虚位移,如图 11-11b 所示。建立虚功方程为

$$M_C \cdot (\alpha + \beta) + F \cdot \delta_P = 0$$

得

$$M_C = -\frac{\delta_P}{\alpha + \beta}$$

式中:$\alpha + \beta$ 是 AC、CB 两刚片的相对转角。令 $\alpha + \beta = 1$,则所得竖向虚位移图即为 M_C 影响线(如图 11-11c 所示)。

2. 作剪力影响线

作如图 11-11a 所示简支梁截面 C 的剪力影响线。先在截面 C 处解除与剪力 F_{SC} 相应的约束,即将 C 处改为两根水平链杆相连,在 C 处左右截面加上一对正向剪力 F_{SC},然后使此体系沿 F_{SC} 正向发生单位虚位移(如图 11-11d 所示)。由虚位移原理,得

$$F_{SC} \cdot (CC_1 + CC_2) + F \cdot \delta_P = 0$$

即

$$F_{SC} = -\frac{\delta_P}{CC_1 + CC_2}$$

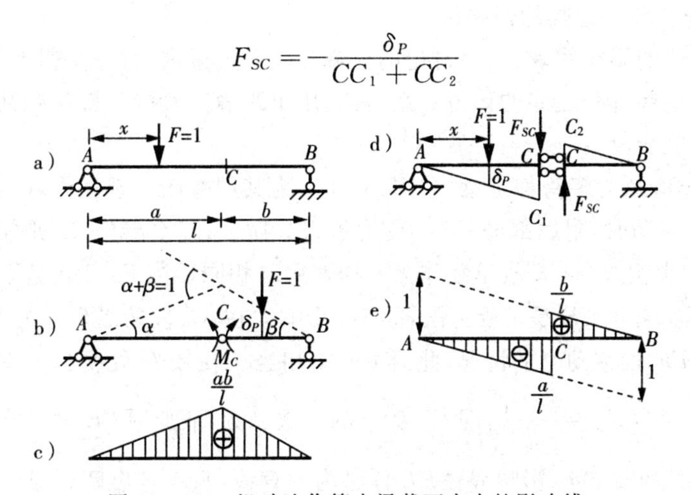

图 11-11　机动法作简支梁截面内力的影响线

这里，CC_1+CC_2 是截面 C 左右两侧的相对竖向位移，令 $CC_1+CC_2=1$，得

$$F_{SC}=-\delta_P$$

此时得到的虚位移图即为剪力 F_{SC} 的影响线（如图 11-11e 所示），C 截面以左为负，C 截面以右为正。注意：AC 与 CB 两刚片间是用两根平行链杆相连，它们之间只能作相对的平行移动，故虚位移图中 AC_1 和 C_2B 应为两条平行直线，亦即 F_{SC} 影响线的左右两条直线是相互平行的。

用机动法绘制影响线时，虚位移图 δ_P 是荷载 $F=1$ 作用点的位移图。用机动法作间接荷载作用下的影响线，δ_P 应该是纵梁的位移图，而不是主梁的位移图，因为荷载是在纵梁上移动的。间接荷载下主梁 F_{SC} 的影响线如图 11-12 所示。

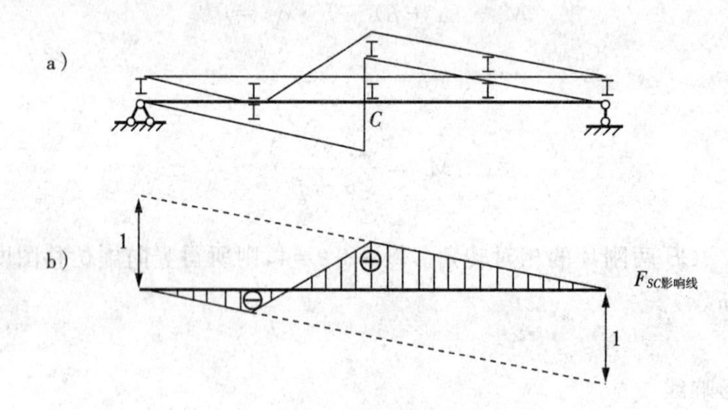

图 11-12　机动法作间接荷载作用下主梁的影响线

§11.5　多跨静定梁的影响线

作多跨静定梁影响线同样有两种基本作法，即静力法和机动法，下面分别进行讨论。

1. 静力法作多跨静定梁的影响线

作多跨静定梁的影响线，与前面讨论的求解多跨静定梁内力一样，需要分清它的基本部分和附属部分及这些部分之间的传力关系，再利用单跨静定梁的已知影响线，即可顺利绘出多跨静定梁的影响线。

如图 11-13a 所示为多跨静定梁，如图 11-13b 为其层叠图。现在作弯矩 M_K 的影响线。当 $F=1$ 在 CE 段移动时，附属部分 EF 不受力可将其撤去；基本部分 AC 则相当于 CE 梁的支座，故此时 M_K 的影响线与 CE 段单独作为一伸臂梁时相同。当 $F=1$ 在基本部分 AC 段移动时，作为 AC 附属部分的 CE 是不受力的，故 M_K 影响线在 AC 段的纵坐标为零。最后，考虑 $F=1$ 在附属部分 EF 段移动时的情况，此时 CE 梁相当于在铰 E 处受到力 F_{Ey} 的作用（如图 11-13c 所示）。因为 $F_{Ey}=\dfrac{l-x}{l}$，即 F_{Ey} 为 x 的一次函数，故此时 CE 梁上的各种量值亦为 x 的一次函数。由此可知，M_K 影响线在 EF 段必为一直线，只需定出两点即可将其绘出。当 $F=1$ 作用于铰 E 处时，M_K 值已由 CE 段的影响线得出；当 $F=1$ 作用于支座 F 处时，$M_K=0$。

于是，可绘出 M_K 的整个影响线，如图 11－13d 所示。

综上所述，多跨静定梁上任一量值 S 的影响线一般作法如下：

(1) 当 $F=1$ 在相对量值 S 本身所在部分来说是基本部分的梁段上移动时，量值影响线竖标为零。

(2) 当 $F=1$ 在量值 S 本身所在的梁段上移动时，量值影响线与相应单跨静定梁的相同。

(3) 当 $F=1$ 在相对量值 S 本身所在部分来说是附属部分的梁段上移动时，量值影响线为直线。根据铰处纵坐标为已知和支座处竖标为零，即可将其绘出。

按照上述方法，作出 F_{SB}^L 和 F_F 的影响线，如图 11－13e、图 11－13f 所示。

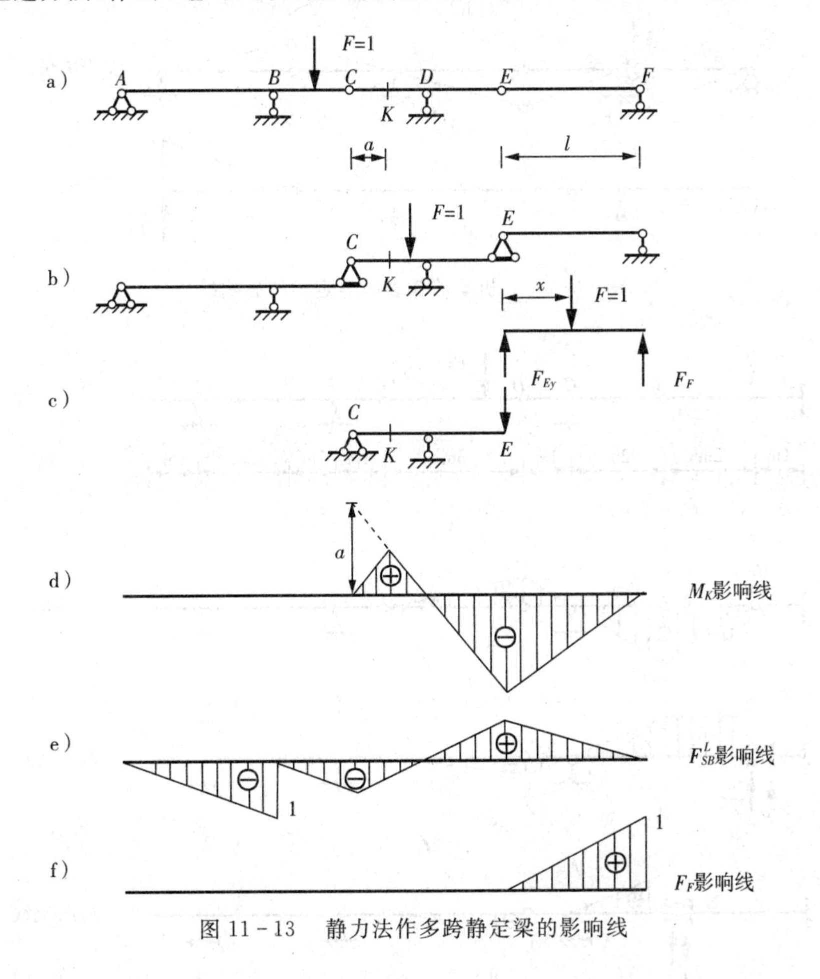

图 11－13　静力法作多跨静定梁的影响线

2. 机动法作多跨静定梁的影响线

用机动法绘制多跨静定梁的影响线是很方便的。首先，去掉与所求量值 S 相应的约束，其次，使所得体系沿 S 的正方向发生单位位移，此时根据每一刚片的位移图应为一段直线，还有在每一竖向支座处竖向位移应为零，即可迅速绘出各部分的位移图。例如图 11－14 所示各量值的影响线，读者可自行校核。

【例 11－1】　试用机动法作图 11－15a 所示多跨静定梁 M_K、F_{SK}、F_{SB}、F_{SC}^L、F_F 和 M_J 的影响线。

【解】　用机动法作多跨静定梁 M_K、F_{SK}、F_{SB}、F_{SC}^L、F_F 和 M_J 的影响线时，应将与上述反

力和内力相应的约束撤去，并沿其正方向发生单位虚位移，便可绘出各影响线，如图 11 - 15b、图 11 - 15c、图 11 - 15d、图 11 - 15e、图 11 - 15f、图 11 - 15g 所示。

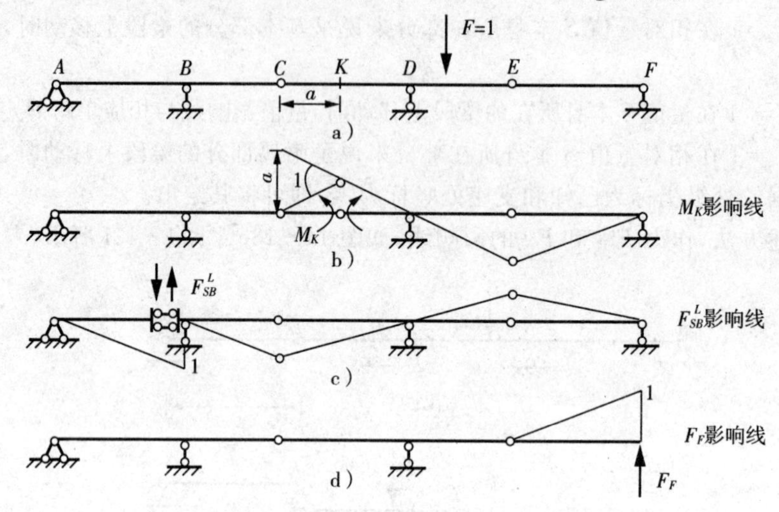

图 11 - 14 机动法作多跨静定梁的影响线

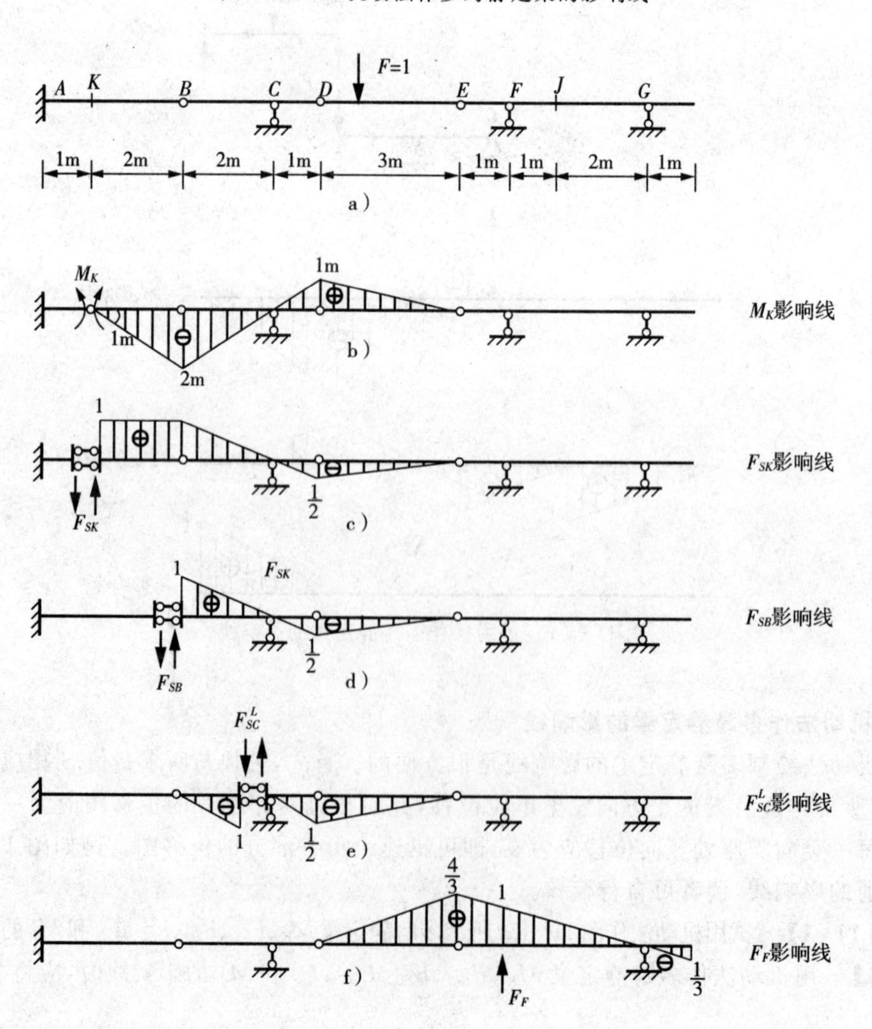

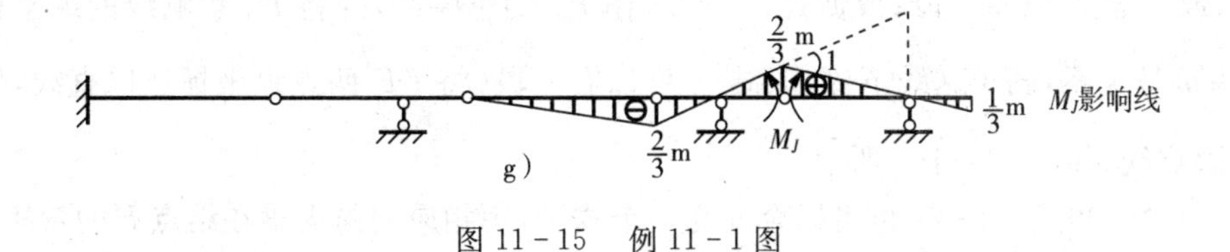

图 11-15　例 11-1 图

§11.6　桁架的影响线

如前所述,计算桁架内力的方法有结点法和截面法,截面法又分为力矩法和投影法。用静力法作桁架内力影响线时,同样也用这些方法,只不过此时的荷载为单位移动荷载 $F=1$。可根据具体桁架结构构造情况和所求影响线杆件位置,选择结点法、截面法或联合法等,建立影响线方程,从而绘制出影响线。对于斜杆,为计算方便,可先作出其水平或竖向分力的影响线,然后根据比例关系求得其内力影响线。

在桁架中,由于荷载一般是通过纵梁和横梁而作用于桁架结点上,故间接荷载作用下影响线的性质对桁架也是适用的。如任一杆轴力的影响线在相邻结点之间为一直线。

对于单跨静定桁架,其支座反力的计算与相应单跨静定梁相同,故两者的反力影响线也完全一样。因此,本节只对桁架杆件内力的影响线进行讨论。

现以图 11-16a 为例,讨论桁架内力影响线的绘制方法,设单位移动荷载 $F=1$ 沿下弦杆移动。

1. 力矩法

桁架支座反力 F_A 和 F_B 的影响线与相应简支梁的影响线相同,这里不再进行绘制。

设单位移动荷载 $F=1$ 沿下弦杆移动,求上弦杆轴力 F_{Nde} 的影响线。作截面 Ⅰ－Ⅰ,以 E 为力矩中心,根据平衡方程 $\sum M_E=0$,求 F_{Nde}。

当 $F=1$ 在结点 D 以左移动时,取截面 Ⅰ－Ⅰ 右边部分为隔离体,由 $\sum M_E=0$,得

$$F_B\times 3d+F_{Nde}h=0$$

$$F_{Nde}=-\frac{3d}{h}F_B \tag{11-1}$$

当 $F=1$ 在结点 E 以右移动时,取截面 Ⅰ－Ⅰ 左边部分为隔离体,由 $\sum M_E=0$,得

$$F_A\times 3d+F_{Nde}h=0$$

$$F_{Nde}=-\frac{3d}{h}F_A \tag{11-2}$$

当 $F=1$ 在结点 D、E 之间移动时,根据间接荷载影响线的绘制方法,可知影响线为直线。

根据式(11-1)作 F_B 的影响线,并将 F_B 影响线的纵坐标乘以 $\frac{3d}{h}$,因为负号关系,画于基

线下侧，取结点 D 以左一段；根据式(11－2)作 F_A 的影响线，并将 F_A 影响线的纵坐标乘以 $\frac{3d}{h}$，因为负号关系，画于基线下侧，取结点 D 以右一段；将 DE 两点纵坐标连以直线，即得到 F_{NdE} 的影响线，如图 11－16c 所示。

式(11-1)和式(11-2)也可以合并为一个式子，用相应的简支梁在结点 E 的弯矩 M_E^0 表示，得

$$F_{NdE}=-\frac{M_E^0}{h}$$

求下弦杆轴力 F_{NDE} 的影响线，继续采用截面 Ⅰ－Ⅰ，以结点 d 为力矩中心，根据平衡方程 $\sum M_d=0$，得

$$F_{NDE}=+\frac{M_d^0}{h}$$

因此，F_{NDE} 的影响线可由相应简支梁在结点 d 的弯矩影响线除以 h 求得，F_{NDE} 影响线的形状仍是一个三角形，如图 11－16d 所示。

2. 投影法

求斜杆 dE 轴力的竖向分力 F_{ydE} 的影响线。仍选取截面 Ⅰ－Ⅰ，建立投影方程 $\sum F_y=0$，可求得 F_{ydE}。

当 $F=1$ 在结点 D 以左移动时，取截面 Ⅰ－Ⅰ 右边部分为隔离体，由 $\sum F_y=0$，得

$$F_{ydE}=-F_B$$

当 $F=1$ 在结点 E 以右移动时，取截面 Ⅰ－Ⅰ 左边部分为隔离体，由 $\sum F_y=0$，得

$$F_{ydE}=F_A \tag{11-3}$$

当 $F=1$ 在结点 D、E 之间移动时，影响线为直线。

由以上分析作 F_{ydE} 的影响线，如图 11-16e 所示。也可利用相应简支梁在结点荷载下节间 DE 的剪力 F_{SDE}^0 表示，即

$$F_{ydE}=+F_{SDE}^0 \tag{11-4}$$

因此，所求斜杆 dE 轴力的竖向分力 F_{ydE} 的影响线也就是相应简支梁 DE 节间剪力 F_{SDE}^0 的影响线。

当 $F=1$ 在下弦移动时，求竖杆轴力 F_{NcC} 的影响线。作截面Ⅱ－Ⅱ，利用投影方程 $\sum F_y=0$，求出 F_{NcC}。可根据相应简支梁 CD 节间剪力 F_{SCD}^0，得

$$F_{NcC}=-F_{SCD}^0 \tag{11-5}$$

因此，根据节间剪力 F_{SCD}^0 的影响线可迅速作出 F_{NcC} 的影响线，如图 11－16f 所示。

如果 $F=1$ 沿桁架上弦移动，则上弦杆、下弦杆和斜杆竖向分力的影响线无变化，但竖杆的影响线有变化。

当 $F=1$ 在上弦移动时，F_{NcC} 的影响线方程为 $F_{NcC}=-F^0_{SAC}$，即 F_{NcC} 的影响线应按相应简支梁节间剪力 F^0_{SAC} 的影响线作出，但符号相反，如图 11-16g 所示。

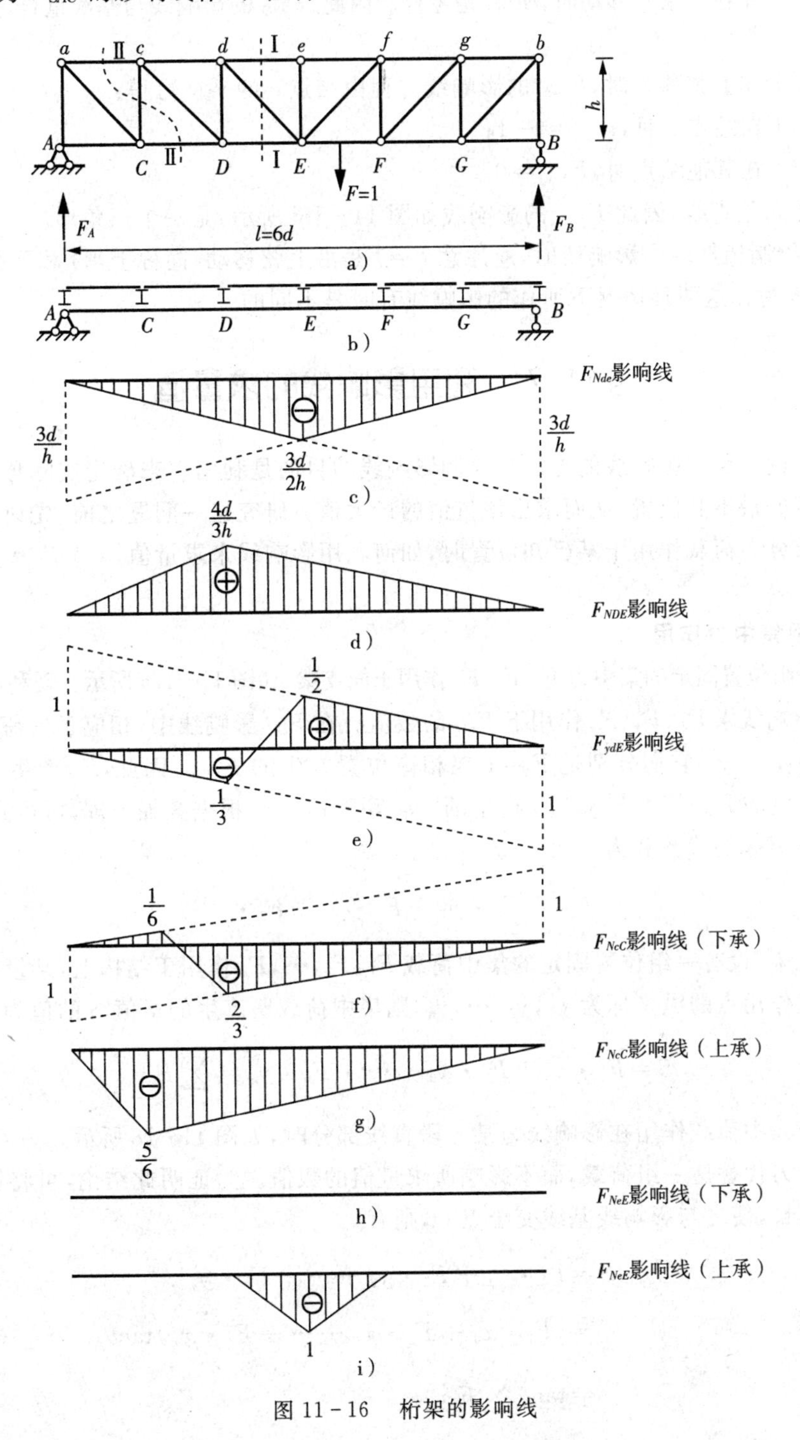

图 11-16　桁架的影响线

3. 结点法

求竖杆轴力 F_{NeE} 的影响线。当 $F=1$ 在下弦杆移动时，由上弦结点 e 的平衡，可得

$$F_{NeE}=0$$

即当 $F=1$ 在下弦杆移动时，eE 杆是零杆。因此，F_{NeE} 的影响线与基线重合，如图 11－16h 所示。

当 $F=1$ 在上弦移动时，F_{NeE} 的影响线方程由结点 e 的平衡可得：

当 $F=1$ 在结点 e 时，$F_{NeE}=-1$；

当 $F=1$ 在其他结点时，$F_{NeE}=0$。

结点之间是直线，因此 F_{NeE} 的影响线如图 11－16i 所示，是一个三角形。

因此，绘制桁架内力影响线时，应注意 $F=1$ 是沿上弦移动（简称上承）和下弦移动（简称下承）的，因为在这两种情况下所作的影响线有时是不同的。

§11.7 利用影响线的求量值

前面讨论了绘制影响线的方法。绘制影响线的目的是利用它来确定实际移动荷载作用时某一量值的最不利位置，从而求出该量值的最大值。研究这一问题之前，先讨论当若干个集中荷载或分布荷载作用于某已知位置时，如何利用影响线来求量值。

1. 一组集中力作用

设有一组位置固定的集中力 F_1、F_2、F_3 作用于简支梁，如图 11－17a 所示。现利用图 11－17b 所示 F_{SC} 影响线求 F_1、F_2、F_3 作用下 F_{SC} 的数值。在 F_{SC} 影响线中，相应于各荷载作用点的纵坐标为 y_1、y_2、y_3，它们分别是 $F=1$ 在相应位置产生的 F_{SC}。因此，F_1 产生的 F_{SC} 等于 F_1y_1，F_2 产生的 F_{SC} 等于 F_2y_2，F_3 产生的 F_{SC} 等于 F_3y_3。根据叠加原理，可得到 F_1、F_2、F_3 共同作用下 F_{SC} 的代数和为

$$F_{SC}=F_1\cdot y_1+F_2\cdot y_2+F_3\cdot y_3$$

一般说来，设有一组位置固定的集中荷载 $F_1,F_2,\cdots,F_n$ 作用于结构上，某量值 S 的影响线在各荷载作用点的纵坐标为 $y_1,y_2,\cdots,y_n$，则集中荷载所产生的量值 S 的值为

$$S=F_1\cdot y_1+F_2\cdot y_2+\cdots+F_n\cdot y_n=\sum F_iy_i \tag{11-6}$$

若多个集中荷载作用在影响线为某一段直线部分时，如图 11－18 所示。为简化计算，可用它们的合力代替这一组荷载，而不影响所求量值的数值。为证明此结论，可将影响线上的此段直线延长，使之与影响线基线交于点 O，则有

$$\begin{aligned}S&=F_1\cdot y_1+F_2\cdot y_2+\cdots+F_n\cdot y_n\\&=(F_1\cdot x_1+F_2\cdot x_2+\cdots+F_n\cdot x_n)\tan\alpha\\&=\tan\alpha\sum F_ix_i\end{aligned} \tag{11-7}$$

根据合力矩定理，各力对点 O 力矩之和 $\sum F_ix_i$ 应等于合力 F_R 对点 O 之矩，即

$$\sum F_ix_i=F_R\bar{x}$$

故有

$$S = F_R \bar{x} \tan\alpha = F_R \bar{y} \tag{11-8}$$

式中：$\bar{y}$ 为合力 F_R 所对应的影响线纵坐标。

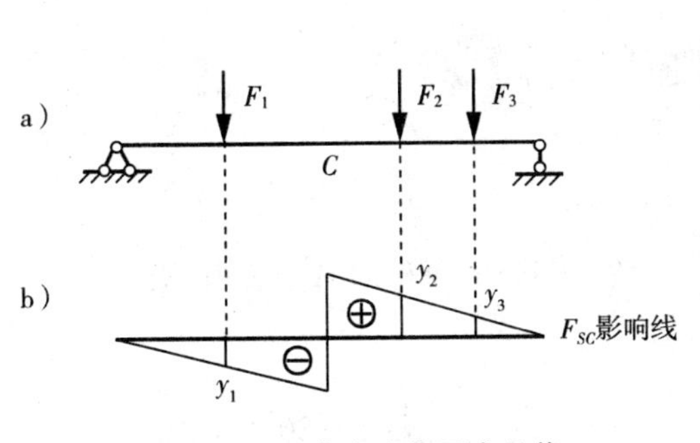

图 11－17　集中力作用求量值

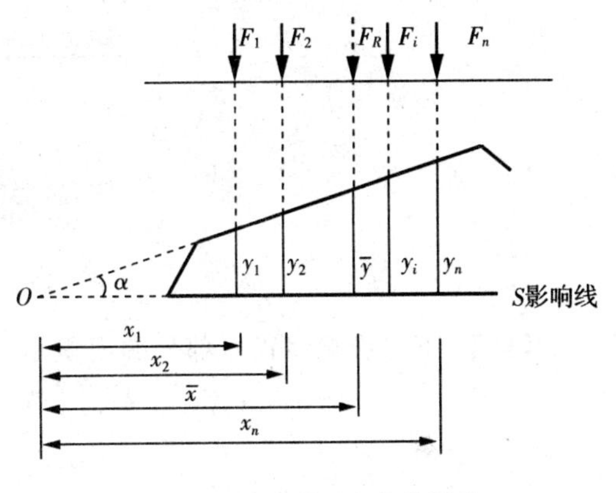

图 11－18　利用合力求量值

2. 分布荷载作用

设简支梁上分布荷载 q_x 作用于给定位置上（AB 段），如图 11－19 所示。将分布荷载沿其长度方向分成许多无穷小的微段，则每一微段 dx 上的荷载都可以看作一个集中荷载，故在 AB 段内的分布荷载所产生的量值 S 为

$$S = \int_A^B q_x y \, \mathrm{d}x \tag{11-9}$$

若 q_x 为均布荷载 q，则式（11－9）成为

$$S = \int_A^B q_x y \, \mathrm{d}x = q \int_A^B y \, \mathrm{d}x = qA_\omega \tag{11-10}$$

式中：A_ω 表示影响线在均布荷载范围 AB 段内的面积。若在该范围内影响线有正有负，则 A_ω 应为正负面积的代数和。

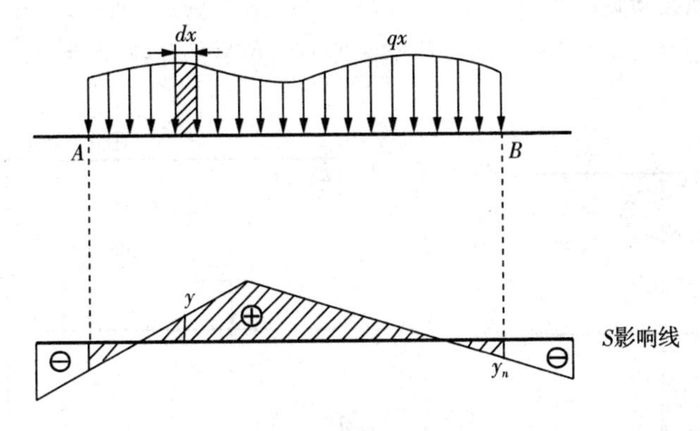

图 11－19　分布荷载作用求量值

【例 11－2】　如图 11－20a 所示，简支梁承受均布荷载和集中力作用，已作出截面 C 的剪

力影响线，如图 11－20b 所示。试利用 F_{SC} 影响线计算在上述荷载作用下 F_{SC} 的数值。

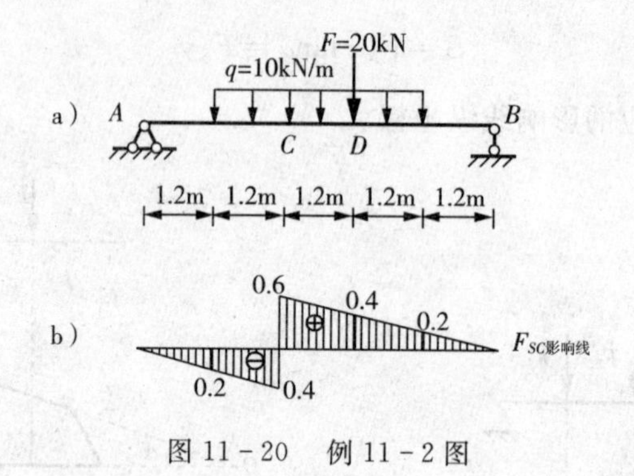

图 11－20　例 11－2 图

【解】 F_{SC} 影响线正号部分的面积用 $A_{\omega1}$ 表示，负号部分的面积用 $A_{\omega2}$ 表示，则

$$F_{SC}=q(A_{\omega1}+A_{\omega2})+Fy$$

$$=10\times\left(-\frac{0.2+0.4}{2}\times1.2+\frac{0.2+0.6}{2}\times2.4\right)+20\times0.4$$

$$=14\text{kN}$$

§11.8　最不利荷载位置

在移动荷载作用下，结构的各种量值均随荷载位置变化而变化，设计结构时，必须求出各种量值的最大值（包括最大正值和最大负值，最大负值也称最小值），以作为设计依据。为此，必须先确定使某一量值发生最大值（或最小值）的荷载位置，即最不利荷载位置。所求量值的最不利荷载位置一经确定，则其最大（最小）值便可求出。下面将讨论如何利用影响线来确定最不利荷载位置。

当荷载的情况比较简单时，最不利荷载位置凭直观即可确定，如图 11－21 所示，只有一个集中力 F 时，将集中力 F 置于 S 影响线的最大竖标处即产生 $S_{\max}$，将集中力 F 置于最小竖标处即产生 $S_{\min}$。

对于可以任意断续布置的均布荷载（如图 11－22b、图 11－22c 所示），将荷载满布于影响线所有的正号部分，则产生 $S_{\max}$；将荷载满布于影响线所有的负号部分，则产生 $S_{\min}$，如图11－22所示。

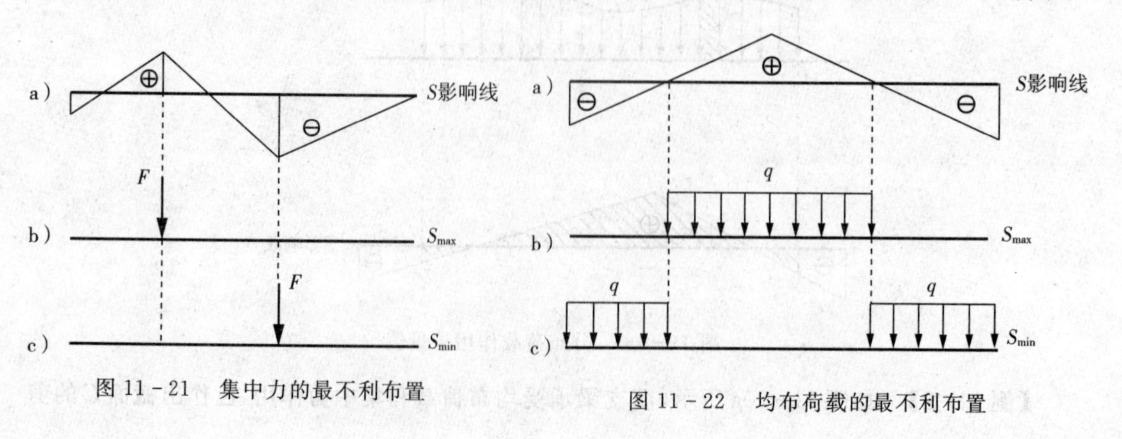

图 11－21　集中力的最不利布置

图 11－22　均布荷载的最不利布置

对于行列荷载，即一系列间距不变的移动集中荷载，如吊车荷载、中-活载，最不利荷载位置难以凭直观确定。根据最不利荷载位置的定义可知，当荷载移动到该位置时，所求量值 S 最大，因而荷载由该位置向左或向右移动到邻近位置时，S 值均减小。因此，可以从讨论荷载移动时 S 的增量来解决这个问题。

下面以某量值 S 的影响线（如图 11-23a 所示）为一折线多边形，各段直线的倾角为 α_1，α_2，…，α_n 来说明荷载临界位置的特点及其判定方法。取坐标轴 x 向右为正，y 向上为正，倾角 α 以逆时针方向为正。现有一组集中荷载移动时其间距和数值保持不变，处在如图 11-23b 所示位置，产生的量值以 S_1 来表示。若每一段直线范围内各荷载的合力分别为 F_{R1}，F_{R2}，…，F_{Rn}，则有

$$S_1 = F_{R1}y_1 + F_{R2}y_2 + \cdots + F_{Rn}y_n$$

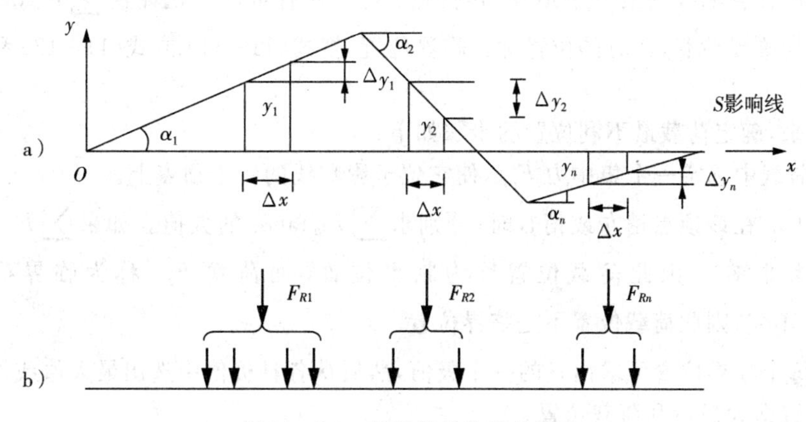

图 11-23　荷载临界位置的判定

当整个荷载组向右移动微小距离 Δx 时，相应的量值 S_2 为

$$S_2 = F_{R1}(y_1 + \Delta y_1) + F_{R2}(y_2 + \Delta y_2) + \cdots + F_{Rn}(y_n + \Delta y_n)$$

故 S 的增量为

$$\begin{aligned}\Delta S = S_2 - S_1 &= F_{R1}\Delta y_1 + F_{R2}\Delta y_2 + \cdots + F_{Rn}\Delta y_n \\ &= F_{R1}\Delta x\tan\alpha_1 + F_{R2}\Delta x\tan\alpha_2 + \cdots + F_{Rn}\Delta x\tan\alpha_n \\ &= \Delta x\sum F_{Ri}\tan\alpha_i\end{aligned}$$

使 S 成为极大值的临界位置，须满足如下条件：荷载自该位置无论向左或向右移动微小距离，S 均将减小，即 $\Delta S < 0$，$\Delta x\sum F_{Ri}\tan\alpha_i < 0$。

由于荷载左移时 $\Delta x < 0$，而右移时 $\Delta x > 0$，故 S 为极大时应有

$$\begin{cases}荷载左移，\sum F_{Ri}\tan\alpha_i > 0 \\ 荷载右移，\sum F_{Ri}\tan\alpha_i < 0\end{cases} \tag{11-11}$$

也就是当荷载向左、右移动时，$\sum F_{Rj}\tan\alpha_i$ 必须由正变负，S 才可能为极大值。若

$\sum F_{Rj}\tan\alpha_i$ 由负变正，则 S 在该位置为极小值，即 S 为极小时应有

$$\begin{cases}\text{荷载左移：}\sum F_{Ri}\tan\alpha_i < 0 \\ \text{荷载右移：}\sum F_{Ri}\tan\alpha_i > 0\end{cases} \tag{11-12}$$

总之，荷载向左、右移动微小距离时，$\sum F_{Ri}\tan\alpha_i$ 必须变号，S 才有可能是极值。

下面分析在什么情况下 $\sum F_{Ri}\tan\alpha_i$ 才有可能变号。首先，由于 $\tan\alpha_i$ 是影响线中各段直线的斜率，它是常数，因此要使 $\sum F_{Ri}\tan\alpha_i$ 变号，只有各段直线内的合力 F_{Ri} 数值发生改变才有可能。整个荷载稍向左、右移动时，要使各段直线内的 F_{Ri} 改变数值，则必须有一个集中荷载正好作用在影响线的某一个顶点（转折点）处时才有可能。把能使 $\sum F_{Ri}\tan\alpha_i$ 变号的集中荷载称为临界荷载，此时的位置称为临界位置，把式(11-11)或式(11-12)称为临界位置判别式。

归结起来，确定荷载最不利位置的步骤如下：

(1) 从荷载中选定一个集中力 F_{cr}，使它位于影响线的一个顶点上。

(2) 当 F_{cr} 在该顶点稍左或稍右时，分别求 $\sum F_{Ri}\tan\alpha_i$ 的数值。如果 $\sum F_{Ri}\tan\alpha_i$ 变号（或者零变为非零），则此荷载位置称为临界位置，而荷载 F_{cr} 称为临界荷载；如果 $\sum F_{Ri}\tan\alpha_i$ 不变，则此荷载位置不是临界位置。

(3) 对每个临界位置可求出 S 的一个极值，然后从各种极值中选出最大值或最小值。对应的荷载位置即为最不利荷载位置。

为了减少试算次数，宜事先大致估计最不利荷载位置。为此，应将行列荷载中数值较大且较为密集的部分置于影响线的最大竖标附近，同时注意位于同符号影响线范围内的荷载应尽可能地多，因为这样才可能产生较大的 S 值。

【例 11-3】 如图 11-24a 所示为铁路设计中使用的活载形式——中-活载，如图 11-24b 所示为某量值 S 的影响线。试求荷载最不利位置和 S 的最大值。

【解】 (1) 首先考虑荷载由左向右开行($\Delta x > 0$)的情形。将 F_4 置于影响线的最高顶点，荷载布置如图 11-24c 所示。

由图 11-24b 可知：

$$\tan\alpha_1 = \frac{1}{8}, \tan\alpha_2 = -\frac{1}{16}, \tan\alpha_3 = -\frac{1}{8}$$

荷载右移($\Delta x > 0$)，即 F_4 在影响线最高点右侧：

$$\begin{aligned}\sum F_{Ri}\tan\alpha_i &= (F_5 + 5\times q)\tan\alpha_1 + (F_4 + F_3 + F_2)\tan\alpha_2 + F_1\tan\alpha_3 \\ &= (220 + 5\times 92)\times\frac{1}{8} + (220+220+220)\times\left(-\frac{1}{16}\right) + 220\times\left(-\frac{1}{8}\right) \\ &= 16.25\text{kN} > 0\end{aligned}$$

因此，F_4 不是临界荷载，此时 $\Delta S > 0$，欲使 S 增加，荷载还需右移。

将 F_5 置于影响线的最高顶点，荷载布置如图 11－24d 所示。

荷载右移($\Delta x > 0$)，即 F_5 在影响线最高点右侧：

$$\sum F_{Ri}\tan\alpha_i = 6.5 \times q\tan\alpha_1 + (F_5 + F_4 + F_3)\tan\alpha_2 + (F_2 + F_1)\tan\alpha_3$$

$$= 6.5 \times 92 \times \frac{1}{8} + (220 + 220 + 220) \times \left(-\frac{1}{16}\right) + (220 + 220) \times \left(-\frac{1}{8}\right)$$

$$= -21.5\text{kN} < 0$$

荷载左移($\Delta x < 0$)，即 F_5 在影响线最高点左侧：

$$\sum F_{Ri}\tan\alpha_i = (F_5 + 6.5 \times q)\tan\alpha_1 + (F_4 + F_3)\tan\alpha_2 + (F_2 + F_1)\tan\alpha_3$$

$$= (220 + 6.5 \times 92) \times \frac{1}{8} + (220 + 220) \times \left(-\frac{1}{16}\right) + (220 + 220) \times \left(-\frac{1}{8}\right)$$

$$= 19.75\text{kN} > 0$$

因此，F_5 是临界荷载。

同理，经判别：其他集中力均不是临界荷载。由此，对应图 11－24d 所示临界位置，可得 S 的最大值为

$$S = 92 \times 0.5 \times 6.5 \times 0.813\text{kN} + 220 \times (1 + 0.906 + 0.813 + 0.688 + 0.5) = 1102\text{kN}$$

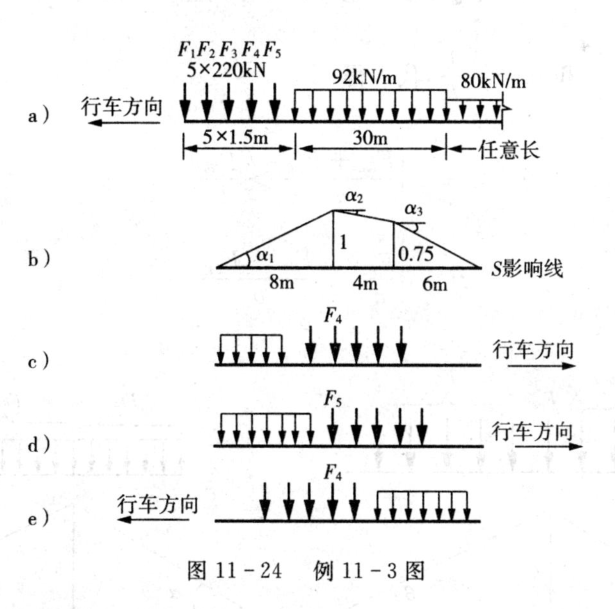

图 11－24　例 11－3 图

(2) 考虑荷载由右向左开行($\Delta x < 0$)的情形。将 F_4 置于影响线的最高顶点，荷载布置如图 11－24e 所示。

荷载右移($\Delta x > 0$)，即 F_4 在影响线最高点右侧：

$$\sum F_{Ri}\tan\alpha_i = (F_1 + F_2 + F_3)\tan\alpha_1 + (F_4 + F_5 + q \times 1)\tan\alpha_2 + q \times 6 \times \tan\alpha_3$$

$$= (220+220+220) \times \frac{1}{8} + (220+220+92\times1) \times \left(-\frac{1}{16}\right) + 92\times6\times\left(-\frac{1}{8}\right)$$

$$=-19.75\text{kN}<0$$

荷载左移($\Delta x<0$),即 F_4 在影响线最高点左侧:

$$\sum F_{Ri}\tan\alpha_i=(F_1+F_2+F_3+F_4)\tan\alpha_1+(F_5+q\times 1)\tan\alpha_2+q\times 6\times\tan\alpha_3$$

$$=(220+220+220+220)\times\frac{1}{8}+(220+92\times 1)\times\left(-\frac{1}{16}\right)+92\times 6\times\left(-\frac{1}{8}\right)$$

$$=21.5\text{kN}>0$$

因此,F_4 是临界荷载。经判别,其他集中力均不是临界荷载。算得此时 S 的最大值为 1110kN。

比较左行和右行所得到的 S 值,可见 $S_{\max}=1110\text{kN}$,最不利荷载分布如图 11-24e 所示。

当影响线为三角形时,临界位置的判别式点可以用更方便的形式表示出来。如图 11-25 所示,设 S 的影响线为一三角形。如要求 S 的极大值,则在临界位置必有一荷载 F_{cr} 正好位于影响线的顶点上。以 F_{Ra} 和 F_{Rb} 分别表示 F_{cr} 以左和以右荷载的合力,则荷载向左、向右移动时 $\sum F_{Ri}\tan\alpha_i$ 应由正变负,得以下不等式:

$$\begin{cases}(F_{Ra}+F_{cr})\tan\alpha-F_{Rb}\tan\beta>0\\ F_{Ra}\tan\alpha-(F_{Rb}+F_{cr})\tan\beta<0\end{cases}$$

上式中 $\tan\alpha=\dfrac{h}{a}$ 和 $\tan\beta=\dfrac{h}{b}$,代入得

$$\begin{cases}\dfrac{F_{Ra}+F_{cr}}{a}>\dfrac{F_{Rb}}{b}\\ \dfrac{F_{Ra}}{a}<\dfrac{F_{Rb}+F_{cr}}{b}\end{cases}\qquad(11-13)$$

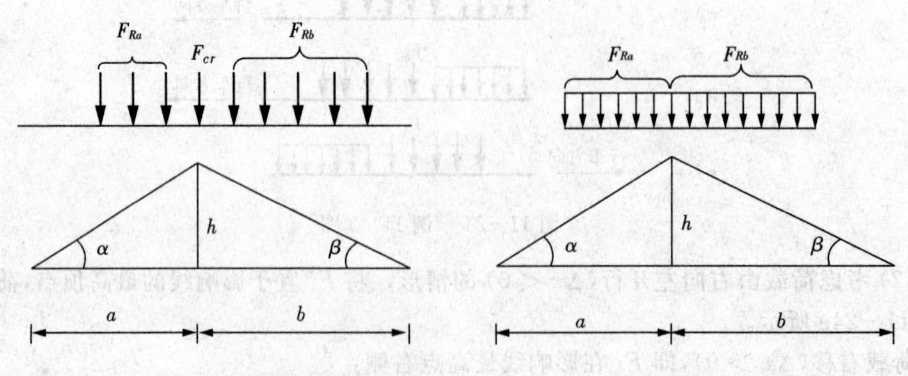

图 11-25 三角形影响线荷载的临界位置　　图 11-26 均布荷载作用时的临界位置

式(11-13)即为三角形影响线判别临界位置的公式,可以看出临界位置的特点为有一集中荷载 F_{cr} 作用在影响线的顶点,将 F_{cr} 计入顶点哪一边,则哪一边荷载的平均集度要大。

对于均布荷载跨过三角形顶点的情况，如图11-26所示，可由$\frac{\mathrm{d}S}{\mathrm{d}x}=\sum F_{Ri}\tan\alpha_i=0$的条件来确定临界位置。此时，有

$$\sum F_{Ri}\tan\alpha_i=F_{Ra}\frac{h}{a}-F_{Rb}\frac{h}{b}=0$$

得

$$\frac{F_{Ra}}{a}=\frac{F_{Rb}}{b} \tag{11-14}$$

即左右两边的平均荷载应相等。

【例11-4】 设有一简支梁AB，跨度为16m，承受如图11-27a所示一行列荷载作用，已知$F_1=4.5\text{kN}$，$F_2=2\text{kN}$，$F_3=7\text{kN}$，$F_4=3\text{kN}$。试求截面C的最大弯矩。

【解】 (1) 作M_C的影响线，如图11-27b所示。

$$\begin{cases}\dfrac{F_{Ra}+F_{cr}}{a}>\dfrac{F_{Rb}}{b}\\[2ex]\dfrac{F_{Ra}}{a}<\dfrac{F_{Rb}+F_{cr}}{b}\end{cases}$$

(2) 直观判断，F_1和F_4不可能是临界荷载，先把F_2视为F_{cr}进行试算，根据式(11-13)，得

$$\frac{7+2}{6}>\frac{4.5}{10}$$

$$\frac{7}{6}>\frac{2+4.5}{10}$$

故F_2不是一个临界荷载。

先把F_3视为F_{cr}进行试算，根据式(11-13)，得

$$\frac{3+7}{6}>\frac{2+4.5}{10}$$

$$\frac{3}{6}<\frac{7+2+4.5}{10}$$

可知F_3是一个临界荷载。

图11-27b所示临界位置对应的M_C为最大弯矩。

$$M_{C(\max)}=4.5\times0.38+2\times1.88+7\times3.75+3\times1.25=35.47\text{kN}\cdot\text{m}$$

故C截面的最大弯矩为35.47kN·m。

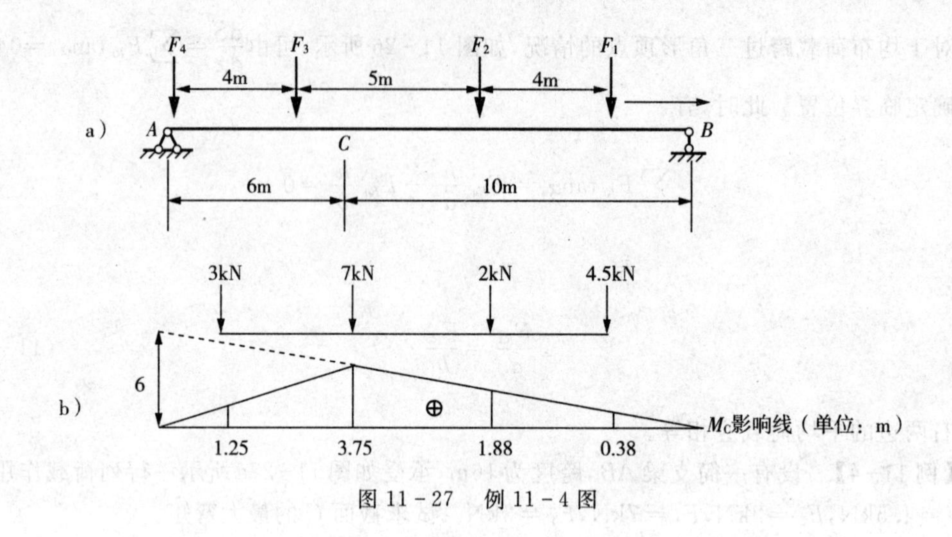

图 11－27 例 11－4 图

§11.9 简支梁的内力包络图

当工程结构存在移动荷载作用时，必须求出每一截面内力的最大值（最大正值和最大负值）。联结各截面内力最大值的曲线称为内力包络图。包络图是工程设计中重要的工具，它在吊车梁、楼盖的连续梁和桥梁工程的设计中应用很多。本节对简支梁的内力包络图加以讨论。

下面以图 11－28a 所示简支梁在单个集中荷载 F 作用时的弯矩包络图为例，说明当单个集中荷载在梁上移动时，简支梁任意截面 C 的弯矩影响线如图 11－28b 所示。根据影响线可以断定，当荷载正好作用于 C 时，M_C 具有最大值。

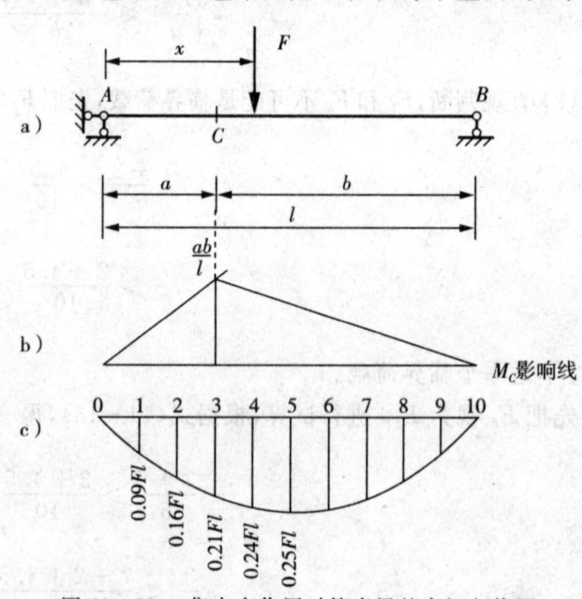

图 11－28 集中力作用时简支梁的弯矩包络图

由此可见，当荷载由 A 向 B 移动时，只要逐个算出荷载作用点处的截面弯矩，便可以得到弯矩包络图。选取一系列截面（把梁分成十等分），对每一截面，利用图 11－28b 中 M_C 影响线求出其最大弯矩。例如，在截面 3 处

$$a=0.3l,b=0.7l,(M_3)_{\max}=0.21Fl$$

如上所述，把算出的各个截面最大弯矩值联结起来的图形，即为弯矩包络图，如图 11－28c 所示。弯矩包络图表示出各截面的弯矩可能变化的范围。

如图 11－29a 所示为一吊车梁，跨度为 12m，图 11－29b 所示为此吊车梁所受的移动荷载。两台吊车传来的最大轮压力为 82kN，轮距为 3.5m，两台吊车并行的最小间距为

1.5m。将吊车梁分为十等分，在吊车荷载作用下逐个求出各截面的最大弯矩，即可画出弯矩包络图，如图 11－29c 所示。同样，还可作出剪力包络图，如图 11－29d 所示。

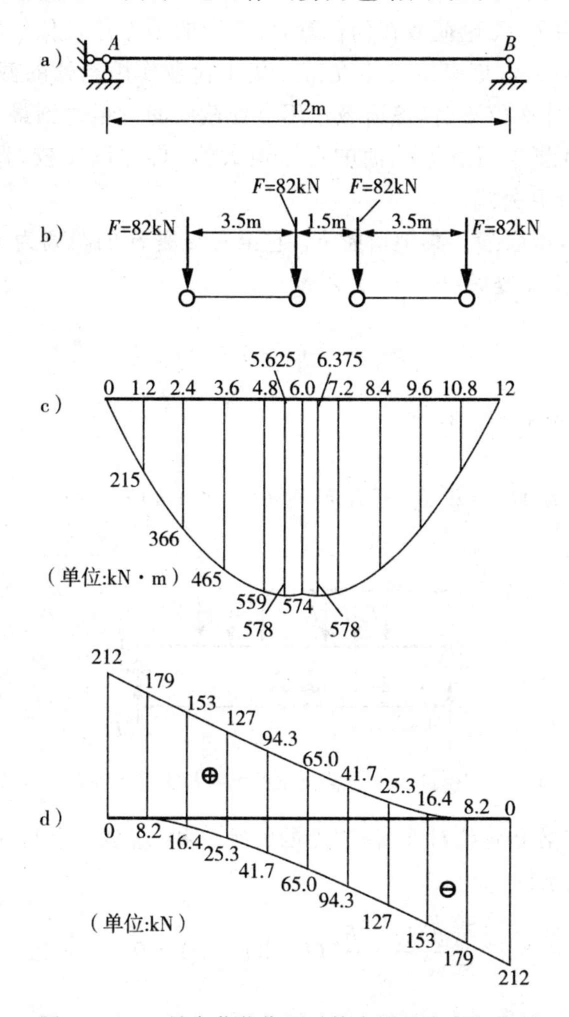

图 11－29　吊车荷载作用时简支梁的内力包络图

包络图可以反映结构各截面在移动荷载作用下内力的变化范围，在设计中具有十分重要的作用。弯矩包络图中最大的弯矩值称为绝对最大弯矩，它代表在一定的移动荷载作用下梁内可能出现的弯矩最大值。

§11.10　简支梁的绝对最大弯矩

在移动荷载作用下，利用前面所讲述的方法，不难求出简支梁上任一指定截面的最大弯矩。在简支梁所有各截面的最大弯矩中又有最大的，称为绝对最大弯矩。要确定简支梁的绝对最大弯矩，需解决两个问题：

(1) 绝对最大弯矩产生在哪一个截面；

(2) 此截面产生最大弯矩值时的荷载位置。

为了解决上述两个问题，可以把各个截面的最大弯矩值都求出来，然后加以比较。由于梁上的截面有无穷多个，不可能一一计算，所以只能选取有限多个截面来进行计算，以求得问题的近似解答，这是比较麻烦的。

梁在集中荷载作用下，无论荷载在何位置，弯矩图的顶点总是位于集中荷载作用点处。因此，可以断定，绝对最大弯矩必定发生在某一集中荷载作用点处的截面上。为此，先任选一集中荷载，看荷载在什么位置时，该荷载作用点处截面的弯矩达到最大值。然后按同样方法，分别求出其他各荷载作用点处截面的弯矩最大值，再加以比较，即可确定绝对最大弯矩。现在来导出相关计算公式。

如图 11-30 所示，试取某一集中荷载 F_k，它至左支座 A 的距离为 x，而梁上荷载的合力 F_R 至 F_k 的距离为 a，则支座 A 的支座反力为

$$F_A=\frac{F_R}{l}(l-x-a)$$

F_k 作用点截面的弯矩 M_x 为

$$M_x=F_Ax-M_K=\frac{F_R}{l}(l-x-a)x-M_K$$

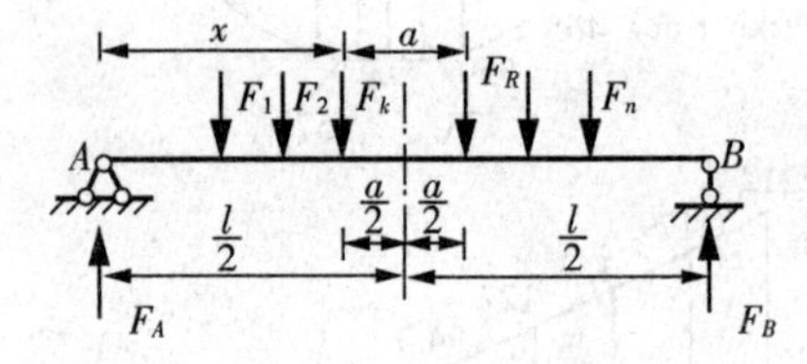

图 11-30 简支梁的绝对最大弯矩

式中：M_k 表示 F_k 以左梁上荷载对 F_k 作用点的力矩总和，它是一个与 x 无关的常数。当 M_x 为极大值时，根据极值条件

$$\frac{\mathrm{d}M_x}{\mathrm{d}x}=\frac{F_R}{l}(l-2x-a)=0$$

得

$$x=\frac{l}{2}-\frac{a}{2}$$

表明当 F_k 与合力 F_R 对称于梁的中心点时，F_k 作用点截面的弯矩达到最大值，其值为

$$M_{\max}=\frac{F_R}{l}\left(\frac{l}{2}-\frac{a}{2}\right)^2-M_K$$

若合力 F_R 位于 F_k 的左侧，则式中$\frac{a}{2}$前的减号应改为加号。

利用上述结论，可求出各个荷载作用点截面的最大弯矩，将它们进行比较可得出绝对最大弯矩，当荷载数目较多时，求解是比较麻烦的。在实际计算时，宜事先估计发生绝对最大弯矩的临界荷载。简支梁的绝对最大弯矩总是发生在梁的中截面附近，故可设想使梁中截面产生最大弯矩的临界荷载也就是发生绝对最大弯矩的临界荷载。经验表明，这种设想在通常情况下都是正确的。

因此，计算绝对最大弯矩可按下述步骤进行：先确定使梁中截面发生最大弯矩的临界荷载 F_k；然后移动荷载以使 F_k 与作用在梁上集中荷载的合力 F_R 对称于梁的中点；最后计算此时 F_k 作用点截面的弯矩，即得绝对最大弯矩。

【例 11-5】 求如图 11-31 所示简支梁在移动荷载作用下的绝对最大弯矩，并与跨中截面 C 的最大弯矩作比较。F_1、F_2、F_3、F_4 之间距离分别为 4m、5m、4m。

【解】 (1) 求跨中截面 C 的最大弯矩。作出图 11-31b 所示 M_C 影响线，显然 F_2 作用于截面 C 时为最不利荷载位置，临界荷载为 F_2，M_C 最大值为

$$M_{C(\max)}=70\times3+130\times5+50\times2.5+100\times0.5=1035\text{kN}\cdot\text{m}$$

(2) 计算绝对最大弯矩。由图 11-31a 所示荷载可见，设发生绝对最大弯矩时有 4 个荷载在梁上，其合力为

$$F_R=70+130+50+100=350\text{kN}$$

显然，绝对最大弯矩发生在 F_2 作用截面，F_2 即为临界荷载 F_k，于是以 F_2 为矩心，由合力矩定理得

$$a=\frac{1}{350}\times(50\times5+100\times9-70\times4)=2.486\text{m}$$

移动荷载使 F_2 与 F_R 对称于梁的中点，荷载布置如图 11-31c 所示。故绝对最大弯矩为

$$M_{\max}=\frac{350}{20}\times\left(\frac{20}{2}-\frac{2.486}{2}\right)^2-70\times4=1062\text{kN}\cdot\text{m}$$

由上述计算可以看出，简支梁绝对最大弯矩比跨中截面最大弯矩大 3% 左右。因此，在结构设计中，为方便起见，简支梁绝对最大弯矩可近似取跨中点截面最大弯矩值。

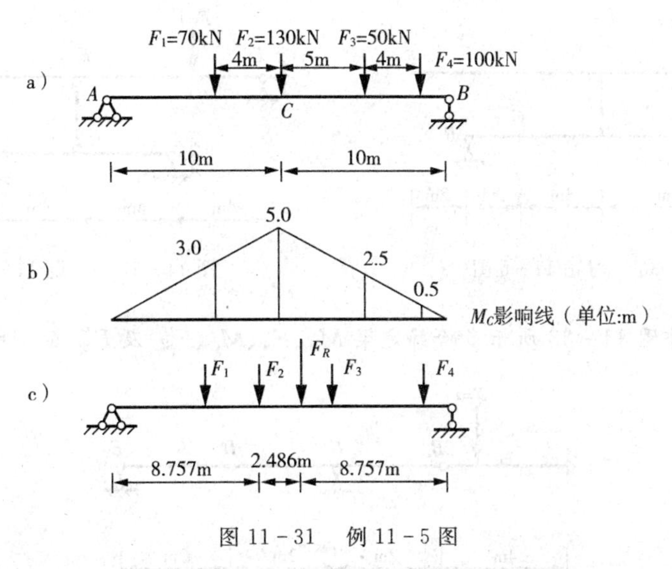

图 11-31　例 11-5 图

习　题

11-1　试作图 11-32 所示悬臂梁 F_A、M_A、M_C 及 F_{SC} 的影响线。

11-2　试作图 11-33 所示伸臂梁 F_B、M_B、F_{SB}^L、F_{SB}^R、M_C 及 F_{SC} 的影响线。

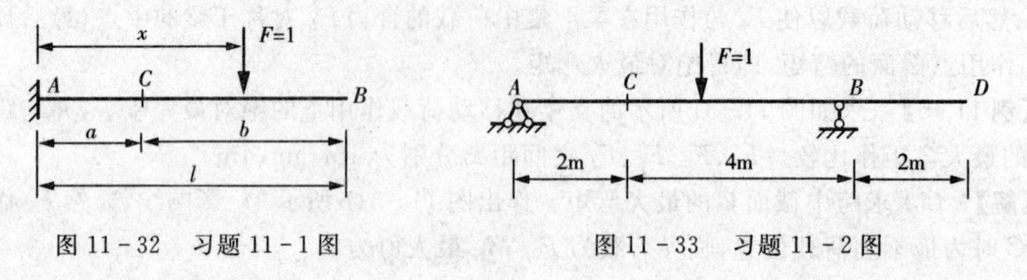

图 11-32　习题 11-1 图　　　　图 11-33　习题 11-2 图

11-3　试作图 11-34 所示梁 M_A、F_B、M_D、F_{SD}、M_E 及 F_{SE} 的影响线。

11-4　试作图 11-35 所示结构 M_A、F_{Ay}、M_K 及 F_{SK} 的影响线。设 M_A、M_K 均以内侧受拉为正。

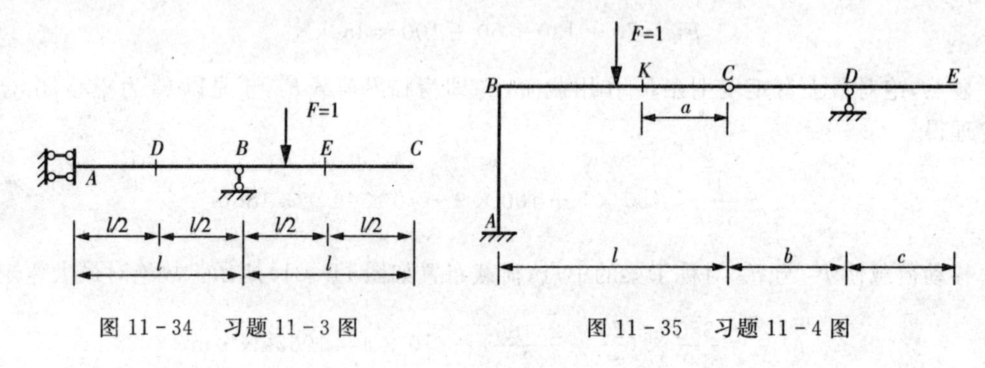

图 11-34　习题 11-3 图　　　　图 11-35　习题 11-4 图

11-5　试作图 11-36 所示结构 M_C 及 F_{SC} 的影响线。

11-6　试作图 11-37 所示结构 M_C 及 F_{SC}^L 的影响线。

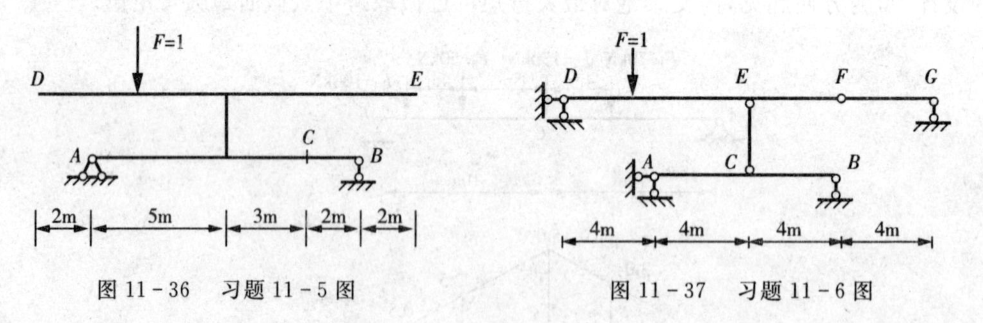

图 11-36　习题 11-5 图　　　　图 11-37　习题 11-6 图

11-7　试作图 11-38 所示多跨静定梁 M_A、F_A、M_C、F_{SC}^L 及 F_{SC}^R 的影响线。

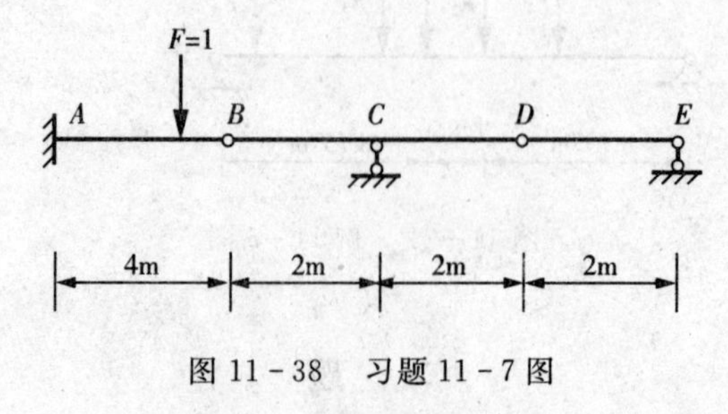

图 11-38　习题 11-7 图

11-8　试作图 11-39 所示多跨静定梁 M_K、F_{SK}、F_D、F_{SD}^L 及 F_{SD}^R 的影响线。

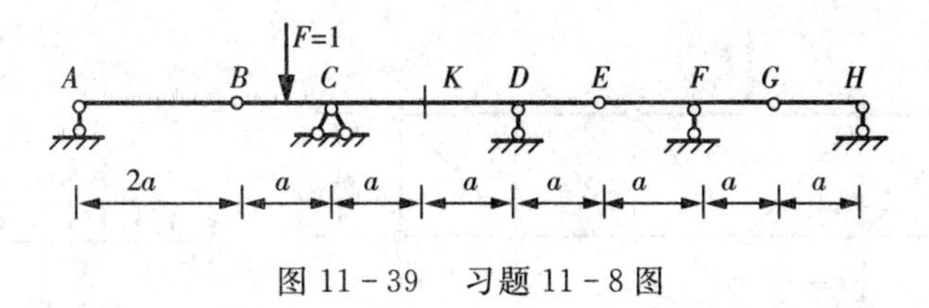

图 11-39　习题 11-8 图

11-9　试作图 11-40 所示多跨静定梁 M_F、M_B 及 F_{SG} 的影响线。

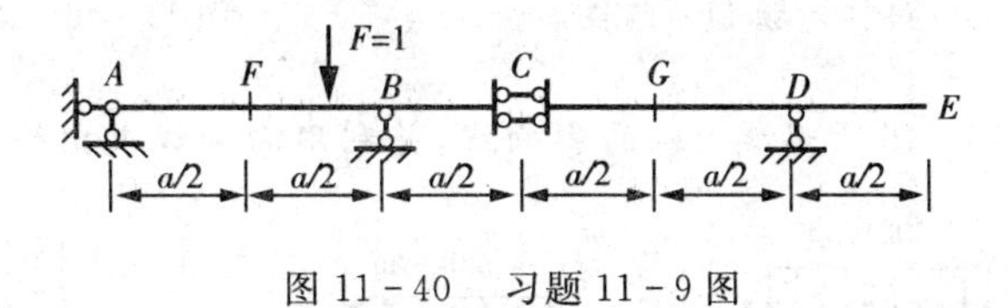

图 11-40　习题 11-9 图

11-10　试作图 11-41 所示结构主梁 F_A、M_C 及 F_{SC} 的影响线。

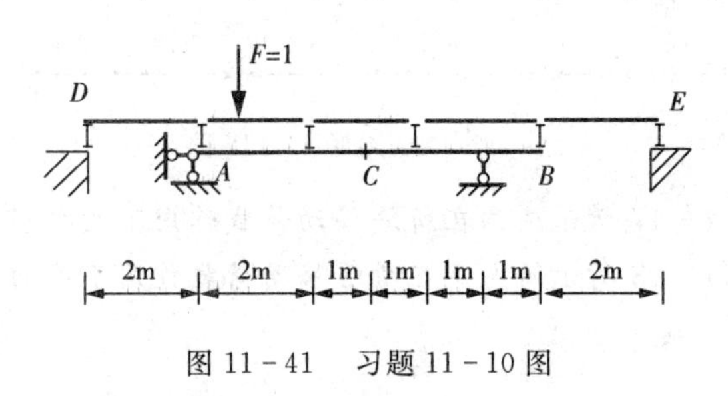

图 11-41　习题 11-10 图

11-11　试作图 11-42 所示结构主梁 M_A、F_A、M_C、F_{SC}^L 及 F_{SC}^R 的影响线。

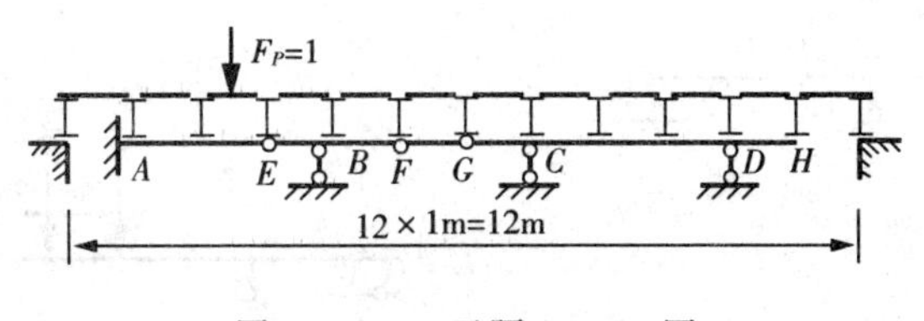

图 11-42　习题 11-11 图

11-12　试作图 11-43 所示桁架指定杆件内力的影响线。

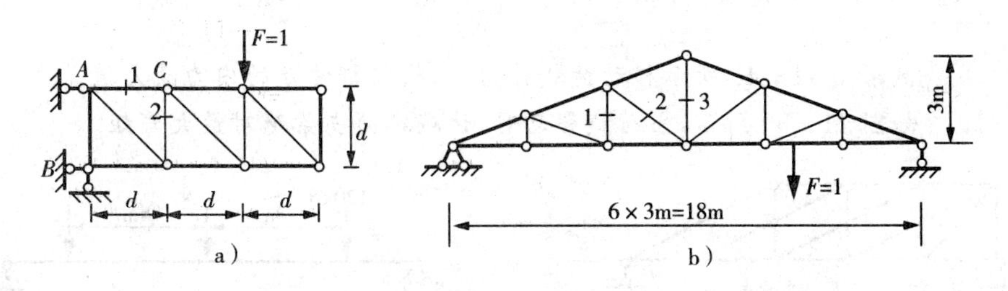

图 11-43　习题 11-12 图

11-13　试作图 11-44 所示桁架指定杆件内力的影响线，分别考虑荷载 $F=1$ 在上弦和下弦移动。

11-14　作出图 11-45 所示梁 M_A 的影响线，并利用影响线求出给定荷载下的 M_A 值。

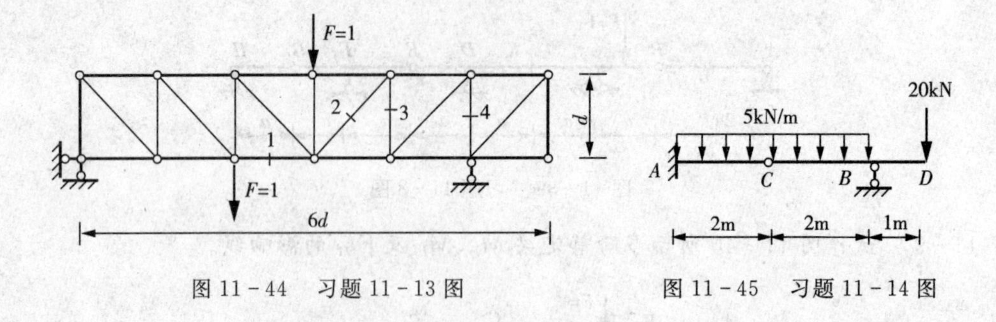

图 11-44　习题 11-13 图　　　　　　　　图 11-45　习题 11-14 图

11-15　作出图 11-46 所示梁 F_{SC} 的影响线，并利用影响线求出给定荷载下的 F_{SC} 值。

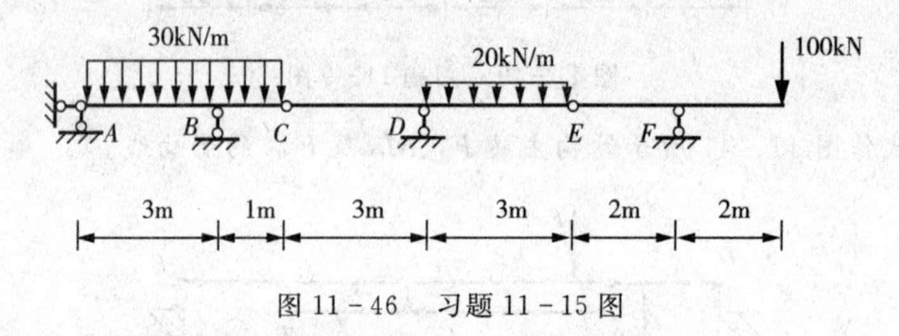

图 11-46　习题 11-15 图

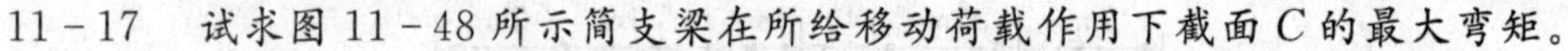

11-16　试求图 11-47 所示结构在所给移动荷载作用下的支座反力 F_B 最大值。

11-17　试求图 11-48 所示简支梁在所给移动荷载作用下截面 C 的最大弯矩。

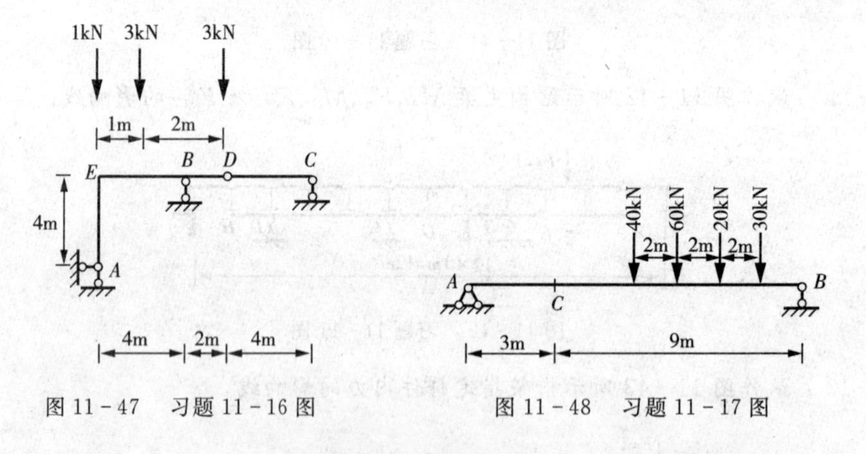

图 11-47　习题 11-16 图　　　　　　　　图 11-48　习题 11-17 图

11-18　试求图 11-49 所示移动荷载作用下，桁架杆件 a 的内力最大值。

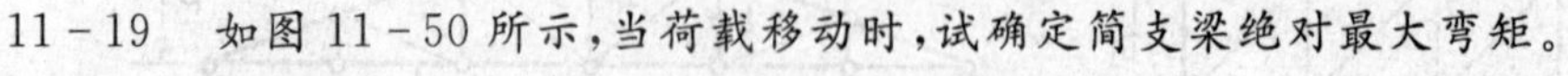

11-19　如图 11-50 所示，当荷载移动时，试确定简支梁绝对最大弯矩。

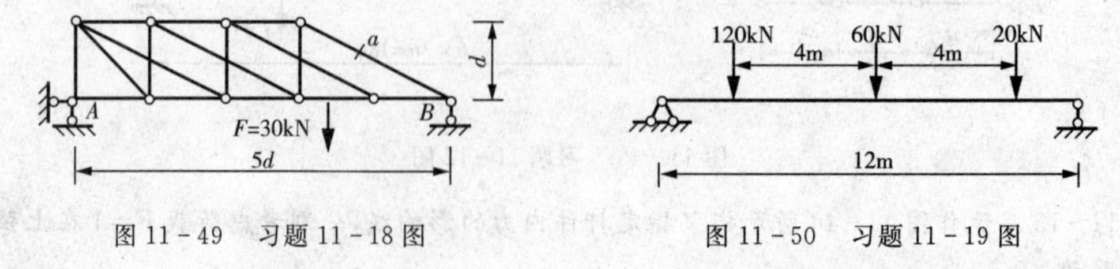

图 11-49　习题 11-18 图　　　　　　　　图 11-50　习题 11-19 图

第 12 章　结构的极限荷载

§12.1　极限荷载概述

结构的弹性分析，即假定材料变形服从虎克定律（应力应变关系是线性的），结构产生变形的荷载全部卸除以后，结构仍将恢复原来的形状。由材料力学实验得到的应力与应变关系曲线可知，大多数材料在应力达到比例极限以前，材料变形都服从虎克定律，即应力与应变成正比。利用弹性分析的结果进行结构设计，确定已知荷载作用下结构杆件截面的尺寸；已知杆件截面的尺寸而验算最大的应力，称为弹性设计方法。

弹性分析具有一定的缺点，例如，对于塑性材料的结构，尤其是超静定的结构，在最大应力到达屈服极限，甚至某一局部已进入塑性阶段时结构并没有破坏，也就是说，并没有耗尽全部承载能力。弹性设计没有考虑材料超过屈服极限以后结构的承载能力，因而结构按弹性设计是不够经济合理的，没有充分发挥材料的承载能力。

塑性设计方法就是为了改进弹性分析的缺点并充分发挥材料的承载能力而提出来的。在塑性设计方法中，需要确定结构的极限荷载，也就是结构破坏时的荷载值。

在塑性分析中，为了便于计算，将材料的应力应变（$\sigma-\varepsilon$）关系表示成四种简化模型（见表 12－1 所列）。σ 表示应力，ε 表示应变，σ_y 表示屈服应力（或屈服极限）。本章采用理想弹塑性简化模型，即假定材料拉、压时的应力-应变关系相同。σ 表示应力，ε 表示应变，σ_y 表示屈服应力（或屈服极限）。应力 σ 和应变 ε 在屈服极限 σ_y 之前成正比（材料处于弹性阶段），到达屈服极限后，材料进入塑性阶段。如继续对结构加载，应变将无限制地增加，而应力不变，仍为 σ_y。

表 12－1　材料的应力应变关系的简化模型

理想弹塑性	刚塑性	弹塑性线性强化	刚塑性线性强化
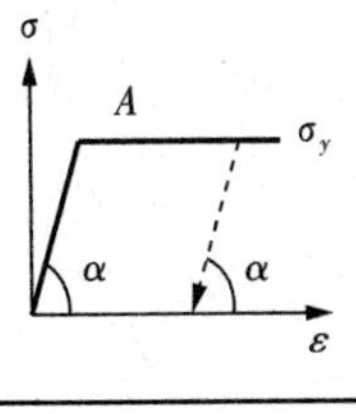 σ, A, σ_y, α, α, ε	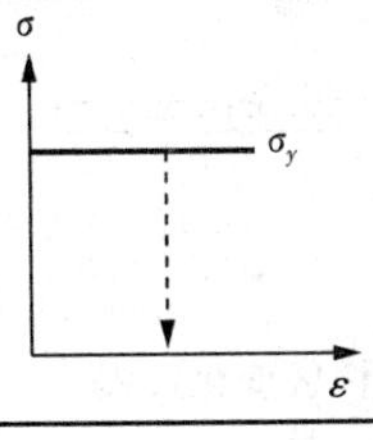 σ, σ_y, ε	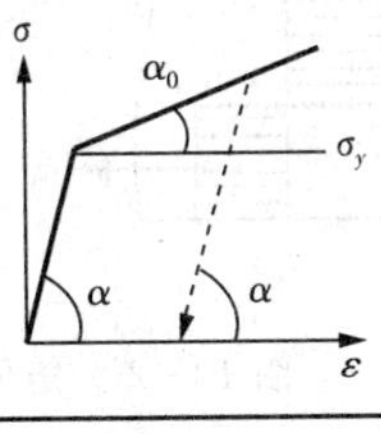 σ, α_0, σ_y, α, α, ε	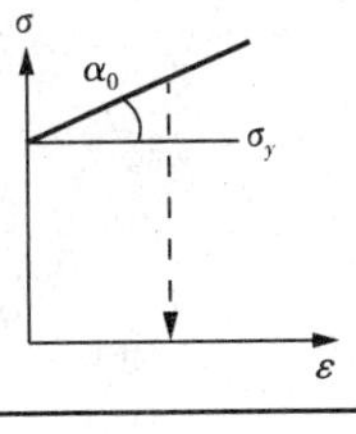 σ, α_0, σ_y, ε

§12.2　极限弯矩、塑性铰和极限状态

为了说明塑性分析中几个基本概念，考虑一理想弹塑性材料的矩形截面梁承受纯弯曲作用，如图 12－1 所示，假设弯矩作用在对称平面内。随着弯矩的增大，梁的各部分逐渐由弹性阶段过渡到塑性阶段。实验表明，无论在哪一阶段，都可以认为原来的平面截面在弯曲以后仍然保持为一平面。

梁由弹性阶段过渡到弹塑性阶段，最后达到塑性流动阶段的过程中，截面应力和应变以

图 12-1 矩形截面梁受纯弯曲

及塑性区的变化过程如图 12-2 所示。图 12-2a 表示梁的截面外侧纤维的应力刚达到屈服极限 σ_y，整个截面仍处在弹性阶段，这时的弯矩称为屈服弯矩，用 M_y 表示。图 12-2b、图 12-2c 表示靠近梁外侧部分区域纤维的应力到达屈服值，整个截面分成弹性区和塑性区两部分。图12-2d表示塑性阶段，整个截面全部纤维的应力达到屈服极限 σ_y，相应的弯矩值称为截面的极限弯矩 M_u。

$$F=\sigma_y\frac{bh}{2} \tag{12-1}$$

$$M_u=F\frac{h}{2}=\sigma_y\frac{bh^2}{4} \tag{12-2}$$

当截面达到塑性流动阶段，截面的纵向纤维在极限弯矩值保持不变的情况下将无限制地变形，两个无限靠近的相邻截面将会产生微小的转动，即产生相对转角，这一截面称为塑性铰。塑性铰和普通铰的区别在于：普通铰不能承受弯矩，而塑性铰则承受着极限弯矩。在卸载过程中，随着荷载的减小，弯矩也随之减小，塑性铰消失，即截面不再有塑性铰的性质。此外，普通铰为双向铰，它的两侧可以沿两个方向发生相对转动，而塑性铰则为单向铰，它的两侧只能发生与极限弯矩指向一致的单向相对转动。

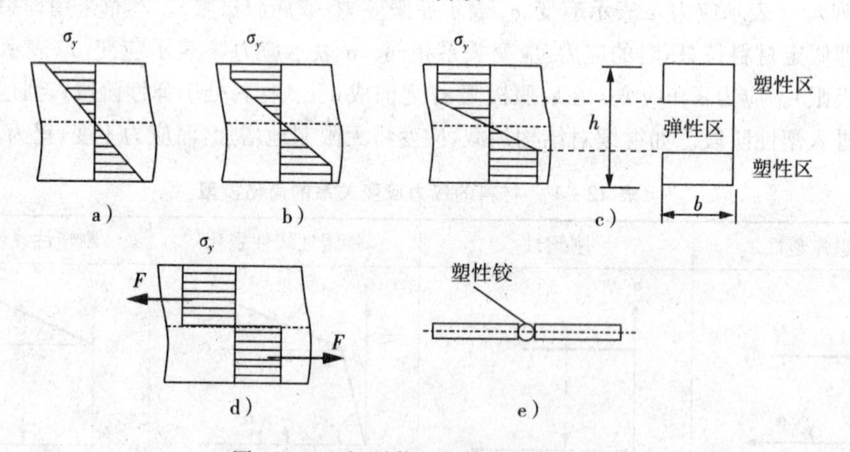

图 12-2 矩形截面塑性区变化过程

设有一简支梁如图 12-3 中的实线所示。在集中荷载 F_P 的作用下，截面 C 处的弯矩 M_C 最大。若荷载 F 逐渐增大达到 F_u，M_C 最终将达到极限弯矩值 M_u。

这时截面 C 即形成一个塑性铰。由于简支梁两端原有两个铰，截面 C 处又形成一个塑性铰后，该梁变成一个几何可变体系。把这一几何可变体系称为破坏机构，或简称机构。这时，梁可以发生任意大小的位移，而荷载不变。这种状态称为极限状态或破坏状态。结构破坏时的瞬时荷载称为极限荷载 F_u。

截面的极限弯矩 M_u 可以利用平衡条件求得。以图 12-4a 所示的截面为例，图 12-4b 所示为极限状态的应力分布图。设 A_1 和 A_2 分别代表中性轴以上和以下部分截面面积；A 为截

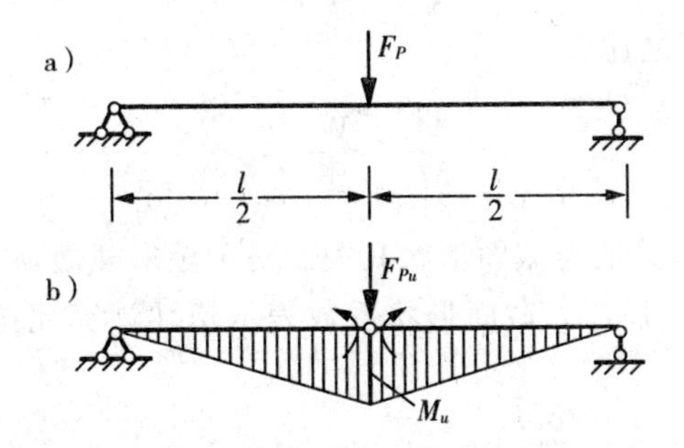

图 12-3　简支梁受集中力

面总面积；G_1 和 G_2 分别为 A_1 和 A_2 的形心；z_1 和 z_2 分别为两个形心到中性轴的距离。由平衡条件可知，截面上的法向内力之和应等于零。这样得

$$A_1\sigma_y = A_2\sigma_y$$

即

$$A_1 = A_2 = 0.5A$$

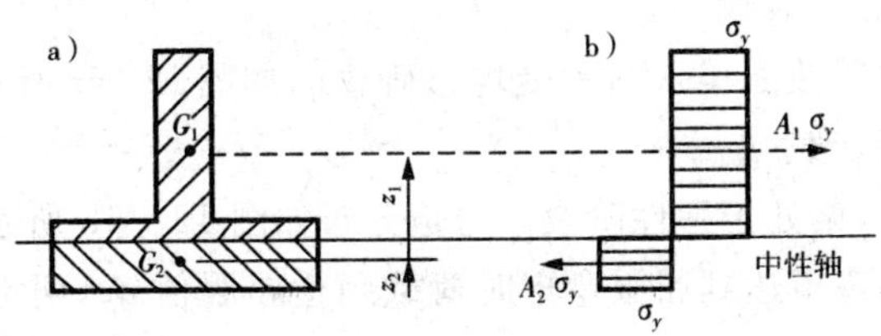

图 12-4　T 形截面

这表明在极限状态下中性轴将截面面积分为两个相等部分。极限弯矩

$$M_u = A_1\sigma_y z_1 + A_2\sigma_y z_2 = \sigma_y(S_1 + S_2)$$

S_1 和 S_2 分别为 A_1 和 A_2 对中性轴的静矩。若令

$$W_u = S_1 + S_2 \tag{12-3}$$

称为塑性截面系数，即受压和受拉部分面积对中性轴的静矩之和，则极限弯矩可表示为

$$M_u = \sigma_y W_u \tag{12-4}$$

对于矩形截面，设以 b 和 h 分别代表截面的宽和高，则

$$W_u = 2\times\frac{bh}{2}\times\frac{h}{4} = \frac{bh^2}{4} \tag{12-5}$$

故矩形截面的极限弯矩

$$M_u = \frac{bh^2}{4}\sigma_y \tag{12-6}$$

而相应的弹性截面系数和屈服弯矩分别为

$$W_y = \frac{bh^2}{6},M_y = \sigma_y W_y \tag{12-7}$$

极限弯矩与屈服弯矩之比：

$$\frac{M_u}{M_y}=\frac{W_u}{W_y}=\alpha \tag{12-8}$$

α 称为截面形状系数，其值与截面形状有关。对于矩形截面，$\alpha=1.5$；对于圆形截面，$\alpha=1.7$；对于工字形截面，$\alpha\approx1.15$。截面形状系数表示塑性计算比按弹性计算可使截面承载能力提高的程度。

§12.3 超静定梁的极限荷载

对结构进行塑性分析的主要目的就是要确定它的极限荷载。当结构上施加一定的荷载，由于在结构的某些部分形成了塑性铰而使结构成为一破坏机构，变形将继续增大，而荷载值则保持不变。下面将介绍可以直接确定极限荷载的方法。利用这种直接方法，可以不必考虑在荷载逐渐增大到极限值的过程中出现塑性铰的先后次序。为了更好地理解这种直接分析法，以下举例说明随着荷载的增大，塑性铰相继形成而使结构最终变为一破坏机构的过程，并说明如何确定极限荷载。

考虑一两端固定的等截面梁 AB，承受均布荷载 q，如图 12-5a 所示。设正负弯矩的极限值都等于 M_u，试求极限荷载 q_u。

在加载的初始过程，梁处于弹性阶段。弯矩分布如图 12-5b 所示，两端弯矩值最大，都等于 $ql^2/12$。设当两端弯矩达到屈服弯矩时荷载到达屈服值 q_y，两端截面的最外纤维首先屈服。由

$$\frac{q_y l^2}{12}=M_y$$

得

$$q_y=\frac{12M_y}{l^2} \tag{12-9}$$

而跨中截面 C 处弯矩为

$$M_{cy}=\frac{q_y l^2}{24}=\frac{M_y}{2} \tag{12-10}$$

当荷载继续增大，A、B 两端弯矩将首先达到极限值 M_u。这时，截面 A、B 即形成塑性铰，梁转化成静定梁。此后梁还可以继续加载，两端弯矩 M_u 保持不变，两个塑性铰将继续存在，而跨中截面 C 的弯矩则继续增大。当截面 C 的弯矩也达到 M_u 时，截面 C 也形成塑性铰。这样，梁即成为一破坏机构(如图 12-5d 所示)，荷载达到极限值 q_u，相应的弯矩图如图 12-5c 所示。

极限荷载 q_u 值可以根据梁在极限状态的平衡条件来计算。为此，有两种作法：一种常称为“静力法”，即根据平衡的要求，写出某个截面处的弯矩应具有的关系式，以计算极限荷载。如在图 12-5c 中，虚线 ab 和抛物线之间的部分即相当于简支梁在 q_u 作用下的弯矩图。它在跨中的最大竖标等于 $q_u l_2/8$。根据梁的平衡条件，有

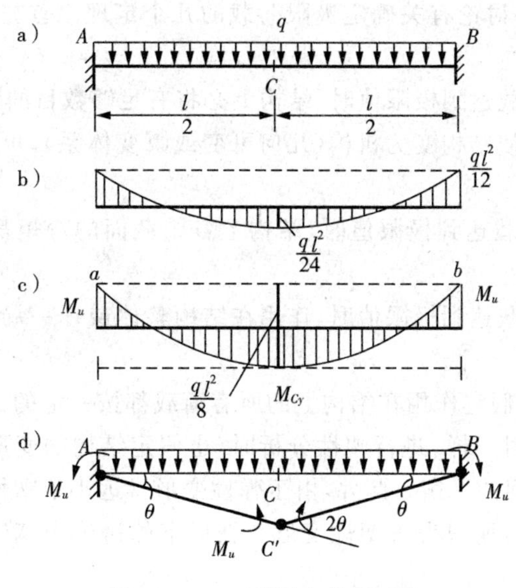

图 12-5　两端固定等截面梁

$$\frac{q_u l^2}{8} - M_u = M_u$$

由此得

$$q_u = \frac{16M_u}{l^2} \tag{12-11}$$

另一种作法则是利用虚位移原理，写出表征平衡条件的虚功方程，借以计算极限荷载，也称“机构法”。如在图 12-5d(梁变为破坏机构）中，使机构有一虚位移，C 移到 C'，根据虚位移原理可得

$$M_u \cdot \theta + M_u \cdot 2\theta + M_u \cdot \theta = 2\int_0^{l/2} q_u \theta x \cdot \mathrm{d}x$$

或

$$4M_u \cdot \theta = \frac{1}{4} q_u l^2 \theta$$

由上式得

$$q_u = \frac{16M_u}{l^2}$$

和式(12-11) 相同。

§12.4　比例加载时判定极限荷载的一般定理和基本方法

由 §12.3 的例题可以看到，当结构只有一种可能的破坏形式时，直接确定其极限荷载并不困难；当结构可能有很多种破坏形式时，就需要判别哪一种是实际的破坏形式，以便确

定极限荷载。为此,需要讨论有关确定极限荷载的几个定理。首先讲述结构在极限状态下所必须满足的几个条件:

(1) 机构条件:当荷载达到极限值时,结构上必将有足够数目的截面(该处弯矩达到极限弯矩值)形成塑性铰,而使结构变为机构(几何可变或瞬变体系),可沿荷载做功的方向发生单向运动。

(2) 屈服条件:当荷载达到极限值时,结构上各个截面的弯矩都不能超过其极限值,即 $-M_u \leqslant M \leqslant M_u$。

(3) 平衡条件:当荷载达到极限值时,作用在结构整体或任一局部所有的力都必须维持平衡。

在下述几个定理中,假定作用在结构上的所有荷载都按一定的比例增加,即所谓比例加载的情况。与弹性分析时一样,进行塑性分析时,也假定结构的变形很小,从而可以按照未变形的状态考虑各力之间的平衡。此外,由于弹性变形常远小于塑性变形,对在极限状态下的变形,便可以略去前者,而只考虑塑性变形。在以下的讨论中,略去剪力和轴力对极限弯矩的影响。

比例加载时极限荷载的三个定理:

(1) 上限定理(或称机动定理,也称极小定理)

这个定理可以表述为:对于比例加载作用下的给定结构,按照任一可能的破坏机构,由平衡条件所求得的荷载(即同时满足机构条件和平衡条件的荷载,这一荷载称为破坏荷载)将大于或等于极限荷载。该定理也可以表述为:对于比例加载作用下的给定结构,按照各种可能的破坏机构,由平衡条件所求得的各可破坏荷载,其最小值就是极限荷载的上限值。

(2) 下限定理(或称静力定理,也称极大定理)

这个定理可以表述为:对于比例加载作用下的给定结构,按照任一静力可能而又安全(即同时满足平衡条件和屈服条件)的弯矩分布所求得的荷载(称为可接受荷载)将小于或等于极限荷载。该定理也可以表述为:对于比例加载作用下的给定结构,按照各种静力可能而又安全的弯矩分布所求得的各可接受荷载,其最大值就是极限荷载的下限值。

(3) 单值定理(或称唯一性定理)

将以上两个定理综合在一起就得到单值定理。它可以表述为:对于比例加载作用下的给定结构,如荷载既是可破坏荷载,同时又是可接受荷载,则此荷载即为极限荷载。

该定理也可表述为:对于比例加载作用下的给定结构,同时满足平衡条件、屈服条件和机构条件的荷载也就是极限荷载。

本节以连续梁为例,详细讲述确定极限荷载的机动法和试算法。

1. 机动法(或称机构法)

机动法是以上限定理为依据的。按照上限定理,要确定某一给定结构的极限荷载时,首先假定各种可能的破坏机构,而后根据平衡条件(此种情况下,利用虚位移原理比较方便)分别计算相应的荷载。这些荷载都将大于或等于极限荷载,而其中的最小值就是极限荷载的上限值。这样求得的荷载都满足机构条件和平衡条件。

利用机动法求极限荷载的步骤归纳如下:

(1) 确定可能出现塑性铰的各个位置(如集中荷载作用点,杆与杆的接合点,分布荷载作用下剪力为零的点，截面尺寸变化处等)。

(2) 选择各种可能的破坏机构。

(3) 利用虚位移原理求各相应的荷载，其最小值就是极限荷载的上限值。

2. 试算法

试算法是以单值定理为依据的，检验某个荷载是否同时为一可破坏荷载和可接受荷载，据此来确定极限荷载。

一般说来，与计算可接受荷载相比，求结构破坏荷载较为简便。因此，可以先用机动法求极限荷载的上限值，然后验算与这一荷载相应的弯矩分布是否满足屈服条件，如果满足，这一荷载也就是极限荷载。

【例 12-1】 求图 12-6a 所示三跨连续梁的极限荷载。设各跨的极限弯矩都等于 M_u。

【解】 (1) 用机动法求极限荷载的上限值。

选择 4 种可能的破坏机构，分别如图 12-6b、图 12-6c、图 12-6d、图 12-6e 所示。

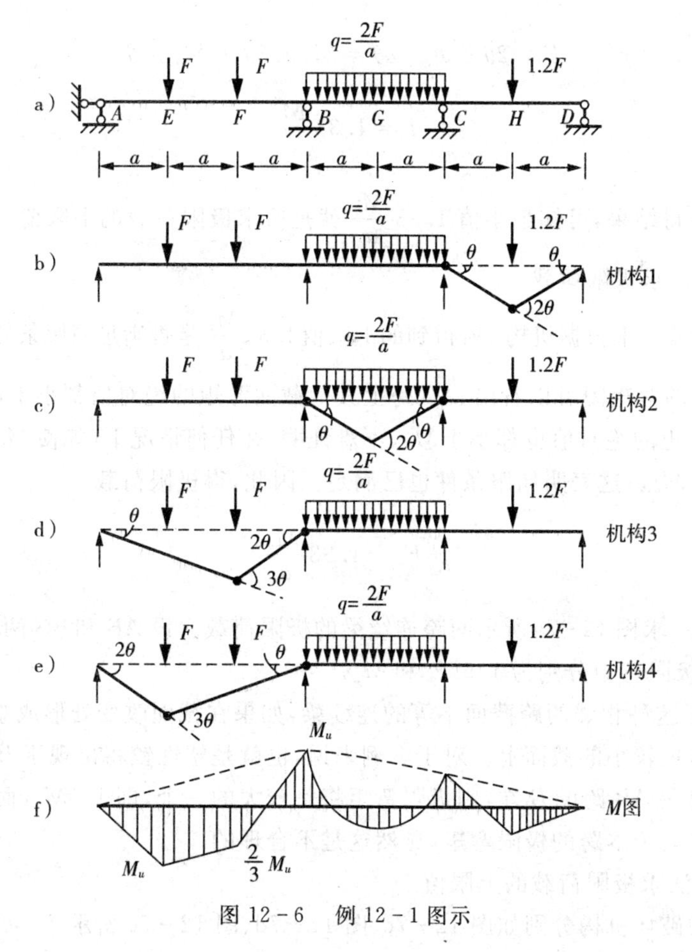

图 12-6　例 12-1 图示

① 机构 1

由虚位移原理得

$$1.2F \times a\theta = M_u \times \theta + M_u \times 2\theta$$

$$F = 2.50\frac{M_u}{a}$$

② 机构 2

$$2 \times \frac{2F}{a} \times a \times \frac{a\theta}{2} = M_u \times \theta + M_u \times 2\theta + M_u \times \theta$$

$$F = 2\frac{M_u}{a}$$

③ 机构 3

$$F \times a\theta + F \times 2a\theta = M_u \times 3\theta + M_u \times 2\theta$$

$$F = 1.67\frac{M_u}{a}$$

④ 机构 4

$$F \times 2\theta + F \times a\theta = M_u \times 3\theta + M_u \times \theta$$

$$F = 1.33\frac{M_u}{a}$$

比较以上所得结果，可知最小值 $1.33\frac{M_u}{a}$ 就是所求极限荷载的上限值。

(2) 用试算法求极限荷载

用试算法检验一下根据机构4所得到的上限值 $1.33\frac{M_u}{a}$ 是否满足屈服条件。由图12-6f所示与机构4相应的弯矩图可以看出，AB 跨上其他截面弯矩的绝对值都小于 M_u；BC 和 CD 两跨上任一截面弯矩的绝对值也都小于 M_u，不难证明，在任何情况下（如使 M_C 在零和 M_u 之间变化）也都小于 M_u。这表明屈服条件也已满足。因此，得极限荷载

$$F_u = 1.33\frac{M_u}{a}$$

【例12-2】 求图12-7a所示两跨连续梁的极限荷载。设 AB 和 BC 两跨截面不等但各自为等截面，其极限弯矩分别为 $1.5M_u$ 和 M_u。

【解】 对于这种相邻两跨截面不等的连续梁，如果在截面改变处形成塑性铰，这个塑性铰必然在极限弯矩较小的截面上。对于本例来说，也就是塑性铰将出现于 BC 跨的 B 端。因为若塑性铰出现在 AB 跨的 B 端，则极限弯矩将是较大的一个，即 $1.5M_u$，而这时 BC 跨靠 B 端一段的弯矩将大于本跨的极限弯矩，显然这是不合理的。

(1) 用机动法求极限荷载的上限值

几种可能的破坏机构分别如图12-7c、图12-7d、图12-7e所示。

① 机构 1

由虚位移原理得

$$1.2F \times a\theta = M_u \times \theta + M_u \times 2\theta$$

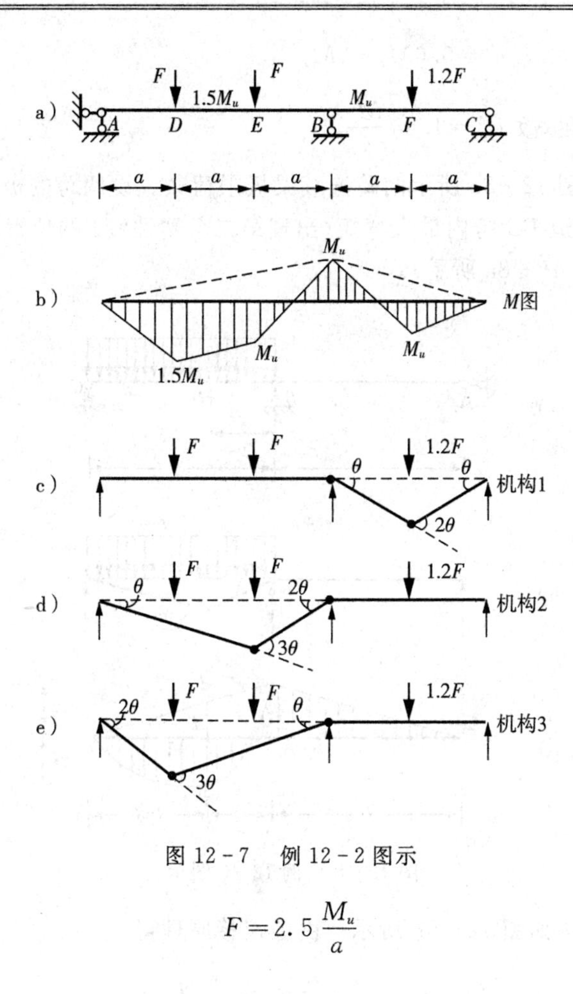

图 12-7　例 12-2 图示

$$F=2.5\frac{M_u}{a}$$

② 机构 2

$$F\times a\theta+F\times 2a\theta=1.5M_u\times 3\theta+M_u\times 2\theta$$

$$F=2.17\frac{M_u}{a}$$

③ 机构 3

$$F\times 2a\theta+F\times a\theta=1.5M_u\times 3\theta+M_u\times \theta$$

$$F=1.83\frac{M_u}{a}$$

比较以上结果，可知其中最小值 $1.83\frac{M_u}{a}$ 就是极限荷载的上限值。

(2) 用试算法求极限荷载

验算 $F=1.83\frac{M_u}{a}$ 是否满足屈服条件。此时的弯矩图大致如图 12-7b 所示，在梁的 D、B 处已出现塑性铰；AB 跨中各截面弯矩的绝对值不会大于 $1.5M_u$。再计算截面 F 的弯矩：

$$M_F=\frac{1}{4}\times 1.2\times 1.83\frac{M_u}{a}\times 2a-\frac{1}{2}M_u$$

$$=0.6M_u < M_u$$

可见屈服条件也已满足，故 $F_u = 1.83\dfrac{M_u}{a}$。

【例 12-3】 求图 12-8a 所示两跨连续梁极限荷载。设两跨的极限弯矩都等于 M_u。

【解】 预先不知道 BC 跨内最大弯矩（出现第二个塑性铰）的位置，因此，设塑性铰距 B 支座的距离为 x（如图 12-8a 所示）。

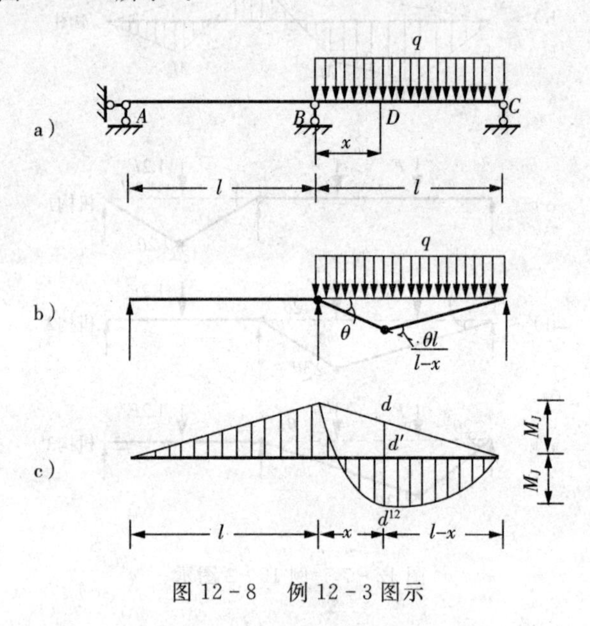

图 12-8　例 12-3 图示

设可能的破坏机构如图 12-8b 所示。由虚位移原理得

$$ql\theta x \cdot \frac{1}{2} = M_u\left(\theta + \frac{\theta l}{l-x}\right)$$

故

$$q = \frac{2(2l-x)}{x(l-x)l}M_u$$

为了确定塑性铰的位置，应使 q 为最小，因而由 $\dfrac{\mathrm{d}q}{\mathrm{d}x}=0$，可得

$$x = (2-\sqrt{2})l$$

另一个解 $x=(2+\sqrt{2})l > l$，不必考虑。将 $x=(2-\sqrt{2})l$ 代入上式，得极限荷载的上限值：

$$q = \frac{2\sqrt{2}M_u}{(2-\sqrt{2})(\sqrt{2-1})l^2} = \frac{11.65M_u}{l^2}$$

所求荷载相应的梁的弯矩图如图 12-8c 所示，由此 M 图可以看出，屈服条件也是满足的，因此，以上所得 $q=\dfrac{11.65M_u}{l^2}$ 也就是极限荷载值。

§12.5　刚架的极限荷载

本节讨论刚架极限荷载计算，采用的方法仍为机动法和试算法。

一个刚架在外荷载作用下可能有多种不同破坏机构。图 12-9 给出了几种不同破坏机构。B_1、B_2、B_3 是梁破坏机构，S 是刚架侧移破坏机构，J 是铰结破坏机构，F 是部分刚架破坏机构，B_3+S+J 是联合破坏机构。一个刚架在外荷载作用下真实的破坏机构事先是不知道的，必须对任何一种破坏机构进行分析，获得对应破坏机构的荷载，取它们中最小为极限荷载。

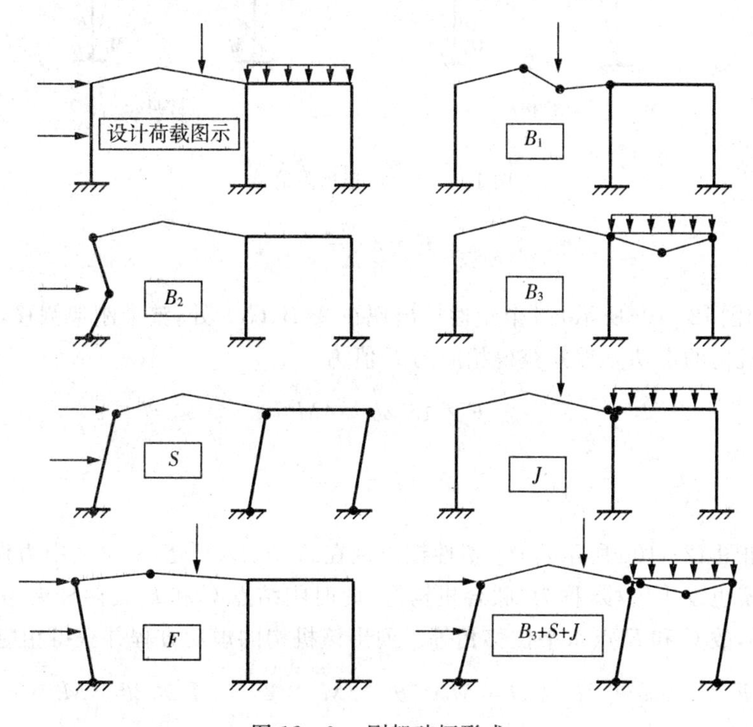

图 12-9　刚架破坏形式

讨论刚架极限荷载计算时，采用枚举法确定破坏机构的可能形式。如图 12-10a 所示刚架，各杆分别为等截面直杆，由弯矩图的形状可知，塑性铰只可能发生在 A、B、C、E 和 D 五个截面。此刚架为 3 次超静定，故只要出现 4 个塑性铰或在一直杆上出现 3 个塑性铰即成为破坏机构。下面采用枚举法给出图 12-10b、图 12-10c、图 12-10d、图 12-10e 所示的四种破坏机构。

刚架极限荷载的分析过程如下。

1. 机动法求解

机构 1(如图 12-10b 所示)：横梁上产生三个塑性铰而使梁成为瞬变体系(刚架其余部分保持几何不变)。列出该机构的虚功方程并获得相应的 F 值为

$$2F \times a\theta = M_u \times \theta + 2M_u \times 2\theta + M_u \times \theta$$

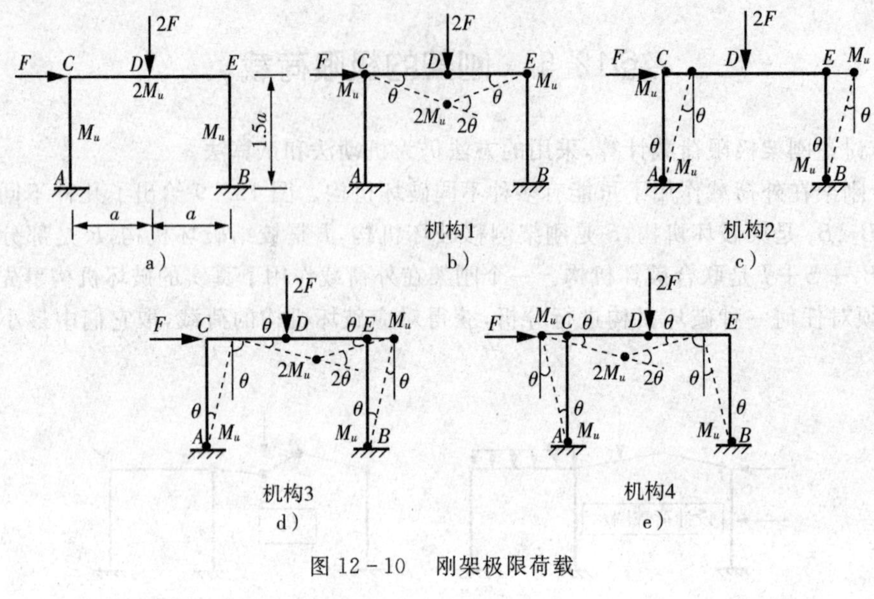

图 12-10　刚架极限荷载

$$F=3\ \frac{M_u}{a}$$

机构 2(如图 12-10c 所示)：4 个塑性铰出现在 A、B、C、E 处，整个刚架侧移，称为"侧移机构"。列出该机构的虚功方程并获得相应的 F 值为

$$F\times 1.5a\theta=4M_u\theta$$

$$F=2.67\ \frac{M_u}{a}$$

机构 3(如图 12-10d 所示)：4 个塑性铰出现在 A、B、D、E 处，横梁集中力作用处 D 点出现塑性铰，刚架也发生侧移，称为"联合机构"。此时刚结点 C 和 E 处两杆夹角仍保持直角，又因位移微小，故 C 和 E 点水平位移相等。列出该机构的虚功方程并获得相应的 F 值为

$$F\times 1.5a\theta+2F\times a\theta=M_u\times\theta+2M_u\times 2\theta+M_u\times 2\theta+M_u\times\theta$$

$$F=2.29\ \frac{M_u}{a}$$

机构 4(如图 12-10e 所示)：也称为"联合机构"。机构发生虚位移时设左右柱向左转动，则 D 点竖向位移向下使较大的荷载 $2F$ 做正功。刚架向左移动，故 C 点水平荷载 F 做负功。列出该机构的虚功方程并获得相应的 F 值为

$$2F\times a\theta-F\times 1.5a\theta=M_u\times\theta+M_u\times\theta+2M_u\times 2\theta+M_u\times\theta+M_u\times\theta$$

$$F=16\ \frac{M_u}{a}$$

经分析可知，再无其他可能的机构，因此，上述各 F 值中按极小定理选取最小值为刚架的极限荷载。

$$F_u=2.29\ \frac{M_u}{a}$$

实际的破坏机构为机构 3。

2. **试算法求解**

选择机构 2(如图 12-10c 所示),求出其相应的荷载为 $F=2.67M_u/a$。由各塑性铰处弯矩等于极限弯矩,即可绘出弯矩图(如图 12-11a 所示)。用叠加法绘制横梁的弯矩图,可知 D 点弯矩为

$$M_D=\frac{M_u-M_u}{2}+\frac{2F\times 2a}{4}=2.67M_u>2M_u$$

由此可见,不满足内力局部条件,该荷载是不可承受的。

选择机构 3(如图 12-10d 所示),求出其相应的荷载为 $F=2.67M_u/a$。由各塑性铰处弯矩等于极限弯矩,即可绘出弯矩图(如图 12-10b 所示)。设结点 C 处两杆端弯矩为 M_C(内侧受拉),由叠加法可得

$$\frac{M_u-M_c}{2}+2M_u=\frac{2F\times 2a}{4}$$

$$M_c=0.42M_u<M_u$$

至此,可绘出机构 3 的弯矩图(如图 12-11b 所示),可见其满足内力局限条件。因此,此机构即为极限状态,极限荷载为

$$F_u=2.29\frac{M_u}{a}$$

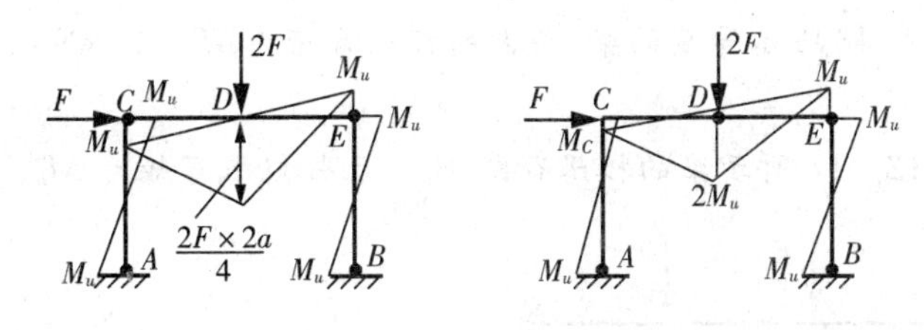

a) 机构2*M*图　　b) 机构3*M*图

图 12-11　机构 2 和 3 最终弯矩图

习　题

12-1　静定结构只要产生一个塑性铰即发生塑性破坏,n 次超静定结构一定要产生 $n+1$ 个塑性铰才产生塑性破坏吗?

12-2　塑性铰与普通铰有何不同?

12-3　超静定结构极限荷载是否考虑温度变化、支座移动等因素的影响?

12-4　计算极限荷载应考虑哪些方面的条件?

12-5　塑性截面系数 W_s 和弹性截面系数 W 有什么关联?

12－6　设极限弯矩为 M_u，用静力法求图 12－12 所示梁的极限荷载。

12－7　图 12－13 所示梁各截面极限弯矩均为 M_u，欲使 A、B、D 三处同时出现塑性铰，确定铰 C 的位置，并求此时的极限荷载 P_u。

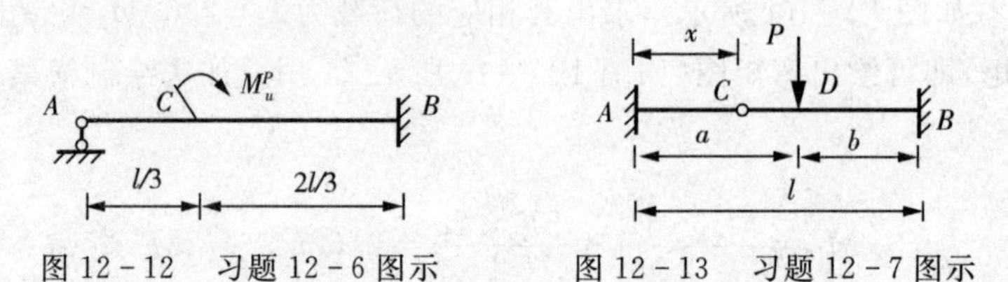

图 12－12　习题 12－6 图示　　图 12－13　习题 12－7 图示

12－8　画出图 12－14 所示变截面梁极限状态的破坏机构图。

12－9　如图 12－15 所示等截面梁，截面的极限弯矩 $M_u=90\text{kN}\cdot\text{m}$，求极限荷载 P_u。

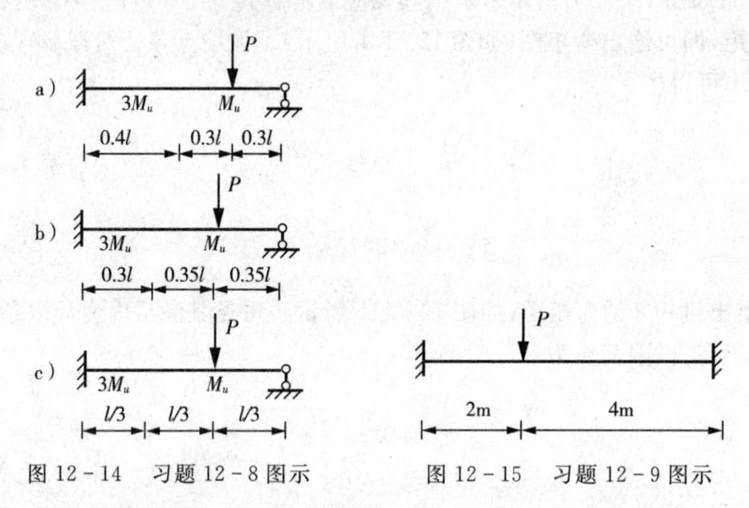

图 12－14　习题 12－8 图示　　图 12－15　习题 12－9 图示

12－10　如图 12－16 所示等截面梁，截面的极限弯矩为 $M_u=90\text{kN}\cdot\text{m}$，确定该梁的极限荷载 P_u。

12－11　求图 12－17 所示梁的极限荷载 P_u。已知极限弯矩为 M_u。

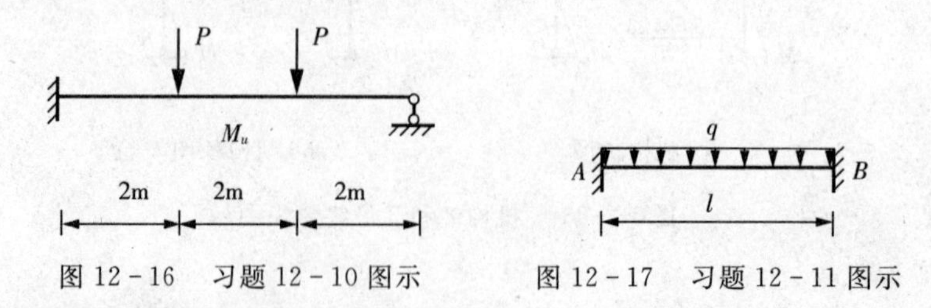

图 12－16　习题 12－10 图示　　图 12－17　习题 12－11 图示

12－12　如图 12－18 所示梁截面极限弯矩为 M_u。求梁的极限荷载 P_u，并画出相应的破坏机构与 M 图。

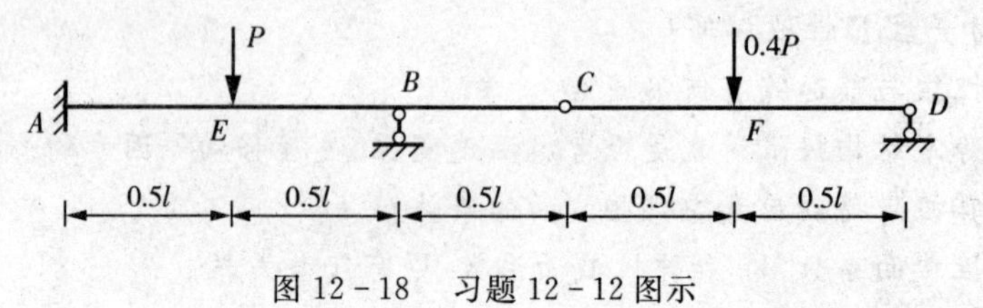

图 12－18　习题 12－12 图示

12-13　求图 12-19 所示结构的极限荷载 P_u。AC 段及 CE 段的 M_u 值如图所示。

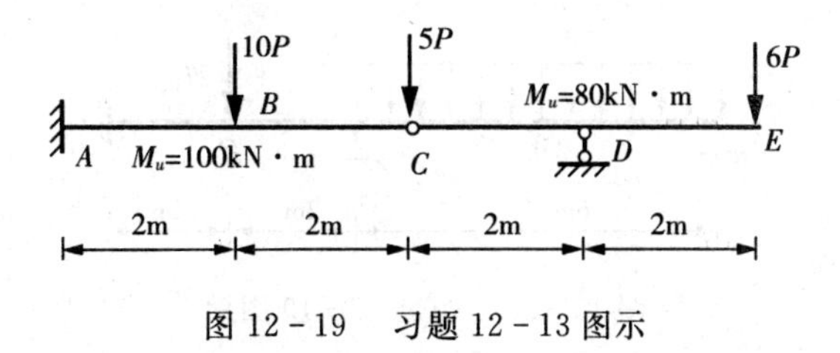

图 12-19　习题 12-13 图示

12-14　求图 12-20 所示梁的极限荷载 q_u。

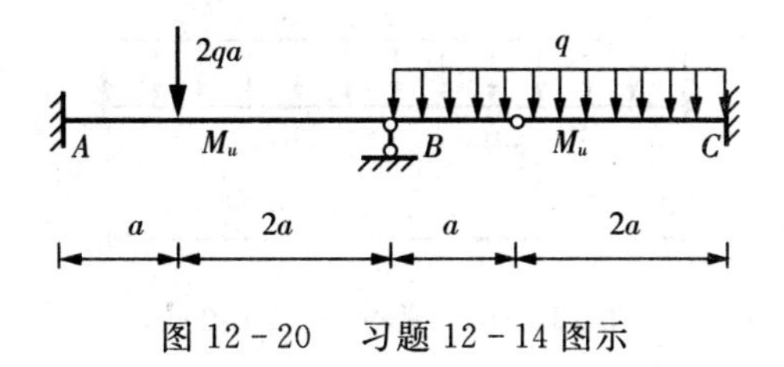

图 12-20　习题 12-14 图示

12-15　求图 12-21 所示结构的极限荷载 P_u，并画出极限弯矩图。各截面 M_u 相同。

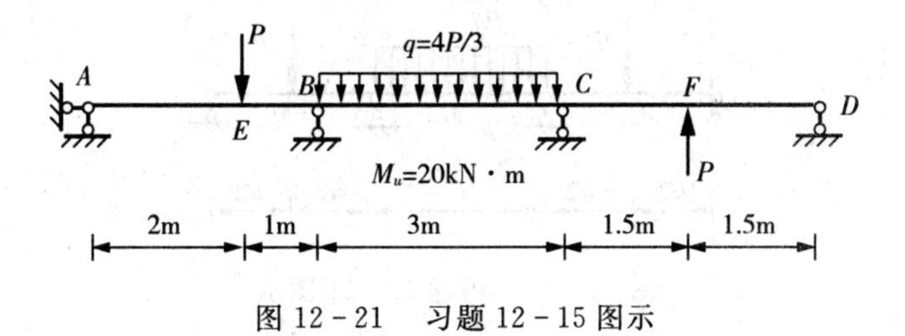

图 12-21　习题 12-15 图示

12-16　求图 12-22 所示梁的极限荷载 P_u。

12-17　求图 12-23 所示梁的极限荷载 q_u。

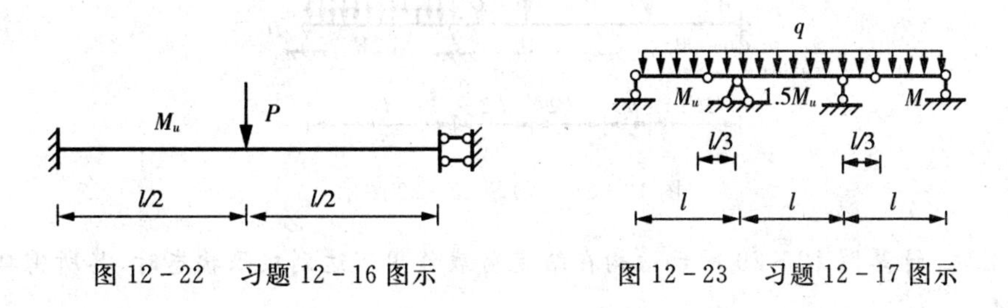

图 12-22　习题 12-16 图示　　图 12-23　习题 12-17 图示

12-18　求图 12-24 所示等截面连续梁的屈服荷载 P_y 和极限荷载 P_u。

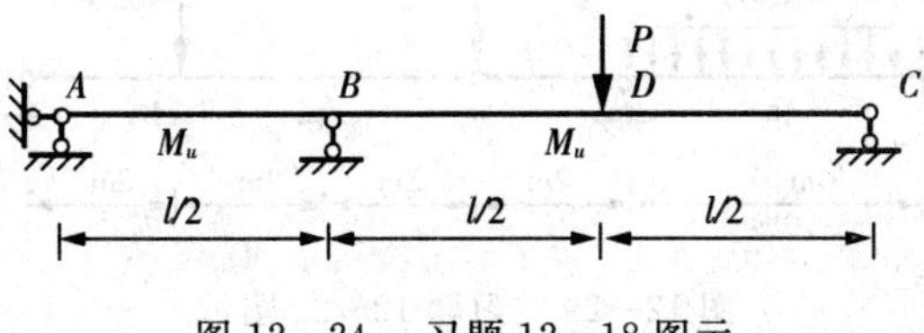

图 12-24　习题 12-18 图示

12-19　计算图 12-25 所示结构在给定荷载作用下达到极限状态时，其所需的截面极

限弯矩值 M_u。

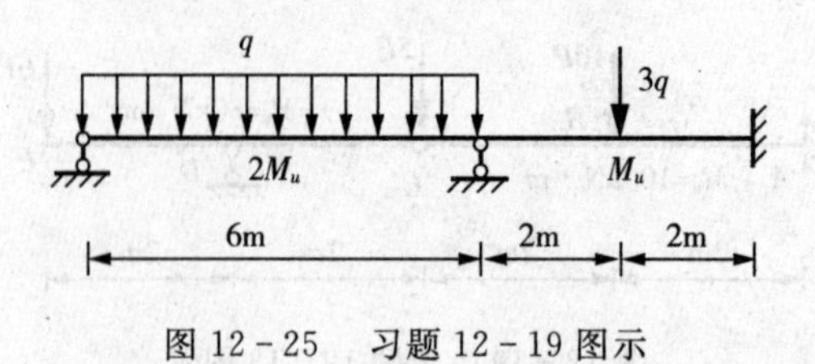

图 12－25　习题 12－19 图示

12－20　求图 12－26 所示连续梁的极限荷载 q_u。

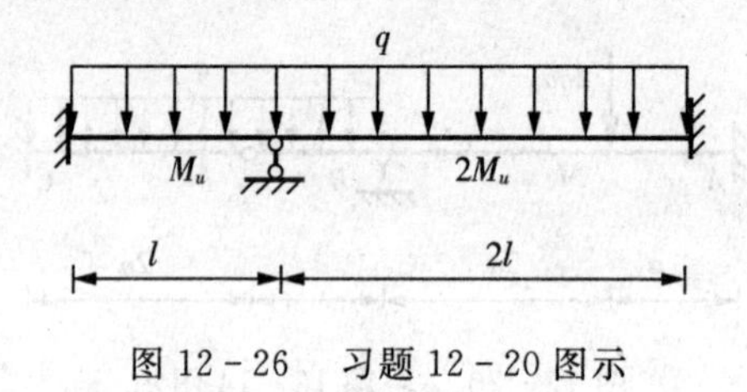

图 12－26　习题 12－20 图示

12－21　求图 12－27 所示连续梁的极限荷载 P_u。

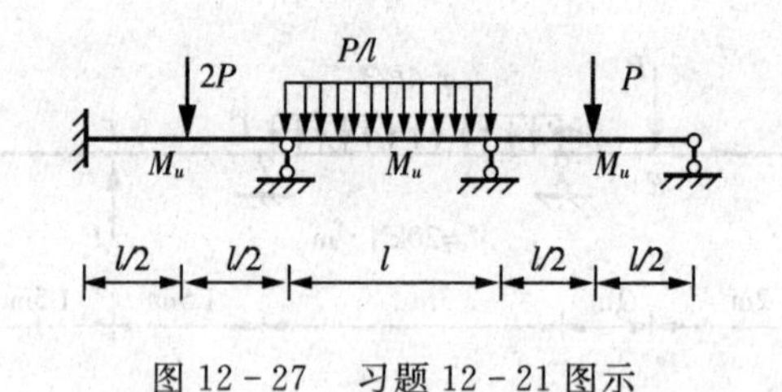

图 12－27　习题 12－21 图示

12－22　计算图 12－28 所示结构的极限荷载 q_u。已知：$l=4m$。

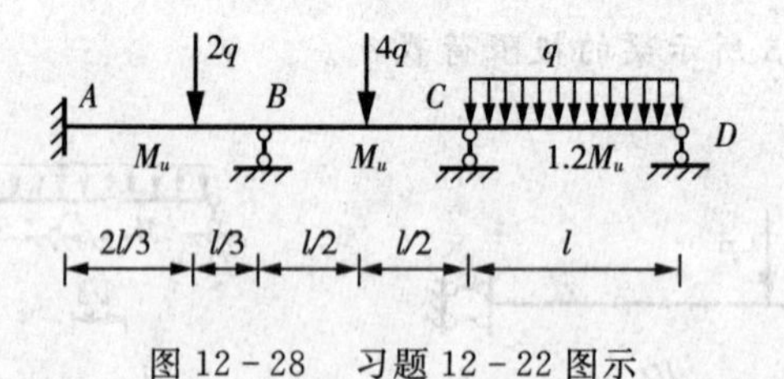

图 12－28　习题 12－22 图示

12－23　计算图 12－29 所示结构在给定荷载作用下达到极限状态时，其所需截面极限弯矩值 M_u。

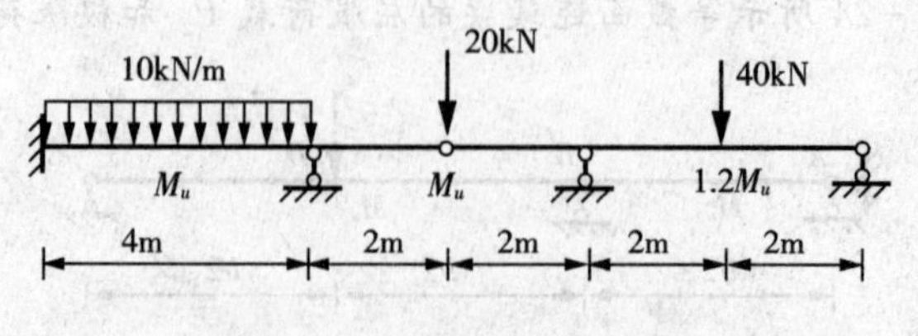

图 12－29　习题 12－23 图示

12－24　如图 12－30 所示等截面梁，其截面承受的极限弯矩 $M_u=6540\text{kN}\cdot\text{cm}$，有一位

置可变的荷载 P 作用于梁上，移动范围在 AD 内，确定极限荷载 P_u 值及其作用位置。

12－25　如图 12－31 所示等截面梁，截面的极限弯矩 $M_u=80\text{kN}\cdot\text{m}$，求极限荷载 q_u。

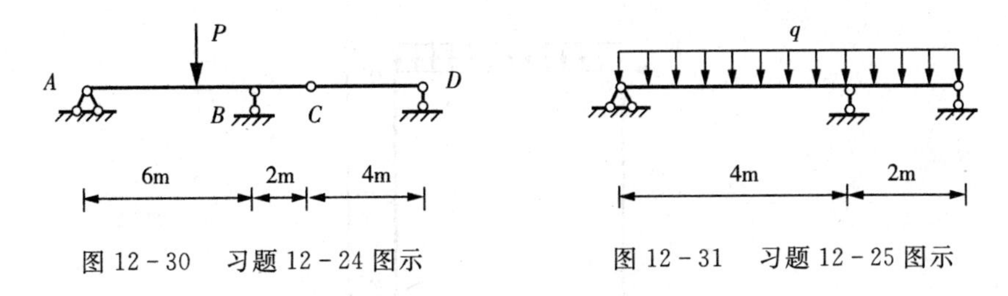

图 12－30　习题 12－24 图示　　　图 12－31　习题 12－25 图示

12－26　如图 12－32 所示等截面的两跨连续梁，各截面极限弯矩均为 M_u，确定该梁的极限荷载 q_u 及破坏机构。

12－27　求图 12－33 所示梁的极限荷载 q_u。截面极限弯矩 $M_u=140.25\text{kN}\cdot\text{m}$。

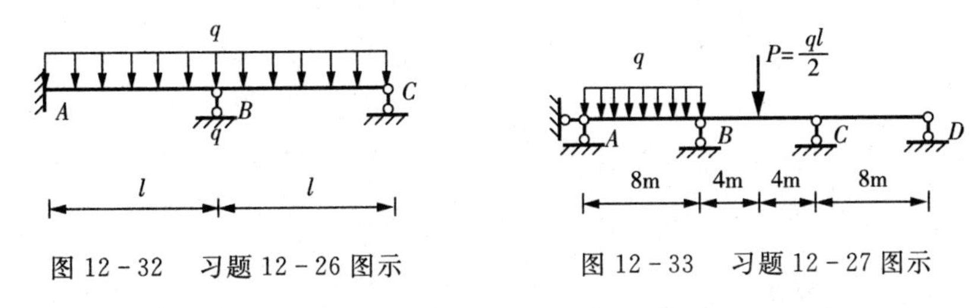

图 12－32　习题 12－26 图示　　　图 12－33　习题 12－27 图示

12－28　求图 12－34 所示连续梁的极限荷载 P_u。

12－29　求图 12－35 所示结构的极限荷载 P_u。

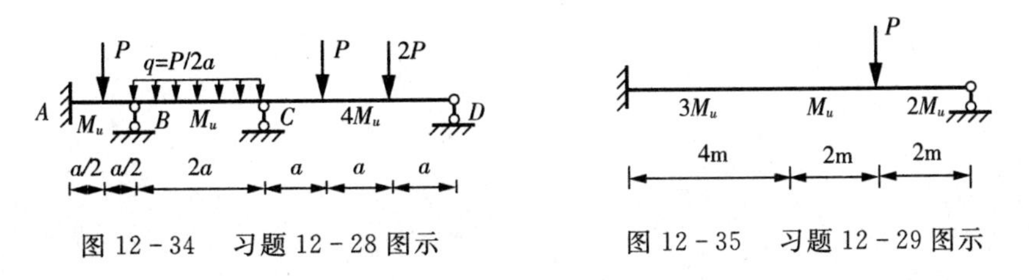

图 12－34　习题 12－28 图示　　　图 12－35　习题 12－29 图示

12－30　求图 12－36 所示结构的极限荷载 P_u。

12－31　求图 12－37 所示刚架的极限荷载参数 q_u 并画 M 图。M_u 为极限弯矩。

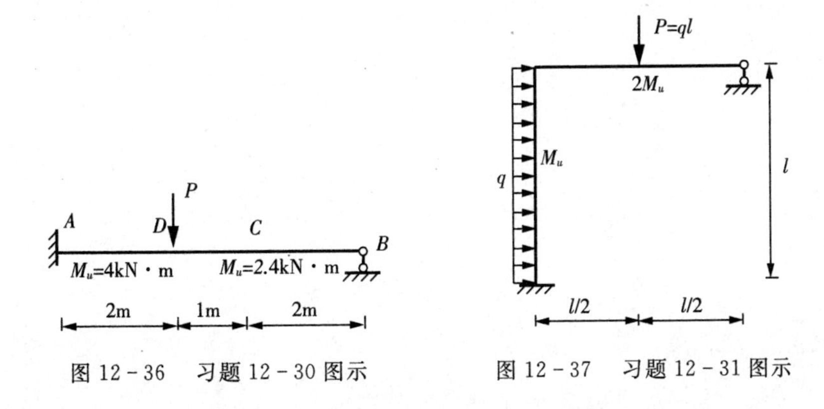

图 12－36　习题 12－30 图示　　　图 12－37　习题 12－31 图示

12-32　图 12-38 所示刚架各截面极限弯矩均为 M_u，欲使 B、C、D、E 截面同时出现塑性铰而成机构。求 P 与 q 的关系并求极限荷载 P_u、Q_u。

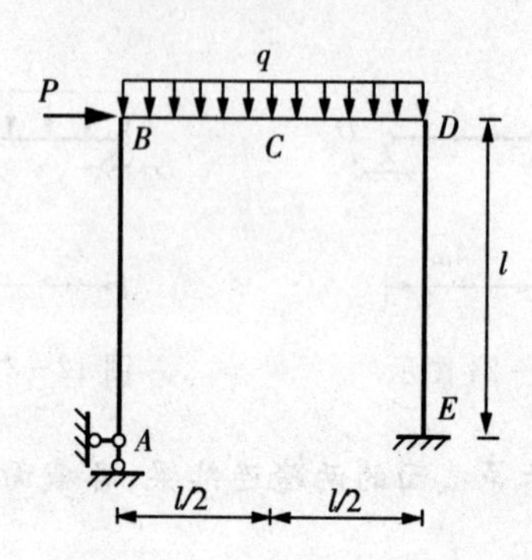

图 12-38　习题 12-32 图示

第 13 章　结构的稳定计算

§13.1　稳定的概念及两类稳定问题

1. 概述

在结构设计中，除了要求结构满足强度条件和刚度条件外，往往还必须验算其稳定性。在材料力学中，曾讨论过中心受压直杆的稳定问题。除此之外，偏心受压的柱、桁架、拱、薄壁结构等也都存在稳定问题。尤其是近代工程的最优设计，要求结构最经济、最轻、具有最大的承载能力等，因此，结构的稳定性就成为一个突出的问题。

结构稳定理论是结构分析的特殊分支。当结构承受轴向压力时，随着荷载逐渐增大，突然偏离初始平衡状态，这种现象称为失稳，其相应的荷载称为结构的临界荷载。当结构的某根杆件失稳时，将可能导致整个结构体系崩溃。稳定理论将探讨结构临界荷载的分析理论与方法。

如图 13 - 1 所示为刚架和拱失稳时的变形形态。

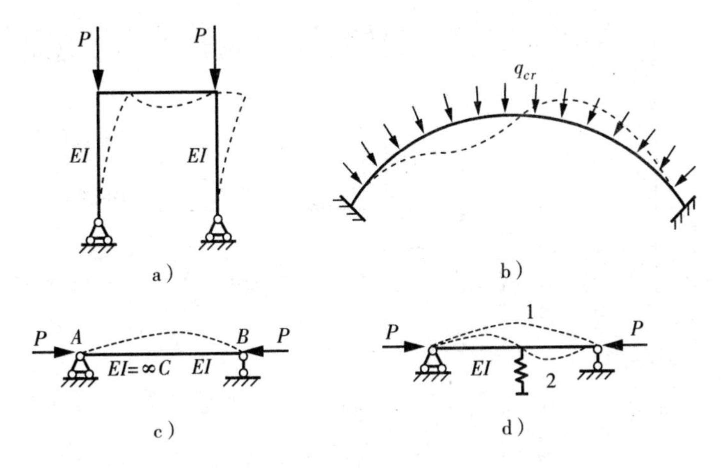

图 13 - 1　结构分支点失稳

历史上曾有过不少因结构失稳而造成破坏的工程事故。例如，1907 年加拿大魁北克劳伦斯河上一座长 548m 的刚桥在施工中突然倒塌，造成数十人伤亡，其原因是其桁架中的受压杆突然失稳。因此，对结构进行稳定性分析具有重要的意义。

稳定分析涉及小挠度理论和大挠度理论，一般来说，结构稳定计算采用小挠度理论即可满足要求，其优点是可以用比较简单的方法得到基本正确的结论。大挠度理论适用于精确分析，但相对也要复杂得多。

结构的平衡状态可分为三种：稳定平衡状态、不稳定状态和中性平衡状态。处于某种平衡状态的结构受到轻微的干扰而稍微偏离原来的平衡位置，当干扰消除后，如果结构能回到原来的平衡位置，则原来的平衡状态称为稳定平衡状态；如果结构继续偏离，不能回到原来的位置，则原来的平衡状态称为不稳定平衡状态。稳定平衡与不稳定平衡的分界点称为界限状态，也称为中性平衡状态。结构处于界限状态时的轴向荷载称为临界荷载，它是结构保持稳定平衡状态的最大荷载。结构稳定计算中最重要的问题是确定临界荷载，以保证结构不至于因失稳而丧失承载力。

2. 两类稳定问题

当轴向压力较小时，压杆为单纯受压而不发生弯曲变形，此时压杆不会因瞬时扰动而转向新的平衡状态，即处于稳定的平衡状态。当荷载增大到某一数值($P=P_{cr}$ 临界荷载)时，结构由稳定平衡状态转变为不稳定平衡状态，即结构丧失其原始平衡状态的稳定性，简称为失稳。结构的失稳有两种基本形式：分支点失稳和极值点失稳。下面以压杆为例加以说明。

(1) 分支点失稳(第一类失稳)

对于图 13-2a 所示理想中心压杆(也称完善体系)，考察荷载 F 在增大的过程中，荷载 F 与压杆中点弯曲变形的挠度 Δ 之间的曲线。

失稳前($0 \leqslant F < F_{cr}$)：当荷载 F 小于临界荷载 F_{cr} 时，压杆处于轴向受压状态，不会产生弯曲变形，压杆保持直线平衡状态，其原始平衡状态是稳定的，在这一阶段中无论荷载为何值均有 $\Delta=0$，在图 13-2b 所示的 F-Δ 曲线上，这一阶段图中的 OAB 段为原始平衡状态(路径 Ⅰ)。如果压杆受到轻微干扰而发生弯曲，偏离原始直线平衡位置，则当干扰消失后，压杆仍会回到原来的直线平衡位置，即这一阶段直线平衡位置是压杆唯一的平衡形式。

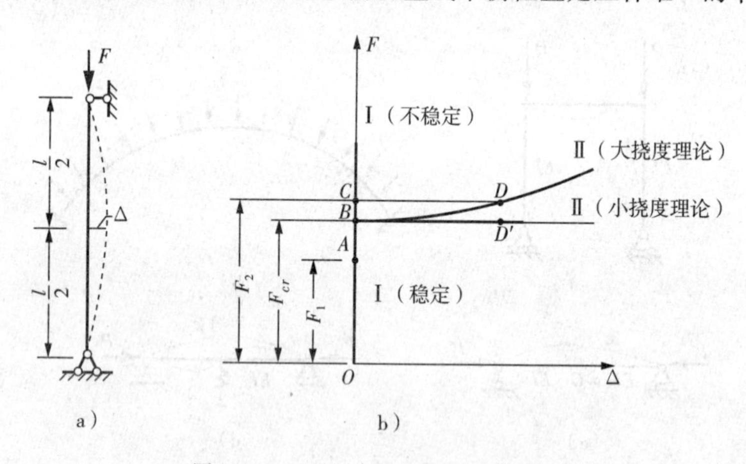

图 13-2 理想中心压杆 F-Δ 曲线

失稳后($F \geqslant F_{cr}$)：压杆理论上仍可保持直线形式的平衡状态，$\Delta=0$，F-Δ 曲线自 A 点顺着 OAB 方向沿路径 I 继续向上到达 C 点。这时的平衡是不稳定的，任何微小的干扰都可能使压杆产生弯曲变形，从而 $\Delta \neq 0$，且 Δ 会随着荷载的增大而增大。此时即使干扰消失，压杆也不能回到原始的直线平衡位置，而是到达图 13-2b 中的 D 点(大挠度理论)或 D'(小挠度理论)点，杆件处于弯曲平衡形式的压弯组合变形形态。压杆最终会由于弯曲变形过大而丧失承载能力。

荷载达到临界荷载以后，F-Δ 曲线有两条可能的路径。两条路径 Ⅰ 和 Ⅱ 的交点 B 称为分支点，即分支点 B 处平衡路径 Ⅰ 和 Ⅱ 并存，出现平衡形式的二重性，由稳定平衡转变为不稳定平衡——稳定性的转变，具有上述特征的失稳形式称为分支点失稳。分支点对应的荷载称为临界荷载，对应的平衡状态称为临界状态。这种在荷载达到临界值时出现分支点的失稳形式称为分支点失稳或第一类失稳。

综上所述，丧失第一类稳定性的特征是：结构的平衡形式即内力和变形状态发生质的突变，原有平衡形式成为不稳定的，同时出现新的有质的区别的平衡形式，如理想的轴压杆件的直线形式的平衡状态可能变为弯曲形式的平衡状态；梁平面弯曲的平衡形式可能变为斜弯曲和扭转的形式。

(2) 极值点失稳(第二类失稳)

另一类稳定问题是指结构原来处于压弯的复杂受力状态(图 13－3a、图 13－3b 分别为具有初始曲率和承受偏心荷载的压杆，它们称为压杆的非完善体系)，随着荷载的增大，平衡形式并不发生分支现象。在受力变形的状态只有量变而无质变的情况下，结构丧失承载能力。每一个 F 值都对应着一定的变形挠度，但其关系为非线性，如图 13－3c 所示的荷载位移曲线 OB，B 点对应的最大荷载值称为极限荷载 F_{cr}，达到此值时，即使减小荷载，变形仍会继续增大，即失去平衡的稳定性。极限荷载小于按中心受压时的临界荷载，图 13－3c 中的曲线 OA 是假设构件材料为无限弹性时的情况。在极值点处平衡路径由稳定平衡转变为不稳定平衡，因此这种失稳称为极值点失稳，即第二类失稳，极值点相应的荷载称为临界荷载。丧失第二类稳定性的特征是：平衡形式并不是发生质变，变形按原有形式迅速增长，使结构丧失稳定性，如偏心压杆的失稳、有初曲率的压杆(非理想轴压杆) 的失稳。

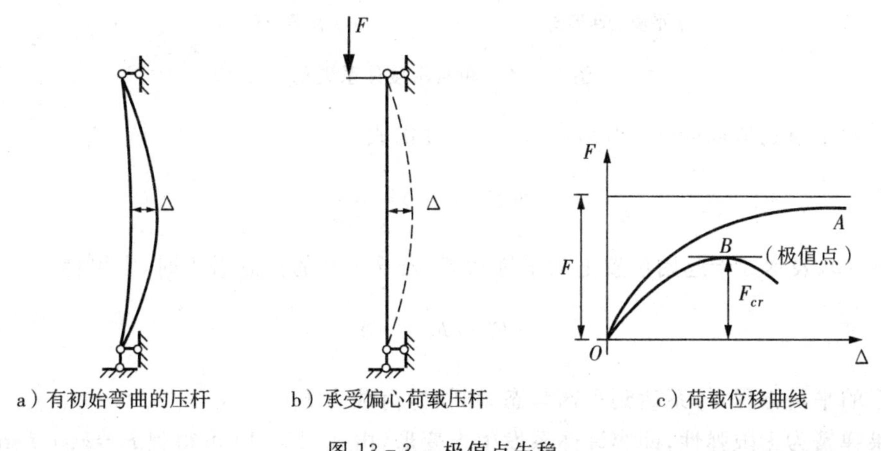

图 13－3　极值点失稳

工程中的结构实际上不可能处于理想的中心受压状态，因此，实际上均属第二类稳定问题。第二类稳定问题的分析比第一类稳定问题复杂，有时也将其化为第一类稳定问题来处理，而将偏心等影响通过各种系数反映。本章只限于讨论在弹性范围内丧失第一类稳定性的问题。

§13.2　用静力法确定临界荷载

本节基于小挠度理论，采用静力法探讨有限自由度体系分支点失稳问题，推导一些典型结构临界荷载的计算公式。

确定临界荷载的基本方法有两类：一类是根据临界状态的静力特征而提出的方法，称为静力法;另一类是根据临界状态的能量特征而提出的方法,称为能量法。本节先讲静力法计算结构的临界荷载。

用静力法确定临界荷载,就是以结构失稳时平衡的二重性为依据,应用静力平衡条件,寻求结构在新的形式下能维持平衡的荷载,其最小值即为临界荷载。如图 13-4a 所示是一个弹性体系,其中竖杆为刚性压杆,弹性铰支座的转动刚度为 k_M。在柱顶竖向荷载作用下求临界荷载,当平衡状态发生改变时竖杆的新位置如图中虚线所示,其微小的倾角位移为 θ,则支座反力矩为 $k_M\theta$。柱顶偏移量为 $l\sin\theta$,运用静力平衡条件 $\sum M_A=0$,则

$$Fl\sin\theta-k_M\theta=0 \tag{13-1}$$

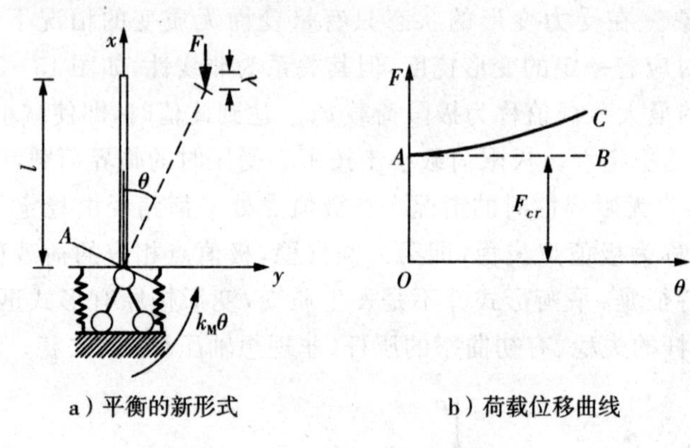

a)平衡的新形式 b)荷载位移曲线

图 13-4 单自由度体系失稳

变形较小时近似取 $\sin\theta=\theta$,则式(13-1)可化成

$$\theta(Fl-k_M)=0$$

若 $\theta=0$,表示处于起始位置上的平衡状态;若 $\theta\neq0$ 的任意微小时,则可得

$$(Fl-k_M)=0 \tag{13-2}$$

即为体系的平衡方程,体系达到平衡状态,则临界荷载为 $F_{cr}=k_M/l$。

如果弹簧为无限弹性,即容许体系发生大变形,由式(13-1)可得到 $F=k_M\theta/l\sin\theta$,可知 θ 值与 F 值一一对应,如图 13-4b 所示,但是其分支点荷载 F_{cr} 与小变形情况相同。

【例 13-1】 图 13-5a 所示的结构体系中各杆为刚性杆,在铰接点 B、C 处有弹性支撑,其刚度系数都为 k,体系在 D 端有压力 F_P 作用。试用静力法求结构的临界荷载 F_{Pcr}。

【解】 (1) 假定失稳形式

体系有两个自由度,假定失稳如图 13-5b 所示。设 B 点和 C 点的竖向位移分别为 y_1 和 y_2,相应的支座反力分别为

$$F_{R1}=ky_1,\quad F_{R2}=ky_2$$

此时,A 点和 D 点的支座反力可由平衡条件求得,即

$$F_{Ax}=F_P,\quad F_{Ay}=\frac{F_Py_1}{l},\quad F_{Dy}=\frac{F_Py_2}{l}$$

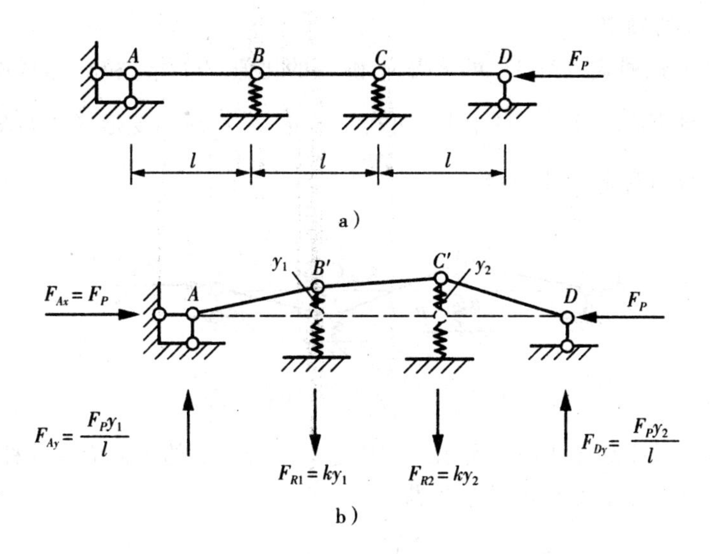

图 13-5　两自由度体系

(2) 建立失稳状态的平衡方程

分别取 $AB'C'$ 和 $B'C'D$ 为隔离体，变形状态的平衡条件经整理，得

$$\begin{cases}(kl-2F_P)y_1+F_Py_2=0\\F_Py_1+(kl-2F_P)y_2=0\end{cases}\tag{13-3}$$

这是关于 y_1 和 y_2 的齐次代数方程组。

(3) 根据平衡条件的二重性建立稳定分析的特征方程

如果 $y_1=y_2=0$，则对应于原始平衡方程形式，不是需要的解。

如果 y_1 和 y_2 不全为零，则对应新的平衡方式，故式(13-3)的系数行列式应为零，得稳定方程为

$$\begin{vmatrix}kl-2F_P & F_P\\F_P & kl-2F_P\end{vmatrix}=0\tag{13-4}$$

(4) 求荷载特征值，确定临界荷载

展开式(13-4)，得

$$(kl-2F_P)^2-F_P^2=0$$

由此解得两个荷载特征值：

$$F_{P1}=\frac{kl}{3},\quad F_{P2}=kl$$

取两个荷载特征值中的最小者为临界荷载，即

$$F_{Pcr}=\frac{kl}{3}$$

(5) 失稳形式的确定

将荷载特征值代回式(13-3),可求得 y_1 和 y_2 的比值,此时 y_1 和 y_2 组成的向量称为特征向量。将临界荷载 $F_{Pcr}=F_{P1}=\frac{kl}{3}$ 代回,可得 $y_1=-y_2$,相应的变形形式如图 13-6 所示,体系失稳时将发生反对称形式的失稳。

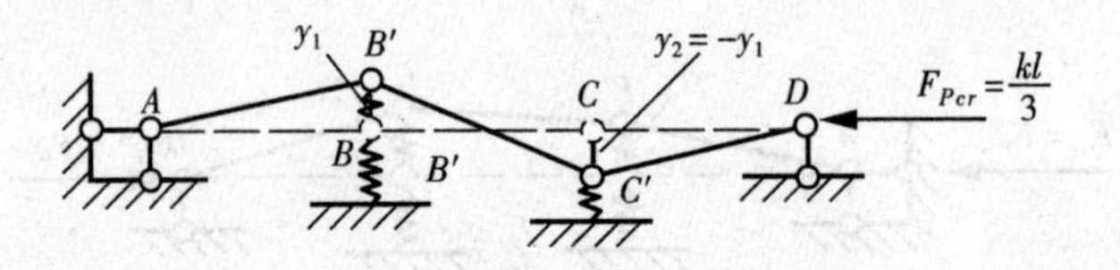

图 13-6　例 13-1 失稳形式

【例 13-2】　试求如图 13-7 所示一端固定另一端铰支的等截面弹性杆,EI 为有限值,试采用静力法计算其轴心受压时的临界荷载。

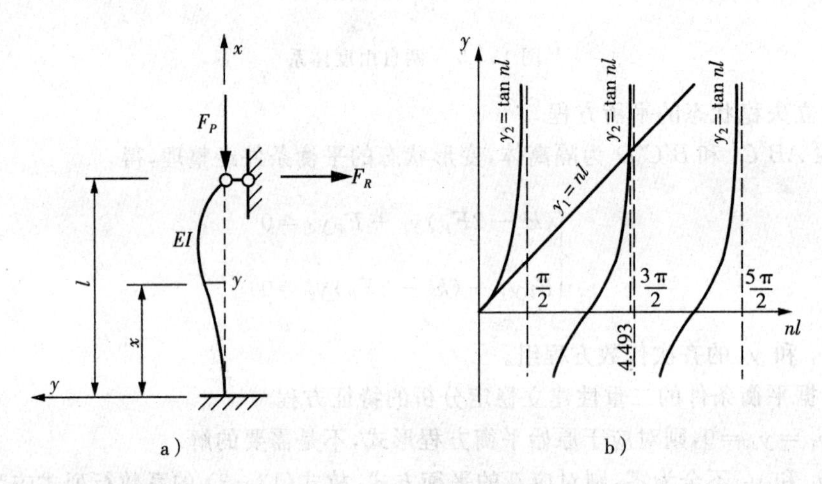

图 13-7　例 13-2 图示

【解】 (1) 假定失稳形式

压杆底端固定,顶端铰接,根据可能发生的变形假定失稳形式如图 13-7a 所示。

(2) 建立失稳状态的平衡方程

设压杆失稳的临界状态的绕曲线表达式 $y(x)$,杆顶端铰支座的水平反力为 F_R,按照如图 13-7a 所示的坐杆系,根据材料力学中弯矩与曲率的微分关系所建立的弹性曲线的微分方程为

$$EI\frac{d^2y}{dx^2}=M \tag{13-5}$$

本题中 $M=-[F_Py+F_R(l-x)]$,故式(13-5) 可改写为

$$y''+n^2y=-\frac{F_R}{EI}(l-x) \tag{13-6}$$

其中

$$n=\sqrt{\frac{F_P}{EI}} \tag{13-7}$$

(3) 建立稳定方程

关于位移 y 的非齐次微分方程的通解为

$$y = A\cos nx + B\sin nx - \frac{F_R}{F_P}(l - x) \tag{13-8}$$

压杆弹性曲线边界条件为：在 $x=0$ 处，$y=0$，$y'=0$；在 $x=l$ 处，$y=0$。代入式(13-8)，可得关于式(13-8)中待定的常数 A、B 以及 F_R/F_P 的线性齐次代数方程组：

$$\begin{cases} A - \dfrac{F_R}{F_P}l = 0 \\ nB + \dfrac{F_R}{F_P} = 0 \\ A\cos nl + B\sin nl = 0 \end{cases} \tag{13-9}$$

式(13-9)的零解对应于杆的原始平衡形式，非零解对应于新的平衡方式，故式(13-9)的系数行列式应等于零，即

$$\begin{vmatrix} 1 & 0 & -l \\ 0 & n & 1 \\ \cos nl & \sin nl & 0 \end{vmatrix} = 0 \tag{13-10}$$

这就是稳定方程。

(4) 求解稳定方程，确定临界荷载

展开式(13-10)，经整理后得到超越方程为

$$\tan nl = nl \tag{13-11}$$

可用图解法和试算法求出满足式(13-11)的 kl 数值。绘出 $y_1 = nl$ 和 $y_2 = \tan nl$ 的函数曲线(如图 13-7b 所示)，它们交点的横坐标即为方程的根，$\tan nl$ 的曲线有无穷多条，交点有无穷多个，故超越方程有无穷多个根。最小的正根为 $(nl)_{\min} = 4.493$，故由式(13-8)可得

$$F_{Pcr} = (4.493)^2\frac{EI}{l^2} = 20.19\frac{EI}{l^2}$$

§13.3　具有弹性支座等截面压杆的稳定

考虑两端弹性支承等截面直杆受压的临界荷载问题(如图 13-8 所示)。直杆的弯曲刚度 EI = 常数，弹性支承的刚度系数是线刚度 k_1(kN/m)和转动刚度 k_2(kN·m/rad)。

点的 A 支座转动角度为 φ，点 B 有线位移 f。点 A 弹性支承的反力是弯矩 $M_A = k_2\varphi$，点 B 弹性支承的反力是力 $R_B = k_1 f$。两端弹性支承等截面直杆受压的变形曲线和所有反力如图 13-8b 所示。

任意截面的弯矩为

$$M(x) = -F(f + y) + k_1 f(l - x)$$

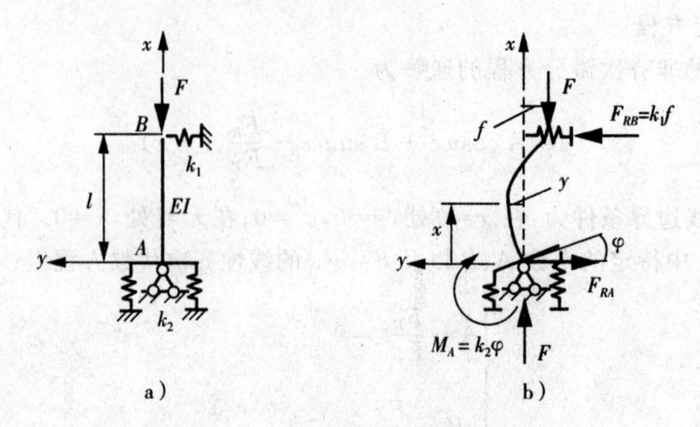

图 13-8　两端弹性支承等截面直杆

根据等截面压杆稳定问题的微分方程,得到

$$EI\frac{\mathrm{d}^2 y}{\mathrm{d}x^2}+Fy=f[k_1(l-x)-F] \tag{13-12}$$

式(13-12)是一个非齐次的二阶微分方程。它的特解为

$$y^*=f\left[\frac{k_1}{F}(l-x)-1\right] \tag{13-13}$$

方程(13-12)的一般解为

$$\begin{cases} y=C_1\cos nx+C_2\sin nx+f\left[\dfrac{k_1}{F}(l-x)-1\right], n^2=\dfrac{F}{EI} \\ \dfrac{\mathrm{d}y}{\mathrm{d}x}=y'=-C_1 n\sin nx+C_2 n\cos nx-\dfrac{fk_1}{F} \end{cases} \tag{13-14}$$

方程(13-14)中未知参数 C_1、C_2、f 可以利用边界条件确定。该问题边界条件为

$$y(0)=0;\quad y'(0)=\varphi;\quad y(l)=-f \tag{13-15}$$

(1) 利用方程(13-14),第一个边界条件导致下述方程:

$$C_1+f\left(\frac{k_1 l}{F}-1\right)=0 \tag{13-16}$$

(2) 在点 $A(x=y=0)$,反力矩 $M_A=f(k_1 l-F)$,因此点 A 的转角为

$$\varphi=\frac{M_A}{k_2}=\frac{f}{k_2}(k_1 l-F)$$

利用方程(13-14),第二个边界条件导致下述方程:

$$C_2 n-f\left(\frac{k_1}{F}+\frac{k_1 l-F}{k_2}\right)=0 \tag{13-17}$$

(3) 利用方程(13-14),第三个边界条件导致下述方程:

$$C_1\cos nl+C_2\sin nl=0 \tag{13-18}$$

方程(13－16)、方程(13－17) 和方程(13－18) 含有三个未知参数 C_1、C_2、f，是齐次线性方程组。齐次线性方程组非零解的必要和充分条件是系数行列式等于零，即

$$\begin{vmatrix} 1 & 0 & \dfrac{k_1 l}{F}-1 \\ 0 & n & -\left(\dfrac{k_1}{F}+\dfrac{k_1 l-F}{k_2}\right) \\ \cos nl & \sin nl & 0 \end{vmatrix}=0$$

或

$$\begin{vmatrix} 1 & 0 & \dfrac{k_1 l}{F}-1 \\ 0 & n & -\left(\dfrac{k_1}{F}+\dfrac{k_1 l-F}{k_2}\right) \\ 1 & \tan nl & 0 \end{vmatrix}=0$$

展开系数行列式，获得一个超越方程：

$$\tan nl = nl\,\frac{\dfrac{k_1 l}{n^2 EI}-1}{\dfrac{k_1 l}{n^2 EI}+\dfrac{(k_1 l-n^2 EI)l}{k_2}} \tag{13-19}$$

式中：EI、l、k_1、k_2 是已知的，解超越方程可以获得 nl。临界荷载为 $F_{cr}=n^2 EI$。

利用方程(13－17)，可以获得不同支承情况的临界荷载。

表 13－1　两端不同支承情况等截面直杆对应的稳定方程

工况	1 $k_1=0$，$k_2=\infty$	2 $k_1=\infty$，$k_2=0$	3 $k_1=\infty$，$k_2=0$
稳定方程	$\cos nl=0$	$\tan nl=nl$	$\tan nl=0$
$(nl)_{\min}$	$\pi/2$	4.493	π
工况	4 $k_1=0$，k_2	5 $k_1=\infty$，k_2	6 k_1，$k_2=\infty$
稳定方程	$\tan nl=\dfrac{1}{nl\alpha}$ $\alpha=\dfrac{EI}{k_2 l}$	$\tan nl=\dfrac{nl}{n^2 l^2\alpha+1}$ $\alpha=\dfrac{EI}{k_2 l}$	$\tan nl=n/(1-n^2 l^2\beta)$ $\beta=\dfrac{EI}{k_2 l^3}$

在工程结构中，若需求某根压杆的稳定性问题，通常的做法是将某根压杆取出，用弹性支座代替结构其余部分对它的约束作用。

如图 13-9a 所示刚架，AB 杆上端铰支，下端不能移动而可转动，但其转动受到 BC 杆的弹性约束，该约束可以用抗转动弹簧来表示（如图 13-9b 所示）。抗转动弹簧刚度 k_1 由使结构其余部分（即梁 BC 的 B 端）发生单位转角所需的力矩来确定，由图 13-9c 可知：

$$k_1 = \frac{3EI_1}{l_1}$$

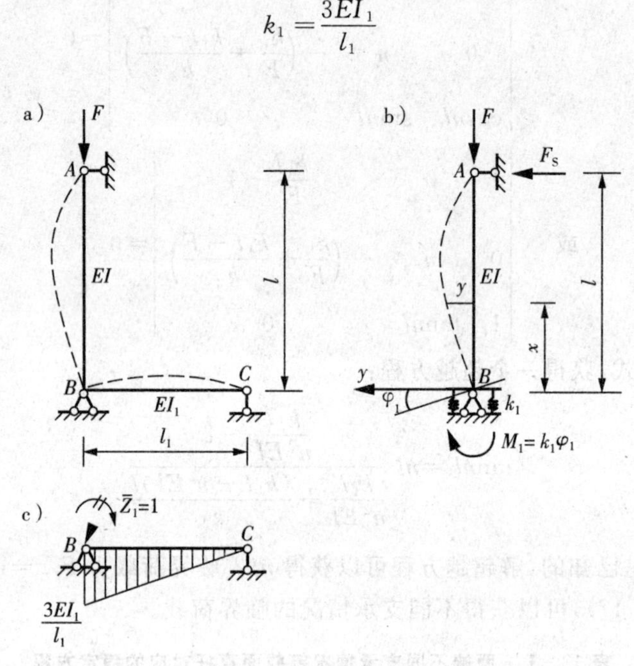

图 13-9 刚架的简化

§13.4 用能量法确定临界荷载

用静力法确定临界荷载，当情况较复杂，例如当微分方程具有变系数而不能积分为有限形式，或者边界条件较复杂以致导出的稳定方程为高阶行列式而不易展开求和等。在这些情况下，用能量法求解就比较简单。

能量法是依据能量特征来确定体系失稳临界荷载的方法。结构在荷载作用下发生变形，引起两方面的能量改变，即材料内具有应变势能 U、荷载由于作用位置的变化产生的势能 V。当压杆从原来的平衡位置偏离到一个新的平衡位置时，若 $U>V$，表示体系具有足够的应变势能克服荷载的作用而使压杆回复到原有的位置；若 $U<V$，则相反，压杆已不能复原；若 $U=V$，则表示压杆处于随遇平衡。从 $U=V$ 出发求解临界荷载，可应用能量守恒原理。

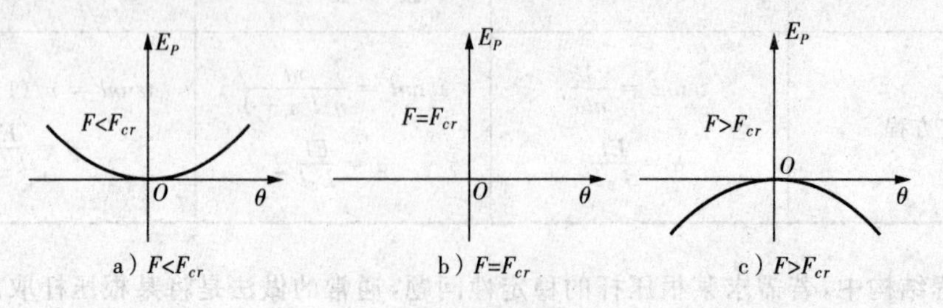

图 13-10 临界荷载能量特征

结构的总势能为

$$E_p = U + V \tag{13-20}$$

它可以表示成变形状态中若干个位移参数的二次函数。

势能驻值原理为能量法提供了一个理论基础：体系处于平衡时，对应于微小、可能的位移结构的总势能一阶变分为零，即 $\delta E_p = 0$。或者说，弹性结构的某处位移发生一个任意微小位移，并不导致体系总势能的改变，则该结构处于平衡状态。对于平衡的稳定性，用势能函数的曲线变化趋势，即二阶变分来判断，若在原有的平衡位置上 $\delta^2 E_p > 0$，表示势能为极小，犹如一个小球位于凹曲面的底部（如图 13-10a 所示），为稳定平衡状态；若 $\delta^2 E_p < 0$，表示势能为极大，犹如小球位于凸曲面顶部（如图 13-10b 所示），为不稳定平衡；若 $\delta^2 E_p = 0$，则表示势能随处相等，犹如小球位于水平面上（如图 13-10c 所示），处于随遇平衡状态，也称为中性平衡状态。体系总势能的 $\delta E_p = 0$ 和 $\delta^2 E_p = 0$ 是平衡稳定性的能量准则。

对于多数承受轴压的弹性结构，稳定分析的关键在于确定使随遇平衡成为可能时的荷载值。所以，若在一个全新且可能实现的变形状态中，如该荷载的作用满足平衡条件，这就无须检查系统的平衡稳定性条件，新状态下总势能具有驻值就可作为临界状态的充分必要条件：

$$\delta E_p = \delta(U + V) = 0 \tag{13-21}$$

由此可求得临界荷载。

仍以图 13-4 所示的弹性体为例说明，在柱顶轴向荷载作用下，设定变性后新状态为竖柱发生微小倾角 θ，对此可以写出弹性铰变形势能（变形 θ 和内力 M_A 同时由 0 开始增长）：

$$U = \frac{1}{2} M_A \cdot \theta, \quad U = \frac{1}{2} k_M \theta^2 \tag{13-22}$$

荷载势能的改变为

$$V = -F\Delta x = -Fl(1 - \cos\theta) \tag{13-23}$$

荷载势能定义为荷载在其作用方向的位移 Δ 上所做功为负值，该位移发生时荷载值没有改变。将式（13-23）中 $\cos\theta$ 展开成级数后取值：

$$\Delta_x = l(1 - \cos\theta) = l\left[1 - (1 - \frac{\theta^2}{2!} + \frac{\theta^4}{4!} + \cdots)\right] \approx \frac{l\theta^2}{2} \tag{13-24}$$

故有

$$E_p = U + V = \frac{\theta^2}{2}(k_M - Fl) \tag{13-25}$$

使用 $\delta E_p = \frac{\mathrm{d}E_p}{\mathrm{d}\theta}\delta\theta = 0$ 的条件，由于 $\theta(\mathrm{d}\theta)$ 是任意的，故有 $\frac{\mathrm{d}E_p}{\mathrm{d}\theta} = 0$，于是得

$$\theta(k_M - Fl) = 0 \tag{13-26}$$

这与根据静力平衡方程所得方程一致，可见势能驻值原理就是用能量的形式表示的平衡条件。由式（13-26）得稳定方程及临界荷载值 $F_{cr} = \frac{k_M}{l}$。能量法与静力法所求得的结果

是一致的。

若根据式(13-25)分析一下总势能(位移θ的二次函数)与荷载值的关系,可以看到:当$F<\frac{k_M}{l}$时,E_p-θ曲线如图13-10a所示,$\theta=0$处时,势能是稳定的;当$F>\frac{k_M}{l}$时,E_p-θ曲线如图13-10c所示,$\theta=0$处时势能为极大,平衡是不稳定的;图13-10b所示为当$F=\frac{k_M}{l}$总势能恒等于0,体系处于中性平衡状态或临界状态,这个荷载值称为临界荷载值F_{cr}。这些特征也存在于多自由度体系中。

【例13-3】 试用能量法求如图13-11a所示等截面悬臂压杆的临界荷载。

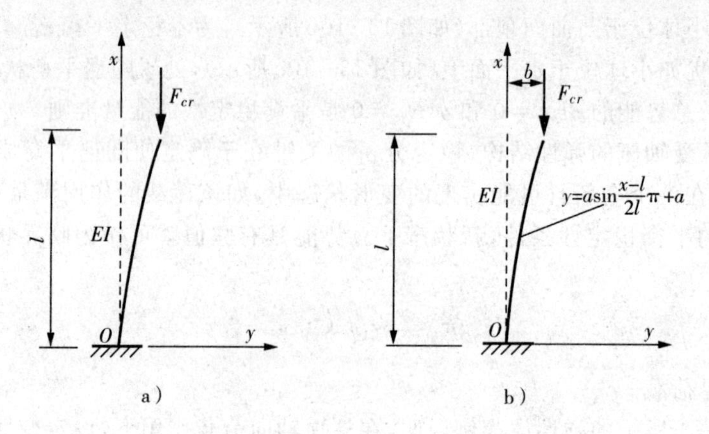

图13-11　例13-3图示

【解】 悬臂压杆的位移边界条件是$x=0$处,$y=0$,$y'=0$。

在满足位移边界条件的情况下,选取三种不同绕曲线函数进行计算。

假设绕曲线为抛物线:

$$y=a_1x^2,\quad y'=2a_1x,\quad y''=2a_1$$

则

$$U=\frac{1}{2}\int_0^l EI(y'')^2\mathrm{d}x=\frac{1}{2}\int_0^l 4EIa_1^2\mathrm{d}x=2EIla_1^2$$

$$V=-\frac{F_{cr}}{2}\int_0^l(y')^2\mathrm{d}x=-\frac{F_{cr}}{2}\int_0^l 4a_1^2x^2\mathrm{d}x=-\frac{2}{3}F_{cr}a_1^2l^3$$

$$E_P=U+V=a_1^2(2EIl-\frac{2}{3}F_{cr}l^3)$$

由$\mathrm{d}E_P/\mathrm{d}a_1=0$及$a_1\neq 0$,可求得

$$F_{cr}=\frac{3EI}{l^2}$$

与精确解$F_{cr}=\frac{\pi^2EI}{4l^2}$相比,误差为21.6%。

取杆顶水平集中荷载F_{cr}作用下的绕曲线:

$$y=\frac{a_1l^2}{6EI}(2-\frac{3x}{l}+\frac{x^3}{l^3})$$

$$y' = \frac{a_1 l^2}{6EI}(-\frac{3}{l} + \frac{3x^2}{l^3})$$

$$y'' = \frac{a_1 x}{EIl}$$

则

$$U = \frac{1}{2}\int_0^l EI(y'')^2 dx = \frac{1}{2}\int_0^l EI\left(\frac{a_1 x}{EIl}\right)^2 dx = \frac{a_1 l}{6EI}$$

$$V = -\frac{F_{cr}}{2}\int_0^l (y')^2 dx = -\frac{F_{cr}}{2}\int_0^l \left[\frac{a_1 l^2}{6EI}\left(-\frac{3}{l} + \frac{3x^2}{l^3}\right)\right]^2 dx = -\frac{a_1^2 l^3}{15(EI)^2}F_{cr}$$

$$E_P = U + V = \frac{a_1^2 I}{6EI} - \frac{a_1^2 l^3}{15(EI)^2}F_{cr}$$

由 $dE_P/dF_{Py} = 0$ 及 $F_{Py} \neq 0$，可求得

$$F_{cr} = \frac{2.5EI}{l^2}$$

与精确解相比，误差为 1.32％。

假设绕曲线为如图 13－11b 所示正弦曲线，即

$$y = a\sin\frac{x-l}{2l}\pi + a$$

$$y' = \frac{a\pi}{2l}\sin\frac{x-l}{2l}\pi$$

$$y'' = -\frac{a\pi^2}{4l^2}\sin\frac{x-l}{2l}\pi$$

则

$$U = \frac{1}{2}\int_0^l EI(y'')^2 dx = \frac{1}{2}\int_0^l EI(-\frac{a\pi^2}{4l^2}\sin\frac{x-l}{2l}\pi)^2 dx = \frac{EIa^2\pi^4}{64l^3}$$

$$V = -\frac{F_{cr}}{2}\int_0^l (y')^2 dx = -\frac{F_{cr}}{2}\int_0^l (\frac{a\pi}{2l}\cos\frac{x-l}{2l}\pi)^2 dx = -\frac{F_{cr}a^2\pi^2}{16l}$$

$$E_P = U + V = \frac{EIa^2\pi^4}{64l^3} - \frac{F_{cr}a^2\pi^2}{16l}$$

由 $dE_P/da = 0$ 及 $a \neq 0$，可求得

$$F_{cr} = \frac{\pi^2 EI}{4l^2}$$

通过该例的计算可以看出，假设绕曲线为抛物线，因其与实际绕曲线差别太大，故计算结果的误差最大。按顶部横向集中力引起的绕曲线求得的临界荷载精度大为提高。正弦曲

线就是压杆失稳的真实变形曲线，故可求得精确解。

【例 13－4】 试用能量法求图 13－12a 所示单自由度结构的临界荷载。

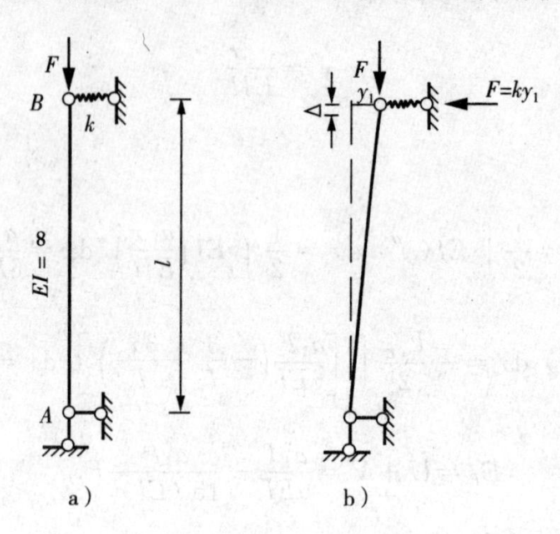

图 13－12 例 13－4 图示

【解】 设刚性杆失稳时发生微小的偏离，如图 13－12b 所示，其上端的水平位移为 y_1，竖向位移为 Δ，则有

$$\Delta=l-\sqrt{l^2-y_1^2}=l-l\left(1-\frac{y_1^2}{l^2}\right)^{\frac{1}{2}}=l-l\left(1-\frac{1}{2}\frac{y_1^2}{l^2}+\cdots\right)\approx\frac{y_1^2}{2l}$$

弹簧的应变能为

$$U=\frac{1}{2}ky_1^2$$

外力势能为

$$V=-F\Delta=-\frac{F}{2l}y_1^2$$

结构的总势能为

$$E_P=U+V=\frac{1}{2}ky_1^2-\frac{F}{2l}y_1^2=\frac{kl-F}{2l}y_1^2$$

若结构在偏离后的新位置能维持平衡，则根据上式应有

$$\frac{\mathrm{d}E_P}{\mathrm{d}y_1}=\frac{kl-F}{l}y_1=0$$

要求 y_1 不为零（y_1 为零时对应于原有的平衡位置），故应有

$$kl-F=0$$

由该稳定方程可求得临界荷载为

$$F_{cr}=kl$$

注意:(1) 能量法与静力法是确定临界荷载的两种基本方法。静力法是根据临界状态的静力特征提出的方法;能量法是根据临界状态的能量特征而提出的方法。两种方法导出同样的(特征)方程,即势能驻值条件等价于用位移表示的平衡方程。

(2) 结构的总势能=应变能(内力势能)+外力势能(外力功的负值),是根据所取参考状态计算而得的总势能增量,其值与所取参考状态有关。但参考状态的选取对以后利用总势能来研究体系的平衡并不产生影响。

(3) 对称结构承受对称轴压力,可发生对称或反对称失稳。

(4) 在某些结构中,非受压结构起着受压结构的弹性支承的作用,可将体系简化成便于稳定性分析的力学模型。

§13.5　组合压杆的临界荷载

由欧拉临界荷载计算公式可知:要提高临界荷载的数值,应加大截面惯性矩或减小计算长度。

通过施加约束可以改变计算长度,通过分散截面面积可以增大截面惯性矩。利用组合结构可以达到增大惯性矩的目的。

由于承重的需要或构造上的原因而在工程施工中广为应用的组合压杆(如桥梁的上弦杆、厂房的双支柱、无线电桅杆和起重塔吊等),通常是由两个型钢(肢杆)用若干连接件相连组成的“空腹柱”,按其连接件形式分为缀条式和缀板式两种(如图 13-13 所示)。

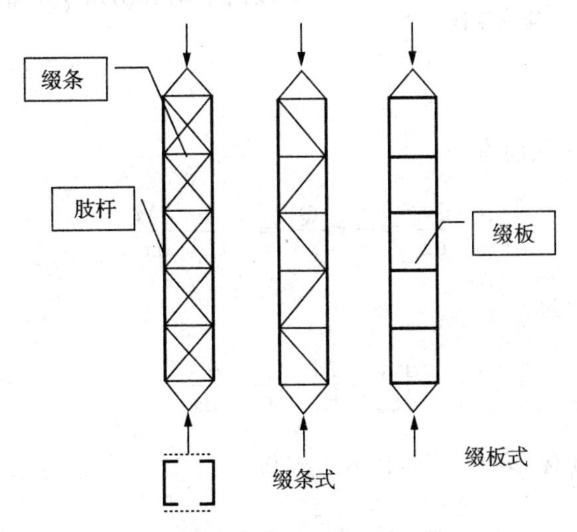

图 13-13　组合压杆

缀条式:用角钢或小型槽钢与肢杆连成桁架式。缀条与肢杆的连接视为铰结。

缀板式:用条形钢板将肢杆连,即用条形钢板将肢杆连成封闭刚架形式。缀板与肢杆的连接视为刚结。

1. 剪切变形对临界荷载的影响

当绕 $y-y$ 轴失稳时(如图 13-14 所示),临界荷载的计算与实腹杆相同。

当绕 $x-x$ 轴失稳时(如图 13-14 所示),由于缀合构件的连接,截面惯性矩增大,但剪切变形也增大,使得临界荷载剪切变形也增大,临界荷载值相应下降。

组合压杆稳定性分析的关键在于确定整体剪切变形对临界荷载的影响。

轴心受压杆件在发生弯曲失稳时,杆内力除有轴力和弯矩之外还存在剪力。例如,图 13-15 所示为处于弯曲平衡状态的简支压杆,截面是剪力由柱两端向中央逐渐减小为零的,由此产生的剪切变形会增加杆件的侧向挠度,从而降低杆的临界荷载。

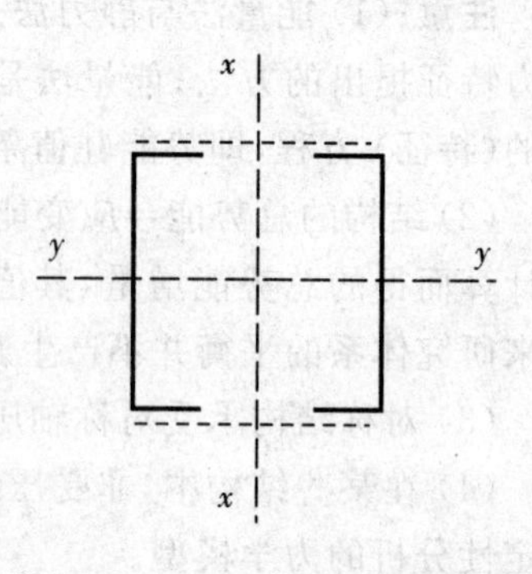

图 13-14　组合压杆的横截面

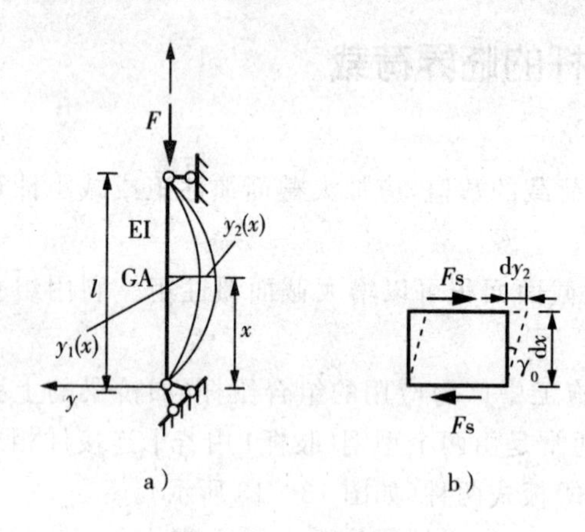

图 13-15　简支压杆

用 y_1 表示压杆因弯曲变形引起的挠度,y_2 表示因剪切变形引起的附加挠度,则压杆的实际挠度为(如图 13-15a 所示)

$$y(x)=y_1(x)+y_2(x) \tag{13-27}$$

压杆的曲率为

$$\frac{d^2y}{dx^2}=\frac{d^2y_1}{dx^2}+\frac{d^2y_2}{dx^2} \tag{13-28}$$

用 dy_2/dx 表示压杆微段上由于剪切变形引起的杆轴附加转角,附加转角就等于微段的平均剪切角 γ_0(如图 13-15b 所示),即

$$\gamma_0=-k\frac{Q}{GA} \tag{13-29}$$

式中:k 表示剪切系数。从而有

$$\frac{dy_2}{dx}=-k\frac{Q}{GA}=-\frac{k}{GA}\frac{dM}{dx} \tag{13-30}$$

故而压杆的曲率可表示为

$$\frac{d^2y}{dx^2}=\frac{M}{EI}-\frac{k}{GA}\frac{d^2M}{dx^2} \tag{13-31}$$

对于两端简支压杆有 $M=-Fy$,代入上式得

$$EI\left(1-\frac{kF}{GA}\right)y''+Fy=0 \tag{13-32}$$

令

$$n^2=\frac{F}{EI\left(1-\frac{kF}{GA}\right)} \tag{13-33}$$

则有

$$y'' + n^2 y = 0 \tag{13-34}$$

式(13－34)的通解为

$$y = A\cos nx + B\sin nx \tag{13-35}$$

根据两端简支压杆的边界条件 $x=0$、$y=0$，$x=l$、$y=0$，获得稳定方程$\sin nl=0$。

稳定方程的最小正根为 $nl=\pi$，由此得临界荷载为

$$F_{cr} = \frac{1}{1+\frac{k}{GA}\frac{\pi^2 EI}{l^2}}\frac{\pi^2 EI}{l^2} = \alpha F_E,\alpha = \frac{1}{1+\frac{k}{GA}\frac{\pi^2 EI}{l^2}} \tag{13-36}$$

式中：α 是剪切修正系数；F_E 是不考虑剪切变形两端简支压杆的临界荷载。

2. 缀条式组合压杆的稳定

缀条式双肢组合压杆的两肢通常是型钢，缀条通常采用角钢或小型槽钢，两者截面比差别太大，故缀条与肢杆的联结一般视为铰结。

缀条式组合双肢组合压杆如图 13－16a 所示。现以此为例说明缀条式组合压杆临界荷载的计算方法。

为计算组合压杆在单位剪力作用下的剪切角，可取压杆的一个结间进行分析。因缀条与肢杆联结成桁架形式，结点可视为铰结，计算简图如图 13－16b 所示。在单位剪力 $F_S=1$ 作用时，当剪切角不大时，近似地有

$$\bar{\gamma} = \tan\bar{\lambda} = \delta_{11}/d,\quad \delta_{11} = \sum\frac{\overline{N}_{1i}^2 l_i}{EA} \tag{13-37}$$

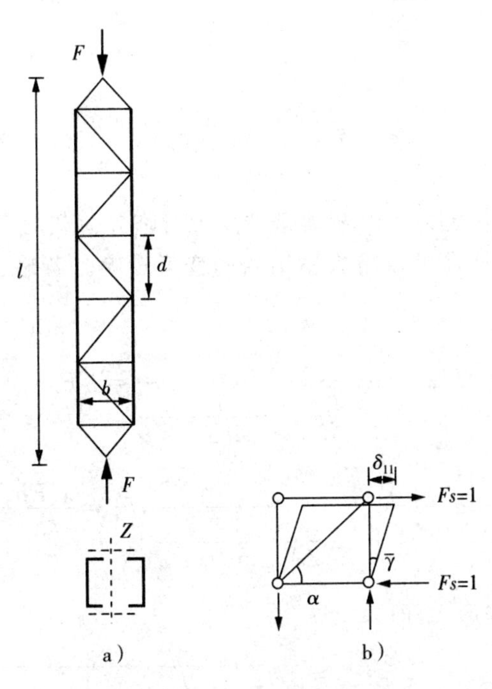

图 13－16　缀条式组合压杆

一般组合压杆主肢杆的截面比缀条的截面大得多，因此，式(13-37)中只计入缀条轴向变形的影响，不计主肢杆轴向变形。此外，由于每相邻两结间共有一对横缀条，故在式(13-37)中只需计算简图中的一对横杆。缀条横杆的截面面积设为 A_p，内力 $\overline{N}_1=-1$，杆长 $b=\dfrac{d}{\tan\alpha}$；斜缀条的截面面积设为 A_q，内力 $\overline{N}_1=\dfrac{1}{\cos\alpha}$，杆长 $\dfrac{d}{\sin\alpha}$。于是，有

$$\begin{cases}\delta_{11}=\dfrac{d}{E}\left(\dfrac{1}{A_q\sin\alpha\cos^2\alpha}+\dfrac{1}{A_p\tan\alpha}\right)\\[2ex]\overline{\gamma}=\dfrac{\delta_{11}}{d}=\dfrac{1}{E}\left(\dfrac{1}{A_q\sin\alpha\cos^2\alpha}+\dfrac{1}{A_p\tan\alpha}\right)\end{cases}\tag{13-38}$$

将式(13-38)的 $\overline{\gamma}$ 代替方程(13-36)中的 $\dfrac{k}{GA}$，可得

$$\begin{cases}F_{cr}=\dfrac{F_e}{1+\dfrac{F_e}{E}\left(\dfrac{1}{A_q\sin\alpha\cos^2\alpha}+\dfrac{1}{A_p\tan\alpha}\right)}=\alpha_1F_e\\[2ex]\alpha_1=\dfrac{1}{1+\dfrac{F_e}{E}\left(\dfrac{1}{A_q\sin\alpha\cos^2\alpha}+\dfrac{1}{A_p\tan\alpha}\right)},F_e=\dfrac{\pi^2EI}{l^2}\end{cases}\tag{13-39}$$

F_e 是不考虑剪切变形两端简支压杆的临界荷载，α_1 是剪切改正因子。F_e 中所用的惯性矩 I 为两根主肢杆的截面对整个截面的形心轴 z 的惯性矩，如用 A_d 表示一根主肢杆的截面面积，I_d 表示一根主肢杆的截面对本身形心轴的惯性矩，并近似认为本身形心轴到 z 轴的距离为 $\dfrac{b}{2}$，则有

$$I\approx 2I_d+\frac{1}{2}A_db^2\tag{13-40}$$

由式(13-39)括号中可以看出，横缀条的变形对临界荷载的影响一般要比斜缀条小得多。因此，在近似计算中通常可以略去横缀条的变形影响。若略去横杆影响，两侧都有缀条，则式(13-39)变为

$$\begin{cases}F_{cr}=\dfrac{F_e}{1+\dfrac{F_e}{E}\dfrac{1}{2A_q\sin\alpha\cos^2\alpha}}=\alpha_1F_e\\[2ex]\alpha_1=\dfrac{1}{1+\dfrac{F_e}{E}\dfrac{1}{2A_q\sin\alpha\cos^2\alpha}},F_e=\dfrac{\pi^2EI}{l^2}\end{cases}\tag{13-41}$$

若写成欧拉问题基本形式，即

$$F_{cr}=\frac{\pi^2EI}{(\mu l)^2},\mu=\sqrt{1+\frac{\pi^2I}{l^2}\frac{1}{2A_q\sin\alpha\cos^2\alpha}}\tag{13-42}$$

若用 r 代表两肢杆截面对整个截面形心轴 z 的回转半径，则有

$$I=2A_d r^2 \tag{13-43}$$

并且，一般 α 为$30°\sim 60°$，故可取$\frac{\pi^2}{\sin\alpha\cos^2\alpha}\approx 27$，引入长细比 $\lambda=\frac{l}{r}$，则有

$$\mu=\sqrt{1+\frac{27}{A_q}\frac{A_d}{\lambda^2}} \tag{13-44}$$

若用 λ_b 换算长细比 λ_b，则有

$$\lambda_b=\frac{\mu l}{r}=\mu\lambda=\sqrt{\lambda^2+27\frac{A_d}{A_q}} \tag{13-45}$$

这就是钢结构规范中给出的缀条式双肢组合压杆换算长细比的计算公式。

3. 缀板式组合压杆的稳定

缀板式组合压杆没有斜杆，通常采用条型钢板将肢杆联成封闭刚架形式，缀板与肢板的联结应视为刚结。如图 13-17a 所示为简支双肢缀板式组合压杆的示意图。两肢杆之间由成对的横向缀板刚性联结，此时组合压杆可视为单跨多层刚架。分析时，可近似认为肢杆由弯曲变形引起的反弯点位于相邻结点的中间处，由此可取单位剪切角的计算简图如图 13-17b 所示。此时，肢杆上下端的弯矩等于零，而单位剪力则平均分配在两根肢杆上。

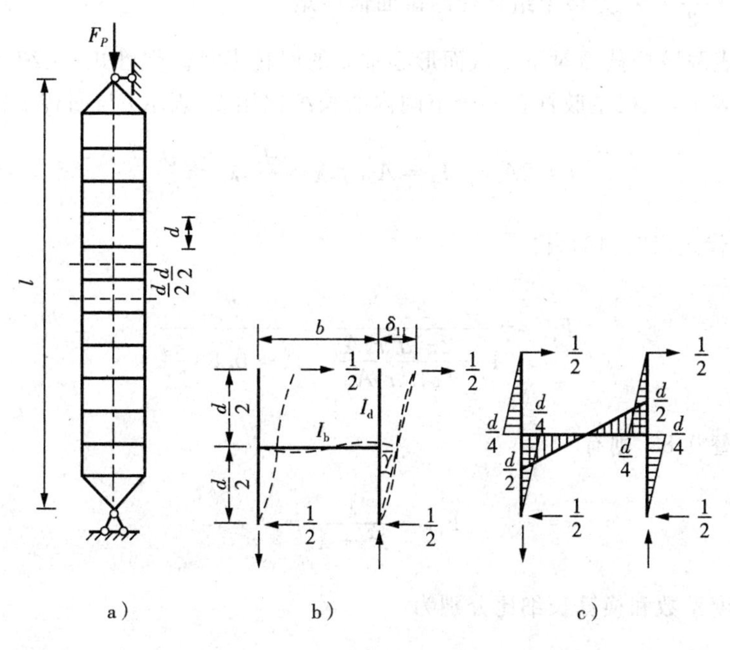

图 13-17　缀板式组合压杆

为计算单位剪切角 $\bar{\lambda}$，I_d 是单根肢杆的对其形心轴的截面惯性矩，I_b 为两侧一对缀板的截面惯性矩之和。先作出图 13-17c 所示单位弯矩图，由图乘法可得

$$\begin{cases}\delta_{11}=\sum\int\frac{\overline{M}_1^2\mathrm{d}s}{EI}=\frac{d^3}{24EI_d}+\frac{bd^2}{12EI_b}\\ \bar{\gamma}=\frac{\delta_{11}}{d}=\frac{d^2}{24EI_d}+\frac{bd}{12EI_b}\end{cases} \tag{13-46}$$

将式(13-46)代入(13-36)中的$\frac{k}{GA}$,可得

$$F_{cr}=\frac{F_e}{1+\left(\frac{d^2}{24EI_d}+\frac{bd}{12EI_b}\right)F_e}=\alpha_2F_e \tag{13-47}$$

$$\alpha_2=\frac{1}{1+\left(\frac{d^2}{24EI_d}+\frac{bd}{12EI_b}\right)F_e}$$

式中:分母括号中的第一项代表肢杆变形的影响,第二项代表缀板变形的影响。α_2 随着节间长度 d 的增加而减小。

一般情况下,缀板的弯曲线刚度远大于肢杆,可近似取 $EI_b\to\infty$。当略去缀板变形的影响时,式(13-47)可以简化为

$$F_{cr}=\frac{F_e}{1+F_e\frac{d^2}{24EI_d}}=\frac{F_e}{1+\frac{\pi^2}{24}\frac{d^2I}{l^2I_d}} \tag{13-48}$$

式中:$I\approx 2I_d+\frac{1}{2}A_db^2$ 为整个组合杆的截面惯性矩。

若用 r 代表两肢杆截面对整个截面形心轴 z 的回转半径。惯性矩、长细比(整个组合杆的长细比用 λ 表示,一根主肢杆在一个节间内的长细比用 λ_d 表示)与回转半径的关系式为

$$I=2A_dr^2,I_d=A_dr_d^2,\lambda=\frac{l}{r},\lambda_d=\frac{d}{r_d} \tag{13-49}$$

将式(13-49)代入(13-48),得

$$F_{cr}=\frac{F_e}{1+\frac{2\pi^2d^2r^2A_d}{24l^2r_d^2A_d}}=\frac{F_e}{1+0.83\frac{\lambda_d^2}{\lambda^2}} \tag{13-50}$$

若近似以 1 代替 0.83,则有

$$F_{cr}=\frac{\lambda^2}{\lambda^2+\lambda_d^2}F_e \tag{13-51}$$

相应的计算长度系数和换算长细比分别为

$$\mu=\sqrt{\frac{\lambda^2+\lambda_d^2}{\lambda^2}},\lambda_b=\frac{\mu l}{r}=\mu\lambda=\sqrt{\lambda^2+\lambda_d^2} \tag{13-52}$$

这就是钢结构设计规范中给出的缀板式双肢组合压杆换算长细比的计算公式。

§13.6　初参数法

初参数法可以有效地应用于刚性和弹性支承等截面和变截面柱的稳定性分析。使用这种方法能够得到有用的公式,并将其应用于框架的稳定性分析。

考虑一个等截面的梁或柱(如图 13-18 所示),它受到轴向压力 F。梁或柱微分方程为

$$EI\frac{\mathrm{d}^2 y}{\mathrm{d}x^2}+Fy=0$$

式中:y 是横向位移。

上面方程微分两次,则有

$$EI\frac{\mathrm{d}^4 y}{\mathrm{d}x^4}+F\frac{\mathrm{d}^2 y}{\mathrm{d}x^2}=0,\quad \frac{\mathrm{d}^4 y}{\mathrm{d}x^4}+n^2\frac{\mathrm{d}^2 y}{\mathrm{d}x^2}=0 \tag{13-53}$$

式中:

$$n=\sqrt{\frac{F}{EI}} \tag{13-54}$$

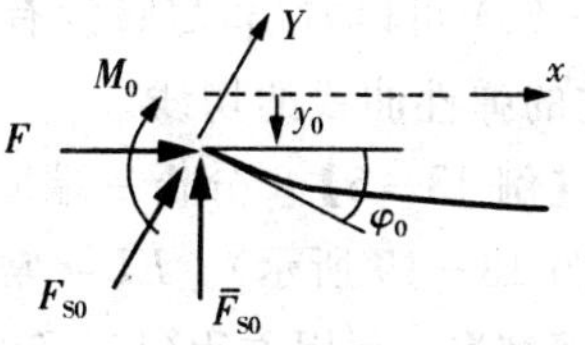

图 13-18　梁的初参数法示意图

方程(13-53)的解可表示成以下形式:

$$y(x)=C_1\cos nx+C_2\sin nx+C_3x+C_4 \tag{13-55}$$

式中:C_i 是待定常数。

由方程(13-55)可得斜率、弯矩和剪力为

$$\begin{cases}\varphi(x)=y'(x)=-C_1n\sin nx+C_2n\cos nx+C_3\\ M(x)=-EIy''(x)=EI(C_1n^2\cos nx+C_2n^2\sin nx)\\ F_S(x)=-EIy'''(x)=-EI(C_1n^3\sin nx-C_2n^3\cos nx)\end{cases} \tag{13-56}$$

当 $x=0$ 时,位移和力的边界条件可表示成以下形式:

$$\begin{cases}y(0)=y_0=C_1+C_4\\ \varphi(0)=\varphi_0=C_2n+C_3\\ M(0)=M_0=C_1n^2EI\\ F_S(0)=F_{S0}=C_2n^3EI\end{cases} \tag{13-57}$$

式中:y_0、φ_0、M_0、F_{S0} 分别表示坐标原点的横向位移、转角、弯矩和剪力(y 轴向下)。杆件在轴向压力下弯曲是因为杆件失稳。

常数 C_i 可用坐标原点的横向位移、转角、弯矩和剪力表示如下：

$$C_1=\frac{M_0}{n^2EI}=\frac{M_0}{F},C_2=\frac{F_{S0}}{n^3EI}=\frac{F_{S0}}{nF},C_3=\varphi_0-\frac{F_{S0}}{F},C_4=y_0-\frac{M_0}{F} \tag{13-58}$$

将以初参数 y_0,φ_0,M_0,F_{S0} 表示的常数 C_i 代入式(13-57)，获得下述的表达式：

$$\begin{cases} y(x)=y_0+\varphi_0 x-M_0\dfrac{1-\cos nx}{F}-F_{S0}\dfrac{nx-\sin nx}{nF} \\ y'(x)=\varphi_0-M_0\dfrac{n\sin nx}{F}-F_{S0}\dfrac{1-\cos nx}{F} \\ M(x)=M_0\cos nx+F_{S0}\dfrac{\sin nx}{n} \\ F_S(x)=-M_0 n\sin nx+F_{S0}\cos nx \end{cases} \tag{13-59}$$

方程(13-59)给出了用初参数 y_0、φ_0、M_0、F_{S0} 表示的受压柱解的一般表达式。从方程(13-59)可以看出，尽管没有横向荷载作用，但剪力 $F_S(x)$ 是沿着柱身变化的。F_{S0} 为垂直于柱的弹性曲线的切线。

【例 13-5】 分析一端固支、一端自由的受压柱的临界荷载（如图 13-19 所示）。$EI=$常数，几何初参数为 $y_0=0,\varphi_0=0$。

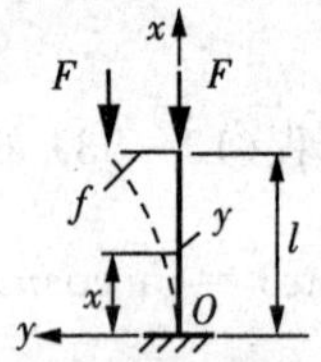

【解】 利用方程(13-59)的第三式可得

$$M(x)=M_0\cos nx+F_{S0}\frac{\sin nx}{n} \tag{13-60}$$

图 13-19 一端固支一端自由的受压柱

由于自由端($x=l$)的弯矩等于零，故有

$$M_l=M_0\cos nl+F_{S0}\frac{\sin nl}{n}=0 \tag{13-61}$$

从图 13-19 可以看出，$F_{S0}=0,M_0\neq 0$，因而稳定方程为

$$\cos nl=0 \tag{13-62}$$

方程(13-61)的最小根是 $nl=\pi/2$ 或 $n=\frac{\pi}{2l}$。因此，临界荷载为

$$F_{cr}=n_{cr}^2EI=\frac{\pi^2EI}{4l^2} \tag{13-63}$$

利用 $\bar{F}_{S0}$（垂直于杆的初始方向），方程(13-59)可以表示另一种形式。根据平衡方程 $\sum Y=0$（轴 Y 沿着 F_{S0} 方向）得到：

$$F_{S0}=\bar{F}_{S0}\cos\varphi_0+F\sin\varphi_0\cong\bar{F}_{S0}+F\varphi_0$$

将上式的 F_{S0} 代入方程(13-59)，则方程(13-59)可以表示成另一种形式：

$$\begin{cases} y(x)=y_0+\varphi_0\dfrac{\sin nx}{n}-M_0\dfrac{1-\cos nx}{F}-\overline{F}_{S0}\dfrac{nx-\sin nx}{nF} \\ y'(x)=\varphi_0\cos nx-M_0\dfrac{n\sin nx}{F}-\overline{F}_{S0}\dfrac{1-\cos nx}{F} \\ M(x)=\varphi_0 nEI\sin nx+M_0\cos nx+\overline{F}_{S0}\dfrac{\sin nx}{n} \\ \overline{F}_{S0}(x)=F_{S0} \end{cases} \tag{13-64}$$

方程(13-64)中,由于没有横向荷载,沿着梁或柱长方向剪力保持不变。方程(13-59)和(13-64)是等效的。

【例 13-6】 图 13-20 所示为阶梯形柱,下端固定,上端自由。柱的上段和下段长度分别为 l_1、l_2,弯曲刚度分别为 EI_1、EI_2,受压轴力分别为 $F_1=F$、$F_2=\beta F$,β 是正数。两个荷载按比例增加,即比例加载。用方程(13-64)对图示结构进行稳定性分析。

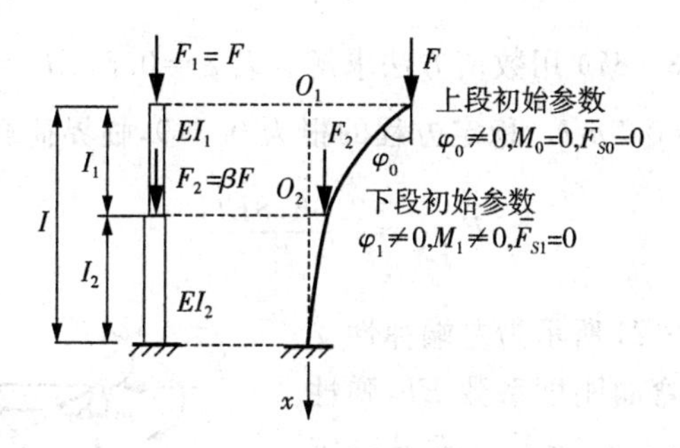

图 13-20　阶梯形柱

【解】 坐标原点在自由端,自由端初参数为 $\varphi_0=y_0'\neq 0$、$M_0=0$、$F_s=0$。$x=l_1$ 处斜率和弯矩为

$$\begin{cases} \varphi_1(x=l_1)=\varphi_0\cos n_1 l_1 \\ M_1(x=l_1)=\varphi_0 n_1 EI_1\sin n_1 l_1 \\ n_1=\sqrt{\dfrac{F_1}{EI_1}} \end{cases} \tag{13-65}$$

在柱第二段的原点 $O_2(x=l_1)$ 处,作用着 F_2,对应的初参数为 $\varphi_1=y_1'\neq 0$、$M_1\neq 0$、$\overline{F}_{S1}=0$。在第二段的末端$(x=l_2)$处,根据方程(13-64)得

$$\varphi_2(x=l_2)=\varphi_1\cos n_2 l_2-M_1\frac{n_2\sin n_2 l_2}{F_1+F_2},n_2=\sqrt{\frac{F_1+F_2}{EI_2}} \tag{13-66}$$

式中:φ_1、M_1 是第二段的初参数。将式(13-65)代入式(13-66)中可得

$$\varphi_2(x=l_2)=\varphi_0\left(\cos n_1 l_1\cos n_2 l_2-n_1 EI_1\sin n_1 l_1\frac{n_2\sin n_2 l_2}{F_1+F_2}\right) \tag{13-67}$$

对于固定端的斜率 $\varphi_2(x=l_2)=0$。由于 $\varphi_0\neq 0$,故稳定方程为

$$\cos n_1 l_1\cos n_2 l_2-n_1 EI_1\sin n_1 l_1\frac{n_2\sin n_2 l_2}{F_1+F_2}=0 \tag{13-68}$$

整理后，得

$$\tan n_1 l_1 \tan n_2 l_2 - \frac{n_1}{n_2}(1+\beta) = 0 \tag{13-69}$$

设 $l_1 + l_2 = l, l_2 = \alpha l$，$\alpha$ 是正的常数，$l_1 = (1-\alpha)l$，稳定方程变为

$$\tan[n_1(1-\alpha)l] \tan n_2 \alpha l - \frac{n_1}{n_2}(1+\beta) = 0 \tag{13-70}$$

讨论：(1) 若 $\alpha = 0$，这种情况等效于长度为 l 的等截面柱，刚度为 EI_1，受压轴力为 F。稳定方程变为 $\tan n_1 l = \infty$，方程的根 $(n_1 l)_{\min} = \pi/2$，临界荷载为 $F_{cr1} = \frac{\pi^2 EI_1}{4l^2}$。

(2) 若 $\alpha = 1$，这种情况等效于长度为 l 的等截面柱，刚度为 EI_2，受压轴力为 F。稳定方程变为 $\tan n_2 l = \infty$，方程的根 $(n_2 l)_{\min} = \pi/2$，临界荷载为 $F_{cr2} = \frac{\pi^2 EI_1}{4l^2}$。

一般情况下，方程(13－67)用数值方法求解。若 $\alpha = 0.5, EI_2 = 2EI_1, \beta = 3$，稳定方程变为 $\tan\varphi \tan\sqrt{2}\varphi = \sqrt{2}, \varphi = 0.5 n_1 l$。稳定方程的根为 0.719，临界荷载为

$$F_{cr1} = \frac{2.0678 EI_1}{l^2}$$

【例 13-7】 如图 13-21 所示为左端弹性支承，右端链杆支承的梁。弯曲刚度系数 EI，弹性支承的刚度系数为 k[kN · m/rad]。推导稳定方程。

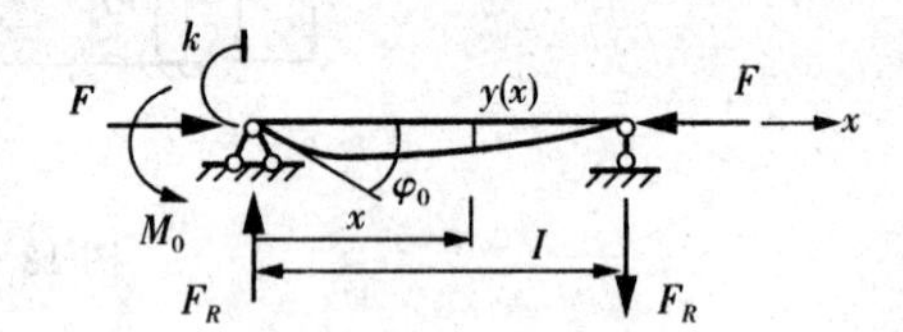

图 13－21　左端弹性支承，右端链杆支承的梁

【解】 设梁左端顺时针转动，M_0（弹性支承引起）和反力 F_R 如图 13－21 所示。根据方程(13－64)第一式，得

$$y(x) = \varphi_0 \frac{\sin nx}{n} - M_0 \frac{1-\cos nx}{F} - F_{S0} \frac{nx - \sin nx}{nF} \tag{13-71}$$

初参数 $M_0 = -k\varphi_0$（图 13-21 中的符号与图 13-18 相反，故取负号，图 13-21 中 M_0 的指向是正确指向），剪力为

$$F_{S0} = F_R = \frac{k\varphi_0}{l} \tag{13-72}$$

因此，方程(13－71)可重新写成

$$y(x) = \varphi_0 \frac{\sin nx}{n} + k\varphi_0 \frac{1-\cos nx}{F} - \frac{k\varphi_0}{l} \frac{nx - \sin nx}{nF} \tag{13-73}$$

边界条件：$x = l, y = 0$。因而

$$y(l) = \varphi_0 \left[\frac{\sin nl}{n} + k\frac{1-\cos nl}{F} - \frac{k}{l}\frac{nl - \sin nl}{nF}\right] = 0 \tag{13-74}$$

由于 $\varphi_0 \neq 0$，故有

$$\frac{\sin nl}{n}+k\,\frac{1-\cos nl}{F}-\frac{k}{l}\,\frac{nl-\sin nl}{nF}=0 \qquad (13-75)$$

整理后，得稳定方程为

$$\tan nl=\frac{nl}{n_2 l^2\alpha+1},\alpha=\frac{EI}{kl} \qquad (13-76)$$

讨论：(1) 似乎仅使用了一个边界条件，实质上使用了两个边界条件。第二个边界条件是 $M(l)=0$。这个边界条件允许获得 $F=\frac{k\varphi_0}{l}$。

(2) 如果 $k=\infty(\alpha=0)$，稳定方程为 $\tan nl=nl$。这种情况对应于一端固支、一端链杆支承梁的稳定方程。如果 $k=0$，则 $\tan nl=0$ 对应于简支梁的稳定方程。

§13.7　连续梁和刚架的稳定性

本节致力于连续梁和框架的稳定性分析。假设梁和框架仅承受作用在结点上的轴向压力。如果几种不同的轴向压力 F_i 作用在结构上，假定所有的轴向压力按比例增加，即比例加载或简单加载。

两个经典的方法(力法和位移法)可应用于连续梁和框架的稳定性分析。然而，位移法比力法更方便。通过引入约束限制角位移和线位移，形成基本结构。

1. 单位位移作用下受压梁柱的反力

位移法的基本结构包含一些单跨的构件(铰接-固支，固支-固支等)。这些单跨的构件端部不仅有角位移或线位移，也承受轴向压力 F，需要推导出典型受压单跨梁柱在单位位移作用下的端部反力。

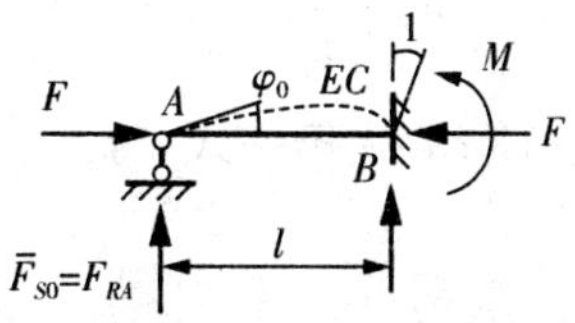

图 13-22　铰接-固支梁

铰接-固支梁在右端发生单位角位移(如图 13-22 所示)。梁承受轴向压力 F。梁长为 l，$EI=$常数。弹性曲线用 EC 表示，图示中反力 F_R 和反力矩 M 为正。用初参数法确定反力 F_R 和反力矩 M。

以点 A 为坐标原点，$y_0=0$，$M_0=0$，由方程(13-64)得

$$\begin{aligned}y(x)&=\varphi_0\,\frac{\sin nx}{n}-\bar{F}_{S0}\,\frac{nx-\sin nx}{nF}\\ y'(x)&=\varphi_0\cos nx-\bar{F}_{S0}\,\frac{1-\cos nx}{F}\end{aligned} \qquad (13-77)$$

式中有两个初参数 φ_0，$\bar{F}_{S0}=F_{RA}$。有两个边界条件：$y(l)=0$，$y'(l)=1$，代入式(13-77)，得

$$\begin{aligned}y(l)&=\varphi_0\,\frac{\sin nl}{n}-\bar{F}_{S0}\,\frac{nl-\sin nl}{nF}=0\\ y'(l)&=\varphi_0\cos nl-\bar{F}_{S0}\,\frac{1-\cos nl}{F}=1\end{aligned} \qquad (13-78)$$

方程(13-78)的解为

$$\overline{F}_{S0}=-\frac{3i}{l}\frac{\upsilon^2\tan\upsilon}{3(\tan\upsilon-\upsilon)}=-\frac{3i}{l}\varphi_1(\upsilon),\varphi_1(\upsilon)=\frac{\upsilon^2\tan\upsilon}{3(\tan\upsilon-\upsilon)} \tag{13-79}$$

式中：

$$i=EI/l,\quad \upsilon=nl=l\sqrt{\frac{F}{EI}}$$

由于$\overline{F}_{S0}$为负，故反力F_{RA}的方向应向下。B端的反力矩为

$$M=F_{RA}l=-3i\frac{\upsilon^2\tan\upsilon}{3(\tan\upsilon-\upsilon)}=-3i\varphi_1(\upsilon) \tag{13-80}$$

式中：负号表示反力矩顺时针转动，即反力矩的方向与角位移的方向一致。

固支-固支梁在右端发生单位角位移（如图13-23所示）。梁承受轴向压力F。梁长为l，$EI=$常数。用初参数法确定反力F_R和反力矩M。

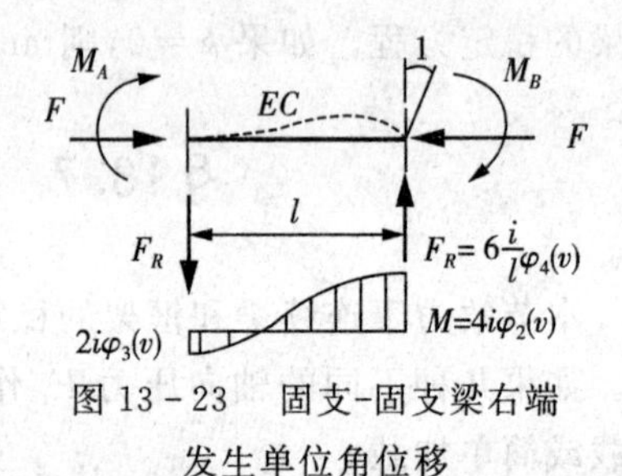

图13-23 固支-固支梁右端发生单位角位移

以左端点为坐标原点。边界条件为$y(l)=0$，$x=0$，$y(0)=y'(0)=0$；$x=l$，$y(l)=0$，$y'(l)=1$。由方程(13-64)可得

$$\begin{cases} y(l)=-M_0\dfrac{1-\cos nl}{F}-\overline{F}_{S0}\dfrac{nl-\sin nl}{nF}=0 \\ y'(l)=-M_0\dfrac{n\sin nl}{F}-\overline{F}_{S0}\dfrac{1-\cos nl}{F}=1 \end{cases} \tag{13-81}$$

由式(13-81)第一式，得

$$\overline{F}_{S0}=-M_0\frac{1-\cos nl}{F}\frac{nF}{nl-\sin nl} \tag{13-82}$$

将式(13-82)代入(13-81)第二式，得

$$M_A=M_0=\frac{\upsilon i(\upsilon-\sin\upsilon)}{2-2\cos\upsilon-\upsilon\sin\upsilon}=2i\frac{1}{2}\frac{\upsilon(\upsilon-\sin\upsilon)}{2-2\cos\upsilon-\upsilon\sin\upsilon}=2i\varphi_3(\upsilon) \tag{13-83}$$

将式(13-83)代入(13-82)，得

$$\overline{F}_{S0}=-\frac{i}{l}\frac{\upsilon^2(1-\cos\upsilon)}{2-2\cos\upsilon-\upsilon\sin\upsilon} \tag{13-84}$$

由方程(13-64)可得

$$M(l)=M_0\cos nl+\overline{F}_{S0}\frac{\sin nl}{n}=i\frac{\upsilon(\upsilon-\sin\upsilon)}{2-2\cos\upsilon-\upsilon\sin\upsilon}\cos\upsilon-i\frac{\upsilon(1-\cos\upsilon)\sin\upsilon}{2-2\cos\upsilon-\upsilon\sin\upsilon}$$

$$=i\frac{\upsilon^2\cos\upsilon-\upsilon\sin\upsilon\cos\upsilon-\upsilon\sin\upsilon+\upsilon\sin\upsilon\cos\upsilon}{2-2\cos\upsilon-\upsilon\sin\upsilon}$$

$$=-i\frac{\upsilon\sin\upsilon-\upsilon^2\cos\upsilon}{2-2\cos\upsilon-\upsilon\sin\upsilon} \tag{13-85}$$

式中：

$$\upsilon=l\sqrt{\frac{P}{EI}}=nl,F=\frac{\upsilon^2}{l^2}EI,i=\frac{EI}{l}$$

由图 13 - 23 中关于符号的定义得

$$M_B=-M(l)=i\,\frac{\upsilon\,\sin\upsilon-\upsilon^2\,\cos\upsilon}{2-2\,\cos\upsilon-\upsilon\,\sin\upsilon}=4i\varphi_2(\upsilon) \tag{13-86}$$

$$\varphi_2(\upsilon)=\frac{1}{4}\,\frac{\upsilon\,\sin\upsilon-\upsilon^2\,\cos\upsilon}{2-2\,\cos\upsilon-\upsilon\,\sin\upsilon}$$

$$F_R=-\bar{F}_{S0}=\frac{1}{l}[2i\varphi_2(\upsilon)+4i\varphi_3(\upsilon)]=\frac{i}{l}\,\frac{\upsilon^2(1-\cos\upsilon)}{2-2\,\cos\upsilon-\upsilon\,\sin\upsilon}$$

$$=6\,\frac{i}{l}\varphi_4(\upsilon) \tag{13-87}$$

固支-固支梁在右端发生单位线位移(如图13 - 24 所示)。梁承受轴向压力 F。梁长为 l,$EI=$常数。用初参数法确定反力 F_R 和反力矩 M。

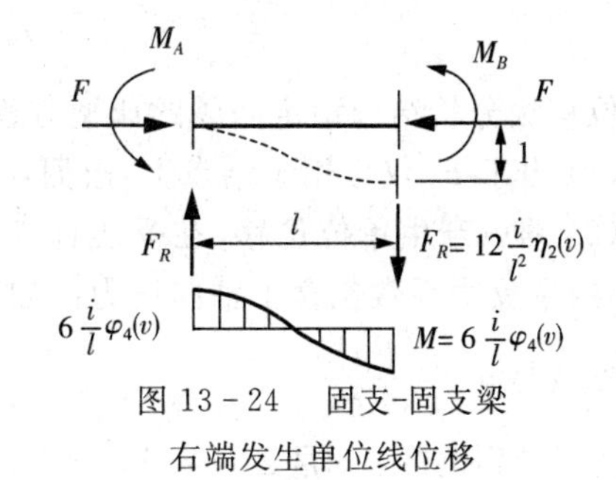

图 13 - 24　固支-固支梁右端发生单位线位移

以左端点为原点。边界条件为 $x=0,y(0)=y'(0)=0;x=l,y(l)=-1,y'(l)=0$。由方程(13 - 64) 可得

$$\begin{cases} y(l)=-M_0\,\dfrac{1-\cos nl}{F}-\bar{F}_{S0}\,\dfrac{nl-\sin nl}{nF}=1 \\[2ex] y'(l)=-M_0\,\dfrac{n\,\sin nl}{F}-\bar{F}_{S0}\,\dfrac{1-\cos nl}{F}=0 \\[2ex] M(l)=M_0\,\cos nl+\bar{F}_{S0}\,\dfrac{\sin nl}{n} \end{cases} \tag{13-88}$$

由式(13 - 88) 第二式,得

$$F_{S0}=-M_0\,\frac{n\,\sin nl}{F}\,\frac{F}{1-\cos nl}=-M_0\,\frac{n\,\sin nl}{1-\cos nl} \tag{13-89}$$

将式(13 - 89) 代入(13 - 88) 的第一式,得

$$\begin{cases} M_0=-\dfrac{i}{l}\,\dfrac{\upsilon^2(1-\cos\upsilon)}{2-2\,\cos\upsilon-\upsilon\,\sin\upsilon} \\[2ex] M_A=-M_0=\dfrac{i}{l}\,\dfrac{\upsilon^2(1-\cos\upsilon)}{2-2\,\cos\upsilon-\upsilon\,\sin\upsilon}=6\,\dfrac{i}{l}\varphi_4(\upsilon) \end{cases} \tag{13-90}$$

由式(13 - 88) 第三式,得

$$\begin{cases} M(l)=M_0\cos nl+\bar{Q}_0\dfrac{\sin nl}{n}=M_0\cos\upsilon-M_0\dfrac{\sin\upsilon}{1-\cos\upsilon}\sin\upsilon \\ \quad =M_0\dfrac{\cos\upsilon(1-\cos\upsilon)-\sin^2\upsilon}{1-\cos\upsilon}=-M_0 \\ M_B=-M_0=\dfrac{i}{l}\dfrac{\upsilon^2(1-\cos\upsilon)}{2-2\cos\upsilon-\upsilon\sin\upsilon}=6\dfrac{i}{l}\varphi_4(\upsilon) \end{cases} \tag{13-91}$$

2. 稳定分析的位移法

对于具有 n 个位移未知量 $Z_j(j=1,2,\cdots,n)$ 的结构，位移法分析结构稳定问题的典型方程如下：

$$\begin{cases} r_{11}Z_1+r_{12}Z_2+\cdots+r_{1n}Z_n=0 \\ r_{21}Z_1+r_{22}Z_2+\cdots+r_{2n}Z_n=0 \\ \quad\vdots \\ r_{n1}Z_1+r_{n2}Z_2+\cdots+r_{nn}Z_n=0 \end{cases} \tag{13-92}$$

位移法分析结构稳定问题的典型方程的特性：

(1) 由于 F_i 仅作用于结点上，故而典型方程是齐次方程。

(2) 约束产生单位位移，在受压杆件中产生的弯矩图是曲线。约束反力与轴向压力相关，即约束反力系数包含了轴向压力。如果结构作用了不同的轴向压力 F_i，对每一根杆件的临界参数是 $\upsilon_i^2=\dfrac{F_il_i^2}{(EI)_i}$。

为了得到位移未知量 $Z_j(j=1,2,\cdots,n)$ 的非零解，则令方程(13-92)的系数行列式等于零。

$$\begin{vmatrix} r_{11}(\upsilon) & r_{12}(\upsilon) & \cdots & r_{1n}(\upsilon) \\ r_{21}(\upsilon) & r_{22}(\upsilon) & \cdots & r_{2n}(\upsilon) \\ \vdots & \vdots & \vdots & \vdots \\ r_{n1}(\upsilon) & r_{n2}(\upsilon) & \cdots & r_{nn}(\upsilon) \end{vmatrix}=0 \tag{13-93}$$

方程(13-93)称为位移法分析结构稳定的方程。对于实际工程问题，必须获得方程(13-93)的最小根。这个根定义了最小的临界力参数或最小的临界力。方程(13-93)是一个与参数 υ 相关的超越方程，对参数 υ 比较敏感，一般采用计算机或图解法计算。

【例 13-8】 推导图 13-25a 所示刚架的稳定方程和临界荷载。该刚架仅有一个角位移未知量。如图 13-25b 所示为该刚架的基本结构以及由单位角位移引起的弹性曲线和弯矩图。

【解】 根据弯矩图得

$$r_{11}=4i_1\varphi_2(\upsilon_1)+4i_2 \tag{13-94}$$

式中：临界荷载参数为

$$\upsilon_1=l_1\sqrt{\frac{F}{EI_1}} \tag{13-95}$$

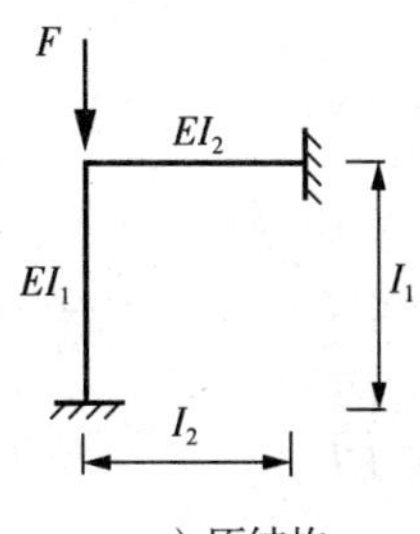

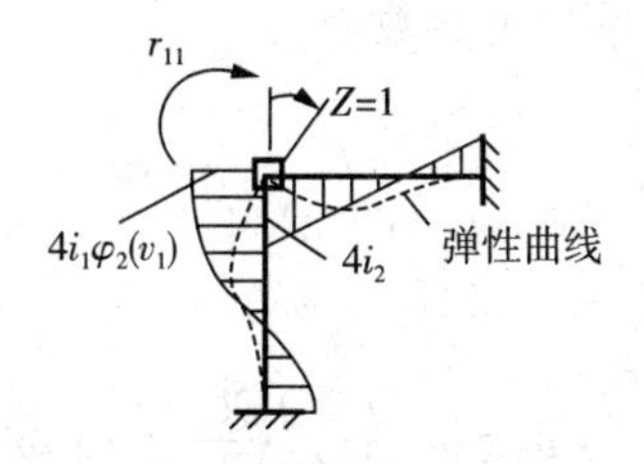

a）原结构　　　　b）基本结构单位角位移引起的弹性曲线和弯矩图

图 13－25　例 13－8 图示

位移法典型方程为 $r_{11}(\upsilon_1)Z=0$。其非零解为

$$r_{11}=\frac{4EI_1}{l_1}\varphi_2(\upsilon_1)+\frac{4EI_2}{l_2}=0 \tag{13-96}$$

讨论：(1) 设 $l_2\rightarrow 0$。式(13－96)第二项 $\frac{4EI_2}{l_2}\rightarrow\infty$，刚结点转变成固支端。该结构转变成两端固支的柱。稳定方程变成 $\varphi_2(\upsilon_1)\rightarrow\infty$，由表 13－4 得 $\upsilon_1=2\pi$。临界荷载为

$$F_{cr}=\frac{\upsilon_1^2EI_1}{l_1^2}=\frac{4\pi^2EI_1}{l_1^2}=\frac{\pi^2EI_1}{(0.5l_1)^2}$$

(2) 设 $EI_2\rightarrow 0$。刚结点转变成铰接。该结构转变成一端固支、一端铰接的柱。稳定方程变成 $\varphi_2(\upsilon_1)=0$。由表 13－4 得，方程的根 $\upsilon_1=4.488$。临界荷载为

$$F_{cr}=\frac{\upsilon_1^2EI_1}{l_1^2}=\frac{4.488^2EI_1}{l_1^2}=\frac{\pi^2EI_1}{(0.7l_1)^2}$$

(3) 如果 $l_1=l_2$，$EI_1=EI_2$，稳定方程变成 $\varphi_2(\upsilon_1)+1=0$。由表 13－4 得，方程的根 $\upsilon_1=5.3269$。临界荷载为

$$F_{cr}=\frac{\upsilon_1^2EI_1}{l_1^2}=\frac{28.397EI_1}{l_1^2}$$

【例 13－9】 推导图 13－26a 所示两跨连续梁的稳定方程和临界荷载。该连续梁仅有一个角位移未知量。如图 13－26b 所示为该连续梁的基本结构以及由单位角位移引起的弹性曲线和弯矩图。

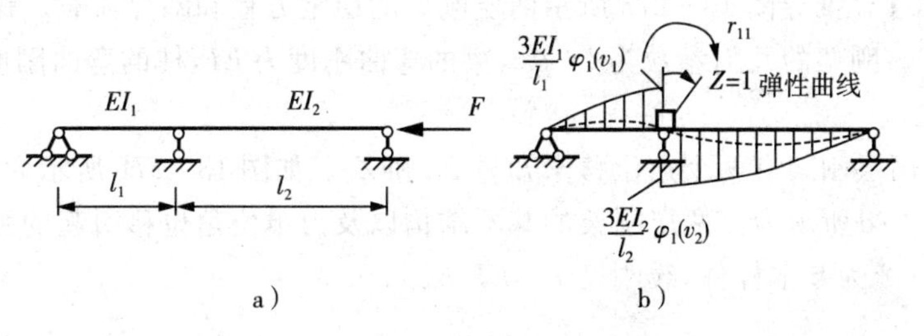

a）　　　　　　　　b）

图 13－26　基本结构单位角位移引起的弹性曲线和弯矩图

两跨的轴向力相等，临界力参数为

$$\upsilon_1 = l_1\sqrt{\frac{F}{EI_1}},\upsilon_2 = l_2\sqrt{\frac{F}{EI_2}} \tag{13-97}$$

以左跨为基础，取 $\upsilon_1 = \upsilon$，故有

$$\upsilon_2 = \upsilon_1\frac{l_2}{l_1}\sqrt{\frac{EI_1}{EI_2}} = \upsilon\alpha,\alpha = \frac{l_2}{l_1}\sqrt{\frac{EI_1}{EI_2}} \tag{13-98}$$

【解】 根据弯矩图，得

$$r_{11}(\upsilon) = \frac{3EI_1}{l_1}\varphi_1(\upsilon_1) + \frac{3EI_2}{l_2}\varphi_1(\upsilon_2) = \frac{3EI_1}{l_1}\varphi_1(\upsilon) + \frac{3EI_2}{l_2}\varphi_1(\alpha\upsilon) \tag{13-99}$$

位移法典型方程为 $r_{11}(\upsilon)Z=0$，其非零解为

$$r_{11}(\upsilon) = \frac{3EI_1}{l_1}\varphi_1(\upsilon) + \frac{3EI_2}{l_2}\varphi_1(\alpha\upsilon) = 0 \tag{13-100}$$

讨论：(1) 设 $l_2\to 0$。式(13-100)第二项 $\frac{3EI_2}{l_2}\to\infty$，中间结点转变成固支端。该结构转变成一端铰接、一端固支的梁。稳定方程变成 $\varphi_1(\upsilon_1)\to\infty$，由表 13-4 得方程的根 $\upsilon_1 = 4.488$。临界荷载为

$$F_{cr} = \frac{\upsilon_1^2 EI_1}{l_1^2} = \frac{4.488^2 EI_1}{l_1^2} = \frac{\pi^2 EI_1}{(0.7l_1)^2}$$

(2) 如果 $l_1=l_2=l,EI_1=EI_2=EI$，这种情况下，$\alpha=1$。稳定方程变成 $\varphi_1(\upsilon)=0,\upsilon=\pi$。临界荷载为

$$F_{cr} = \frac{\pi^2 EI}{l^2}$$

该临界荷载与一端链杆、一端铰接柱的临界荷载相同。

(3) 如果 $l_2=2l_1,EI_1=EI_2=EI$，这种情况下，$\alpha=\frac{l_2}{l_1}\sqrt{\frac{EI_1}{EI_2}}=2$。稳定方程变成 $\varphi_1(\upsilon)+0.5\varphi_1(2\upsilon)=0,\upsilon=1.967$。临界荷载为

$$F_{cr} = \frac{3.869EI}{l_1^2}$$

【例 13-10】 推导图 13-27a 所示两层刚架的稳定方程和临界荷载。该结构作用着轴向压力 F 和 αF。刚架的几何参数为 $l=\beta h$，梁的弯曲刚度为 EI，柱的弯曲刚度为 kEI。k、α、β 为正数。

【解】 该两层刚架有两个角位移未知量 Z_1 和 Z_2。如图 13-27b 所示为基本结构，如图 13-27c、图 13-27d 所示为该两层刚架的基本结构以及由单位角位移引起的弹性曲线和弯矩图。设杆件 1－2 为基本杆件，线刚度 $i=EI/h$。

$$\upsilon_1 = h\sqrt{\frac{F}{EI}} = \upsilon,\quad \upsilon_2 = h\sqrt{\frac{F+\alpha F}{kEI}} = \upsilon\sqrt{\frac{1+\alpha}{k}} \tag{13-101}$$

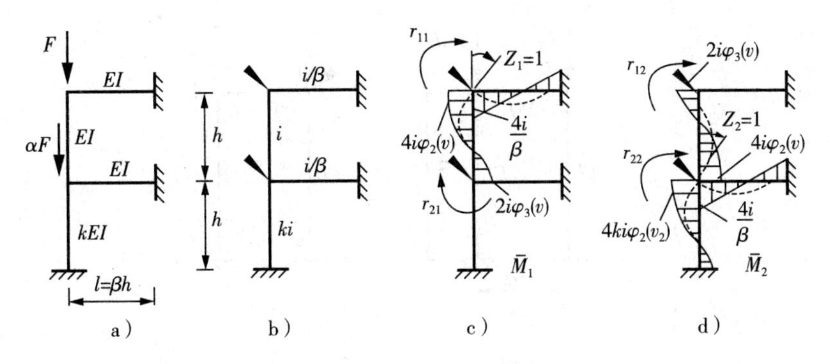

图 13－27　两层刚架

由图 13－27c、图 13－27d 可得

$$r_{11}=4i\varphi_2(\upsilon)+\frac{4i}{\beta};\quad r_{12}=r_{21}=2i\varphi_3(\upsilon);\quad r_{22}=4i\varphi_2(\upsilon)+4ki\varphi_2(\upsilon_2)+\frac{4i}{\beta} \tag{13-102}$$

稳定方程为

$$\begin{vmatrix} r_{11} & r_{12} \\ r_{21} & r_{22} \end{vmatrix}=0 \tag{13-103}$$

$$4\left[\varphi_2(\upsilon)+\frac{1}{\beta}\right]\left[\varphi_2(\upsilon)+k\varphi_2(\upsilon_2)+\frac{1}{\beta}\right]-\varphi_3^2(\upsilon)=0 \tag{13-104}$$

设 $\alpha=3,\beta=1,k=4$，则有 $\upsilon_2=\upsilon$。稳定方程变为

$$4[\varphi_2(\upsilon)+1][5\varphi_2(\upsilon)+1]-\varphi_3^2(\upsilon)=0 \tag{13-105}$$

方程的根 $\upsilon=4.5307$。临界荷载为

$$F_{cr}=\frac{\upsilon^2 EI}{h^2}=\frac{4.5307^2 EI}{h^2} \tag{13-106}$$

【例 13－11】　如图 13－28 所示为刚架在结点 1 和 2 承受两个集中荷载。推导图 13－28a 所示刚架的稳定方程和临界荷载。

【解】　刚架有一个角位移 Z_1 和一个线位移 Z_2。单位位移引起的弹性曲线和弯矩图如图13－28c，图 13－28d 所示。临界荷载参数为

$$\upsilon_{13}=\upsilon=h\sqrt{\frac{F}{EI}};\upsilon_{24}=h\sqrt{\frac{1.4F}{EI}}=1.1832\upsilon \tag{13-107}$$

由图 13－28c、图 13－28d 可得

$$\begin{cases} r_{11}=[0.4\varphi_2(\upsilon)+1.2]EI;r_{12}=r_{21}=-0.6EI\varphi_4(\upsilon) \\ r_{22}=[0.012\eta_2(\upsilon)+0.003\eta_1(1.1832\upsilon)]EI \end{cases} \tag{13-108}$$

稳定分析的位移法典型方程为

$$\begin{cases} r_{11}Z_1+r_{12}Z_2=0 \\ r_{21}Z_1+r_{22}Z_2=0 \end{cases} \tag{13-109}$$

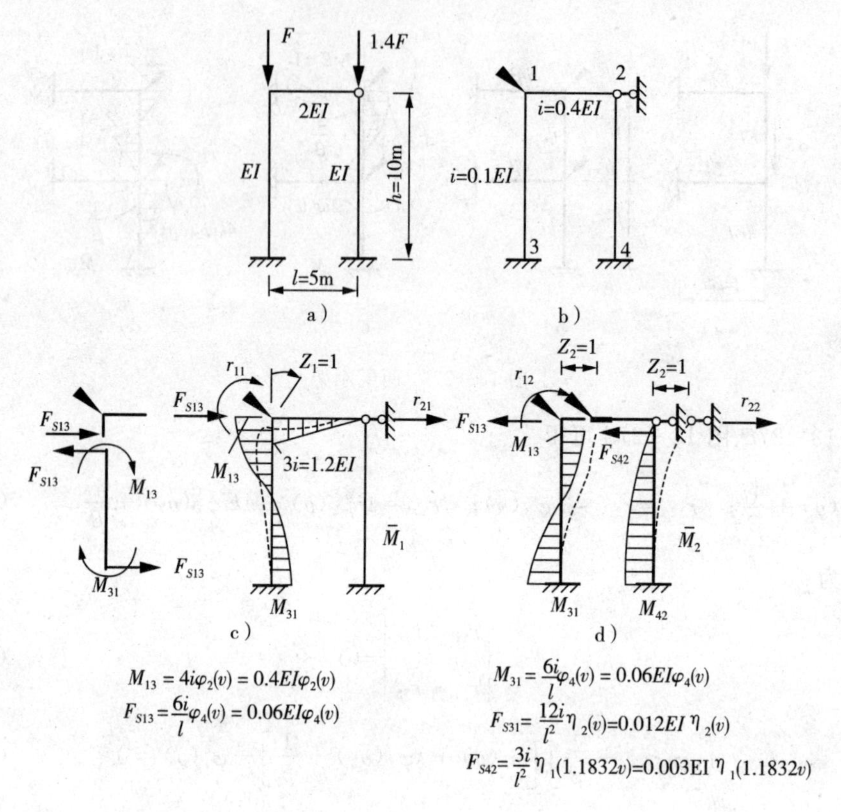

图 13－28 例 13－11 图示

稳定方程为

$$\begin{vmatrix} 0.4\varphi_2(v)+1.2 & -0.6\varphi_4(v) \\ -0.6\varphi_4(v) & 0.012\eta_2(v)+0.003\eta_1(1.1832v) \end{vmatrix}=0 \tag{13-110}$$

行列式的特征根为 $v=2.12$，其临界荷载为

$$F_{cr}=\frac{v^2EI}{h^2}=\frac{4.49EI}{h^2} \tag{13-111}$$

如果该刚架同时作用两个力 F 和 $1.4F$，则刚架失稳。

表 13－2　轴向受压单跨梁的形常数 $v=l\sqrt{\frac{F}{EI}}$

	铰接-固结梁	固结-固结梁
1	F，EC，1，M，F，l，F_R，$F_R=3\frac{i}{l}\varphi_1(v)$，$M=3i\varphi_1(v)$	M_A，F，EC，1，M_B，F，l，F_R，$F_R=6\frac{i}{l}\varphi_4(v)$，$2i\varphi_3(v)$，$M=4i\varphi_2(v)$

（续表）

	铰接-固结梁	固结-固结梁
2	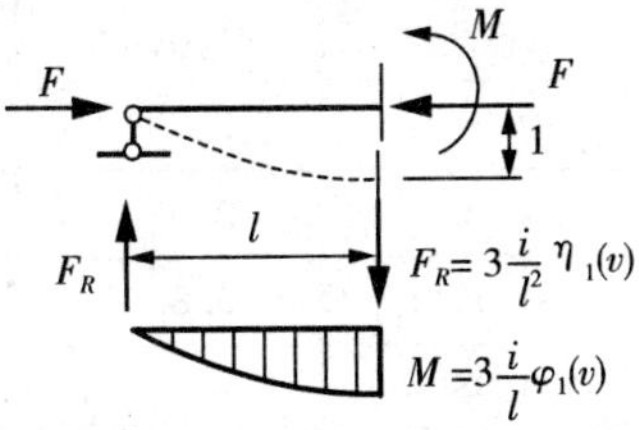 F　M　F　1　l　F_R　$F_R=3\frac{i}{l^2}\eta_1(v)$　$M=3\frac{i}{l}\varphi_1(v)$	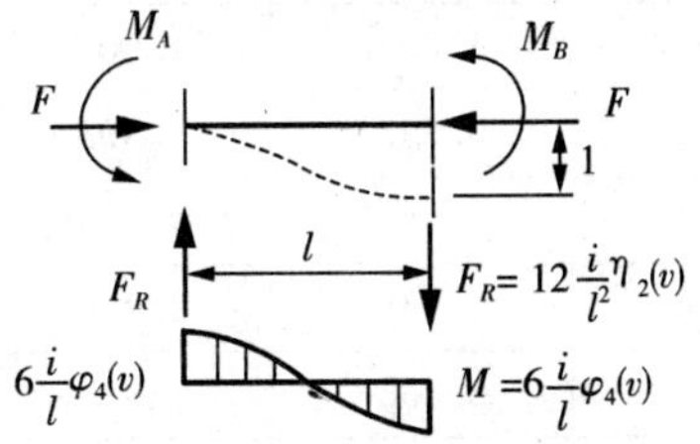 M_A　M_B　F　F　1　l　F_R　$F_R=12\frac{i}{l^2}\eta_2(v)$　$6\frac{i}{l}\varphi_4(v)$　$M=6\frac{i}{l}\varphi_4(v)$
3	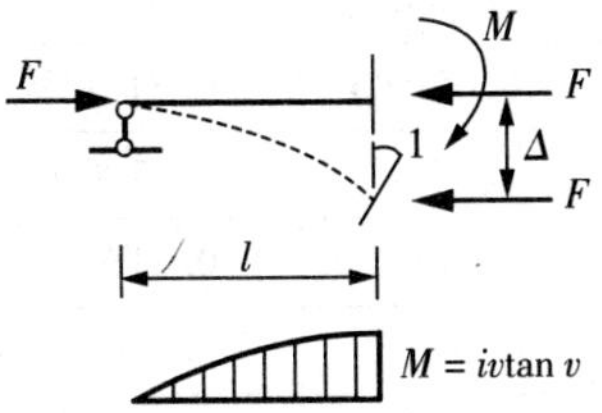 F　M　F　1　Δ　F　l　$M=iv\tan v$	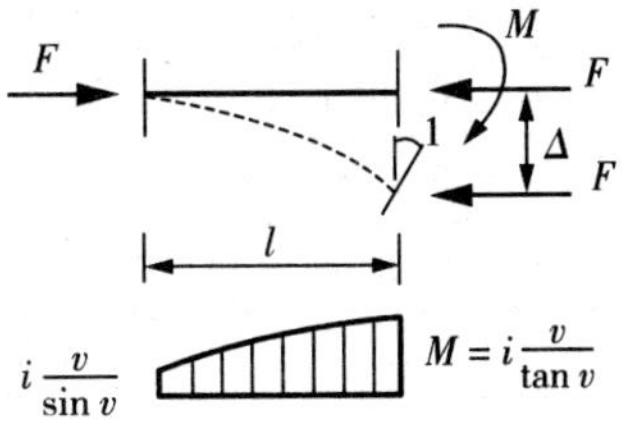 F　M　F　1　Δ　F　l　$i\frac{v}{\sin v}$　$M=i\frac{v}{\tan v}$
4	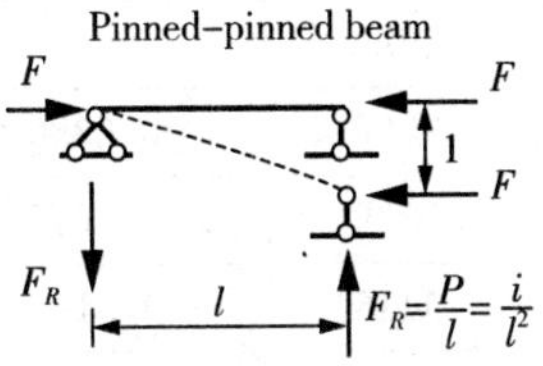 Pinned-pinned beam　F　F　1　F　F_R　l　$F_R=\frac{P}{l}=\frac{i}{l^2}$	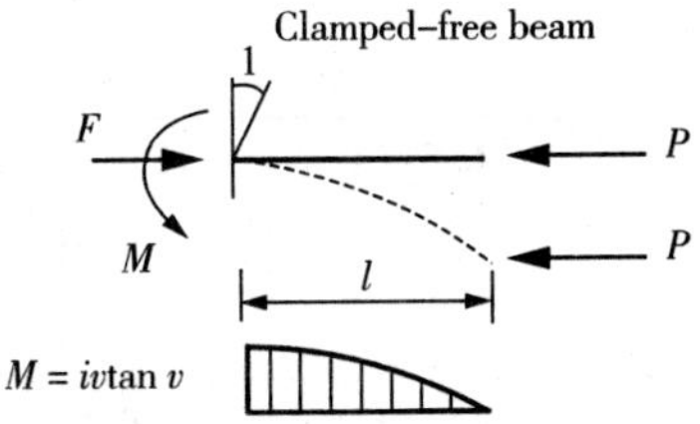 Clamped-free beam　1　F　P　M　P　l　$M=iv\tan v$

表 13-3　稳定分析的特殊函数

方程	形式 1	形式 2	麦克劳伦级数
$\varphi_1(v)$	$\dfrac{v^2\tan v}{3(\tan v-v)}$	$\dfrac{1}{3}\dfrac{v^2\sin v}{\sin v-v\cos v}$	$1-\dfrac{v^2}{15}-\dfrac{v^4}{525}+\cdots$
$\varphi_2(v)$	$\dfrac{v(\tan v-v)}{8\tan v(\tan\frac{v}{2}-\frac{v}{2})}$	$\dfrac{1}{4}\dfrac{v\sin v-v^2\cos v}{2-2\cos v-v\sin v}$	$1-\dfrac{v^2}{30}-\dfrac{11v^4}{25200}+\cdots$
$\varphi_3(v)$	$\dfrac{v(v-\sin v)}{4\sin v(\tan\frac{v}{2}-\frac{v}{2})}$	$\dfrac{1}{2}\dfrac{v(v-\sin v)}{2-2\cos v-v\sin v}$	$1+\dfrac{v^2}{60}+\dfrac{13v^4}{25200}+\cdots$
$\varphi_4(v)$	$\varphi_1(\frac{v}{2})$	$\dfrac{1}{6}\dfrac{v^2\sin v}{\sin v-v-v\cos v}$	$1-\dfrac{v^2}{60}-\dfrac{v^4}{84000}+\cdots$
$\eta_1(v)$	$\dfrac{v^3}{3(\tan v-v)}$	$\dfrac{1}{3}\dfrac{v^3\cos v}{\sin v-v\cos v}$	$1-\dfrac{2v^2}{5}-\dfrac{v^4}{252}+\cdots$
$\eta_2(v)$	$\eta_1(\frac{v}{2})$	$\dfrac{1}{12}\dfrac{v^3(1+\cos v)}{2\sin v-v-v\cos v}$	$1-\dfrac{v^2}{10}-\dfrac{v^4}{8400}+\cdots$
$\dfrac{v}{\sin v}$	$\dfrac{v}{\sin v}$	$\dfrac{v}{\sin v}$	$1+\dfrac{v^2}{6}+\dfrac{7v^4}{360}+\cdots$
$\dfrac{v}{\tan v}$	$\dfrac{v}{\tan v}$	$\dfrac{v\cos v}{\sin v}$	$1-\dfrac{v^2}{3}-\dfrac{v^4}{45}+\cdots$
$v\tan v$	$v\tan v$	$\dfrac{v\sin v}{\cos v}$	$0+v^2+\dfrac{v^4}{3}+\cdots$

表 13-4 稳定分析的特殊函数的数值

v	$\varphi_1(v)$	$\varphi_2(v)$	$\varphi_3(v)$	$\varphi_4(v)$	$\eta_1(v)$	$\eta_2(v)$
0	1.0000	1.0000	1.0000	1.0000	1.0000	1.0000
0.2	0.9937	0.9980	1.0009	0.9992	0.9840	0.9959
0.4	0.9895	0.9945	1.0026	0.9973	0.9362	0.9840
0.6	0.9756	0.9981	1.0061	0.9941	0.8557	0.9641
0.8	0.9566	0.9787	1.0111	0.9895	0.7432	0.9362
1.0	0.9313	0.9662	1.0172	0.9832	0.5980	0.8999
1.1	0.9164	0.9590	1.0209	0.9798	0.5131	0.8789
1.2	0.8998	0.9511	1.0251	0.9757	0.4198	0.8557
1.3	0.8814	0.9424	1.0298	0.9715	0.3181	0.8307
1.4	0.8613	0.9329	1.0348	0.9669	0.2080	0.8035
1.5	0.8393	0.9226	1.0403	0.9619	0.0893	0.7743
$\pi/2$	0.8225	0.9149	1.0445	0.9620	0.0000	0.7525
1.6	0.8153	0.9116	1.0463	0.9566	−0.0380	0.7432
1.7	0.7891	0.8998	1.0529	0.9509	−0.1742	0.7100
1.8	0.769	0.8871	1.0600	0.9448	−0.3191	0.6747
1.9	0.7297	0.8735	1.0676	0.9382	−0.4736	0.6374
2.0	0.6961	0.8590	1.0760	0.9313	−0.6372	0.5980
2.1	0.6597	0.8437	1.0850	0.9240	−0.8103	0.5565
2.2	0.6202	0.8273	1.0946	0.9164	−0.9931	0.5131
2.3	0.5772	0.8099	1.1050	0.9083	−1.1861	0.4675
2.4	0.5304	0.7915	1.1164	0.8998	1.3895	0.4198
2.5	0.4793	0.7720	1.1286	0.8909	−1.6040	0.3701
2.6	0.4234	0.7513	1.1417	0.8814	−1.8299	0.3181
2.7	0.3621	0.7294	1.1599	0.8716	−2.0679	0.2641
2.8	0.2944	0.7064	1.1712	0.8613	−2.3189	0.2080
2.9	0.2195	0.6819	1.1878	0.8506	−2.5838	0.1498
3.0	0.1361	0.6560	1.2057	0.8393	−2.8639	0.0893
3.1	0.0424	0.6287	1.2252	0.8275	−3.1609	0.0207
π	0.0000	0.6168	1.2336	0.8225	−3.2898	0.0000
3.2	−0.0635	0.5997	1.2463	0.8153	−3.4768	−0.0380
3.3	−0.1847	0.5691	1.2691	0.8024	−3.8147	−0.1051
3.4	−0.3248	0.5366	1.2940	0.7891	−4.1781	−0.1742
3.5	−0.4894	0.5021	1.3212	0.7751	−4.5727	−0.2457
3.6	−0.6862	0.4656	1.3508	1.7609	−5.0062	−0.3191
3.7	−0.9270	0.4265	1.3834	0.7457	−5.4903	−0.3951

（续表）

v	$\varphi_1(v)$	$\varphi_2(v)$	$\varphi_3(v)$	$\varphi_4(v)$	$\eta_1(v)$	$\eta_2(v)$
3.8	−1.2303	0.3850	1.4191	0.7297	−6.0436	−0.4736
3.9	−1.6268	0.3407	1.4584	0.7133	−6.6968	−0.5542
4.0	−2.1726	0.2933	1.5018	0.6961	−7.5058	−0.6372
4.1	−2.9806	0.2424	1.5501	0.6783	−8.5836	−0.7225
4.2	−4.3155	0.1877	1.6036	0.6597	−1.0196	−0.8103
4.3	−6.9949	0.1288	1.6637	0.6404	−1.3158	−0.9004
4.4	−1.5330	0.0648	1.7310	0.6202	−2.1780	−0.9931
4.5	227.80	−0.0048	1.8070	0.5991	+221.05	−1.0884
4.6	14.669	−0.0808	1.8933	0.5772	7.6160	−1.1861
4.7	7.8185	−0.1646	1.9919	0.5543	0.4553	−1.2865
4.8	5.4020	−0.2572	2.1056	0.5304	−2.2777	−1.3895
4.9	4.1463	−0.3612	2.2377	0.5054	−3.8570	−1.4954
5.0	3.3615	−0.4772	2.3924	0.4793	−4.9718	−1.6040
5.2	2.3986	−0.7630	2.7961	0.4234	−6.6147	−1.8299
5.4	1.7884	−1.1563	3.3989	0.3621	−7.9316	−2.0679
5.6	1.3265	−1.7481	4.3794	0.2944	−9.1268	−2.3189
5.8	0.9302	−2.7777	6.2140	0.2195	−10.283	−2.5939
6.0	0.5551	−1.1589	10.727	0.1361	−11.445	−2.8639
6.2	1.1700	−18.591	37.308	0.0424	−12.643	−3.1609
2π	0.0000	$-\infty$	$+\infty$	0.0000	−13.033	−3.2898

习　题

13-1　图 13-29、图 13-30 所示结构各杆抗弯刚度均为无限大，k 为抗侧移弹性支座的刚度（发生单位位移所需的力）。试用静力法确定临界荷载。

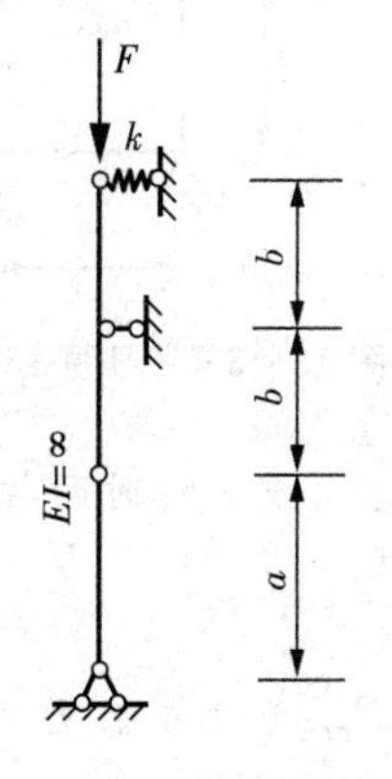

图 13-29　习题 13-1 图示

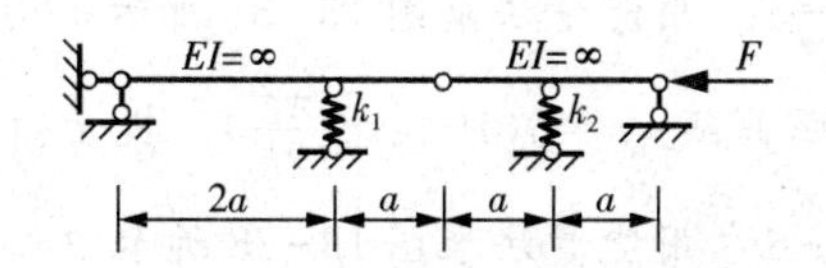

图 13-30　习题 13-1 图示

13-2　试用静力法确定图 13-31 ～ 图 13-34 所示结构的临界荷载。

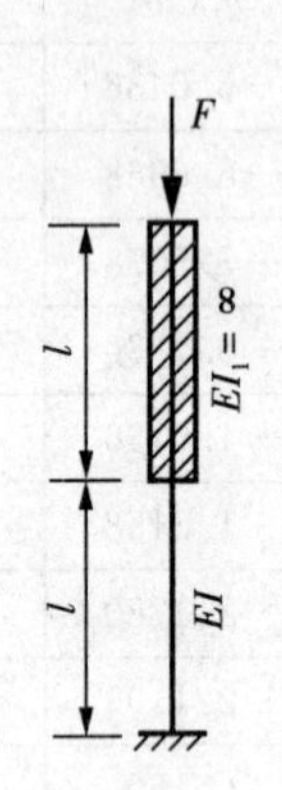

图 13-31　习题 13-2 图示

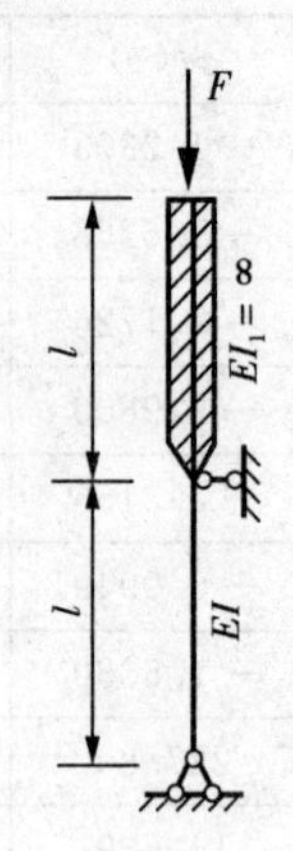

图 13-32　习题 13-2 图示

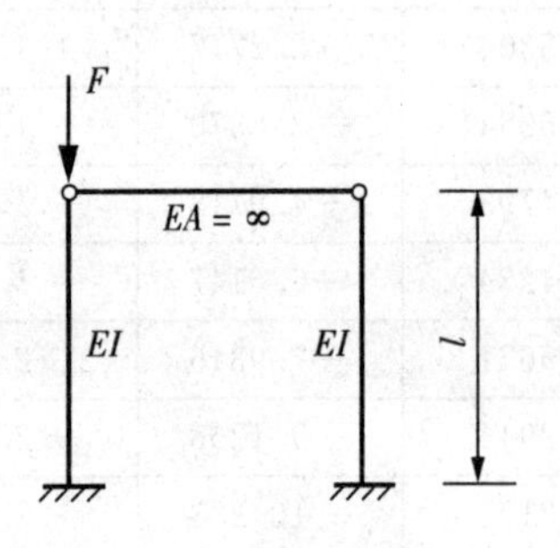

图 13-33　习题 13-2 图示

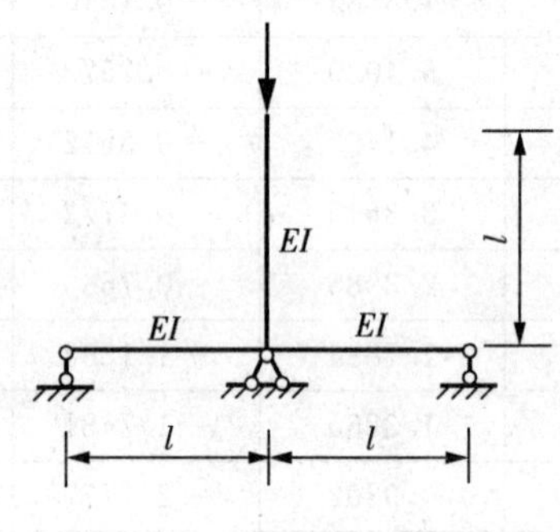

图 13-34　习题 13-2 图示

13-3　用静力法确定图 13-35 所示具有下端固定铰、上端滑动支承压杆的临界荷载 P_{cr}。

13-4　求图 13-36 所示刚架的临界荷载 P_{cr}。已知弹簧刚度 $k=3EI/l^3$。

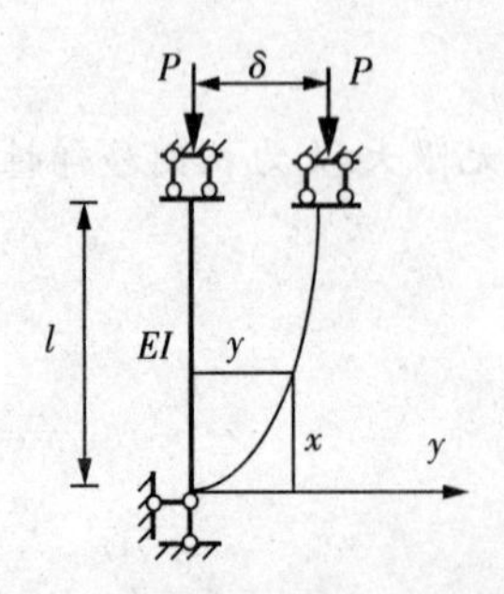

图 13-35　习题 13-3 图示

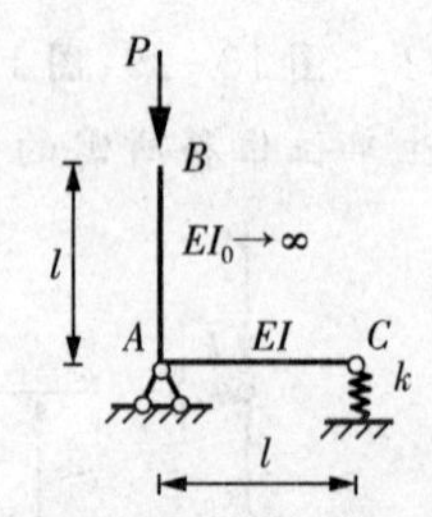

图 13-36　习题 13-4 图示

13-5　用能量法求图 13-37 所示结构的临界荷载参数 P_{cr}。设失稳时两柱的变形曲线均为余弦曲线：$y=\delta(1-\cos\dfrac{\pi x}{2h})$。提示：$\int_a^b \cos^2 u\mathrm{d}u=\left[\dfrac{u}{2}+\dfrac{1}{4}\sin 2u\right]_a^b$。

13-6　用能量法求图 13-38 所示中心受压杆的临界荷载 P_{cr} 与计算长度，BC 段为刚性杆，AB 段失稳时变形曲线设为 $y(x)=a(x-\dfrac{x^3}{l^2})$。

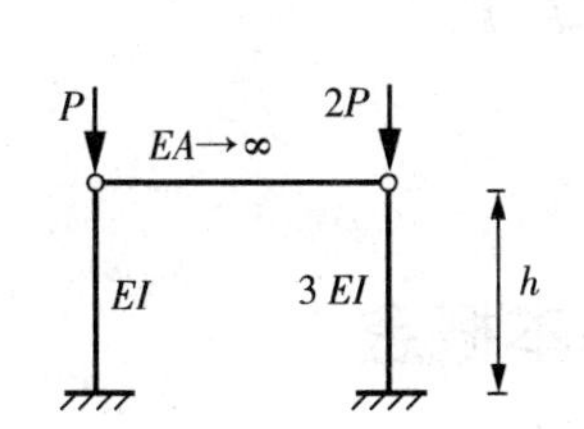

图 13－37　习题 13－5 图示

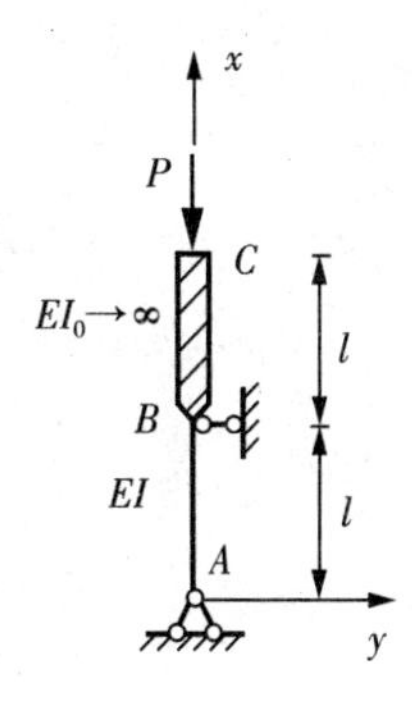

图 13－38　习题 13－6 图示

13－7　用能量法求图 13－39 所示中心压杆的临界荷载 P_{cr}，设变形曲线为正弦曲线。提示：$\int_a^b \sin^2 u\mathrm{d}u=\left[\frac{u}{2}-\frac{1}{4}\sin 2u\right]_a^b$。

13－8　用位移法推导图 13－40 所示结构临界荷载的方程。

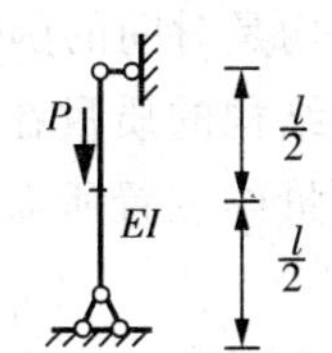

图 13－39　习题 13－7 图示

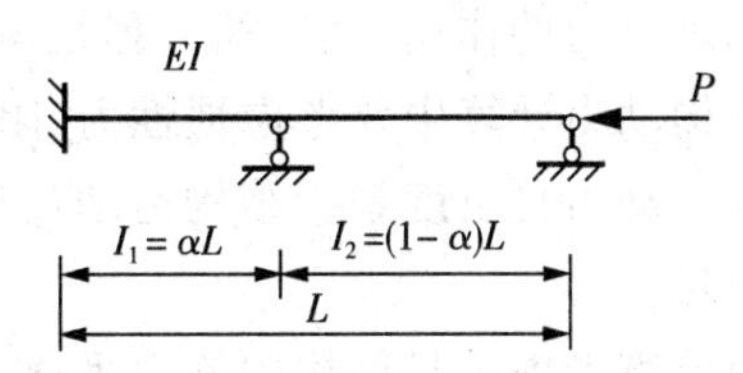

图 13－40　习题 13－8 图示

13－9　用位移法推导图 13－41 所示刚架结构临界荷载的方程。

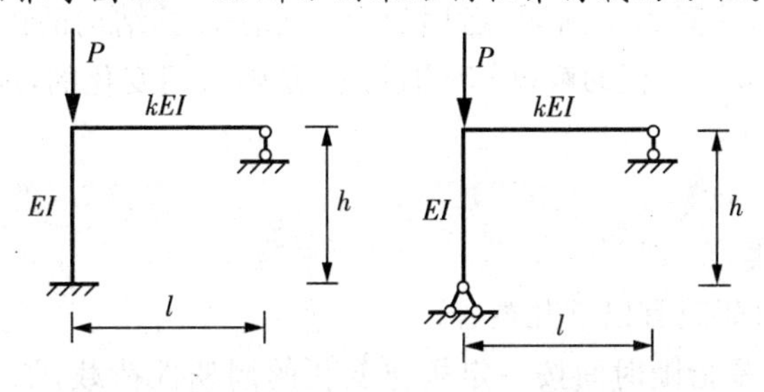

图 13－41　习题 13－9 图示

13－10　用位移法推导图 13－42 所示排架结构临界荷载的方程。横梁抗弯刚度为无限大。

13－11　用位移法推导图 13－43 所示刚架结构临界荷载的方程。

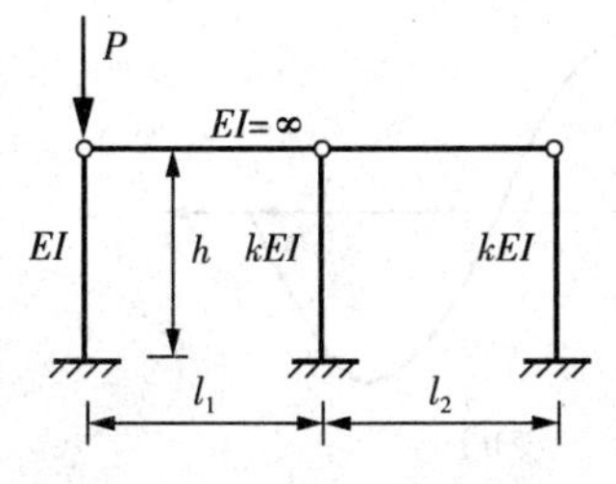

图 13－42　习题 13－10 图示

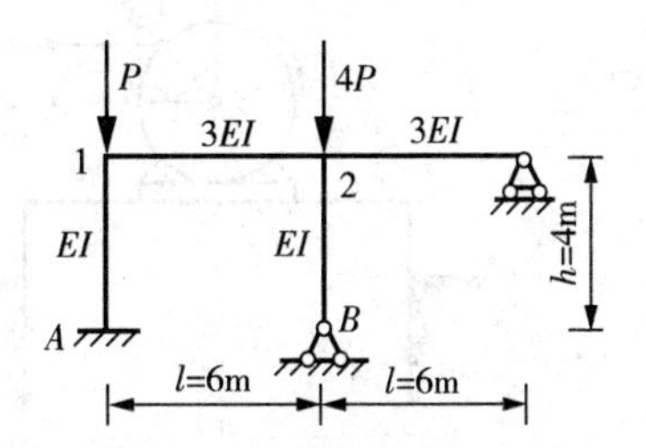

图 13－43　习题 13－11 图示

第14章 结构动力学

§14.1 结构动力计算的基本概念

1. 概述

前面各章讨论的是结构在静力荷载作用下的内力和计算问题。结构动力学研究在动态荷载作用下的结构内力和位移的计算理论及方法。与结构静力计算相比，结构承受周期荷载、冲击荷载、随机荷载等动力荷载作用时，结构的平衡方程中必须考虑惯性力的作用，有时还要考虑阻尼力的作用，且平衡方程是瞬时的，荷载、内力、位移等均是时间的函数。

在结构动力计算中要考虑惯性力、阻尼力的作用，故必须研究结构的质量在运动过程中的自由度。动力自由度是指结构运动过程中任一时刻确定全部质量的位置所需的独立几何参数的数目。

静力计算考虑的是结构的静力平衡，荷载、约束力、位移等都是不随时间变化的常量。动力问题与静力问题相比较，在结构动力计算中，需要考虑惯性力，荷载是时间的函数，需要考虑惯性力。在动力问题中，根据达朗贝尔原理，建立包含惯性力的动力平衡方程，这样就把动力学问题化成瞬间的静力学问题，运用静力学方法计算结构的内力和位移。与静力平衡方程不同，动力平衡微分方程的解(即动力反应)是随时间变化的，因而动力分析比静力分析更加复杂。

2. 动力荷载的分类

工程中常见的动力荷载有以下几类：

(1) 周期荷载。这是指随时间按一定规律变化的周期性荷载，如按正弦(或余弦)规律改变大小则称为简谐周期荷载，通常也称为振动荷载，如图14-1所示。例如，具有旋转部件的机器在等速运转时其偏心质量产生的离心力对结构的影响就是这种荷载。

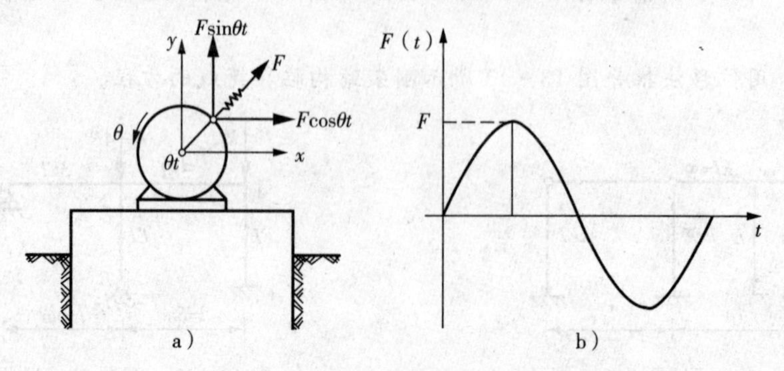

图14-1 周期荷载

(2) 冲击荷载。这类荷载在很短的时间内把全部量值加于结构。这种荷载在很短的时间内,荷载值急剧增大或急剧减小,如图 14－2 所示。例如,打桩机的桩锤对桩的冲击、各种爆炸荷载等。

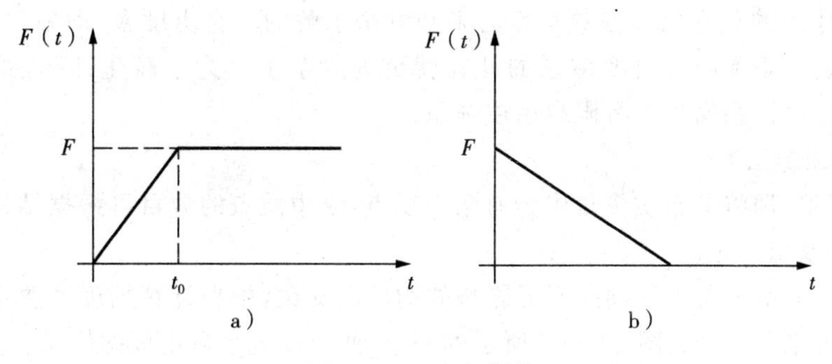

图 14－2　冲击荷载

(3) 突加荷载。在一瞬间施加于结构上并继续留在结构上的荷载,如图 14－3 所示。例如,吊重物的起重机突然启动时施加于钢丝绳的荷载就是这种突加荷载。

上述三种动力荷载都属于确定性荷载,即时间 t 一旦给出就可以得到荷载的确定量值。

(4) 快速移动荷载。例如,高速通过桥梁的列车、汽车等。

(5) 随机荷载。这种荷载的变化极不规则,任一时刻的数值无法预测,其变化规律不能用确定的函数关系来表达,只能用概率的方法寻求其统计规律,如图 14－4 所示。例如,风力的脉动作用、波浪对码头的拍击、地震对建筑物的激振等。

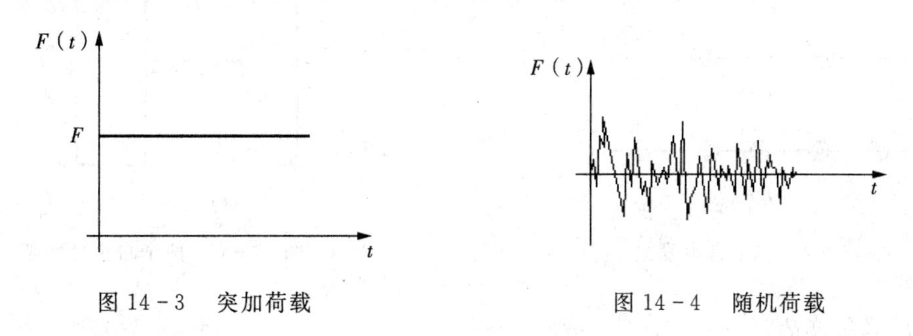

图 14－3　突加荷载　　图 14－4　随机荷载

3. 动力计算的自由度

在动力荷载作用下,结构体系的质量产生了运动,如果能够确定各质量在任意瞬时的位置,则该结构体系的变形形状就完全被确定了。把确定结构体系全部质点的位置所需要的独立参数的个数称为该结构体系的动力自由度,而自由度数是由质量分布及其位移分量共同决定的。如图 14－5a 所示为一简支梁,跨中放有重物 W。当梁本身质量远小于重物的质量时,可取如图 14－5b 所示的结构计算简图。这时体系只有一个自由度,如图 14－5b 所示。

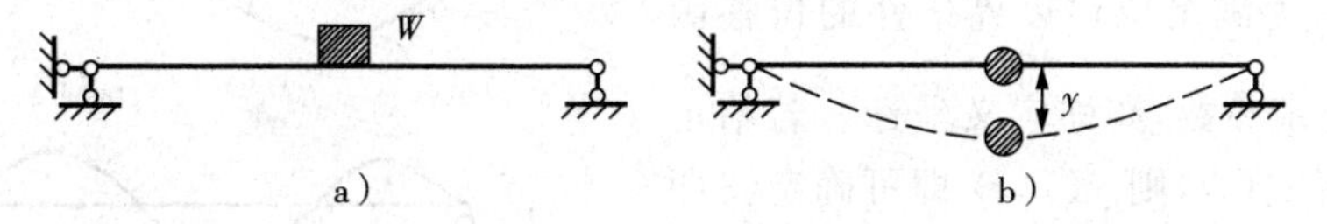

图 14－5　单自由度体系梁

结构振动的自由度数目在结构动力学中具有重要的意义。具有一个自由度的结构称为单自由度结构,自由度大于1的结构则称为多自由度结构。

实际结构的质量总是连续分布的,因此,严格来说,实际结构总是无限自由度体系。在动力计算中,体系的独立位移参数是作为未知量来求解的。自由度多,即独立位移数多,求解就比较复杂,对于无限自由度体系的计算就更为复杂了。为了简化计算,可采用下列方法,把无限自由度体系简化为有限自由度体系。

(1) 集中质量法

集中质量法,即将分布质量集中为有限个质点,集中质点的数目可根据结构的具体情况和计算精度的要求确定。

如图14-6a所示为不计轴向变形影响的均质简支梁,根据计算精度的要求可分别化简为如图14-6b、图14-6c、图14-6d所示的一个、两个或五个自由度的体系。

如图14-7a所示的两层刚架,计算侧向振动时,则可简化为质量集中于楼层的两个自由度体系,计算简图如图14-7b所示。在振动过程中,只要用 y_1 和 y_2 两个独立坐标就可以确定各质点所处的位置,这样就把原来具有无限自由度的两层刚架简化为两个自由度。

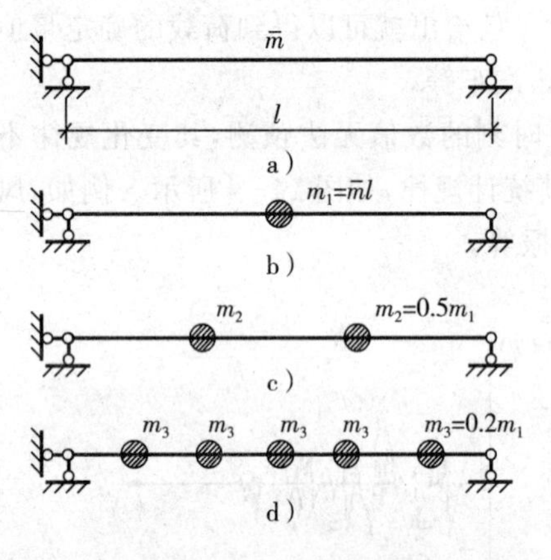

图14-6 多个自由度梁

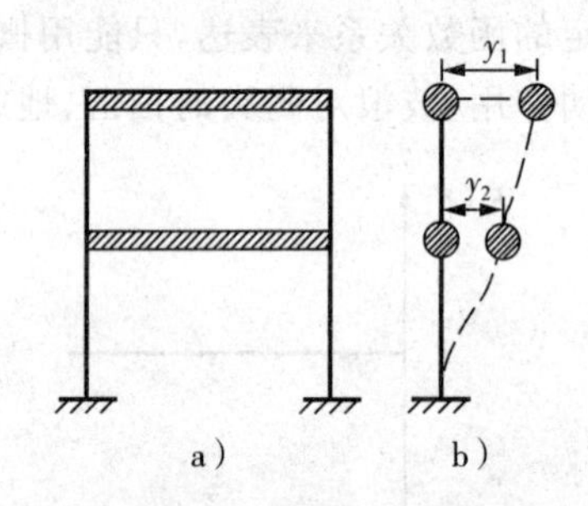

图14-7 两个自由度刚架

(2) 广义坐标法

对于具有连续分布质量,且比较简单的结构可采用广义坐标法。如图14-8a所示简支梁,设在 t 时刻 x 点的位移 $y(x,t)$,将它用一组位移函数的线性和表示:

$$y(x,t)=\sum_{i=1}^{\infty}q_i(t)\sin\frac{i\pi x}{l} \qquad (14-1)$$

式中:$\sin\frac{i\pi x}{l}$ 为满足位移边界条件的位移函数;$q_i(t)$ 为待定参数,亦称广义坐标。若给定各个广义坐标 $q_i(t)$,则 $y(x,t)$ 即可确定。即结构无限个自由度可以用无限个广义坐标 $q_i(t)$ 表示。在一般情况下,只需要采用前面

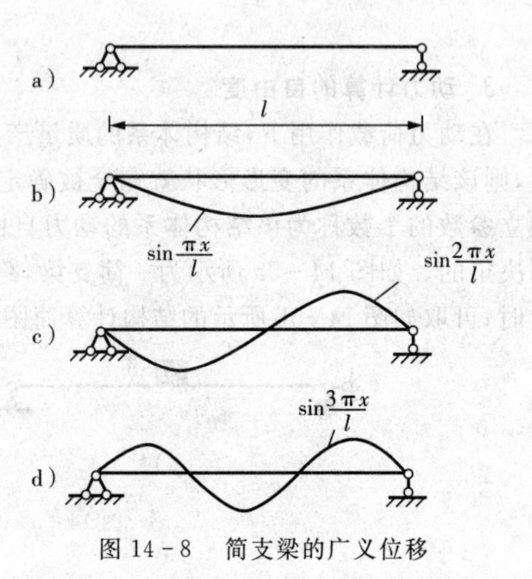

图14-8 简支梁的广义位移

有限项叠加就有足够的精度,如取前三项叠加,即

$$y(x,t)=\sum_{i=1}^{3}q_i(t)\sin\frac{i\pi x}{l} \tag{14-2}$$

这样就将无限自由度系统简化为三个自由度的系统。

§14.2 单自由度结构的自由振动

单自由度结构是指动力自由度数为一个的动力系统,而自由振动是指结构在振动过程中不受外部干扰力作用的振动。自由振动是由于初始时刻的干扰,即通过对质量施加初位移或初速度而激发产生。自由振动的规律反映了体系的动力特性,而体系在动荷载作用下的响应情况又是与其动力特性相关的。分析自由振动的规律具有重要的意义,主要体现在以下几个方面:第一,单自由度系统具有一般动力系统具有的基本特征,包括结构动力分析中涉及的所有物理量及基本概念,是学习结构动力学的基础;第二,很多实际的动力问题可以直接按单自由度体系进行分析计算,例如,单层厂房、水塔等。

单自由度体系的振动是工程中经常遇到的实际问题之一,有时也可把复杂的工程问题简化为单自由度体系进行估算。因此,单自由度体系的振动虽然比较简单,却十分重要,它是研究多自由度体系振动的基础。

1. 单自由度体系自由振动微分方程的建立

以图 14-9a 所示单自由度体系为例,讨论如何建立自由振动的微分方程。图 14-9a 所示悬臂柱在顶部有一质体,质量为 m。设柱本身质量比 m 小得多,可以忽略不计。因此,体系只有一个自由度。

假设由于外界的干扰,质量 m 离开了静止平衡位置,干扰消失后,由于立柱弹性力的影响,质量 m 沿水平方向产生振动。这种由初始干扰,即初始位移或初速度和初始速度共同作用下所引起的振动称为自由振动。

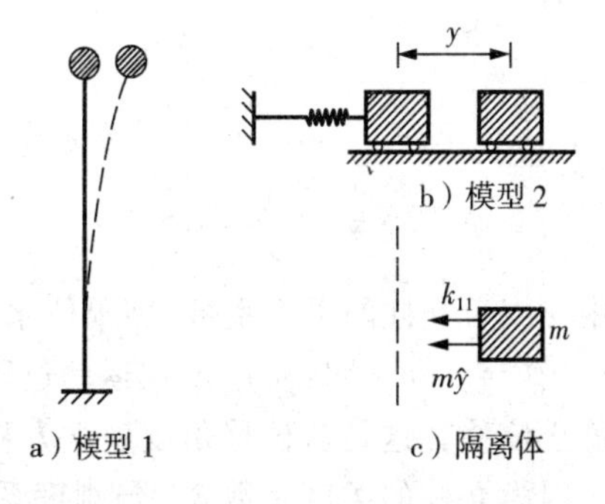

图 14-9 单自由度体系振动模型图

建立自由振动微分方程之前,先把图 14-9a 所示的单自由度体系用图 14-9b 所示的弹簧模型来表示。这时原立柱对质量 m 所提供的弹性力改用一弹簧来表示。因此,弹簧的刚度系数必须等于结构的刚度系数,即图 14-9b 的弹簧系数(使弹簧伸长单位距离所需施加的拉力)应等于图 14-9a 中立柱在柱顶有单位水平位移时在柱顶所需施加的水平力。

建立自由振动的微分方程有两种方法:刚度法和柔度法。

(1) 根据质量 m 隔离体的动力平衡方程建立振动微分方程 —— 刚度法

设以静力平衡位置为原点,在任意时刻 t、质量的水平位移为 $y(t)$ 的状态,取出质量 m 为隔离体,如图 14-9c 所示。如果忽略振动过程中所受到的阻力,则作用在 m 隔离体上的力如下:

① 弹性力 $-k_{11}y$，它的方向恒与位移 $y(t)$ 的方向相反。

② 弹性力 $-m\ddot{y}$，它的方向恒与加速度 $\ddot{y}(t)$ 的方向相反。这里及以后，用 $\dot{y}$ 表示 y 对时间 t 的一阶导数，$\ddot{y}$ 表示 y 对时间 t 的二阶导数。

根据达朗伯原理，可列出隔离体在任意瞬时的动力平衡方程：

$$m\ddot{y}+k_{11}y=0 \tag{14-3}$$

这种直接建立质量 m 在任意时刻 t 的动力平衡方程的方法，称为刚度法。

(2) 根据结构的位移方程建立振动微分方程 —— 柔度法

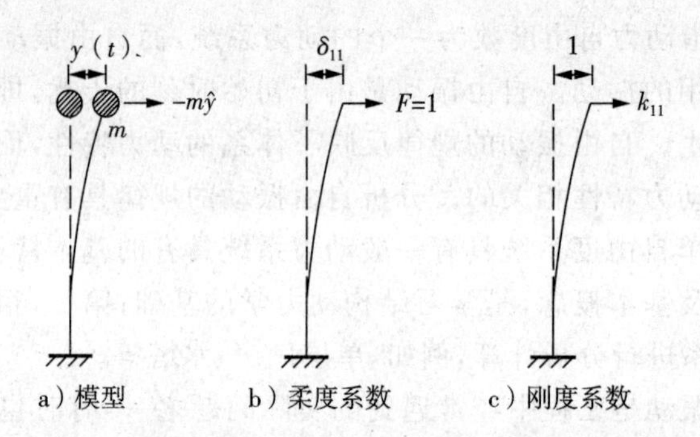

图 14-10 单自由度体系振动模型

根据达朗伯原理，以静力平衡位置为计算位移的起点，当质量 m 在任意时刻水平位移为 $y(t)$ 时，作用在立柱质量 m 上只有惯性力 F_1，$F_1=-m\ddot{y}(t)$（如图 14-10a 所示），则质量 m 的位移为

$$y(t)=F_1\delta_{11}$$

即

$$y(t)=-m\ddot{y}(t)\delta_{11} \tag{14-4}$$

式中：δ_{11} 为立柱的柔度系数，即单位水平力 $F=1$ 作用在柱顶的水平位移。

式(14-4)表明：质量 m 在运动过程中任一时刻的位移 $y(t)$ 等于该时刻在惯性力作用下的静止位移。这是从位移角度建立方程，称为柔度法。

因为立柱的柔度系数 δ_{11} 与刚度系数 k_{11} 互为倒数（如图 14-10b、图 14-10c 所示），即

$$\delta_{11}=\frac{1}{k_{11}} \tag{14-5}$$

将式(14-5) 代入式(14-4)，整理后，可知式(14-4) 与式(14-3) 是相同的。

2. 自由振动微分方程的解答

单自由度体系自由振动微分方程式(14-3) 可以写成

$$\ddot{y}+\omega^2y=0 \tag{14-6}$$

式中：

$$\omega^2=\frac{k_{11}}{m} \tag{14-7}$$

方程(14－7)为常系数线性齐次微分方程，其通解为

$$y(t)=C_1\cos\omega t+C_2\sin\omega t \tag{14-8}$$

质点在任一时刻的加速度为

$$\dot{y}(t)=-\omega C_1\sin\omega t+\omega C_2\cos\omega t \tag{14-9}$$

式中的常系数 C_1 和 C_2 可由初始条件确定。

当 $t=0$ 时的初位移和初速度为 $y(t)=y_0$，$\dot{y}(t)=\dot{y}_0$，代入式(14－8)、式(14－9)后，得

$$C_1=y_0,C_2=\frac{\dot{y}_0}{\omega}$$

$$y(t)=y_0\cos\omega t+\frac{\dot{y}_0}{\omega}\sin\omega t \tag{14-10}$$

由此可知，体系的自由振动由两部分组成：一部分由初位移 y_0 引起，表现为余弦规律；另一部分由初速度 $\dot{y}_0$ 引起，表现为正弦规律(如图 14－11a、图 14－11b 所示)，两者叠加为简谐振动(如图 14－11c 所示)。

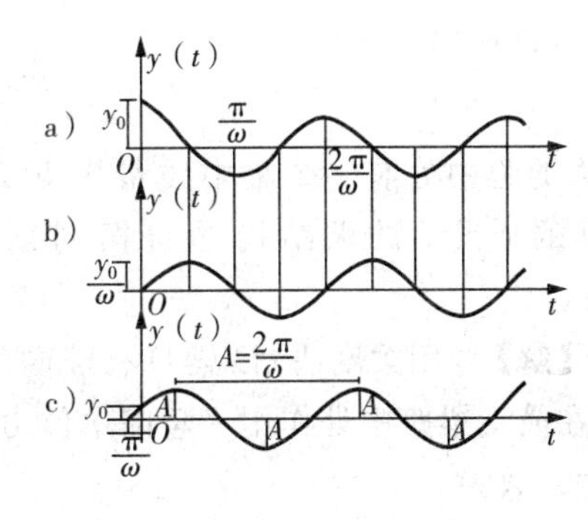

图 14－11

令

$$y_0=A\sin\varphi \tag{14-11}$$

$$\frac{\dot{y}_0}{\omega}=A\cos\varphi \tag{14-12}$$

则有

$$A=\sqrt{y_0^2+\frac{\dot{y}_0^2}{\omega^2}} \tag{14-13}$$

$$\tan\varphi=\frac{y_0}{\frac{\dot{y}_0}{\omega}} \tag{14-14}$$

则式(14－10)可写成

$$y(t)=A\sin(\omega t+\varphi) \tag{14-15}$$

且有

$$\dot{y}(t)=A\omega\cos(\omega t+\varphi) \tag{14-16}$$

式中：A 表示质点的最大位移(如图 14－11c 所示)，称为振幅；φ 称为初相位。若给时间一个增量 $T=\frac{2\pi}{\omega}$，则位移 $y(t)$ 和速度 $\dot{y}(t)$ 的数值均不变，故将 T 称为周期，其单位为秒(s)。周期的倒数 $\frac{1}{T}$ 代表每秒钟内完成的振动次数，用 f 表示，也称工程频率，其单位为 s^{-1} 或 Hz。$\omega=\frac{2\pi}{T}$ 即为 2π 秒内完成的振动次数，称为圆频率，又称为自振频率，其单位为 rad/s。

ω 值可由式(14-7)确定：

$$\omega=\sqrt{\frac{k_{11}}{m}}=\sqrt{\frac{1}{m\delta_{11}}}=\sqrt{\frac{g}{mg\delta_{11}}}=\sqrt{\frac{g}{\Delta_{st}}} \tag{14-17}$$

式中：g 为重力加速度；Δ_{st} 为重量 mg 引起的静位移。

计算单自由度体系的自振频率，只需算出刚度系数 k_{11} 或柔度系数 δ_{11} 静位移 Δ_{st}，代入式(14-17)即可求得。由该式可知，体系的自振频率随结构刚度 k_{11} 的增大和质量 m 的减小而增大，即体系的自振频率只取决于它自身的质量和刚度，反映了结构固有的动力特性，故通常又称为固有频率。

【例 14-1】 如图 14-12a 所示为一等截面简支梁，截面抗弯刚度为 $\theta=\frac{2\pi n}{60}=\frac{2\times3.14\times500}{60}=52.3\text{s}^{-1}$，跨度为 $\beta=\frac{1}{1-\frac{\theta^2}{\omega^2}}=\frac{1}{1-\frac{52.3^2}{62.3^2}}\approx3.4$。在梁的跨中处有一个集中质量块 $F(t)$。忽略梁本身的质量，试求结构的自振周期 T 和圆频率 ω。

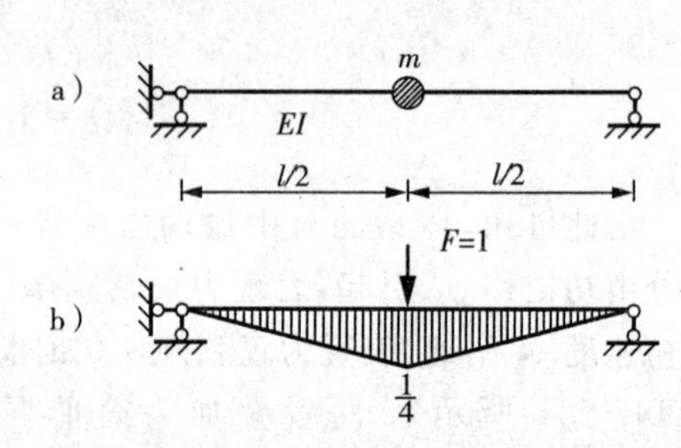

图 14-12　例 14-1 图示

【解】 用柔度法，该梁只有竖向的一个自由度，在简支梁跨中处作用一竖向单位力 $F=1$，作 $\overline{M}$ 图如图 14-12b 所示，由图乘法可求出其柔度系数为

$$\delta_{11}=\frac{l^3}{48EI}$$

因此，由式(14-17)可得

$$T=2\pi\sqrt{m\delta_{11}}=2\pi\sqrt{\frac{ml^3}{48EI}}$$

$$\omega=\frac{1}{\sqrt{m\delta_{11}}}=\sqrt{\frac{48EI}{ml^3}}$$

【例 14-2】 求图 14-13 所示结构的自振频率。

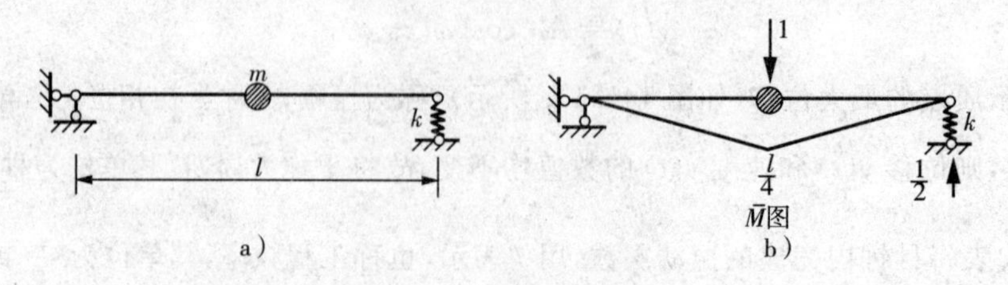

图 14-13　例 14-2 图示

【解】　先求柔度系数：

$$\delta_{11}=\frac{2}{EI}\times\frac{1}{2}\times\frac{l}{2}\times\frac{l}{4}\times\frac{l}{4}\times\frac{2}{3}+\frac{\frac{1}{2}\times\frac{1}{2}}{k}=\frac{l^3}{48EI}+\frac{1}{4k}$$

则

$$\omega=\sqrt{\frac{1}{m\delta_{11}}}=\sqrt{\frac{48EIk}{m(12EI+kl^3)}}$$

【例 14-3】　如图 14-14a 所示为一单层刚架，横梁抗弯刚度 $y=Y\sin(\omega t+\alpha)$，柱的截面抗弯刚度为 Y。横梁上总质量为 $12\,\frac{EI}{h^3}$，柱的质量可以忽略不计。求刚架的水平自振频率。

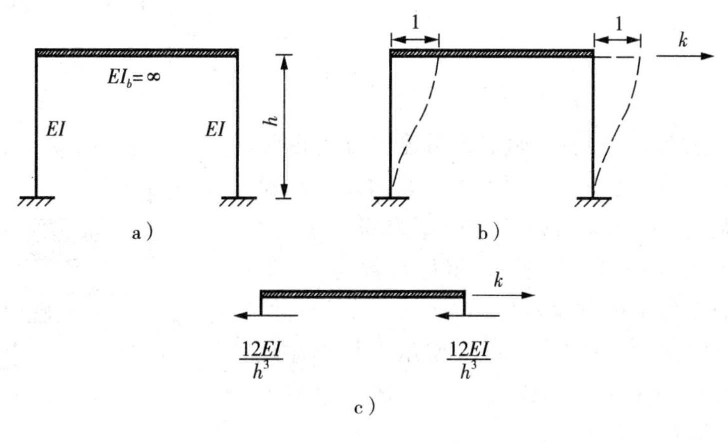

图 14-14　例 14-3 图示

【解】　用刚度法。

(1) 求刚架水平侧移刚度系数 k_{11}（柱顶产生单位水平位移所需的力），如图 14-14b 所示。由等截面直杆的转角位移方程可得柱顶剪力为 Y，以横梁为隔离体如图 14-14c 所示，由平衡条件可得

$$k_{11}=\frac{2\times12EI}{h^3}=24\,\frac{EI}{h^3}$$

(2) 刚架的自振频率为

$$\omega=\sqrt{\frac{k_{11}}{m}}=\sqrt{\frac{24EI}{mh^3}}$$

3. **有阻尼自由振动**

前面讨论的自由振动都是无阻尼情况下的自由振动。由于没有阻尼，振动也就不消耗系统的振动能量，那么，振动将按照周期函数的规律无休止地延续下去。这是一种理想的状态，实际结构的振动总是有阻尼的。现以一钢结构模型和一钢筋混凝土楼板在自由振动实验中所得位移-时间曲线的大致形状来说明阻尼，如图 14-15 所示。由于阻尼的存在，振动

过程的能量逐渐耗散，最终衰减为零。现在讨论阻尼对结构自由振动的影响。

振动中的阻尼来自不同方面，主要分为两种：一种是外部介质的阻力，如振动周围空气的阻力、支撑部位的摩擦等；另一种则来源于物体内部的作用，例如材料内部分子之间的摩擦等。这些力统称为阻尼力。由于阻尼力的来源不同，且与材料特性有着密切关系，因而计算很复杂。为了简化计算，人们提出了许多理论来近似模拟阻尼力，最为常用的是采用福格第假定，即假定阻力与振动速度成正比，且方向与质点速度方向相反，这也就是常说的粘滞阻尼力，即

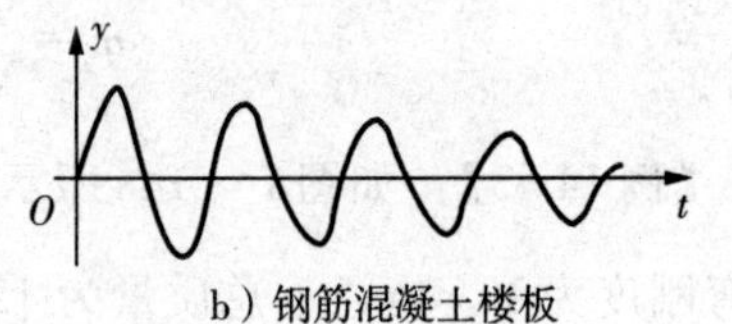

a）钢结构

b）钢筋混凝土楼板

图 14－15　位移时间曲线

$$R(t)=-c\dot{y} \tag{14-18}$$

式中：c 称为阻尼常数，负号表示阻尼力与速度方向相反。

如图 14－16a 所示为一具有阻尼的单自由度振动模型。体系的质量为 m，体系的弹性性质用弹簧表示，弹簧刚度为 k；阻尼性质用阻尼器表示，阻尼常数为 c。下面来建立体系的动力平衡方程：

取质量块为隔离体，如图 14－16b 所示。作用在隔离体上的力有弹性力 $-ky$、惯性力 $-m\ddot{y}$，还有阻尼力 $-c\dot{y}$，因此，动力平衡方程如下：

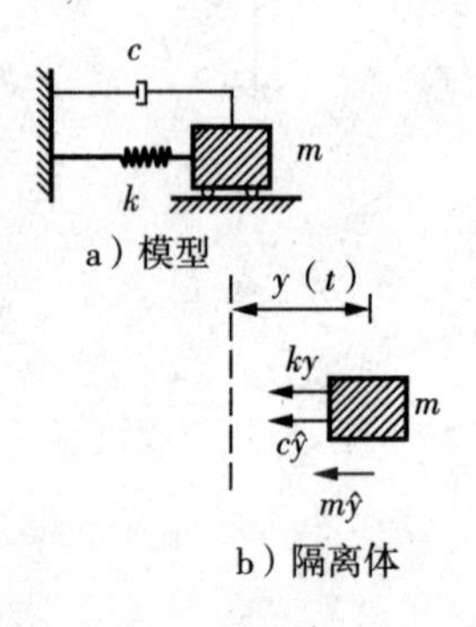

a）模型

b）隔离体

图 14－16　有阻尼振动模型

$$m\ddot{y}+c\dot{y}+ky=0 \tag{14-19}$$

同样，令

$$\omega=\sqrt{\frac{k}{m}}$$

并令

$$\xi=\frac{c}{2m\omega} \tag{14-20}$$

这里 ξ 称为阻尼比，表示阻尼系数与临界阻尼之比。

由此，式(14－19) 可改写为

$$\ddot{y}+2\xi\omega\dot{y}+\omega^2 y=0 \tag{14-21}$$

这是一个线性常系数齐次微分方程，设其通解为

$$y(t)=Ce^{\lambda t}$$

代入原微分方程式(14－21)，可确定 λ 的特征方程：

$$\lambda^2+2\xi\omega\lambda+\omega^2=0$$

其两个根为

$$\lambda_{1,2}=\omega(-\xi\pm\sqrt{\xi^2-1})$$

由上式可知，当 $\xi<1$，$\xi=1$，$\xi>1$ 时，会有三种不同的运动形态，具体如下：

(1)$\xi<1$，即低阻尼情况

为了后面表述方便，令

$$\omega_r=\omega\sqrt{1-\xi^2} \tag{14-22}$$

这里，ω_r 表示低阻尼体系的自振圆频率，则有

$$\lambda_{1,2}=-\xi\omega\pm i\omega_r$$

此时，微分方程(14－21)的解为

$$y(t)=\mathrm{e}^{-\xi\omega t}(C_1\cos\omega_r t+C_2\sin\omega_r t)$$

引入初始条件确定积分常数 C_1，C_2，可得

$$y(t)=\mathrm{e}^{-\xi\omega t}\left(y_0\cos\omega_r t+\frac{\dot{y}_0+\xi\omega y_0}{\omega_r}\sin\omega_r t\right) \tag{14-23}$$

式(14－23)也可改写成

$$y(t)=\mathrm{e}^{-\xi\omega t}A\sin(\omega_r t+\alpha) \tag{14-24}$$

式中：

$$A=\sqrt{y_0^2+\left(\frac{\dot{y}_0+\xi\omega y_0}{\omega_r}\right)^2}$$

$$\tan\alpha=\frac{y_0\omega_r}{\dot{y}_0+\xi\omega y_0}$$

根据上述解答过程可知低阻尼自由振动有以下特性：

① 低阻尼的自由振动是一衰减的简谐振动。由式(14－24)可画出低阻尼体系自由振动的 $y-t$ 曲线，如图 14－17 所示，这是一条衰减曲线。

② 低阻尼对自振频率的影响。由式(14－22)可知，有阻尼的自振频率 ω_r 和无阻尼的自振频率 ω 之间的关系。由于 $\xi<1$，因此 $\omega_r<\omega$，而且 ω_r 随 ξ 值的增大而减小。当 $\xi<0.2$ 时，$0.96<\frac{\omega_r}{\omega}<1$，即 ω_r 与 ω 的值很接近。因此，在 $\xi<0.2$ 的情况下，阻尼对自振频率的影响不大，可以忽略。

③ 低阻尼对振幅的影响。由式(14－24)可得振幅为 $A\mathrm{e}^{-\xi\omega t}$。由此可以看出，由于阻尼的影响，振幅随时间按指数规律而逐渐衰减。还可以看出，每经过

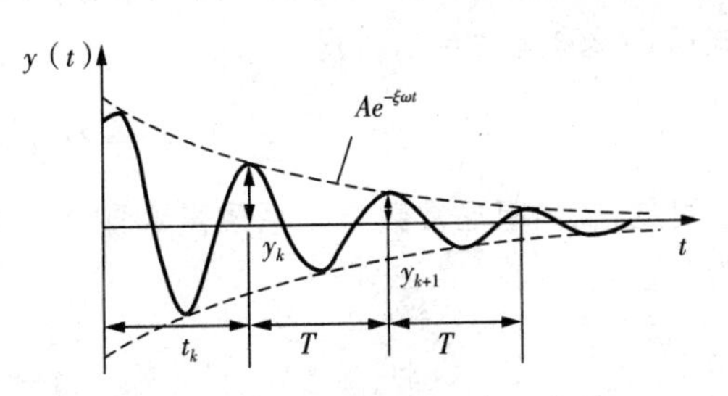

图 14－17　低阻尼自由振动曲线

一个周期 $T=\frac{2\pi}{\omega_r}$ 后，相邻两个振幅之比为

$$\frac{y_{k+1}}{y_k}=\frac{e^{-\xi\omega(t_k+T)}}{e^{-\xi\omega t_k}}=e^{-\xi\omega T}$$

由此可见：ξ 值越大，振动衰减得越快。

④ 阻尼比的测定。对上式两边同时取自然对数：

$$\ln\frac{y_k}{y_{k+1}}=\ln e^{\xi\omega T}=\xi\omega T$$

又当 $\xi<0.2$ 时，有$\frac{\omega_r}{\omega}\approx 1$，则

$$\xi\approx\frac{1}{2\pi}\ln\frac{y_k}{y_{k+1}}$$

这里，$\ln\frac{y_k}{y_{k+1}}$ 称为振幅的对数递减率。在实际应用中，为了提高计算精度，常取相隔 n 个周期来进行计算，设 y_k 和 y_{k+1} 表示两个相隔 n 个周期的振幅，那么有

$$\xi\approx\frac{1}{2\pi n}\ln\frac{y_k}{y_{k+n}} \tag{14-25}$$

(2)$\xi=1$，即临界阻尼情况

此时 $\lambda_{1,2}=-\omega$，λ 为二重根，因此，微分方程(14-22)的通解可设为

$$y(t)=(C_1+C_2t)e^{-\omega t}$$

再引入初始条件，求出未知系数 C_1 和 C_2，得

$$y(t)=[y_0(1+\omega t)+\dot{y}_0t]e^{-\omega t} \tag{14-26}$$

$\xi=1$ 时的 y-t 曲线如图 14-18 所示，它表示体系从初始位移 y_0 出发，逐渐回到静平衡位置而无振动发生，但仍然具有衰减性质。这是因为阻尼作用比较大，体系受干扰后偏离平衡位置所积蓄的初始能量在回复到平衡位置的过程中全部耗散于克服阻尼的影响，没有多余的能量来引起振动，这种情况称为临界阻尼。这时的阻尼常数称为临界阻尼常数，记为 c_r。令式(14-20)中 $\xi=1$，可得

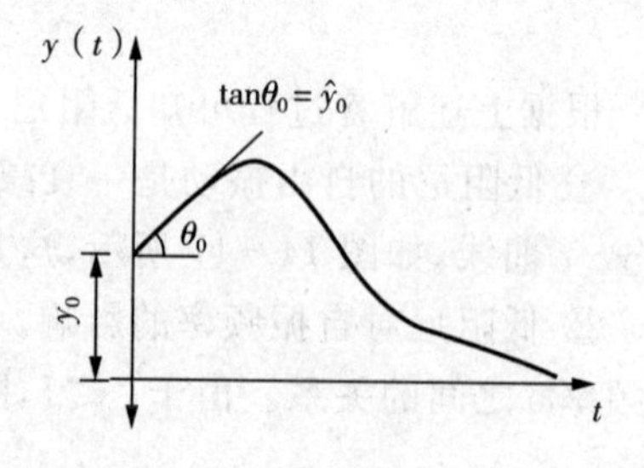

图 14-18 临界阻尼状态曲线

$$c_r=2m\omega=2\sqrt{mk}$$

可见，临界阻尼常数与体系质量和刚度系数乘积的平方根成正比。此时，阻尼比可表示为

$$\xi=\frac{c}{c_r}$$

(3)$\xi>1$,即过阻尼情况

此时 λ_1、λ_2 为两个负实数,微分方程(14－21)的通解为

$$y(t)=e^{-\xi\omega t}(C_1\sinh\sqrt{\xi^2-1}\omega t+C_2\cosh\sqrt{\xi^2-1}\omega t)$$

上式不含有简谐振动的因子,说明体系受到初始干扰后,其能量在恢复平衡位置的过程中就已全部耗散于克服阻尼,不足以引起振动,这种振动情况称为强阻尼或过阻尼。由于在实际工程中很少遇到这种振动情况,故此处不再讨论。

【例 14－4】 如图 14－19 所示为一自由振动的实验模型,由一根重 W、抗弯刚度为无限大的横梁和两根重量可忽略不计、总刚度系数为 k 的支柱组成。结构为单自由度体系。为进行振动实验,在横梁处加一水平力 F,当水平力 F 为 5kN 时,柱顶产生的水平侧移恰为 5mm,此时突然卸除载荷 F,模型作自由振动。振动一周后,柱顶侧移的幅值为 4mm,周期为 $T=1.4$s。试求横梁的有效质量、体系的自振特征及振动五周后柱顶的振幅。

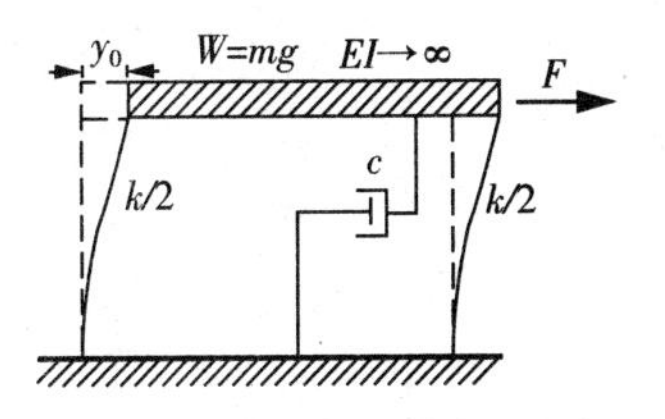

图 14－19　例 14－4 图示

【解】 (1) 横梁的有效质量

根据自振周期及刚度系数的定义,有

$$T=2\pi\sqrt{\frac{m}{k}}=2\pi\sqrt{\frac{W}{kg}}=1.4(\mathrm{s}),\quad k=\frac{5.0\times10^3}{5\times10^{-3}}=10^6(\mathrm{N/m})$$

故

$$W=\left(\frac{T}{2\pi}\right)^2\cdot k\cdot g=\left(\frac{1.4}{2\pi}\right)^2\times10^6\times9.8=4.86\times10^5(\mathrm{N})$$

因此

$$m=\frac{W}{g}=4.96\times10^4(\mathrm{kg})$$

(2) 体系的自振特性

频率:

$$f=\frac{1}{T}=0.714(\mathrm{Hz})$$

圆频率:

$$\omega=\frac{2\pi}{T}=4.486(\mathrm{rad/s})$$

阻尼比按式(14－25)计算,其中 $n=1$:

$$\xi=\frac{1}{2\pi n}\ln\frac{y_k}{y_{k+n}}=\frac{1}{2\pi}\times\ln\left(\frac{5}{4}\right)=0.0355$$

阻尼常数也可以确定:

$$c=2m\xi\omega=2\times0.0355\times4.486\times49600=1.58\times10^4(\mathrm{N\cdot s/m})$$

(3) 求振动五周后柱顶的振幅

在式(14－25)中，取 $n=5$，有

$$\xi=\frac{1}{2\pi n}\ln\frac{y_0}{y_5}=\frac{1}{10\pi}\ln\frac{y_0}{y_5}$$

即

$$\frac{y_0}{y_5}=e^{10\pi\xi}$$

所以

$$y_5=y_0e^{-10\pi\xi}=1.64(\mathrm{mm})$$

4. 对称性的利用

振动体系的对称是指结构对称、质量分布对称或动荷载对称。

对称体系的自由振动或强迫振动计算过程都可利用对称性而得到简化：将体系的自由振动视为对称振动与反对称结构的叠加，对两种振动分别取半结构进行计算；对于体系的强迫振动，则宜将荷载分解为对称与反对称两组。对称荷载作用时，振动形式为对称的；反对称荷载作用时，振动形式为反对称的，可分别取半结构计算。

5. 阻尼比的求解

在实际结构中，阻尼及能量耗散机理还没有被人们充分了解，因此，许多结构的阻尼系数必须直接由试验的方法求出。用试验的方法计算结构的阻尼比通常有三种方法：对数衰减率法、带宽法和共振放大法。

(1) 对数衰减率法

对数衰减率法即利用对数衰减率法求解单自由度体系的粘性阻尼比，由自由振动振幅比(通常取相隔 n 个振幅)的对数值 Δ 可以得到体系的阻尼比为

$$\xi=\frac{\Delta}{2\pi n\frac{\omega}{\omega_r}}\approx\frac{\Delta}{2\pi n} \tag{14-27}$$

式中：$\Delta=\ln\frac{y_k}{y_{k+n}}$。可以用自由振动方法求阻尼比 ξ 的原因是自由振动衰减的快慢由 ξ 控制，即自由振动的衰减规律可以明显反映阻尼比 ξ 的影响。这种自由振动方法的主要优点是所需的仪器、设备最少，可用任意简便的方法起振，所需测量的量仅为相对的位移幅值。

(2) 带宽法

带宽法又称为半功率点法，其原理基于动力系数 β 的特性。在动力分析中，动力系数是一个重要的概念，它是动力系统稳态反应最大值与荷载幅值大小的等效静荷载所产生的静力位移的比值，记为 β。从动力系数 β 的幅频特性曲线可以看出，β 曲线形状完全由阻尼比控制，阻尼比 ξ 大时，β 胖(宽)；ξ 小时，β 瘦(窄)。可以用半功率点的宽度确定体系的阻尼比，幅频特性曲线如图 14－20 所示。

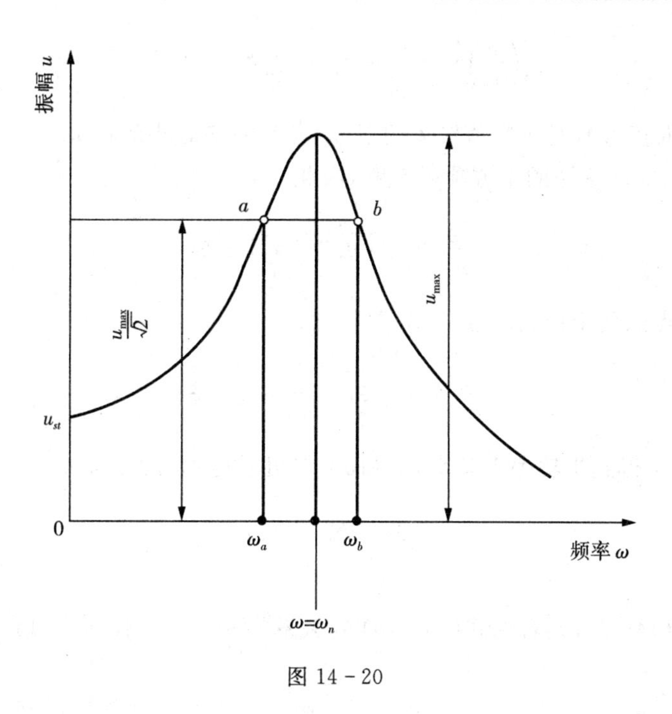

图 14-20

设 ω_a 和 ω_b 分别是振幅值等于$\frac{\sqrt{2}}{2}$倍最大振幅的点所对应的两个频率点，称为半功率点。当阻尼比较小时，半功率点与阻尼比 ξ 的关系如下：

$$\xi=\frac{\omega_b-\omega_a}{2\omega_n} \tag{14-28}$$

或者

$$\xi=\frac{\omega_b-\omega_a}{\omega_b+\omega_a} \tag{14-29}$$

式(14-29)采用圆频率计算阻尼比，有时也采用工程频率计算阻尼比，即

$$\xi=\frac{f_b-f_a}{2f_n} \tag{14-30}$$

式中：f_n 为相应的无阻尼动力系统的工程自振频率。

注意到$(\beta)_{\max}=\frac{1}{2\xi\sqrt{1-\xi^2}}$，而振幅等于$\frac{\sqrt{2}}{2}(\beta)_{\max}$对应的频率满足以下方程：

$$\frac{1}{\sqrt{[1-(\omega/\omega_n)^2]^2+[2\xi(\omega/\omega_n)]^2}}=\frac{1}{\sqrt{2}}\frac{1}{2\xi\sqrt{1-\xi^2}} \tag{14-31}$$

对式(14-31)两边同时取倒数并开平方，整理后得

$$\left(\frac{\omega}{\omega_n}\right)^4-2(1-2\xi^2)\left(\frac{\omega}{\omega_n}\right)^2+1-8\xi^2(1-\xi^2)=0 \tag{14-32}$$

式(14-32)是关于$(\omega/\omega_n)^2$的一元二次方程，可得两个根为

$$\left(\frac{\omega}{\omega_n}\right)^2=(1-2\xi^2)\pm2\xi\sqrt{1-\xi^2} \tag{14-33}$$

式(14-33)取正号时对应数值较大的根ω_b,负号对应较小的根ω_a。一般的工程结构,阻尼比较小,式(14-33)中ξ的平方项可忽略,因此

$$\frac{\omega}{\omega_n}\approx\sqrt{1\pm2\xi}\approx1\pm\xi \tag{14-34}$$

则对应于半功率点的两个根为

$$\frac{\omega_b}{\omega_n}=1+\xi,\quad \frac{\omega_a}{\omega_n}=1-\xi \tag{14-35}$$

由式(14-35)得到半功率点频率ω_b和ω_a与阻尼比ξ的关系,为

$$\frac{\omega_b-\omega_a}{\omega_n}=2\xi \tag{14-36}$$

由此得到式(14-28)。若用式(14-35)的关系$\frac{\omega_b+\omega_a}{\omega_n}=2$代入式(14-28),又得到计算$\omega_n$的式(14-29)。

带宽法(半功率点法)采用强迫振动试验,不但能用于单自由度体系,也可用于多自由度体系,对多自由度体系要求共振频率稀疏,即多个自振频率应相隔较远,保证在确定相应于某一自振频率的半功率点时不受相邻频率的影响。利用这个方法可以避免求共振放大法中所需的静反应,然而必须精确地画出半功率范围及共振时的反应曲线。

(3) 共振放大法

同样,从动力放大系数角度出发,任意给定频率的放大系数就是该频率的反应幅值与零频率(静止时)反应幅值的比,前面的分析已表明,阻尼比与共振放大系数是紧密相关的,有$\beta=\frac{1}{\sqrt{[1-(\omega/\omega_n)^2]^2+[2\xi(\omega/\omega_n)]^2}}$。当发生共振$(\omega/\omega_n=1)$时,$\beta(\omega_n)=\frac{y_0}{y_{st}}(\omega=\omega_n)=\frac{y_0(\omega_n)}{y_{st}}=\frac{1}{2\xi}$,显然,一旦得到动力放大系数$\beta$曲线,就可以确定阻尼比:

$$\xi=\frac{1}{2\beta(\omega_n)}=\frac{y_{st}}{2y_0(\omega_n)} \tag{14-37}$$

由于从动力放大系数曲线确定$y_0(\omega_n)$不容易,一般用值y_{0m}代替,$y_{0m}=\max(y_0)$,则

$$\xi\approx\frac{y_{st}}{2y_{0m}} \tag{14-38}$$

当阻尼比较小时(如$\xi<20\%$),这一替换引起的误差很小。用共振放大法确定体系的阻尼比较简单,但实际工程中测得的动力放大系数曲线一般以$y_0-\omega$图给出,用式(14-37)或式(14-38)计算体系的阻尼比,还需要得到零频时的静位移值,对于大型结构,实际测量静载位移y_{st}无论从加载设备和记录(拾振)设备都有一定的困难,即实现动力加荷和测量动力信号的设备不能在零频率时工作。因此,工程中较多采用带宽法(半功率点法)从动力试验中得到阻尼比ξ。

§14.3　简谐荷载作用下的单自由度体系受迫振动

1. 受迫振动微分方程的建立

结构在动力荷载下的振动称为受迫振动或强迫振动，例如固定在基础上的电机转动使基础产生的振动。受迫振动是结构动力学研究的主要内容。如图 14-21a 所示为一个单自由度体系在荷载 $F(t)$ 作用下的受迫振动，它可以用图 14-21b 所示的模型来表示，物块质量为 m，弹簧刚度系数为 k。

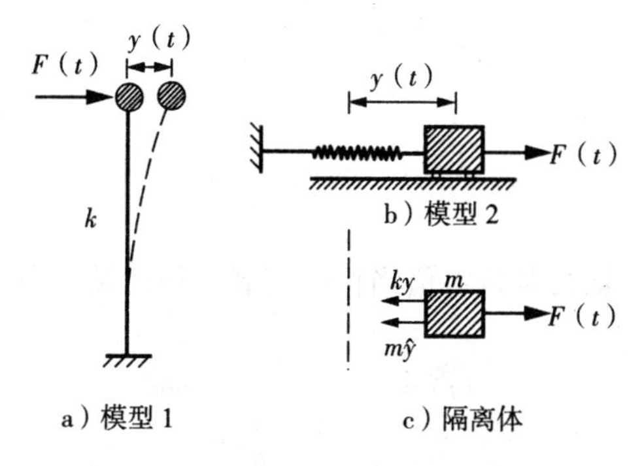

图 14-21　单自由度体系振动模型

取质量块为隔离体，其受力情况如图 14-21c 所示。其上作用力有弹性力 $-ky$、惯性力 $-m\ddot{y}$ 以及动力荷载 $F(t)$，可建立动力平衡方程如下：

$$m\ddot{y}+ky=F(t)$$

将 $\omega=\sqrt{\dfrac{k}{m}}$ 代入上式，可得

$$\ddot{y}+\omega^2 y=\frac{F(t)}{m} \tag{14-39}$$

式(14-39)就是单自由度体系受迫振动的微分方程。求简谐荷载下的结构动力反应时，可令式(14-39)右边的动力荷载为简谐荷载。简谐荷载的一般表达式为

$$F(t)=F\sin\theta t \tag{14-40}$$

式中：θ 表示简谐荷载的圆频率，F 表示简谐荷载的最大值(即幅值)。

将式(14-40)代入式(14-39)中，得到简谐荷载下结构体系的动力平衡方程如下：

$$\ddot{y}+\omega^2 y=\frac{F}{m}\sin\theta t \tag{14-41}$$

先求方程的特解，设特解为

$$y(t)=A\sin\theta t \tag{14-42}$$

将式(14-42)代入式(14-41)，得

$$(-\theta^2+\omega^2)A\sin\theta t=\frac{F}{m}\sin\theta t$$

由此得

$$A=\frac{F}{m(\omega^2-\theta^2)}$$

因此,特解为

$$y(t)=\frac{F}{m\omega^2\left(1-\frac{\theta^2}{\omega^2}\right)}\sin\theta t \tag{14-43}$$

如令

$$y_{st}=\frac{F}{m\omega^2}=F\delta \tag{14-44}$$

则 y_{st} 可称为最大静位移(把荷载最大值当作静荷载作用时结构所产生的位移),则

$$y(t)=y_{st}\frac{1}{1-\frac{\theta^2}{\omega^2}}\sin\theta t \tag{14-45}$$

微分方程(14-39)的通解为

$$y(t)=C_1\sin\omega t+C_2\cos\omega t+y_{st}\frac{1}{1-\frac{\theta^2}{\omega^2}}\sin\theta t \tag{14-46}$$

积分常数 C_1 和 C_2 由初始条件决定。设 $t=0$ 时的初始位移和初始速度均为零,则得

$$C_1=-y_{st}\frac{\frac{\theta}{\omega}}{1-\frac{\theta^2}{\omega^2}},\quad C_2=0$$

代入式(14-46),即得

$$y(t)=y_{st}\frac{1}{1-\frac{\theta^2}{\omega^2}}\left(\sin\theta t-\frac{\theta}{\omega}\sin\omega t\right) \tag{14-47}$$

由此可知,强迫振动是由按荷载频率 θ 振动和按自振频率 ω 振动两部分组成。但是,实际振动过程中存在着阻尼力,按自振频率振动的那部分将会逐渐消失,最后只剩下按荷载频率振动的那部分。把振动刚开始两种振动同时存在的阶段称为“过渡阶段”,把后来只按荷载频率振动的阶段称为“平稳阶段”。由于过渡阶段延续的时间较短,因此在实际问题中平稳阶段的振动较为重要。

下面讨论平稳阶段的振动。任一时刻的位移为

$$y(t)=y_{st}\frac{1}{1-\frac{\theta^2}{\omega^2}}\sin\theta t$$

最大位移(振幅)为

$$[y(t)]_{\max}=y_{st}\frac{1}{1-\frac{\theta^2}{\omega^2}}$$

最大动位移$[y(t)]_{\max}$与最大静位移 y_{st} 的比值就是动力系数β,即

$$\beta=\frac{[y(t)]_{\max}}{y_{st}}=\frac{1}{1-\frac{\theta^2}{\omega^2}} \tag{14-48}$$

由此看出,动力系数β与频率比值$\frac{\theta}{\omega}$的关系如图 14-22 所示,横坐标为$\frac{\theta}{\omega}$,纵坐标为β的绝对值(注意:当$\frac{\theta}{\omega}>1$时,β为负值。β的正负号实际意义不大)。动力系数反映了惯性力的影响。

由图 14-22 可以看出:

(1) 当$\frac{\theta}{\omega}\to 0$时,动力系数$\beta\to 1$。这时,简谐荷载的数值虽然随时间变化,但变化得非常缓慢(与结构的自振频率相比),因而可作静荷载处理。通常,当$\frac{\theta}{\omega}\leqslant\frac{1}{5}$时,可按静力方法计算振幅。

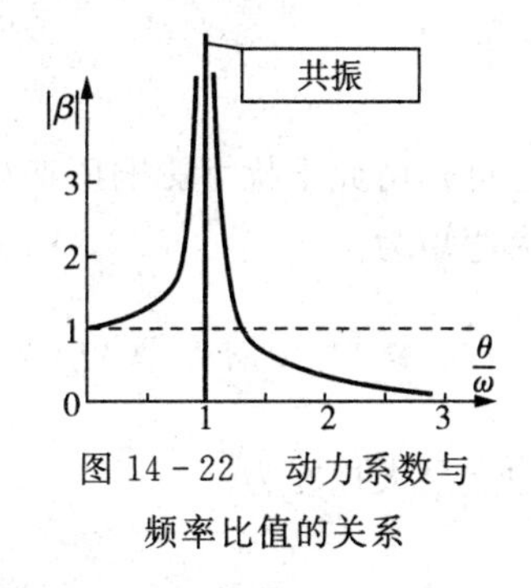

图 14-22　动力系数与频率比值的关系

(2) 当$0<\frac{\theta}{\omega}<1$时,动力系数$\beta>1$,$\beta$随$\frac{\theta}{\omega}$的增大而增大。

(3) 当$\frac{\theta}{\omega}\to 1$时,$|\beta|\to\infty$,即当荷载频率$\theta$接近于结构自振频率$\omega$时,振幅会无限增大。这种现象称为“共振”。实际上,由于存在阻尼力的影响,共振时也不会出现振幅为无限大的情况,但是共振时振幅往往是静位移的很多倍。在工程设计中,应尽量避免共振现象发生,一般应控制$\frac{\theta}{\omega}$的值避开$0.75<\frac{\theta}{\omega}<1.25$的共振区段。

(4) 当$\frac{\theta}{\omega}\gg 1$时,$(\frac{\theta}{\omega})^2\to\infty$,$\beta\to 0$,这表明当干扰力的频率远大于自振频率时,动位移趋近于零。

关于动内力的计算,对于单自由度体系,当动力荷载作用在质量上时,体系各处的动位移及动内力均可看作是由质量位移引起的,因此都具有相当的动力系数。动内力幅值也可根据动荷载幅值乘以动力系数β后,按作用在结构上的静荷载用静力方法求出。

【例 14-5】 重量$G=35$kN 的发电机置于简支梁的中点上,如图 14-23 所示,并知梁的惯性矩$I=8.8\times10^{-5}\text{m}^4$,$E=210$GPa,发电机转动时其离心力的竖直分力为$F\sin\theta t$,且$F=10$kN。如不考虑阻尼,试求当发电机转速$n=500$r/min 时,梁的最大弯矩和挠度(梁的自重

可略去不计)。

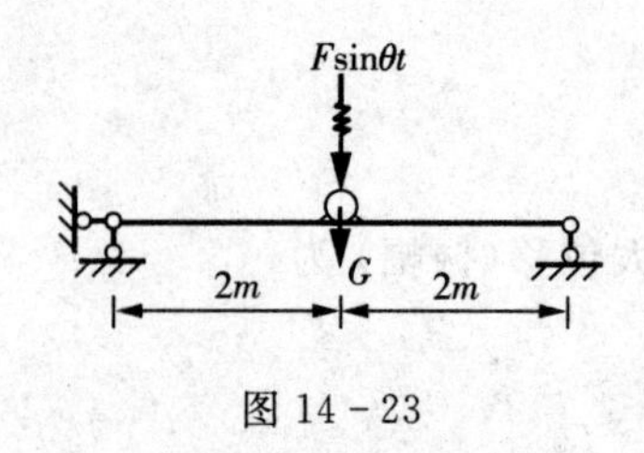

图 14-23

【解】 在发电机的重量作用下,梁中点的最大静力位移为

$$\Delta_{st}=\frac{Gl^3}{48EI}=\frac{35\times10^3\times4^3}{48\times210\times10^9\times8.8\times10^5}$$

$$=2.53\times10^{-3}\text{m}$$

故自振频率为

$$\omega=\sqrt{\frac{g}{\Delta_{st}}}=\sqrt{\frac{9.81}{2.53\times10^{-3}}}=62.3\text{s}^{-1}$$

动力因数为

$$\theta=\frac{2\pi n}{60}=\frac{2\times3.14\times500}{60}=52.3\text{s}^{-1}$$

动力系数为

$$\beta=\frac{1}{1-\frac{\theta^2}{\omega^2}}=\frac{1}{1-\frac{52.3^2}{62.3^2}}\approx3.4$$

可知由此干扰力影响所产生的内力和位移等于静力影响的 3.4 倍。据此求得梁中点的最大弯矩为

$$M_{\max}=M_G+\beta M_{st}=\frac{35\times4}{4}+\frac{3.4\times10\times4}{4}=69\text{kN}\cdot\text{m}$$

梁中点最大挠度为

$$y_{st}=\Delta_{st}+\beta y_{st}=\frac{Gl^3}{48EI}+\beta\frac{Fl^3}{48EI}=\frac{(35+3.4\times10)\times10^3\times4^3}{48\times210\times10^9\times8.8\times10^{-5}}$$

$$=4.98\times10^{-3}\text{m}=4.98\text{mm}$$

2. 阻尼对受简谐荷载受迫振动的影响

有阻尼的单自由度受迫振动模型如图 14-24 所示。以质量块为隔离体,其上面的作用力有弹性力 $-ky$、阻尼力 $-c\dot{y}$、惯性力 $-m\ddot{y}$ 和动力荷载 $F(t)$。建立质量块的动力平衡方程如下:

$$m\ddot{y}+c\dot{y}+ky=F(t) \qquad (14-49)$$

将 $F(t)=F\sin\theta t$ 代入式(14-49),即得简谐荷载作用下有阻尼单自由度体系强迫振动的运动方程:

$$\ddot{y}+2\xi\omega\dot{y}+\omega^2y=\frac{F}{m}\sin\theta t \qquad (14-50)$$

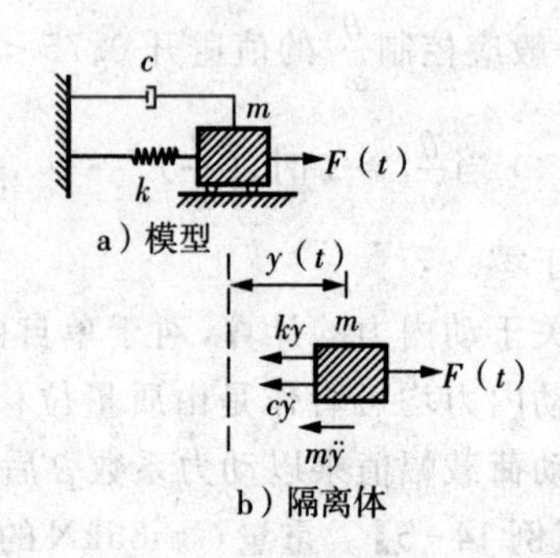

图 14-24 有阻尼的受迫振动模型

设方程的特解为

$$y=A_1\sin\theta t+A_2\cos\theta t$$

代入式(14-50),经整理可得

$$\begin{cases}A_1=\dfrac{F}{m}\times\dfrac{\omega^2-\theta^2}{(\omega^2-\theta^2)^2+4\xi^2\omega^2\theta^2}\\[2ex]A_2=\dfrac{F}{m}\times\dfrac{-2\xi\omega\theta}{(\omega^2-\theta^2)^2+4\xi^2\omega^2\theta^2}\end{cases}$$

叠加方程的齐次解,即得方程(14-31)的全解如下:

$$y(t)=e^{-\zeta\omega t}(C_1\cos\omega_r t+C_2\sin\omega_r t)+(A_1\sin\theta t+A_2\cos\theta t)$$

其中,积分常数 C_1 和 C_2 由初始条件确定。上式等号右边的前面部分是频率为 ω_r 的自由振动,由于含有因子 $e^{-\xi\omega t}$,其将因阻尼的作用随时间增大迅速衰减;后面部分为按动力荷载频率 θ 的有阻尼稳态强迫振动,因此,后一部分的振动才是工程中最常见、也是最关心的。

平稳振动任一时刻的动力位移可用下式来表示:

$$y(t)=A\sin(\theta t-\alpha)\tag{14-51a}$$

式中:

$$\begin{cases}A=\dfrac{F}{m\omega^2}\times\dfrac{1}{\sqrt{(1-\dfrac{\theta^2}{\omega^2})^2+4\xi^2\dfrac{\theta^2}{\omega^2}}}=y_{st}\beta\\[2ex]\alpha=\tan^{-1}\left(\dfrac{2\xi\dfrac{\theta}{\omega}}{1-\dfrac{\theta^2}{\omega^2}}\right)\end{cases}\tag{14-51b}$$

分别为有阻尼稳态响应的振幅和相位角。由式(14-51b)可知动力系数 β 为

$$\beta=\frac{1}{\sqrt{(1-\dfrac{\theta^2}{\omega^2})^2+4\xi^2\dfrac{\theta^2}{\omega^2}}}\tag{14-52}$$

式(14-52)表明,动力系数 β 不仅与频率比 $\dfrac{\theta}{\omega}$ 有关,而且与阻尼比 ξ 有关。对于不同的 ξ 值,可画出相应的 β 与 $\dfrac{\theta}{\omega}$ 之间的关系曲线,如图 14-25 所示。

由图 14-25 和上述讨论,可得简谐荷载作用下有阻尼稳态振动的主要特点:

(1) 阻尼比 ξ 对简谐荷载下的动力系数 β 的影响,与频率比值 $\dfrac{\theta}{\omega}$ 有关。

① 动力系数 β 随阻尼比 ξ 的增大而迅速减小。

② $\dfrac{\theta}{\omega}\ll 1$ 和 $\dfrac{\theta}{\omega}\gg 1$ 时,ξ 对 β 的影响不大,可以不考虑 ξ 的影响。

③ $\frac{\theta}{\omega}\to 1$，即在$\frac{\theta}{\omega}=1$的附近，这时$\xi$对$\beta$值的影响很大。由于阻尼的存在，$\beta$峰值下降较为显著。

当$\frac{\theta}{\omega}=1$时，即共振的情形，动力系数β可由式(14－52)得到：

$$\beta=\frac{1}{2\xi} \qquad (14-53)$$

如果忽略阻尼的影响，即$\xi\to 0$，则得出无阻尼体系共振时动力系数趋于无穷大的结论。如果考虑阻尼的影响，由式(14－52)可得出β为一个有限值。可见，在$\frac{\theta}{\omega}=1$附近，阻尼的影响是不容忽视的。

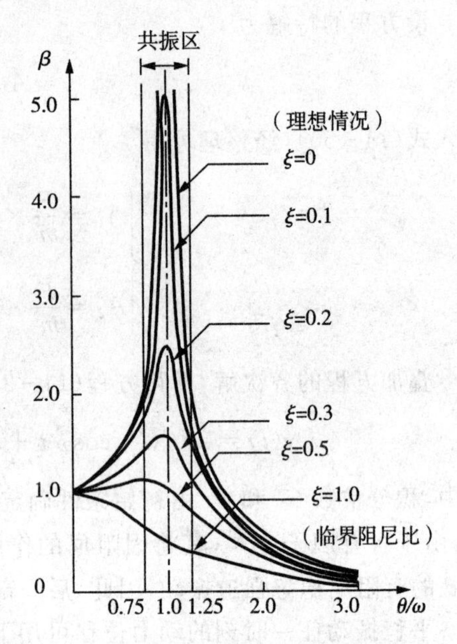

图 14－25　有阻尼时简谐荷载的动力系数

一般在频率比$0.75<\frac{\theta}{\omega}<1.25$的共振区内，阻尼对体系的动力响应将起到重要作用，应考虑阻尼的影响。在此范围外，则认为阻尼对β的影响很小，可按无阻尼的情形来计算。

④ 在阻尼体系中，$\frac{\theta}{\omega}=1$共振时的动力系数β并不是最大值β_{max}，但两者的数值比较接近。由式(14－52)通过求极值可得动力系数的最大值：

$$\beta_{max}=\frac{1}{2\xi\sqrt{1-\xi^2}}$$

由于实际工程中ξ值很小，可以近似地按式(14－53)计算β_{max}。

(2) 有阻尼时质量的动位移比动力荷载滞后一个相位角α，其值与$\frac{\theta}{\omega}$值有关，可由式(14－51b)求出。

① 当$\frac{\theta}{\omega}\to 0$时，即$\theta\ll\omega$时，$\alpha\to 0$，说明$y(t)$与$P(t)$趋于同向。$\beta\to 1$，动力荷载可按静力荷载来处理。此时体系振动很慢，惯性力、阻尼力都很小，动力荷载主要由弹性力所平衡。

② 当$\frac{\theta}{\omega}\to\infty$时，即$\theta\gg\omega$时，$\alpha\to\pi$，说明$y(t)$与$P(t)$趋于反向。$\beta\to 0$，即体系的动位移趋向于零。此时体系振动很快，因此惯性力很大，弹性力和阻尼力相对比较小，动力荷载主要由惯性力平衡，体系的动内力趋向于零。

③ 当$\frac{\theta}{\omega}\to 1$时，即$\theta\approx\omega$时，$\alpha\to\frac{\pi}{2}$，此时动位移按式(14－51a)求得：

$$y(t)=\beta y_{st}\sin\left(\theta t-\frac{\pi}{2}\right)=-\beta y_{st}\cos\omega t$$

与其相应的惯性力、弹性力和阻尼力分别为

$$F_I = -m\ddot{y} = -m\omega^2 \beta y_{st} \cos\omega t = -k\beta y_{st} \cos\omega t$$

$$F_e = -ky = k\beta y_{st} \cos\omega t$$

$$F_R = -c\dot{y} = -2\xi\omega^2 m\beta y_{st} \sin\omega t = -F \sin\omega t$$

可见，在共振时惯性力与弹性力平衡而动荷载与阻尼力平衡。由此看出，在共振情况下，阻尼力起重要作用，它的影响是不容忽视的。

【例 14-6】 如图 14-26 所示为一机器基础，机器与基础的总重量为 $W=60\text{kN}$，基础下部土壤的抗压刚度系数(单位面积产生单位沉降所需施加的力)为 $c_z=600\text{kN/m}^3$，基础底面积 $A=20\text{m}^2$。机器运转产生简谐荷载 $F_0 \sin\theta t$，$F_0=20\text{kN}$，机器每分钟转 400 转。

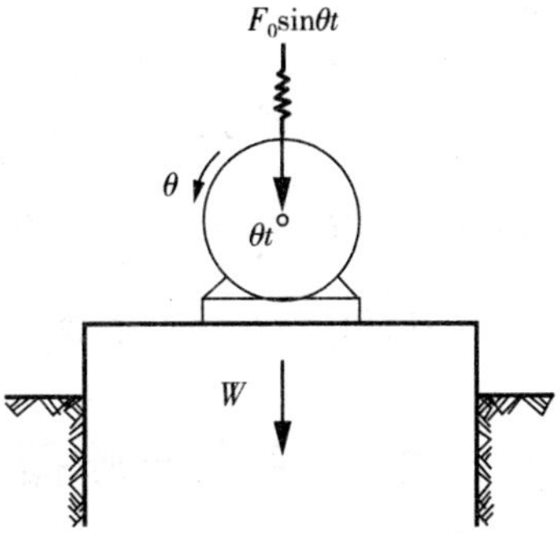

求：(1) 体系的自振频率；

(2) 机器连同基础作竖向振动时的振幅及地基最大应力；

(3) 现在考虑阻尼的影响，设阻尼比 $\xi=0.15$，计算机器连同基础作竖向振动的振幅及地基最大应力。

图 14-26　例 14-6 图示

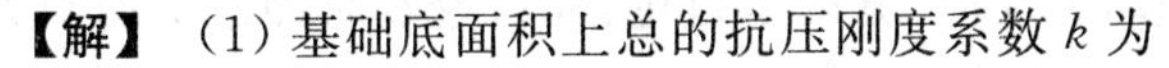

【解】 (1) 基础底面积上总的抗压刚度系数 k 为

$$k = c_z A = 600 \times 20 = 1.2 \times 10^4 \text{kN/m}$$

于是，自振频率为

$$\omega = \sqrt{\frac{k}{m}} = \sqrt{\frac{kg}{W}} = \sqrt{\frac{1.2 \times 10^4 \times 9.8}{60}} = 44.27\text{s}^{-1}$$

简谐荷载的频率 θ 为

$$\theta = \frac{2\pi n}{60} = \frac{2\pi \times 400}{60} = 41.89\text{s}^{-1}$$

动力系数 β 为

$$\beta = \frac{1}{1-\frac{\theta^2}{\omega^2}} = \frac{1}{1-\left(\frac{41.89}{44.27}\right)^2} = 9.56$$

因此，竖向振动的振幅为

$$[y(t)]_{\max} = y_{st}\beta = \frac{F_0}{k}\beta = \frac{20}{1.2 \times 10^4} \times 9.56 = 0.0159\text{m}$$

地基最大压应力为

$$p_{\max} = -\frac{W}{A} - \frac{\beta F_0}{A} = -\frac{60}{20} - \frac{9.56 \times 20}{20} = -12.56\text{kPa}$$

(2) 考虑阻尼时,重新计算动力系数 β,即

$$\beta=\frac{1}{\sqrt{\left(1-\frac{\theta^2}{\omega^2}\right)^2+4\xi^2\frac{\theta^2}{\omega^2}}}=\frac{1}{\sqrt{\left(1-\frac{41.89^2}{44.27^2}\right)^2+4\times0.15^2\times\frac{41.89^2}{44.27^2}}}=3.31$$

此时,竖向振动的振幅为

$$[y(t)]_{\max}=y_{st}\beta=\frac{F_0}{k}\beta=\frac{20}{1.2\times10^4}\times3.31=0.0055\text{m}$$

地基最大压应力为

$$p_{\max}=-\frac{W}{A}-\frac{\beta F_0}{A}=-\frac{60}{20}-\frac{3.31\times20}{20}=-6.31\text{kPa}$$

由本题计算结果可知,考虑阻尼之后对计算结果影响相当大,这是由于$\frac{\theta}{\omega}=0.946$,在共振区附近,因而阻尼对动力系数 β、振幅$[y(t)]_{\max}$ 及基底压应力 $F_{\max}$ 影响很大。

§14.4 一般荷载作用下的单自由度体系受迫振动

1. 不考虑阻尼时的杜哈梅积分

在一般荷载 $F(t)$ 作用下所引起的动力反应,分两步讨论:先讨论瞬时冲量下的动力反应,其次将一般荷载看成无数瞬时荷载连续作用。

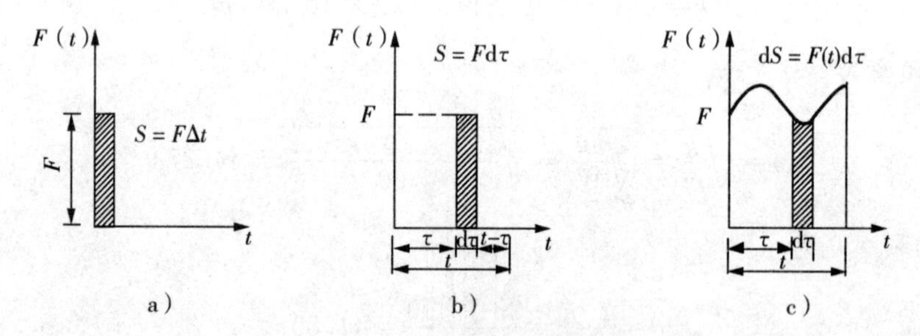

图 14-27 一般荷载作用计算

瞬时冲击荷载的特点是其作用时间与体系的自振周期相比非常短。假设体系在 $t=0$ 时为静止状态,在极短的时间 Δt 内作用一冲击荷载 F 于质点上,瞬时冲击荷载 P 与作用时间 Δt 的乘积称为瞬时冲量S,则冲量 S 为$F\Delta t$,如图 14-27a 所示。冲量使体系产生了初速度 $\dot{y}_0=\frac{S}{m}$,但初始位移仍为零,代入式(14-10),即得 $t=0$ 时瞬时冲量 S 引起的动力反应。

$$y(t)=\frac{S}{m\omega}\sin\omega t$$

如果在 $t=\tau$ 时作用瞬时冲量S(如图 14-27b 所示),则在其后任一时刻 $t(t>\tau)$ 的位移可用下式表示:

$$\mathrm{d}y(t)=\frac{S}{m\omega}\sin\omega(t-\tau) \tag{14-54}$$

一般荷载作用可以看成是一系列瞬时冲量所组成的，如图 14－27c 所示。在时刻 $t=\tau$ 作用荷载 $F(\tau)$，对于加载过程中所产生的所有微分反应进行叠加，也就是说等于把式(14－54)从 0 到 t 进行积分即得到总反应如下：

$$y(t)=\int_0^t \frac{F(\tau)}{m\omega}\sin\omega(t-\tau)\mathrm{d}\tau \tag{14-55}$$

式(14－55)为单自由度体系在一般动力荷载作用于质点时产生无阻尼振动的位移反应计算式。式中，$(t-\tau)$ 是积分过程中的时间变量，经积分后便消失了。

式(14－55)中的积分在动力学中称为杜哈梅积分。这是初始处于静止状态的单自由度体系在任意动荷载 $F(t)$ 作用下的位移计算公式，它是运动微分方程式(14－39)的一个特解。

如果初始位移 y_0 和初始速度 $\dot{y}_0$ 不为零，则位移反应为

$$y(t)=y_0\cos\omega t+\frac{\dot{y}_0}{\omega}\sin\omega t+\frac{1}{m\omega}\int_0^t F(\tau)\sin\omega(t-\tau)\mathrm{d}\tau \tag{14-56}$$

这就是运动微分方程的全解。

下面通过式(14－56)来讨论几种常见动荷载作用时的动力反应。

(1) 突加长期荷载

当 $t=0$ 时，在体系上突然施加常量荷载 F_0，而且一直保持不变。将 $F(t)=F_0$ 代入式(14－55)中，积分即得位移反应的算式为

$$y(t)=\frac{F_0}{m\omega^2}(1-\cos\omega t)=y_{st}(1-\cos\omega t)=y_{st}(1-\cos\frac{2\pi t}{T}) \tag{14-57}$$

式中：y_{st} 为静荷载 F_0 作用下的静位移。

根据公式(14－57)绘出位移时程曲线如图 14－28 所示。

$$\beta=\frac{[y(t)]_{\max}}{y_{st}}=2$$

即突加长期荷载产生的最大动位移是相应的静位移的一倍，这反映了惯性力的影响，应该引起注意。

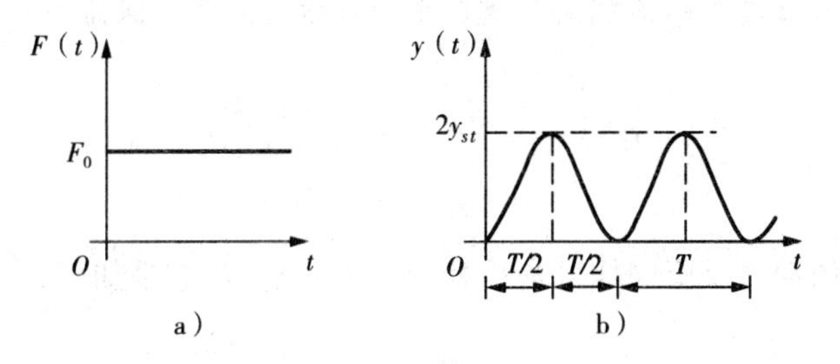

图 14－28　突加长期荷载

(2) 突加短期荷载

突加短期荷载的特点是当 $t=0$ 时，在质体上突加常量荷载 F_0，而且一直保持不变，直到 $t=t_1$ 时突然卸去。

体系在这种荷载作用下的位移反应需按两个阶段分别计算。

第一阶段($0 \leqslant t \leqslant t_1$):此阶段与突加长期荷载相同,因此动力位移反应仍按公式(14-57)计算,即

$$y(t) = y_{st}(1-\cos\omega t)$$

第二阶段($t \geqslant t_1$):此阶段的动力位移反应用叠加原理求解最为方便。此阶段的荷载可看作突加荷载(F_0)叠加上 $t=t_1$ 时的负突加长期荷载($-F_0$)。故当 $t \geqslant t_1$ 时,利用公式(14-57)可得

$$\begin{aligned} y(t) &= y_{st}(1-\cos\omega t) - y_{st}[1-\cos\omega(t-t_1)] \\ &= y_{st}[\cos\omega t - \cos\omega(t-t_1)] \\ &= 2y_{st}\sin\frac{\omega t_1}{2}\sin\omega\left(t-\frac{t_1}{2}\right) \end{aligned} \tag{14-58}$$

此时,质量的最大动位移与荷载作用的时间 t_1 有关。

当 $t_1 \geqslant \dfrac{T}{2}$ 时,最大动力位移反应发生在第一阶段,此时动力系数为

$$\beta = 2$$

当 $t_1 < \dfrac{T}{2}$ 时,最大动力位移反应发生在第二阶段,由式(14-39)得知最大动力位移反应为

$$[y(t)]_{\max} = 2y_{st}\sin\frac{\omega t_1}{2} = 2y_{st}\sin\frac{\pi t_1}{T}$$

因此,动力系数为

$$\beta = 2\sin\frac{\pi t_1}{T}$$

由此可以看出,动力系数的值与加载持续时间 t_1 相对于自振周期 T 的长短有关。当 $t_1 > \dfrac{T}{2}$ 时,突加短时荷载作用下的动力系数与长期荷载作用时相同。这也就是工程上将吊车制动力对厂房的水平作用视为突加荷载处理的原因。

(3) 线性渐增荷载

在一定时间($0 \leqslant t \leqslant t_r$),荷载由 0 增加至 F_0,然后荷载值保持不变。荷载表示式为

$$F(t) = \begin{cases} \dfrac{F_0}{t_r}t & 0 \leqslant t \leqslant t_r; \\ F_0, & t > 1 \end{cases}$$

这种荷载引起的动力反应同样可利用杜哈梅公式求解,结果如下:

$$\begin{cases} y(t) = \dfrac{F_0}{m\omega t_r}\displaystyle\int_0^t \tau\sin\omega(t-\tau)\,\mathrm{d}\tau = y_{st}\dfrac{1}{t_r}\left(t-\dfrac{\sin\omega t}{\omega}\right), & t \leqslant t_r \\ y(t) = \dfrac{F_0}{m\omega t_r}\displaystyle\int_0^{t_r} \tau\sin\omega(t-\tau)\,\mathrm{d}\tau + \dfrac{P_0}{m\omega}\displaystyle\int_{t_r}^t \sin\omega(t-\tau)\,\mathrm{d}\tau \\ \quad = y_{st}\left\{1-\dfrac{1}{\omega t_r}[\sin\omega t - \sin\omega(t-t_r)]\right\}, & t \geqslant t_r \end{cases}$$

对于这种线性渐增荷载，其动力反应与升载时间 t_r 的长短有很大关系。图 14-29 所示曲线表示动力系数 β 随升载时间比值$\frac{t_r}{T}$变化的情形，即动力系数的反应谱曲线。由图 14-29 看出，动力系数β介于1与2之间。如果升载时间很短，例如，$t_r<\frac{T}{4}$，则动力系数β接近于2.0，即相当于突加荷载的情况。如果升载时间很长，例如，$t_r>4T$，则动力系数 β 接近于 1.0，即相当于静荷载的情况。在设计工作中，常以图 14-29 中所示外包虚线作为设计依据。

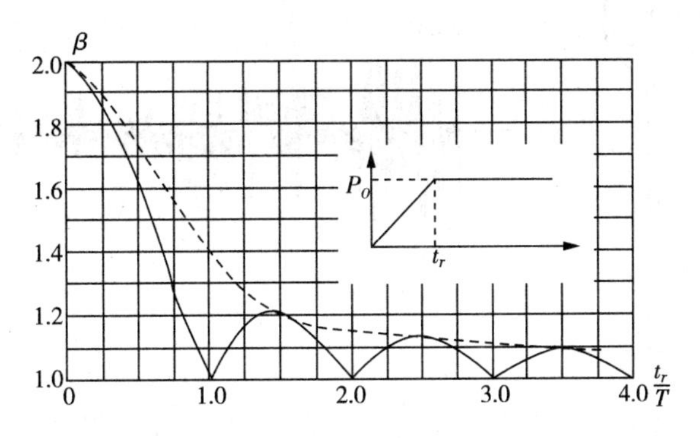

图 14-29　线性渐增荷载的动力系数反应谱

2. 有阻尼时的杜哈梅积分

如前所述，工程上的结构体系都是有阻尼的，有阻尼体系承受一般动力荷载 $F(t)$ 时也可以通过杜哈梅积分来求解，与无阻尼的推导方法相近。

首先，由式(14-23) 可知，单独由初始速度 $\dot{y}_0$(初始位移 y_0 为零) 所引起的振动为

$$y(t)=\mathrm{e}^{-\xi\omega t}\frac{\dot{y}_0}{\omega_r}\sin\omega_r t$$

初始时刻由冲量 $S=m\dot{y}_0$ 引起的振动为

$$y(t)=\mathrm{e}^{-\xi\omega t}\frac{S}{m\omega_r}\sin\omega_r t$$

仍将任意动荷载 $F(t)$ 的加载过程看成是一系列瞬时冲量所组成的，则在 $t=\tau$ 到 $t=\tau+\mathrm{d}\tau$ 这段时间内，动荷载的微分冲量为 $\mathrm{d}S=F(\tau)\mathrm{d}\tau$，由此微分冲量所引起结构的动力反应如下：

$$\mathrm{d}y(t)=\frac{F(\tau)\mathrm{d}\tau}{m\omega_r}\mathrm{e}^{-\xi\omega(t-\tau)}\sin\omega_r(t-\tau)(t>\tau) \tag{14-59}$$

对式(14-59) 积分即可得任意荷载 $F(t)$ 作用下结构的总动力反应：

$$y(t)=\int_0^t\frac{F(\tau)}{m\omega_r}\mathrm{e}^{-\xi\omega(t-\tau)}\sin\omega_r(t-\tau)\mathrm{d}\tau \tag{14-60}$$

上述讨论的是单独由初始速度 $\dot{y}_0$(初始位移 y_0 为零) 所引起的振动情况，当初始位移不为零时，只需将式(14-60) 叠加式(14-23) 即可，如下：

$$y(t)=\mathrm{e}^{-\xi\omega t}\left(y_0\cos\omega_r t+\frac{\dot{y}_0+\xi\omega y_0}{\omega_r}\sin\omega_r t\right)+\int_0^t\frac{F(\tau)}{m\omega_r}\mathrm{e}^{-\xi\omega(t-\tau)}\sin\omega_r(t-\tau)\mathrm{d}\tau$$

【例 14-7】 图 14-30 所示的一水塔，承受 0.2g EI Centro 地震波，地震波时程曲线如图 14-31 所示，水塔质量 $m=2\times10^4\mathrm{kg}$，刚度 $k=3\times10^6\mathrm{N/m}$。试计算其动力响应。

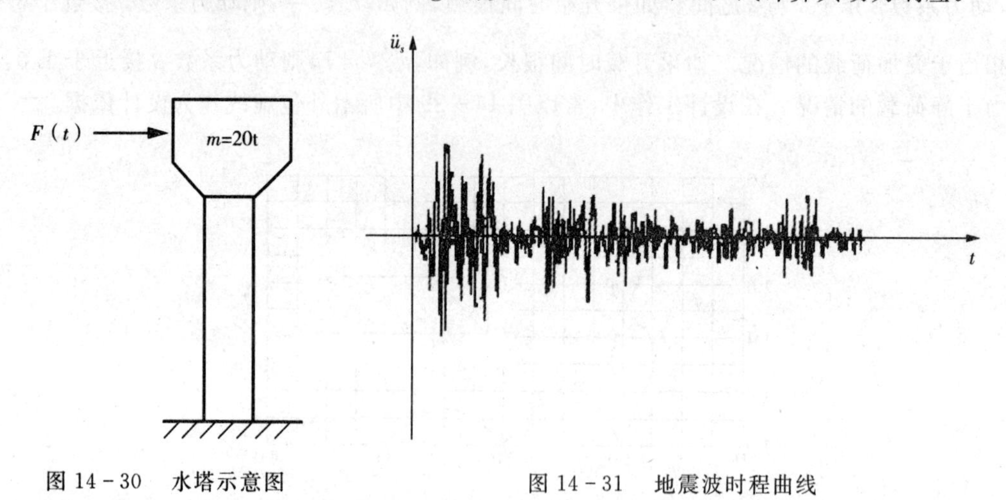

图 14-30 水塔示意图　　图 14-31 地震波时程曲线

【解】 水塔的频率和周期分别为

$$\omega=\sqrt{\frac{k}{m}}=\sqrt{\frac{3\times10^6\mathrm{N/m}}{20\times10^3\mathrm{kg}}}=12.247\mathrm{Hz}$$

$$T=\frac{2\pi}{\omega}=0.513\mathrm{s}$$

取时间间隔 $\Delta t=0.02\mathrm{s}$，采用 Matlab 编程分析，程序略，最终可得水塔顶部质点的位移反应时程曲线和加速度反应时程曲线（如图 14-32 所示）。

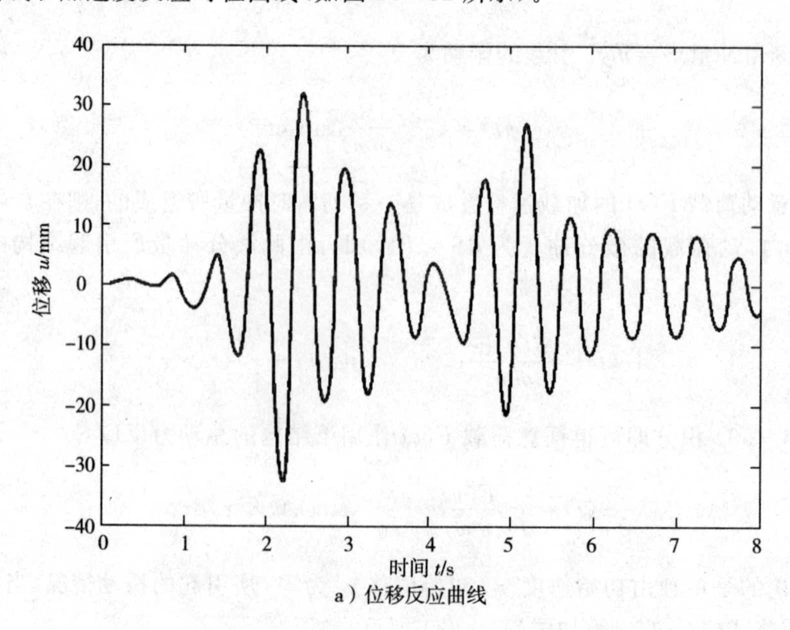

a）位移反应曲线

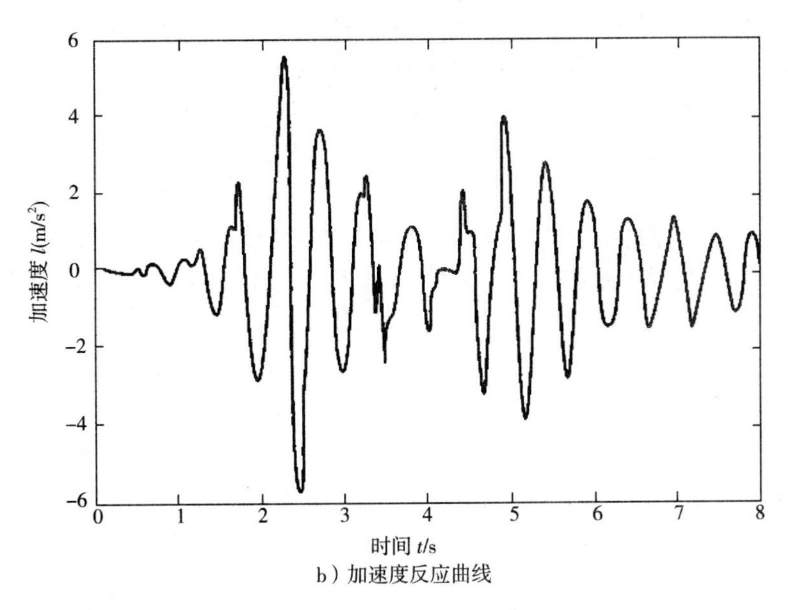

b）加速度反应曲线

图14-32　水塔顶部质点的动力反应时程曲线

§14.5　多自由度体系的自由振动

实际结构并非都能简化成单自由度体系，而必须简化为多自由度体系来计算。本节将讨论多自由度体系振动方程，分析多自由度体系的振动频率和主振型(或主模态)。建立多自由度体系振动方程的微分方程的方法有两种：刚度法和柔度法。刚度法通过力的平衡条件来建立，柔度法通过位移协调条件来建立。刚度法和柔度法各有优缺点，有些类型结构采用刚度法比较方便，有些类型结构采用柔度法比较方便。

1. 刚度法

先讨论两个自由度体系，继而推广到 n 个自由度体系。

(1) 两个自由度振动体系

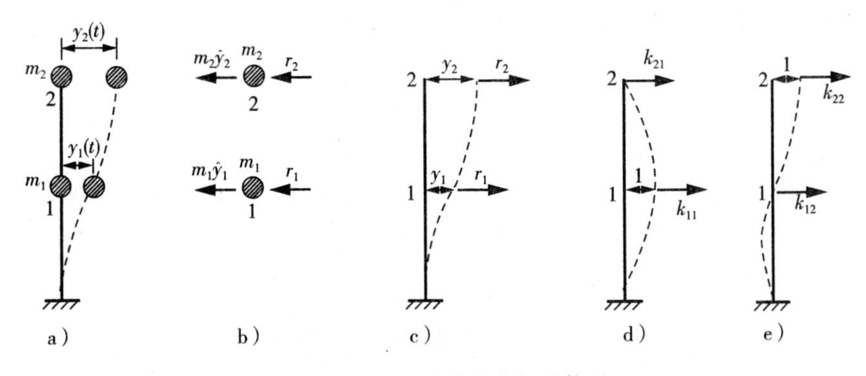

图14-33　两个自由度振动体系

如图14-33a所示为具有两个集中质量 m_1 和 m_2 的悬臂柱，具有两个自由度。取质量 m_1

和 m_2 为隔离体,隔离体上作用的力有惯性力和弹性抗力。惯性力 $-m_1\ddot{y}_1$ 和 $-m_2\ddot{y}_2$ 分别与加速度 $\ddot{y}_1$ 和 $\ddot{y}_2$ 的方向相反。根据达朗贝尔原理,可得平衡方程如下:

$$\begin{cases} m_1\ddot{y}_1 + r_1 = 0 \\ m_2\ddot{y}_2 + r_2 = 0 \end{cases} \tag{14-61}$$

弹性抗力 r_1 和 r_2 分别是质量 m_1 和 m_2 与结构之间的相互作用力。图 14-33b 中的 r_1 和 r_2 是质量 m_1 和 m_2 受到的力,图 14-33c 中的 r_1 和 r_2 是结构受到的力,两者的方向彼此相反。在图 14-33c 中,结构所受的力 r_1 和 r_2 与结构位移 y_1 和 y_2 之间应满足:

$$\begin{cases} r_1 = k_{11}y_1 + k_{12}y_2 \\ r_2 = k_{21}y_1 + k_{22}y_2 \end{cases} \tag{14-62}$$

k_{ij} 是结构的刚度系数(如图 14-33d 所示),如 k_{12} 的物理意义为点 2 沿运动方向产生单位位移而点 1 保持位移为零时在点 1 需要施加的力。

将方程(14-62) 代入方程(14-61),可得

$$\begin{cases} m_1\ddot{y}_1 + k_{11}y_1 + k_{12}y_2 = 0 \\ m_2\ddot{y}_2 + k_{21}y_1 + k_{22}y_2 = 0 \end{cases} \tag{14-63}$$

式(14-63) 即为按刚度法建立的两个自由度无阻尼体系的自由振动微分方程。

为了求得方程(14-63) 的解,假定两个自由度无阻尼体系的自由振动为简谐振动,其解设为

$$\begin{cases} y_1(t) = Y_1\sin(\omega t + \alpha) \\ y_2(t) = Y_2\sin(\omega t + \alpha) \end{cases} \tag{14-64}$$

式(14-64) 给出的解具有以下特点:在振动过程中,两质点具有相同的频率 ω 和相同的相位角 α。Y_1 和 Y_2 是位移幅值并与时间无关,即有

$$\frac{y_1(t)}{y_2(t)} = \frac{Y_1}{Y_2}$$

将式(14-64) 代入方程(14-63),消去公因子 $\sin(\omega t + \alpha)$,得

$$\begin{cases} (k_{11} - \omega^2 m_1)Y_1 + k_{12}Y_2 = 0 \\ k_{21}Y_1 + (k_{22} - \omega^2 m_2)Y_2 = 0 \end{cases} \tag{14-65}$$

方程(14-65) 是具有两个未知量 Y_1 和 Y_2 的齐次方程。根据线性代数理论,要想得到 Y_1 和 Y_2 不全为零的解,方程(14-65) 的系数行列式应为零,即

$$\begin{vmatrix} k_{11} - \omega^2 m_1 & k_{12} \\ k_{21} & k_{22} - \omega^2 m_2 \end{vmatrix} = 0 \tag{14-66}$$

式(14-66) 称为频率方程或特征方程,利用它可以求出频率 ω。

将式(14-66) 展开并整理后,得

$$(\omega^2)^2-\left(\frac{k_{11}}{m_1}+\frac{k_{22}}{m_2}\right)\omega^2+\frac{k_{11}k_{22}-k_{12}k_{21}}{m_1m_2}=0$$

上式是 ω^2 的二次方程，由求根公式即可解得 ω^2 的两个根：

$$\omega^2=\frac{1}{2}\left(\frac{k_{11}}{m_1}+\frac{k_{22}}{m_2}\right)\pm\sqrt{\left[\frac{1}{2}\left(\frac{k_{11}}{m_1}+\frac{k_{22}}{m_2}\right)\right]^2-\frac{k_{11}k_{22}-k_{12}k_{21}}{m_1m_2}} \tag{14-67}$$

可以证明两个根均为正，即两个自由度体系共有两个自振频率：ω_1 表示其中最小的圆频率，称为第一圆频率或基本圆频率；另一个圆频率 ω_2 称为第二圆频率。求出 ω_1 和 ω_2，再确定它们各自相应的振型。

将第一圆频率 ω_1 代入式(14－65)，由于行列式等于零，方程组中的两个方程是线性相关的，实际上只有一个独立的方程。由式(14－65)的任一个方程可求出比值 Y_1/Y_2，这个比值所确定的振动形式就是与第一圆频率 ω_1 相对应的振型，称为第一振型或基本振型。例如，由式(14－65)的第一式可得

$$\frac{Y_{11}}{Y_{12}}=-\frac{k_{12}}{k_{11}-\omega_1^2m_1}$$

这里，Y_{11} 和 Y_{21} 分别表示第一振型中质点 m_1 和 m_2 的振幅。

同理，将第二圆频率 ω_2 代入式(14－65)，可以求出比值 Y_1/Y_2 的另一个比值。这个比值所确定的另一个振动形式称为第二振型。例如，由式(14－65)的第一式可得

$$\frac{Y_{12}}{Y_{22}}=-\frac{k_{12}}{k_{11}-\omega_2^2m_1}$$

这里，Y_{12} 和 Y_{22} 分别表示第二振型中质点 m_1 和 m_2 的振幅。

在一般情形下，两个自由度体系的自由振动可看作两个频率及其主振型的组合振动，即

$$\begin{cases}y_1(t)=A_1Y_{11}\sin(\omega_1t+\alpha_1)+A_2Y_{12}\sin(\omega_2t+\alpha_2)\\ y_2(t)=A_1Y_{21}\sin(\omega_1t+\alpha_1)+A_2Y_{22}\sin(\omega_2t+\alpha_2)\end{cases}$$

上式是微分方程(14－3)的全解。其中，两对待定常数 A_1、α_1 和 A_2、α_2 可由初始条件确定。

(2)n 个自由度振动体系

如图 14－34a 所示为一具有 n 个自由度的体系。按照上面的方法可得到 n 个自由度无阻尼体系的自由振动微分方程。

取各质点作隔离体，如图 14－34b 所示。质点 m_i 所受的力包括惯性力和弹性抗力 r_i，其平衡方程为

$$m_i\ddot{y}_i+r_i=0,i=1,2,\cdots,n \tag{14-68}$$

按照刚度法建立两个自由度无阻尼体系的自由振动微分方程的思路和过程，可得 n 个自由度无阻尼体系的自由振动微分方程如下：

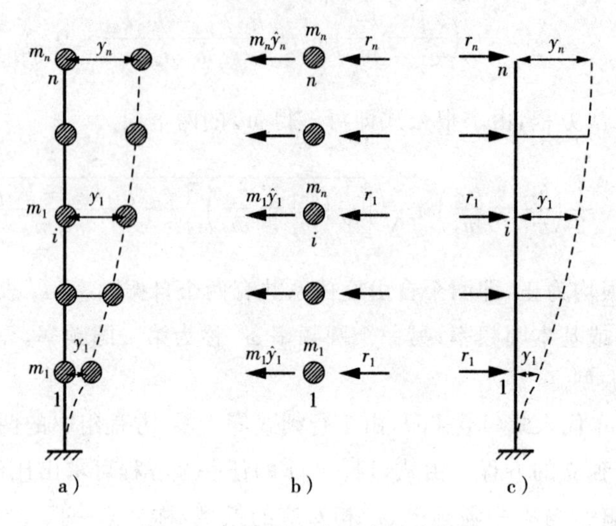

图 14－34　几个自由度振动体系

$$
\begin{cases}
m_1 \ddot{y}_1 + k_{11} y_1 + k_{12} y_2 + \cdots + k_{1n} y_n = 0 \\
m_1 \ddot{y}_1 + k_{21} y_1 + k_{22} y_2 + \cdots + k_{2n} y_n = 0 \\
\vdots \\
m_1 \ddot{y}_1 + k_{n1} y_1 + k_{n2} y_2 + \cdots + k_{nn} y_n = 0
\end{cases}
\tag{14-69}
$$

若令

$$
\boldsymbol{M} = \begin{bmatrix} m_1 & & & \\ & m_2 & & \\ & & \ddots & \\ & & & m_n \end{bmatrix}, \boldsymbol{K} = \begin{bmatrix} k_{11} & k_{12} & \cdots & k_{1n} \\ k_{21} & k_{22} & \cdots & k_{2n} \\ \vdots & \vdots & \vdots & \vdots \\ k_{n1} & k_{n2} & \cdots & k_{nn} \end{bmatrix}, \boldsymbol{y} = \begin{Bmatrix} y_1 \\ y_2 \\ \vdots \\ y_n \end{Bmatrix}, \ddot{\boldsymbol{y}} = \begin{Bmatrix} \ddot{y}_1 \\ \ddot{y}_2 \\ \vdots \\ \ddot{y}_n \end{Bmatrix}
$$

则 n 个自由度无阻尼体系的自由振动微分方程可表示成矩阵形式如下：

$$
\boldsymbol{M}\ddot{\boldsymbol{y}} + \boldsymbol{K}\boldsymbol{y} = \boldsymbol{0} \tag{14-70}
$$

式中：$\boldsymbol{M}$ 是对角矩阵，称为质量矩阵；$\boldsymbol{K}$ 是对称矩阵，称为刚度矩阵；$\boldsymbol{y}$ 是位移向量，称为 $\ddot{\boldsymbol{y}}$ 加速度向量。

设式(14－70) 的解为以下形式：

$$
\boldsymbol{y} = \boldsymbol{Y} \sin(\omega t + \alpha) \tag{14-71}
$$

其中，$\boldsymbol{Y}$ 是位移幅值向量，即

$$
\boldsymbol{Y} = \begin{Bmatrix} Y_1 \\ Y_2 \\ \vdots \\ Y_n \end{Bmatrix}
$$

将式(14-71) 代入式(14-70)，消去公因子$\sin(\omega t+\alpha)$，即得

$$(\boldsymbol{K}-\omega^2\boldsymbol{M})\boldsymbol{Y}=\boldsymbol{0} \tag{14-72}$$

式(14-72) 是位移幅值$\boldsymbol{Y}$ 的齐次方程。保证$\boldsymbol{Y}$ 有非零解，则系数行列式为零，即

$$|\boldsymbol{K}-\omega^2\boldsymbol{M}|=0 \tag{14-73}$$

方程(14-73) 为多自由度体系的频率方程。其展开形式如下：

$$D=\begin{vmatrix} k_{11}-\omega^2 m_1 & k_{12} & \cdots & k_{1n} \\ k_{21} & k_{22}-\omega^2 m_2 & \cdots & k_{2n} \\ \vdots & \vdots & \vdots & \vdots \\ k_{n1} & k_{n2} & \cdots & k_{nn}-\omega^2 m_n \end{vmatrix}=0 \tag{14-74}$$

展开行列式可得到一个关于频率参数ω^2 的n 次代数方程(n 是体系自由度的次数)。求出这个方程n 个根$\omega_1^2,\omega_2^2,\cdots,\omega_n^2$，即可得到体系的$n$ 个自振频率$\omega_1,\omega_2,\cdots,\omega_n$。把全部自振频率按照从小到大的顺序排列而成的向量称为频率向量$\boldsymbol{\omega}$，其中最小的频率称为基频，即第一频率。

设$\boldsymbol{Y}_{(i)}$ 表示与频率ω_i 相应的主振型向量，并将其代入方程(14-72)，得

$$(\boldsymbol{K}-\omega_i^2\boldsymbol{M})\boldsymbol{Y}_{(i)}=\boldsymbol{0} \tag{14-75}$$

利用式(14-75) 即可求得与频率ω_i 对应的$\boldsymbol{Y}_{(i)}$。方程(14-75) 代表n 个联立代数方程，以$Y_{1i},Y_{2i},\cdots,Y_{ni}$ 为未知数。根据齐次方程的特性，如果$Y_{1i},Y_{2i},\cdots,Y_{ni}$ 是方程组的解，则$CY_{1i},CY_{2i},\cdots,CY_{ni}$ 也是方程的解(这里，C 是任意常数)。可知，由式(14-75) 可唯一地确定主振型$\boldsymbol{Y}_{(i)}$ 的形状，但不能唯一地确定其振幅。

为了使主振型$\boldsymbol{Y}_{(i)}$ 的振幅具有确定值，需要补充条件，这样得到的主振型称为标准化主振型。

主振型的标准化方法有多种：一种方法是规定主振型$\boldsymbol{Y}_{(i)}$ 中某个元素为给定值，另一种方法是规定主振型$\boldsymbol{Y}_{(i)}$ 满足下式：

$$\boldsymbol{Y}_{(i)}\boldsymbol{M}\boldsymbol{Y}_{(i)}=1$$

令$i=1,2,\cdots,n$，反复利用方程(14-75) 即可求出n 个主振型向量$\boldsymbol{Y}_{(1)},\boldsymbol{Y}_{(2)},\cdots,\boldsymbol{Y}_{(n)}$。用$[Y]$ 表示n 个主振型向量组成的方阵：

$$[Y]=\begin{bmatrix} Y_{11} & Y_{12} & \cdots & Y_{1n} \\ Y_{21} & Y_{22} & \cdots & Y_{2n} \\ \vdots & \vdots & \vdots & \vdots \\ Y_{n1} & Y_{n2} & \cdots & Y_{nn} \end{bmatrix}$$

$[Y]$ 称为主振型矩阵。

应该指出，一个具有n 个自由度的结构体系的自由振动分析是矩阵代数理论中的矩阵特征值和特征向量问题。

【例 14-8】 试求图 14-35 所示刚架的自振频率和主振型。设横梁的变形略去不计，第一、二、三层的层间刚度系数分别为 $4I$、$2I$、I。刚架的质量都集中在楼板上，第一、二、三层楼板处的质量分别为 $m_1=2m$、$m_2=1.5m$、$m_3=m$。

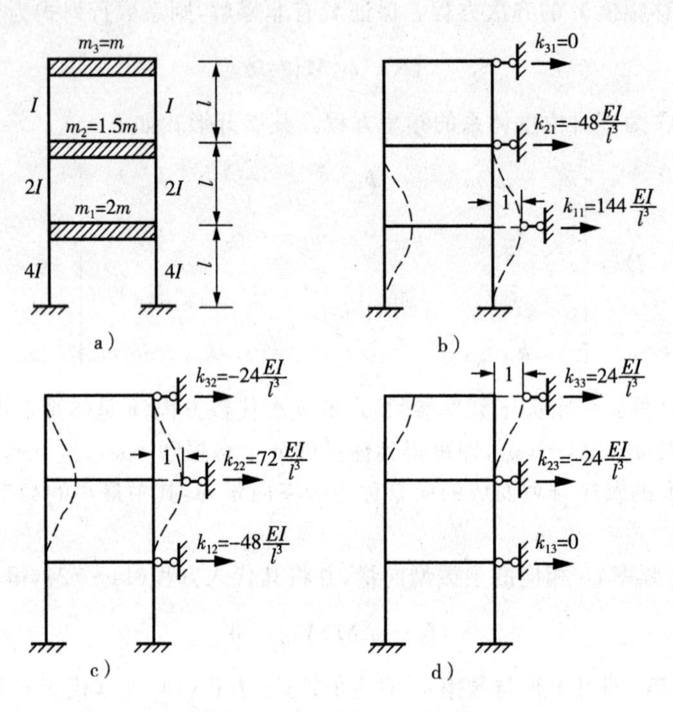

图 14-35 例 14-8 图示

分析过程：刚架振动时各横梁只能作水平移动，故该刚架只有三个自由度。

【解】 (1) 求自振频率

刚架的刚度系数如图 14-35b、图 14-35c、图 14-35d 所示，刚度矩阵和质量矩阵分别为

$$\boldsymbol{K}=\frac{24EI}{l^3}\begin{bmatrix}6 & -2 & 0\\ -2 & 3 & -1\\ 0 & -1 & 1\end{bmatrix},\boldsymbol{M}=m\begin{bmatrix}2 & 0 & 0\\ 0 & 1.5 & 0\\ 0 & 0 & 1\end{bmatrix}$$

因而，有

$$\boldsymbol{K}-\omega^2\boldsymbol{M}=\frac{24EI}{l^3}\begin{bmatrix}6-2\eta & -2 & 0\\ -2 & 3-1.5\eta & -1\\ 0 & -1 & 1-\eta\end{bmatrix},\eta=\frac{ml^3}{24EI}\omega^2 \tag{14-76}$$

由多自由度体系的频率方程(14-74)，得

$$\begin{vmatrix}6-2\eta & -2 & 0\\ -2 & 3-1.5\eta & -1\\ 0 & -1 & 1-\eta\end{vmatrix}=0$$

展开上式,得到关于 η 的一元三次方程:

$$3\eta^3-18\eta^2+27\eta-8=0$$

可解得上式的三个根为

$$\eta_1=0.392,\eta_2=1.774,\eta_3=3.834$$

由 η 与 ω 之间的关系得三个自振频率为

$$\omega_1=\sqrt{\frac{24EI}{ml^3}\eta_1}=3.067\sqrt{\frac{EI}{ml^3}}$$

$$\omega_2=\sqrt{\frac{24EI}{ml^3}\eta_2}=6.525\sqrt{\frac{EI}{ml^3}}$$

$$\omega_3=\sqrt{\frac{24EI}{ml^3}\eta_3}=39.592\sqrt{\frac{EI}{ml^3}}$$

(2) 求主振型

将自振频率代入式(14-75)并约去公因子$\frac{24EI}{l^3}$,得

$$\begin{bmatrix}6-2\eta_i & -2 & 0\\ -2 & 3-1.5\eta_i & -1\\ 0 & -1 & 1-\eta_i\end{bmatrix}\begin{Bmatrix}Y_{1i}\\ Y_{2i}\\ Y_{3i}\end{Bmatrix}=\begin{Bmatrix}0\\ 0\\ 0\end{Bmatrix}\tag{14-77}$$

将 $\omega_i=\omega_1$,即 $\eta_i=\eta_1$ 代入式(14-77),得

$$\begin{bmatrix}5.216 & -2 & 0\\ -2 & 2.412 & -1\\ 0 & -1 & 0.608\end{bmatrix}\begin{Bmatrix}Y_{11}\\ Y_{21}\\ Y_{31}\end{Bmatrix}=\begin{Bmatrix}0\\ 0\\ 0\end{Bmatrix}$$

因为上式的系数行列式为零,故三个方程中只有两个是独立的,可由三个方程中任取两个,如取前两个方程:

$$\begin{cases}5.216Y_{11}-2Y_{21}=0\\ -2Y_{11}+2.412Y_{21}-Y_{31}=0\end{cases}$$

设 $Y_{11}=1$,即可得标准化的第一主振型为

$$\begin{Bmatrix}Y_{11}\\ Y_{21}\\ Y_{31}\end{Bmatrix}=\begin{Bmatrix}1\\ 2.608\\ 4.290\end{Bmatrix}$$

同理,可得标准化的第二、三主振型为

$$\begin{Bmatrix}Y_{12}\\Y_{22}\\Y_{32}\end{Bmatrix}=\begin{Bmatrix}1\\1.226\\-1.584\end{Bmatrix},\begin{Bmatrix}Y_{13}\\Y_{23}\\Y_{33}\end{Bmatrix}=\begin{Bmatrix}1\\-0.834\\0.294\end{Bmatrix}$$

三个主振型的大致形状如图 14－36 所示。

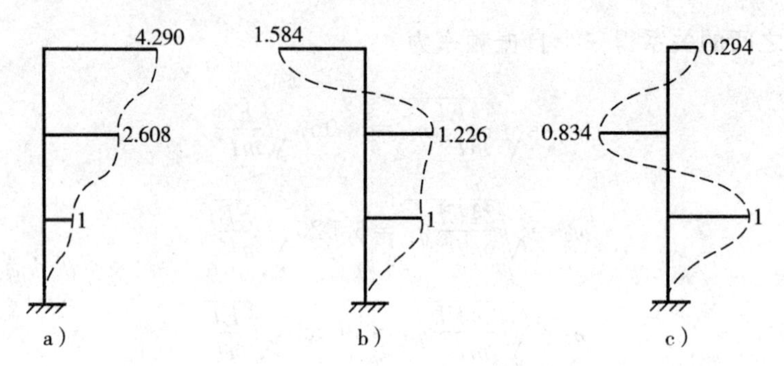

图 14－36 例 14－8 的主振型

主振型矩阵为

$$\boldsymbol{Y}=\begin{bmatrix}1 & 1 & 1\\2.608 & 1.226 & -0.834\\4.290 & -1.584 & 0.294\end{bmatrix}$$

2. 柔度法

先讨论两个自由度体系，继而推广到 n 个自由度体系。

(1) 两个自由度振动体系

如图 14－37a 所示为具有两个集中质量 m_1 和 m_2 的悬臂柱，具有两个自由度。柔度法建立多自由度振动微分方程的基本思路是：自由振动过程中的任意时刻 t，质量 m_1 和 m_2 的位移 $y_1(t)$ 和 $y_2(t)$ 应当等于体系在当时惯性力 $-m_1\ddot{y}_1$ 和 $-m_2\ddot{y}_2$ 作用下所产生的位移。按照此思路可列出两个自由度振动微分方程如下：

$$\begin{cases}y_1=-m_1\ddot{y}_1\delta_{11}-m_2\ddot{y}_2\delta_{12}\\ y_2=-m_1\ddot{y}_1\delta_{21}-m_2\ddot{y}_2\delta_{22}\end{cases}\tag{14-78}$$

这里，δ_{ij} 是结构的柔度系数，如图 14－37b 所示。

为了求得方程(14－78) 的解，其解仍设为

$$\begin{cases}y_1(t)=Y_1\sin(\omega t+\alpha)\\ y_2(t)=Y_2\sin(\omega t+\alpha)\end{cases}\tag{14-79}$$

式(14－79) 给出的解具有以下特点：在振动过程中，两质点具有相同的频率 ω 和相同的相位角 α。Y_1 和 Y_2 是位移幅值并与时间无关。

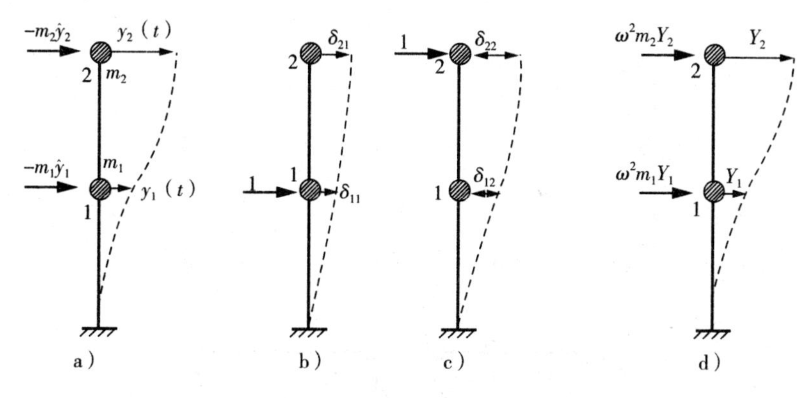

图 14－37　两个自由度振动体系

将式(14－79)代入式(14－78)中，同时消去公因子，整理得

$$\begin{cases}\left(\delta_{11}m_1-\dfrac{1}{\omega^2}\right)Y_1+\delta_{12}m_2Y_2=0\\ \delta_{21}m_1Y_1+\left(\delta_{22}m_2-\dfrac{1}{\omega^2}\right)Y_2=0\end{cases}\tag{14-80}$$

方程(14－80)有非零解的充分必要条件是方程(14－80)的系数行列式等于零，即

$$D=\begin{vmatrix}\delta_{11}m_1-\dfrac{1}{\omega^2} & \delta_{12}m_2\\ \delta_{21}m_1 & \delta_{22}m_2-\dfrac{1}{\omega^2}\end{vmatrix}=0\tag{14-81}$$

式(14－81)称为柔度系数表示的频率方程或特征方程，利用它可以求出频率 ω_1、ω_2。将式(14－81)展开并令 $\lambda=\dfrac{1}{\omega^2}$ 得到一个关于 λ 的二次方程：

$$\lambda^2-(\delta_{11}m_1+\delta_{22}m_2)\lambda+(\delta_{11}\delta_{22}-\delta_{12}\delta_{21})m_1m_2=0$$

由此，可解得 λ 的两个根：

$$\lambda=\frac{(\delta_{11}m_1+\delta_{22}m_2)\pm\sqrt{(\delta_{11}m_1+\delta_{22}m_2)^2-4(\delta_{11}\delta_{22}-\delta_{12}\delta_{21})m_1m_2}}{2}\tag{14-82}$$

于是，求得圆频率的两个值为

$$\omega_1=\frac{1}{\sqrt{\lambda_1}},\omega_2=\frac{1}{\sqrt{\lambda_2}}$$

下面求结构的主振型。将 $\omega=\omega_1$、$\omega=\omega_2$ 分别代入式(14－80)，由其中第一式得

$$\frac{Y_{11}}{Y_{21}}=-\frac{\delta_{12}m_2}{\delta_{11}m_1-\dfrac{1}{\omega_1^2}},\quad \frac{Y_{12}}{Y_{22}}=-\frac{\delta_{12}m_2}{\delta_{11}m_1-\dfrac{1}{\omega_2^2}}$$

按照柔度法建立两个自由度无阻尼体系的自由振动微分方程的思路和过程，即将各质点的惯性力看作静力荷载(如图 14－38a 所示)，可得 n 个自由度无阻尼体系的自由振动微分

方程如下：

$$\begin{cases} y_1 = -m_1\ddot{y}_1\delta_{11} - m_2\ddot{y}_2\delta_{12} - \cdots - m_n\ddot{y}_n\delta_{1n} \\ y_2 = -m_1\ddot{y}_1\delta_{21} - m_2\ddot{y}_2\delta_{22} - \cdots - m_n\ddot{y}_n\delta_{2n} \\ \vdots \\ y_n = -m_1\ddot{y}_1\delta_{n1} - m_2\ddot{y}_2\delta_{n2} - \cdots - m_n\ddot{y}_n\delta_{nn} \end{cases} \tag{14-83}$$

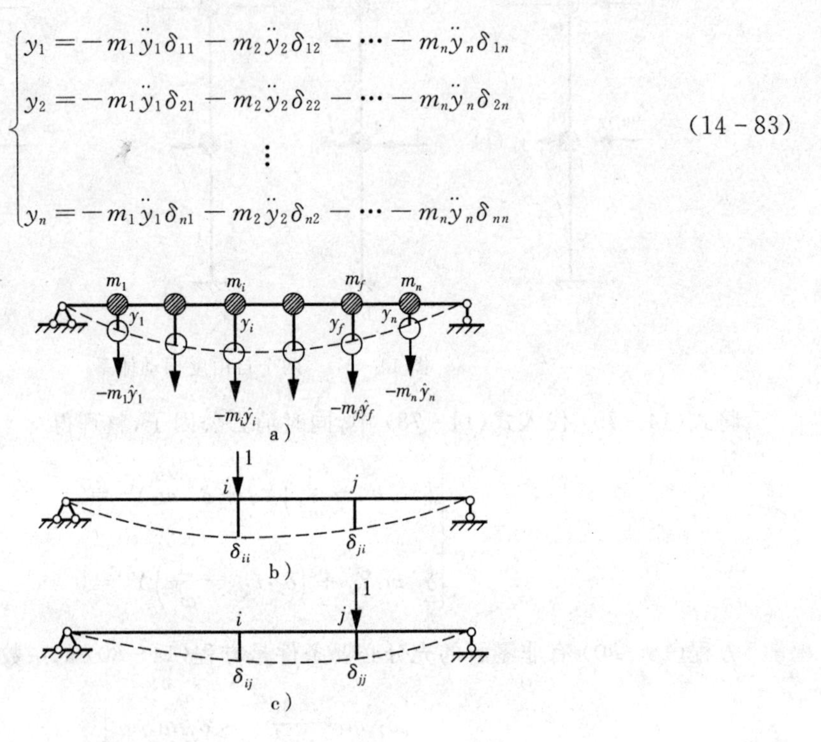

图 14-38　n 个自由度振动体系

式(14-83)中，δ_{ij} 是结构的柔度系数，它们的物理意义如图 14-38b、图 14-38c 所示。若令

$$\boldsymbol{\delta} = \begin{bmatrix} \delta_{11} & \delta_{12} & \cdots & \delta_{1n} \\ \delta_{21} & \delta_{22} & \cdots & \delta_{2n} \\ \vdots & \vdots & \vdots & \vdots \\ \delta_{n1} & \delta_{n2} & \cdots & \delta_{nn} \end{bmatrix}$$

则式(14-83)可写成矩阵形式，如下：

$$\boldsymbol{y} + \boldsymbol{\delta M \ddot{y}} = \boldsymbol{0} \tag{14-84}$$

式中：δ 为结构的柔度矩阵，它是对称矩阵。若对式(14-84)左乘以柔度矩阵的逆矩阵$\boldsymbol{\delta}^{-1}$，则有

$$\boldsymbol{\delta}^{-1}\boldsymbol{y} + \boldsymbol{M\ddot{y}} = \boldsymbol{0} \tag{14-85}$$

与方程(14-70)对比，显然有

$$\boldsymbol{\delta}^{-1} = \boldsymbol{K} \tag{14-86}$$

式(14-86)表明柔度矩阵与刚度矩阵互为逆矩阵。无论按刚度法或柔度法，建立的多自由度振动微分方程都是相同的，只是表现形式不同而已。当结构的柔度系数比刚度系数较易求得时，采用柔度法，反之则采用刚度法。

对于柔度法建立的多自由度振动微分方程的求解，与刚度法一样，设式(14－84)的特解为

$$\boldsymbol{y}=\boldsymbol{Y}\sin(\omega t+\alpha) \tag{14-87}$$

将式(14－87)代入式(14－84)并整理，得

$$\left(\boldsymbol{\delta M}-\frac{1}{\omega^2}\boldsymbol{I}\right)\boldsymbol{Y}=\boldsymbol{0} \tag{14-88}$$

式中：$\boldsymbol{I}$ 是单位矩阵。

根据线性代数理论，要得到 $\boldsymbol{Y}_1,\boldsymbol{Y}_2,\cdots,\boldsymbol{Y}_n$ 不全为零的解，则式(14－88)的系数行列式等于零，即

$$\left|\boldsymbol{\delta M}-\frac{1}{\omega^2}\boldsymbol{I}\right|=0 \tag{14-89a}$$

展开形式为

$$D=\begin{vmatrix}\left(\delta_{11}m_1-\frac{1}{\omega^2}\right) & \delta_{12}m_2 & \cdots & \delta_{1n}m_n \\ \delta_{21}m_1 & \left(\delta_{22}m_2-\frac{1}{\omega^2}\right) & \cdots & \delta_{2n}m_n \\ \vdots & \vdots & \vdots & \vdots \\ \delta_{n1}m_1 & \delta_{n2}m_2 & \cdots & \left(\delta_{nn}m_n-\frac{1}{\omega^2}\right)\end{vmatrix}=0 \tag{14-89b}$$

将行列式展开，可得到一个含有 $\frac{1}{\omega^2}$ 的 n 次代数方程，由此可解得 $\frac{1}{\omega^2}$ 的 n 个正根，从而得到 n 个自振频率 $\omega_1,\omega_2,\cdots,\omega_n$。若按数值的大小从小到大依次排列，则称为第一频率、第二频率……第 n 频率。方程(14－89)称为频率方程。

设 $\boldsymbol{Y}_{(i)}$ 表示与频率 ω_i 相应的主振型向量，并将其代入方程(14－88)，得

$$\left(\boldsymbol{\delta M}-\frac{1}{\omega_i^2}\boldsymbol{I}\right)\boldsymbol{Y}_{(i)}=\boldsymbol{0} \tag{14-90}$$

令 $i=1,2,\cdots,n$，反复利用方程(14－90)即可求出 n 个主振型向量 $\boldsymbol{Y}_{(1)},Y_{(2)},\cdots,Y_{(n)}$。用 $[Y]$ 表示 n 个主振型向量组成的方阵：

$$[Y]=\begin{bmatrix}Y_{11} & Y_{12} & \cdots & Y_{1n} \\ Y_{21} & Y_{22} & \cdots & Y_{2n} \\ \vdots & \vdots & \vdots & \vdots \\ Y_{n1} & Y_{n2} & \cdots & Y_{nn}\end{bmatrix}$$

$[Y]$ 称为主振型矩阵。

【例 14－9】　试求图 14－39 所示刚架的自振频率和主振型。

分析过程：刚架振动时质点仅能作水平移动和竖向移动，故该刚架只有两个自由度。

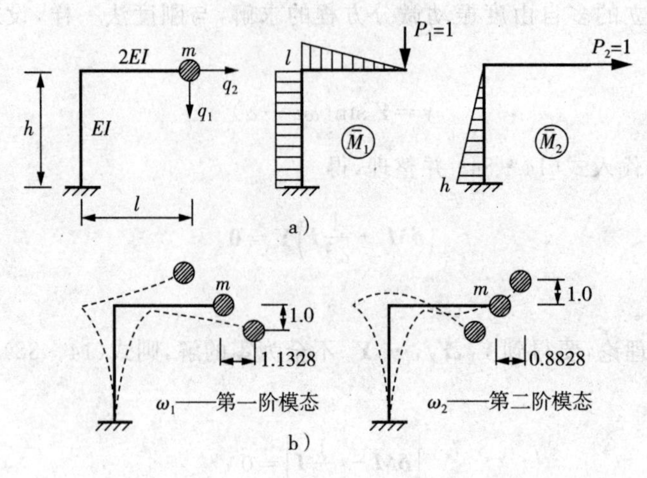

图 14-39　例 14-9 图示

【解】（1）求自振频率

首先求柔度系数，由图 14-39a 得

$$\delta_{11}=\int\frac{\overline{M}_1\overline{M}_1}{EI}\mathrm{d}x=\frac{1}{2EI}\cdot\frac{1}{2}\cdot l\cdot l\cdot\frac{2}{3}l+\frac{1}{EI}\cdot l\cdot h\cdot l=\frac{l^3}{6EI}+\frac{l^2h}{EI}$$

$$\delta_{22}=\int\frac{\overline{M}_2\overline{M}_2}{EI}\mathrm{d}x=\frac{1}{EI}\cdot\frac{1}{2}\cdot h\cdot h\cdot\frac{2}{3}h=\frac{h^3}{3EI}$$

$$\delta_{12}=\delta_{21}=\int\frac{\overline{M}_1\overline{M}_2}{EI}\mathrm{d}x=\frac{1}{EI}\cdot\frac{1}{2}\cdot h\cdot h\cdot l=\frac{h^2l}{2EI}$$

令 $h=2l,\delta_0=l^3/6EI$，则有 $\delta_{11}=13\delta_0,\delta_{22}=16\delta_0,\delta_{12}=\delta_{21}=12\delta_0$。

由方程(14-80)可得

$$\begin{cases}\left(13\delta_0m-\dfrac{1}{\omega^2}\right)Y_1+12\delta_0mY_2=0\\ 12\delta_0mY_1+\left(16\delta_0m-\dfrac{1}{\omega^2}\right)Y_2=0\end{cases}$$

令

$$\lambda=\frac{1}{\delta_0m\omega^2}=\frac{6EI}{m\omega^2l^3}$$

则有

$$\begin{cases}(13-\lambda)Y_1+12Y_2=0\\ 12Y_1+(16-\lambda)Y_2=0\end{cases}$$

频率方程为

$$\begin{vmatrix}13-\lambda & 12\\ 12 & 16-\lambda\end{vmatrix}=0$$

展开上式得

$$\lambda^2-29\lambda+64=0$$

频率方程的两个根为 $\lambda_1=26.593$，$\lambda_2=2.4066$。圆频率为

$$\omega_1=\sqrt{\frac{6EI}{\lambda_1 ml^3}}=0.4750\sqrt{\frac{EI}{ml^3}},\quad \omega_2=\sqrt{\frac{6EI}{\lambda_1 ml^3}}=1.5789\sqrt{\frac{EI}{ml^3}}$$

(2) 主振型分析

第一主振型($\lambda_1=26.593$)：

$$\frac{Y_2}{Y_1}=-\frac{13-\lambda_1}{12}=-\frac{13-26.593}{12}=1.1328$$

假定 $Y_1=1$，则第一主振型向量为

$$\boldsymbol{Y}_1=[1\quad 1.1328]^{\mathrm{T}}$$

第二主振型($\lambda_2=2.4066$)：

$$\frac{Y_2}{Y_1}=-\frac{13-\lambda_2}{12}=-\frac{13-2.4066}{12}=-0.8828$$

主振型矩阵为

$$\boldsymbol{Y}=\begin{bmatrix}1 & 1\\ 1.1328 & -0.8828\end{bmatrix}$$

对应的振动形状如 14-39b 所示。

【例 14-10】 如图 14-40a 所示简支梁具有三个集中质量 m_1、m_2、m_3，梁的跨度 $l=4a$，刚度为 EI，不计梁自身质量。求自振频率和主振型。

分析过程：梁振动时质点仅能作竖向移动，该梁只有三个自由度。梁在单位惯性力作用下弯矩图如图 14-40b 所示。

【解】 (1) 求自振频率

利用图乘法计算柔度系数。

$$\delta_{11}=\int\frac{\overline{M}_1\overline{M}_1}{EI}\mathrm{d}x=\frac{1}{EI}\left(\frac{1}{2}\times\frac{l}{4}\times\frac{3l}{16}\times\frac{2}{3}\times\frac{3l}{16}+\frac{1}{2}\times\frac{3l}{4}\times\frac{3l}{16}\times\frac{2}{3}\times\frac{3l}{16}\right)=\frac{9}{768}\frac{l^3}{EI}$$

$$\delta_{22}=\int\frac{\overline{M}_2\overline{M}_2}{EI}\mathrm{d}x=\frac{16}{768}\frac{l^3}{EI},\delta_{33}=\int\frac{\overline{M}_3\overline{M}_3}{EI}\mathrm{d}x=\frac{9}{768}\frac{l^3}{EI}$$

$$\delta_{12}=\delta_{21}=\int\frac{\overline{M}_1\overline{M}_2}{EI}\mathrm{d}x=\frac{11}{768}\frac{l^3}{EI},\delta_{13}=\delta_{31}=\int\frac{\overline{M}_1\overline{M}_3}{EI}\mathrm{d}x=\frac{7}{768}\frac{l^3}{EI}$$

$$\delta_{23}=\delta_{32}=\delta_{12}=\delta_{12}=\frac{11}{768}\frac{l^3}{EI}$$

令 $\delta_0=l^3/768EI$，则有单位位移矩阵为

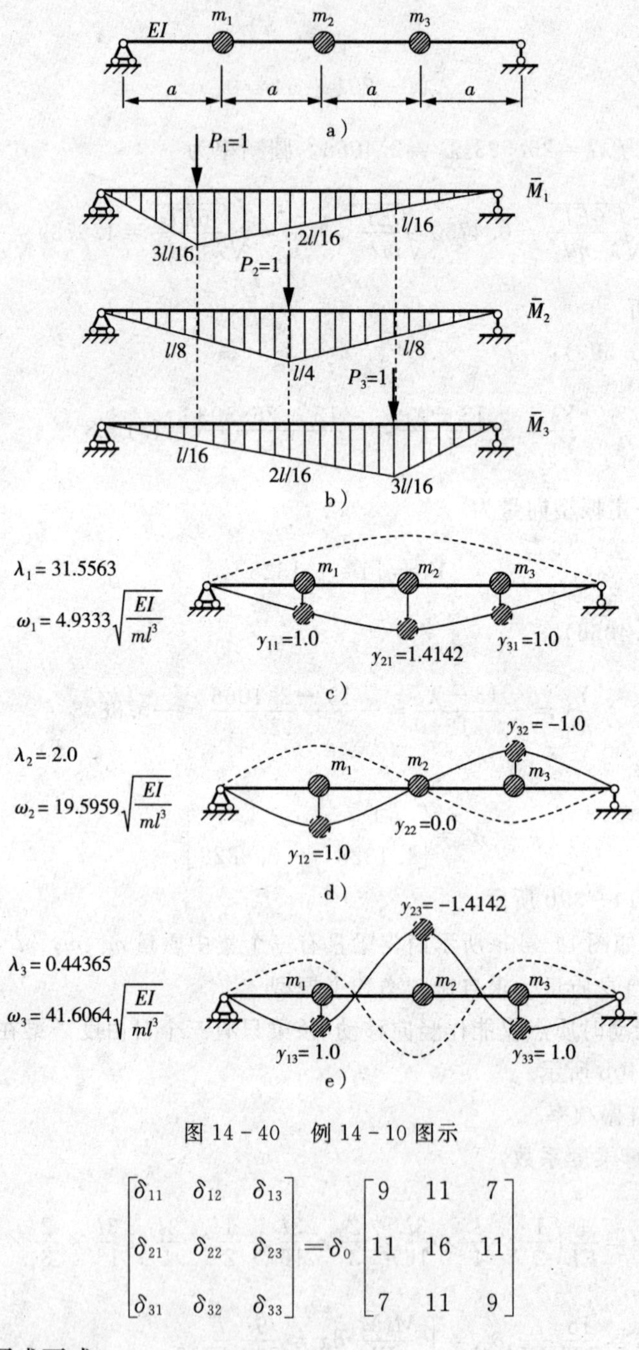

图 14-40 例 14-10 图示

$$\begin{bmatrix}\delta_{11} & \delta_{12} & \delta_{13}\\ \delta_{21} & \delta_{22} & \delta_{23}\\ \delta_{31} & \delta_{32} & \delta_{33}\end{bmatrix}=\delta_0\begin{bmatrix}9 & 11 & 7\\ 11 & 16 & 11\\ 7 & 11 & 9\end{bmatrix}$$

方程(14-88)可写成下式：

$$\left(m_1\delta_{11}-\frac{1}{\omega^2}\right)Y_1+m_2\delta_{12}Y_2+m_3\delta_{13}Y_3=0$$

$$m_1\delta_{21}Y_1+\left(m_2\delta_{22}-\frac{1}{\omega^2}\right)Y_2+m_3\delta_{23}Y_3=0$$

$$m_1\delta_{31}Y_1+m_2\delta_{32}Y_2+\left(m_3\delta_{33}-\frac{1}{\omega^2}\right)Y_3=0$$

本题中 $m_1=m_2=m_3=m$。上式各项除以 $m\delta_0\omega^2$ 并且令 $\lambda=1/m\delta_0\omega^2$，则上式可写成下式：

$$(9-\lambda)Y_1+11Y_2+7Y_3=0$$

$$11Y_1+(16-\lambda)Y_2+11Y_3=0$$

$$7Y_1+11Y_2+(9-\lambda)Y_3=0$$

上式的系数行列式等于零，即为频率方程：

$$\begin{vmatrix} 9-\lambda & 11 & 7 \\ 11 & 16-\lambda & 11 \\ 7 & 11 & 9-\lambda \end{vmatrix}=0$$

频率方程的三个根为

$$\lambda_1=31.5563, \lambda_2=2.0, \lambda_3=0.44365$$

三个圆频率为

$$\omega_1^2=\frac{1}{\lambda_1 m\delta_0}=\frac{768}{31.5563}\frac{EI}{ml^3}=24.337\frac{EI}{ml^3}\rightarrow\omega_1=4.9333\sqrt{\frac{EI}{ml^3}}$$

$$\omega_2^2=\frac{1}{\lambda_2 m\delta_0}=\frac{768}{2.0}\frac{EI}{ml^3}=384\frac{EI}{ml^3}\rightarrow\omega_2=19.5959\sqrt{\frac{EI}{ml^3}}$$

$$\omega_3^2=\frac{1}{\lambda_3 m\delta_0}=\frac{768}{0.44365}\frac{EI}{ml^3}=1731.09\frac{EI}{ml^3}\rightarrow\omega_3=41.6064\sqrt{\frac{EI}{ml^3}}$$

(2) 主振型分析

对于任一特征根 λ_i，计算振幅的方程为

$$(9-\lambda_i)Y_1+11Y_2+7Y_3=0$$

$$11Y_1+(16-\lambda_i)Y_2+11Y_3=0$$

$$7Y_1+11Y_2+(9-\lambda_i)Y_3=0$$

上面方程各项除以 Y_1。令 $\rho_2=Y_2/Y_1$，$\rho_3=Y_3/Y_1$，求主振型的方程变为

$$(9-\lambda_i)+11\rho_2+7\rho_3=0$$

$$11+(16-\lambda_i)\rho_2+11\rho_3=0$$

$$7+11\rho_2+(9-\lambda_i)\rho_3=0$$

假设 $Y_1=1$，对于每一个 λ_i，可计算 ρ_2，ρ_3。由于上面三式是线性相关的，故任取两式计算。选取前两式计算：

$$\lambda_1=31.5563$$

$$(9-31.5563)+11\rho_2+7\rho_3=0$$

$$11+(16-31.5563)\rho_2+11\rho_3=0$$

解得

$$\rho_2 = 1.4142, \rho_3 = 1.0$$

因而,第一主振型为

$$Y_{11} = 1.0, Y_{21} = 1.4142, Y_{31} = 1.0$$

$\lambda_2 = 2.0$。在这种情况下,有

$$(9 - 2.0) + 11\rho_2 + 7\rho_3 = 0$$

$$11 + (16 - 2.0)\rho_2 + 11\rho_3 = 0$$

解得

$$\rho_2 = 0.0, \rho_3 = -1.0$$

因而,第二主振型为

$$Y_{12} = 1.0, Y_{22} = 0.9, Y_{32} = -1.0$$

$\lambda_3 = 0.44365$。在这种情况下,有

$$(9 - 0.44365) + 11\rho_2 + 7\rho_3 = 0$$

$$11 + (16 - 0.44365)\rho_2 + 11\rho_3 = 0$$

解得

$$\rho_2 = -1.4142, \quad \rho_3 = 1.0$$

因而,第三主振型为

$$Y_{13} = 1.0, Y_{23} = -1.4142, Y_{33} = 1.0$$

主振型矩阵如下:

$$\boldsymbol{Y} = \begin{bmatrix} Y_{11} & Y_{12} & Y_{13} \\ Y_{21} & Y_{22} & Y_{23} \\ Y_{31} & Y_{32} & Y_{33} \end{bmatrix} = \begin{bmatrix} 1 & 1 & 1 \\ 1.4142 & 0.0 & -1.4142 \\ 1 & -1 & 1 \end{bmatrix}$$

三个主振型形状如图 14-40c、图 14-40d、图 14-40e 所示。

§14.6 多自由度体系主振型的正交性和主振型矩阵

根据体系的振型分析可知,具有 n 个自由度的体系,必有 n 个主振型。本节将证明各主振型之间具有正交的特性。利用正交的特性,可以使多自由度体系受迫振动的反应计算得到简化。

如图 14-41a、b 所示分别为具有 2 个自由度体系的第一主振型曲线和第二主振型曲线。图中,$\omega_1^2 m_1 Y_{11}$,$\omega_1^2 m_2 Y_{21}$ 和 $\omega_2^2 m_1 Y_{12}$,$\omega_2^2 m_2 Y_{22}$ 分别表示第一主振型和第二主振型在质

量 m_1, m_2 上所对应的惯性力。

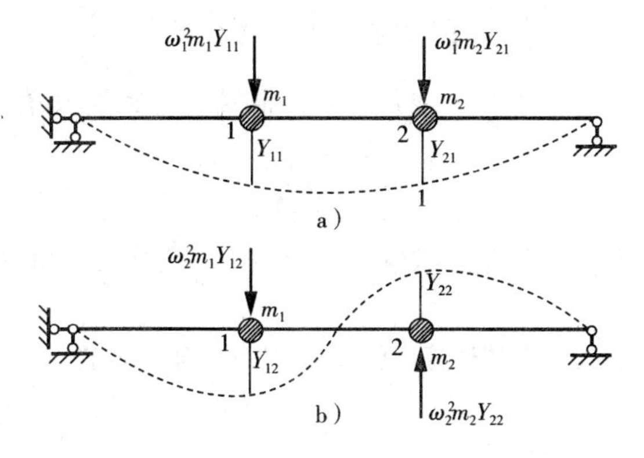

图 14-41　主振型的正交性

下面利用功的互等定理证明主振型之间的正交性。

根据互等定理：a) 状态上惯性力在 b) 状态的位移上所作的功等于 b) 状态上惯性力在 a) 状态的位移上所作的功，得

$$(\omega_1^2 m_1 Y_{11})Y_{12} + (\omega_1^2 m_2 Y_{21})Y_{22} = (\omega_2^2 m_1 Y_{12})Y_{11} + (\omega_2^2 m_2 Y_{22})Y_{21}$$

整理上式后，可得

$$(\omega_1^2 - \omega_2^2)(m_1 Y_{11} Y_{12} + m_2 Y_{21} Y_{22}) = 0$$

若 $\omega_1 \neq \omega_2$，则有

$$m_1 Y_{11} Y_{12} + m_2 Y_{21} Y_{22} = 0 \tag{14-91}$$

式(14-91) 即为两个主振型之间存在的第一正交关系。

具有 n 个自由度体系主振型之间的第一正交关系表述如下：设体系具有 n 个自由度，ω_i 和 ω_j 为两个不同的圆频率，相应的两个主振型向量为

$$\boldsymbol{Y}_{(i)}^{\mathrm{T}} = [Y_{1i} \quad Y_{2i} \quad \cdots \quad Y_{ni}]$$

$$\boldsymbol{Y}_{(j)}^{\mathrm{T}} = [Y_{1j} \quad Y_{2j} \quad \cdots \quad Y_{nj}]$$

则第一正交关系为

$$\boldsymbol{Y}_{(i)}^{\mathrm{T}} \boldsymbol{M} \boldsymbol{Y}_{(j)} = \boldsymbol{0} \tag{14-92}$$

下面根据第一正交关系可导出第二正交关系。由方程(14-75) 得

$$\boldsymbol{K} \boldsymbol{Y}_{(j)} = \omega_j^2 \boldsymbol{M} \boldsymbol{Y}_{(j)}$$

将上式两边同乘以 $\boldsymbol{Y}_{(i)}^{\mathrm{T}}$，则有

$$\boldsymbol{Y}_{(i)}^{\mathrm{T}} \boldsymbol{K} \boldsymbol{Y}_{(j)} = \omega_j^2 \boldsymbol{Y}_{(i)}^{\mathrm{T}} \boldsymbol{M} \boldsymbol{Y}_{(j)}$$

由第一正交关系，即可得第二正交关系：

$$\boldsymbol{Y}_{(i)}^{\mathrm{T}} \boldsymbol{K} \boldsymbol{Y}_{(j)} = \boldsymbol{0} \tag{14-93}$$

若令

$$K_i = \boldsymbol{Y}_{(i)}^{\mathrm{T}} \boldsymbol{K} \boldsymbol{Y}_{(i)}, M_i = \boldsymbol{Y}_{(i)}^{\mathrm{T}} \boldsymbol{M} \boldsymbol{Y}_{(i)}$$

K_i, M_i 分别称为广义刚度矩阵和广义质量矩阵。根据上式定义，则有

$$\omega_i = \sqrt{\frac{K_i}{M_i}}$$

这是根据广义刚度和广义质量来求频率 ω_i 的公式，该公式是单自由度体系频率公式的推广。

数值验证：验算刚度法三层刚架（算例 14-8），由前述算例得

$$\begin{aligned}
\boldsymbol{Y}_{(1)}^{\mathrm{T}} \boldsymbol{M} \boldsymbol{Y}_{(2)} &= [1 \quad 2.608 \quad 4.290] m \begin{bmatrix} 2 & 0 & 0 \\ 0 & 1.5 & 0 \\ 0 & 0 & 1 \end{bmatrix} \begin{Bmatrix} 1 \\ 1.226 \\ -1.584 \end{Bmatrix} \\
&= (1 \times 2 \times 1 + 2.608 \times 1.5 \times 1.226 - 4.290 \times 1 \times 1.584) m \\
&= (6.796 - 6.795) m \\
&= 0.001 m \approx 0
\end{aligned}$$

故认为第一正交关系满足。

§14.7 多自由度体系在简谐荷载作用下的强迫振动

本节讨论多自由度体系在简谐荷载作用下不考虑阻尼影响的强迫振动。

1. 刚度法

如图 14-42 所示为一具有 n 个自由度的体系，当外荷载均作用在质点时，按照自由振动的方法可得到 n 个自由度无阻尼体系的强迫振动的微分方程。

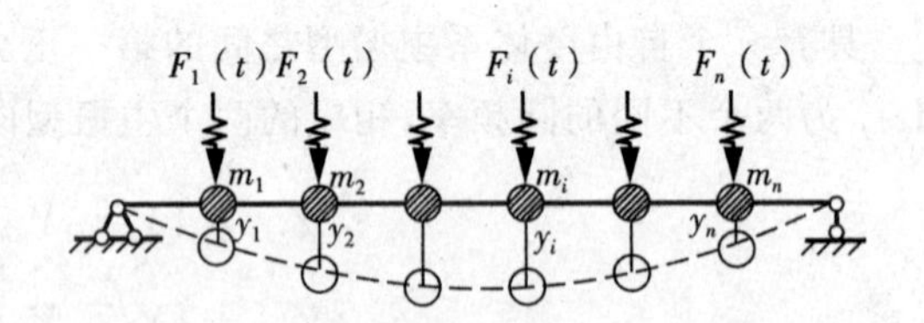

图 14-42 多自由度体系强迫振动

取各质点作隔离体，质点 m_i 所受的力包括惯性力、弹性抗力和外荷载，取各质点作隔离体，其平衡方程为

$$\begin{cases}
m_1 \ddot{y}_1 + k_{11} y_1 + k_{12} y_2 + \cdots + k_{1n} y_n = F_1(t) \\
m_1 \ddot{y}_1 + k_{21} y_1 + k_{22} y_2 + \cdots + k_{2n} y_n = F_2(t) \\
\vdots \\
m_1 \ddot{y}_1 + k_{n1} y_1 + k_{n2} y_2 + \cdots + k_{nn} y_n = F_n(t)
\end{cases} \tag{14-94}$$

n 个自由度无阻尼体系的强迫振动微分方程可表示成矩阵形式如下：

$$\boldsymbol{M}\ddot{\boldsymbol{y}} + \boldsymbol{K}\boldsymbol{y} = \boldsymbol{F}(t) \tag{14-95}$$

式中：$\boldsymbol{M}$ 是对角矩阵，称为质量矩阵；$\boldsymbol{K}$ 是对称矩阵，称为刚度矩阵；$\boldsymbol{y}$ 是位移向量，称为 $\ddot{\boldsymbol{y}}$ 加速度向量；$\boldsymbol{F}(t)$ 称为荷载向量。

设外荷载均为同步简谐荷载，即

$$\boldsymbol{F}(t)=\overline{\boldsymbol{F}}\sin\theta t \tag{14-96}$$

式中：$\overline{\boldsymbol{F}}=[\overline{F}_1 \quad \overline{F}_2 \quad \cdots \quad \overline{F}_n]^{\mathrm{T}}$ 为荷载幅值向量。

设在平稳阶段各质点作简谐振动：

$$\boldsymbol{y}=\boldsymbol{Y}\sin\theta t \tag{14-97}$$

将式(14－96)和式(14－97)代入式(14－95)并消去$\sin\theta t$，得

$$(\boldsymbol{K}-\theta^2\boldsymbol{M})\boldsymbol{Y}=\overline{\boldsymbol{F}} \tag{14-98}$$

式(14－98)系数行列式用 D_0 表示，即

$$D_0=|\boldsymbol{K}-\theta^2\boldsymbol{M}| \tag{14-99}$$

如果 $D_0\neq 0$，则方程(14－99)可解得振幅 $\boldsymbol{Y}$，即可得任意时刻各质点的位移。

下面讨论 $D_0=0$ 的情况。由自由振动频率方程可知，外荷载的频率和自振频率相等($\theta=\omega$)时，则 $D_0=0$。此时Y^0 趋于无限大。由此可知，当外荷载的频率和任一自振频率相等时，就可能产生共振现象。对于具有 n 个自由度的体系来说，存在 n 种可能的共振现象。

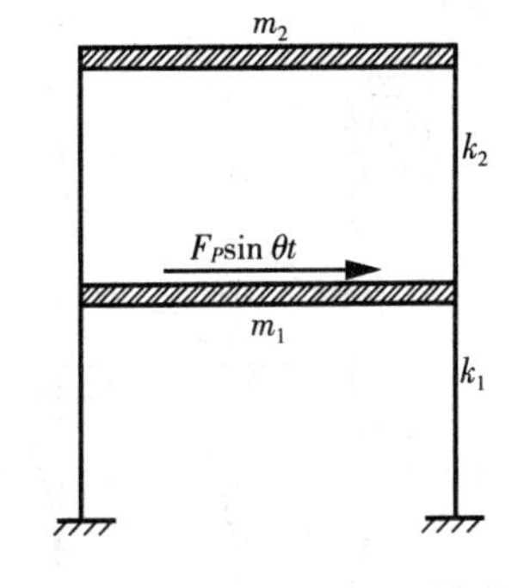

图 14－43　例 14－11 图示

【例 14－11】　如图 14－43 所示刚架，横梁抗弯刚度为无穷大，刚架底层横梁上作用简谐荷载 $F_{P1}=F_P\sin\theta t$。试绘制第一、二横梁的振幅 Y_1，Y_2 与荷载频率 θ 之间的关系曲线。设 $m_1=m_2=m$，$k_1=k_2=k$。

【解】　刚度系数为

$k_{11}=k_1+k_2=2k$，$k_{12}=k_{21}=-k_2=-k$，$k_{22}=k_2=k$

刚度矩阵、质量矩阵和荷载幅值列阵为

$$\boldsymbol{K}=k\begin{bmatrix}2 & -1\\ -1 & 1\end{bmatrix},\boldsymbol{M}=m\begin{bmatrix}1 & 0\\ 0 & 1\end{bmatrix},\overline{\boldsymbol{F}}=\begin{Bmatrix}F_P\\ 0\end{Bmatrix} \tag{14-100}$$

式(14－100)代入式(14－98)，得

$$\begin{bmatrix}2k-\theta^2 m & -k\\ -k & k-\theta^2 m\end{bmatrix}\begin{Bmatrix}Y_1\\ Y_2\end{Bmatrix}=\begin{Bmatrix}F_P\\ 0\end{Bmatrix} \tag{14-101}$$

解上面的方程，得

$$Y_1=\frac{(k-\theta^2 m)F_P}{D_0},Y_2=\frac{kF_P}{D_0} \tag{14-102}$$

其中，

$$D_0=(2k-\theta^2 m)(k-\theta^2 m)-k^2 \tag{14-103}$$

该结构的自振频率，可由频率方程 $|K-\omega^2 M|=0$ 获得：

$$\omega_1^2=\frac{3-\sqrt{5}}{2}\ \frac{k}{m},\omega_2^2=\frac{3+\sqrt{5}}{2}\ \frac{k}{m} \tag{14-104}$$

根据式(14－104)、式(14－103) 可写成：

$$D_0=m^2(\theta^2-\omega_1^2)(\theta^2-\omega_2^2) \tag{14-105}$$

式(14－105) 表明当 $\theta=\omega_i$ 时，刚架产生共振，该刚架存在两种可能的共振现象。

由式(14－105)、式(14－102) 可写成：

$$\left.\begin{aligned}Y_1&=\frac{F_P}{k}\frac{1-\frac{m}{k}\theta^2}{\left(1-\frac{\theta^2}{\omega_1^2}\right)\left(1-\frac{\theta^2}{\omega_2^2}\right)}\\Y_2&=\frac{F_P}{k}\frac{1}{\left(1-\frac{\theta^2}{\omega_1^2}\right)\left(1-\frac{\theta^2}{\omega_2^2}\right)}\end{aligned}\right\} \tag{14-106}$$

如图 14－44 所示为振幅参数 $Y_1/(F_P/k)$，$Y_2/(F_P/k)$ 与荷载频率参数 $\theta/\sqrt{k/m}$ 之间的关系曲线。

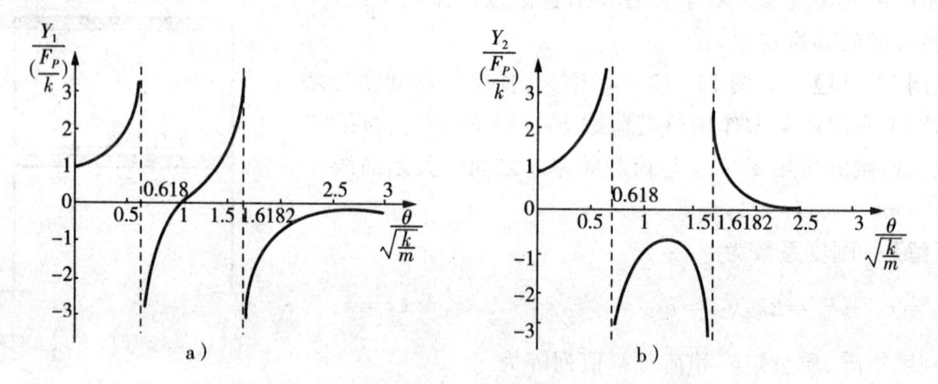

图 14－44 振幅参数与荷载频率参数之间的关系

2. 柔度法

对于 n 个自由度无阻尼体系的强迫振动问题，各质点上除作用着惯性力外，还作用着 k 个外荷载(如图 14－45a 所示)。按照柔度法建立振动微分方程的思路，任一质点 m_i 的位移 y_i 应为

$$y_i=-m_1\ddot{y}_1\delta_{i1}-m_2\ddot{y}_2\delta_{i2}-\cdots-m_n\ddot{y}_n\delta_{in}+\Delta_{ip}\ \sin\theta t \tag{14-107}$$

式中：Δ_{ip} 是荷载幅值引起的 m_i 处静力位移，可写成

$$\Delta_{ip}=\sum_{j=1}^{k}\delta_{ij}P_j \tag{14-108}$$

根据以上方程，可得 n 个自由度无阻尼体系的强迫振动微分方程如下：

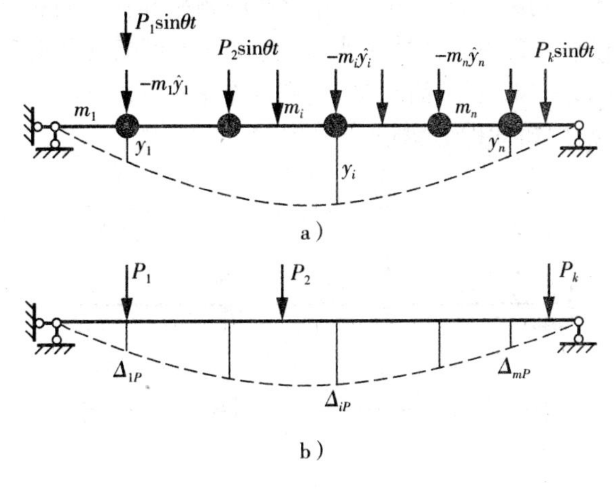

图 14－45

$$\begin{cases} y_1 = -m_1\ddot{y}_1\delta_{11} - m_2\ddot{y}_2\delta_{12} - \cdots - m_n\ddot{y}_n\delta_{1n} + \Delta_{1p}\sin\theta t \\ y_2 = -m_1\ddot{y}_1\delta_{21} - m_2\ddot{y}_2\delta_{22} - \cdots - m_n\ddot{y}_n\delta_{2n} + \Delta_{2p}\sin\theta t \\ \vdots \\ y_n = -m_1\ddot{y}_1\delta_{n1} - m_2\ddot{y}_2\delta_{n2} - \cdots - m_n\ddot{y}_n\delta_{nn} + \Delta_{np}\sin\theta t \end{cases} \tag{14-109}$$

式中：δ_{ij} 是结构的柔度系数，它们的物理意义如图 14－38b、图 14－38c 所示。若令

$$\boldsymbol{\delta} = \begin{bmatrix} \delta_{11} & \delta_{12} & \cdots & \delta_{1n} \\ \delta_{21} & \delta_{22} & \cdots & \delta_{2n} \\ \vdots & \vdots & \vdots & \vdots \\ \delta_{n1} & \delta_{n2} & \cdots & \delta_{nn} \end{bmatrix}, \boldsymbol{\Delta}_p = \begin{Bmatrix} \Delta_{1p} \\ \Delta_{2p} \\ \vdots \\ \Delta_{np} \end{Bmatrix} \tag{14-110}$$

则式(14－109) 可写成矩阵形式如下：

$$\boldsymbol{y} + \boldsymbol{\delta M}\ddot{\boldsymbol{y}} = \boldsymbol{\Delta}_p \sin\theta t \tag{14-111}$$

设在平稳阶段各质点作简谐振动：

$$\boldsymbol{y} = \boldsymbol{Y}\sin\theta t \tag{14-112}$$

将式(14－112) 代入式(14－111) 并整理后，得

$$\left(\boldsymbol{\delta M} - \frac{1}{\theta^2}\boldsymbol{I}\right)\boldsymbol{Y} + \frac{1}{\theta^2}\boldsymbol{\Delta}_p = \boldsymbol{0} \quad 或 \quad (\theta^2\boldsymbol{\delta M} - \boldsymbol{I})\boldsymbol{Y} + \boldsymbol{\Delta}_p = \boldsymbol{0} \tag{14-113}$$

式(14－113) 系数行列式用 D_0 表示，即

$$D_0 = \left|\boldsymbol{\delta M} - \frac{1}{\theta^2}\boldsymbol{I}\right| \tag{14-114}$$

如果 $D_0 \neq 0$，则方程(14－113) 可解得振幅 Y，即可得任意时刻各质点的位移，然后即可求得各惯性力幅值。

对于 $D_0=0$ 的情况。同刚度法一样，当外荷载的频率和任一自振频率相等时，就可能产生共振现象。对于具有 n 个自由度的体系来说，存在 n 种可能的共振现象。

【例 14－12】 图 14－46a 所示简支梁，具有两个集中质量 $m_1=m_2=m$，$EI=$常数，$\theta=0.6\omega_1$。求梁的动位移幅值和惯性力幅值。

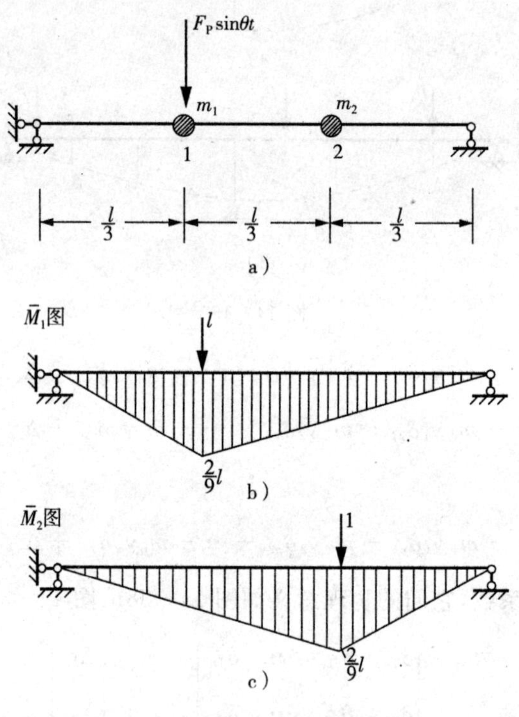

图 14－46 例 14－12 图示

【解】 作单位力作用下弯矩图 $\overline{M}_1$，$\overline{M}_2$，由图乘法得

$$\delta_{11}=\delta_{22}=\frac{4l^3}{243EI},\quad \delta_{12}=\delta_{21}=\frac{7l^3}{486EI}$$

由求两个自由度的频率方程(14－114)，得

$$\lambda_1=(\delta_{11}+\delta_{12})m=\frac{15}{486}\frac{ml^3}{EI},\quad \lambda_2=(\delta_{11}-\delta_{12})m=\frac{1}{486}\frac{ml^3}{EI}$$

$$\omega_1=\frac{1}{\sqrt{\lambda_1}}=5.69\sqrt{\frac{EI}{ml_3}},\quad \omega_2=\frac{1}{\sqrt{\lambda_2}}=22.0\sqrt{\frac{EI}{ml_3}}$$

$$\Delta_{1p}=\frac{4F_P}{243}\frac{l^3}{EI},\quad \Delta_{2p}=\frac{7F_P}{486}\frac{l^3}{EI}$$

柔度矩阵、质量矩阵和荷载列阵：

$$\boldsymbol{\delta}=\frac{l^3}{486EI}\begin{bmatrix}8 & 7\\ 7 & 8\end{bmatrix},\quad \boldsymbol{M}=m\begin{bmatrix}1 & 0\\ 0 & 1\end{bmatrix},\quad \boldsymbol{\Delta}_p=\frac{F_Pl^3}{486EI}\begin{Bmatrix}8\\ 7\end{Bmatrix}$$

$$\theta = 0.6\omega_1 = 3.415\sqrt{\frac{EI}{ml^3}}, \theta^2 = 11.66\frac{EI}{ml^3}$$

由方程$(\theta^2\delta\boldsymbol{M}-\boldsymbol{I})\boldsymbol{Y}+\boldsymbol{\Delta}_p=\boldsymbol{0}$，得

$$\begin{bmatrix} -0.8081 & 0.16794 \\ 0.16794 & -0.8081 \end{bmatrix}\begin{Bmatrix} Y_1 \\ Y_2 \end{Bmatrix}+\frac{F_P l^3}{486EI}\begin{Bmatrix} 8 \\ 7 \end{Bmatrix}=\boldsymbol{0}$$

解得位移幅值：

$$Y_1 = 0.02516\frac{F_P l^3}{EI}, Y_2 = 0.02306\frac{F_P l^3}{EI}$$

质点 m_1，m_2 上作用的惯性力幅值：

$$m_1\theta^2\boldsymbol{Y}_1 = 11.66\frac{EI}{l^3}\times 0.02516\frac{F_P l^3}{EI} = 0.2934F_P$$

$$m_2\theta^2\boldsymbol{Y}_2 = 11.66\frac{EI}{l^3}\times 0.02306\frac{F_P l^3}{EI} = 0.2689F_P$$

习　题

14－1　试求图 14－47 所示结构的自振频率。

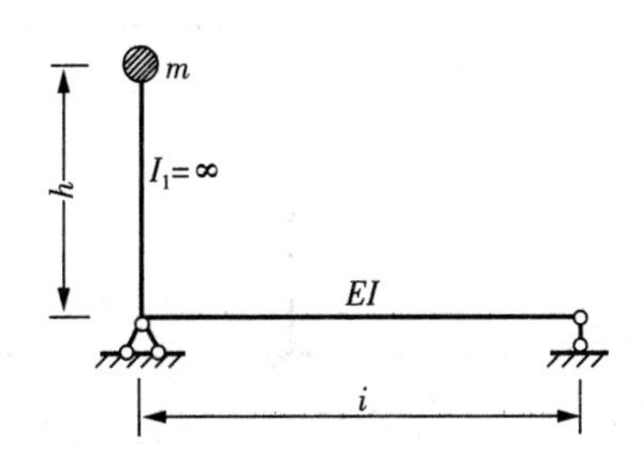

图 14－47　习题 14－1 图示

14－2　试建立图 14－48 所示结构振动微分方程和自振频率，不计阻尼。

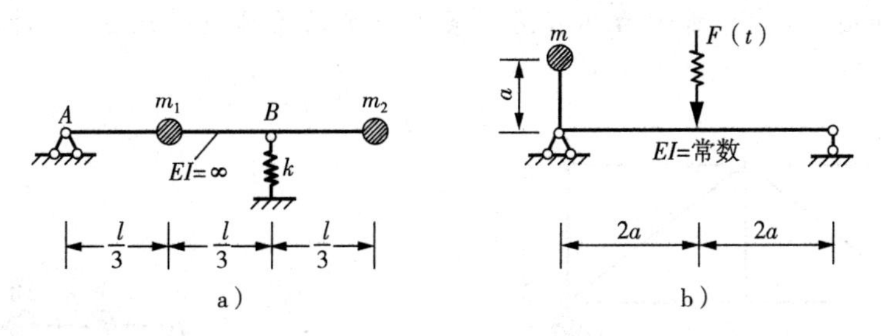

图 14－48　习题 14－2 图示

14－3　如图 14－49 所示，具有 1 个集中质量的无质量的超静定梁，计算其自振频率及振型。

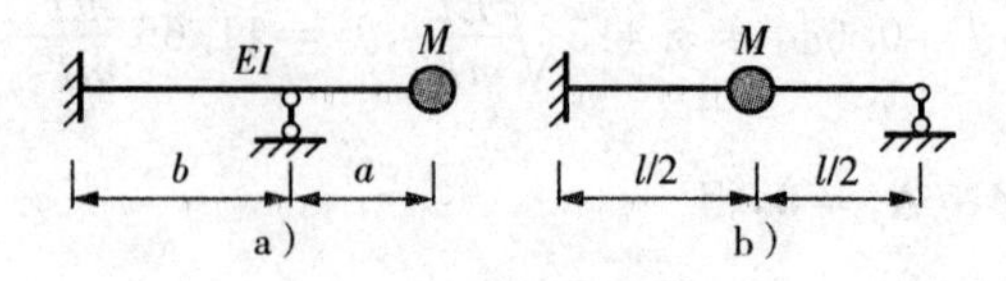

图 14－49　习题 14－3 图示

14－4　如图 14－50 所示刚架横梁刚度为无限大，两根柱的抗弯刚度均为 EI，计算自振频率。

14－5　求图 14－51 所示结构的自振频率和振型。

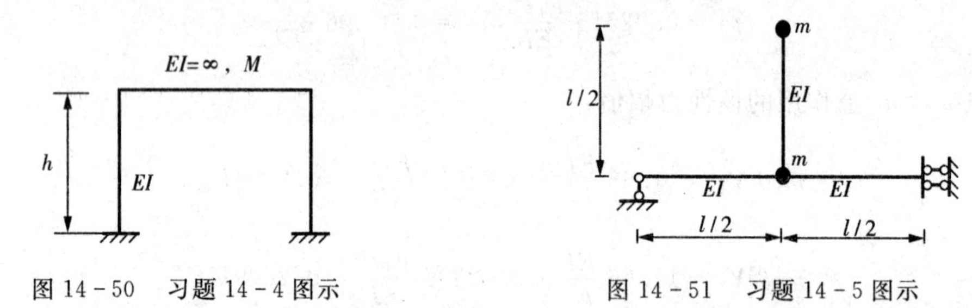

图 14－50　习题 14－4 图示　　　图 14－51　习题 14－5 图示

14－6　图 14－52 所示排架重量 W 集中于横梁上，横梁 $EA=\infty$，求自振周期 ω。

14－7　图 14－53 所示刚架横梁 $EI=\infty$ 且重量 W 集中于横梁上，求自振周期 T。

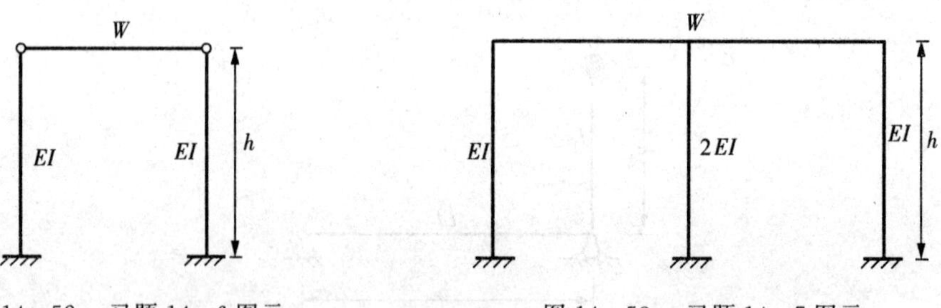

图 14－52　习题 14－6 图示　　　图 14－53　习题 14－7 图示

14－8　忽略质点 m 的水平位移，求图 14－54 所示桁架竖向振动时的自振频率 ω。各杆 $EA=$常数。

14－9　如图 14－55 所示为具有两个集中质量的无质量的简支梁，计算自振频率及振型。

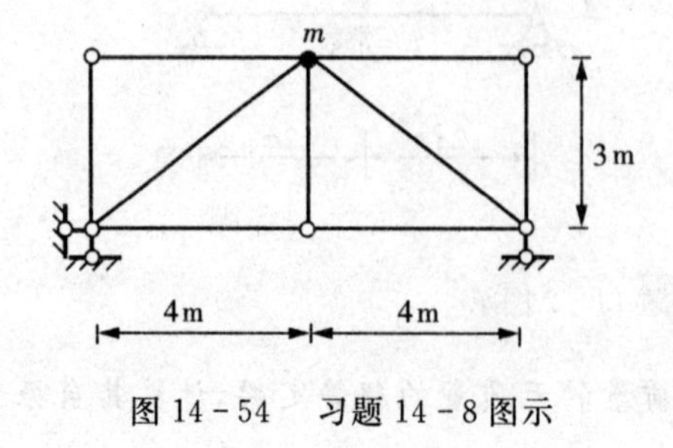

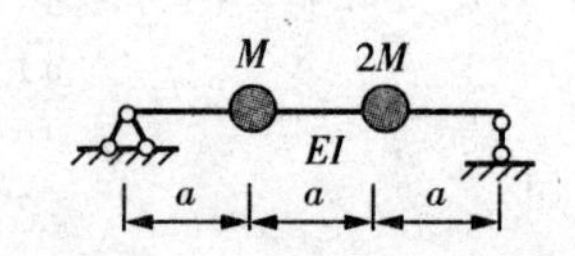

图 14－54　习题 14－8 图示　　　图 14－55　习题 14－9 图示

14－10　试求图14－56所示结构的自振频率。

14－11　如图14－57所示为具有两个集中质量的无质量的超静定梁，计算自振频率及振型。

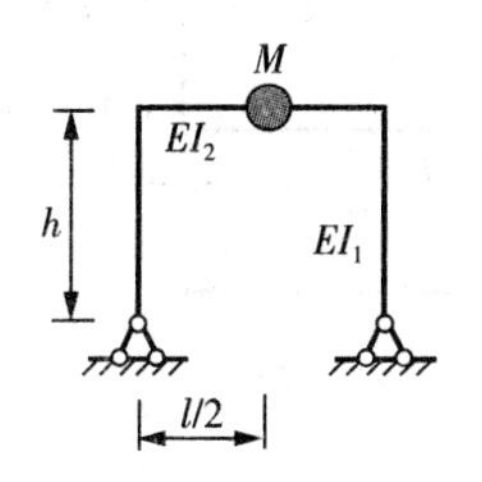

图14－56　习题14－10图示

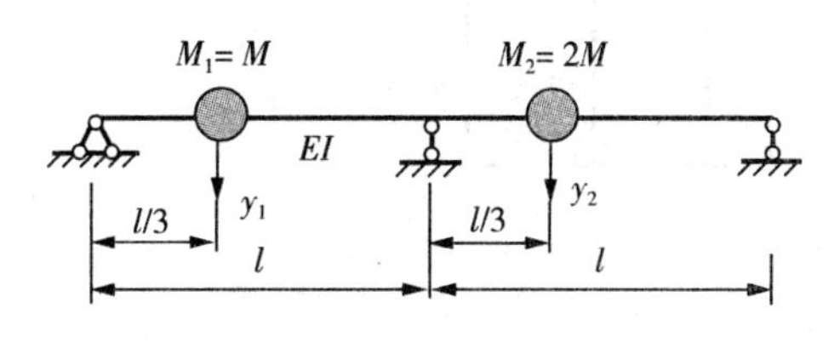

图14－57　习题14－11图示

14－12　图14－58所示刚架杆自重不计，各杆EI＝常数，求自振频率。

14－13　用刚度法计算图14－59所示结构的自振频率和振型(绘出振型图)。

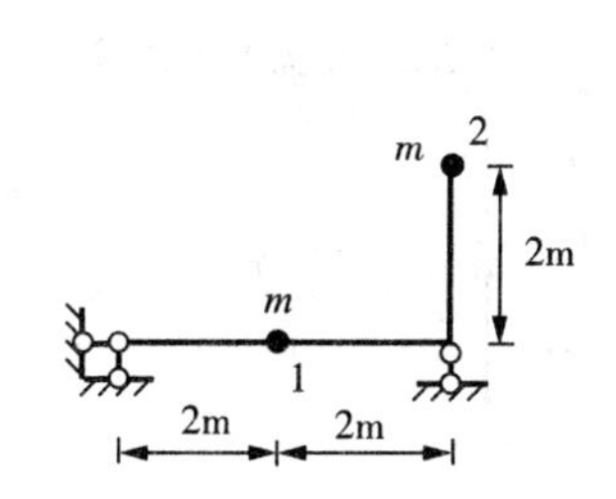

图14－58　习题14－12图示

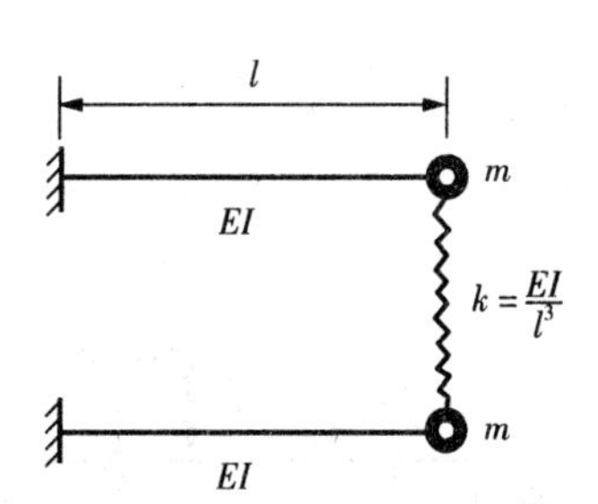

图14－59　习题14－13图示

14－14　图14－60所示刚架横梁刚度为无限大，两侧柱的抗弯刚度相等，计算自振频率。

14－15　试求图14－61所示刚架的自振频率和主振型。

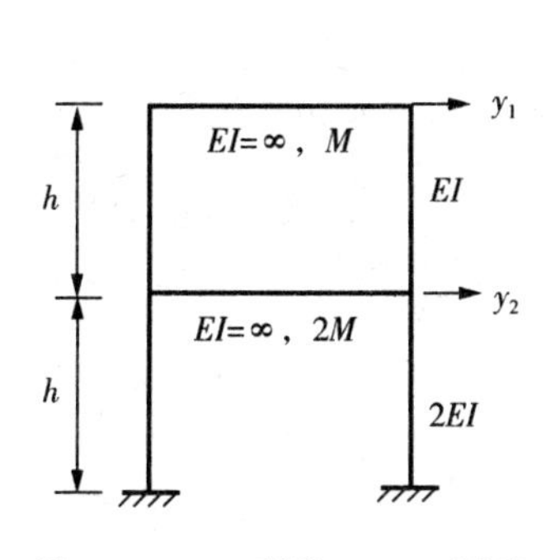

图14－60　习题14－14图示

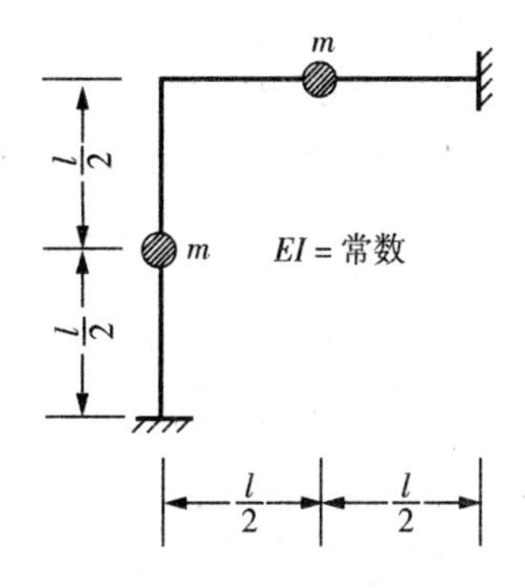

图14－61　习题14－15图示

14－16　图14－62所示刚架横梁刚度为无限大，柱的抗弯刚度相等，计算自振频率。

14－17　图14－63所示体系受动力荷载作用，不考虑阻尼，杆重不计，求发生共振时干扰力的频率θ。

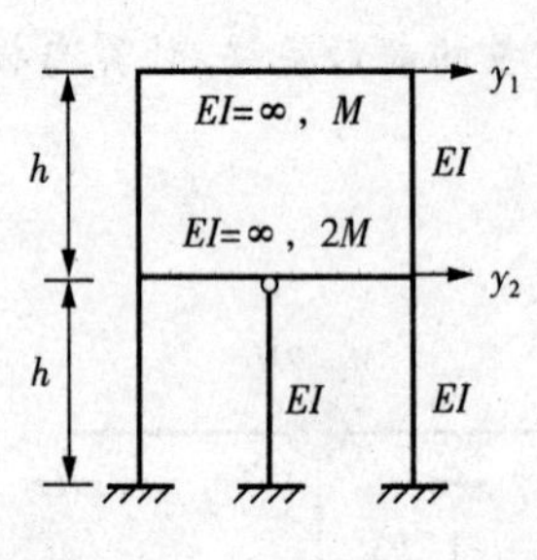

图 14-62　习题 14-16 图示

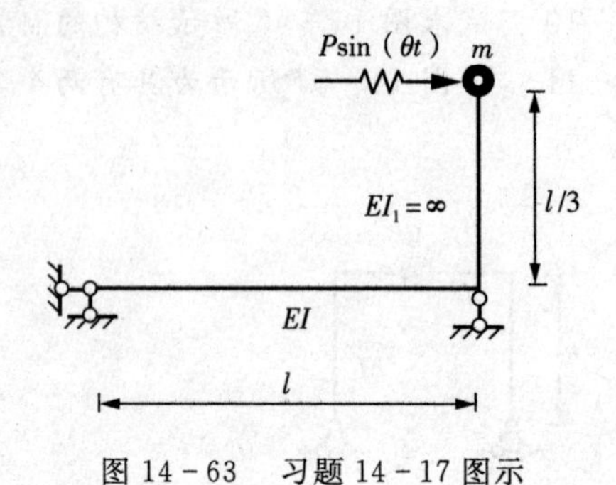

图 14-63　习题 14-17 图示

14-18　图 16-64 所示梁的 $E=210\text{GPa}$，$I=1.6\times10^{-4}\text{m}^4$，质量 $mg=20\text{kN}$，设振动荷载最大值 $F=4.8\text{kN}$，角频率 $\theta=30/\text{s}$。试求两集中质量处的最大竖向位移。梁重忽略不计。

14-19　试求图 14-65 示刚架的最大动力弯矩图。设 $\theta=\sqrt{\dfrac{48EI}{ml^3}}$，刚架忽略不计。

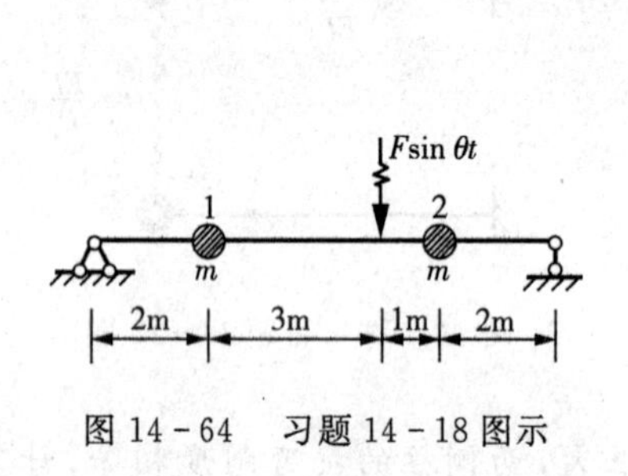

图 14-64　习题 14-18 图示

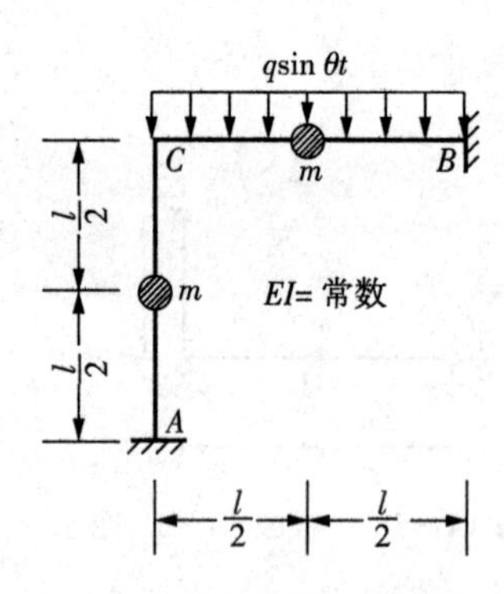

图 14-65　习题 14-19 图示

参考文献

[1] 李廉锟．结构力学(第四版)．北京:高等教育出版社,2004.

[2] 龙驭球,包世华,匡文起,等．结构力学教程．北京:高等教育出版社,2000.

[3] Igor A. Karnovsky, Olga Lebed. Advanced Methods of Structural Analysis, Springer Science+Business Media, LLC 2010.